COURS DÉVEL...

D'ALGÈBRE ÉLÉ...

précédé d'un Aperçu historique sur les Origines
des Mathématiques élémentaires
et suivi d'un Recueil d'Exercices et de Problèmes

PAR

B. LEFEBVRE, S. J.

—

Tome I

CALCUL ALGÉBRIQUE

NAMUR

LIBRAIRIE CLASSIQUE DE AD. WESMAEL-CHARLIER, ÉDITEUR

53, RUE DE FER, 53

—

1897

ERRATA.

Page :	Ligne :	Au lieu de :	Lire :
91	23	**3**	**4**
121	*dernière*	l'une	l'un
155	3	d	c
156	20 *(seconde égalité)*	$\frac{a}{b}=$	$\frac{a}{c}=$
189	10 *en remontant*	(207)	(193)
204	25 *et* 26	$\sqrt{A}=$	$\sqrt{-A}=$
207	4	$\sqrt{-2}$	$\sqrt{-1}$
223	10	OM	AM
236	10 *en remontant*	305	350
257	14 *en remontant*	$b^6)^3$	$b^6)^2$
262	27	de Tables	des Tables
267	4 *en remontant*	$(\ldots)(-x-y)$	$(\ldots)-(-x-y)$
279	14	$(c-b)$	$(c-a)$
280	7 *en remontant*	xbz	xyz
283	9	$(x+b+c)$	$(a+b+c)$
285	9 *en remontant*	4	400
311	14	$-a^3$	$-a^6$
317	13	$\frac{1+\ldots}{2}$	$\frac{1+\ldots}{3}$
317	17		$\frac{\ldots+2\sqrt[3]{6}+\ldots+\sqrt[3]{25}}{3(\sqrt[3]{12}+\sqrt[3]{18})}$
317	17	$a-b^3$	$a-\sqrt[3]{b^3}$
318	11	$\frac{1}{2}\left(\frac{a^2-b^2}{a^2+b^2}\right).$	$-b\left(\frac{a+b}{a^2+b^2}\right),$ si $q=0.$

Imprimerie de Ad. Wesmael-Charlier, éditeur, rue de Fer, 53, Namur.

PRÉFACE.

Dans l'ouvrage présent, nous développons le *Cours d'Algèbre élémentaire* [1] que nous avons rédigé pour les élèves des cours moyens et des classes d'humanités.

Nous désirons exposer au lecteur l'esprit dans lequel a été conçu ce *Cours développé.* En même temps, nous soumettrons au professeur qui jugerait bon de mettre entre les mains de ses élèves l'un de ces deux ouvrages, quelques indications peut-être utiles : au surplus, il lui restera loisible d'en tenir compte autant ou aussi peu qu'il lui plaira.

Notre but ici a été, à la fois, de présenter un manuel d'étude aux jeunes gens qui se destinent à enseigner les Mathématiques élémentaires, de faciliter aux professeurs eux-mêmes, dans les premières années de leur enseignement, la préparation de leurs classes et d'être utile aux élèves de nos cours scientifiques.

Le lecteur trouvera, disposées dans leur plan normal et traitées avec tous les développements qu'elles comportent, les matières des programmes habituels de l'enseignement moyen. Cependant plusieurs théories, réservées d'ordinaire aux seuls cours scientifiques, auront leur place dans des *Compléments d'Algèbre élémentaire :* tels sont l'analyse combinatoire, l'analyse indéterminée, les fractions continues, l'équation exponentielle, les compléments de la théorie des logarithmes.

On a été soucieux de la netteté et de l'exactitude des définitions, de la clarté et de la rigueur des démonstrations, sans se flatter d'avoir toujours réuni ces qualités. On a cherché à élucider toute question qui semblait ou délicate ou fondamentale. On a traité avec un soin particulier la théorie des quantités négatives, soit abstraites, soit concrètes, et on a jugé devoir l'aborder dès les premières pages du *Cours.* On a fait suivre chaque définition, chaque règle, chaque théorie de nombreux exemples, qui précisent et fixent le sens des énoncés, et d'applications variées, qui familiarisent avec la mise en œuvre des idées générales.

On n'a pas craint de donner, parmi les exemples et les applications qui accompagnent chaque question, quelques exercices assez laborieux, quelques applications un peu complexes, qui parfois semblent exiger une science algébrique plus avancée ou même certaines notions scientifiques. Le professeur reste libre de les faire omettre à la première lecture, en tout ou en partie, suivant les forces et le goût de ses élèves. Plus tard, quand il fera revenir les élèves sur leurs pas, dans les fréquentes et indispensables répétitions des matières déjà étudiées, il sera aisé et utile de s'arrêter à ces endroits qui, de prime abord, semblaient trop ardus.

La règle de chaque opération algébrique a été établie en partant de la définition, exacte et précise, de l'opération même : cette voie analytique et très logique empêche l'élève de s'imaginer que le calcul algébrique est un ensemble de pures et arbitraires conventions.

---

[1] *Cours d'Algèbre élémentaire*, à l'usage des cours moyens et des classes d'humanités, par B. LEFEBVRE, S. J. — Namur, Ad. Wesmael-Charlier, 1897. — Un volume in-8o.

On a donné des notions, simples et élémentaires, des courbes des fonctions algébriques. La représentation graphique du trinome du second degré ou de telle autre fonction éclaire et facilite singulièrement leur étude et est presque indispensable dans certaines théories, telles que la théorie des maximums et des minimums.

Un coup d'œil jeté sur la table des matières fera connaître l'ordre et la division de ces matières.

On a groupé en un même endroit de l'Introduction bon nombre de définitions (nn. 7 à 11). Cependant, en thèse générale et surtout dans l'enseignement élémentaire, il est bon de ne définir un objet qu'au moment où le cours des raisonnements amène la nécessité de cette définition. Le professeur fera bien, nous semble-t-il, de choisir, parmi les définitions réunies en ces paragraphes préliminaires, celles qui lui sembleront immédiatement utiles : ce choix dépend de la marche qu'il veut suivre dans son enseignement et d'autres circonstances variées que nous ne pouvons toutes prévoir. Faire étudier toutes ces définitions et tous ces préliminaires à la fois, dès les premières classes d'Algèbre, ce serait encombrer de broussailles inutiles les abords d'une science déjà épineuse d'elle-même.

Dans une première étude de l'Algèbre et surtout au premier abord de l'étude des opérations fondamentales, nous aimerions que le professeur fît omettre à l'élève la lecture de certaines démonstrations, ou trop abstraites, ou trop longues, et lui demandât d'admettre et d'appliquer immédiatement certains théorèmes et certaines règles. L'omission volontaire d'une démonstration n'offense pas la logique, si l'on prend garde de ne point la dissimuler, mais d'indiquer nettement la lacune. Dans les cours élémentaires, le caractère même de l'enseignement, la brièveté du temps et la surcharge des programmes peuvent imposer de semblables sacrifices. Du reste, si le professeur substitue à une démonstration trop délicate et trop absorbante, une simple vérification ou une analogie ou une induction, il doit avoir soin, sous peine de fausser le jugement de ses élèves, de prévenir que ce mode d'explication est provisoire et que la démonstration rigoureuse pourra s'étudier en un autre temps [1].

Plusieurs professeurs préconisent, et les programmes de plusieurs établissements d'enseignement moyen exigent, dès le début de l'étude de l'Algèbre, la résolution de quelques équations du premier degré, équations numériques, choisies parmi les plus simples, à une ou à deux inconnues. C'est, disent-ils, une préparation naturelle à l'étude des matières ultérieures de l'Algèbre. Au point de vue historique, observe M. P. MANSION, les équations numériques ont été résolues par Diophante au IVe siècle, par les Indiens au VIe siècle, par les Arabes au VIIIe siècle, et les Italiens en ont perfectionné la théorie pendant le Moyen Age, tandis que l'Algèbre littérale est née seulement au XVIe siècle et a exigé les efforts des successeurs de Viète pour atteindre sa perfection et sa simplicité naturelle. Il est bon que l'esprit de l'enfant soit, lui aussi, préparé à l'Algèbre par une généralisation simple et progressive de la théorie des nombres entiers et fractionnaires. — Quoi qu'il en soit de l'argument tiré de l'évolution historique de la science des équations, nous avons satisfait à ces appréciations et à ces exigences. D'ailleurs, nous nous bornons à la *résolution pratique* de quelques équations et problèmes, résolution basée sur les axiomes de l'Arithmétique et traitée par des procédés

---

[1] P. MANSION. *Notes sur l'enseignement des Mathématiques dans les Collèges,* dans les *Annales de la Société scientifique de Bruxelles,* t. I, 1875-1876.

d'une simplicité et d'une légitimité évidentes, sans établir de principes généraux qui exigeraient, pour être vrais, la théorie développée des quantités négatives et même les théories de l'indétermination et de l'infini.

L'ordre général suivi dans le plan de ce *Cours* ne doit point empêcher le professeur, si ses préférences l'y portent ou si son programme le demande, de passer immédiatement du calcul des quantités entières et fractionnaires (Livres Ier et IIe) à la théorie des équations du premier degré (Livre IVe). L'ouvrage a été rédigé de telle sorte que l'étude des radicaux (Livre IIIe) puisse être placée indifféremment, au point de vue pratique, avant ou après la théorie des équations du premier degré.

On pourra fort bien différer ou définitivement omettre l'étude de certaines questions, étrangères aux programmes habituels des cours moyens : le binôme de Newton, traité d'ailleurs par les simples règles de la multiplication, les notions premières et toutes pratiques de la théorie des déterminants, certains développements donnés à la théorie des limites et à la théorie des imaginaires, la méthode de Fermat pour la résolution des questions de maximums et de minimums, etc. Nous croyons cependant avoir traité ces questions, soit dans le présent ouvrage, soit dans le *Cours* dont il est le développement, avec assez de simplicité et assez de soin pour qu'elles ne dépassent point le niveau de l'enseignement dit élémentaire et qu'elles puissent intéresser plus d'un élève studieux.

Du reste, le professeur saura peut-être gré à ce *Cours développé* de lui offrir autre chose qu'un simple Résumé d'Algèbre. A certains jours, où l'encombrement de la besogne professionnelle journalière l'empêche de donner tout le loisir qu'il voudrait à la préparation immédiate de sa classe, les pages de ce livre pourront lui offrir des matériaux utiles et suppléer à propos à telles de ses propres notes manuscrites qu'il n'a plus sous la main. De plus, si ce *Cours développé* lui épargne quelques recherches dans le domaine de l'Algèbre élémentaire, ce sera pour lui un gain de temps qu'il consacrera à des études mathématiques plus avancées et à la lecture d'ouvrages écrits par les maîtres de la science. Tout en restant lui-même élémentaire avec ses élèves, le professeur a conscience, en effet, que son enseignement clair et rigoureux, méthodique et intéressant, est le fruit de ses études personnelles plus complètes et plus élevées, qui lui ont fait comprendre le principe des méthodes élémentaires et le secret de leur puissance : il doit à cette longue préparation l'art d'écarter du chemin les difficultés ou insolubles ou inutiles, de laisser de côté les théories ou sans portée ou sans solidité, d'indiquer et parfois de développer les applications concrètes et intéressantes ; en un mot, l'art d'atteindre le double but de son enseignement, qui est de former et d'instruire l'élève (F. Dauge, *Méthodologie mathématique*, Gand, 1881, et Paris, 1893).

Un recueil très considérable d'exercices et de problèmes termine et complète cet ouvrage.

A chaque question traitée dans le texte du *Cours* correspond, dans le recueil, un groupe d'exercices et de problèmes très nombreux, variés et d'une difficulté graduée. Chaque groupe s'ouvre par une série d'opérations simples ou de questions faciles. Viennent ensuite des exercices plus laborieux et des applications plus difficiles : le professeur aimera à les proposer dans les répétitions et après que l'élève aura montré déjà une certaine habileté. L'élève qui s'exercera à les résoudre acquerra une sûreté et une promptitude de calcul très précieuses. On a indiqué les clefs de solution des questions les moins aisées, et fréquemment on a donné les réponses elles-mêmes [1].

Nous devons parler de l'Aperçu de l'histoire de l'Algèbre, qui ouvre cet ouvrage, et des longues notes historiques éparses dans les deux volumes. Les notions et appréciations sur les hommes, sur les faits, sur les dates et les époques, n'ont pas été sans coûter quelques recherches; elles n'ont cependant aucune prétention ni à l'érudition ni à une infaillible exactitude. L'histoire des Mathématiques élémentaires constitue une science assez vaste et que ses récents et rapides progrès rendent assez changeante pour justifier nos réserves sur la valeur de la partie historique de ce *Cours*.

Au surplus, si modestes soient-ils, cet Aperçu et ces notes ne seront sans intérêt ni pour l'élève ni pour le professeur. Il importe, en effet, que le maître ait des notions sur l'histoire de l'origine et des premiers développements de la science qu'il enseigne et que les noms et les travaux des fondateurs et des plus illustres représentants de cette science ne lui soient point inconnus. Quant à l'élève, il sait fort bien que la science dont il étudie les éléments n'est point soudainement issue du cerveau de quelque mathématicien de génie, revêtue de toute sa lourde armure de formules et de théorèmes, comme la Minerve antique sortant du front de Jupiter. Aussi le professeur saura, sans doute, l'intéresser à propos par quelques noms, quelques faits, quelques détails historiques, et combattre plus aisément la sécheresse et l'aridité presque obligées d'une classe d'Algèbre.

D'ailleurs, on l'a dit souvent : on ne fait aimer aux jeunes gens que la science qu'on aime soi-même, et on n'aime une science qu'à proportion qu'on en connaît et la théorie et les applications et l'histoire.

Il reste un mot à ajouter à cette longue préface. Nous nous sommes hasardé à donner aux professeurs qui feraient à nos *Cours* l'honneur de les utiliser dans leur enseignement, quelques indications : nous sommes si loin, disons-le, d'avoir voulu leur donner des conseils, que nous leur saurons gré au contraire, surtout à ceux d'entre eux que nous aimons à compter parmi nos anciens élèves, de toute critique qui nous permettrait de diminuer l'imperfection et les défauts de notre travail.

Louvain, fête de l'Assomption, 1897.

---

[1] Nous publions séparément, à l'usage des élèves, un *Recueil d'Exercices et de Problèmes d'Algèbre élémentaire* (Namur, Ad. Wesmael-Charlier, 1897; in-8°) : c'est un extrait du *Recueil* qui termine les deux volumes de ce *Cours développé*. Les clefs de solution et les réponses y sont données moins fréquemment.

APERÇU HISTORIQUE

sur les origines et les premiers développements de l'Algèbre élémentaire.

Nous consignerons dans cet *Aperçu* quelques faits, quelques noms et quelques dates, relatifs à l'histoire de l'Algèbre élémentaire et, incidemment, à l'histoire des autres branches des Mathématiques élémentaires. Ce seront autant de points de repère, auxquels on pourra se reporter, si, dans la suite de l'étude de ce *Cours*, on est soucieux de connaître les origines et les premiers développements de l'Algèbre et le rang que cette science occupe historiquement parmi les diverses branches des connaissances mathématiques [1].

Sous le nom d'ALGÈBRE, nous entendrons ici, non pas tant la *science des formules*, ou cet art de représenter par des écritures symboliques les relations mathématiques entre les quantités, mais cette *Mathématique générale*, qui a pour objet la résolution générale des questions numériques, soit pures, soit appliquées à la Géométrie ou à la Mécanique.

Les notions de la grandeur mesurable et du nombre, aussi anciennes que les idées d'espace, de temps, de masse, et par conséquent aussi anciennes que l'humanité, se sont lentement élaborées dans la suite des âges et ont servi de base à l'édifice mathématique. Comment, par les mains de quels ouvriers et vers quelles dates se sont élaborés ces matériaux et se sont élevées les diverses parties de cet édifice, telles sont les questions que l'on se pose en cette étude.

L'histoire des Mathématiques se partage en trois périodes : l'Antiquité, ou la période géométrique; le Moyen Age, ou la période arithmético-algébrique, et les temps modernes.

I.

L'ANTIQUITÉ est la période de la Géométrie pure. Elle s'étend depuis les époques où, chez les différents peuples, se sont formées les assises primitives de la science des quantités, jusqu'aux premiers siècles de notre ère.

Longtemps on a cru qu'il fallait placer en Égypte les origines des sciences et des arts. Hérodote *(Hist.*, II, 109) attribue au grand roi Sésostris et à ses ministres l'honneur d'avoir créé, avec l'Arpentage et la Géodésie, les sciences exactes; Aristote *(Métaph.*, I, 1) préfère confier aux mains des prêtres d'Osiris le berceau des sciences mathématiques. Mais, malgré l'autorité de cet historien et de ce philosophe, la science des Égyptiens ne paraît point être sortie de leur sol : semblable au Nil, la science égyptienne est jalouse de cacher en des régions reculées ses sources véritables. Les connaissances scientifiques du pays des Pyramides paraissent dériver primitivement de la Chaldée.

---

[1] De nombreuses notes historiques, mises en leurs places dans la suite de ce *Cours*, rendront moins incomplet le présent *Aperçu*. On trouvera à la fin de l'ouvrage une table alphabétique des noms cités soit dans ces notes, soit dans les pages qu'on va lire.

C'est en Orient, en effet, que se retrouvent les plus antiques monuments des lettres et des arts. C'est en CHALDÉE, en BABYLONIE et en ASSYRIE, chez les peuples parvenus les premiers à une organisation politique régulière qu'apparaît le plus ancien foyer de civilisation, foyer dont l'influence se fit sentir de bonne heure en Égypte, aux Indes et en Grèce. Les sciences y furent cultivées à partir d'une antiquité que les orientalistes chiffrent par milliers d'années et qui se recule incontestablement au fur et à mesure des découvertes nouvelles. Depuis un demi-siècle, — à la suite de la découverte des ruines de Ninive (1843), — des fouilles entreprises sur les emplacements des anciennes capitales des pays arrosés par le Tigre et l'Euphrate ont fourni aux musées d'Europe d'immenses richesses littéraires et scientifiques. On a retrouvé, dans l'ancienne Chaldée, des bibliothèques entières, composées de briques d'argile cuite que couvre une écriture cunéiforme fine et serrée.

Par les fragments de littérature mathématique que nous offrent ces innombrables documents, on voit que les Chaldéens possédaient, bien des dizaines de siècles avant l'invention de notre système du gramme, du centimètre, de la seconde et du franc, un système de poids et mesures et de monnaies d'une perfection scientifique remarquable; qu'ils savaient résoudre des problèmes dépendant d'équations du premier degré à deux inconnues; qu'ils avaient une science astronomique, théorique et pratique, très avancée, au point de calculer les mouvements apparents des planètes et de prédire les éclipses; enfin, qu'ils s'aidaient, dans leurs nombreux calculs astronomiques, de tables des carrés et des cubes des nombres, très développées, comme nous nous aidons de tables des logarithmes : plusieurs de ces tables sont parvenues jusqu'à nous.

C'est aux Chaldéo-Assyriens que les astronomes de l'Égypte et de la Grèce doivent les premiers éléments de leur science. C'est à eux que remonte en particulier la détermination des douze constellations zodiacales et même l'attribution des signes (le Bélier, le Taureau, ...) par lesquels on continue à les représenter.

Les Chaldéens joignaient à la culture des sciences mathématiques et astronomiques la passion de l'astrologie et de la magie. C'est à eux que les Pythagoriciens doivent probablement leurs théories mystiques des nombres.

Revenons en ÉGYPTE.

Quelle que soit l'origine de la science égyptienne, les nécessités de l'arpentage annuel dans l'immense vallée du Nil, balayée chaque année par les crues régulières du fleuve, le goût de l'architecture chez un peuple fier de ses pyramides et de ses temples, enfin l'observation habituelle des mouvements célestes, exercèrent une triple influence sur le développement des Mathématiques. Cependant on sait peu de choses au sujet de la science des Égyptiens : elle est muette pour nous, comme leurs pyramides. Un seul document écrit, retiré par le voyageur anglais Rhind de la poussière des tombeaux, après un sommeil de près de quarante siècles, nous donne quelques renseignements, très incomplets, sur les Mathématiques au temps des Pharaons.

Tracé en caractères hiératiques, le papyrus du British Museum a été déchiffré, au prix de trois ans de labeurs, par EISENLOHR, de Heidelberg, puis commenté et publié par lui (1877). C'est un *Manuel du calculateur*, écrit pour les marchands sous le règne de Ra-a-us [1], l'un des Hyksos ou Rois Pasteurs, environ 1800 ans

---

[1] Ce roi est identique à l'APOPHIS de la liste grecque des dynasties égyptiennes dressée

avant notre ère, et résumant didactiquement un ouvrage plus développé et plus scientifique beaucoup antérieur. AHMÈS, l'auteur du papyrus d'Eisenlohr, consacre les cinq chapitres de son recueil à l'Arithmétique, à la mesure des aires du triangle et du cercle, à la mesure des volumes, à la mesure de la pyramide et à une collection de problèmes qui se posent dans la vie pratique.

Dans la partie qui traite de l'Arithmétique, nous relevons ces particularités : 1° l'usage de n'employer que des fractions ayant l'unité pour numérateur, à l'exception de la fraction $\frac{2}{3}$: ainsi la fraction $\frac{3}{4}$ s'écrit $\frac{1}{2}$ $\frac{1}{4}$, la fraction $\frac{2}{7}$ s'écrit $\frac{1}{51}$ $\frac{1}{34}$ $\frac{1}{102}$, la fraction $\frac{4}{5}$ s'écrit $\frac{1}{2}$ $\frac{1}{4}$ $\frac{1}{10}$; cette réduction de toute fraction, sauf $\frac{2}{3}$, en une suite de quantièmes se retrouve chez les arithméticiens grecs et jusque chez les Byzantins du XIVᵉ siècle ; — 2° la résolution de problèmes concrets du premier degré à une inconnue [1] : la partie de l'ouvrage consacrée à cette question constitue une sorte d'Arithmétique générale, une Algèbre rudimentaire sans notation symbolique ; la quantité inconnue s'appelle *koutcha* ou *hau ;* — 3° les règles pour la sommation des progressions arithmétiques et géométriques.

C'est en Égypte que la GRÈCE alla s'instruire des choses mathématiques et chercher ses premières conceptions philosophiques : — « O Solon, disaient à l'un des premiers pèlerins grecs les prêtres de Thèbes, notre science est antique : vos Grecs ne sont que des enfants. » — Mais les Grecs dépassèrent bientôt leurs maîtres. Le génie des Hellènes est essentiellement ami de l'ordre et de la proportion ; dans l'ordre concret, il a le goût des constructions imposantes, régulières, coordonnées ; dans l'ordre abstrait, il se passionne pour l'harmonie des nombres et pour la beauté de la ligne géométrique ; sa Géométrie est pure et, en apparence, sans mélange de calcul.

---

par le prêtre égyptien MANÉTHON sous Ptolémée Philadelphe, et au premier PHARAON de la Bible, qui accueillit Joseph. Ainsi, le plus ancien manuscrit d'Algèbre, vraiment authentique, est un papyrus couvert de calculs et d'une espèce d'équations du premier degré par la main d'un contemporain de Jacob et de Joseph.

[1] Les problèmes qui sont traités à cet endroit sont identiques, dans leurs énoncés, aux problèmes que Platon *(Lois,* VII, 819) signale comme étant en usage de son temps pour l'instruction des enfants en Égypte : problèmes des pommes, problèmes des fioles ; et il conseille l'emploi effectif de pommes et de fioles pour exercer les enfants à résoudre les problèmes numériques.

Quant aux questions de Géométrie traitées dans le papyrus d'Ahmès, signalons quelques points : 1° on y trouve une règle pour la quadrature approchée du cercle, règle empirique, mais assez heureuse : « Retranchez, dit Ahmès, du diamètre du cercle un neuvième et construisez sur le diamètre ainsi diminué un carré : il sera équivalent au cercle. » Cette règle conduit à une valeur de π peu erronée : $\pi = (\frac{16}{9})^2 = 3,16...$; Archimède ne donnera guère un chiffre plus exact ; — 2° des règles pour la mesure des triangles et des quadrilatères et pour l'Arpentage, règles défectueuses, mais que l'on retrouve, avec une rédaction identique, dans les ouvrages géodésiques de Héron, où les ont reprises les agrimenseurs romains ; — 3° des notions sur les figures semblables et sur la proportionnalité : elles sont appliquées notamment à calculer l'arête *(pur-e-mus)* de la pyramide, connaissant le rapport de l'arête à sa projection sur la base : le mot égyptien *pur-e-mus* est passé dans la langue grecque (πῦραμίς), où il signifie le solide entier et non plus l'arête.

Outre le papyrus d'Eisenlohr, nous avons aussi une inscription hiéroglyphique du temple de Horus à Edfou, contenant des données et des calculs relatifs au cadastre de 32 terres données au temple par un pharaon du XIᵉ siècle avant notre ère. Ce document mathématique intéresse la Géométrie.

Ajoutons qu'aux yeux de Thalès et de Pythagore, de Platon et d'Aristote, les Mathématiques sont une science primordiale, dont la place est au seuil de la Philosophie et dont le rôle dans l'éducation de notre intelligence est essentiellement formateur. Elle est, sinon authentique, du moins très conforme à l'esprit de l'Antiquité, la fameuse tradition qui place sur les murs de la demeure de Platon cette inscription [1] : « Que nul n'entre ici, s'il n'est géomètre (Μηδεὶς ἀγεωμέτρητος εἰσίτω μου τὴν στέγην). »

Nous nommerons les principaux représentants de la Géométrie antique, en donnant du reste au mot Géométrie un sens vaste, s'étendant à toutes les branches des Mathématiques, sens qu'il possédait encore au XVIIe siècle dans le langage de Descartes et de Pascal.

Au VIIe siècle, le premier des sept Sages, le phénicien THALÈS (640-548), alla s'instruire en Égypte et vint ouvrir à Milet une école célèbre. Au fondateur de l'école Ionienne on attribue la connaissance des cas d'égalité du triangle, de la similitude des figures, de l'inscriptibilité de l'angle droit dans le demi-cercle, de la mesure des angles par leurs arcs ; il se fit admirer en mesurant, par un procédé graphique, la distance des vaisseaux arrêtés loin du rivage, et se rendit célèbre par la prédiction d'une éclipse de soleil. ANAXIMANDRE, son disciple, compose déjà un traité de Géométrie, qui ne nous est point parvenu. ANAXAGORE cherche la quadrature du cercle.

Thalès eut pour disciple PYTHAGORE (né vers — 570), le père de la Géométrie. La légende néo-pythagoricienne a fait de sa vie un roman : après son long séjour sur les bords du Nil, elle le montre emmené en captivité à Babylone sous Cambyse et le fait voyager jusqu'aux Indes. Pythagore et l'école qu'il fonda dans la Grande-Grèce créent, sous une forme géométrique, entremêlée de concepts mystiques, la théorie des nombres et la théorie des progressions, poursuivent la théorie des proportions arithmétiques et géométriques, fondent la théorie arithmétique des intervalles musicaux, découvrent l'existence (paradoxale, semblait-il) de grandeurs incommensurables et résolvent, par la règle et le compas, des problèmes que l'Algèbre traduira plus tard par des équations du second degré. Le philosophe de Samos s'est immortalisé par la proposition du carré de l'hypoténuse, qu'il paya, au dire de la légende, d'une hécatombe aux dieux immortels, et par la découverte de l'incommensurabilité entre la diagonale du carré et le côté.

Au Ve siècle, siècle d'Alcibiade et de Périclès, naît à Athènes PLATON (430-347) le disciple de Socrate et le fondateur de l'Académie. L'auteur du *Timée*, de *l'État* et d'*Epinomis*, donna aux recherches mathématiques, interrompues par la guerre du Péloponèse, un essor immense, grâce au zèle qu'il déploya pour elles : « ses écrits, remplis de discours mathématiques, éveillent à chaque instant l'ardeur pour ces sciences chez ceux qui s'adonnent à la Philosophie [2]. » Il fit, lui aussi,

---

1 Cette tradition n'a d'autres garants que des écrivains byzantins du XIe siècle.

2 PROCLUS, chef de l'école d'Athènes au Ve siècle de notre ère et commentateur du Livre Ier d'Euclide. Le Prologue de ce commentaire contient un résumé de l'histoire de la Géométrie, d'une valeur capitale, et le classement suivant des sciences mathématiques fait d'après GEMINUS (Ier s. av. J.-C.) : — La Mathématique traite ou bien « des choses intelligibles que » l'âme contemple en s'élevant au-dessus des espèces matérielles, » ou bien « des choses » sensibles. » La Mathématique des choses intelligibles (c'est-à-dire la Mathématique abstraite) comprend l'*Arithmétique* et la *Géométrie*, et cette dernière comprend la théorie du plan et la stéréométrie. La Mathématique des choses sensibles (c'est-à-dire la Mathématique

un voyage scientifique en Égypte, puis visita les écoles grecques de la Sicile. Il formule les définitions et les principes fondamentaux de la science des grandeurs. Il enseigne la méthode analytique, qui permet de découvrir dans les données d'une question les éléments de sa solution : la méthode employée plus tard en Algèbre et qui consiste à traiter dans les équations les quantités inconnues comme si elles étaient connues, n'est, en fait, que cette méthode analytique déjà introduite en Philosophie par Platon *(République*, VI) et appliquée à la Géométrie par ses disciples.

Si le caractère véritable de l'Algèbre réside moins dans l'emploi de symboles abréviatifs que dans les idées générales traduites par ces notations, on doit reconnaître chez plusieurs disciples de Pythagore et de Platon des géomètres habiles dans l'art des transformations analytiques. Tels furent HIPPOCRATE de Chio (né vers — 450), qui ramena le fameux problème déliaque de la duplication du cube à l'insertion de deux moyennes proportionnelles entre deux quantités [1]; le

---

concrète] comprend six parties : la *Logistique* [ou l'Arithmétique pratique et appliquée aux problèmes usuels : problèmes *mélites* (de pommes) ou *phialites* (de fioles), etc.], la *Géodésie* [ou la Géométrie de mesure : mesure pratique des aires et des volumes], l'*Optique*, qui mesure les distances à l'aide des lignes de vision et des angles; la *Canonique*, qui étudie expérimentalement les longueurs harmoniques et donne les canons pour les longueurs des cordes de la lyre; la *Mécanique* et enfin l'*Astrologie*.

[1] Une peste ravageait l'île de Délos. On consulta l'oracle sur les moyens d'apaiser le courroux céleste; le dieu se contenta d'exiger qu'on doublât son autel, qui était de forme cubique : on se hâta de construire un autel nouveau, en doublant les côtés. La peste ne cessa point et le dieu, interrogé de nouveau, déclara qu'on n'avait point satisfait à sa demande : l'autel nouveau était l'octuple de l'ancien. Les Déliens en référèrent à l'Académie de Platon, et les géomètres se livrèrent à d'actives recherches. Tel est le récit conservé par EUTOCIUS (VIe siècle de notre ère), dans un *Commentaire sur Archimède*.

Déjà HIPPOCRATE de Chios avait ramené le problème à la recherche d'une proportion doublement continue entre deux quantités.

Soient, en effet, a l'arête du cube primitif et x l'arête du cube cherché. La proportion doublement continue

$$\frac{a}{x} = \frac{x}{y} = \frac{y}{b}$$

donne $x^2 = ay$, $y^2 = bx$ ∴ $x = \sqrt[3]{a^2 b}$, $y = \sqrt[3]{ab^2}$, et en posant $b = 2a$, on a $x^3 = 2a^3$.

Le problème des deux moyennes et le problème géométrique de la trisection de l'angle ont occupé beaucoup de géomètres grecs : aucun de ces deux problèmes ne peut se résoudre graphiquement par la règle et le compas, c'est-à-dire par la droite et le cercle. Leur importance est relevée par cette remarque de l'algébriste français VIÈTE, que tout problème dont la solution dépend d'une équation du troisième degré peut se ramener à ces deux-là.

ARCHYTAS résolut le problème de Délos, théoriquement, en considérant les intersections d'un cylindre, d'un tore et d'un cône convenablement choisis, méthode géométrique qui, analytiquement, revient à la résolution du système d'équations

$$x^2 + y^2 = ax, \quad x^2 + y^2 + z^2 = a\sqrt{x^2 + y^2}, \quad x^2 + y^2 + z^2 = \frac{a^2}{b^2}x^2;$$

ces équations donnent

$$\sqrt{x^2 + y^2} = \sqrt[3]{ab^2} \quad \text{et} \quad \sqrt{x^2 + y^2 + z^2} = \sqrt[3]{a^2 b}.$$

Diverses autres solutions, par la Géométrie plane, furent données : l'une, pratique et élégante, est attribuée à PLATON même par EUTOCIUS, commentateur d'Archimède au VIe siècle; d'autres

pythagoricien Archytas de Tarente, que Platon alla écouter et attira plus tard à Athènes : c'est le géomètre immortalisé par l'ode d'Horace *Te maris et terræ numeroque carentis arenæ Mensorem...;* Eudoxe de Cnide (407-350), ami de Platon et fondateur d'une école rivale de l'Académie, l'école de Cyzique : le Livre V^e des *Éléments* d'Euclide a résumé la théorie de la proportionnalité due à Eudoxe; Ménechme, qui fut l'une des gloires de cette école et qui découvrit les sections coniques : en coupant par un plan perpendiculaire à une arête trois cônes droits à base circulaire, dont les angles au sommet sont respectivement aigu, droit et obtus, il obtint l'ellipse, la parabole et l'hyperbole, courbes que les anciens appelèrent la triade de Ménechme; Théétète l'Athénien, disciple de Socrate : il fonda la théorie des incommensurables et la théorie des polyèdres réguliers, ou des cinq solides, théories codifiées ensuite par Euclide aux Livres X^e et XIIIe de ses *Éléments.*

Les méthodes de calcul des géomètres grecs de cette période nous sont inconnues : ils déguisent leurs formules sous des vêtements géométriques; les propositions arithmétiques que nous exprimons par les identités de l'Algèbre, identités du premier, du second, du troisième degré, ils les énoncent, en un langage géométrique, par des équivalences entre des longueurs, entre des aires, entre des volumes; les problèmes numériques généraux que traduisent nos équations du premier, du second et du troisième degré, ils les résolvent par des constructions géométriques, en appliquant tantôt des relations entre longueurs ou aires ou volumes, tantôt des déterminations de *lieux géométriques,* qui sont des intersections de lignes ou de surfaces. On peut dire, en s'attachant moins aux mots qu'aux idées, que les Anciens ne connaissaient point sans doute nos formelles équations algébriques, mais qu'ils savaient résoudre, soit par des procédés graphiques, soit par des artifices mécaniques, les équations des deux premiers degrés, ainsi que les équations binomes du troisième degré et même de tous degrés.

Aristote (384-322) s'intéressa moins que Platon, son maître, à la Géométrie. Cependant c'est dans les Mathématiques de son temps que le Stagyrite trouva la science dont il abstrait sa célèbre Logique, comme il a abstrait sa Poétique des chefs-d'œuvre littéraires des siècles antérieurs. Notons que, dans sa Logique, il aime à représenter par des majuscules isolées les éléments de ses syllogismes, et il écrit : si A égale B et que B égale C, A égale C; un fait plus remarquable est que, dans sa Physique, il désigne les forces, les masses, les espaces, les temps, par des lettres, α, β, γ, δ : on dirait déjà de l'Algèbre littérale.

A la suite des conquêtes d'Alexandre le Grand, les fondations de l'illustre élève d'Aristote firent apparaître de nombreux centres de culture intellectuelle : Rhodes, Pergame et surtout Alexandrie rivalisèrent d'éclat avec l'antique cité de Minerve. Sous le premier des Ptolémées Lagides, nous voyons Euclide (né vers — 320), servir de lien entre l'école platonicienne, où s'est formé son génie, et l'école naissante d'Alexandrie. C'est lui qui disait à un royal disciple, à Ptolémée, que décourageaient quelques épines à l'entrée de l'étude des Mathématiques : « On n'entre point en Géométrie par des routes royales (Μὴ εἶναι βασιλικήν ἀτραπον

---

sont de Ménechme (— 400), de Héron l'Ancien, etc. Nicomède (— 150) et Dioclès y parvinrent aussi, en inventant l'un la courbe appelée *conchoïde,* l'autre la *cissoïde,* pour laquelle Newton inventa un tracé mécanique. La solution la plus simple est celle de Ménechme, par la construction de deux paraboles ou d'une parabole et d'une hyperbole, et répond à la solution graphique des équations $x^2 = ay$ et $y^2 = bx$ ou $x^2 = ay$ et $xy = ab$.

πρός γεωμετρίαν). » Cet esprit supérieur synthétisa les découvertes arithmétiques et géométriques de ses devanciers dans un chef-d'œuvre immortel, les *Éléments*, avec une clarté, une méthode et une rigueur désespérément admirées par les grands géomètres de tous les âges [1].

Au IIIᵉ siècle, la Géométrie de l'école alexandrine produit deux hommes d'une pénétration d'esprit et d'une sûreté de doctrine prodigieuses, ARCHIMÈDE de

---

[1] Les *Éléments*, qui constituent l'œuvre principale d'Euclide, comprennent treize livres. La Géométrie plane, ou l'étude des angles, du triangle, du quadrilatère, des polygones et du cercle, occupe les Livres I-IV; les Livres Vᵉ et VIᵉ traitent de la proportionnalité des figures et des figures semblables; les Livres VII-IX, que les Anciens appelaient les Livres Arithmétiques, ont pour objet les proportions numériques et les propriétés des nombres; le Livre Xᵉ traite des incommensurables; les Livres XI-XIII sont consacrés à la Géométrie dans l'espace : le plan, les pyramides, les polyèdres. — Deux Livres ont été ajoutés à l'ouvrage d'Euclide et traitent des solides réguliers, principalement du dodécaèdre et de l'icosaèdre : ils ont été écrits, le XIVᵉ, par HYPSICLÈS d'Alexandrie (IIᵉ siècle avant J.-C.), et le XVᵉ, par trois auteurs différents, dont l'un était élève d'un ISIDORE de Milet (VIᵉ siècle après J.-C.).

Sous une forme purement géométrique, Euclide énonce et démontre, dès le Livre IIᵉ, des propositions que l'Algèbre exprime et établit avec une extrême facilité; par exemple, ces théorèmes que nous donnons en langage algébrique : $ab + ac + ad + \ldots = a(b + c + d + \ldots)$; $ab + a(a-b) = a^2$; $ab = b(a-b) + b^2$; $(a+b)^2 = a^2 + b^2 + 2ab$; $(a+h)(a-h) + h^2 = a^2$; $(a+b)^2 = 4ab + (a-b)^2$; etc. Nous dirons ailleurs *(Cours d'Alg.*, **201** et **294**, *notes)* comment la résolution des équations du second degré, la théorie des irrationnelles, la résolution des équations bicarrées et même tricarrées sont excellemment traitées dans les *Éléments*, mais toujours par la Géométrie de la droite et du cercle.

Pendant vingt-deux siècles, c'est à l'école de l'illustre alexandrin que se sont formés tous les grands géomètres, depuis Archimède et Apollonius jusqu'à Pascal et à Fermat, à Newton et à Leibnitz, à Laplace et à Gauss. Depuis de longs siècles, jamais éducation intellectuelle ne fut complète sans l'étude des *Éléments*, soit d'Euclide, soit de quelqu'un de ses copistes. Au Moyen Age, — nous entendons le Moyen Age avec ses universités et ses docteurs, — on voit l'Université de Paris ordonner, à diverses époques, que nul ne sera reçu maître ès arts qu'il n'ait suivi les leçons de Mathématiques (1336, 1442, ...) : à Prague, à Bologne, à Padoue, à Pise, les prescriptions sont les mêmes. Au commencement du XVIᵉ siècle, l'Université de Paris édicte qu'avant de conquérir le titre de maître ès arts, on fera le serment d'avoir entendu l'explication des six premiers Livres d'Euclide. On voit que « la renaissance des bonnes lettres, » comme parle Descartes, coïncidait avec la renaissance des Mathématiques.

A la suite des Croisades, l'Europe avait reçu des Arabes les *Éléments* d'Euclide, perdus depuis plusieurs siècles : jusqu'en 1120, l'Europe n'avait, en effet, entre les mains qu'une *Géométrie* assez médiocre, attribuée à BOÈCE (VIᵉ siècle), que le moine Gerbert, depuis pape sous le nom de Sylvestre II (999-1003) et restaurateur des études en Occident, avait découverte en un couvent de Mantoue et donnée au public. Le texte arabe des *Éléments*, qui datait des kalifes Haroun-al-Raschid et Al-Mansour, fut traduit en latin vers 1120 par le moine bénédictin ADÉLARD de Bath et commenté au XIIIᵉ siècle par CAMPANUS de Novarre. A peine l'imprimerie fut-elle découverte que l'ouvrage d'Euclide fut imprimé (édition *princeps*, Venise, 1482, in-fdlio, texte d'Adélard, avec les *Commentaires de Campanus)*; il eut en trente-cinq ans sept éditions complètes, et un bon nombre d'éditions des six premiers Livres : un texte grec parut à Bâle en 1533, publié par Grynaeus : le texte grec original a été retrouvé au Vatican et publié, avec d'autres écrits d'Euclide, par Peyrard, en 1814. Nous citerons parfois les *Éléments*, d'après l'édition classique et critique du savant danois HEIBERG (Leipzig, 1883-1888).

Les *Éléments de Géométrie* composés en 1794 par LEGENDRE (1752-1833) et qui ont été entre les mains de tous les étudiants depuis un siècle, ne sont que les *Éléments* d'Euclide, revêtus d'une forme moderne, d'ailleurs excellente, par le célèbre analyste français.

Syracuse (287-212) et Apollonius de Perge (né vers —247). Le premier fonde la Géométrie supérieure, crée la Mécanique, et, deux mille ans avant Newton et Leibnitz, invente la méthode des limites ou méthode infinitésimale, qui permet de passer de l'expression d'éléments infiniment petits à l'expression de la grandeur finie formée de leur somme. Le second est surnommé par les Anciens le Géomètre par excellence, et a mérité ce titre en consacrant son génie à un profond *Traité des Coniques,* où est établi géométriquement tout ce que les puissantes méthodes analytiques modernes nous enseignent sur ce sujet. Leibnitz a pu dire : « Ceux qui sont en état de comprendre Archimède et Apollonius admirent moins les découvertes des plus grands hommes des temps modernes. »

A cette même période appartiennent de célèbres travaux dans tous les domaines qui se rattachent aux Mathématiques. — Ératosthène (né vers —276) crée la Géographie scientifique et mesure le premier un arc du méridien, assez exactement ; Hipparque de Nicée (—150) crée la Trigonométrie, invente l'astrolabe, explique la précession des équinoxes et fonde l'Astronomie mathématique ; Strabon (vers —50) et Ptolémée (125-168) compléteront dans la suite le premier l'œuvre d'Ératosthène, le second celle d'Hipparque.

Lorsqu'à la suite des campagnes de Jules César, l'Égypte des Ptolémées devint une province romaine, il s'ouvrit pour l'école d'Alexandrie une ère nouvelle : moins heureuse que sous l'égide des descendants de Lagus, l'école ne produisit plus de puissants génies créateurs, mais elle donna des mathématiciens remarquables encore, qui coordonnèrent et approfondirent les travaux antérieurs. — Sosigène est appelé d'Alexandrie à Rome par Jules César pour corriger le calendrier romain (—44). — Ménélaus (vers l'an 80 de notre ère) compose ses *Sphériques* et y donne des propriétés des triangles sphériques, dues probablement à Hipparque. — Ptolémée (125-168) écrit sa *Composition mathématique,* Σύνταξις μαθηματική, qui traversera le Moyen Age et y recevra le nom pompeux d'*Al Mageste :* elle s'ouvre par une Trigonométrie rectiligne et sphérique, le plus ancien traité sur ce sujet qui nous soit parvenu, et contient l'exposition d'un système astronomique, qui régna dans les écoles jusqu'à Copernic, et la description du ciel : on y trouve le catalogue de 1022 étoiles. Rappelons ici encore que les astronomes grecs étaient bien plus des géomètres que des analystes : les tables des mouvements célestes ne sont que l'expression numérique de constructions géométriques. — Héron l'Ancien, d'Alexandrie, compose ses *Métriques,* ouvrage qui fait le fond de six ou sept traités de Géométrie technique arrangés par des mathématiciens postérieurs : on lui doit aussi le traité *De la Dioptre* [1], attribué longtemps à Héron le Jeune (xe siècle après J.-C.), de Constantinople [2].

---

[1] La *Dioptrique* était, chez les Anciens, l'art de mesurer en se servant de la visée des objets, à l'aide de la *dioptre,* instrument dont l'organe essentiel était une règle terminée par deux pinnules à trous ou à fentes. — Dans le traité *De la Dioptre,* on trouve la plus ancienne démonstration de la règle qui fournit l'aire d'un triangle dont on connaît les côtés, suivant notre formule $S = \sqrt{p\,(p-a)\,(p-b)\,(p-c)}$.

L'époque où vécut Héron l'Ancien est controversée. Plusieurs le placent au premier siècle avant notre ère. Les critiques récents qui ont le plus étudié les écrits de Héron et de son école, font vivre Héron entre Vitruve et Pappus, au siècle des Antonins.

[2] On attribue à Héron le Jeune, ou Héron de Byzance, deux petits traités grecs, *De Machinis bellicis* et *Geodœsia,* et des fragments sur l'art militaire. La rédaction de ces écrits indique le xe siècle ; mais rien ne montre qu'il faille les attribuer à un même auteur. Héron le Jeune a-t-il même existé ? Paul Tannery se demande si la célébrité de l'ancien Héron n'a pas été cause qu'on ait mis ces écrits sous un tel nom.

Enfin Pappus, qui paraît avoir écrit sous le règne de Dioclétien (fin du IIIe siècle), esprit original et souvent profond, que Descartes estime « l'un des plus excellents géomètres de l'Antiquité, » réunit dans ses *Collections mathématiques* le fruit d'immenses travaux d'Arithmétique et de Géométrie de cette première et magnifique période.

A mesure que se prolongent les siècles d'existence de cette école alexandrine, autrefois si brillante, la DÉCADENCE s'accuse plus profonde, pour la science mathématique comme pour la pensée philosophique. A part les Ptolémée et les Pappus, que nous avons nommés, et Diophante, que nous rencontrerons tantôt, il ne se trouve plus que des commentateurs et des compilateurs d'œuvres anciennes, et des arithméticiens, eux aussi presque tous médiocres. Les derniers héritiers de la pensée hellénique, irrémédiablement envahis par les idées orientales, se sont passionnés pour un orgueilleux néo-platonisme, pour un étrange et mystique néo-pythagorisme et pour une folle théurgie, en attendant qu'ils s'absorbent pour de longs siècles dans de stériles et opiniâtres querelles théologiques.

Citons quelques-uns de ces arithméticiens. — NICOMAQUE de Gérasa (fin du Ier siècle) réunit dans son *Introduction arithmétique* les connaissances et aussi les idées mystiques des pythagoriciens antérieurs sur les propriétés des nombres. Pauvre en démonstrations, abondant en digressions prétendument philosophiques, ce livre étrange eut la singulière fortune de devenir le manuel classique des écoles du Bas-Empire et même de faire sentir son influence aux Romains et à tout l'Occident durant le Moyen Age : il fut commenté en grec par de nombreux écrivains byzantins, jusqu'au moine Isaac ARGYRE (XIVe s.), traduit, imité ou résumé en latin par Martianus CAPELLA (Ve s.), par BOÈCE (480-525) et par CASSIODORE (468-562). — THÉON de Smyrne (IIe s.), dans ses *Connaissances utiles pour la lecture de Platon,* développe une *Arithmétique* suivant un plan analogue à celui de Nicomaque. — L'auteur anonyme des *Théologoumènes arithmétiques* développe, plus encore que Nicomaque, les prétendues propriétés physiques, éthiques (ou morales) et théologiques des nombres. — Enfin, au commencement du IVe siècle, le polygraphe néo-platonicien JAMBLIQUE donne, dans la quatrième section de son *Discours sur la secte néo-pythagorique,* une compilation arithmétique alourdie par un chimérique mysticisme. — Nous ne suivrons pas plus loin l'histoire de la science antique : les deux siècles de survie qui lui restent sont sans intérêt pour nous; en 529, l'école d'Athènes, qui réunissait les derniers représentants de la pensée et de la science des Hellènes, est supprimée par un décret de Justinien [1].

Dans ces derniers siècles de néo-pythagorisme et de décadence, deux hommes avaient écrit des ouvrages réellement arithmétiques : THYMARIDAS et DIOPHANTE. Du premier, le nom seul est arrivé jusqu'à nous, grâce à son fameux *épanthème* cité par Jamblique [2]. Le second, DIOPHANTE, contemporain de Pappus, se rattache

---

[1] Par une intéressante coïncidence de date, en cette même année 529, où, en Orient, un décret impérial fermait l'Université d'Athènes, un moine d'Occident fermait le dernier temple païen resté ouvert en Italie, le temple d'Apollon, sur le Mont-Cassin, et y fondait un Ordre qui devait fournir de nombreux et illustres champions à la science chrétienne.

[2] L'*épanthème* (ἐπάνθημα, efflorescence) est le nom d'une proposition arithmétique intéressante pour l'histoire de l'Algèbre. En langage moderne, cette proposition peut s'énoncer comme il suit :

Si l'on connaît la somme S de n inconnues $x_1, x_2, x_3, ..., x_n$, ainsi que les $n-1$ sommes

sans doute chronologiquement à la période dont on vient de retracer l'histoire, mais, par les matières qu'il traite dans son principal écrit, l'illustre auteur des *Arithmétiques* appartient à une ère nouvelle. Diophante est le père de l'Algèbre.

II.

La seconde période, que nous appellerons le Moyen Age des Mathématiques, ou la période arithmético-algébrique, nous montre l'Algèbre naissante, et s'étend depuis l'époque marquée par l'œuvre incomprise de Diophante jusqu'à la fin du XVIe siècle.

L'Algèbre fit une première et passagère apparition en Occident, vers le IIIe siècle de notre ère, mais pour disparaître aussitôt, sans laisser presque aucune trace : nous voulons parler des travaux de DIOPHANTE, qui paraissent avoir attiré fort peu l'attention des Grecs et dont l'influence sur les mathématiciens des autres peuples, Hindous ou Arabes, reste problématique. En réalité, la science algébrique que nous possédons aujourd'hui, eut pour parrains les Hindous et les Arabes, et c'est de ces peuples orientaux que l'Europe chrétienne la reçut au XIIIe siècle, par les mains des marchands italiens et des mathématiciens d'Espagne.

DIOPHANTE écrivit à Alexandrie ses treize *Livres Arithmétiques* : les six premiers nous sont parvenus, ainsi qu'un livre sur les *Nombres polygones*. Tout est énigmatique dans l'histoire de cet homme, de ses travaux, de son influence. Sa patrie nous est inconnue. De sa vie, on ne sait rien, excepté, grâce à une épigramme, byzantine, le nombre d'années qu'il vécut [1]. L'époque même où il florissait, est

---

obtenues en additionnant séparément x_1 avec chacune des inconnues suivantes, il suffit de faire la somme de ces $n-1$ sommes partielles, d'en retrancher S et de diviser le reste par $n-2$, pour obtenir la valeur de x_1 ; et l'on en conclura immédiatement la valeur de chacune des autres.

Jamblique applique cette proposition à la solution en nombres entiers les plus petits possibles des systèmes d'équations indéterminés :

1) $\quad x_1 + x_2 = 2(x_3 + x_4), \qquad x_1 + x_3 = 3(x_2 + x_4), \qquad x_1 + x_4 = 4(x_2 + x_3),$
et
2) $\quad x_1 + x_2 = \frac{3}{2}(x_3 + x_4), \qquad x_1 + x_3 = \frac{4}{3}(x_2 + x_4), \qquad x_1 + x_4 = \frac{5}{4}(x_2 + x_3).$

Les procédés de ces systèmes indéterminés se rapprochent singulièrement des procédés de Diophante, comme le fait bien observer Paul TANNERY dans son livre *Pour la Science hellène* (1887).

Un détail d'intérêt historique est que Jamblique, parlant algébriquement, à la suite sans doute des mathématiciens qu'il copie, désigne par le mot ἀόριστος (non déterminé) l'*inconnue* et par le mot ὡρισμένος tout nombre donné déterminé. Il ne se sert d'aucun signe, soit littéral, soit opératoire.

[1] L'épigramme le fait vivre 84 ans (voy. à la fin de ce volume, *Exercices et Problèmes*, I, 5). L'auteur de cette épigramme arithmétique paraît être MÉTRODORE DE BYZANCE, grammairien et mathématicien qui écrivit sous Constantin. On lui attribue bon nombre des 45 énigmes arithmétiques, en hexamètres grecs, placées par Bachet de Méziriac à la fin du Livre Ve de Diophante et qui sont extraites de l'*Anthologie* : telles sont les énigmes du mulet et de l'ânesse, du lion d'airain, du réservoir aux trois canaux, etc.

controversée : sans pouvoir être ni antérieur à Hypsiclès (vers — 200), ni posté-
rieur à Théon d'Alexandrie (vers + 365), Diophante écrivit probablement vers la
fin du IIIᵉ siècle et se trouve aussi contemporain de Pappus.

Surnommé aujourd'hui le Père de l'Algèbre, Diophante est le plus ancien mathématicien, parmi les Occidentaux, dont les écrits nous montrent, soumis au calcul,
les nombres abstraits et généraux : les questions numériques sont traduites chez lui
en véritables équations entre nombres abstraits, et non plus, comme chez ses prédécesseurs, en équivalences entre des lignes, entre des aires, entre des volumes. D'un
génie inégal aux divers endroits de son œuvre, il calcule, tantôt avec une merveilleuse sagacité, tantôt sans témoigner d'un talent hors ligne, les solutions positives
et rationnelles d'équations indéterminées des deux premiers degrés; car l'analyse
indéterminée est bien l'objet principal de ses *Arithmétiques*. Il traite aussi
l'équation déterminée du second degré. Il n'admet point les nombres négatifs
isolés et, par suite, il rejette les solutions négatives des problèmes. Il n'applique
jamais sa théorie à la Géométrie. Il écrit sans nulle formule et presque sans aucune
notation [1] ses équations, toutes numériques, et ses transformations d'équations.

Partout il dissimule ses méthodes de recherche, ses règles générales, ses
formules, en un mot son *Algèbre* : il devait cependant avoir tout cela, et l'on peut
penser, avec Paul TANNERY, que ses *Porismes*, qu'il invoque souvent et que nous
n'avons point, contenaient précisément ces règles et ces principes généraux : peut-
être ces *Porismes* étaient-ils des scolies épars dans les *Arithmétiques* et que les
premiers copistes de l'ouvrage auront laissé de côté. Plusieurs indices permettent
de croire que Diophante n'est point l'inventeur de cette science algébrique que
révèle son œuvre, mais qu'il a recueilli en son ouvrage, avec le fruit de recherches
personnelles, le résultat des travaux antérieurs et l'enseignement traditionnel et pratique de la haute Arithmétique, enseignement plusieurs fois séculaire et remontant
peut-être aux premiers âges de la science grecque [2]. Mais parmi les contemporains

---

[1] Nous aurons occasion ailleurs de donner une idée de l'écriture algébrique de Diophante
(voy. les notes aux nᵒˢ **23, 88, 202**). Indiquons ici quelques-unes des notations, ou plutôt des
abréviations, adoptées par le Père de l'Algèbre, mais observons que les copistes auxquels
nous devons les divers manuscrits des *Arithmétiques*, ne se sont pas fait faute d'altérer
singulièrement et de diverses façons les notations diophantines.

Diophante représente l'*inconnue*, le nombre cherché, ἀριθμός, par une ancienne lettre
grecque assez voisine du sigma ς, le *sti*. Les unités de quantités connues s'appellent des
monades, μονάδες, et se désignent par les initiales Mᵒ ou μᵒ. Les abréviations suivantes
sont fréquentes : αᵒˢ, βᵒˢ, γᵒˢ pour πρῶτος, *primus*; δεύτερος, *secundus*; τρίτος, *tertius*;
βπλ pour διπλάσιος, *bis sumptus*; γπλ pour τριπλάσιος, *ter sumptus*; ισ pour ἴσος,
æqualis; ☐ᵒˢ pour τετράγωνος, *numerus quadratus*; πλ pour πλευρά, *latus, radix*.

En fait de symboles, Diophante emploie un signe de soustraction : ⋔, ou, plus authenti-
quement, ⋏. Le symbole ⊥ signifie ὀρθή, *perpendicularis*.

Les fractions, quand elles ont l'unité pour numérateur, se distinguent par un accent double
placé à droite des lettres numérales qui désignent le dénominateur : γ″, δ″, ..., pour
$\frac{1}{3}, \frac{1}{4}$, ...; quelquefois, elles ont un symbole propre : ∠ pour $\frac{1}{2}$. Lorsqu'elles ont un numérateur autre que l'unité, Diophante écrit le numérateur sous le dénominateur et le sépare par
une ligne : $\frac{\eta}{\iota\gamma}$ signifie $\frac{13}{8}$; $\frac{\alpha \cdot \omega\iota\delta}{\rho\chi\zeta \cdot \varphi\xi\eta}$ signifie $\frac{1270568}{10814}$. Quelquefois, au lieu du double
accent, Diophante indique la fraction par deux traits croisés; ainsi ςˣ désigne la fraction $\frac{1}{x}$.

[2] Telle est l'opinion de Paul TANNERY. Du reste, on ne peut plus admettre, avec HANKEL, que

de Diophante, les uns étaient restés géomètres purs, comme au temps de Thalès, les autres se consumaient dans de vaines considérations sur la décade mystique et dans une Arithmétique médiocre. L'Algèbre diophantine ne fut point comprise, et, malgré les commentaires de la célèbre HYPATIA (370-415) sur les six premiers Livres, les *Arithmétiques* et leur auteur furent bientôt ensevelis pour des siècles dans l'oubli [1].

En Diophante, nous avons salué le dernier des grands mathématiciens de l'Antiquité. Ainsi que nous l'avons dit, Alexandrie et Athènes, les derniers refuges de la science païenne, ne produisirent plus que des commentaires sur les géomètres anciens et de maigres traités arithmétiques, commentaires et traités où s'entremêlent des digressions sur les sentences du divin Platon et du surhumain (δαιμόνιος) Aristote et des considérations prétendument philosophiques et mystiques. Après la disparition de l'école d'Athènes (529), l'école de Byzance recueillit les héritiers de la Philosophie et des Mathématiques grecques. Sans jamais produire un seul mathématicien éminent, la science byzantine prolongea près de mille ans, au travers des discordes civiles et des luttes de partis et au milieu des disputes dogmatiques et des querelles philosophiques, une misérable existence, à laquelle mit fin, en 1453, la prise de Constantinople par les Turcs.

Le lecteur a pu s'étonner que, dans les pages qui précèdent, Rome n'ait nulle part été nommée. Il est temps d'indiquer la culture, tardive et parcimonieuse, accordée aux Mathématiques par le peuple-roi.

A la passion de la gloire militaire et de la souveraineté politique du monde, le peuple romain ne joignait aucunement le génie des arts et des sciences. Le jour où

Diophante ait subi une influence venue des Indes, quoique les arguments de l'orientaliste WOEPCKE aient donné une certaine probabilité au fait d'une transmission des connaissances scientifiques de l'Inde en Grèce vers le IIIe siècle avant notre ère. Au contraire, la science des Hindous (Astronomie, Géométrie, Algèbre même) peut fort bien avoir eu son principal point de départ dans la science grecque, surtout à partir de l'époque d'Alexandre le Grand.

[1] Un manuscrit, échappé aux bibliothèques de Chypre, à la fin du Xe siècle, fut transmis aux Arabes, qui le traduisirent. — Au XIIIe siècle, George PACHIMÈRE, philosophe et historien byzantin, donna sur le Livre Ier un commentaire, récemment découvert à la bibliothèque Vaticane par Tannery. — Au XIVe siècle, le moine grec Maxime PLANUDE, envoyé en mission à Venise (1327) par l'empereur Andronic, revisa un manuscrit des *Arithmétiques* et le commenta. — En 1464, REGIOMONTANUS [Jean Müller, de Kœnigsberg] signala à Venise un manuscrit, qu'il songea à traduire; un siècle plus tard, en 1575, à Bâle, les *Arithmétiques* furent enfin publiés, traduits en latin avec les scolies de Planude par XYLANDER [Holzmann]. Bombelli venait de les signaler de nouveau, dans son *Algebra* (1572). En 1621, BACHET DE MÉZIRIAC donna le texte grec même, avec une bonne traduction latine et de savants commentaires : l'illustre FERMAT ayant couvert de notes les marges d'un exemplaire de l'édition de Bachet, ces notes furent publiées par son fils, Samuel FERMAT, en 1670, à Toulouse, dans une magnifique édition de Diophante; on a placé dans cette même édition la correspondance entre Fermat et le jésuite Jacques DE BILLY (1602-1679), l'un des algébristes les plus habiles et les plus estimés de son temps; dans ces notes et dans cette correspondance se trouvent les plus belles découvertes de Fermat sur la théorie des nombres. La première traduction française (1585 et 1625) de Diophante est due en partie à Simon STEVIN, de Bruges, et en partie à Albert GIRARD. Paul TANNERY, de Toulouse, a donné une excellente édition classique et critique du texte grec, d'après un manuscrit du XIIIe siècle, antérieur à la revision de Planude, avec une traduction latine (Leipzig, Teubner, 1893-1895).

les arts lui plurent et où les sciences lui semblèrent utiles, c'est à la Grèce et à l'Égypte qu'il les demanda, comme un conquérant réclame de provinces conquises tel impôt qu'il veut [1]. Sans goût et sans estime pour les Mathématiques, il sentit cependant le besoin de cette science pour mesurer et partager les champs de ses colonies, pour tracer à travers l'empire les immenses voies romaines, pour jeter d'une montagne à l'autre les aqueducs gigantesques, pour couvrir de grandioses monuments la Rome impériale. L'Arithmétique et la Géométrie furent à ses yeux des sciences utiles, mais des sciences professionnelles, et la culture en fut abandonnée à des plébéiens de bonne volonté et à des ingénieurs militaires, ou imposée à des esclaves et à des affranchis, souvent d'origine grecque ou égyptienne.

Parmi les travaux de Mathématiques appliquées, citons le traité *De Architecturâ* écrit, à la demande d'Auguste, vers l'an —11, par VITRUVE, ancien ingénieur militaire des troupes de Jules César; le *Stratagematica*, le *De Aquæductibus Urbis Romæ* et le *De re agrariâ* de l'écrivain militaire FRONTIN (40-103); le *De re rusticâ* écrit vers l'an 62 par un ancien tribun militaire devenu agronome, COLUMELLE, de Gadès (ou Cadix) : l'un des douze Livres de cet ouvrage traite de la mesure des champs; le *De Limitibus* d'un certain HYGINUS, affranchi d'Auguste; les fragments d'un grand traité d'arpentage d'un autre Hyginus; etc. Les traités d'arpentage qu'on vient d'indiquer et en général le recueil des écrits des *Agrimensores*, ou *Gromatici*, sont au-dessous de toute critique [2]; le quelque peu de Géométrie qui s'y rencontre semble provenir d'Égypte et se retrouve chez Héron d'Alexandrie.

La réforme du calendrier romain sous Jules César appartient moins à l'histoire de la science mathématique romaine, qu'à l'histoire de la science égyptienne : c'est, en effet, à un astronome d'Alexandrie, SOSIGÈNE, que Jules César fit appel pour tirer de son désarroi le calendrier républicain de Rome. Les pontifes romains en étaient restés au calendrier de Numa, corrigé par les Décemvirs, et tel était le désaccord entre les fastes et le temps vrai, que la fête de Flore, les *Floralia,* au lieu de tomber le 28 avril, était inscrite à la mi-juillet. Sosigène se contenta de faire adopter un calendrier déjà loué par Eudoxe, qui, en —362, l'avait trouvé en usage chez les astronomes égyptiens : ce calendrier repose sur un cycle solaire de quatre ans, qui comprend trois années de 365 jours et une année de 366 jours. Jules César, en vertu de ses droits de grand pontife, abolit l'ancien calendrier, fit durer 445 jours *l'année de confusion,* 708 U. C., et fit mettre en vigueur, à partir du 1er janvier de l'an 709 U. C., ou 44 avant J.-C., le calendrier nouveau ou *calendrier julien.*

En Mathématiques théoriques, Rome n'a rien produit. Si nous allons citer quelques personnages et quelques écrits, c'est parce que le lecteur s'intéresse à l'histoire de l'enseignement des Mathématiques élémentaires autant qu'à l'histoire de leurs progrès.

---

[1] A l'endroit des arts, le peuple romain était grossier et barbare naturellement : mis en contact, par la conquête, avec la Grèce, il finit par s'initier à l'intelligence du beau en copiant les produits de l'art grec; l'art romain fut presque entièrement grec. (Voir J.-J. AMPÈRE, *L'Histoire romaine à Rome*, t. IV, 1864 : ch. XIV, *L'Art chez les Romains.*)

[2] Les arpenteurs romains formaient une classe nombreuse et respectée; leurs fonctions étaient de mesurer et de partager les champs à assigner aux colons, et ils exerçaient un pouvoir judiciaire dans les contestations relatives aux propriétés rurales. Le *groma,* ou *gruma,* était une espèce d'équerre d'arpenteur très primitive.

L'encyclopédiste Varron (116-27), le plus érudit des Romains et le plus fécond des écrivains latins, a consacré aux Mathématiques quelques-uns de ses cinq cents ouvrages [1] : à peine un ou deux de ses écrits nous sont-ils parvenus, mais nous regrettons peu la perte de livres tels que son *De principiis numerorum*, probablement d'une valeur scientifique négligeable. Nous préférerions avoir ses *Novem libri disciplinarum*, où il donnait le programme de l'enseignement : aux trois sciences déjà introduites avant lui dans les écoles d'Italie, la Grammaire, la Rhétorique, la Dialectique ou Logique, il en ajoutait quatre autres, restées longtemps l'enseignement propre des écoles grecques, l'Arithmétique, la Géométrie, l'Astronomie et la Musique. Ces sept branches constituèrent les sept arts libéraux, *artes liberales* : sous le nom de *trivium* et *quadrivium*, elles se perpétuèrent dans les écoles romaines de la décadence, puis, à travers le Moyen Age et la Renaissance, dans toutes les écoles de l'Occident jusqu'au xviie siècle.

Au ve siècle, l'écrivain africain Martianus Capella écrit à Rome son *Satyricon* : c'est une encyclopédie des sept arts libéraux, mélange bizarre d'une prose rude et d'une barbare poésie, s'ouvrant par l'allégorie *De nuptiis Philologiæ et Mercurii* et consacrant sept Livres aux lettres (Philologia) et aux sciences (Mercurii) : l'*Arithmétique* est un résumé de celle de Nicomaque et la Géométrie contient des notions empruntées à Euclide.

Vers la même époque, deux écrivains célèbres soutinrent parmi les Ostrogoths la gloire du nom romain et la splendeur des lettres latines : Boèce (480-525) et Cassiodore (468-562). — Nous avons les écrits de Boèce [2] sur deux ou trois des quatre branches du *quadrivium* (c'est le nom qu'il donne aux Mathématiques et qui leur resta dans la suite) : son *Arithmétique* est imitée de celle de Nicomaque; sa *Musique* est puisée aux œuvres grecques; quant à sa *Géométrie*, elle est d'une authenticité très problématique et paraît l'œuvre d'un ignorant et maladroit faussaire, peut-être de quelque arpenteur de profession. Cette *Ars Geometriæ* comprend deux Livres : le premier se réduit à des définitions, à des notions générales et à un extrait des deux premiers Livres d'Euclide, et il se termine par un fragment *De ratione Abaci*, dont l'interpolation n'est plus guère contestée; le second Livre est une compilation lourde et confuse d'éléments empruntés aux *agrimensores*. L'interpolation du fragment sur l'*Abacus* et même la rédaction de toute cette Géométrie paraissent postérieures au ixe siècle. — Cassiodore, dans les

---

[1] Parvenu à l'âge de soixante-dix-sept ans, l'infatigable polygraphe se complaît à observer que le nombre de ses écrits dépasse soixante et dix fois sept. Varron avait été formé à Athènes même à l'étude des lettres et des arts; il avait été le condisciple de Cicéron. Du reste, Cicéron lui-même n'était pas sans quelque connaissance des Mathématiques : il parle volontiers des Géomètres grecs et il aime à montrer que l'Astronomie ne lui est pas étrangère.

[2] D'abord ministre et conseiller de Théodoric, puis devenu la victime illustre de l'injuste défiance du roi arien, Boèce est célèbre surtout par son *De Consolatione Philosophiæ*, expliqué dans les écoles du Moyen Age; commentateur d'Aristote, il est le dernier des philosophes anciens et le premier des philosophes scolastiques. Cassiodore, ministre à la cour de ce même roi et de ses successeurs, acheva, vers 538, sa longue carrière politique en allant fonder à Squillace une pieuse et savante institution monastique : dans ces temps de troubles et de désordres, les moines de Squillace et les moines du Mont-Cassin ouvrirent un refuge aux lettres et aux sciences anciennes. — On trouvera les écrits de Boèce et de Cassiodore, comme ceux de Bède, d'Alcuin, de Gerbert, dans la *Patrologie latine* de l'abbé Migne. La meilleure édition des œuvres mathématiques de Boèce est due à G. Friedlein (Leipsig, 1867).

sept chapitres de son *De Artibus ac Disciplinis liberalium litterarum*, qui acheva de fixer l'enseignement tel qu'il fut suivi durant le Moyen Age, consacre à l'Arithmétique et à la Géométrie quelques pages encore plus brèves et plus médiocres que celles de Boèce.

Le fragment *De ratione Abaci* prétendûment de Boèce et un autre écrit, *Liber Abaci*, placé dans les œuvres de GERBERT (xe siècle) et qui est de son disciple BERNELINUS, sont devenus célèbres à la suite de la discussion soulevée en 1837 par Michel CHASLES (1793-1880) : le savant géomètre y a vu l'origine de nos chiffres dits arabes et de notre numération écrite décimale [1]. Dans les deux documents, il y a de nombreux caractères numéraux ou *apices* : Chasles leur trouve des ressemblances de forme avec nos neuf chiffres. De plus, les deux documents décrivent un *abacus*, ou un tableau à lignes horizontales et verticales, dont les colonnes portent les en-tête I, X, C, M, XM, CM, ..., et les jetons qu'il faut faire mouvoir sur cet *abacus* sont marqués des neuf premiers chiffres : les calculs effectués sur l'*abacus* sont fondés sur la valeur de position décimale. On voit que cet *abacus* est tout autre chose que l'antique abaque (ἄβαξ), ou table de calcul, dont les Grecs et les Romains de toute antiquité, comme aujourd'hui les Russes et les Chinois, se servaient pour effectuer leurs calculs numériques à l'aide de cailloux *(calculus, ψῆφος)* ou de jetons. Ajoutons que les mots *abacus* et *abacista* restèrent, pendant le Moyen Age, les synonymes de nos mots actuels *calcul* et *calculateur*. Nous laisserons de côté cette controverse d'Arithmétique historique [2].

---

[1] *Aperçu historique sur l'Origine et les Développements des Méthodes en Géométrie*, par M. CHASLES, membre de l'Institut de France, Bruxelles, 1837, in-4o, pp. 464-476.

[2] Le problème de l'origine de notre numération décimale écrite a été la croix de tous les historiens des Mathématiques. Il n'a point encore reçu sa complète et définitive solution : les théories en apparence le mieux étayées sont facilement ébranlées à la suite de nouvelles recherches. De plus, le problème est complexe : il s'agit à la fois de l'origine de nos chiffres, dits arabes, de l'origine de la valeur de position des chiffres et de l'origine du zéro.

Dans les derniers siècles, on assignait une origine arabe à cette numération décimale écrite. C'est bien, en effet, à la suite de nos communications scientifiques avec les Musulmans d'Espagne et d'Orient que se sont répandus dans l'Europe chrétienne, à partir du milieu du xiie siècle et pendant le xiiie et le xive siècle, l'usage de nos chiffres actuels, appelés de bonne heure *chiffres arabes*, ainsi que l'emploi de la valeur de position des chiffres, l'usage du zéro et enfin un ensemble de procédés de calcul simples et expéditifs. Cette numération et ce calcul prirent et conservèrent longtemps le nom d'*Algorisme*, du nom du célèbre AL-KHORIZMI, ou Al-Hovarez, l'auteur du plus ancien traité de calcul qu'on ait traduit de l'arabe.

Un second fait hors de toute controverse, c'est l'origine hindoue de cette numération et de ce calcul arabes. Après s'être forgé primitivement une numération alphabétique à l'imitation des Grecs, les Arabes ont eu connaissance de la numération décimale écrite et des méthodes de calcul des Hindous et ils les empruntèrent : à l'époque d'AL-HOVAREZ (ixe s.), ils se les étaient appropriés définitivement. Aussi FIBONACCI, NEMORARIUS, SACRO BOSCO, PLANUDE et tous les algoristes et algébristes du xiiie et du xive siècle appellent *chiffres indiens* et *calcul indien* les chiffres arabes et le calcul arabe, se conformant du reste en cela à la tradition des Arabes eux-mêmes et en particulier à l'attestation d'AL-HOVAREZ.

Un autre ordre de faits, corroborés par les recherches que provoqua en 1837 le célèbre *Aperçu historique* de CHASLES, est que dès le xie et même le xe siècle, avant toute importation de la littérature scientifique des Arabes d'Orient, il existait dans la France septentrionale et en Allemagne des chiffres d'une frappante ressemblance de forme avec nos neuf chiffres et un système de calcul basé sur la valeur de position des chiffres. Ces chiffres, c'étaient les neuf *apices* dits de Boèce; ce calcul, c'était le calcul par l'*abacus* du Pseudo-Boèce et de

Boèce et Cassiodore personnifièrent la lutte de la civilisation chrétienne contre les causes multiples qui conspiraient à étouffer toute culture des lettres et des sciences : la dissolution de l'empire romain d'Occident, l'invasion des barbares, les guerres incessantes, l'état chaotique de l'Europe entière.

Gerbert. Sans doute, les *apices* n'étaient point d'un usage populaire : les illettrés calculaient sur leurs doigts et sur les articulations de leurs doigts (les neuf premiers nombres s'appelaient *digiti* et les nombres entiers de dizaines s'appelaient *articuli*, termes devenus classiques depuis l'*Ars Geometriæ* du Pseudo-Boèce) ; ou bien encore ils calculaient par jetons ; les lettrés mêmes se servaient presque tous des sigles romains et Gerbert lui-même faisait fabriquer pour son *abacus* mille jetons de corne numérotés à la romaine. Mais les *apices* finirent par se répandre dans les classes instruites, et lorsque le XIIe et le XIIIe siècle apportèrent à l'Occident les richesses de l'Orient musulman, l'Occident adopta la numération écrite, le zéro et l'algorisme des Arabes, mais n'adopta point la forme des chiffres orientaux : on conserva et on vulgarisa les *apices*, qui néanmoins prirent le nom de *chiffres arabes*.

Du reste, cette dénomination n'était pas mensongère. A l'époque même où les disciples de Gerbert calculaient *(abacizabant)* avec leurs *apices*, les Arabes d'Espagne et d'Afrique avaient à leur usage des chiffres offrant une différence marquée avec les chiffres des Arabes d'Orient : on les appelait les chiffres *gobàr*, mot qui signifie *poussière*. — Ce mot rappelle peut-être que les tables à calculer, les abaques, étaient de simples planchettes couvertes d'un sable fin sur lequel on traçait les lignes, ou les colonnes, et les chiffres : dans la langue de Cicéron, un mathématicien s'appelait *homo à pulvere et radio (Tusc. V, 23).* — Or, il se fait qu'entre les *apices* de l'Occident chrétien et les chiffres *gobàr* des Arabes d'Occident, il y a presque complète identité de forme. Les *apices* descendent-ils des chiffres *gobàr*? Au contraire, les chiffres *gobàr* ont-ils été empruntés aux Latins par les Arabes? Les uns et les autres sont-ils des copies d'un même prototype et, conformément à l'opinion de CHASLES, de TH.-H. MARTIN, de CANTOR, serait-ce l'école néo-pythagoricienne d'Alexandrie qui aurait fourni le modèle primitif des uns et des autres? Nous ne résoudrons point ces questions.

De nouvelles recherches, dont les conclusions ont été synthétisées en 1863 dans le *Mémoire sur la propagation des chiffres indiens* de l'orientaliste WOEPCKE *(Journal asiatique)*, ont apporté de nouvelles lumières à la question. Cette fois encore, c'est de l'Orient que la lumière est venue : *ab Oriente lux.* C'est dans l'Hindoustan qu'on a rencontré enfin les prototypes cherchés : la lecture d'inscriptions antiques, datant des premiers siècles de notre ère, a fait découvrir des chiffres identiques aux *apices* et aux chiffres *gobàr*, et par conséquent à nos chiffres actuels, et ces chiffres hindous ne sont autre chose que les initiales des noms sanscrits des nombres correspondants. — Là s'arrêtent les faits relevés. Il est difficile de remonter plus haut et, déjà dans cette thèse de l'origine hindoue des *apices* et des chiffres *gobàr*, il se rencontre bien des points obscurs. Les recherches épigraphiques ont fait connaître au moins une douzaine de formes diverses des chiffres hindous ; souvent aussi, dans un même type de chiffres, la forme d'un chiffre diffère suivant qu'il exprime des unités, des dizaines, des centaines, des milliers, etc.

Revenons à l'*abacus* de Gerbert, ou, comme on l'appelait à tort, à l'*abacus* de Boèce. Le calcul par l'*abacus* était calqué sur les procédés du calcul écrit arabe : les colonnes correspondent aux rangs des chiffres de la numération décimale, les vides dans les colonnes correspondent aux zéros, chaque jeton est numéroté et prend place en une colonne, comme un chiffre prend place à son rang. Tel était l'*abacus* des lettrés.

Tout autre était l'*abacus* populaire que les Grecs et les Romains, les Égyptiens et probablement les Babyloniens ont eu entre les mains il y a des milliers d'années et que nos ancêtres n'ont abandonné qu'il y a quatre ou cinq cents ans. Le calcul se faisait en posant sur des lignes parallèles des jetons-unités : quatre, cinq ou six jetons posés sur telle ou telle ligne représentaient autant de dizaines, ou de centaines, ou de milliers ; par exemple, comme disait au XIIIe siècle un intéressant traité *De l'art d'arismetika*, récemment publié : « Toutes disaines getées par deseur cent valent mil [dix jetons jetés sur la ligne des centaines représentent

Quelques noms suffisent à résumer l'histoire de la restauration des sciences dans les siècles suivants. — Isidore de Séville (VIIe siècle) écrivit une encyclopédie des connaissances de son temps, les *Étymologies*, et y résuma en quelques pages les notions courantes de Géométrie et d'Arithmétique. — Le moine anglais Bède (673-735), le plus docte écrivain de son temps, s'intéressa aux Mathématiques, mais les écrits arithmétiques qu'on lui attribue lui sont postérieurs. — Un autre moine anglais, Alcuin (735-804), fut le promoteur de la civilisation anglo-saxonne. Appelé par Charlemagne, il fonda une célèbre école à la cour même de l'empereur. Sous l'impulsion de Charlemagne et sous la direction d'Alcuin, l'instruction publique s'organisa dans l'Occident : on vit se multiplier et rivaliser les écoles palatines, établies dans les palais des princes, et les écoles claustrales, entretenues dans les habitations des évêques et dans les cloîtres des abbayes. La plupart des écrits d'Alcuin sont théologiques; mais l'Arithmétique, l'Astronomie, la Dialectique, la Rhétorique préoccupent également ce lettré classique, ce moine érudit. — La fin du Xe siècle fut éclairée par la science du moine bénédictin Gerbert, qui illustra le trône pontifical sous le nom de Sylvestre II. Né à Aurillac, en Auvergne, et élevé à l'école claustrale des bénédictins d'Aurillac, il visita la Marche d'Espagne, alla ensuite enseigner à Bobbio, en Lombardie, puis fut invité par le savant évêque Adalbéron à diriger son école claustrale de Reims; il y fonda une bibliothèque philosophique, littéraire et mathématique. Il devint archevêque de Ravenne et fut appelé à porter la tiare. Il promut puissamment les sciences et la Philosophie dans tout l'Occident [1]. Il fit connaître l'*Arithmétique* de Boèce, alors oubliée; il écrivit lui-même une *Géométrie* qui, sans dépasser ni en étendue, ni en valeur, la Géométrie attribuée à Boèce, est conçue dans un esprit plus pratique : c'est un recueil de problèmes de Géométrie usuelle. On lui a longtemps

---

mille]. » — Du reste, l'*abacus* des Grecs et des Romains s'est survécu jusqu'à nos jours, dans l'utile boulier-compteur encore employé en Russie par les petits commerçants : le général Poncelet l'a rapporté de Russie en 1814 et l'a introduit dans les écoles primaires.

Résumons les faits. Notre numération décimale écrite, tout entière, — chiffres, zéro, valeur de position, — nous est venue des Arabes, mais ceux-ci l'avaient reçue des Hindous. Les *apices* de l'Occident latin, au XIe siècle, sont une forme archaïque de nos chiffres actuels, mais ne différaient pas des chiffres *gobár* de l'Espagne musulmane : les uns et les autres, *apices* et chiffres *gobar*, ont leurs prototypes dans les inscriptions sanscrites de l'Hindoustan. Enfin, l'*abacus* de Gerbert a été, pour les calculateurs instruits, un prélude au calcul décimal écrit. Nous avons cité, mais sans la faire nôtre, une opinion qui compte encore d'ardents défenseurs et qui fait remonter jusqu'à l'école néo-pythagoricienne d'Alexandrie toute la numération décimale écrite. Ce serait de cette école néo-grecque, héritière elle-même de l'enseignement traditionnel des disciples de Pythagore, que les pays latins d'une part et l'Orient d'autre part, c'est-à-dire les Persans et les Hindous, auraient reçu l'usage du tableau à colonnes, leur numération décimale écrite et peut-être jusqu'à la forme même de leurs chiffres.

[1] Si nous retracions l'histoire des Mathématiques dans notre pays, il y aurait ici plusieurs personnages à citer. Nommons d'abord deux évêques de Liège qui, dans ce Xe siècle, trop souvent surnommé le *siècle de fer*, encouragèrent les études dans toutes nos contrées et se préoccupèrent des Mathématiques : le savant Éraclius (de 959 à 971), issu des ducs de Saxe, et le fameux prince-évêque Notger (de 971 à 1008). Nommons aussi le bénédictin Hériger, abbé de Lobbes (991-1007), qui écrivit sur l'*Abacus*, et un autre moine de Lobbes, né dans le pays de Liège, Atelbold : celui-ci étudia à Reims, revint à Lobbes et alla plus tard occuper le siège épiscopal d'Utrecht (1010-1027); son opuscule sur la mesure de la sphère, *Libellus de ratione inveniendi crassitudinem sphœrœ*, est dédié à son ancien maître Sylvestre II, ainsi que son *De Astronomiâ* et son *De Abaco*. (Voy. l'*Histoire des Sciences Mathématiques et Physiques chez les Belges*, par Ad. Quetelet, deux in-4°, 1864-1865.)

attribué un *Liber Abaci*, écrit à Paris par un de ses disciples, BERNELINUS, et dont nous avons déjà parlé. Bernelinus expose en quelques pages les leçons de son maître. C'est le plus ancien traité un peu complet du calcul par l'*abacus* : ses quatre chapitres ont pour objets la multiplication, la division simple avec ou sans différences, la division composée et un exposé des fractions décimales d'après le système romain. La division par différences, indiquée déjà dans le *De ratione Abaci* du Pseudo-Boèce, s'appelait au Moyen Age la *divisio ferrea*, antique méthode pour effectuer la division arithmétique par une suite d'opérations aussi simples que possible : cette méthode est plus compliquée en apparence que notre méthode actuelle, que le Moyen Age n'aimait pas, bien qu'elle s'appelât la *divisio aurea* [1].

Mais il est l'heure de quitter l'Occident et d'aller assister sous le ciel d'Orient, aux Indes et en Perse, à une inattendue et merveilleuse efflorescence de l'Algèbre, et de l'Algèbre véritable. C'est en effet sur les rives du Gange et non sur les bords du Nil qu'il faut placer le berceau de l'Algèbre, et c'est le génie des Hindous et des Arabes qui fit faire à cette science ses premiers progrès.

Moins bien doués que d'autres peuples aryens pour les laborieuses et sévères déductions, mais plus riches du côté de l'imagination et amis des promptes inductions et des généralisations hardies, les HINDOUS ont de bonne heure abordé l'Arithmétique générale et créé l'Algèbre.

Nous laisserons de côté la délicate controverse des origines de la science mathématique hindoue, et l'histoire, d'ailleurs toute conjecturale, de son développement primitif. Toute la science hindoue, Astronomie, Géométrie et même Algèbre, a-t-elle reçu son fond principal de la Grèce, ou bien a-t-elle eu son point de départ en Chaldée et en Assyrie, ou est-elle au contraire entièrement aborigène? Nous ne résoudrons point ce problème. — Un problème inverse, très discuté, a pour objet l'influence scientifique de l'Orient sur les écoles de la Grèce et de l'Égypte. On a été jusqu'à prétendre que l'énigmatique Diophante, dont l'œuvre algébrique contraste avec le génie géométrique des Grecs, avait puisé ses connaissances aux sources hindoues. Un fait plus certain est l'influence de l'Inde sur la pensée hellénique dans les écoles néo-platonicienne et néo-pythagoricienne d'Alexandrie. — Quoi qu'il en soit, s'il est un fait hors de doute, ce sont les communications fréquentes entre l'Inde et l'Égypte à partir du IVe siècle avant J.-C. et des conquêtes d'Alexandre le Grand et surtout les relations commerciales continues entre Alexandrie et Oujjein, l'un des centres de la civilisation indienne, depuis le dernier des Ptolémées jusqu'au démembrement de l'empire romain.

---

[1] Expliquons par un exemple cette *divisio aurea*, que CHASLES, le premier, est arrivé à comprendre. (Cf. *Comptes Rendus* de l'Acad. des Sciences de Paris, 1843, I, *passim*.)

Soit à diviser 672 par 16.

On a 16 égal à 20 moins 4. En 600, il y a 30 fois 20; ou encore 30 fois 16, plus 30 fois 4 :

$$672 = 16 \times 30 + 4 \times 30 + 72 = 16 \times 30 + 192.$$

En 190, il y a 9 fois 20, plus 10; ou encore 9 fois 16, plus 9 fois 4, plus 10 :

$$192 = 16 \times 9 + 4 \times 9 + 10 + 2 = 16 \times 9 + 48.$$
$$48 = 40 + 8 = 20 \times 2 + 8 = 16 \times 2 + 4 \times 2 + 8 = 16 \times 2 + 16;$$
$$16 = 16 \times 1.$$

La somme des quotients partiels $30 + 9 + 2 + 1$ constitue le quotient total, 42.

Nous empruntons cet exemple au *Compte rendu analytique de l'Histoire des Mathématiques de Hankel*, par P. MANSION, 1875.

Quelles que soient les solutions véritables des problèmes qu'on vient d'indiquer, il nous suffit de reconnaître, que dans l'Inde, il a existé, à partir du ve siècle de notre ère au plus tard, une école de mathématiciens, qui avait fait faire de bonne heure à la science des progrès surprenants et s'était montrée dès l'abord supérieure aux écoles grecques par les idées générales et par l'élégance du calcul.

Leur Géométrie est sans doute rudimentaire : elle ne s'étend guère au delà du théorème du carré de l'hypoténuse; elle se réduit à quelques règles, parfois inexactes, pour l'évaluation des aires et des volumes. Le caractère de cette Géométrie est d'être tout intuitive : une figure, quelques lignes de construction ou de rappel tracées sur la figure, et, au bas de la figure, le mot *Voyez* : c'est là tout ce qui remplace les belles démonstrations déductives euclidiennes et la formule finale ὅπερ ἔδει δεῖξαι *(quod erat demonstrandum, c. q. f. d.)* des géomètres grecs.

Mais si leur Géométrie est médiocre, leur Arithmétique et leur Algèbre sont excellentes et, dès le vi^e siècle, sont extrêmement avancées. Ils ont l'Arithmétique décimale écrite, avec la valeur de position des chiffres et l'emploi du zéro; ils créent des signes d'opérations et d'autres notations algébriques; au lieu des artifices de Diophante, ils inventent, pour résoudre des équations indéterminées du premier et du second degré, des méthodes inconnues à nos analystes avant Euler et Lagrange. Ils consentent à isoler le nombre négatif dans un membre de l'égalité et entrevoient l'interprétation de la solution négative. Ils inventent le calcul des radicaux et ne se préoccupent pas, comme les philosophes grecs, de l'incommensurabilité; ils emploient les fractions continues, fondent la théorie des combinaisons et la théorie des progressions, expriment les sommations des carrés et des nombres triangulaires. Et toute cette Algèbre, si semblable à la nôtre, se trouve dans les écrits de deux hindous du vi^e et du viie siècle de notre ère.

Il existe sans doute un document de la science mathématique hindoue plus ancien encore. Ce sont les *Çulvasutras*, ou *Préceptes du cordeau*. Ce traité sanscrit est un appendice aux *Kalpassoutras*, ou *Recueils*, dans lesquels sont codifiées les règles à suivre par les brahmanes dans les sacrifices : les *Çulvasutras* donnent les règles pour la construction et l'orientation des autels. Ce manuel de Géométrie sacrée témoigne de la connaissance du théorème relatif au carré de l'hypoténuse : on sait, du reste, que ce théorème, tout en portant le nom du Sage de Samos, était déjà connu de longue date par les Égyptiens et par d'autres; on y trouve aussi la résolution de triangles rectangles en nombres entiers : 5, 12, 13, et 15, 36, 39; On remarque la valeur approchée de $\sqrt{2}$, sous la forme d'une suite de fractions : $\sqrt{2} = 1 + \frac{1}{3} + \frac{1}{3.4} - \frac{1}{3.4.3.4}$, valeur obtenue probablement par un calcul d'approximations fondé sur l'emploi de moyennes géométriques et harmoniques. — L'antiquité des *Çulvasutras* a été beaucoup exagérée : loin d'être contemporains des hymnes et formules liturgiques des *Védas*, loin de remonter, comme peut-être ces livres sacrés des Hindous, à trente-cinq siècles et plus, les *Çulvasutras* paraissent postérieurs aux conquêtes d'Alexandre; peut-être même datent-ils du second siècle de notre ère [1].

---

[1] Les *Çulvasutras* ont pour auteurs Baudhayana, Apastamba et Katyana. Baudhayana ne semble point ou guère antérieur au iie siècle de notre ère. — Les auteurs des *Préceptes du cordeau* connaissent et appliquent le théorème du carré de l'hypoténuse. Ils ont des approximations qui intéressent l'histoire de l'Algèbre et de la Géométrie : Apastamba donne l'expression de $\sqrt{2}$ rapportée plus haut; il pose $\sqrt{3} = \frac{2 \times 13}{15}$ et dit que le cercle est à peu près

D'une valeur scientifique bien supérieure à celle des *Çulvasutras,* et de dates connues avec une entière certitude, les écrits des trois plus anciens algébristes hindous, Aryabhata et Brahma-Gupta, du vɪᵉ et du vɪɪᵉ siècle, et Bhaskara, du xɪᵉ, ont été soumis à un examen rigoureux.

Aryabhata (476-550) enseignait à Pataliputra (la Cité des Fleurs), la Palibothra des écrivains classiques, située sur le Gange, près de l'emplacement actuel de Patna; fondée au vᵉ siècle de notre ère, cette capitale de l'Inde aryenne reçut, peu après la mort d'Alexandre, la visite de Mégasthène, ambassadeur du roi d'Égypte : ce fut l'origine des relations entre l'Inde et l'Égypte. — Le livre d'Aryabhata, l'*Aryabhathyam,* publié en sanscrit en 1874, par Kern à Leyde, et traduit en français en 1879, par Rodet, contient en vers sanscrits laconiques et obscurs des traités d'Astronomie, d'Algèbre et de Trigonométrie. La Géométrie y figure défectueuse et inexacte : la mesure de la pyramide est la moitié du produit de la base par la hauteur, la mesure de la sphère est le produit du grand cercle par la racine carrée de cette mesure; π y est assez bien donné : $\pi = \frac{62\,832}{20\,000}$, valeur d'origine grecque. L'Algèbre occupe trois pages où sont condensés, en 33 énoncés, les éléments du calcul : équations du second degré, sommation des carrés et des cubes (il y est même dit que le carré de la somme des n premiers nombres égale la somme de leurs cubes), résolutions en nombres entiers des équations indéterminées du premier degré. En Trigonométrie, le savant hindou devance de mille ans Regiomontanus, et, au lieu d'employer les cordes des arcs, il considère les sinus : il les calcule par une formule d'interpolation qui les donne de $3^o \frac{3}{4}$ en $3^o \frac{3}{4}$. Dans tout son ouvrage, sauf dans les strophes où il exprime les données numériques à l'aide de lettres sanscrites numérales, Aryabhata emploie la numération décimale, avec la valeur de position *(sthâna,* logement, compartiment) de chaque chiffre et l'emploi du zéro *(kha,* espace, ou *çounya,* vide); dans les strophes sur l'extraction de la racine carrée ou cubique, il énonce, comme nous, le partage en tranches de deux ou trois chiffres. En Astronomie, Aryabhata croyait au mouvement de la Terre, ce dont il fut souvent raillé par des mathématiciens hindous postérieurs d'écoles différentes de la sienne.

Au vɪɪᵉ siècle, le préfet du collège des astronomes à Oujjein, l'une des sept villes saintes de l'Inde, Brahma-Gupta (ou Brahma-Goupta), né en 598, corrige et commente un ancien traité d'Astronomie, le *Siddhânta.* Dans son *Brahma sphouta Siddhânta,* l'astronome hindou consacre deux chapitres, l'un à l'Arithmétique *(Ganitha),* l'autre à l'Algèbre *(Koultakâ).* Cet ouvrage, traduit en anglais en 1817 par l'indianiste Collebrooke, contient les doctrines mathématiques d'Aryabhata, sauf qu'on y pose $\pi = \sqrt{10}$, et il les complète; il résout même de difficiles problèmes indéterminés du second degré.

Bhaskara-Acharya, né dans le Dekkan en 1114, et sixième successeur de Brahma-Gupta à Oujjein, écrivit le *Siddhânta Ciromani* (la Couronne du Système astronomique) : on y trouve une Arithmétique intitulée *Bija Ganitha (Bija,*

équivalent au carré dont le côté est $\frac{13}{15} \times 2r$. Baudhayana applique le théorème du carré de l'hypoténuse au calcul des moyennes proportionnelles et des troisièmes proportionnelles; il donne ces deux approximations : $\dfrac{\sqrt{\pi}}{2} = \dfrac{3}{2 + \sqrt{2}}$ et $\dfrac{\sqrt{\pi}}{2} = \dfrac{7}{8} + \dfrac{1}{8.29} - \dfrac{1}{8.29.6} + \dfrac{1}{8.29.6.8}$, et il applique l'une à la quadrature du cercle, l'autre à la recherche du carré équivalent à un cercle donné.

graine; *Ganitha,* computation; comparez avec les mots *calculus* et ψῆφος) et une Algèbre, intitulée *Lilawati* (La charmante). Bhaskara répandit, le premier peut-être, l'Arithmétique dans l'Inde : ses méthodes sont encore suivies le plus communément dans les écoles indigènes; son arithmétique est décimale et fondée sur l'emploi des neuf chiffres et du zéro. Sa Géométrie donne $\pi = \frac{22}{7}$, chiffre emprunté à Archimède. Son Algèbre est obscure, malgré les explications en prose jointes à ses sentences versifiées, et l'œuvre est inférieure à celle de ses deux illustres prédécesseurs.

Au viiie siècle apparait sur la scène de la vie scientifique du monde un peuple nouveau, les ARABES.

De race sémitique, passionnés pour les connaissances positives de tout ordre, mais moins doués que les Grecs ou les Hindous du génie de la découverte et de l'invention, les Arabes furent favorisés, après la chute des Ommiades en 750, d'une période paisible qui succédait aux sanglantes conquêtes, et leur permit la culture des arts et des sciences : ils produisirent, du ixe au xiiie siècle, une très riche littérature scientifique. Leurs sciences et leurs arts portent l'empreinte de la double origine, grecque et hindoue, de leurs connaissances.

Des Grecs, ils s'approprièrent la Géométrie ; des Hindous, le Calcul et l'Algèbre ; des uns et des autres, l'Astronomie. Ils connurent aussi l'Algèbre diophantine.

Sous la protection éclairée des khalifes Al-Mansour, Haroun-al-Raschid et Al-Mamoun, la ville de Bagdad, fondée en 762, devint bientôt le principal centre de culture intellectuelle de l'Orient.

De toutes parts, les Arabes traduisent et commentent les ouvrages mathématiques des philosophes grecs, remanient et perfectionnent les théories des Grecs et des Hindous et écrivent des traités originaux.

Le nom le plus illustre dans l'histoire de l'Algèbre arabe est MOHAMMED-BEN-MOUÇA AL-HOVAREZMI, surnommé AL-KHORIZMI ou AL-KHARISMI (à cause de son pays natal, la province de Khwarizm) : attaché à la cour d'Al-Mamoun (813-833), le bibliothécaire du khalife composa, vers 820, par ordre de son maître, la célèbre *Al djebr w' al mokâbalah* (voy. 15, *note*) : c'est le plus ancien traité d'Algèbre écrit chez les Arabes et le premier qui parvint en Europe. Il fut longtemps attribué aux trois fils de MOUÇA-BEN-SCHAKER, autres Mathématiciens de la cour d'Al-Mamoun. Le titre de ce livre est devenu le nom même de la science nouvelle dont il donnait les éléments. L'auteur y traite le calcul des quantités entières; des fractions, des radicaux du second degré; il résout les équations du second degré. L'ouvrage semble écrit d'après les traditions recueillies en Syrie et en Orient, et formé d'éléments grecs et hindous juxtaposés; l'auteur parait même avoir puisé ses méthodes de calcul chez Diophante et avoir mieux saisi les idées grecques que les enseignements d'origine hindoue. Du reste, les écoles des Nestoriens à Antioche et à Édesse avaient fourni de bonne heure aux Arabes les ouvrages et les traditions des mathématiciens grecs.

Citons aussi deux algébristes du xie siècle, AL-NASAVI et AL-KARCHI, chefs de deux écoles mathématiques, profondément divisées d'ailleurs par des querelles religieuses et politiques et qui affectèrent de représenter dans l'enseignement de l'Algèbre l'une la tradition hindoue, l'autre la tradition grecque, l'une le calcul pur, l'autre le calcul guidé et soutenu par l'idée géométrique. — A ce même siècle appartient OMAR-AL-KHAYYAMI, qui résolut des équations cubiques, cinq siècles avant les algébristes d'Occident, et qui s'occupa d'appliquer l'Algèbre à la Géométrie.

De nombreuses écoles arabes s'ouvrirent en divers pays et à diverses époques, et rivalisèrent avec la capitale des Abbassides.

Le Caire, à partir de la fin du Xe siècle, eut aussi ses gloires scientifiques : si AL-BATANI, ou Albategnius, le Ptolémée arabe, illustrait l'observatoire de Racca et réunissait, dans son *De Scientiâ Stellarum,* les travaux de l'école de Bagdad, ABOUL-WEFA, au Caire, traduisait Diophante et Ptolémée ; IBN-YOUNIS y complétait ses tables astronomiques à l'observatoire du sultan AL-HAKEM ; et AL-HAZEN y écrivait son traité *Des Connues géométriques* et son *Optique.* Dans ce dernier ouvrage, Al-Hazen traite géométriquement un problème qui l'a rendu célèbre et qui se traduit en Algèbre par une équation du quatrième degré : Étant données la position d'un objet et la position de l'œil d'un observateur, déterminer la position de l'image de l'objet dans le miroir sphérique.

Si nous parlions ici d'autres sciences que des Mathématiques, nous ajouterions que, grâce à la tendance positive de leur génie scientifique, les savants arabes appliquèrent heureusement la méthode expérimentale aux sciences d'observation, à la médecine, aux sciences naturelles, à la chimie, à l'agriculture.

La destruction du khalifat des Fatimites du Caire par Saladin, en 1171, et la destruction du khalifat des Abbassides de Bagdad, en 1258, par un petit-fils de Gengis-Khan le Mongol, la lutte contre les croisés d'Europe et les guerres perpétuelles paralysèrent le mouvement scientifique des Arabes. Cependant on trouve encore quelques écoles florissantes chez les Mongols : au XIIIe siècle, NASSIR-EDDIN construit et illustre l'observatoire de Méragha ; au XIVe siècle, OLOUG-BEG, petit-fils de Tamerlan, fonde et dirige un collège d'astronomes à Samarkande. Mais bientôt la science orientale cesse de fleurir. Il ne reste plus guère à citer que l'algébriste du XVIe siècle BEHA-EDDIN, de Baalbec : son traité *Khelasal al Hisâb* (l'Essence du calcul) est resté classique dans la Perse, mais est peu digne de l'ancienne Mathématique arabe.

De leur côté, les Mahométans occidentaux du Maroc et d'Espagne n'avaient subi que peu et tardivement l'influence scientifique de leurs coreligionnaires d'Orient, avec qui ils n'avaient de commun que la langue et la religion. Cependant les écoles de Cordoue, de Tolède et de Séville, de Fez et de Maroc eurent leurs mathématiciens et leurs astronomes ; au XIe siècle, ARZACHEL de Tolède se rend célèbre par ses observations astronomiques et ses Tables célestes, et GÉBER de Séville par son travail sur Ptolémée.

A ces écoles arabes d'Occident se rattachent des écrivains juifs, dont plusieurs servirent d'intermédiaires entre les musulmans et les chrétiens. —Vers le troisième quart du XIIe siècle, le rabbin converti JEAN DE SÉVILLE, ou Jean de Luna, dont le nom juif était Aben Dreath, traduit en Castillan, puis en latin, divers ouvrages arabes et écrit le *Liber Alghoarismi de practica arismetrice,* où il résout les cas de l'équation du second degré à racines réelles d'après Al-Hovarez. Enfin, le célèbre rabbin Abraham ABEN-EZRA, de Tolède, mort à Rhodes vers 1170, trouve, malgré sa vie errante, le moyen d'écrire en hébreu une vingtaine d'ouvrages de théologie, de cabalistique et de Mathématiques : son *Sepher hamispar* (le Livre du nombre) est une Arithmétique où il adopte la numération décimale avec la valeur de position et avec le zéro, qu'il appelle *galgal* (petite roue) et qu'il écrit $\bigcirc$.

Le XIe et le XIIe siècle nous font assister à un vaste et puissant mouvement scientifique de l'Europe chrétienne. L'heure est venue pour les Mathématiques de faire leur entrée en Europe, et elles y pénètrent par deux voies, par l'Espagne et par l'Italie. En Espagne, les Arabes livrent leur Algèbre et l'antique Géométrie grecque à ADÉLARD DE BATH, à JEAN DE SÉVILLE, que nous avons déjà nommé, à GÉRARD DE CRÉMONE. En Italie, Léonard FIBONACCI, qui a visité l'Afrique musulmane et l'Orient, rentre à Pise pour y écrire son *Liber Abaci*, œuvre magistrale qui fait date dans l'histoire de l'Algèbre. Nous indiquons les principaux écrivains du temps.

Vers 1116, PLATON DE TIVOLI (Tiburtinus) traduit de l'hébreu et de l'arabe quelques écrits astronomiques et le *Liber Embadorum à Savarda in ebraico compositus*, où l'on trouve quelques problèmes d'Algèbre, même du second degré.

Le bénédictin anglais ADÉLARD, l'un des hommes les plus savants de l'Angleterre au Moyen Age, à la fois philosophe et physicien, mathématicien et orientaliste, entreprend vers 1120 un pélerinage de sept années en France et en Italie, en Grèce et en Asie Mineure, et dote l'Europe de la première traduction, de l'arabe en latin, des *Éléments* d'Euclide. Son traité *Regulæ Abaci* est une œuvre originale [1]. Il est probablement l'auteur d'une traduction latine du *Traité de Calcul* d'Al-Hovarez, qui la première fit connaître en Occident l'Arithmétique et l'Algèbre des Arabes.

En 1144, RODOLPHE DE BRUGES traduit de l'arabe le *Planisphère* de Ptolémée.

Le lombard GÉRARD DE CRÉMONE (1114-1187) s'établit à Tolède : lui et son fils, ou son homonyme, GÉRARD DE SABBIONETTA, traduisirent de l'arabe soixante-treize ouvrages scientifiques, entre lesquels nous citons, traduits par le premier, l'*Almageste* de Ptolémée, le *Traité des crépuscules* et la *Perspective* d'Al-Hazen ; le second traduisit le *Canon medicinæ* du fameux médecin et mathématicien d'Ispahan AVICENNE (980-1037), traité écrit d'après Gallien et qui fut classique en Europe, et surtout à Montpellier, jusqu'au XVIIᵉ siècle. Gérard de Crémone contribua à faire connaître aux chrétiens l'Algèbre des Arabes, notamment par son *Liber Alchoarismi de iebra et almucabala* : un manuscrit de cet ouvrage a été retrouvé à la bibliothèque Vaticane et publié, en 1851, par le prince Boncompagni avec une étude sur les deux Gérards. On attribue encore au premier un *Algorismus in integris et minutiis*, ou Calcul des entiers et des fractions [2].

Mais le plus illustre propagateur du savoir arabe et hindou fut Léonard FIBONACCI, de Pise. Fils du syndic de la factorerie pisane de Bougie, en Barbarie, Léonard s'initia dès son enfance à l'Arithmétique arabe : il se passionna pour les Mathématiques, et visita l'Égypte, la Syrie, la Grèce, la Provence, conversant avec les maîtres célèbres. Revenu à Pise, il écrivit en 1202 son *Liber Abaci*, qu'il publia de nouveau, augmenté, en 1228. Le livre contient quinze chapitres. Le premier chapitre est consacré à la numération décimale : il y expose l'art merveilleux d'écrire avec neuf chiffres et le zéro aidant tout nombre possible [3]. Les chapitres

---

[1] Publiée en 1881 par le prince BONCOMPAGNI.

[2] Les Arabes calculaient toujours en fractions sexagésimales, comme nous le faisons encore aujourd'hui dans le calcul du temps avec l'heure pour unité et dans le calcul des arcs avec le degré pour unité : le mot *minute* a continué à s'appliquer à ces fractions. JEAN DE SÉVILLE fut le premier à calculer en fractions *décimales* : il le fait pour l'extraction des racines carrées. LÉONARD DE PISE continue à calculer en sexagésimales : en résolvant l'équation $x^3+2x^2+10x=20$, qui admet la racine $x=1,3688081078214$, il obtient $x=1,22^{\text{i}}7^{\text{ii}}42^{\text{iii}}33^{\text{iv}}4^{\text{v}}40^{\text{vi}}$; on voit qu'il pousse l'approximation jusqu'à la sixte, limite classique des approximations à son époque.

[3] *Novem figuræ Indorum hæ sunt 9, 8, 7, 6, 5, 4, 3, 2, 1. Cum his itaque novem figuris et cum hoc signo 0 quod arabice Zephyrum appellatur, scribitur quilibet numerus*, etc. — Du mot arabe *sifr*, ou encore, *sifro*, nous avons fait *zéro* (le moine PLANUDE, au XIVᵉ siècle, écrit τσίφρα), et aussi le mot *chiffre* : l'introduction du zéro caractérisant la numération décimale écrite, ce dernier mot, *chiffre*, a fini par désigner les neuf caractères, ou, comme on disait, les neuf *figures de chiffre*.

suivants contiennent le calcul des entiers et des fractions; puis une arithmétique commerciale : Les règles de trois, les règles de société, la règle *Elcatayn,* ou de fausse position, les règles *de consolamine monetarum* (?) et enfin les proportions et diverses questions géométriques. Au dernier chapitre, publié en 1838 par LIBRI, l'auteur traite *de solutionibus quæstionum secundum modum algebræ et almuchabulæ :* c'est toute une Algèbre, où il traite longuement l'équation du second degré, à la façon d'Al-Hovarez, et où il l'applique à des questions difficiles. Le *Liber Abaci* reproduit ainsi tout le cadre du Traité d'Arithmétique d'Al-Hovarez : c'est dans le livre de Léonard que, pendant trois siècles, les algoristes (ou calculateurs) et les algébristes viendront puiser leur savoir, et le plan de cet ouvrage se retrouvera, après trois cents ans, dans la *Summa* de PACIOLI et dans le *Triparty* de CHUQUET.

Léonard de Pise écrivit encore, en 1220, la *Practica Geometriæ,* où il résumait ses recherches dans les écrits d'Euclide, d'Archimède, de Ptolémée et des géomètres arabes; il y établit l'expression de l'aire du triangle en fonction de ses côtés, par une démonstration probablement empruntée à la Géométrie des trois fils de Mouça-ben-Schaker (IXᵉ s.), de Bagdad. Cette Géométrie de Léonard a été publiée en 1862, à Florence, par le prince Boncompagni.

La science doit aux recherches et à la munificence du même savant la découverte et la publication (Florence, 1854) de trois autres écrits inédits de l'auteur du *Liber Abaci :* ce sont le *Liber quadratorum* (1225), le *Flos super solutionibus quarumdam quæstionum* et les *Quæstiones avium et similium;* c'est dans ses ouvrages que Léonard donne le fruit de ses propres travaux, qui ont pour objets principaux les équations indéterminées et la théorie des nombres : il se montre supérieur à Diophante et presque égal à Fermat. Une équation de troisième degré l'embarrasse : il imagine aussitôt un procédé de résolution par approximations, que Viète réinventera plus tard. Dans les équations simultanées du premier degré, il connaît les lois que Cramer indiquera un jour. — Le puissant algébriste a écrit aussi un commentaire, que nous n'avons point, sur le Xᵉ Livre d'Euclide, livre difficile *(difficilior præcedentium)* qu'il a su traduire et expliquer *(glossare)* en langage arithmétique.

Ici se produit, dans l'histoire des Mathématiques en Europe, un phénomène étrange : à une soudaine et merveilleuse efflorescence, succède un subit arrêt dans le développement des Mathématiques pures, et cet état stationnaire se prolonge pendant trois siècles, jusque vers l'an 1500. Il semble que les richesses scientifiques rapportées d'Orient par le géomètre de Pise restent improductives. Soit que la renaissance littéraire et artistique, les discussions philosophiques et les labeurs théologiques absorbent l'attention et l'effort de tous les esprits, soit quelque autre cause, il y aura encore pendant trois siècles des mathématiciens éminents, mais Léonard de Pise, avec la clarté de son exposition, la profondeur de ses recherches, la logique de sa démonstration, ne sera ni surpassé, ni égalé.

A l'époque même où Léonard revisait à Pise son *Liber Abaci,* JOURDAIN DE SAXE, plus connu dans le monde mathématique sous le nom de JORDANUS NEMORARIUS [1], écrivait à Paris et livrait à l'enseignement des œuvres mathéma-

---

[1] En identifiant Jordanus Nemorarius et le B. Jourdain de Saxe, nous adoptons l'opinion de CANTOR, le savant auteur des *Vorlesungen über der Geschichte der Mathematik* (t. II, 1892). Voy. aussi ÉCHARD, *Scriptores Ordinis Prædicatorum,* 1719, t. I, p. 98.

tiques d'une valeur incontestable. Né à Borentreick dans les forêts de la Saxe, Jourdain entra en 1220 dans l'Ordre, alors naissant, des Frères Prêcheurs : dès 1222, il succéda comme général de l'Ordre au fondateur même.

Parmi les écrits mathématiques composés par le futur dominicain et dont plusieurs, jusque-là inédits, ont été récemment publiés en Allemagne, les plus remarquables sont l'*Algorithmus demonstratus*, le *De Numeris datis*, qui constitue une Algèbre où l'on résout de nombreuses équations des deux premiers degrés, et le *De Triangulis*, qui est sa Géométrie. Dans les deux premiers ouvrages, le procédé de l'auteur est remarquable : il fait tous ses raisonnements sur des lettres, et non sur des nombres particuliers. Le *De Numeris datis* fut admiré de Regiomontanus et du géomètre sicilien Maurolycus, qui l'un et l'autre se proposaient de l'éditer. Citons encore son traité de statique *De Ponderibus*, sur lequel on a un commentaire posthume (1565) de Tartaglia, et ses écrits sur l'*Astrolabe* et sur le *Planisphère*.

En Jourdain de Saxe et en Léonard de Pise, les deux seuls vrais mathématiciens de l'Occident latin, on voit les fondateurs de deux écoles opposées. Jourdain a le génie géométrique, Léonard a le génie des Mathématiques pures; l'un appelle la seconde puissance d'un nombre le *carré*, l'autre l'appelle le *census* (ou le produit); l'un expose didactiquement, il enseigne : l'autre livre ses recherches personnelles, originales, profondes, il découvre; l'un donne, telle qu'il la sait, la règle de l'extraction de la racine cubique à une unité près : l'autre, à l'occasion d'un problème, invente un procédé d'approximation, qui lui donne la racine cubique aussi approchée qu'il veut. Celui-ci, étranger aux Universités, un marchand entre mille, n'a sur l'enseignement qu'une influence restreinte et accidentelle : ses manuscrits restent confinés en Italie, et il faut trois siècles à ses innovations utiles pour se propager dans les écoles; celui-là rédige l'enseignement qu'il donne : ses traités deviennent classiques dans les écoles et, pendant deux ou trois siècles, sont reproduits ou imités avec leurs défauts et leurs qualités [1].

Contemporain de Jordanus et de Léonard, le franciscain anglais Jean DE SACRO BOSCO, OU DE HOLYWOOD (1190-1256), laissa un *De Algorismo*, dont une partie, attribuée aussi au franciscain Alexandre DE VILLEDIEU, est en vers latins; les calculs sont écrits en chiffres arabes. Sacro Bosco dut sa célébrité à son *De Sphærâ mundi* : ce résumé de l'*Almageste* fut pendant quatre siècles le livre de texte pour l'Astronomie dans toute l'Europe; imprimé en 1472 à Ferrare, il eut plus de soixante-cinq éditions et un nombre au moins égal de commentaires.

Le dominicain ALBERT LE GRAND (1193-1280), homme d'un génie universel, écrivit sur les diverses branches des Mathématiques des traités dont les titres seuls nous sont parvenus (ÉCHARD, *Scriptores O. P.*, t. I, p. 180).

Son disciple, le dominicain flamand Guillaume DE MOERBEKE (1215-1283), traduisit du grec Aristote et de l'arabe Proclus, à la demande de son illustre confrère et ami S. Thomas d'Aquin; il donna aussi une traduction de la *Mécanique* d'Archimède, qui, trois siècles plus tard, fut l'objet d'un indigne plagiat de la part de Tartaglia.

Le fameux moine franciscain Roger BACON (1214-1294), d'une connaissance des sciences naturelles prodigieuse pour son époque, écrivit dans son *Opus majus* ses *Specula mathematica*.

---

[1] Nous reproduisons d'après Paul TANNERY *(Bulletin des Sciences mathématiques* de DARBOUX, 1892), cette analyse de l'appréciation de CANTOR sur les œuvres de Léonard de Pise et de Jourdain de Saxe.

Le chanoine Jean CAMPANUS, de Novare, commenta vers l'an 1300 les *Éléments* d'Euclide.

Du siècle suivant, nous nommerons PURBACH et REGIOMONTANUS. — Georges PURBACH (1421-1461) rétablit le vrai texte et le sens de Ptolémée et remplaça en Trigonométrie les cordes des arcs par les sinus, comme l'avait fait déjà Albategnius; mais la gloire du mathématicien autrichien est d'avoir eu pour élève Regiomontanus. — Jean MÜLLER, de Kœnigsberg, ou REGIOMONTANUS (1436-1475), fut le plus grand mathématicien de son siècle. Sa Trigonométrie, *De Triangulis omnimodis*, où il introduit l'usage des tangentes et où il résout les cas les plus difficiles, est complète : à part l'emploi des logarithmes et quelques formules de Néper, les nôtres ne lui sont pas supérieures. Son *Algorismus* est une Arithmétique remarquable par l'emploi que l'auteur y fait constamment de *lettres*, au lieu de nombres, dans l'exposé de la numération et dans la démonstration des règles pratiques. Si une mort prématurée ne l'avait frappé dans la première période de sa brillante existence, il aurait ravi peut-être à Viète la gloire de l'invention de l'Algèbre littérale. L'universalité de ses connaissances, la fécondité de son esprit infatigable, le nombre de ses productions font de lui le restaurateur des sciences en Europe : on lui doit l'élan qui porta les esprits vers l'étude des grands géomètres de l'Antiquité.

La fin du XVe siècle est illustrée par l'apparition des premiers livres de Mathématiques imprimés.

En 1472, moins de vingt ans après les années où Gutenberg et Fust publièrent leurs premières Bibles, s'imprime à Vérone, en un magnifique in-folio de 262 feuillets avec figures sur bois, le *De re militari* de Robert VALTURIO de Rimini : le second des douze livres qui le composent est intitulé *De Arithmetica et militari Geometria*.

En 1482, à Venise, Erhard Rathold imprime pour la première fois les *Éléments* d'EUCLIDE : c'est la traduction latine d'Adélard, avec les commentaires de Campanus [1].

---

[1] La même année 1482 vit s'éditer, à Padoue, le *Tractatus de Latitudinibus formarum* de Nicole ORESME (1323-1382), grand-maître du Collège de Navarre et évêque de Lisieux : dans ce livre, du plus haut intérêt pour l'histoire des sciences exactes, se trouve développée l'idée première et fondamentale de la Géométrie analytique de Descartes : la représentation graphique des fonctions par des courbes planes rapportées à deux axes du plan. Il n'est pas invraisemblable que cet ouvrage, dont il se fit plusieurs éditions et de nombreuses copies dans la première moitié du XVIe siècle, se soit trouvé à la portée de Descartes. Les recherches du professeur CURTZE, de Thorn, ont tiré de l'oubli celui qui fut peut-être le plus grand mathématicien du XIVe siècle. Du même Oresme, nous avons l'*Algorismus proportionum*, publiée par Curtze pour la première fois en 1868 et qui contient la définition des exposants fractionnaires et les règles de leur calcul, théorie que Wallis réinventa trois siècles plus tard. Le *Traité de la Sphère*, écrit vers 1360 et imprimé deux fois au commencement du XVIe siècle, est le plus ancien livre de science composé en notre langue : en l'écrivant, Oresme a véritablement créé le langage scientifique français. — Nous reviendrons ailleurs sur les œuvres et sur la personne d'Oresme (201, *note*).

Parmi les premiers ouvrages mathématiques que l'imprimerie ait mis au jour, citons l'*Epitome et introductio in libros arethmeticos Severini Boetii* publié par le savant critique LEFÈVRE D'ÉTAPLES, ou Faber Stapulensis (1455-1537), publié en 1480 à la suite de son édition des *Elementa arithmetica* de NEMORARIUS; l'*Algorithmi tractatus* de PROSDOCIMO de Padoue, publié à Padoue en 1483 et qui traite de notre numération; l'*Algorithmus de minutiis* (Calcul des fractions) de Jean DE LIGNIÈRES, mathématicien et astronome du XIVe siècle, publié avec l'ouvrage de Prosdocimo en 1483 et longtemps classique dans les universités italiennes.

En 1489, à Leipzig, Jean WIDMANN d'Eger (en Bohême) publia son *Arithmétique des marchands, Behende und hubsche Rechnung auf allen kauffmannschafft*, où apparaissent les signes arithmétiques + et.— et où il est souvent question des règles algébriques *(Regel Algebre oder Cosse genannt)*.

En 1494 paraît à Venise la première Algèbre imprimée : c'est la *Summa de Arithmetica Geometria Proportioni e Proportionalità* du moine toscan LUC DE BURGO OU LUCAS PACIOLI (Luca da Borgo San Sepolcro), de l'ordre des Mineurs. C'est une vaste compilation des matériaux qu'il a rencontrés chez Boèce, chez Jordanus, chez Léonard de Pise : il cite fréquemment ce dernier, et même il avertit que, partout où il ne cite personne d'autre, c'est à Léonard qu'il emprunte. Les recherches difficiles de Léonard sur les nombres carrés et ses travaux sur les équations indéterminées sont résumés dans la *Summa*. La partie algébrique de l'ouvrage est rédigée d'après le *Liber Abaci*. Pacioli appelle l'Algèbre l'*arte maggiore*, par opposition sans doute à l'Arithmétique qui était l'*arte minore* et l'un des quatre arts du quadrivium; il observe que vulgairement cette science nouvelle s'appelle la *Regola della Cosa* ou encore *Alghebra e amulkabala*. Écrite dans un italien barbare, dépourvue de démonstrations, composée sans nulle recherche originale, la *Summa* est de beaucoup inférieure au *Liber Abaci* et à la *Practica Geometriæ* qui lui ont servi de modèles. Elle constitue néanmoins un précieux recueil de matériaux scientifiques : les manuscrits de Fibonacci restant inédits, l'œuvre du moine de San Sepolcro servit de base aux travaux de tous les mathématiciens du XVIᵉ siècle. — En 1509, l'auteur de la *Summa* publia la *Divina Proportione*, qui traite de la division d'une droite en moyenne et extrême raison : c'est le célèbre problème antique de la *sectio aurea*; les gravures de ce livre furent faites par un illustre ami de l'auteur, LÉONARD DE VINCI, savant remarquable par ses connaissances en Mathématiques et par ses recherches en Physique, en même temps qu'artiste célèbre dans l'histoire de la peinture, de la sculpture et de l'architecture.

En l'année 1484, dix ans avant l'apparition de la *Summa*, un obscur bachelier en médecine, maistre Nicolas CHUQUET, écrivait à Lyon *Le Triparty en la science des nombres*. En l'auteur de ce traité d'Arithmétique et d'Algèbre, on voit se révéler l'algébriste le plus savant et le plus profondément original qui ait écrit depuis Léonard de Pise. Devançant Descartes, il expose la vraie conception de la quantité négative et il imagine et utilise la notation des exposants; avant Wallis, il formule les règles du calcul des exposants sans s'effrayer de l'exposant négatif ni de l'exposant zéro; avant Néper, il découvre les logarithmes et il apprécie la valeur de ce futur outil des mathématiciens; la théorie de l'équation du premier degré à une inconnue est excellente et prévoit les *responses·infinies* et les *responses impossibles*; la théorie de l'équation du second degré est complètement et largement traitée, par l'exposé de quatre règles ou *canons generaulx*. L'œuvre du précurseur de Descartes et de Néper passa très inaperçue. Nul ne se préoccupa du grand œuvre de Chuquet, à l'exception d'un vil plagiaire, Estienne DE LA ROCHE, qui, venant à ouvrir ce manuscrit, y trouva du bon, et y prit, en les donnant comme siens, d'utiles matériaux pour son livre injustement célèbre *Larismetique nouellement composee* (1520). L'obscurité continua à couvrir Nicolas Chuquet; maistre de la Roche fut paré du titre de Père de l'Algèbre française, et sous la poussière des bibliothèques le manuscrit continua de dormir un long sommeil de quatre siècles, jusqu'au jour où une main heureuse et savante vint à le rencontrer, à le feuilleter, à le transcrire et enfin à le publier. Ce fut en 1880 que le monde savant entra en possession du plus ancien monument de la science algébrique que nous offre la langue française [1].

Marqués par une renaissance générale des lettres, des sciences et des arts dans toute l'Europe, la fin du xve siècle et le début du xvie furent pour les sciences exactes une période d'active et universelle élaboration.

On venait de voir Jean II, à peine monté sur le trône de Portugal (1481), établir à Lisbonne une *Junta de Mathematicos,* et lui donner pour mission de travailler à l'avancement des Mathématiques, de la Navigation et de l'Astronomie, et ces sciences faisaient découvrir un nouveau monde et achevaient de faire connaître l'ancien. L'imprimerie au berceau multipliait ses incunables et répandait par toute l'Europe les trésors scientifiques dont les Arabes avaient longtemps été les seuls dépositaires. Les algébristes, durant le xvie siècle, suivirent cet élan : les uns se consacrèrent à la composition de traités didactiques, pour mettre entre les mains de tous la magnifique Géométrie de la Grèce antique et l'Algèbre merveilleuse des Arabes et des Hindous ; les autres cherchèrent à pousser au delà du second degré la résolution des équations.

Indiquons les principaux traités d'Arithmétique générale et d'Algèbre qui parurent à cette époque.

En 1520, Estienne DE LA ROCHE donne *Larismetique nouellement composee,* ouvrage digne de sa célébrité, si bon nombre de ses pages n'étaient souillées à l'avance de la tache originelle du plagiat.

En 1525, l'Allemagne prend connaissance de l'Algèbre dans *Die Coss,* de RUDOLFF ; une seconde édition de ce livre, due à Stifel, fut imprimée en 1554, mais livrée au public en 1571, sous le titre : *Die Cosz Christofs Rudolfs mit schönen Exemplen der cosz.*

En 1530, en France, un professeur du Collège royal, Oronce FINÉ ou FINEUS (1494-1555), de Briançon en Dauphiné, donne sa *Protomathesis,* qui renferme quatre traités : une Arithmétique, souvent rééditée, une Géométrie, une Cosmo-

---

1 Découvert à la Bibliothèque nationale de Paris, le *Triparty* fut publié par Aristide MARRE en 1880, dans le XIIIe tome du *Bullettino di bibliografia e di storia delle scienze matematiche et fisiche* du prince BONCOMPAGNI. On parcourt avec une extrême jouissance littéraire et scientifique ces trois cents pages in-quarto, où le vieil auteur joint à une science arithmétique et algébrique au-dessus de son temps une naïveté de style inimitable et une admirable clarté d'exposition.

La première partie du livre traite « des nombres en tant que on les peult nombrer adiouster » soustraire multiplier et partir et aussi de leurs proportions progressions et aultres » proprietez. » La seconde partie traite des racines des nombres : c'est un vaste traité du calcul des radicaux. « La tierce cest le livre des premiers ou de la rigle des premiers, » c'est-à-dire un traité des équations : nous dirons plus tard (**202**, *note*) pourquoi Chuquet appelle *rigle des premiers* la théorie des équations.

Le même Aristide MARRE a publié *(Bullettino,* t. XIV, 1881) une seconde œuvre de Nicolas Chuquet, ou plutôt l'*Appendice* du *Triparty*. C'est un recueil de problèmes numériques, intitulé *Inuencions de nombres lesquelz par la rigle des premiers se treuuent.* Le recueil contient 166 problèmes d'Arithmétique, expliqués et résolus. Les onze derniers sont de vraies récréations mathématiques, sous le titre de *Jeux et esbatemens qui par la science des nombres se font :* ils rappellent les *Propositiones arithmeticæ ad acuendos juvenes* d'ALCUIN, et devancent les *Problesmes plaisans et délectables qui se font par des nombres* (Paris, 1612) de BACHET DE MÉZIRIAC et les *Récréations mathématiques* du jésuite lorrain Jean LEURCHON. (Ce dernier ouvrage, sous le pseudonyme de VAN ETTEN, eut cinq éditions, de 1626 à 1661, et fut trop tôt oublié lorsque parut sous le même titre le célèbre recueil de l'académicien Jacques OZANAM.)

graphie et un traité des Cadrans solaires. Fécond écrivain et brillant professeur, Oronce Finé mérita, par l'éclat de son enseignement, si élémentaire fût-il, le titre de restaurateur des Mathématiques en France.

En 1539, le médecin et mathématicien Jérôme CARDAN publie à Milan la *Practica Arithmeticæ generalis*, qui est un remaniement de l'œuvre de Pacioli; en 1545, il fait paraître à Nuremberg l'*Artis magnæ, sive de Rebus algebraïcis, liber unicus*. Nous verrons bientôt qu'on lui doit en grande partie la résolution de l'équation du troisième degré. Né à Pavie et mort à Rome (1501-1576), le professeur de Milan partagea les forces de son étrange et fécond génie entre la Médecine, les Sciences occultes, la Philosophie et les Mathématiques.

En 1544, le ministre protestant Michel STIFEL (1486-1567), ancien moine d'Esslingen, publie à Nuremberg, avec une préface solennelle de son célèbre ami Mélanchton, l'*Arithmetica integra* : c'est le développement de l'ouvrage de Rudolff; on y signale le germe de la théorie des logarithmes et l'emploi des lettres dans les raisonnements. Algébriste de valeur, mais personnage exalté, Stifel publia aussi des rêveries apocalyptiques sur la prochaine fin du monde.

En France, les imprimeurs de Lyon donnent, en 1554, l'*Algèbre* de Jacques PELETIER, du Mans, et en 1559, sous le titre de *Logistica,* celle du chanoine Jean BUTÉON, ou Borrel, disciple de Finé.

En Angleterre, le médecin d'Édouard VI, Robert RECORDE (1510-1558), qui enseigna à Oxford les Mathématiques, fit connaître l'Algèbre par son livre *The Whetstone of witte* (1556), que nous aurons ailleurs l'occasion de citer.

En Italie, Raphaël BOMBELLI publie à Bologne, en 1572, et de nouveau en 1579, l'*Algebra, parte maggiore dell' arithmetica,* exposé méthodique de l'état de cette science à cette époque. Trois livres composent cet ouvrage. Le premier a pour objet le calcul des radicaux et la théorie des imaginaires, déjà rencontrés par Cardan, mais dont Bombelli est le véritable fondateur : sans éclairer du reste le concept de ces quantités, il donne très bien les règles de leur calcul. Le second livre traite de la résolution des équations : l'auteur insiste sur cette remarque, dont Viète et Descartes feront plus tard comprendre l'importance, que la résolution des équations de degrés supérieurs suppose la résolution des équations de degrés inférieurs. Dans le troisième livre sont résolus les problèmes d'analyse indéterminée de Diophante. L'auteur, dans la préface de son traité, retrace l'histoire de l'Algèbre à partir de Diophante, qu'il fait le premier connaître à ses contemporains : il avait même commencé à traduire les *Arithmétiques.*

Dans nos contrées fleurit à cette époque un géomètre illustre, Simon STEVIN (1548-1620), de Bruges, l'inventeur de la numération fractionnaire décimale écrite, l'inventeur de la théorie du plan incliné, de la théorie de la composition des forces et de la théorie du paradoxe hydrostatique, (qui porte le nom de Pascal), le fondateur de la statique et de l'hydrostatique, l'auteur d'un *Traité de navigation* (1599), qui servit de texte dans toutes les écoles chez les nations maritimes. En un même volume publié en 1585, à Leyde, nous trouvons l'*Arithmétique,* contenant la computation des nombres et l'Algèbre, la traduction française des Livres I-IV de *Diophante,* et la *Practique de l'Arithmétique.* Le troisième de ces ouvrages, qu'il avait déjà publié en flamand, contient son célèbre opuscule *La Disme* : c'est l'Arithmétique décimale ou la théorie des fractions décimales [1].

---

[1] L'histoire de la *numération décimale entière,* ou plutôt de la numération *décuple,* est aisée à résumer : l'origine de la numération décimale *parlée* se perd dans la nuit des temps, la

On trouve aussi dans *La Disme* l'exposé d'un système général de poids, mesures et monnaies, basé sur la division décimale de préférence à la division sexagésimale : cette conception, que le géomètre belge recommande « aux hommes futurs pour leur si grand avantage, » fut réalisée après deux cents ans par les fondateurs du Système métrique.

Mais il est temps de revenir sur nos pas et d'indiquer les progrès accomplis pendant le XVIe siècle dans l'analyse des équations.

La résolution des équations du troisième et du quatrième degré est l'œuvre de l'école italienne : Scipion DELL FERRO, TARTAGLIA et CARDAN se disputent ou se partagent la gloire de la résolution de l'équation cubique; la découverte de la résolution de l'équation biquadratique appartient à FERRARI. Retraçons brièvement cette page célèbre de l'histoire de l'Algèbre.

On sait que l'équation du troisième degré admet trois racines, dont une au moins est réelle et les deux autres sont ou toutes deux réelles ou toutes deux imaginaires. Dès 1515, Scipion DELL FERRO, professeur à l'université de Bologne, avait inventé la construction de la racine réelle de l'équation cubique sans second terme. Mort en 1526, il avait légué son secret à son gendre et successeur Annibale della Nave, qui le confia à Antonio Maria Fiore. Les défis publics étaient dans les mœurs du temps : Fiore invita à un tournoi scientifique le mathématicien, déjà célèbre, Nicolas TARTAGLIA, de Brescia; la provocation fut acceptée et le 12 février 1535 eut lieu à Venise la joute mathématique. Trente problèmes, qui tous conduisaient à des équations de la forme $x^3 + ax = b$, furent proposés. Tartaglia s'en tira avec un bonheur singulier : en deux heures, il résolut les trente problèmes. Avait-il eu communication, par quelque voie déloyale, du secret dont son adversaire se croyait seul dépositaire, ou bien avait-il, comme il l'affirma, découvert lui aussi quelque heureux procédé de solution? Il nous semble qu'on est en droit de suspecter la loyauté et la véracité du Brescian, habitué du reste à se parer, dans ses écrits, des découvertes scientifiques d'autrui.

Peu d'années après, le géomètre milanais CARDAN, lui aussi à la recherche de la solution de l'équation cubique, obtint de Tartaglia, moyennant de solennelles promesses de silence, la communication de sa méthode de résolution. Or, à quelque temps de là, en 1545, oublieux de ses serments, Cardan divulguait dans son *Ars magna* la solution inventée, ou plutôt, dit-il, réinventée par Tartaglia et due effectivement à Scipion dell Ferro. Cardan s'était sans doute cru délié de sa parole le jour où il avait reconnu en Tartaglia un plagiaire de Scipion dell Ferro, ou du moins un second inventeur d'une découverte bien antérieure.

---

numération décimale *écrite* nous a été transmise par les Arabes au XIIe et au XIIIe siècle et s'est propagée dans nos contrées au XVe et au XVIe siècle. La *numération décimale fractionnaire écrite* est l'œuvre de Stevin.

Sans doute, avant lui, Jean DE SÉVILLE calculait en parties décimales de l'unité les racines carrées; REGIOMONTANUS proposait de diviser les sinus en dixièmes, et RAMUS, ou Pierre La Ramée (1502-1572), dans son *Arithmetica* (1555), appliquait indirectement la numération décimale. Mais il y a loin de là à l'idée d'étendre *indifféremment* vers la gauche et vers la droite la numération décuple, à l'appréciation nette de la simplicité et de l'utilité d'une telle généralisation et à l'application de cette méthode dans toutes les opérations de l'Arithmétique usuelle. Or, c'est ce que l'on trouve dans les trois pages écrites par Stevin sous le titre : *La Disme enseignant facilement expedier par nombres entiers et sans rompus tous comptes se rencontrans aux affaires des hommes.*

Quoi qu'il en soit, en dépit des plaintes amères de Tartaglia, qui, dans ses *Quesiti et inventioni diverse* (Venise, 1546), crie au parjure, la solution de l'équation cubique porte depuis trois siècles le nom de *formule de Cardan*. L'auteur de l'*Ars magna* ne s'était cependant point présenté comme l'inventeur de cette formule. Il est juste de dire que si Cardan avait pris pour point de départ de ses propres travaux la solution communiquée par Tartaglia, il y avait ajouté de sa part des découvertes capitales, telles que le procédé pour faire disparaître de l'équation complète le terme du second degré (voy. **285**, *note),* et la reconnaissance du cas irréductible [1].

Du reste, si Tartaglia était ingénieux sur le terrain de la Géométrie, jamais il ne montra en Algèbre l'habileté et la profonde originalité de Cardan. Vainqueur au tournoi de 1535, Tartaglia essuya une complète défaite dans la joute de 1548. Luigi FERRARI (1522-1565), le plus brillant élève de Cardan et professeur dès l'âge de dix-huit ans à l'Université milanaise, était déjà célèbre par la solution de l'équation du quatrième degré, publiée dans l'*Ars magna* de son maître : durant une année, il adressa au géomètre de Brescia des *cartelli di disfide scientifiche,*

---

[1] Nous donnerons ici, bien que sans nulle démonstration, la célèbre formule de Cardan, parce que le lecteur aimera peut-être de l'avoir sous les yeux et que, d'autre part, il n'en sera point question dans ce *Cours d'Algèbre élémentaire.*

L'équation générale $Ax^3 + Bx^2 + Cx + D = 0$ étant ramenée (**285**, *note)* à la forme

$$x^3 + px + q = 0,$$

la formule de Cardan est

$$x = \sqrt[3]{-\frac{q}{2} + \sqrt{\frac{q^2}{4} + \frac{p^3}{27}}} + \sqrt[3]{-\frac{q}{2} - \sqrt{\frac{q^2}{4} + \frac{p^3}{27}}}.$$

Les deux radicaux cubiques qui entrent dans cette formule sont respectivement susceptibles de trois déterminations distinctes (161). En réunissant ces déterminations deux à deux de toutes les manières possibles, on obtiendrait neuf valeurs pour l'inconnue, qui n'en admet que trois (**203**); mais on ne doit assembler que les déterminations dont le produit est égal à $-\frac{p}{3}$.

Un fait curieux est que cette formule ne peut pas servir à calculer les racines de $x^3 + px + q = 0$, quand elles sont toutes trois réelles et inégales : il se fait, en effet, que dans ce cas, on a $\frac{q^2}{4} + \frac{p^3}{27} < 0$, et la formule présente ainsi deux radicaux cubiques couvrant des binomes imaginaires. Ce cas porte le nom de *cas irréductible.*

Mais la théorie des imaginaires permet d'extraire la racine $m^{ième}$ d'un binome imaginaire On écrit le binome sous la forme trigonométrique :

$$-\frac{q}{2} + \sqrt{\frac{q^2}{4} + \frac{p^3}{27}} = r \cos \varphi + \sqrt{-1} \sin \varphi ;$$

et la *formule de Moivre* donne finalement

$$x' = 2\sqrt[3]{r} \cos \frac{\varphi}{3}, \quad x'' = -2\sqrt[3]{r} \cos\left(60^\circ - \frac{\varphi}{3}\right), \quad x''' = 2\sqrt[3]{r} \cos\left(120^\circ - \frac{\varphi}{3}\right),$$

égalités dans lesquelles on posera

$$r = \sqrt{-\frac{p^3}{27}} \quad \therefore \quad \sqrt[3]{r} = \sqrt{-\frac{p}{3}}, \quad \text{et} \quad \cos \varphi = \frac{-q}{2\sqrt{-\frac{p^3}{27}}}.$$

et enfin le provoqua à une dispute publique. Le rendez-vous fut fixé au 10 août 1548, en l'église Santa-Maria-del-Giardino à Milan. Un public nombreux assistait à la lutte. A peine entré en lice, le hautain géomètre de Brescia se hasarda sur le terrain des équations; mais le jeune disciple de Cardan était digne de son maître, et Tartaglia, abandonnant la lutte, s'évada sur l'heure de la ville de Milan.

Complétons cette histoire de la résolution de l'équation cubique en rappelant le nom de BOMBELLI. On doit au géomètre bolonais un procédé de résolution du cas irréductible, élégant et supérieur à celui que Cardan avait donné dans son *De Aliza regula,* en 1570 : Bombelli indique comment il faut procéder sur les expressions de forme imaginaire pour aboutir aux valeurs réelles des racines.

TARTAGLIA mérite, à cause de sa célébrité, que nous nous occupions de sa vie et de ses écrits. Fils d'un postillon de Brescia, il s'appelait Nicolas Fontana de son vrai nom et fut orphelin de bonne heure. Encore enfant lors de la prise et du sac de Brescia par Gaston de Foix, en 1512, il fut cruellement mutilé par un soldat français : le crâne meurtri, les mâchoires et le palais fendus, il reçut et conserva le surnom de Tartaglia, ou Tartalea, qui signifie le Bègue. Un maître consentit à lui apprendre à lire et à écrire, mais l'abandonna sans l'avoir conduit au delà de la lettre K. L'enfant apprit seul à former les autres lettres : « Aidé de l'industrie, fille de la pauvreté, » il acheva seul de s'instruire, puis, rencontrant sur son chemin les Mathématiques, il s'y attacha pour toujours. — Telle est l'autobiographie que nous trace, dans une page de ses *Quesiti,* le malheureux et grand géomètre. Il mourut en 1557.

Dans *La Nova Scientia* (Venise, 1537), Tartaglia cherche à fonder la Mécanique; il essaie le premier d'appliquer les Mathématiques à la balistique. Ses *Quesiti et inventioni diverse* (Venise, 1546) sont un recueil de questions très variées : l'artillerie, la balistique, la fortification par bastions, la levée des plans en sont les objets principaux. Dans son *General trattato di numeri et mensure* (1556-1560), il touche à toute espèce de questions d'Arithmétique, de Géométrie et aussi d'Algèbre. Sa traduction italienne d'Euclide (1543) et sa traduction latine de la *Mécanique* et du *De insidentibus aquæ* d'Archimède (1543) eurent une grande vogue; la seconde ne lui avait guère coûté de labeurs : c'est la copie, assez fautive d'ailleurs, de la traduction latine faite par le moine flamand du XIIIᵉ siècle Guillaume de Moerbeke.

A l'histoire scientifique du XVIᵉ siècle se rattache un fait qui nous éloignera quelques moments de l'Italie et de l'Europe. C'est l'introduction des sciences européennes en CHINE, à la suite de l'entrée des premiers missionnaires jésuites en 1583.

Résumons ici l'histoire des Mathématiques chinoises.

Si l'on interroge sur l'origine de leurs sciences les lettrés chinois, ils ne se font pas faute de répondre que leurs ancêtres, instruits par leurs souverains Fo-hi, Chin-nung, Yao, qui descendaient des dieux, ont été les premiers instituteurs du genre humain et que toute science, tout art et toute industrie ont pris naissance dans l'Empire du Milieu pour se répandre de là dans le reste de la terre habitée. En réalité, les sciences chinoises, les Mathématiques surtout, se réduisent à peu de chose, si l'on en retranche les éléments d'importation étrangère. Cependant les lettrés font grand cas de leur *Kiéou Tschang,* ou *Neuf sections* [*de l'Arithmé-tique*], qui est une Arithmétique très ancienne, mais aussi très médiocre, si l'on supprime les interpolations; il fut composé, disent-ils, par un ministre de l'empereur Huang-ti en l'an 2637 avant notre ère. Les lettrés vantent aussi l'invention du *schwan pân*, ou planchette à calculer, leur antique abaque, et l'attribuent à Chéou-li, autre ministre du même prince. Enfin, ils se font gloire du *Tchéou-péi* (le Stylet de la circonférence), livre scientifique sacré, écrit sous le règne de Tchéou-kong, il y a plus de trois mille ans : mais ce dépôt des connaissances géométriques et astronomiques chinoises n'offre qu'une Géométrie usuelle peu avancée, contenant cependant déjà le théorème du carré de l'hypoténuse, et une Cosmographie rudimentaire et peu solide. Si ce bagage scientifique ne semble pas considérable, les lettrés allèguent le célèbre incendie de l'an 213 avant notre ère, où périrent presque tous les documents de la science ancestrale : l'empereur Hoang-ti, le second prince de la dynastie Thsin, à laquelle la Chine doit son nom, et celui-là même qui, au prix de la sueur de cinq cent mille ouvriers, dota la Chine de la Grande Muraille, eut à réprimer l'opposition des lettrés, restés attachés à la dynastie de Tchéou, et il les réduisit en faisant brûler presque tous leurs livres et quelques lettrés eux-mêmes.

Quoi qu'il en soit de cet autodafé, les Chinois ont emprunté leurs Mathématiques successivement aux Grecs et aux Romains, aux Hindous et aux Arabes, et enfin aux missionnaires d'Occident.

L'influence grecque, à la suite des conquêtes d'Alexandre et jusque sous le règne des Ptolémées et sous la domination romaine, se fit très fréquemment sentir dans l'Extrême Orient. Des documents établissent les relations officielles de la Chine avec les Grecs d'abord, puis avec les Romains jusque sous Marc-Aurèle : à Athènes et à Rome, on appelait les Chinois Σῆρες, *Seres*, la Chine étant le pays de la soie.

La science indienne s'introduisit aussi de bonne heure en Chine, avec la religion de Bouddha (le Fo des Chinois). A leur tour, les Arabes, dès le viie siècle, envoyèrent à la Chine des ambassades, que leurs intérêts commerciaux multiplièrent bientôt. L'invasion mongole ayant établi sur le trône du Fils du Ciel la dynastie mongole de Youen (1279-1368), la science arabe atteignit, au xive siècle, son apogée à la cour de Pékin. Nous verrons ailleurs (**105** et **260**, *notes*) le costume que revêtit chez les Chinois l'Algèbre qui leur venait des Indes et de la Perse.

Enfin l'année 1583, date de l'entrée des missionnaires jésuites en Chine, marqua l'apparition dans l'Empire du Milieu des connaissances mathématiques européennes. Les plus illustres de ces missionnaires furent le jésuite italien Matthieu RICCI (1552-1610), qui naquit dans la Marche d'Ancône en l'année même où François-Xavier mourait dans l'île de Sancian en face des côtes de la Chine, et qui devint, au prix de peines infinies, le fondateur de la mission de Pékin; le jésuite allemand Adam SCHALL (1591-1669), de Cologne, et le jésuite belge Ferdinand VERBIEST (1623-1688), de Pitthem, près de Courtrai.

Astronome, mathématicien, géographe, chimiste, et muni d'ailleurs d'une prodigieuse connaissance de la littérature et des antiquités chinoises, RICCI pénétra à Canton en 1583 et à Pékin en 1600 : sa science lui obtint la faveur de l'empereur Van-Li. Ricci dota les mathématiques chinoises d'une traduction d'Euclide commentée, d'une Arithmétique et d'une Géométrie pratique : c'était, en langue chinoise, une imitation des ouvrages de Clavius, son ancien maître au Collège romain.

Non moins remarquables que Ricci par leurs travaux scientifiques et par leurs œuvres apostoliques, SCHALL et VERBIEST entrèrent en Chine l'un en 1622, l'autre en 1662 : l'un et l'autre eurent à réformer le calendrier impérial chinois, que les mains ignorantes des lettrés laissaient retomber dans un désordre complet. Schall dut à la reconnaissance de l'empereur Choung-tchi d'être nommé à la présidence du Tribunal des Mathématiques; Verbiest lui succéda plus tard, nommé par l'empereur Kang-hi [1] : ce Tribunal est une espèce de Bureau des Longitudes, chargé de la rédaction annuelle du calendrier impérial, de la prédiction des éclipses et du calcul des éphémérides des planètes. Schall publia en chinois une Trigonométrie et des Tables trigonométriques. Verbiest composa en chinois et en tartare de nombreux ouvrages mathématiques et astronomiques. L'un et l'autre furent chargés, à diverses reprises, de diriger la fonderie impériale des pièces d'artillerie, lors d'incursions ennemies qui menaçaient l'empire. — Verbiest eut pour successeur à la présidence du Tribunal des Mathématiques son savant confrère et ami, Antoine THOMAS (1644-1709), de Namur, et dans la suite cette charge resta confiée à des jésuites jusqu'à la suppression de leur Ordre [2].

---

[1] Kang-hi (1662-1722) succéda à Choung-tchi (1644-1662), dernier empereur de la dynastie des Ming, et fonda la dynastie mandchoue encore régnante des Taï-tsin. La lecture des *Lettres édifiantes et curieuses (Mém. de la Chine)* fait très bien connaître le long règne de ce monarque, contemporain de Louis XIV et lui aussi protecteur des lettres et des sciences. Il fit composer le *Kang-hi-tseu-tien*, ou le *Dictionnaire de Kang-hi*, dont les trente-deux volumes in-8° contiennent la nomenclature de 42 000 caractères chinois : il est vrai que ce dictionnaire pourrait être doublé, au dire de quelques Chinois, et que, d'autre part, la connaissance des 2400 caractères des cinq *Livres canoniques* suffit pour obtenir le brevet de lettré. Le même empereur fit exécuter, sur la fin de son règne, la Carte de l'Empire chinois par quelques missionnaires : les PP. Bouvet, Regis, Mailla, etc.; il fallut dix années de travaux pour achever cette œuvre, qui fut présentée à Kang-hi en 1717. Cette carte a servi de base à celle de d'Anville, et les indications qu'elle donne sont encore suivies aujourd'hui par les géographes d'Europe pour la plupart des localités intérieures de la Chine.

[2] Pendant la vieillesse du P. Verbiest, l'empereur Kang-hi, voyant qu'il n'avait plus auprès de lui que deux « mathématiciens, » les PP. Pereira et Grimaldi, députa ce dernier en Occident pour demander de nouveaux mathématiciens. Cinq missionnaires furent envoyés, parmi lesquels le P. Bouvet (1656-1730), du Mans, et le P. Gerbillon (1654-1727), de Verdun. Ils arrivèrent à Pékin en 1688, peu de jours après la mort du P. Verbiest, et assistèrent aux magnifiques funérailles que l'empereur lui fit faire. « Le prince, voyant tout son empire dans » une profonde paix, résolut d'apprendre les sciences de l'Europe. Il choisit lui-même » l'Arithmétique, les *Éléments* d'Euclide, la Géométrie pratique et la Philosophie. Le » P. Thomas, le P. Gerbillon et le P. Bouvet eurent ordre de composer des traités sur ces » matières. » (*Lettre du P. de Fontaney,* 15 février 1703.) Pendant quatre ou cinq ans, sans jamais se relâcher dans son assiduité, il se fit donner deux heures de leçons chaque matin et autant chaque soir. Le P. Thomas était chargé de l'Arithmétique et les deux autres des *Éléments* d'Euclide et de la Géométrie. Il existe, imprimés à Pékin *formis regiis,* des *Éléments de Géométrie,* par le P. BOUVET; le P. GERBILLON imprima, en 1689, des *Éléments de Géométrie tirés d'Euclide et d'Archimède, en tartare et en chinois, revus et corrigés par l'empereur Kang-hi;* enfin, il faut probablement attribuer au P. THOMAS l'Algèbre chinoise présentée à cette époque même à l'empereur par les missionnaires membres du Tribunal des Mathématiques (c'étaient alors le P. Thomas, préfet du Tribunal, et le P. Pereira); elle est intitulée *Tseay-Kan-Fang* (260, *note*). Déjà, étant professeur de philosophie à Douai, le P. Thomas avait publié une *Synopsis Mathematica, Missionis Sinicæ candidatis concinnata* (Douai, 1685, 2 vol. in-8°).

Les lettrés de Pékin se hâtèrent de composer à leur tour leur *Suh-li-tsing-wang* (le Dépôt des règles arithmétiques), où l'on retrouve toutes les Mathématiques élémentaires européennes, depuis l'Arithmétique jusqu'à la Trigonométrie, les Tables de logarithmes y comprises : quelques citations d'anciens auteurs chinois, répandues dans l'ouvrage, ont pour mission d'achever de prouver que toute la science des Occidentaux est d'origine chinoise.

On peut lire dans les *Lettres édifiantes et curieuses* d'intéressants détails sur les travaux scientifiques des PP. Bouvet et Gerbillon, et de leurs successeurs parmi lesquels les plus

Revenons en Europe et prenons congé du XVIᵉ siècle en signalant deux événements qui furent le fruit de la renaissance des sciences mathématiques : la découverte du véritable système du monde et la réforme du calendrier.

En 1543, le chanoine polonais Nicolas COPERNIC (1473-1543), de Thorn, imprima à Nuremberg et dédia au pape Paul III son *De revolutionibus orbium cælestium*, qui renversait le système astronomique de Ptolémée, plaçait le Soleil au centre de l'univers et rendait à la Terre son rôle de planète. Ce livre avait coûté à son auteur trente-six années de méditations et de labeurs, et l'illustre vieillard n'avait plus que peu d'heures à vivre quand ses mains feuilletèrent les pages du livre qui venait d'achever de s'imprimer.

En 1582, le pape Grégoire XIII promulgua la réforme du calendrier. Il ordonna que le lendemain du 4 octobre de cette année s'appelât le 15 octobre, et il répara de cette façon l'erreur laissée par Sosigène dans le calendrier julien, erreur de 11 minutes et 12 $\frac{1}{2}$ secondes par an ou d'un jour sur 128 ans. Il décida de plus l'omission du jour bissextile aux années séculaires à millésime non divisible par 400, telles que 1500, 1700, 1800. Le jésuite CLAVIUS (Christophe Clau, de Bamberg, 1537-1612), qui occupa pendant vingt années la chaire de Mathématiques au Collège romain, fut le principal ouvrier de l'œuvre grégorienne, œuvre d'une difficulté assez grande pour que l'illustre mathématicien Viète se trouvât d'avis opposé à celui de Clavius et que Viète eût tort [1].

III.

DIOPHANTE et VIÈTE, ces deux noms dominent l'histoire de l'Algèbre.

L'Algèbre numérique et l'Algèbre littérale, telles sont les deux formes successivement revêtues par l'Arithmétique universelle.

Les *Arithmétiques*, rédigés au sein de l'école d'Alexandrie par un des derniers héritiers de la science antique, et l'*Isagoge in artem analyticem*, composée à la cour de Henri IV par l'un des fondateurs de l'Analyse moderne, sont deux traités aussi opposés par leurs titres que différents par leurs allures et cependant tous deux enseignent une même science : ce sont deux traités d'Algèbre.

Le livre de Diophante a pour objet l'Algèbre numérique, qui est l'Algèbre ancienne, celle des Grecs, des Hindous, des Arabes, l'Algèbre du Moyen Age et de la Renaissance; le livre de Viète fonde l'Algèbre littérale, l'Algèbre nouvelle, l'Algèbre de Descartes et de Newton, l'Algèbre moderne.

Sans nous laisser arrêter par son titre, nous voyons dans les *Arithmétiques* un traité d'Algèbre : « L'ouvrage de Diophante contient les éléments de cette science : » il y emploie, pour exprimer la quantité inconnue, une lettre grecque (ς). Pour les » quantités connues, il n'emploie que des nombres : car pendant longtemps,

---

célèbres furent les PP. PARENNIN, MAILLA, GAUBIL. Qu'il nous soit permis de rappeler que ces noms ne sont pas moins illustres dans l'histoire des missions que dans l'histoire des Mathématiques. Ces hommes de science étaient aussi des confesseurs de la foi, se glorifiant de connaître la persécution, la prison et les fers, comme Schall et Verbiest, et des hommes apostoliques, fondateurs et soutiens de leurs chrétientés, comme Ricci, Thomas et Gerbillon.

[1] Ses *Euclidis elementorum libri XV cum scholiis* (Rome, 1574) le firent surnommer l'Euclide de son siècle; ils comptèrent de nombreuses éditions, comme son commentaire *In Sphæram Joannis de Sacro Bosco* (1570). Il publia en 1583 un *Epitome Arithmeticæ practicæ* et en 1608 une *Algebra*. L'édition complète de ses œuvres (Mayence, 1612) comprend cinq vol. in-folio.

» l'Algèbre n'a été destinée qu'à résoudre des questions numériques; mais on voit
» qu'il traite également les quantités connues et les inconnues pour former l'équa-
» tion d'après les conditions du problème. Voilà ce qui constitue proprement
» l'essence de l'Algèbre [1]. »

Cette Algèbre numérique, où l'inconnue est seule désignée par une lettre (ς, N, …)
ou par un mot (ἀριθμός, *res, radix, cosa,* …) et où les connues sont représentées
par des nombres, a persisté à travers les âges jusqu'à l'époque de Viète.

Cependant, longtemps avant Viète et même de tout temps, on a vu apparaître
l'emploi des lettres non seulement pour représenter l'inconnue d'un problème, mais
même pour désigner dans la suite d'un raisonnement des quantités ou des objets
soit déterminés soit indéterminés. Aristote, Euclide, Archimède, Pappus raisonnent
souvent sur des lettres; Jean de Séville, Léonard de Pise quelquefois, Jordanus de
Saxe fréquemment, et d'autres encore, tels que Pacioli, Stifel, Regiomontanus,
Peletier, Butéon, les uns plus, les autres moins, énoncent et démontrent des
théorèmes de Mathématiques sur des lettres, qui expriment des quantités déterminées ou indéterminées. N'est-ce point déjà de l'Algèbre littérale?. Non. Mais
soumettre au *calcul* ces lettres, ces quantités littérales; figurer sur ces lettres des
calculs virtuels qu'on ne peut exécuter que sur des nombres; effectuer des
transformations d'expressions algébriques; résoudre des équations à coefficients
littéraux; en un mot entreprendre le calcul des symboles, c'est là l'objet de
l'*Algèbre littérale* ou de la *Science des formules.*

Quelques exemples nous montreront comment les physiciens, les géomètres, les
algébristes, avant le xviie siècle, savaient parfois raisonner sur des lettres, mais
ne savaient point calculer sur ces symboles. — Aristote, dans ses *Questions de
Physique* [2] désigne la force, la masse, le temps, l'espace par les lettres α, β, γ, δ,
et se sert de cette notation dans le discours. Mais il ne fait aucun calcul sur ces
lettres. Loin de là, s'il doit raisonner sur une force et une masse sous-doubles des
premières, il n'écrit point $\frac{1}{2}\alpha$, ni $\frac{1}{2}\beta$, ce qui serait de l'Algèbre littérale excellente,
mais il les dénomme par d'autres lettres, ε et φ. — Euclide représente par des
lettres les longueurs des lignes sur lesquelles il raisonne : c'est de l'Arithmétique
universelle, c'est de l'Algèbre, mais sans formules. — Léonard de Pise veut
démontrer la proposition arithmétique que l'Algèbre littérale exprime par la

formule $a^2+b^2=ab\left(\dfrac{a}{b}+\dfrac{b}{a}\right)$: il ne figure algébriquement ni les carrés de a et

de b, ni le produit ab, ni les rapports $\dfrac{a}{b}$ et $\dfrac{b}{a}$, mais emploie de nouvelles lettres
pour les désigner [3].

---

[1] LAGRANGE, *Leçons élémentaires sur les Mathématiques, données à l'École normale en 1795,*
publiées dans le *Journal de l'École polytechnique,* 7e et 8e cahiers (p. 241). Le même *Journal*
(7e cahier, pp. 1-172) contient les *Leçons de Mathématiques* (Arithmétique et Algèbre) profes-
sées par LAPLACE en la même année et en la même École.

[2] *Natur. auscult.,* lib. VII, cap. 5; voy. aussi *passim* dans ses œuvres. On sait que les plus
anciens traités qui nous soient parvenus sur la Mécanique rationnelle sont ceux d'ARISTOTE :
« Ils ont été loués sans mesure par ses commentateurs, et depuis, négligés sans examen;
mais à travers mille obscurités et une foule d'idées singulières, on trouve chez lui les principes les plus importants de la Mécanique. » (FOURIER, *Mémoire sur la Statique,* p. 20, dans le
Journal de l'École Polytechnique, 5e cahier.)

[3] *Ex a in b ducto in* [multiplié par] *conjunctum ex numeris g, d, provenit summa quadratorum ex numeris a, b.* (Voir CHASLES, *Comptes Rendus de l'Acad. des Sc.,* 1841, t. I, pp. 741-756.)

L'inventeur de l'Algèbre littérale, le second fondateur de l'Algèbre, François VIÈTE [1], en latin *Vieta*, naquit à Fontenay-le-Comte en Poitou, en 1540. Conseiller au Parlement de Bretagne, chassé de Rennes par les guerres civiles, il s'attacha au service de sa constante bienfaitrice Catherine de Parthenay, qui était une helléniste distinguée, une algébriste passionnée, mais aussi une huguenote militante [2]; plus tard, Viète se retrouve à la suite du roi Henri III et enfin à la cour de Henri IV, qui fait de lui son « mathématicien » et le récompense de ses services par la charge de « maistre des requêtes. »

Le service le plus signalé qu'il rendit à Henri IV, en 1589, était digne du génie de l'illustre algébriste. Les soldats français avaient intercepté plusieurs fois les dépêches secrètes des Espagnols; mais nul n'arrivait à trouver la clef de cette correspondance chiffrée. Le roi confia les pièces à son mathématicien. Au prix de quinze jours d'application, Viète découvrit le chiffre, qui se composait de cinq cents caractères noirs; il trouva de plus la clef qui permettait de suivre toutes les variations du chiffre, et put lire, aussi facilement que de l'Algèbre, toute la correspondance espagnole. La France utilisa pendant deux ans cette découverte, mais à la cour d'Espagne, on accusa le roi de France d'avoir à ses gages le diable et les sorciers.

Viète mourut en 1603. Plusieurs de ses ouvrages avaient été publiés sous ses yeux à Tours en 1591 et 1593. Citons le premier de ses écrits *In artem analyticem isagoge* (1591) : l'auteur, dans cet opuscule de neuf feuillets, expose ses vues générales sur le but, la nature, la division de l'Analyse, ou de l'Algèbre nouvelle, et donne les règles de quelques opérations fondamentales du calcul algébrique.

Plusieurs de ses œuvres sont posthumes et furent publiées par ANDERSON en 1615, et par VAN SCHOOTEN en 1646; VASSET traduisit en 1630, en français, l'*Isagoge* et les *Zeteticorum libri quinque*, qui sont un recueil d'excellents exemples de la mise en équations des problèmes.

Nul avant Descartes ne fit de la Géométrie aussi excellente. Helléniste distingué, philosophe pénétrant, analyste habile et sûr, Viète lut dans leur langue originale les géomètres de l'antiquité, surtout Archimède et Apollonius; il médita profondément leurs doctrines; il traduisit leurs méthodes analytiques en une Algèbre sûre et puissante. Aussi, suivant le jugement autorisé de Chasles, la Géométrie lui doit infiniment. Il construisit géométriquement les expressions algébriques et résolut par la règle et le compas bon nombre d'équations [3]. Il créa la théorie des sections angulaires et il ramena toutes les questions qui se traduisent par une équation du troisième degré aux deux problèmes fameux de la duplication du cube et de la trisection de l'angle, donnant ainsi une nouvelle importance à ces deux questions célèbres dans l'école d'Alexandrie [4]. Il trouva la première solution au problème du cercle tangent à trois autres, problème difficile où les Grecs avaient échoué, qui a donné naissance au beau mémoire de Fermat sur le contact des sphères et qui a excité chez les modernes la plus vive émulation [5].

[1] François VIÈTE, seigneur de la Bigotière, conseiller du roi en ses conseils.
[2] C'est à la princesse de Parthenay que Viète dédia plus tard son premier ouvrage l'*Isagoge* (1591). Sous l'influence de cette puissante protectrice, Viète commit la faute d'abjurer la foi catholique de son enfance : à ce fait se rapportent diverses allusions dans la dédicace du livre. Il répara dans la suite son apostasie et mourut dans la religion catholique. (*Bullettino* Boncompagni, t. I, 1868.)
[3] *Effectionum geometricarum canonica recensio* (1593).
[4] *Supplementum Geometriæ* (1593) et *Variorum de rebus mathematicis responsorum libri VIII* (1593).
[5] *Apollonius Gallus*, dédié à Adr. Romanus de Louvain (1590).

En Trigonométrie, il compléta les deux trigonométries; il donna l'idée de la transformation du triangle sphérique, idée qui fit naître un jour un beau théorème de SNELLIUS (1591-1626).

Mais son grand œuvre fut la fondation de l'Algèbre littérale. Nous avons dit déjà en quoi consiste cette invention, qui assure à l'auteur de l'*Isagoge* une gloire inaltérable.

Substituer des lettres dans le calcul aux quantités connues, que l'on représentait antérieurement par des nombres; faire entrer par là directement dans le calcul les quantités littérales; se proposer non plus la résolution d'équations numériques typiques, mais la résolution d'équations générales à coefficients littéraux; généraliser les recherches mathématiques en les appuyant sans crainte sur les lois des transformations algébriques; créer de nouvelles méthodes qui changèrent la face des sciences mathématiques et fonder sous le nom d'Analyse un des plus puissants auxiliaires de l'esprit humain, l'origine et le point de départ des plus grandes découvertes modernes, telle fut l'œuvre de Viète. Du reste, son génie se rendait compte de la nouveauté, analysait le caractère et mesurait l'immense portée de son invention. Ainsi, le titre que Viète donne à l'ensemble de ses premiers travaux, c'est *Algebra nova*; cette Algèbre nouvelle, il l'appelle *Logistica speciosa,* le *Calcul symbolique* (du mot latin *species*, figure, symbole), et le but que doit se proposer cette Algèbre nouvelle, bien plus heureuse et plus puissante que l'ancienne Algèbre numérique [1], c'est de constituer l'*Analyse*, au sens platonicien du mot, ou *la vraie méthode de recherche en Mathématiques* [2].

Nous ferons connaître, dans la suite du *Cours,* plusieurs des découvertes du grand algébriste, notamment son théorème sur la composition des coefficients, qui, mûri par le génie de Descartes, a produit la théorie générale des équations et donné naissance à l'Algèbre supérieure (212*). Nous donnerons aussi quelque idée de ses notations symboliques (**88**, *note; 212**, *note*, etc.), notations encore défectueuses et très inférieures à l'écriture symbolique de Descartes. Son latin est souvent barbare, et partout foisonne de termes grecs : il arrive à l'auteur d'être obscur, à tel point, disait Vasset, que pour traduire Viète, il faudrait un second Viète. Cependant si, à la sûreté et à la profondeur de ses doctrines cet homme de génie avait eu le bonheur de joindre la netteté et la concision de l'écriture algébrique de Descartes, on pourrait dire que tout entière notre Algèbre élémentaire actuelle est sortie des mains de l'algébriste de Fontenay.

Si Viète fut le créateur de l'Algèbre littérale, il y eut un mathématicien belge, ROMANUS, qui approcha plus que tout autre de la conception analytique du géomètre français. Le médecin et mathématicien Adrianus ROMANUS (Adrien van Roemen, 1561-1615) de Louvain, occupa à l'Université de sa ville natale la chaire de Mathématiques, illustrée un demi-siècle avant lui par Gemma FRISIUS (1508-1555). Cet homme de génie, — nous rapportons l'appréciation compétente de Chasles, — s'est servi de lettres non seulement comme désignation abrégée des quantités sur lesquelles il avait à raisonner, ainsi que l'avaient fait tant d'autres auparavant, mais dans une pensée philosophique neuve et profonde qui est l'idée

---

[1] Forma Žetesim ineundi [la méthode de recherche] ex arte propriâ est, non jam *in numeris* suam logicam exercente, quæ fuit oscitantia veterum Analystarum, sed per Logisticem *sub specie* noviter inducendam. feliciorem multò et potiorem numerosâ ad comparandum inter se magnitudines. (*Isagoge*, cap. I.)

[2] Tota ars Analytice definitur doctrina bene inveniendi in Mathematicis. (*Isagoge*, cap. I.)

de Viète : savoir, de créer ce qu'il appelle une *Mathématique universelle*, embrassant, sous la forme de symboles abstraits et généraux, les quantités de toutes natures, telles que les grandeurs de la Géométrie et les nombres de l'Arithmétique *(Apologia pro Archimede [1])*. — Il énonce sur les lettres les premières règles de l'Arithmétique, telles que la règle de trois, et applique les signes + et — aux lettres elles-mêmes, fait qui porte le caractère essentiel de l'abstraction algébrique.

Parmi les algébristes qui furent les premiers à marcher sur les traces de Viète et à envisager comme lui les équations sous leur forme générale, les deux plus remarquables furent GIRARD et HARRIOT, qui écrivirent l'un dans les Pays-Bas, l'autre en Angleterre.

Albert GIRARD (1590-1633), de Saint-Mihiel en Lorraine, publia, en 1629, à Amsterdam, l'*Invention nouvelle en l'Algèbre*. On ne sait ce qu'il faut y admirer davantage, la parfaite clarté de tout l'ouvrage ou l'originalité de certaines théories. Nous aurons souvent à citer dans la suite de notre *Cours* cette Algèbre de Girard, qui contient beaucoup de « nouveautés en l'Algèbre, » comme l'auteur le dit lui-même, « tant pour la solution des equations que pour recognoistre le nombre des » solutions qu'elles reçoivent, avec plusieurs choses qui sont necessaires à la » perfection de cette divine science. » — Girard interprète les racines négatives, avant Descartes; il signale l'utilité des racines imaginaires, ou *impossibles*; il exprime avant Newton les sommes des puissances des racines d'une équation en fonction des combinaisons des coefficients; il donne une bonne théorie des radicaux *binomes* et *multinomes*, et crée une *reigle* pour l'extraction de la racine cubique des binomes irrationnels, etc. Un opuscule, qui suit son Algèbre, donne des découvertes de choses qui n'avaient été « cogneues de personne, sinon avant le deluge : » ce sont les mesures de l'aire des triangles et polygones sphériques et du volume des angles sphériques. — On doit à Albert Girard une traduction française des *Œuvres mathématiques* de Simon STEVIN, de Bruges. Elle fut imprimée par les Elzeviers de Leyde en 1634, un an après la mort du traducteur.

Thomas HARRIOT (1560-1621), mathématicien attaché au service du duc de Northumberland, écrivit l'*Artis analyticæ praxis, ad æquationes resolvendas*, qui fut publiée, après sa mort, par Walther Warner, son ami.

---

[1] Ou *In Archimedis circuli dimensionem expositio et analysis* (Wurcebourg, 1597). — Romanus est célèbre encore par sa *Methodus polygonorum* (Anvers, 1593), où il donne la valeur de π avec quinze décimales, et par son *Canon triangulorum sphæricorum* (Mayence, 1609), où il réduit à six problèmes la Trigonométrie sphérique, jusqu'alors extrêmement prolixe et compliquée. (Voy. GILBERT, *Adrianus Romanus*, dans la *Revue catholique*, 1859.) Romanus professa pour Viète une vive admiration. Ayant proposé, suivant les coutumes du temps, un problème mathématique à tous les savants d'Europe, — il s'agissait de résoudre une équation du 45e degré, — il reçut de Viète vingt-deux racines pour une : c'étaient les vingt-deux racines positives, Viète rejetant les solutions négatives. A son tour, Viète lui proposait le problème du cercle tangent à trois autres, que Romanus résolut par l'intersection de deux hyperboles. Romanus partit aussitôt pour Paris, afin de nouer d'étroites relations avec le mathématicien français. Viète retint chez lui pendant six semaines le professeur de la Faculté des Arts de Louvain, et à son retour « le fit reconduire et défrayer jusqu'à la frontière. » En 1593 Romanus quitta l'Université de Louvain pour aller enseigner à Wurcebourg; il mourut à Mayence en 1615. Son successeur à la chaire de Louvain fut le médecin et mathématicien STURMIUS (Jean Storms, 1559-1650) de Malines, qui ne fut pas sans acquérir quelque célébrité au prix de plus d'un demi-siècle de professorat.

Wallis, dans l'Histoire de l'Algèbre, qui ouvre son *Algebra,* a exalté outre mesure son compatriote aux dépens de Viète et de Descartes. Harriot n'a rien appris de Descartes, mais il est disciple de Viète. — Dans les équations particulières, il réduit un membre à zéro, mais cette innovation est sans portée chez lui. Il n'admet pas les racines négatives, ou, comme il dit, privatives.

Mais l'heure est venue pour l'Algèbre élémentaire, fondée depuis une quarantaine d'années par Viète, de recevoir son achèvement et sa forme définitive des mains d'un géomètre illustre entre tous, DESCARTES (1596-1650). Nous parlerons ailleurs (**267**, *note)* de la personne et de la vie du grand philosophe. Ici, nous indiquerons son œuvre mathématique.

L'Algèbre revendique un grand nombre de pages dans la vaste et savante correspondance que le profond géomètre entretenait avec les principaux mathématiciens du temps; mais elle est intéressée surtout dans le livre célèbre qui parut en 1637 sous le nom de *Géométrie.*

Rien ne ressemble moins à nos traités actuels de Géométrie analytique, que cet écrit de cent pages où le génie de Descartes jette, comme au hasard, les fondements de la nouvelle Géométrie. Il est vrai que cette absence de synthèse et cette allure étrange se justifient par les lignes finales de l'ouvrage : « J'espère, dit-il, que nos » neveux me sauront gré, non seulement des choses que j'ai ici expliquées, mais » aussi de celles que j'ai omises volontairement, afin de leur laisser le plaisir » de les inventer. »

Voici quelques-unes de ces choses que l'auteur a expliquées et qui ne touchent la Géométrie qu'en intéressant l'Algèbre.

Le Livre I montre que l'on peut représenter toutes les opérations algébriques par des constructions géométriques, à condition de prendre pour unité une certaine longueur; par la règle et le compas, qui tracent la droite et le cercle, on peut construire les racines des équations à une inconnue du premier et du second degré; l'auteur ramène à une équation du second degré un problème célèbre de Pappus et le discute. Dans le Livre II, on applique le système des coordonnées à la construction des courbes géométriques et des courbes mécaniques, ou, comme on dit aujourd'hui, des courbes algébriques et des courbes transcendantes. A l'occasion de la recherche des centres des courbes coniques, Descartes résout une difficulté algébrique par la méthode des coefficients indéterminés : on lui attribue l'invention de cette méthode. Dans le Livre III se rencontrent, à propos des problèmes de Géométrie, beaucoup de théories algébriques ou nouvelles ou auparavant peu connues : la *règle des signes,* qui permet de déterminer à la simple inspection d'une équation le nombre maximum des racines positives ou des racines négatives; les procédés pour augmenter ou diminuer les valeurs des racines, pour rendre positives les racines négatives, pour faire disparaître le second terme d'une équation, pour reconnaître si une équation du quatrième degré est résoluble par la règle et le compas; la démonstration de ce théorème, que toute équation du troisième degré se résout géométriquement par l'invention de deux moyennes ou par la trisection de l'angle. Plusieurs de ces découvertes algébriques de Descartes avaient été faites déjà par Viète ou par d'autres devanciers de l'illustre auteur de la *Méthode.*

Un des plus grands services que Descartes rendit à la science de Viète, fut de perfectionner et de consacrer de toute l'autorité de ses écrits les notations claires et concises qui constituent notre écriture algébrique actuelle : ainsi, l'emploi des exposants, qui fut souverainement utile aux progrès ultérieurs de l'Algèbre, se répandit en Europe par l'étude des ouvrages de Descartes.

François van Schooten (1620-1661), de Leyde, donna, en 1649, une traduction latine de la *Géométrie* de Descartes, avec des commentaires : il y joignit (1659) des opuscules de Hudde (1633-1704), d'Amsterdam, sur la réduction des équations et sur les maximums.

A dater de 1637, l'Algèbre élémentaire est un édifice scientifique achevé. On pourra perfectionner chacune de ses parties, on pourra construire encore diverses théories complémentaires, la théorie du binome, la théorie des logarithmes, la théorie des imaginaires, la théorie des déterminants, etc.; mais l'Algèbre élémentaire existe, dès sa sortie des mains de Descartes, telle, dans son ensemble et dans sa forme générale, que nous la possédons aujourd'hui. Suivant la judicieuse remarque que faisait Jacques Peletier en 1554, l'Algèbre est *une de ces connaissances humaines qui n'ont pris règle, forme et ordre qu'après un long temps de circuitions, d'intermissions et de continuelles exercitations d'esprit :* mais dès le milieu du xviie siècle, la période de la longue et laborieuse préparation est à son terme. Déjà Descartes a préparé les voies à une science nouvelle, que l'Algèbre élémentaire n'avait fait que précéder, nous voulons dire à l'Algèbre supérieure, qui s'ouvre par la théorie générale des équations.

Nous ferons connaître, dans la suite du *Cours,* les noms, les dates et les faits qui se rattachent aux diverses théories de l'Algèbre élémentaire, — à la théorie des logarithmes, qui a illustré Neper et Briggs et qui se trouve déjà dans les écrits de Stiffel et de Nicolas Chuquet, — à la théorie des déterminants, fondée par Leibnitz, Cramer, Bézout, etc., — à la théorie des imaginaires, due à Argand, à Gauss, à Laplace, etc.

Ici pourrait donc s'arrêter notre *Aperçu historique;* car nous avons étudié les origines et suivi les premiers développements de la science algébrique élémentaire. Mais le lecteur aimera, croyons-nous, de saluer encore quelques-uns des plus illustres représentants des sciences mathématiques supérieures, qui ont d'ailleurs trouvé dans l'Algèbre de Viète et de Descartes l'outil de travail de toute leur vie.

Au milieu du xviie siècle paraissent deux noms revêtus d'une gloire égale, Pascal et Fermat.

Blaise Pascal (1623-1662) est célèbre davantage par ses recherches en Géométrie pure. Six lignes tracées sur un feuillet de papier ont suffi pour attacher son nom à la théorie des hexagones inscrits dans les coniques. En Analyse, Pascal et Fermat ont fondé la théorie des probabilités, l'une des plus belles créations mathématiques d'un siècle qui en compta beaucoup; tous deux se sont encore occupés du triangle arithmétique ou de la loi des puissances d'un binome [1].

Pierre Fermat (1601-1665), conseiller au Parlement de Toulouse, ne fit point des Mathématiques l'œuvre de sa vie, et cependant son génie dans ces sciences se révèle en chacune des lettres de sa correspondance avec Carcavi, Mersenne, Pascal, et d'autres géomètres, à chaque note qu'il écrit sur les marges de son *Diophante,* à chaque page de ses nombreux manuscrits sur les questions les plus diverses de la Géométrie et surtout de la théorie des nombres [2]. Nous verrons

---

[1] Avant Newton, Pascal savait former directement un terme quelconque du développement des puissances binomiales, dans le cas de l'exposant entier et positif *(Problema :* Datis numeri cujuslibet radice et exponente ordinis, componere numerum); ainsi il sait que le cinquième terme de la sixième puissance a pour coefficient $\dfrac{6 \cdot 5 \cdot 4 \cdot 3}{1 \cdot 2 \cdot 3 \cdot 4}$.

[2] Une de ses propositions, qu'il donne d'ailleurs sans dire qu'il l'ait démontrée, a été

ailleurs qu'il fonda la vraie méthode des maximums et des minimums. On lui fait honneur de l'invention du Calcul différentiel, qui en effet suit de sa Méthode *de maximis et minimis*; on pourrait aussi bien, dit l'un des deux savants éditeurs de ses œuvres, lui attribuer l'invention première du Calcul intégral, car son écrit *De æquationum localium transmutatione* en donne les premières applications. La gloire de l'invention de la Géométrie analytique doit aussi être partagée entre lui et Descartes (**307**, note).

Ce xviie siècle fut le siècle des grandes découvertes mathématiques, comme celui des grandes découvertes astronomiques. Au seuil de ce siècle, Viète avait déposé l'Algèbre littérale, qu'il venait de créer, et Tycho-Brahé (1546-1601) avait laissé entre les mains de Képler, son élève, le trésor de ses innombrables observations astronomiques. En 1609, Jean Képler (1571-1630) publie, dans son *Astronomia nova*, le résultat de ses immenses calculs et révèle au monde que les planètes décrivent dans les cieux une des courbes coniques admirablement étudiées dix-huit siècles plus tôt par les géomètres grecs. En 1637, Descartes, après Fermat, enseigne à appliquer l'algorithme algébrique aux courbes de la Géométrie.

Le siècle se clôt par deux découvertes qui couronnent dignement les précédentes, la découverte de l'attraction universelle et la découverte de l'Analyse infinitésimale. Newton (1642-1727), dans un livre immortel, les *Principia mathematica philosophiæ naturalis* (1687), publie la découverte de l'attraction universelle : dans cette loi unique, il réunit et synthétise les lois de Képler, qui régissent les masses célestes dans leurs orbites immenses, et les lois de Galilée (1564-1642), qui dirigent la chute des moindres parcelles de matière. Dans ce même ouvrage, Newton en 1687 et, dans les *Acta eruditorum* de Leipzig, Leibnitz en 1684, publiaient la découverte de l'Analyse infinitésimale, ou du Calcul différentiel et du Calcul intégral; ils y étaient arrivés chacun par une voie différente.

Par cette découverte dernière, le génie humain entrait en possession du plus puissant instrument de recherches mathématiques et physiques qui lui ait jamais été donné.

Au milieu et à la seconde moitié de ce siècle appartiennent les travaux du géomètre Roberval (1602-1675); de l'analyste belge Sluse (1622-1685), chanoine de Visé; du jésuite Grégoire de Saint-Vincent (1584-1667), de Bruges; de Wallis (1616-1703), l'auteur de l'*Arithmetica infinitorum* (1655) et d'une *Algèbre* très développée (1685); de Christian Huyghens (1629-1695), de La Haye. A ce dernier on doit en Mécanique et en Physique la découverte du principe de la conservation de l'énergie, et en Optique la théorie des ondulations; il fut le guide de Leibnitz, en lui faisant étudier l'Analyse dans Descartes et dans Sluse, et la Géométrie dans Grégoire de Saint-Vincent et dans Pascal. Citons enfin les deux frères Jacques Bernouilli (1654-1705) et Jean Bernouilli (1667-1748).

---

reconnue fausse, savoir que tout nombre de la forme $2^{2^n}+1$ est premier. Une autre proposition de Fermat, que l'on croit exacte et dont on cherche encore la démonstration, est que *l'égalité* $x^n + y^n = z^n$ *est impossible en nombres entiers pour* n $>$ 2. Les efforts des meilleurs géomètres n'ont point encore pu établir cette seconde proposition dans toute sa généralité : Fermat déclare l'avoir démontrée complètement, mais une erreur n'est point impossible de la part d'un géomètre qui ne travaillait point la plume à la main, mais de tête.

L'inexactitude de la première proposition de Fermat a été reconnue par Euler : il a observé que, pour $n=5$, on a le nombre $2^{32}+1 = 4\,294\,967\,297$, qui est divisible par 641.

Les *Œuvres de Fermat* viennent d'être publiées (1891-1897, quatre in-4º), aux frais du gouvernement français, par les soins de Paul Tannery et de Charles Henry.

Du siècle suivant, nommons EULER (1707-1783), le plus fécond et le plus puissant des analystes de son temps ; LAGRANGE (1736-1813), l'auteur du *Traité de la résolution des Équations numériques* (1798), l'inventeur du Calcul des variations et le fondateur de la Mécanique rationnelle ; LEGENDRE (1752-1833), qui développa la théorie des fonctions elliptiques ; MONGE (1746-1818), à qui l'on doit la Géométrie descriptive. Rattachons à ce siècle LAPLACE (1749-1827) qui commença, en 1795, à publier sa *Mécanique céleste*.

Le XIXᵉ siècle s'ouvre par l'achèvement de l'œuvre de LAPLACE ; par les travaux de GAUSS (1777-1855) sur la théorie des nombres, *Disquisitiones Arithmeticæ* (1801), et sur l'Astronomie mathématique, *Theoria motus corporum cœlestium* (1809) ; par l'*Essai* de Robert ARGAND sur la représentation géométrique des imaginaires (1806), et par les travaux de CAUCHY (1789-1857). Le premier tiers de ce siècle nous offre les écrits de deux jeunes et illustres mathématiciens, qui tous deux consacrèrent leur génie à la théorie supérieure des équations et avancèrent le Calcul intégral : le norwégien Niels-Henrik ABEL (1802-1829), qui établit l'impossibilité de la résolution algébrique de l'équation générale du cinquième degré et de degré supérieur, et Évariste GALOIS (1811-1832), qui laissa des mémoires sur la résolution algébrique des équations et sur la théorie des nombres [1].

Nous ne poursuivrons pas plus loin l'histoire des progrès des sciences mathématiques. Du reste, ce serait faire l'histoire du développement des plus hautes branches de l'Analyse et de la Géométrie. Ce serait aussi montrer, dans ce XIXᵉ siècle, le siècle des grandes inventions : les Mathématiques qui, depuis trois cents ans, éclairent la Mécanique, la Physique et l'Astronomie, ont donné, dans le cours de ce siècle, l'explication de la Lumière, de la Chaleur, de l'Électricité, et ont fourni aux Arts et à l'Industrie des applications multipliées, qui ont changé la face du monde [2].

---

[1] Par une étrange ressemblance dans leurs destinées, tous deux, ABEL et GALOIS, dès l'âge de seize ans, avaient acquis la connaissance de toutes les Mathématiques élémentaires et achevaient, dans l'étude solitaire des œuvres de Lagrange, leur éducation algébrique ; tous deux, vers l'âge de vingt ans, creusèrent dans la science et suivant une même direction, un sillon profond, témoignant de leur génie prodigieux ; tous deux furent enlevés à la science dès l'abord de leur carrière : celui-ci, à vingt ans, après une vie agitée, tombe frappé dans un duel misérable à la suite d'une frivole querelle ; celui-là, à vingt-six ans, succombe épuisé par le travail, les chagrins et la maladie, à la veille du jour où l'Académie des Sciences couronnait ses travaux par le Grand Prix des Sciences mathématiques.

[2] Cet *Aperçu* a été livré à l'impression après la table des *errata*, qui ouvre ce volume. Une faute pourrait embarrasser le lecteur : à la page IX, ligne 9ᵉ, il est prié de lire $\frac{1}{5}$ au lieu de $\frac{1}{4}$.

INTRODUCTION.

1. — Des Mathématiques.

1. — Définition. — *Les Mathématiques sont l'ensemble des sciences qui ont pour objet l'étude des quantités, ou grandeurs mesurables* [1].

Ce nom, — τὰ Μαθήματα, les sciences par excellence, — leur a été donné par les anciens, non point à cause de la dignité ou de l'universalité de leur objet, mais parce que l'ordre méthodique et la rigueur parfaite qui les caractérisent en font le modèle de toutes les autres sciences.

On appelle *grandeur* tout ce qui est susceptible d'augmentation ou de diminution.

On entend par *grandeur mesurable*, ou *quantité*, toute grandeur que l'on peut comparer avec d'autres grandeurs de même espèce, de façon à définir avec précision leur égalité ou leur différence. Ainsi, la longueur d'une ligne droite, la masse d'un corps, la durée d'un mouvement, le nombre d'objets d'une collection sont des quantités.

---

[1] Une *Science* est un ensemble de connaissances coordonnées, relatives à un groupe d'objets considérés sous un commun point de vue.

Les mêmes choses peuvent être l'*objet matériel* de diverses sciences, qui les étudient sous divers points de vue : les corps, par exemple, sont l'objet d'étude de la Géométrie, qui n'envisage en eux que l'étendue ou la figure, et de la Mécanique, qui ne voit en eux que des masses en mouvement ou en repos. Le point de vue spécial qui caractérise une science s'appelle l'*objet formel* de cette science; il sert à définir cette science, et il est le lien des connaissances dont elle se compose : la Géométrie est la science de l'étendue figurée, la Mécanique est la science du mouvement.

Une science n'est ni un ensemble d'opinions ou de conjectures, ni un amas de connaissances accumulées au hasard, — comme autrefois l'astrologie, comme naguère encore la météorologie; — mais c'est un ensemble de connaissances coordonnées : de *connaissances*, c'est-à-dire de propositions nettement formulées et rigoureusement établies; *coordonnées*, c'est-à-dire formant un ensemble dont les parties se rattachent à des principes généraux et se développent dans un ordre raisonné. L'objet formel d'une science, qui sert de lien aux connaissances, produit l'unité dans cet ensemble de propositions; les méthodes y produisent la rigueur et l'ordre.

Chaque science a ses principes et ses méthodes. Elle a ses *principes* : ce sont les bases de ses raisonnements, et elle les admet comme évidents ou les emprunte à des sciences plus générales qu'elle, mais sans les démontrer : une science n'a pas à démontrer ses principes, sous peine de *processus in infinitum*. Elle a ses *méthodes*, ou règles propres, qu'elle suit dans la démonstration de ses vérités et dans la coordination de ses connaissances en un ensemble harmonieux.

Désignant, par exemple, divers segments de lignes droites par a, b, c, d, on peut dire que le segment a est égal, par superposition, au segment b et qu'il est égal aussi aux segments c et d mis bout à bout, et l'on écrit $a=b$, $a=c+d$ ou $a-c=d$. Au contraire, l'intensité d'un sentiment de joie ou de tristesse, le degré d'une impression de plaisir ou de souffrance sont des grandeurs, mais, ne se prêtant pas à des mesures exactes, ce ne sont pas des quantités.

Quantités discontinues et quantités continues. — Les quantités sont ou discontinues ou continues.

I. On appelle *quantité discontinue* ou *pluralité* un ensemble d'objets distincts naturellement, mais sous un certain point de vue semblables entre eux; exemple : un peloton de 12 soldats, un groupe de 6 arbres, une caisse de 50 fruits.

Ces objets distincts et semblables reçoivent le nom d'*unités* ou d'*individus*.

On mesure une pluralité en comptant combien d'objets elle contient : l'expression qui indique combien d'unités sont ainsi réunies constitue un *nombre entier :* 12, 6, 50. Un *nombre* est l'expression abstraite du rapport entre la quantité proposée et l'unité.

Par extension du mot, on appelle *nombre concret* l'expression du nombre d'objets considérés jointe à l'indication de la nature de ces objets : 12 hommes, 6 arbres, 50 fruits. A proprement parler, le nombre concret n'est pas un nombre : le *nombre abstrait* seul, 12, 6, 50, est véritablement un nombre, ou l'expression du rapport entre une quantité et son unité.

Une pluralité ne peut croître ou décroître que par unités.

Si l'on retranche successivement les objets constituant une grandeur donnée, on a la *série décroissante* des nombres entiers, qui se limite à zéro : ..., 5, 4, 3, 2, 1, 0. On peut dire que 1 et 0 sont encore des nombres : dans les locutions 1 *unité*, 0 *unité*, les expressions abstraites 1 et 0 sont encore des expressions de mesure.

Si, au contraire, on ajoute successivement de nouvelles unités à une grandeur donnée, la grandeur peut croître indéfiniment; la *série croissante* des nombres entiers est illimitée : 0, 1, 2, 3, 4, 5, ...

On convient d'appeler *infinie* une quantité *indéfiniment croissante*.

En réalité, il ne peut exister un nombre actuellement infini : si grand que soit un nombre donné, il en existe un plus grand, car on peut lui ajouter ne fût-ce qu'une unité. Tout nombre est nécessairement déterminé et par conséquent fini.

II. Les *quantités continues* sont des quantités composées d'*éléments homogènes;* c'est-à-dire de parties partout semblables entre elles. Telles sont la longueur d'une ligne droite, l'aire d'une surface, la durée d'un phénomène, la vitesse d'un mobile, le poids d'un corps, etc.

Une quantité continue peut croître ou décroître d'autant ou d'aussi peu qu'on veut, en passant par tous les états de grandeurs intermédiaires. Ainsi, la distance entre deux points A et B est une longueur susceptible d'augmenter sans limite ou de diminuer jusqu'à s'annuler, en prenant successivement toutes les valeurs possibles, le point B pouvant s'éloigner indéfiniment du point A, ou s'en rapprocher jusqu'à se confondre avec lui.

Une quantité continue est divisible indéfiniment en parties de plus en plus petites et toutes de même nature.

Si petite que soit une de ces parties, il en existe encore une plus petite, par exemple, la moitié de celle-là. Cette *divisibilité indéfinie* est toute théorique : dans la pratique, en partageant une droite matérielle en deux, et ces moitiés encore, et ainsi de suite, nous sommes bientôt arrêtés par la faiblesse de nos organes et par l'imperfection de nos instruments.

Pour *mesurer* une quantité continue, on la compare à une autre quantité continue de même nature, arbitrairement choisie et bien connue, qui reçoit le nom d'*unité*. Par exemple, on peut prendre pour unité de longueur le centimètre, pour unité de poids le gramme, pour unité de temps la seconde. On ramène ainsi la quantité continue proposée à une pluralité d'éléments identiques entre eux, et l'on *compte* combien cette quantité contient de ces unités artificielles.

Si la grandeur proposée est la somme de 2, 3, 4, ... parties égales à cette unité, elle est dite *multiple* de cette unité et elle est mesurée par un *nombre entier*.

Si la grandeur proposée ne renferme pas exactement un certain nombre de fois l'unité adoptée, on cherche une *commune mesure* entre cette grandeur et cette unité, en les divisant l'une et l'autre en parties suffisamment petites et toutes égales entre elles. Si l'unité est la somme de 3 de ces parties égales, ou parties *aliquotes*, et que la grandeur proposée en renferme exactement 7, cette grandeur est dite *commensurable* avec cette unité et est mesurée par le *nombre fractionnaire* $\frac{7}{3}$.

Mesurer une grandeur A en prenant pour unité une grandeur B de même espèce, c'est donc compter combien de fois A contient B ou contient une partie aliquote de B.

Le nombre, entier ou fractionnaire, qui exprime cette mesure s'appelle le *rapport* de A à B. En vertu de la définition de la division arithmétique, il est aussi le *quotient* de la division de A par B et en représentant ce nombre par q, on peut indifféremment écrire $\frac{A}{B} = q$ et $A = Bq$.

Grandeurs incommensurables. — Une quantité continue donnée peut n'admettre aucune commune mesure avec la quantité choisie pour unité, de telle sorte que, cette unité étant divisée en parties égales aussi petites qu'on voudra, jamais la quantité proposée ne sera la somme exacte d'un nombre quelconque de parties égales à celles-là.

Par exemple, la diagonale et le côté d'un carré sont incommensurables. — La Géométrie démontre en effet : 1° que si le côté AB du carré est pris pour unité de longueur, la diagonale AC (ou son égale AN) est comprise entre 1,4 et 1,5, entre 1,41 et 1,42, entre 1,414 et 1,415, entre 1,4142 et 1,4143, etc. ; — 2° qu'aucun nombre, ni entier ni fractionnaire, ne mesure exactement cette longueur, tant que le côté du carré est pris pour unité. Cependant la diagonale a une longueur bien déterminée, et l'on peut calculer des nombres fractionnaires qui s'approchent d'aussi près qu'on veut de la mesure exacte de cette longueur : les deux suites

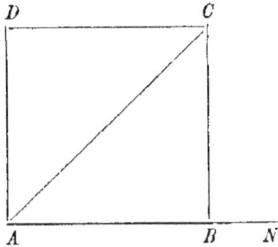

$$A) \quad 1,4, \quad 1,41, \quad 1,414, \quad 1,4142, \quad ...,$$
$$B) \quad 1,5, \quad 1,42, \quad 1,415, \quad 1,4143, \quad ...,$$

sont deux séries d'approximation croissante de la valeur de la diagonale, le côté du carré étant l'unité de longueur, et l'on écrit : $\frac{AC}{AB} = 1{,}41421356....$

On appelle *nombre incommensurable* la *limite commune* de deux suites de nombres commensurables, c'est-à-dire entiers ou fractionnaires, les uns indéfiniment croissants, les autres indéfiniment décroissants, qui mesurent avec une approximation toujours plus grande une grandeur *concrète* qui n'a pas de commune mesure avec la grandeur prise pour unité.

Dans l'ordre purement *abstrait*, un *nombre incommensurable* se définit la *limite commune* de deux suites de nombres commensurables, les uns indéfiniment croissants, les autres indéfiniment décroissants, mais tels que tout nombre si petit qu'il soit de la série décroissante soit supérieur à tout nombre si grand qu'il soit de la série croissante, et que les deux groupes n'aient pas pour limite commune un nombre commensurable.

EXEMPLE. — Observons que les carrés des nombres de la suite A sont tous inférieurs à 2, et que les carrés des nombres de la suite B sont tous supérieurs à 2, mais que les uns et les autres s'approchent indéfiniment et d'aussi près qu'on veut de cette valeur :

$$1,4^2 = 1,96, \quad 1,41^2 = 1,9881, \quad 1,414^2 = 1,999396, \quad ...,$$
$$1,5^2 = 2,25, \quad 1,42^2 = 2,0164, \quad 1,415^2 = 2,002225, \quad ...;$$

convenons ensuite d'appeler *racine carrée* de 2, quoique 2 ne soit le carré exact d'aucun nombre ni entier ni fractionnaire, *la limite des nombres dont les carrés ont 2 pour limite :* l'expression irrationnelle $\sqrt{2}$ ainsi définie constitue un *nombre incommensurable.* C'est la limite commune des suites A et B, et sa valeur approchée est $\sqrt{2} = 1{,}41421356....$

REMARQUES. — I. En résumé, une quantité discontinue ou une pluralité (ex. : 6 hommes, 3 arbres, ...) se compose d'éléments naturellement distincts et dont chacun est indivisible : c'est un ensemble d'unités naturelles. Elle se mesure par des nombres entiers.

Au contraire, une quantité continue (par exemple une portion d'espace, un laps de temps) est partout semblable à elle-même. De cette homogénéité, il résulte qu'une quantité continue : 1° varie par continuité, c'est-à-dire croît ou décroît par degrés aussi petits qu'on veut ; — 2° est divisible à l'infini, ou, pour mieux dire, indéfiniment ; — 3° n'admet que des unités arbitraires et se mesure par des nombres tantôt entiers, tantôt fractionnaires, tantôt incommensurables, selon l'unité arbitrairement choisie.

II. On convient d'appeler infiniment petite une quantité *décroissant indéfiniment* de façon à devenir moindre que toute quantité assignable, si petite que soit celle-ci. Telle serait la fraction $\frac{1}{n}$ dans l'hypothèse que n désignât un nombre entier indéfiniment croissant : $\frac{1}{10}$, $\frac{1}{100}$, $\frac{1}{1000}$, ... : une telle fraction devient aussi petite qu'on veut ; elle s'approche indéfiniment de la valeur limite *zéro*, à mesure que croît son dénominateur.

III. Les *nombres fractionnaires* contiennent comme cas particulier les nombres entiers : c'est le cas d'un dénominateur égal à l'unité. Réciproquement, tout nombre entier peut se mettre sous la forme fractionnaire. Ex. : $5 = \frac{5}{1}$.

Les *nombres incommensurables*, c'est-à-dire les limites communes de deux suites de nombres commensurables, les uns indéfiniment croissants, les autres indéfiniment décroissants, comprennent comme cas particuliers, si l'on veut, les nombres fractionnaires et les nombres entiers : ceux-ci peuvent toujours se considérer comme des limites de cette espèce. Exemple : $\frac{1}{3}$ et 4 sont les limites respectives des deux groupes de suites :

$$\begin{cases} 0,3, & 0,33, & 0,333, & 0,3333, & ... \\ \frac{11}{30}, & \frac{101}{300}, & \frac{1001}{3000}, & \frac{10001}{30000}, & ... \end{cases}$$

$$\begin{cases} 3,9, & 3,99, & 3,999, & 3,9999, & ... \\ 4,1, & 4,01, & 4,001, & 4,0001, & ... \end{cases}$$

Définition du Nombre. — Des notions arithmétiques qui viennent d'être rappelées résulte cette définition :

Le *nombre* est le *rapport abstrait entre une quantité proposée et une autre quantité de même espèce, prise pour unité.*

2. — Division des Mathématiques. — Les Mathématiques se divisent en *Mathématiques pures*, qui étudient les théories applicables à toutes les classes d'objets indistinctement, et en *Mathématiques appliquées*, qui étudient l'application de ces théories à des classes particulières d'objets.

Les *Mathématiques pures* constituent la science générale des nombres, c'est-à-dire la science des rapports numériques entre les quantités, abstraction faite de la nature particulière de ces quantités. Elles comprennent l'*Arithmétique* et l'*Analyse*.

L'*Arithmétique* traite des propriétés spéciales des nombres : propriétés des nombres entiers, propriétés des nombres fractionnaires, propriétés des nombres incommensurables.

L'*Analyse* établit les lois générales des opérations à exécuter sur des quantités de toute espèce : elle se partage en Analyse algébrique, ou Algèbre, dont la partie élémentaire fait l'objet du Cours présent, et en Analyse infinitésimale. L'*Algèbre* traite des opérations qui se réduisent à quelque combinaison des six opérations élémentaires : l'addition, la soustraction, la multiplication, la division, l'élévation aux puissances, l'extraction des racines, exécutées chacune un nombre de fois limité et déterminé. L'*Analyse infinitésimale*, qui ne peut se définir ici, doit son nom à ce que son étude comporte la considération systématique des quantités infiniment petites.

Les Mathématiques appliquées comprennent la *Géométrie*, ou la science de l'étendue, et la *Mécanique*, ou la science du mouvement.

On utilise les Mathématiques pures et les Mathématiques appliquées dans un grand nombre de sciences : en Physique, en Chimie, en Astronomie, en Géodésie, en Architecture, dans les Arts industriels, dans les Sciences sociales (Statistique, etc.), dans les Opérations financières, etc.

Les Mathématiques envahissent tous les domaines. A mesure qu'une science se perfectionne, qu'elle présente un enchaînement de connaissances plus rigoureux, qu'elle réclame des formes plus précises, elle a recours dans une plus large proportion aux méthodes de recherche et de discussion, aux procédés de mesure, au langage et aux formules mêmes des sciences mathématiques.

3. — Définitions de quelques termes. — Les Mathématiques ont pour bases premières de leurs raisonnements des *définitions*, des *axiomes* et des *postulats*, et elles procèdent par *théorèmes* et par *problèmes*.

Une *définition* est l'énoncé de la nature d'une chose ou l'explication d'un terme qu'on emploie. Il y a donc des définitions de choses et des définitions de mots.

EXEMPLES. — Définitions de choses : On appelle *quantité continue* des quantités composées d'éléments tous homogènes; on appelle *sphère* l'ensemble de tous les points de l'espace situés à une même distance d'un même point. — Définitions de mots : On donne le nom de *nombres premiers* aux nombres qui ne sont divisibles que par eux-mêmes et par l'unité; on appelle *angle* l'écartement plus ou moins grand de deux droites qui se coupent.

Un *axiome* est une proposition spéculative non démontrable et évidente de soi.

Exemples. — 1. Deux quantités égales à une même troisième sont égales entre elles.

2. Le tout est plus grand que chacune de ses parties et égal à la somme de ses parties.

3. Si deux quantités sont égales respectivement à deux autres, la somme, la différence, le produit, le quotient des deux premières quantités sont respectivement égaux à la somme, à la différence, au produit, au quotient des deux autres; en sorte que si l'on a, d'une part, $A=B$ et, d'autre part, $C=D$, on en conclut : $A+C=B+D$, $A-C=B-D$, $A\times C=B\times D$, $A:C=B:D$. En d'autres termes, si l'on exécute sur deux quantités égales (A et B) une même opération, les résultats sont égaux entre eux.

Ces trois axiomes sont les principes fondamentaux de toute science mathématique.

Au troisième axiome reviennent les deux propositions arithmétiques suivantes : si $a+b=a+c$, il en résulte $b=c$, et si $a\times b=a\times c$, il en résulte $b=c$; c'est-à-dire l'addition et la multiplication n'ont chacune qu'une solution.

Un *postulat (postulatum,* demande) est une proposition pratique évidemment admissible.

Exemples. — On peut prolonger sans limite la suite des nombres entiers; on peut prolonger indéfiniment et dans les deux sens opposés une ligne droite donnée.

Un *théorème* est une proposition qui, pour être établie, a besoin d'être démontrée.

Exemples. — Si l'on multiplie par un même nombre les deux termes d'une fraction, la fraction ne change pas de valeur. La perpendiculaire élevée sur le milieu de la corde d'un arc de cercle passe par le centre du cercle.

Dans l'*énoncé* d'une proposition, on distingue ordinairement une *hypothèse,* qui est une supposition que l'on fait sur un certain sujet, et une *conclusion,* qui est la conséquence de cette supposition : l'objet de la *démonstration* est précisément de faire voir que l'hypothèse entraîne nécessairement la conclusion annoncée.

Un *problème* est une question pratique à résoudre.

Exemples. — On demande deux nombres, étant données leur somme et leur différence. On demande de tracer une circonférence passant par trois points donnés.

La *solution* d'un problème peut s'obtenir :

1° *Analytiquement,* en exprimant que l'inconnue ou les inconnues satisfont aux conditions du problème.

2° *Synthétiquement,* en appliquant une règle dont l'exactitude se prouve par une démonstration.

Un théorème peut s'appuyer sur des lemmes et être suivi de scolies et de corollaires.

Un *lemme* est une proposition que l'on ne démontre ou que l'on n'énonce qu'en vue de préparer la démonstration d'une autre proposition ou la solution d'un problème.

Parfois cette proposition préliminaire est empruntée à une branche des Mathématiques autre que la branche que l'on étudie.

Un *corollaire* est une conséquence qu'on déduit d'une ou de plusieurs propositions qu'on vient d'établir.

Un *scolie* est une remarque que l'on fait sur une ou sur plusieurs propositions précédentes en vue d'en montrer l'utilité, la restriction, l'extension, ou de faire saisir la liaison d'une proposition avec d'autres, ou encore d'établir de nouvelles définitions, de signaler de nouveaux théorèmes ou de nouveaux problèmes.

Réciproques et contraires. — Deux propositions sont dites *réciproques* l'une de l'autre, lorsque l'hypothèse et la conclusion de l'une sont réciproquement la conclusion et l'hypothèse de l'autre.

Deux propositions sont dites *contraires* l'une de l'autre, lorsque l'une a pour hypothèse et pour conclusion les négations de l'hypothèse et de la conclusion de l'autre.

Exemple. — (A) Si un des facteurs d'un produit est divisible par un nombre premier donné, le produit est divisible par ce nombre; réciproquement (B), si un produit est divisible par un nombre premier donné, un de ses facteurs est divisible par ce nombre; au contraire (C), si aucun des facteurs d'un produit n'est divisible par un nombre premier donné, le produit n'est pas divisible par ce nombre.

De ce qu'une proposition directe A soit vraie, il ne s'ensuit pas nécessairement que la réciproque B et la contraire C le soient aussi, car il se peut que la conclusion d'une proposition A convienne encore à d'autres hypothèses qu'à l'hypothèse de cette proposition.

Exemple. — La proposition — tout nombre terminé par 5 est multiple de 5, — est vraie, et cependant sa réciproque et sa contraire sont fausses.

Si l'on veut établir que la *condition nécessaire et suffisante* pour qu'un produit soit divisible par un nombre premier donné est qu'un de ses facteurs soit divisible par ce nombre, il faudra démontrer séparément la directe A et la réciproque B, ou bien la directe A et la contraire C.

2. — Définition de l'Algèbre.

4. — **Définition.** — *L'Algèbre est une science qui a pour objet d'abréger, de simplifier et surtout de généraliser la résolution des questions que l'on peut se proposer sur les quantités.*

On peut se proposer sur les quantités deux sortes de questions : des théorèmes à démontrer et des problèmes à résoudre.

Un *théorème* est une proposition à démontrer, énonçant certaines propriétés dont jouissent les quantités. Par exemple, une fraction ne change pas de valeur si l'on multiplie ou si l'on divise ses deux termes par un même nombre.

Un *problème* est une question qui a pour objet de déterminer certaines inconnues au moyen de quantités connues dont les relations, avec les premières, sont indiquées par l'énoncé; ainsi, on demande l'intérêt simple de 250 fr., placés à 5 % pendant 4 ans.

En Arithmétique, s'il s'agit d'un problème à résoudre, on opère sur des données numériques désignées à l'avance, et s'il s'agit d'un théorème à établir, on choisit des exemples numériques et on raisonne sur ces valeurs particulières. En Algèbre, au contraire, on fait les raisonnements et on indique les opérations non pas sur des nombres particuliers, mais d'une façon tout à fait générale sur des nombres dont les valeurs particulières restent indéterminées durant tout le cours des raisonnements et des opérations : à cet effet, on représente ces nombres par des lettres.

Ainsi, calculer que 250 fr. placés, pendant 4 ans, à 5 %, produisent un intérêt de $250 \times 4 \times 0,05$ ou 50 fr., c'est faire de l'Arithmétique. Au contraire, représenter d'une manière générale par a, i, r et t le capital, l'intérêt, le taux pour cent francs et le temps, raisonner sur ces lettres ou symboles comme on raisonnerait sur des nombres de l'Arithmétique, et établir la *formule* générale de tous les problèmes d'intérêt simple : $i = \dfrac{art}{100}$, c'est déjà appliquer à l'Arithmétique la méthode et le langage de l'Algèbre.

De même, en Arithmétique, on calculera que l'espace parcouru par un mobile qui se meut, durant 5 heures, avec une vitesse uniforme de 80 Km. à l'heure, est égal à 5×80 ou 400 Km. : l'algébriste appellera e l'espace parcouru, t la durée du mouvement, v la vitesse, qui est le nombre d'unités de longueur parcourues pendant l'unité de temps, et écrira la *formule* du mouvement uniforme : $e = vt$.

Soit encore le *théorème* : le carré de la somme de deux nombres est égal à la somme des carrés de ces deux nombres augmentée de deux fois le produit de ces deux nombres. En Arithmétique, on l'établit en raisonnant sur quelque exemple numérique : $(5+7)^2 = (5+7)(5+7) = 5 \times 5 + 5 \times 7 + 7 \times 5 + 7 \times 7 = 5^2 + 2 \times 5 \times 7 + 7^2$, et l'on raisonne successivement sur des nombres entiers, sur des fractions et sur des incommensurables; tandis qu'en Algèbre on désigne par a et b deux nombres de valeur et de nature quelconques et on établit la formule $(a+b)^2 = a^2 + 2ab + b^2$, expression nette et brève de la loi énoncée.

Newton a appelé l'Algèbre l'*Arithmétique universelle*, c'est-à-dire l'Arithmétique généralisée [1].

---

[1] Sous le titre d'*Arithmetica universalis*, on a publié, du vivant de l'auteur, le manuscrit du cours d'Algèbre que professait, en 1669, à l'université de Cambridge, Isaac NEWTON, alors âgé de vingt-six ans. L'ouvrage est digne d'ailleurs de l'homme illustre dont le génie, dès cette époque, accomplissant trois fameuses découvertes, renouvelait l'Optique, formulait la loi de l'attraction universelle et inventait le Calcul différentiel.

Seconde définition. — L'Algèbre peut encore se définir *la science des formules*, ou, plus explicitement, *la science qui a pour objet la recherche de formules générales et l'étude de la composition et des transformations de ces formules.*

Cette seconde définition, plus complète que la première, ne peut être comprise dès l'abord de ce cours. Dans la suite, on verra que l'Algèbre poursuit en effet deux objets réellement distincts : 1° *généraliser les problèmes et les théorèmes relatifs aux nombres*, par l'établissement de formules littérales, qui soient l'expression nette et concise de règles applicables dans tous les cas, sans nulle exception ; — 2° *étudier les formules en elles-mêmes, abstraction faite de leur origine*, en analysant leur composition et en leur appliquant toutes les transformations possibles : à ce second objet se rapportent l'art du calcul algébrique, la théorie des expressions imaginaires, la théorie générale des équations, etc.

3. — De la Notation algébrique.

5. — Lettres et signes. — Un premier moyen employé en Algèbre pour atteindre le but de cette science, consiste dans l'emploi de *lettres* et de *signes*.

On emploie les lettres pour représenter les quantités, et l'on se sert des signes pour indiquer soit la nature des quantités sur lesquelles on raisonne ou on opère, soit les opérations à effectuer sur ces quantités, soit les relations des quantités entre elles. La plupart des signes d'opérations et des signes de relations en usage en Arithmétique sont usités encore en Algèbre ; par exemple, les signes $+$, $-$, $\times$, $:$, $\sqrt{}$, $=$, $>$, $<$.

L'ensemble des lettres et des signes employés en Algèbre constitue la *notation algébrique*.

On appelle *expression algébrique* ou *littérale*, ou quelquefois *quantité algébrique* ou *littérale*, tout ce qui s'écrit à l'aide de la notation algébrique, c'est-à-dire à l'aide de lettres soit isolées, soit combinées par des signes d'opérations. Ainsi a, $a+b$, x^2-y^2 sont des expressions algébriques ; $(a+b)^2=a^2+2ab+b^2$ est une égalité entre deux expressions algébriques.

Un second moyen que l'Algèbre applique à la poursuite de son but, moyen qui caractérise véritablement cette science et que la suite du Cours fera comprendre, consiste à *généraliser la notion de la quantité et le sens des opérations* [1]. Un exemple en sera donné bientôt dans la définition des

---

[1] C'est ainsi que déjà en Arithmétique on généralise la notion du *nombre*. Défini à l'occasion des nombres entiers, ce nom a été étendu aux fractions et aux incommensurables, qui, à pro-

quantités positives et des quantités négatives et dans les opérations auxquelles on les soumet.

Emploi des lettres. — Chaque lettre peut représenter d'une manière générale un nombre quelconque : on raisonne et on opère sur les lettres a, b, ..., x, y, ... comme on le faisait en Arithmétique sur des nombres particuliers. L'usage reçu est que, dans les problèmes, on désigne les quantités connues par les premières lettres de l'alphabet *(a, b, c, ...)* et les quantités inconnues par les dernières *(x, y, z, u, v, ...)*; mais cette règle n'est pas rigoureuse.

Si une même lettre doit désigner des quantités analogues, mais distinctes, on l'affecte d'accents ou d'indices : a', a'', a''', ..., a_1, a_2, ..., et on lit : *a prime, a seconde, a tierce, ..., a indice 1, a indice 2, ...*.

Emploi des signes. — Les signes sont des symboles abréviatifs employés pour indiquer : 1° la *qualité*, ou nature, des quantités ; 2° les *opérations* à effectuer sur les quantités, et 3° les *relations* des quantités entre elles.

6. — Signes de qualité. — Quantités algébriques. En Algèbre, toute quantité est ou *positive* ou *négative* et reçoit l'un des deux signes qualificatifs $+$ ou $-$.

On appelle *quantité algébrique* ou *grandeur algébrique* toute expression composée d'une valeur arithmétique, ou absolue, et d'un des deux signes qualificatifs $+$ ou $-$; par exemple, $+2$, -2, $+a$, $-a$.

Toute quantité a donc un signe; habituellement, on le sous-entend quand il est positif. Cependant la quantité 0, qui a une valeur absolue nulle, est dite *neutre*, ou encore indifféremment positive ou négative.

On convient de considérer comme positifs les nombres arithmétiques (entiers, fractionnaires, incommensurables); les grandeurs algébriques comprennent ainsi les grandeurs arithmétiques comme cas particulier.

On ne peut formuler une définition générale des quantités positives et des quantités négatives qu'en disant qu'*une quantité prise positivement et la même quantité prise négativement sont deux grandeurs de même espèce, mais de sens directement opposés*. — Cette définition sera précisée, justifiée et complétée ultérieurement; mais il importe de donner dès l'abord de l'Algèbre une première notion de ces deux ordres de quantités.

---

prement parler, ne sont pas des nombres : la fraction $\frac{2}{3}$ est l'indication d'une division par 3 et d'une multiplication par 2, l'expression $\sqrt{2}$ ou $1,41421...$ est l'indication de la limite commune entre deux séries de nombres, les uns croissants, les autres décroissants. De même, la *multiplication* est une opération définie dans l'étude des nombres entiers : en Arithmétique déjà, on étend la définition de cette opération et on appelle multiplication l'opération $12 \times \frac{1}{3}$ qui est une division, et l'opération $12 \times \frac{2}{3}$ qui est une division et une multiplication combinées.

Rappelons, avant de poursuivre cet exposé, qu'une quantité est dite *abstraite* ou *concrète*, suivant qu'on n'exprime pas ou qu'on exprime l'espèce d'unité : 2, 4, 7 sont des nombres abstraits; 3 francs, 5 mètres sont des nombres concrets.

Quantités algébriques abstraites. — En général, on peut considérer les nombres positifs et les nombres négatifs *abstraits* isolés ($+2$, -2, $+a$, $-a$, ...) comme représentant des nombres arithmétiques à prendre les uns par voie d'addition, les autres par voie de soustraction.

I. Soit à retrancher d'un nombre N la quantité $(5+2)$. On sait que l'on retranche une somme en retranchant successivement chacune de ses parties.

Si N est suffisamment grand, l'opération est aisée; soit N$=18$:

$$18 - (5 + 2) = 18 - 5 - 2 = 13 - 2 = 11.$$

Mais si la quantité à soustraire dépasse la quantité dont il faut la soustraire, l'opération devient impossible.

Si, par exemple, N$=5$, l'opération $5-(5+2)$ ou $5-7$ est inexécutable. Cependant, l'opération proposée consiste à retrancher de N d'abord 5 unités et à retrancher du reste obtenu 2 unités. Au lieu d'écrire $5-(5+2)$, on peut donc écrire $5-5-2$; or, la première opération partielle $5-5$ est exécutable et donne un reste évidemment nul; la seconde partie de l'opération est seule impossible. Si l'on convient donc d'écrire

$$5 - (5 + 2) = 5 - 5 - 2 = 0 - 2 = -2,$$

on voit que la *quantité négative* isolée -2 représente le nombre arithmétique 2 à retrancher d'une quantité présupposée, qui était 13 dans le premier cas, et faisait défaut dans le second cas.

II. Soit à retrancher d'un nombre N la quantité $(5-2)$. L'Arithmétique enseigne que pour retrancher d'une quantité donnée la différence entre deux nombres, on peut retrancher le premier nombre et ajouter au reste le second nombre. Supposant successivement N$=18$ et N$=5$, nous écrirons :

$$18 - (5 - 2) = 18 - 5 + 2 = 13 + 2;$$

$$5 - (5 - 2) = 5 - 5 + 2 = 0 + 2 = +2.$$

On voit que la *quantité positive* isolée $+2$ indique, dans l'un et l'autre cas, le nombre arithmétique 2 à ajouter à une quantité présupposée, qui s'est trouvée nulle dans l'un de ces cas.

Quantités algébriques concrètes. — Les nombres positifs et les nombres négatifs *concrets* ($+2$ fr., -2 fr., $+2$ m., -2 m., ...) représentent, par leur valeur absolue, la *mesure* et indiquent, par leur signe, le *sens* de certaines quantités concrètes susceptibles d'être prises, dans la question où on les considère, dans deux sens directement opposés.

Ainsi, 2 fr. peuvent constituer un *profit* ou une *perte* pour un commerçant, qui inscrira à son journal +2 fr. ou —2 fr., selon que cette somme doit être reportée à l'actif ou au passif.

Le temps est susceptible d'être mesuré vers l'*avenir* ou vers le *passé* : l'époque de la naissance de J.-C. étant prise pour origine des ères, les 43 années du règne de l'empereur Auguste s'étendent de l'an —29 à l'an +14.

Si l'on rapporte les altitudes au niveau des océans, les cotes +563 m. et —392 m. représentent les altitudes respectives de la source du Jourdain, près de Hasbeïa, dans le Liban, et de son embouchure dans la mer Morte; le lac est situé en contre-bas de la Méditerranée.

Un bateau ayant à remonter la rivière fait 30 m. vers l'amont, puis se laisse entraîner de 50 m. par le courant : quel chemin a-t-il fait par rapport à sa position primitive? Appelant x le chemin demandé, on a

$$x = + 30 - 50 = + 30 - 30 - 20 = - 20;$$

la réponse est $x=$—20 m. : le bateau a rétrogradé de 20 m.

Nous dirons plus tard, en complétant ces notions, que toute espèce de quantités concrètes ne comporte pas deux manières opposées d'exister et que, dans certaines questions, parler de quantités soit positives, soit négatives concrètes n'aurait aucun sens.

Les quantités positives ou négatives abstraites se présentent continuellement dans le calcul algébrique; les quantités positives ou négatives concrètes font leur apparition dans la résolution des problèmes.

« Les signes + et —, placés devant un nombre, en modifient la » signification à peu près *comme un adjectif modifie celle d'un* » *substantif.* » (CAUCHY [1].)

7. — Signes d'opérations. — On rencontre en Algèbre les six mêmes opérations fondamentales qu'en Arithmétique et on les indique par les mêmes signes : *addition*, $a+b$, et *soustraction*, $a—b$; *multiplication*, $a \times b$ ou $a.b$, et *division*, $a:b$ ou $\frac{a}{b}$; *élévation aux puissances*, $(a)^m$, et *extraction des racines* $\sqrt[m]{a}$.

REMARQUES. — I. Les signes + et — jouent tantôt le rôle de signes qualificatifs, tantôt le rôle de signes opératoires. Ainsi, les expressions $(+a)+(—b)$, $(+a)—(—b)$, indiquent une addition ou une soustraction à effectuer entre une quantité positive et une quantité négative. La suite du Cours montrera que ce double emploi des signes + et — offre peu d'inconvénients dans la pratique du calcul.

---

[1] *Cours d'Analyse algébrique*, 1821. — Augustin CAUCHY (1789-1857) a été l'un des plus grands géomètres de son siècle : l'Analyse, l'Optique et la Mécanique céleste lui doivent de nombreux et considérables progrès.

II. Entre facteurs littéraux, on omet d'ordinaire le signe de multiplication : *abc* équivaut à $a \times b \times c$. Il n'y a plus de confusion à craindre comme entre facteurs numériques : les expressions numériques 365 et $3 \times 6 \times 5$ ont des significations bien différentes l'une de l'autre.

COEFFICIENT. — Le *coefficient* est une quantité, ordinairement numérique, que l'on écrit à gauche d'une autre quantité pour indiquer combien de fois celle-ci doit être prise par voie d'addition. Ex. : $4a = a + a + a + a$.

PUISSANCES ET RACINES. — La *puissance* $m^{ième}$ d'une quantité est le produit de m facteurs égaux à cette quantité.

Le nombre m est le *degré* de la puissance.

L'*exposant* est une quantité, ordinairement numérique, qu'on écrit à droite et un peu au-dessus d'une autre quantité pour indiquer combien de fois celle-ci doit entrer comme facteur dans un produit. Ex. : $a^4 b^2 = a \times a \times a \times a \times b \times b$.

L'exposant est donc l'indication du degré d'une puissance. On voit aussi que la puissance $m^{ième}$ d'une quantité est cette quantité multipliée $m - 1$ fois par elle-même.

La seconde puissance d'une quantité s'appelle son *carré*; la troisième, son *cube*. Par analogie, on dit que la première puissance d'une quantité est cette expression elle-même.

Il importe de ne point confondre l'exposant et le coefficient. L'exposant concerne la voie de multiplication et affecte seulement le facteur au-dessus duquel il se trouve; le coefficient concerne la voie d'addition, et affecte toute la quantité qui le suit.

Par exemple, $a^3 = a \times a \times a$, $3a = a + a + a$, $a^2 b^3 = a \times a \times b \times b \times b$, $2ab^2 = a \times b \times b + a \times b \times b$; si a vaut 4 et si b vaut 5, $a^3 = 64$, $3a = 12$, $a^2 b^3 = 2000$, $2ab^2 = 200$.

L'exposant et le coefficient ne sont pas nécessairement numériques. Ainsi, dans l'expression mx^p, les lettres m et p sont l'une le coefficient de x^p et l'autre l'exposant de x; si l'on attribue à m, à x et à p les valeurs respectives 3, 5, 4, on a $mx^p = 3 \times 625 = 1875$.

On appelle *racine* $m^{ième}$ d'une quantité, une autre quantité qui, élevée à la $m^{ième}$ puissance, reproduit la première.

Le nombre m s'appelle l'*indice* de la racine. La racine $m^{ième}$ de a se représente par le symbole $\sqrt[m]{a}$. On appelle *radical* tantôt le signe $\sqrt{}$, tantôt toute l'expression $\sqrt[m]{a}$. Quand l'indice est 2, on le sous-entend. La racine 2me s'appelle *racine carrée*; la racine 3me, *racine cubique*. Ex. : $\sqrt[3]{125} = 5$, $\sqrt{a^2} = a$.

PARENTHÈSES. — Les *parenthèses* sont des signes qui indiquent que tout ce qu'ils renferment doit être considéré comme une seule quantité. Il résulte de cette définition qu'il faut soumettre cette quantité tout entière aux opérations indiquées par les signes qui affectent les parenthèses.

Ex. : $3(x+y)^2$ indique qu'il faut multiplier par 3 le carré de la somme des deux nombres représentés par x et par y.

Les parenthèses sont de trois sortes : les *parenthèses ordinaires* ( ); les *crochets* [ ], qui renferment déjà des parenthèses, et les *accolades* } {, qui renferment des crochets et des parenthèses.

EXEMPLE. $3\{[(a+b)-(a-b)]^2+2ab\{-6ab.$

Cette expression indique qu'il faut d'abord prendre le triple de la quantité mise entre accolades, laquelle est obtenue en élevant au carré l'excès de la somme de deux quantités a et b sur leur différence et en ajoutant à ce carré le double du produit de ces deux quantités a et b; et qu'il faut ensuite retrancher du résultat le sextuple du produit des quantités a et b. Avec un peu d'habitude de la langue algébrique, on préférera l'expression symbolique proposée aux longues périphrases du langage vulgaire.

Les parenthèses se remplacent quelquefois par un trait horizontal : $a \times \overline{b-c}$ équivaut à $a(b-c)$. C'est ainsi que la barre du signe radical remplit l'office de parenthèses : $\sqrt{a+b}$ équivaut à $\sqrt{(a+b)}$ et représente la racine de la somme $a+b$.

8. — Signes de relations. — DÉFINITIONS. On appelle *valeur absolue* ou *arithmétique* d'une quantité la valeur de cette quantité, abstraction faite du signe de cette valeur. Ainsi, $+3$ et -3 ont la même valeur absolue, qui est 3.

Deux quantités sont dites *égales* lorsqu'elles ont même valeur absolue et même signe. Ex. : 7 et $9-2$, -3 et $6-9$.

On appelle parfois *symétriques* deux quantités d'égale valeur absolue, mais de signes contraires; ex. : $+3$ et -3.

Une quantité a est dite *plus grande* qu'une quantité b, lorsque la différence $a-b$ est positive.

SIGNES. Les signes de relation sont :

Le signe d'*égalité* =; ex. : $7a-5a=2a$.

Les signes d'*inégalité* : $>$ signifie *plus grand que*, $<$ signifie *plus petit que*; l'ouverture de ces signes est placée du côté de la plus grande des deux quantités. Ex. : $8>5$, $7<9$, $a>b$, $a<c$.

Les signes *ambigus* : le signe $\gtrless$ ou $\neq$ signifie *différent de*; le signe $\gtreqless$ ou $\geqslant$ signifie *supérieur ou tout au moins égal à*; le signe $\lesseqgtr$ ou $\leqslant$ signifie *inférieur ou tout au plus égal à*. Ex. : $\dfrac{8}{9} \gtrless \dfrac{7}{8}$, $a^2+b^2 \gtreqless 2ab$.

Les signes $>$ et $<$ indiquent deux relations *contraires* l'une de l'autre; les signes $\leqslant$, $\gtreqless$, $\geqslant$ expriment respectivement les relations *contradictoires*, c'est-à-dire les simples négations, des relations indiquées par les signes $>$, $=$, $<$.

4. — Des Expressions algébriques.

9. — Définition. — On appelle *expression algébrique* ou *littérale* toute quantité écrite au moyen de la notation algébrique, c'est-à-dire à l'aide de lettres et de signes (**5**). Ex. : $3a^2$, $x-y$, $n+1$.

Valeur numérique d'une expression. — La valeur numérique d'une expression algébrique est le nombre positif ou négatif qu'on obtient quand on remplace chaque lettre par le nombre particulier qu'elle représente et que l'on effectue les opérations indiquées dans l'expression. — *Réduire en nombres* une expression algébrique, c'est en calculer la valeur numérique.

EXEMPLES. — Si l'on suppose $a=3$ et $b=1$, on aura

$$(\sqrt{a^2+2ab+b^2}-\sqrt{a^2-2ab+b^2})(a-b)=(\sqrt{9+6+1}-\sqrt{9-6+1})(3-1)=4;$$

la même expression, si l'on suppose $a=5$ et $b=3$, prend la valeur 12.

De même, la valeur numérique de x^2-3xy, selon qu'on pose $x=6$ et $y=\frac{3}{2}$, ou $x=6$ et $y=2$, ou $x=6$ et $y=4$, est $+9$ ou 0 ou -36.

Valeur numérique de $(a-1)z^{n+1}-az^n+(a+1)z^{n-1}$, pour $a=5$, $z=3$, $n=2$? — *Rép.* : $4\times3^3-5\times3^2+6\times3=108-45+18=81$.

Valeur numérique de $(a:b)c$ et de $a:(b\times c)$, pour $a=12$, $b=3$ et $c=4$? — *Rép.* : $(12:3)4=16$, $12:(3\times4)=1$.

Valeur numérique de $n(n-1)(n-2)(n-3)...(n-p)$, dans la supposition $n=10$ et $p=6$? — *Rép.* : $10\times9\times8\times7\times...\times(10-6)=10\times9\times8\times7\times6\times5\times4=604800$.

10. — Classification des expressions algébriques. — Une expression est *entière* quand elle ne contient pas de signe de division : a^2+b^2; *fractionnaire*, quand elle en contient : $x^2+\dfrac{x-y}{x+y}+y^2$. On verra plus loin qu'on appelle *fraction algébrique* l'indication de la division de deux quantités algébriques l'une par l'autre : ex. : $\dfrac{a}{b}$.

Une quantité est *rationnelle* quand elle ne contient pas de signe d'extraction de racine : par exemple, a^2+b^2; *irrationnelle*, quand elle en contient : $x+2\sqrt{y}$.

Ces définitions concernent les expressions considérées avant leur réduction en nombres. En effet, pour certaines valeurs particulières assignées aux lettres, des expressions irrationnelles et fractionnaires peuvent devenir des quantités arithmétiques rationnelles et entières.

Ainsi, les expressions $\dfrac{\sqrt{xy+1}}{\sqrt{x+2}}$, $\dfrac{x+y}{x-y}$, $2x-\sqrt{5y}$, prennent respectivement, si l'on y suppose $x=7$ et $y=5$, les valeurs numériques rationnelles et entières 2, 6, 9.

Si les signes de division et d'extraction de racines ne couvrent que des valeurs numériques et point de quantités littérales, l'expression est entière et rationnelle *algébriquement*. Ex. : $x-\frac{1}{3}y$, $\frac{1}{4}(a-b)$, $p^2-\sqrt{2}pq+q^2$.

11. — Polynomes et monomes. — Un *polynome* est une expression algébrique composée de quantités séparées les unes des autres par les signes d'addition ou de soustraction. Ex. : ax^2+bx+c.

Chaque quantité séparée des autres par les signes $+$ ou $-$ s'appelle un *terme*. Les polynomes de deux, de trois, de quatre termes s'appellent *binomes, trinomes, quadrinomes*.

Ainsi a^2-b^2 est un binome; $a^2-\dfrac{a+b}{a-b}+3(a+b)$ est un trinome; $x^2+\sqrt{x-y}+y^2$ est un trinome.

On appelle *monome* toute expression algébrique non composée de quantités séparées les unes des autres par les signes $+$ ou $-$. On peut dire qu'un monome est un polynome réduit à un seul terme.

EXEMPLES. $2ax$, $5(p+q)z$, $\dfrac{m+n+p}{xy}$, $-2x\sqrt{ac-b}$ sont des expressions monomes, mais dont plusieurs contiennent des facteurs polynomes.

Terme. — ÉLÉMENTS D'UN TERME. Tout terme a quatre éléments, qui sont le *signe*, le *coefficient*, la *partie littérale* et l'*exposant* : $+4a^2$, $-3x^4$.

L'exposant 1 et le coefficient 1 se sous-entendent habituellement, de même que le signe $+$: ainsi $a=+1a^1$.

Remarquons qu'un trinome tel que x^2+2x+1 peut s'écrire $x^2+2x+1x^0$, et qu'ainsi le terme $+1$, dans lequel x entre *zéro* fois, peut se considérer comme ayant pour partie littérale le facteur x affecté de l'exposant zéro.

DEGRÉ D'UN TERME. — On appelle *degré* d'un terme le nombre de ses facteurs littéraux.

On appelle aussi *dimension* d'un terme chacun des facteurs littéraux.

EXEMPLES. $3ab$ a deux facteurs littéraux, ou dimensions, a, b, et est du 2ᵈ degré; $5a^3bc^2$ en a six, a, a, a, b, c, c, et est du 6ᵉ degré.

On obtient donc le degré d'un terme, si le terme est rationnel et entier, en faisant la somme des exposants des facteurs littéraux.

Il sera montré plus tard que si le terme est *fractionnaire*, on obtient son degré en retranchant du degré du numérateur le degré du dénominateur : $\dfrac{x^4}{y^2}$ est du 2ᵉ degré; et que si le terme est *irrationnel*, on obtient son degré en divisant par l'indice de la racine le degré de la quantité placée sous le signe radical : $\sqrt[3]{xy^2z^3}$ est du 2ᵉ degré.

Si un terme contient des facteurs non monomes, on calcule le degré de ces facteurs d'après la règle donnée plus loin. Ainsi, $7a(x+y)z^3$ est du 5ᵉ degré, $x+y$ étant du 1ᵉʳ degré; $6(a^3-b)x^2$ est du 5ᵉ degré, a^3-b étant du 3ᵉ degré.

Termes semblables. — Des *termes semblables* sont des termes composés des mêmes facteurs littéraux, affectés eux-mêmes des mêmes exposants.

Des termes semblables ne peuvent donc différer que par les signes et par les coefficients.

EXEMPLES. $+2a$, $-7a$, $+5a$; $3xy^3$, $-2xy^3$; $-6(p-x)^2$, $9(p-x)^2$.

Classification des polynomes. — Un polynome est *homogène* ou *hétérogène* suivant que tous ses termes sont ou ne sont pas du même degré : x^2+xy+y^2 est homogène.

Un polynome est *rationnel et entier* par rapport à une lettre quand il ne contient cette lettre ni sous le signe radical ni en dénominateur : $x^3+\dfrac{ax^2}{b}+x\sqrt{a}+ab$ est rationnel et entier en x, mais non en a, ni en b.

Un polynome est *ordonné* quand ses termes sont rangés dans un ordre tel, que les exposants d'une même lettre aillent tous en diminuant ou tous en augmentant; cette lettre porte le nom de *lettre ordonnatrice*. Ainsi, $x^3+x^2y+xy^2+y^3$ est ordonné suivant les exposants décroissants ou, comme on dit, suivant les puissances décroissantes, de x; il est aussi ordonné suivant les puissances croissantes de y.

Un polynome est *complet* par rapport à une lettre quand il contient cette lettre à tous les degrés, depuis le degré le plus élevé jusqu'au degré 0. (On dit qu'un terme est du degré *zéro* en x ou est indépendant de x, lorsqu'il ne contient pas cette lettre.) Ainsi x^3-2x^2+3x+5 est un polynome complet en x.

Le *degré* d'un polynome est le degré du terme qui a le degré le plus élevé : $xy^2+x^2y^3+x^3y^4$ est un polynome du 7ᵉ degré. On voit aussi qu'il est du 3ᵉ degré en x et du 4ᵉ degré en y.

5. — Des Égalités.

12. — **Expressions équivalentes.** — Des expressions sont dites *équivalentes* ou *identiques,* si elles prennent la même valeur numérique, quelles que soient les valeurs particulières attribuées aux lettres qu'elles renferment.

EXEMPLES. $7a$ et $9a-2a$, $(a+b)^2$ et $a^2+2ab+b^2$.

Des expressions non équivalentes peuvent devenir *égales* pour certaines valeurs assignées aux lettres qu'elles contiennent; ainsi, les expressions $2x-1$ et $x+2$ ne sont pas équivalentes, mais deviennent égales dans l'hypothèse que x vaille 3.

13. — **Égalités : identités et équations.** — Une *égalité* est l'ensemble de deux expressions réunies par le signe $=$.

EXEMPLE. $2x=3(x-5)$ est une égalité, dont $2x$ est le premier membre et $3(x-5)$ est le second membre. Il est évident qu'on peut permuter les deux membres.

Il y a deux espèces d'égalités : les identités et les équations.

Identité. — Une *identité* est une égalité qui existe soit entre deux quantités purement numériques, soit entre deux expressions toutes deux littérales ou l'une littérale et l'autre numérique, mais quelles que soient les valeurs attribuées aux lettres que ces expressions renferment.

EXEMPLES. $3 \times 8 = 4 \times 6$, $7a = 5a + 2a$, $(a-b)^2 = a^2 - 2ab + b^2$.

Une identité est donc une égalité entre deux expressions équivalentes. Une identité peut se considérer comme la traduction algébrique d'un *théorème*. Ainsi, l'identité $(a+b)(a-b) = a^2 - b^2$ traduit cette loi : *Le produit de la somme de deux quantités par leur différence est égal à la différence des carrés de ces deux quantités.*

Équation. — Une *équation* est une égalité qui n'est vraie que pour des valeurs particulières attribuées à certaines lettres qu'elle renferme. Exemple : $2x = 6$; il est évident que cette égalité ne se vérifie qu'à la condition que x vaille 3.

On confond souvent, dans le langage, les mots *égalité* et *équation;* mais on voit que l'équation est une espèce particulière d'égalité : c'est une égalité conditionnelle.

Pour ne pas confondre les équations avec les identités, qui sont des égalités vraies sans condition, on caractérise parfois les identités par le signe $\equiv$; on écrit par exemple $(a+b)(a-b) \equiv a^2 - b^2$, et on lit : $(a+b)(a-b)$ est *identique* à $a^2 - b^2$.

Dans une équation, on appelle *inconnues* les lettres dont il s'agit de déterminer les valeurs particulières, et on nomme *racines* ou *solutions* ces valeurs particulières elles-mêmes. — Ordinairement, on réserve aux inconnues les dernières lettres de l'alphabet, x, y, z, u, v, ...

EXEMPLES. $40 + x = 3(10 + x)$; $x^2 = 5x - 6$; $\begin{cases} x + y = 9 \\ x - y = 5 \end{cases}$; $ax = 5a$.

Dans la suite du cours, nous pourrons calculer, et dès à présent nous pouvons vérifier, que l'équation $40 + x = 3(10 + x)$ a pour racine $x = 5$; que l'équation du second degré $x^2 = 5x - 6$ a deux racines, $x = 2$ et $x = 3$; que le système de deux équations $\begin{cases} x + y = 9 \\ x - y = 5 \end{cases}$ a pour solution $x = 7$ et $y = 2$; enfin que l'équation $ax = 5a$ a pour racine, quelle que soit la valeur de a, $x = 5$.

Une équation peut se considérer comme la traduction algébrique d'un *problème*. Ainsi l'équation $2x = 6$ exprime la question : *Trouver un nombre dont le double soit 6.*

L'équation $x^2 = 5x - 6$ traduit le problème : *Le quintuple d'un nombre excède de 6 le carré de ce nombre : quel est ce nombre?*

Le système d'équations $\begin{cases} x+y=9 \\ x-y=5 \end{cases}$ traduit le problème : *Chercher deux nombres dont la somme soit 9 et la différence 5.*

14. — Inégalités. — Parmi les inégalités, les unes sont vraies *sans restriction* : ce sont les inégalités purement numériques, ex. : $\dfrac{5}{7} < \dfrac{3}{4}$, et les inégalités algébriques qui se vérifient pour des valeurs quelconques des lettres qu'elles renferment, ex. : $a^2+b^2 > a^2 - b^2$. Les autres sont *conditionnelles* : elles ne sont vraies qu'entre certaines limites des valeurs attribuées aux lettres : ainsi l'inégalité $x^2 < 2x$ exige que x soit compris entre 0 et 2; de même, l'inégalité $x^3 < 27$ n'est vraie que pour x inférieur à 3.

6. — Des Problèmes.

15. — Résolution algébrique des problèmes. — La mise en équation des problèmes et la résolution des équations constituent deux parties importantes de l'Algèbre et seront traitées, en leur place, dans la suite du Cours. Cependant nous donnerons, dès à présent, une première idée de la marche de ces opérations.

Mise en équation. — Mettre un problème en équation, c'est exprimer, par une ou plusieurs équations, les conditions imposées par l'énoncé aux quantités inconnues. La *règle* qui conduit le plus généralement à ce but, est de représenter par des lettres, x, y, z, u, v, ..., les valeurs des quantités inconnues du problème, puis d'exprimer sur ces lettres, par les signes algébriques, les raisonnements et les opérations que l'on ferait sur les valeurs elles-mêmes des inconnues, si l'on voulait s'assurer que ces valeurs satisfont bien aux conditions de l'énoncé.

EXEMPLE. — *Un père a 40 ans et son fils en a 10; dans combien d'années le fils aura-t-il le tiers de l'âge du père?*

Représentons par x le nombre d'années inconnu. Si x est bien le nombre cherché, les âges du fils et du père, à l'époque demandée, seront $10+x$ et $40+x$ et devront satisfaire à l'égalité

$$10 + x = \frac{1}{3}(40 + x).$$

Telle est l'équation du problème proposé.

Résolution des équations. — Résoudre une équation, c'est en chercher les racines. La plupart des transformations successives que l'on fait subir dans ce but à l'équation sont fondées sur cet *axiome* (3) :

Si deux quantités sont égales, l'égalité subsiste encore après que l'on a augmenté ou diminué d'un même nombre, ou bien multiplié ou divisé par un même nombre les deux quantités.

De cet axiome, on déduit diverses règles particulières, dont voici les principales :

A. Si une équation présente aux deux membres des termes égaux et de mêmes signes, on la simplifiera immédiatement en *supprimant* ces termes communs.

B. On peut *transposer* un terme d'un membre dans l'autre, à condition de renverser le signe de ce terme; en effet, cela revient à ajouter ou à retrancher une même quantité aux deux membres.

Exemple. — Soit l'équation

$$5x - 7 = 3x + 9.$$

Proposons-nous de réunir, dans le premier membre, les termes contenant x et, dans le second membre, les termes indépendants de x :

Pour faire passer $3x$ au premier membre, retranchons $3x$ de part et d'autre :

$$5x - 7 - 3x = 9.$$

Pour transposer ensuite le terme —7, ajoutons 7 à chaque membre :

$$5x - 3x = 9 + 7.$$

L'équation devient ainsi

$$2x = 16; \quad \text{d'où} \quad x = 8.$$

C. Si une équation présente un ou plusieurs multiplicateurs communs à tous ses termes, on la simplifiera immédiatement en *supprimant* ces facteurs communs; cela revient, en effet, à diviser les deux membres par ces facteurs.

Exemple. — Soit l'équation

$$21x = 14x - 35;$$

divisant par 7 les deux membres, on a :

$$3x = 2x - 5.$$

D. Si une équation contient des termes fractionnaires, il suffit, pour la rendre *entière*, de réduire au même dénominateur tous les termes, puis de supprimer ce commun dénominateur.

Exemple.

$$\frac{x}{3} - \frac{x}{4} = \frac{x}{2} - 5;$$

cette équation peut s'écrire :

$$\frac{4x}{12} - \frac{3x}{12} = \frac{6x}{12} - \frac{60}{12};$$

multipliant par 12, on a :

$$4x - 3x = 6x - 60.$$

Ces diverses règles seront développées, complétées et rigoureusement démontrées dans la seconde partie de ce Cours.

Des énoncés complets et des démonstrations rigoureuses de ces règles supposent connue la théorie du calcul algébrique, et notamment du calcul des quantités négatives [1].

16. — EXEMPLES. — 1. *Un père a 40 ans et son fils en a 10; dans combien d'années le fils aura-t-il le tiers de l'âge qu'aura son père?*

(La notation ∴ signifie *par conséquent*, et sert à lier deux égalités dont la première entraîne la seconde.)

Représentons par x le nombre d'années inconnu; à l'époque demandée, l'âge du père sera $40+x$ et l'âge du fils sera $10+x$; or, l'âge du père devra être le triple de l'âge du fils; on a donc l'équation du problème

$$40 + x = 3(10 + x).$$

D'où
$$40 + x = 30 + 3x;$$

Transposant, on a
$$40 - 30 = 3x - x;$$

d'où
$$10 = 2x;$$

ou
$$2x = 10 \quad \therefore \quad x = 5.$$

2. *Partager 100 fr. entre trois jeunes gens, en donnant au second 10 fr. de plus qu'au plus jeune, et à l'aîné 20 fr. de plus qu'au second.*

Soit x la part du cadet; la part du second sera $x+10$ et celle de l'aîné $x+30$; les trois parts réunies doivent former 100 fr.; d'où l'équation

$$x + x + 10 + x + 30 = 100.$$

D'où
$$3x + 40 = 100 \quad \therefore \quad 3x = 60 \quad \therefore \quad x = 20.$$

R. : 20, 30, 50.

3. *La somme de trois nombres entiers consécutifs est égale au quadruple du plus petit; quels sont ces nombres?*

Soit x le plus petit; les suivants seront $x+1$ et $x+2$; d'où

$$x + x + 1 + x + 2 = 4x.$$

On en tire
$$3 = x.$$

R. : 3, 4, 5.

4. *Pour atteindre un nid d'aigle placé dans une anfractuosité d'une paroi de rocher, un jeune homme hardi dresse une échelle, qui se trouve trop courte*

---

1 L'Algèbre nous est venue, au commencement du XIIIe siècle, des Arabes, chez qui cette science était déjà très avancée depuis plusieurs siècles. Les Arabes faisaient reposer la résolution des équations sur deux opérations fondamentales : la première se nommait *al djebr (restauratio)*; c'est l'opération consistant à transposer d'un membre dans l'autre les termes négatifs, en redressant leur signe; l'autre s'appelait *al mokábalah (oppositio)*; c'est la réunion des termes semblables en un seul. Le traité de calcul écrit, au commencement du IXe siècle, par Mohammed ben Mouça al Hovarezmi (ou al Khorizmi), est intitulé : *Al djebr w' al mokábalah*, et l'ouvrage de l'écrivain de Bagdad est devenu le type de tous les manuels arabes d'Arithmétique et d'Algèbre composés dans la suite : le titre de cet ouvrage et le nom de son auteur ont fait qu'en Occident la science des lois des nombres porte le nom d'*Algèbre* et que longtemps l'Arithmétique nouvelle ou l'Arithmétique arabe s'est appelée l'*Algorisme*.

de 4 m.; il essaie ensuite de se laisser descendre du sommet du rocher à l'aide d'une corde 3 fois plus longue que l'échelle : la corde se trouve trop courte de 7 m. L'élévation totale du rocher est de 83 m. Quelle est la hauteur du nid?

Appelons x la hauteur du nid; la longueur de l'échelle est $x-4$; la longueur de la corde est $3(x-4)$. L'énoncé se traduit par l'équation

$$(x-4)+4+7+3(x-4)=83.$$

D'où
$$x+7+3x-12=83 \therefore 4x=88 \therefore x=22.$$

5. *Un réservoir est muni de deux robinets alimentateurs, dont l'un suffirait à le remplir en 4 h. et l'autre en 6 h., et d'un robinet de décharge, qui suffirait à le vider en 12 h. Le bassin étant vide, on ouvre simultanément les trois robinets. En combien d'heures sera-t-il rempli?*

Soit x le nombre d'heures cherché. Le premier robinet, en 1 heure, remplirait $\frac{1}{4}$ du réservoir et en x heures remplira $\frac{x}{4}$ du réservoir; le second robinet, en 1 heure, remplirait $\frac{1}{6}$ du réservoir et en x heures remplira $\frac{x}{6}$ du réservoir; le troisième robinet, en 1 heure, viderait $\frac{1}{12}$ du réservoir et en x heures videra $\frac{x}{12}$ du réservoir.

Les volumes d'eau fournis par les deux premiers, moins le volume d'eau enlevé par le troisième, équivalent à la totalité du réservoir. On a donc l'équation

$$\frac{x}{4}+\frac{x}{6}-\frac{x}{12}=1.$$

D'où, par la règle D,

$$3x+2x-x=12 \therefore x=\frac{12}{4}=3.$$

6. *Les deux aiguilles d'une montre marquent midi; à quelles heures se feront leurs rencontres successives?*

Choisissons pour inconnue le nombre x de minutes après lequel se fera la première rencontre. L'aiguille des minutes parcourt une division du cadran par minute et aura parcouru x divisions à l'instant de la première rencontre; l'aiguille des heures, parcourant 5 divisions par heure, ou $\frac{1}{12}$ de division par minute, aura fait $\frac{x}{12}$ divisions en x minutes. Le chemin parcouru par la grande aiguille étant égal à 60 divisions du cadran, plus l'arc décrit par la petite aiguille, on a l'équation du problème

$$x=60+\frac{x}{12}.$$

D'où
$$12x=720+x \therefore 11x=720 \therefore x=65^m,\tfrac{5}{11}=1^h5^m27^s,\tfrac{3}{11}.$$

Le même intervalle sépare les rencontres successives; la onzième se fera à minuit.

7. *Un cavalier, faisant 10 Km. à l'heure, poursuit un piéton, qui a une avance de 30 Km. et fait 4 Km. à l'heure : après combien d'heures se fera la rencontre?*

On sait **(4)** que, dans le mouvement uniforme, l'espace parcouru est égal au produit de la vitesse du mobile par le temps employé : E=VT. Or, le cavalier *se rapproche* constamment du piéton avec une vitesse *relative* de $10-4$ Km. par heure. Donc le nombre d'heures x qu'il mettra à franchir l'intervalle dont il est distancé par le piéton, sera donné par l'équation

$$30 = (10-4)x. \qquad\qquad R. : x=5.$$

Si l'on met en équation par le même raisonnement le problème précédent, — *problème des aiguilles,* — en observant que la grande aiguille a une vitesse de 1 division par minute, et la petite aiguille une vitesse de $\frac{1}{12}$ de division par minute, on a immédiatement l'équation

$$60 = \left(1 - \frac{1}{12}\right)x.$$

8. *Deux nombres ont pour somme 13 et pour différence 5; quels sont ces nombres?*

Soit x le plus grand des deux nombres; l'autre nombre sera $x-5$; par suite, le problème a pour équation

$$x + x - 5 = 13.$$

D'où $\qquad 2x = 13 + 5 \quad\therefore\quad 2x = 18 \quad\therefore\quad x = 9.$ $\qquad\qquad R. : 9$ et $4.$

Autre résolution. — Le problème se traduit aussi par le système d'équations

$$\begin{cases} x + y = 13, & (1) \\ x - y = 5. & (2) \end{cases}$$

Désignons par (1) et (2) les deux équations. L'équation (2), si on transporte y au second membre, donne $x=5+y$. Substituons à x dans l'équation (1) cette valeur; il vient

$$5 + y + y = 13 \quad\therefore\quad 2y = 13 - 5 \quad\therefore\quad 2y = 8 \quad\therefore\quad y = 4.$$

L'équation $x=5+y$ donne ensuite $x=5+4=9$. $\qquad\qquad R. : 4, 9.$

9. Dans son livre célèbre *Les Arithmetiques,* le Père de l'Algèbre, Diophante, proposait il y a seize siècles, en des vers grecs que nous traduisons, ce problème : *Une ânesse et un mulet portaient des outres de vin; c'était du temps où les bêtes parlaient. L'ânesse geignait sous la charge. — C'est bien à toi à te plaindre! repartit son compagnon; si, pour te soulager, j'acceptais une seule de tes outres, je serais deux fois plus chargé que toi : prends au contraire une de mes outres et nos charges deviendront égales. — Combien d'outres portait chacun?*

Si l'ânesse portait x outres et que le mulet en portât y, le discours du mulet se traduirait par les deux équations

$$\begin{cases} y + 1 = 2(x-1), & (1) \\ y - 1 = x + 1. & (2) \end{cases}$$

L'équation (2) donne $y=x+1+1$, ou $y=x+2$. L'équation (1) devient, si l'on substitue à y cette valeur, $(x+2)+1=2(x-1)$; d'où $x+3=2x-2 \therefore 3+2=2x-x \therefore 5=x$. L'équation $y=x+2$ donne ensuite $y=7$. $\qquad\qquad R. : 5, 7.$

7. — Des Formules.

17. — **Définition.** — Une *formule* est une égalité algébrique (ou une inégalité algébrique), représentant soit l'énoncé d'un théorème, soit la solution d'un problème.

EXEMPLES. $(a+b)^2 = a^2 + 2ab + b^2$ exprime la loi du carré d'une somme de deux quantités; $a^2 + b^2 > 2ab$ traduit ce théorème : la somme des carrés de deux quantités est supérieure au double du produit de ces deux quantités; $i = \dfrac{art}{100}$ est la formule des problèmes de l'intérêt simple; $e = vt$ est la formule des problèmes du mouvement uniforme.

Quelques exemples feront utilement ressortir les avantages de simplification et de généralisation que fournit l'emploi de la notation algébrique, et en particulier l'emploi des formules.

I. PROBLÈME. — *Deux nombres ont pour somme 13 et pour différence 5; quels sont ces nombres?*

Solution arithmétique. — La somme 13 contient le plus petit des deux nombres augmenté du plus grand, c'est-à-dire augmenté du plus petit et de la différence; ou 2 fois le plus petit, plus 5. Donc la somme 13 diminuée de 5 vaut 2 fois le plus petit. Donc le plus petit vaut la moitié de 13 diminué de 5; c'est donc 4. Par suite, le plus grand sera 4 augmenté de la différence 5, ou 9. Les nombres demandés sont 4 et 9.

Solution algébrique. — Appelons x le plus grand des deux nombres, et y le plus petit; l'énoncé fournit les relations
$$\begin{cases} x + y = 13, \\ x = y + 5. \end{cases}$$

En vertu de la seconde, la première relation devient $\quad y + 5 + y = 13;$

d'où, en diminuant de 5 les deux membres de l'égalité, $\quad 2y = 8;$

par conséquent $\quad y = 4;$

et la seconde relation donne $\quad x = y + 5 = 9.$

On voit que l'emploi des signes et la représentation des inconnues par des lettres, permettent de suivre avec moins d'effort d'esprit la marche des opérations.

Généralisation du problème. — La méthode précédente laisse encore à désirer : les résultats numériques, $x = 9$, $y = 4$, n'offrent aucune trace qui rappelle la voie suivie pour aboutir à la solution, et si le même problème se posait de nouveau avec une autre somme et une autre différence pour données, il faudrait recommencer sur les données nouvelles la même série d'opérations. Mais représentons par des lettres non pas seulement les inconnues, mais aussi les *données* : dès lors, les données ne pourront plus se morceler et se fusionner comme tantôt les nombres, et nous aboutirons à une *solution générale*, ou *formule*, applicable par une simple mise en nombres à tous les problèmes de l'espèce.

Soient x le plus grand des deux nombres et y le plus petit, et soient s et d la somme et la différence données.

L'énoncé du problème fournit les relations
$$\begin{cases} x + y = s, \\ x = y + d. \end{cases}$$

En vertu de la seconde relation, la première devient $\quad y + d + y = s;$

diminuons de d les deux membres de l'égalité précédente, $\quad 2y = s - d;$

par conséquent,
$$y = \frac{s}{2} - \frac{d}{2};$$

et la seconde relation donne
$$x = y + d = \frac{s}{2} - \frac{d}{2} + d;$$

d'où
$$x = \frac{s}{2} + \frac{d}{2}.$$

Les formules $\begin{cases} x = \frac{s}{2} + \frac{d}{2} \\ y = \frac{s}{2} - \frac{d}{2} \end{cases}$ ou $\begin{cases} x = \frac{s+d}{2} \\ y = \frac{s-d}{2} \end{cases}$ sont l'expression claire et concise de cette loi : *Connaissant la somme et la différence de deux nombres, on obtient le plus grand en divisant par 2 la somme augmentée de la différence, et le plus petit en divisant par 2 la somme diminuée de la différence.*

II. Théorème. — *Lorsqu'on augmente d'un même nombre les deux termes d'une fraction arithmétique, la valeur de cette fraction croît, décroît ou ne varie pas, suivant que la fraction est inférieure, supérieure ou égale à l'unité.*

Démonstration arithmétique. — On établit le théorème en raisonnant sur trois exemples numériques; par exemple, on compare les fractions $\frac{2}{3}$ et $\frac{2+5}{3+5}$; $\frac{7}{4}$ et $\frac{7+5}{4+5}$; $\frac{6}{6}$ et $\frac{6+5}{6+5}$.

Démonstration algébrique. — Désignons par a, b et k trois nombres entiers et positifs quelconques. La question consiste à comparer les fractions $\frac{a}{b}$ et $\frac{a+k}{b+k}$. Réduisons au même dénominateur, d'après la règle d'Arithmétique bien connue, en multipliant les deux termes de chaque fraction par le dénominateur de l'autre : $\frac{a(b+k)}{b(b+k)}$, $\frac{b(a+k)}{b(b+k)}$. La question revient à comparer les numérateurs, $a(b+k)$ et $b(a+k)$, ou $ab + ak$ et $ab + bk$; ou enfin à comparer ak et bk. Or, selon que le nombre a est inférieur, supérieur ou égal au nombre b, le produit ak sera inférieur, supérieur ou égal au produit bk. Donc....

Algébriquement, le théorème s'exprime par la relation à triple signe :
$$\frac{a+k}{b+k} \gtreqless \frac{a}{b} \text{ selon que } \frac{a}{b} \lesseqgtr 1.$$

18. — **Généralisation des problèmes.** — Généraliser un problème numérique donné, c'est représenter les données par des lettres : on obtiendra ainsi une *équation littérale*, et la solution sera une *formule*, applicable d'ordinaire à tous les problèmes analogues et dans tous les cas possibles [1].

---

[1] L'idée de représenter par des lettres, ou symboles, non seulement les inconnues, comme faisait déjà Diophante au IIIᵉ siècle, mais encore les données et de généraliser une question en reliant par une *équation littérale* tous les éléments tant connus qu'inconnus, constitue, suivant une remarque de Newton, le caractère propre et le génie de l'Algèbre. Ce fut François Viète (1540-1603), mathématicien à la cour du roi de France, qui introduisit cette idée. Véritable fondateur de l'Algèbre, il enseigna à démontrer les théorèmes et à résoudre les problèmes d'Arithmétique et de Géométrie, par des méthodes algébriques d'une simplicité et d'une

Généralisons quelques problèmes déjà rencontrés :

1. *Partager s francs entre trois personnes, en donnant à la seconde a francs de plus qu'à la première et à la troisième b francs de plus qu'à la seconde.*

La part de la première étant x, la seconde recevra $x+a$ et la troisième $x+a+b$; les trois parts ont pour somme $3x+2a+b$. D'où l'équation

$$3x + 2a + b = s.$$

On en tire $3x=s-2a-b$, et, en divisant par 3, $x=\dfrac{s-2a-b}{3}$.

Application. — Soient $s=100$, $a=10$, $b=20$: $x=\dfrac{100-20-20}{3}=20$.

2. Problème des mobiles. — *Deux mobiles parcourent une ligne de longueur indéfinie, faisant l'un v Km. à l'heure et l'autre v' Km., et sont actuellement distants de d Km. On demande l'époque de leur rencontre.*

C'est, en d'autres termes et sous une forme générale, le problème déjà traité du cavalier et du piéton.

Soit t le nombre d'heures inconnu après lequel se fera la rencontre. Si le premier mobile se rapproche constamment du second avec une vitesse relative de $v-v'$ Km. par heure, l'intervalle à franchir d, dans ce mouvement uniforme, sera égal au produit de la vitesse $v-v'$ par le temps employé t. L'équation du mouvement relatif est donc

$$d = (v - v')t.$$

Divisant les deux membres par le nombre $v-v'$, on a $t=\dfrac{d}{v-v'}$.

Il sera démontré plus tard que l'équation et la formule sont applicables légitimement dans tous les cas possibles.

Applications. — Un cavalier *poursuit*, avec une vitesse de 10 Km. à l'heure, un piéton dont la vitesse est 4 Km. et qui a 30 Km. d'avance. Quand se fera la rencontre? — La formule donne $t=\dfrac{30}{10-4}=5$.

Un cavalier se dirige, avec une vitesse de 10 Km., vers un piéton, qui s'est *arrêté*, pour l'attendre, à 30 Km. de distance. Quand se fera la rencontre? — Posons $v'=0$: la formule donne $t=\dfrac{30}{10-0}=3$.

Un cavalier et un piéton, actuellement distants de 30 Km., se dirigent *l'un au-devant de l'autre* avec des vitesses respectives de 10 Km. et de 4 Km. à l'heure. Quand se fera la rencontre? — Le piéton marchant dans le sens opposé au sens primitivement supposé pour la mise en équation, on traduira ce renversement

---

sûreté parfaites ; bon nombre des plus beaux théorèmes que nous rencontrerons dans ce Cours sont de lui. Dans son profond écrit *In artem analyticen isagoge*, il définit l'Algèbre l'art de découvrir en toute science mathématique, *doctrina bene inveniendi in mathematicis* ; et il l'appelle l'Arithmétique nouvelle ou la logistique symbolique, *logistice speciosa*, par opposition à l'Arithmétique vulgaire ou numérique, *logistice numerosa*.

Il est juste de rappeler que son contemporain et son rival, Adrianus Romanus (Adrien van Roemen, 1561-1615), de Louvain, avait déjà eu l'idée d'une représentation littérale de toute quantité et avait publié, à une époque où les conceptions de Viète ne pouvaient lui être connues, des travaux algébriques très remarquables (analysés par Ph. Gilbert, *Revue catholique*, 1859, et *Revue des Questions scientifiques*, 1884).

de sens par le renversement du signe de la lettre qui représente la vitesse du piéton (**6**); remplaçons $-v'$ non par -4, mais par $+4$: la formule donne

$$t = \frac{30}{10+4} = 2^h 8^m 34^s, \ldots$$

Un cavalier a rejoint en 5 heures un piéton : leurs vitesses respectives étaient 10 Km. et 4 Km. à l'heure. Quelle était l'*avance* du piéton? $d = (v - v')t = (10 - 4)5 = 30$.

Un cavalier a rejoint en 5 heures un piéton, qui avait 30 Km. d'avance. On demande : 1° en supposant que le piéton fît 4 Km. à l'heure, quelle était la vitesse du cavalier? 2° en supposant que le cavalier fît 10 Km. à l'heure, quelle était la vitesse du piéton? — L'équation $(v - v')t = d$, divisée par t, devient $v - v' = \frac{d}{t}$. Pour obtenir v, on transpose $-v'$: on a $v = v' + \frac{d}{t}$. Pour obtenir v', on transpose ensuite $\frac{d}{t}$: on obtient $v' = v - \frac{d}{t}$.

D'où les réponses : $v = v' + \frac{d}{t} = 4 + \frac{30}{5} = 10$; $v' = v - \frac{d}{t} = 10 - \frac{30}{5} = 4$.

19. — Utilité des formules. — L'Algèbre étant la science des formules, il est bon d'apprécier, dès l'abord du cours, l'utilité de ces nouveaux outils mathématiques.

La formule de solution d'un *problème* constitue une espèce de tableau fournissant, pour tous les cas possibles, l'indication simple et concise des opérations à faire subir aux données.

Pour calculer l'intérêt rapporté en 5 ans par 250 fr. placés à 4 %, il suffit de réduire en nombres le second membre de la formule $i = \frac{art}{100}$, en posant $a = 250$, $r = 4$, $t = 5$, et d'effectuer les opérations arithmétiques indiquées.

La formule d'un *théorème* constitue un énoncé symbolique précieux par sa netteté et par sa concision et souvent épargne à l'esprit des efforts d'attention et de mémoire.

Ainsi, au lieu de dire : — « La valeur de la somme de deux nombres ne change » pas quand on intervertit l'ordre des deux nombres; — le carré de la somme » (ou de la différence) de deux nombres est égal à la somme des carrés de ces » deux nombres, augmentée (ou diminuée) du double du produit de ces deux » nombres; — la somme de tous les nombres entiers consécutifs depuis 1 jusqu'à » un certain nombre est égale à la moitié du produit de ce dernier nombre par le » nombre entier suivant; » — on écrira simplement :

$$a + b = b + a; \quad (a \pm b)^2 = a^2 \pm 2ab + b^2; \quad 1 + 2 + 3 + \ldots + n = \frac{n(n+1)}{2}.$$

Enfin, une formule est le résumé net et concis des *relations* qui existent entre les diverses quantités entrant dans une question. — Par suite, l'inspection attentive de la formule d'un problème ou d'un théorème, aidée s'il le faut de quelques transformations simples de cette formule, permettra souvent de découvrir de nouveaux théorèmes ou d'établir les formules de solution de nouveaux problèmes.

EXEMPLES. — 1. Soit la formule de *l'intérêt simple*, $i = \frac{art}{100}$. Écrivons-la sous la forme $art = 100i$, puis divisons les deux membres de cette égalité soit par rt, soit par at, soit par ar; il viendra :

$$a = \frac{100i}{rt}, \qquad r = \frac{100i}{at}, \qquad t = \frac{100i}{ar};$$

ces trois formules donnent la solution de trois nouveaux problèmes.

2. Soit la formule du *mouvement uniforme* $e = vt$. Divisons les deux membres de l'égalité soit par v, soit par t : elle devient $t = \frac{e}{v}$ et $v = \frac{e}{t}$. La formule $e = vt$ contient donc ces trois lois : dans le mouvement uniforme, 1° *l'espace* parcouru dans un temps donné est égal au produit de la vitesse du mobile par le temps employé; — 2° le *temps* employé est égal au rapport de l'espace parcouru à la vitesse du mobile; — 3° la *vitesse* est égale au rapport de l'espace parcouru au temps employé [1].

3. La formule du *problème des mobiles*, $d = (v - v')t$, s'est aussi prêtée (18) à des problèmes très divers, où chaque donnée est devenue à son tour l'inconnue.

20. — Formules de quelques problèmes.

— Les quelques formules ici réunies appartiennent autant à l'Arithmétique pratique qu'à l'Algèbre; elles fourniront à la fois une répétition utile de diverses notions arithmétiques et une application des notions exposées dans la présente introduction.

Problèmes de densité. — On appelle *poids spécifique* ou *densité d'un corps* le *poids de l'unité de volume de ce corps* [1]. Par exemple, le centimètre cube de fonte pesant 7 grammes, le poids spécifique de ce corps est 7; le litre d'air atmosphérique pur et sec pesant 1,3 gr. environ et le centimètre cube d'air pesant par suite 0,0013 gr., le poids spécifique de l'air est 0,0013, ou, plus exactement, 0,001293 ou $\frac{1}{773}$.

De cette définition, on déduit, par de simples considérations arithmétiques, la relation $P = VD$ entre le poids d'un corps, son volume et sa densité ou son poids spécifique; cette relation, écrite sous les trois formes,

$$P = VD, \qquad V = \frac{P}{D}, \qquad D = \frac{P}{V},$$

donne la solution de trois problèmes distincts.

Dans le système métrique, l'unité de poids est le poids absolu de l'unité de volume d'eau (parfaitement pure et à son maximum de densité, qui correspond à

---

[1] GALILÉE (1564-1642), l'illustre fondateur de la Physique, ne faisant pas usage de ces formules et ayant abordé directement la démonstration de ces trois propositions, a dû consacrer trois pages à ce sujet.

[2] Dans la pratique, on confond d'ordinaire, sans inconvénient, les deux expressions *densité* et *poids spécifique*, quoique, au point de vue physique, elles désignent deux grandeurs parfaitement distinctes.

la température de 4° centigrades). Par suite de cette concordance entre l'unité de poids et l'unité de capacité, 1, 2, 3, 4, ... centimètres cubes d'eau pèsent 1, 2, 3, 4, ... grammes, et si V désigne le volume d'un corps quelconque et p le poids d'un égal volume d'eau, on a toujours numériquement V=p.

La formule D=$\frac{P}{V}$ peut donc s'écrire D=$\frac{P}{p}$ et la densité ou le poids spécifique d'un corps peut aussi se définir *le rapport entre le poids d'un volume quelconque de ce corps et le poids d'un égal volume d'eau.* — Ainsi, à volume égal, la fonte pèse 7 fois plus que l'eau, et l'air pèse 773 fois moins que l'eau.

S'il s'agit de gaz, la densité est habituellement rapportée non pas à l'eau, mais à l'air atmosphérique (sec et pur et dans les conditions normales de température et de pression), et les volumes sont d'ordinaire comptés en litres. Ainsi, le gaz hydrogène a pour densité, relativement à l'air, 0,069 ou $\frac{1}{14,5}$, c'est-à-dire qu'il est 14$\frac{1}{2}$ fois plus léger que l'air; D' désignant la densité du gaz par rapport à l'air et a le poids du litre d'air, le poids du litre d'hydrogène est D'a=0,069×1,3 gr.=0,09 gr.

La formule des problèmes de densité pour les gaz est donc

$$P = VD'a.$$

APPLICATIONS. — 1. L'eau, en se congelant, augmente son volume de $\frac{1}{15}$ environ. Quelle est la densité de la glace et quel est le poids du mètre cube de glace?

$R.$:   D=$\frac{1}{1+\frac{1}{15}}$=0,9375;   P=1000×0,9375 gr.=937,5 Kg.

2. Calculez la force ascensionnelle d'un aérostat cubant 700 m³ et gonflé de gaz d'éclairage, sachant que cette force ascensionnelle est l'excès du poids de l'air déplacé par l'appareil sur le poids total de l'appareil. La densité du gaz d'éclairage est 0,63 par rapport à l'air, et l'enveloppe du ballon pèse 100 Kg.

$R.$: P_1=700 000×1,3 gr.= 910 Kg.

P_2=VD'a=700 000×0,63×1,3 gr.=573,3 Kg.

F=910—573,3—100=236,7 Kg.

Problèmes relatifs à la chute des corps. — Un corps qui tombe librement dans le vide, à la surface du globe terrestre et à notre latitude géographique, gagne, pendant chaque seconde de sa chute accélérée, un accroissement de vitesse de 9,81 m. à la seconde. Désignant par g, initiale du mot latin *gravitas* (pesanteur), cette accélération, g=9,81 m., qui mesure l'intensité de l'action de la pesanteur sur ce corps, on établit, en Physique, les relations suivantes entre la durée t de la chute libre dans le vide, la hauteur h de la chute et la vitesse v acquise par le corps après t secondes de chute, ou à la fin d'une chute de h mètres :

$$1° \ v = gt, \qquad 2° \ h = \frac{v}{2}t, \qquad 3° \ h = \frac{gt^2}{2}, \qquad 4° \ v = \sqrt{2gh},$$

$$5° \ t = \sqrt{\frac{2h}{g}}, \qquad 6° \ h = \frac{v^2}{2g}.$$

Appliquez ces formules aux problèmes suivants :

1. Un corps tombe librement dans le vide durant un quart de minute; quelle vitesse possède-t-il à la fin de sa chute et quel espace a-t-il parcouru?

2. Un corps tombe du sommet de la tour d'Anvers (h=126 m.) : si la résistance

de l'air ne diminuait pas la rapidité de la chute, quelle serait la durée de la chute et de quelle vitesse serait-il animé à l'instant où il heurte le sol?

3. De quelle hauteur un corps doit-il tomber dans le vide pour posséder, à l'instant où il frappe le sol, la même vitesse, 16 m. par seconde, qu'une locomotive de train rapide; ou encore : la même vitesse, 450 m. par seconde, qu'un boulet de canon à la sortie de la bouche à feu?

R. : En posant dans les formules $g=10$ m., valeur qui fournit des résultats suffisamment approchés, on obtient : $v=150$ m., $h=1125$ m.; $t=5$ s., $v=50$ m.; $h=13$ m., $h=10$ Km.

Problèmes de Géométrie. — On établit en Géométrie ces théorèmes :

La circonférence du *cercle* a pour mesure le produit de son diamètre par un nombre incommensurable constant dont la valeur approchée est $\frac{22}{7}$ ou 3,14, ou avec une approximation supérieure 3,14159265...;

La surface du *cercle* a pour mesure le produit de la circonférence par la moitié du rayon;

La surface de la *sphère* a pour mesure le produit de la circonférence par le diamètre;

Le volume de la *sphère* a pour mesure le produit de sa surface par le tiers du rayon.

Désignons par r, d, c, C, le rayon, le diamètre, la circonférence et la surface du cercle, par S et V la surface et le volume de la sphère, et par π (initiale du mot περιφερεια) le rapport constant de la circonférence au diamètre, $\pi=3,14...$. Les relations précédentes s'écriront

$$c = \pi d, \quad C = c \times \frac{r}{2}, \quad S = cd, \quad V = S \times \frac{r}{3};$$

ou, en remplaçant d, c et S par leurs valeurs,

$$c = 2\pi r, \quad C = \pi r^2, \quad S = 4\pi r^2, \quad V = \frac{4}{3}\pi r^3.$$

Ces quatre formules et celles qui s'en déduisent immédiatement, telles que

$$r = \frac{c}{2\pi}, \quad C = \pi \frac{d^2}{4}, \quad S = \pi d^2, \quad S = \frac{c^2}{\pi}, \quad V = \pi \frac{d^3}{6}, \quad \text{etc.,}$$

s'appliquent aux problèmes les plus variés.

On en tire aisément de nombreux théorèmes. Par exemple, comparons les aires de deux cercles C' et C'' de rayons r' et r'' : les égalités $C'=\pi r'^2$ et $C''=\pi r''^2$ donnent $\frac{C'}{C''}=\frac{\pi r'^2}{\pi r''^2}$; d'où $\frac{C'}{C''}=\frac{r'^2}{r''^2}$, et par conséquent l'on peut, sans qu'il faille donner de démonstration géométrique spéciale, énoncer ce théorème nouveau :

Les aires de deux cercles sont entre elles comme les carrés des rayons; en d'autres termes, *l'aire d'un cercle croît en proportion du carré du rayon.*

Problèmes. — 1. Le diamètre $2r$ des roues motrices d'une locomotive de train rapide étant 2,10 m. et le nombre n de tours qu'elles font par minute étant 150, quelle est la vitesse du train par seconde?

$$R. : V = \frac{E}{T} = \frac{n \times 2\pi r}{60} = ... = 16\frac{1}{2} \text{ m.}$$

2. Assimilant le globe terrestre à une sphère de 40 millions de mètres de circon-férence, calculez son rayon, sa surface et son volume.

R. : Les formules $r=\dfrac{c}{2\pi}$, $S=\dfrac{c^2}{\pi}$, $V=S\times\dfrac{r}{3}$ donnent $r=6\,366$ Km., $S=509\frac{1}{2}$ millions de Km. carrés, $V=1081$ milliards de Km. cubes; ces chiffres sont peu précis, à cause de l'aplatissement de la Terre aux pôles : le rayon polaire est $6\,356$ Km. et le rayon équatorial est $6\,378$ Km.; le rayon d'une sphère qui aurait à peu près même surface et même volume est $6\,371$ Km.

3. L'orbite annuelle décrite par la Terre autour du Soleil diffère peu d'une circonférence, et la distance entre le Soleil et la Terre est telle qu'entre les centres des deux astres on pourrait placer 12 mille (ou plus exactement 11 640) globes égaux au nôtre. Quel chemin parcourt la Terre en une seconde?

$$R. : \quad V = \frac{E}{T} = \frac{2\pi R}{365,25 \times 24 \times 60 \times 60} = \frac{2\pi \times 23\,280 \times 6\,378}{365,25 \times 86\,400} = 29,5 \text{ Km.}$$

8. — Division du Cours.

21. — L'Algèbre élémentaire comprend trois sections, le *calcul algé-brique*, la *théorie des équations* et certaines *théories complémentaires*.

Le calcul algébrique a pour objet : 1° les quantités entières; 2° les quantités fractionnaires et 3° les quantités irrationnelles.

La théorie des équations a pour objet : 1° les équations du premier degré et 2° les équations du second degré et celles qui se ramènent au second degré.

Les théories complémentaires que nous traiterons dans ce Cours, sont la théorie des progressions, la théorie des logarithmes et la théorie des intérêts et des annuités.

Il est aussi d'autres théories que l'on réunit d'ordinaire sous le titre de Compléments de l'Algèbre élémentaire, mais qui n'entrent pas dans le cadre du présent ouvrage; elles ont pour objets le calcul des combinaisons, les fractions continues, les équations indéterminées des deux premiers degrés, les limites, les séries, etc.

CALCUL ALGÉBRIQUE.

LIVRE I.

CALCUL DES QUANTITÉS ENTIÈRES.

22. — Le Calcul algébrique comprend l'ensemble des opérations que l'on fait sur les expressions algébriques. Il y a en Algèbre, comme en Arithmétique, six opérations : l'addition et la soustraction, la multiplication et la division, l'élévation aux puissances et l'extraction des racines.

Cependant les opérations ne se font plus sur des nombres particuliers et déterminés, mais sur des lettres qui représentent d'une façon générale des nombres quelconques ; on ne peut donc *effectuer* les opérations jusqu'au bout et obtenir des résultats numériques définitifs : on doit se borner à *indiquer* les opérations par des signes, quitte à rendre aussi nettes et aussi simples que possible les expressions algébriques qui représentent ces opérations. Par conséquent, *le Calcul algébrique a pour objet de transformer une expression algébrique en une autre plus simple, ou du moins plus avantageuse, mais numériquement équivalente.*

CHAPITRE I.

QUANTITÉS POSITIVES ET QUANTITÉS NÉGATIVES.

23. — **Quantités algébriques.** — En général, l'Algèbre appelle *quantité* tout ce qu'on soumet à des opérations.

En particulier, on appelle *quantités algébriques* les quantités positives et les quantités négatives ; on y adjoint la quantité zéro.

L'Algèbre soumet à ses opérations des expressions littérales, dans lesquelles chaque lettre représente une quantité positive ou négative (ou même nulle). L'objet du présent chapitre est de compléter la notion déjà donnée (**6**) des quantités positives et négatives.

3

Les quantités algébriques étant définies, on aura à établir en conséquence, dans les chapitres suivants, la définition et la règle de chacune des six opérations à effectuer sur ces quantités nouvelles. Du reste, il suffira d'établir directement les définitions de l'addition et de la multiplication des quantités positives et négatives; car la soustraction et la division, n'étant que les opérations inverses, seront définies par le fait même, ainsi que l'opération complémentaire appelée élévation aux puissances et son inverse, l'extraction des racines.

En Arithmétique, on ne connaît d'autres quantités que les nombres entiers, les nombres fractionnaires et les nombres incommensurables.

Les *quantités arithmétiques,* ou *quantités absolues,* forment une suite continue de grandeurs qui part de zéro et croît sans limite dans un seul sens.

Ainsi, la suite

$$0, \quad 1, \quad 2, \quad 3, \quad 4, \quad 5, \quad 6, \quad \dots$$

constitue la série indéfiniment croissante des nombres entiers ; les fractions et les incommensurables, dont les valeurs s'intercalent entre les nombres entiers, rendent continue la suite des nombres, en sorte qu'il n'existe aucune quantité ou grandeur mesurable dont la valeur ne s'exprime par un nombre arithmétique.

L'Algèbre reprend, pour les soumettre à ses diverses opérations, les quantités arithmétiques, mais en affectant chaque quantité qui entre dans ses calculs de la qualification de *positive* ou de *négative*, et en lui donnant en conséquence l'un des deux signes qualificatifs + ou —.

Définition. — *On ne peut définir d'une manière générale les quantités positives et les quantités négatives qu'en disant qu'une quantité prise positivement et la même quantité prise négativement sont deux quantités de même espèce, mais de sens directement opposés.*

Deux grandeurs de même espèce sont dites *de même sens* et reçoivent le même signe qualificatif, ou de *sens opposés* et reçoivent des signes contraires, selon que la plus petite (en valeur absolue) de ces deux grandeurs, en s'ajoutant à la plus grande, a pour fonction d'*augmenter* d'autant ou de *diminuer* d'autant la valeur de la plus grande.

En Algèbre, comme en Arithmétique, une quantité est dite *nulle* et représentée par *zéro* si, en s'ajoutant à une autre quantité quelconque, elle ne modifie aucunement la valeur de celle-ci. On écrit donc : $a + 0 = a$.

Exemples. — 1. Considérons l'addition arithmétique $17 + 5 = 22$ et convenons de qualifier de positif tout nombre arithmétique considéré absolument en lui-même, tel que 17. Le nombre 5 a pour fonction ici de s'ajouter au nombre 17 pour l'augmenter d'autant et former avec lui la quantité 22. Le nombre 17 s'appelant positif, le nombre 5 s'appellera de même positif, et l'on écrira

$$17 + (+ 5) = 22.$$

Considérons la soustraction arithmétique $17 - 4 = 13$. Le nombre 4 s'adjoint ici au nombre 17 à l'effet de le diminuer d'autant et de former avec lui la quantité 13 ; le nombre 17 s'appelant positif, on appellera au contraire négatif le nombre 4, et l'on écrira

$$17 + (-4) = 13.$$

2. Un négociant fait successivement une dépense de 15 fr. et une recette de 10 fr. — En s'adjoignant à l'avoir antérieur du négociant, les 15 fr. diminuent d'autant cet avoir : si l'on appelle positif cet avoir, on appellera négative cette dépense. Une recette de 10 fr., en s'associant à une dépense de 15 fr., diminue d'autant celle-ci : la dépense s'appelant négative, la recette s'appellera positive. En désignant par N l'avoir antérieur du négociant, son état de fortune final aura pour expression : N + (— 15) + (+ 10).

(Dans ces deux exemples, les signes inclus dans les parenthèses sont des signes qualificatifs ; les signes extérieurs, qui précèdent les parenthèses, sont des signes opératoires, indiquant l'adjonction du nombre positif ou du nombre négatif suivant.)

Quantités algébriques abstraites. — Les quantités soit positives, soit négatives, abstraites, qui se présentent isolées, telles que — 7, + 3, — 5, — a, + b, ..., n'ont par elles-mêmes aucune signification, pas plus que des symboles isolés, tels que : 2 ou × 6. Cependant des définitions précédentes résulte cette conclusion :

On peut considérer les quantités positives et les quantités négatives abstraites (+ a, — b, ...) comme des quantités arithmétiques à prendre les unes par voie d'addition, les autres par voie de soustraction.

On peut donc les traiter comme on traiterait les seconds termes d'expressions telles que $n — 7$, $n + 3$, $n — 5$, $n — a$, $n + b$, ..., dans lesquelles le nombre n serait un nombre arithmétique, d'ailleurs supérieur à 7, à 5, à a, ...

Les lettres qui figurent dans les expressions algébriques représentent tantôt de simples nombres arithmétiques, — c'est le cas dans la formule de l'intérêt $i = \frac{art}{100}$, ou dans ces formules déjà rencontrées : P = VD, $c = 2\pi R$, etc. ; — tantôt des quantités algébriques au sens strict de ce mot, c'est-à-dire des nombres positifs ou négatifs. Si, par exemple, dans les expressions $a — b$, abc, $a(b + c)$, on attribue aux lettres les valeurs $a = — 3$, $b = + 7$, $c = — 1$, on a $a — b = (— 3) — (+ 7)$, $abc = (— 3)(+ 7)(— 1)$, $a(b + c) = (— 3)[(+ 7) + (— 1)]$; la théorie du calcul algébrique nous apprendra bientôt la signification des seconds membres de ces égalités.

Quantités algébriques concrètes. — *Les nombres positifs et les nombres négatifs concrets représentent, par leur valeur absolue, la mesure et indiquent par leur signe le sens de certaines quantités susceptibles d'être prises, dans la question où on les considère, en deux sens directement opposés.*

Appliquons cette notion à quelques exemples.

1. *Un commerçant a successivement subi une perte de 50 fr., réalisé une recette de 75 fr., soldé une dépense de 20 fr., contracté une dette de 30 fr.,*

et enfin acquis une créance de 15 fr. Quel est le résultat final de ces diverses opérations?

R. : $x = -50 + 75 - 20 - 30 + 15 = -10$.

Le nombre négatif concret — 10 fr. indique une *perte* finale de 10 fr. Si n désigne la fortune antérieure du négociant, l'état de fortune en fin de compte est $n - 10$.

2. *Le poids d'une horloge descend de 5 mm. en 4 minutes; un insecte grimpe le long de la corde et parcourt sur la corde 35 mm. en 3 minutes. En combien de minutes parviendra-t-il à 25 cm. au-dessus du niveau de son point de départ?*

Soit x le nombre de minutes demandé. Appelons positif le mouvement *ascendant*, et négatif le mouvement *descendant* : par son mouvement propre ascensionnel, l'insecte en 1 minute parcourt $+\frac{35}{3}$ mm. et en x minutes $+\frac{35}{3}x$ mm.; mais la descente du poids lui imprime un mouvement d'entraînement de $-\frac{5}{4}$ mm. par minute ou de $-\frac{5}{4}x$ mm. en x minutes. L'énoncé du problème se traduit donc par l'équation

$$+\frac{35}{3}x - \frac{5}{4}x = +250.$$

On en déduit $\frac{125}{12}x = 250$ $\therefore$ $x = 24$.

R. : En 24 minutes.

3. *Un mobile parcourt la droite indéfinie XY et se trouve actuellement à 0,02 m. d'un point fixe A donné sur cette droite. Indiquez la position actuelle du mobile.*

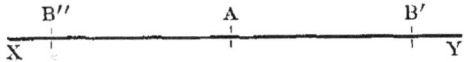

A cette question satisfont deux points, B' et B''; car la longueur 0,02 m. peut être portée à *droite* ou à *gauche* du point de repère donné. Or, au lieu d'écrire

$$\left\{ \begin{array}{l} AB' = 0,02 \text{ m. à droite de A,} \\ AB'' = 0,02 \text{ m. à gauche de A,} \end{array} \right.$$

convenons d'appeler positif l'un des deux sens possibles, par exemple le premier, et négatif le sens opposé. Les deux situations seront indiquées par les notations :

$$\left\{ \begin{array}{l} AB' = + 0,02 \text{ m.,} \\ AB'' = - 0,02 \text{ m.} \end{array} \right.$$

4. DEGRÉS THERMOMÉTRIQUES. — On prend pour unité des variations de température, ou degré thermométrique, la centième partie de l'intervalle entre la température de la glace fondante et la température de l'eau en ébullition dans les conditions normales. La première de ces deux températures invariables étant choisie pour point de repère, on appelle positifs les degrés situés *au-dessus* de ce zéro de l'échelle thermométrique, et négatifs les degrés situés *au-dessous*.

Cette graduation admise, on sait que l'alcool entre en ébullition à $+ 78^{\circ}$ et le mercure à $+ 350^{\circ}$, et que le mercure se congèle à $- 40^{\circ}$ et l'alcool vers $- 130^{\circ}$.

Quelles variations de température subirait un corps retiré de l'eau bouillante et placé successivement dans l'alcool bouillant, dans le mercure bouillant, dans le mercure en voie de congélation, dans l'alcool en congélation et enfin dans la neige fondante?

R. : Une baisse de — 22°, puis une hausse de + 272°; ensuite deux baisses, l'une de — 390°, l'autre de — 90°; enfin une hausse de + 130°.

5. DEGRÉS GÉOGRAPHIQUES. — L'équateur étant pris pour origine des latitudes et le demi-méridien de Paris pour origine des longitudes, on appelle positive la direction *nord* et négative la direction *sud,* positive la direction *ouest* et négative la direction *est.* Les latitudes se comptent de 0° à 90°, de l'équateur aux pôles, et les longitudes de 0° à 180°, du demi-méridien de Paris au demi-méridien opposé.

On demande les différences de longitude et de latitude entre l'ancien observatoire de Bruxelles et l'observatoire de Greenwich, la longitude L et la latitude λ du premier étant L = — 2°2'7" et λ = + 50°51'11", et celles du second L = + 2°20'14" et λ = + 51°28'39".

R. : En longitude, Bruxelles est à — 4°22'21" de Greenwich et en latitude à — 0°37'28".

Un vaisseau quitte le cap Horn, dont les coordonnées géographiques sont L = + 69°54' et λ = — 55°59', et se déplace de — 86°3' en longitude et de + 21°33' en latitude. En quel point du globe se trouve-t-il au terme de son voyage?

R. : Il se trouve par — 16°9' de longitude et par — 34°26' de latitude, ou au cap de Bonne-Espérance.

REMARQUE. — Ces divers exemples, et d'autres déjà rencontrés (**6**), montrent combien l'application des signes qualificatifs + et — aux grandeurs concrètes est *naturelle,* c'est-à-dire est conforme à la nature de ces objets et est exigée par la nature des opérations auxquelles on soumet ces quantités.

Ils font voir, en outre, les deux *éléments conventionnels* qui entrent dans cette opération : le choix de l'origine et le choix du sens positif.

On choisit arbitrairement, en effet, l'origine à partir de laquelle se mesurent la longueur, le temps, la température, la longitude, etc. On choisit, arbitrairement aussi, entre deux sens opposés celui qu'on appellera positif : rien n'empêcherait, par exemple, d'appeler positif un mouvement descendant, une longueur comptée vers la gauche, une longitude orientale, etc.

Mais une fois posées les conventions relatives au choix de l'origine et du sens positif, il est une *règle* qui n'est plus arbitraire, mais qui est imposée par la nature même des opérations dont l'Algèbre formule les lois : c'est *de traduire algébriquement tout renversement de sens de la grandeur concrète considérée par un renversement du signe qualificatif du nombre qui mesure cette grandeur ou de la lettre qui la représente.* — En résolvant les problèmes du premier degré *(Liv. I V),* nous retrouverons cette règle, complétée et généralisée sous le nom de *principe de Descartes* [1].

---

[1] Nous donnerons ailleurs *(Liv. IV, ch. 5)* des notions historiques sur l'interprétation des quantités négatives.

Quant aux signes + et —, ils datent de la fin du XVe siècle. Les mots eux-mêmes *plus et moins* remontent à Léonard FIBONACCI de Pise, l'auteur du *Liber abacci* (1202) et le plus illustre

Toute espèce de grandeurs concrètes ne comporte pas deux sens directement opposés et, dans certaines questions, parler de quantités positives ou négatives n'aurait pas de sens.

Par exemple, un voyageur loue à la gare du chemin de fer une voiture pour se faire transporter au centre de la ville et ramener ensuite à la gare; ce voyageur sera fort mal venu, s'il refuse tout paiement à son cocher sous prétexte que + 1 Km. et — 1 Km. donnent en somme zéro; la théorie des quantités négatives est-elle en faute? Nullement; mais le renversement de sens de la grandeur concrète est étranger à la question, car on n'y envisage que des longueurs absolues.

CHAPITRE II.

ADDITION ET SOUSTRACTION.

—

1. — Préliminaires.

24. — **Définitions.** — L'ADDITION ALGÉBRIQUE est une opération qui a pour but de former une expression algébrique dont la valeur numérique soit égale à la somme des valeurs numériques de deux ou de plusieurs expressions algébriques données.

La SOUSTRACTION ALGÉBRIQUE est une opération qui a pour but de former une expression algébrique dont la valeur numérique soit égale à la différence des valeurs numériques de deux expressions algébriques données.

---

propagateur des Mathématiques arabes et hindoues dans l'Europe chrétienne au XIIIᵉ siècle. L'addition de deux nombres s'indique chez lui, comme chez Diophante, par leur simple juxtaposition, ou souvent par un point : $a \cdot 3$ signifie $a + 3$.

Diophante n'emploie aucun symbole d'opération, sauf le signe ⋔, caractère grec renversé, qui chez lui signifie *moins*. Les Hindous écrivent $a.3$ pour $a + 3$, comme plus tard Léonard de Pise, et surmontent d'un point les nombres négatifs : $\dot{a}$ signifie $-a$. Les Chinois écrivent à l'encre rouge les nombres positifs et à l'encre noire les nombres négatifs.

Le plus ancien monument de la science algébrique française, « *le Triparty en la Science » des nombres,* par Nicolas CHUQUET, parisien, lequel fut comence medie et finy a Lyon sus » le Rosne Lan de salut 1484, » manuscrit publié en 1880, emploie les notations $p.3.$ et $m.3.$ pour $+ 3$ et $- 3$.

Les signes + et — apparaissent en 1489, dans l'*Arithmétique des marchands* de Jean WIDMANN, publiée à Leipzig sous le titre : *Behende und hubsche Rechenung auff alle kauff-manschafft.*

Le symbole +, d'après une opinion solidement établie par le professeur Lepaige, de Liège, n'est qu'une très légère déformation du sigle qui, durant tout le moyen âge, a été usité pour représenter la conjonction latine *et.* Jusqu'au milieu du XVIIᵉ siècle, le signe + se lisait indifféremment *plus* ou *et.*

Le signe de soustraction — était souvent remplacé par ÷ au XVIᵉ et au XVIIᵉ siècle, surtout dans les Pays-Bas.

25. — **Principes arithmétiques.** — ADDITION ARITHMÉTIQUE. — On appelle ainsi l'opération qui consiste à former un nombre unique contenant à lui seul exactement toutes les unités et fractions de l'unité contenues dans des nombres donnés.

Cette opération est assimilable à l'opération matérielle qui consisterait à mettre dans une même urne les boules et les fragments de boules contenus dans des urnes différentes.

De cette définition et de cette assimilation résultent les *propriétés fondamentales* de l'addition arithmétique :

1. L'addition arithmétique ne comporte qu'une seule solution : si $5 + 2 = 5 + b$, on a $b = 2$; et réciproquement, si $b = 2$, on a $5 + 2 = 5 + b$.

2. Dans une somme de deux nombres, on peut intervertir l'ordre des nombres :

$$5 + 2 = 2 + 5.$$

3. On ajoute à un nombre une somme de deux autres nombres en ajoutant successivement ces deux nombres :

$$8 + (5 + 2) = 8 + 5 + 2.$$

4. Un nombre ne change pas si on lui ajoute zéro : $7 + 0 = 7$.

On exprime les trois premières propriétés en disant que l'addition est une opération *uniforme, commutative* et *associative*.

Voici deux corollaires de ces propriétés :

Dans une somme, on peut intervertir à volonté l'ordre des termes :

$$3 + 8 + 5 = 3 + 5 + 8 = 5 + 3 + 8 = \dots;$$

Dans une somme, on peut remplacer autant de termes qu'on veut par leur somme effectuée :

$$8 + 7 + 5 + 2 = 8 + (7 + 5 + 2) = 8 + 14.$$

SOUSTRACTION ARITHMÉTIQUE. — Cette opération a pour but de résoudre le problème suivant : étant donnés la somme de deux nombres et l'un de ces nombres, trouver le second.

Désignons par a la somme, par b le premier nombre et par la notation $a - b$ ou par d la *différence* ou le nombre demandé : $a - b = d$. En vertu de la définition même de la soustraction, on a :

$$a = d + b \quad \text{ou} \quad a = a - b + b.$$

De cette même définition résultent les *propriétés fondamentales* de la soustraction arithmétique :

1. La soustraction arithmétique ne comporte qu'une seule solution : si $7 = 5 + 2$ et si $7 = 5 + d$, on a $d = 2$, et réciproquement.

2. Un nombre ne change pas si, à la fois, on le diminue et on l'augmente d'un même nombre :

$$8 = 8 - 3 + 3.$$

3. Un nombre ne change pas si l'on en soustrait zéro :

$$8 - 0 = 8.$$

Voici des corollaires de ces propriétés :

On soustrait une somme en soustrayant successivement toutes les parties :

$$18 - (4 + 3 + 5) = 18 - 4 - 3 - 5.$$

On additionne une différence en ajoutant le premier nombre et en retranchant ensuite du résultat le second nombre :

$$9 + (5 - 2) = 9 + 5 - 2.$$

On soustrait une différence en retranchant le premier nombre et en ajoutant ensuite au résultat le second nombre :

$$9 - (5 - 2) = 9 - 5 + 2.$$

SUITE D'ADDITIONS ET DE SOUSTRACTIONS. — Les principes qu'on vient de rappeler conduisent à ce théorème : *le résultat final d'une suite d'additions et de soustractions est indépendant de l'ordre dans lequel on effectue ces opérations successives.*

De plus, on peut obtenir ce résultat final en soustrayant de la somme des nombres à additionner la somme des nombres à soustraire.

EXEMPLE.

$$9 - 5 + 8 - 7 + 3 = 3 + 8 - 5 + 9 - 7 = 8 - 7 + 9 - 5 + 3 = \ldots = (9 + 8 + 3) - (5 + 7) = 20 - 12 = 8.$$

GÉNÉRALISATION DES RÈGLES PRÉCÉDENTES. — Les règles précédentes relatives à la soustraction et aux suites d'additions et de soustractions sont soumises à une *restriction* : c'est *que les soustractions qui se présentent puissent toujours s'effectuer.*

Ainsi, l'égalité $N - (5 - 2) = N - 5 + 2$ cesse, à la rigueur, d'être démontrée arithmétiquement et d'avoir quelque signification arithmétique, dès que N est inférieur à 5 : une égalité telle que $4 - (5 - 2) = 4 - 5 + 2$ offre, en tête du second membre, l'opération arithmétiquement absurde : $4 - 5$.

De même, la suite $9 - 5 + 8 - 7 + 3$ ne peut, à proprement parler, s'écrire sous la forme $3 - 5 + 8 - 7 + 9$.

L'égalité $18 - 9 + 2 - 16 + 3 = (18 + 2 + 3) - (9 + 16)$ n'a point de sens en Arithmétique; car $23 - 25$ est une opération inexécutable.

L'introduction des nombres négatifs de l'Algèbre permet de supprimer cette restriction et de dire que *les règles énoncées sont vraies dans tous les cas :* toute soustraction inexécutable qui se présente dans le cours des opérations peut, en effet, se remplacer par un nombre négatif, dont la signification mathématique est bien définie.

Ainsi, on écrira :

$$4 - (5 - 2) = 4 - 5 + 2 = -1 + 2 = 1.$$

De même :

$$3 - 5 + 8 - 7 + 9 = -2 + 8 - 7 + 9 = 6 - 7 + 9 = -1 + 9 = 8.$$

Et encore :

$$18 - 9 + 2 - 16 + 3 = (18 + 2 + 3) - (9 + 16) = 23 - 25 = -2.$$

2. — Addition des Quantités algébriques.

26. — Définition. — En Algèbre, l'addition de deux quantités constitue une opération nouvelle, dont voici à la fois la définition et la règle :

On appelle *addition de deux quantités algébriques* l'opération qui consiste, si ces quantités sont de même signe, à faire la somme de leurs valeurs absolues et à l'affecter du signe commun, et si les deux quantités sont de signes contraires, à faire la différence de leurs valeurs absolues et à l'affecter du signe de la quantité qui avait la plus grande valeur absolue.

Le résultat de cette opération s'appelle la somme algébrique de ces deux quantités; celles-ci se nomment les *termes* de la somme.

Exemple.
$$(+7) + (+2) = +9, \qquad (-7) + (+2) = -5,$$
$$(+7) + (-2) = +5, \qquad (-7) + (-2) = -9,$$
$$(\pm 7) + (0) = \pm 7, \qquad (0) + (\pm 7) = \pm 7.$$

En général, en désignant par a et b des valeurs absolues, on a :

$$a + (+b) = a + b, \qquad a + (-b) = a - b.$$

On appelle *addition de plusieurs quantités algébriques* l'opération qui consiste à ajouter algébriquement la troisième quantité à la somme des deux premières, puis la quatrième à la somme ainsi obtenue des trois premières, et ainsi de suite :

$$(+7) + (-5) + (-6) + (+9) = (+2) + (-6) + (+9) = (-4) + (+9) = +5.$$

La somme de plusieurs quantités algébriques s'indique en écrivant à la suite ces diverses quantités avec leurs signes qualificatifs propres, qui deviennent des signes opératoires [1] :

$$(+a) + (-b) + (-c) + (-d) = a - b + c - d.$$

Justification de la définition. — Proposition. *La définition et la règle de l'addition algébrique constituent une généralisation naturelle et légitime de la définition et de la règle de l'addition arithmétique.*

La définition et la règle de l'addition algébrique ne constituent point un théorème, mais une convention. Or, une convention ne se démontre pas, mais doit se justifier.

Premièrement, il est *naturel* de convenir que, par addition de deux grandeurs algébriques, on entend l'opération qui consiste à *les ajouter en tenant compte de leur nature.*

Or, le caractère propre d'une quantité algébrique est, par définition même (**23**),

---

[1] La signification du signe opératoire — sera définie au paragraphe suivant : dans le présent paragraphe, comme dans le précédent, il suffit de voir en ce signe l'indication d'une soustraction au sens arithmétique du mot, exécutable ou non.

d'augmenter ou de diminuer d'une valeur égale à la sienne propre toute autre quantité algébrique supérieure à elle en valeur absolue et à laquelle on viendrait à la joindre : de l'augmenter, si les deux quantités ont le même signe qualificatif, de la diminuer, si leurs signes sont opposés. La règle de l'addition algébrique est donc une convention naturelle.

Secondement, il est *légitime* d'appeler addition une opération dont la définition et la règle s'appliquent à l'addition arithmétique comme à un cas particulier et dont le résultat jouit, dans tous les cas, des mêmes propriétés fondamentales que les sommes arithmétiques.

Or, l'addition algébrique contient comme cas particulier l'addition arithmétique : c'est le cas où les deux termes sont des nombres positifs; car on est convenu de considérer et de traiter comme des nombres arithmétiques les nombres positifs. Ex. :

$$(+7) + (+2) = 7 + 2 = 9.$$

De plus, on établira bientôt que l'addition algébrique jouit des mêmes propriétés fondamentales que l'addition arithmétique.

La proposition est donc établie.

27. — Propriétés fondamentales. — L'addition de deux quantités algébriques jouit des propriétés suivantes :

1° *Elle n'admet qu'une seule solution* : en d'autres termes, les égalités $a + b = a + b'$ et $b = b'$ sont équivalentes.

En effet, la règle de l'addition algébrique appliquée aux deux sommes $a + b$ et $a + b'$ donne des résultats identiques à la condition que b et b' soient de même valeur absolue et de même signe, et cette condition suffit.

2° *Dans une somme de deux quantités, on peut intervertir l'ordre des termes* :

$$a + b = b + a.$$

En effet, la règle ne distingue pas l'ordre des termes.

3° *Il est indifférent d'ajouter une somme de deux quantités ou d'ajouter successivement les deux quantités* :

$$a + (b + c) = a + b + c.$$

En effet, a, b et c désignant les quantités positives ou négatives quelconques, le second membre de l'égalité représente en définitive une suite d'additions et de soustractions arithmétiques, possibles ou non; par exemple, $(+7) + (-5) + (-6) = 7 - 5 + (-6) = 7 - 5 - 6$. Or, dans une telle suite, d'après un théorème arithmétique énoncé et généralisé précédemment, on peut, dans tous les cas, intervertir l'ordre des opérations et aussi remplacer une des opérations partielles par son résultat effectué. On a donc les identités

$$a + b + c = b + c + a = (b + c) + a = a + (b + c).$$

D'où
$$a + b + c = a + (b + c).$$

4° *Si dans une somme de deux quantités l'une des deux s'évanouit, la somme se réduit à l'autre quantité, et en ce cas seulement :*

$$a + 0 = a.$$

Ce fait résulte de la règle de l'addition algébrique et de la définition de la quantité nulle ou zéro.

Corollaires. — *Deux quantités d'égale valeur absolue et de signes contraires ont une somme nulle :* $a + (- a) = 0$.

Deux quantités dont la somme est nulle sont ou toutes deux nulles ou d'égale valeur absolue et de signes contraires : Si $a + b = 0$, on a ou bien $a = b = 0$ ou bien $b = - a$.

28. — Propriétés des sommes algébriques. — On entend par *somme algébrique* une suite quelconque d'additions et de soustractions; une telle suite peut, en effet, s'écrire sous la forme d'une suite d'additions algébriques :

$$p - q + r - s = (+ p) + (- q) + (+ r) + (- s).$$

Tout polynome peut être considéré comme la somme algébrique de tous ses termes, c'est-à-dire, comme la somme de tous ses termes pris avec leurs signes :

$$x^2 - 2x - 1 = x^2 + (- 2x) + (- 1).$$

Les sommes algébriques jouissent des propriétés suivantes :

1° *Dans une somme algébrique, on peut intervertir l'ordre des termes.*

Soit, en effet, la somme $a + b + c + d + e$.

On peut intervertir l'ordre des deux derniers termes. En effet, en envisageant l'ensemble des autres termes comme un seul tout, on a

$$a + b + c + d + e = (a + b + c) + d + e;$$

d'où **(27, 3°)**
$$= (a + b + c) + (d + e);$$
ou **(27, 2°)**
$$= (a + b + c) + (e + d);$$
ou enfin
$$= a + b + c + e + d.$$

On peut aussi permuter deux termes consécutifs quelconques, par exemple c et d; car le groupe des quatre premiers termes $a + b + c + d$ peut, comme on vient de le voir, s'écrire $a + b + d + c$; d'où $a + b + c + d + e = a + b + d + c + e$.

Enfin, par des inversions de deux termes consécutifs, on peut amener progressivement un terme quelconque à occuper tel rang qu'on voudra.

2° *Dans une somme algébrique, on peut remplacer plusieurs termes par leur somme effectuée, et réciproquement remplacer un terme par d'autres dont il serait la somme.*

Soit $a + b + c + d + e$ la somme proposée, et soit à remplacer b, d et e par leur somme propre. Amenons ces termes en tête de l'expression, groupons-les et désignons par s' leur somme propre :

$$a + b + c + d + e = b + d + e + a + c,$$
$$= (b + d + e) + a + c,$$
$$= s' + a + c.$$

On pourra ensuite placer s' à tel rang qu'on voudra dans la somme de forme nouvelle $s' + a + c$.

Réciproquement, soit $c = p + q + r$; on peut écrire :

$$a + b + c + d + e = c + a + b + d + e,$$
$$= (p + q + r) + a + b + d + e,$$
$$= p + q + r + a + b + d + e;$$

on pourra ensuite disperser à volonté dans cette somme les termes nouveaux p, q, r.

CorollAIRES. — On ajoute une somme algébrique en ajoutant successivement ses parties; on ajoute à une somme en ajoutant à une de ses parties.

$$m + (a + b + c + d) = m + a + b + c + d,$$
$$(a + b + c + d) + m = a + b + (c + m) + d.$$

3° *Si dans une somme algébrique on renverse les signes de tous les termes, la somme conserve sa valeur absolue, mais change de signe.*

Soit à démontrer que les deux sommes algébriques

$$s = a - b + c - d, \quad s' = - a + b - c + d,$$

sont d'égale valeur absolue, mais de signes contraires. Il suffit d'établir que leur somme totale $s + s'$ est nulle (**27**). Or, on a

$$s + s' = (a - b + c - d) + (-a + b - c + d),$$
$$= a - b + c - d - a + b - c + d,$$
$$= a - a + b - b + c - c + d - d.$$

Remplaçant chaque groupe de deux termes par sa somme propre, qui est zéro, on a $s + s' = 0$.

3. — Soustraction des Quantités algébriques.

29. **Définition.** — La soustraction algébrique est une opération, inverse de l'addition, par laquelle étant données la somme de deux quantités et l'une des deux quantités, on détermine l'autre quantité.

Soient a la somme et b la quantité donnée; désignant la quantité demandée, ou la *différence algébrique* entre a et b, par la notation $a - b$ ou par la lettre d, on écrit $a - b = d$ et, en vertu de la définition même de la soustraction algébrique, on a

$$a = (a - b) + b, \quad \text{ou} \quad a = d + b.$$

La soustraction algébrique est la seule opération inverse de l'addition algébrique; car, celle-ci étant commutative, il est indifférent que ce soit l'un ou l'autre des deux termes d'une somme qui soit donné avec la somme.

Règle. — Pour soustraire d'une quantité une autre quantité, on ajoute à la première la seconde changée de signe.

Ex.: $(+7) - (+2) = +7 - 2 = +5,$ $(-7) - (+2) = -7 - 2 = -9,$
$(+7) - (-2) = +7 + 2 = +9,$ $(-7) - (-2) = -7 + 2 = -5,$
$(0) - (+2) =\quad 0 - 2 = -2,$ $(0) - (-2) =\quad 0 + 2 = +2.$

En général : $a - (+b) = a - b, \quad a - (-b) = a + b.$

Démonstration. — En effet, dans chacune des deux égalités générales $a - (+b) = a - b$ et $a - (-b) = a + b$, le terme a est bien la somme algébrique du second membre et du second terme du premier membre :

$$(a - b) + (+b) = a - b + b = a, \quad (a + b) + (-b) = a + b - b = a.$$

Remarques. — I. La définition et la règle de la soustraction des quantités algébriques sont une généralisation naturelle et légitime de la définition et de la règle de la soustraction arithmétique, et contiennent celles-ci comme cas particulier : si les deux termes sont des nombres positifs et que le premier soit supérieur au second, on a par exemple : $(+7) - (+2) = 7 - 2 = 5$.

II. De ce que la soustraction algébrique est l'inverse de l'addition, il résulte qu'elle jouit de ces *propriétés fondamentales :*

1° La soustraction algébrique n'admet qu'une seule solution, en sorte que les égalités $a = b + d$ et $a = b + d'$ réunies équivalent à l'égalité $d = d'$.

2° Une quantité n'est pas altérée, quand on en soustrait et qu'on y ajoute en même temps une même quantité : $a = a - b + b$.

3° Une quantité n'est pas altérée, si on en soustrait une quantité nulle : $a = a - 0$.

III. L'addition algébrique n'emporte pas nécessairement l'idée d'une *augmentation*, ni la soustraction algébrique l'idée d'une *diminution* : $7 + (-2)$ est moindre que 7, et $7 - (-2)$ est supérieur à 7. L'Algèbre donne donc parfois le nom d'addition à des opérations qui équivalent à des soustractions arithmétiques, et inversement [1].

D'ailleurs, pour emprunter un exemple à l'ordre concret, une personne dont l'avoir se monte à a francs et à qui un créancier fait remise d'une dette de b francs, écrira fort bien : $a - (-b) = a + b$.

30. — Propriétés des différences. — 1° *Pour soustraire une somme algébrique d'une quantité donnée, on écrit à la suite de cette quantité tous les termes de la somme pris en signes contraires.*

$$m - (a - b + c - d) = m - a + b - c + d.$$

En effet, le résultat de l'addition du second membre et de la somme proposée reproduit bien la quantité primitive m.

2° *Une différence algébrique n'est pas altérée, si l'on ajoute ou si l'on soustrait une même quantité aux deux termes.*

$$a - b = (a + k) - (b + k) = (a - k) - (b - k).$$

---

[1] C'est par une extension de langage analogue que l'Arithmétique appelle multiplications certaines opérations qui, en réalité, sont des divisions ou contiennent des divisions : $15 \times \frac{1}{3}$, $20 \times \frac{3}{4}$. (Voy. *note* n. 5.)

4. — Valeur numérique d'un Polynome.

31. — La valeur numérique d'un polynome est le résultat qu'on obtient en remplaçant chaque lettre du polynome par le nombre, soit arithmétique, soit positif ou négatif, qu'elle représente et en effectuant les opérations indiquées par les signes (**9**).

EXEMPLES. — Soit le polynome $P = x^3 - 3x^2y + 3xy^2 - y^3$: si l'on suppose $x = 4$ et $y = 1$, on a $P = 64 - 48 + 12 - 1 = 27$.

Le polynome $P = a - b - c + d$, si l'on suppose $a = +4$, $b = -3$, $c = +2$, $d = -5$, devient $P = (+4) - (-3) - (+2) + (-5) = 4 + 3 - 2 - 5 = 0$.

Principes. — I. *La valeur numérique d'un polynome ne change pas si l'on intervertit l'ordre des termes, ni si l'on y remplace un nombre quelconque de termes par leur somme particulière effectuée.*

En effet, en remplaçant chaque terme par sa valeur numérique, on voit qu'un polynome n'est que l'indication d'une somme algébrique de quantités, les unes positives, les autres négatives. Or, une somme algébrique n'est altérée par aucune des deux opérations indiquées.

II. *Tout polynome est égal, en valeur numérique, à la différence algébrique entre la somme des valeurs absolues des termes positifs et la somme des valeurs absolues des termes négatifs.*

$$a - b + c - d + e - f = (a + c + e) - (b + d + f);$$

en sorte que tout polynome P *peut s'écrire sous la forme binome*

$$P = A - B,$$

A *et* B *désignant ces deux sommes.*

En effet, en vertu de la propriété précédente, on peut réunir en un groupe les termes négatifs :

$$a - b + c - d + e - f = (a + c + e) + (- b - d - f);$$

d'autre part, en vertu d'une propriété des sommes algébriques (**28**), on peut renverser les signes des termes du second groupe à condition de renverser le signe même du groupe : $(- b - d - f) = - (b + d + f)$; d'où

$$a - b + c - d + e - f = (a + c + e) - (b + d + f),$$

ou
$$P = A - B.$$

32. — **Réduction des termes semblables.** — Règle. — S'il y a dans un polynome des termes semblables, on peut les remplacer par un terme unique semblable, auquel on donne pour coefficient la somme algébrique des coefficients de ces termes.

En particulier, s'il y a des termes d'égale valeur absolue et de signes contraires, on peut les supprimer deux à deux.

Soit, en effet, le polynome $P = 5x^3 - 3x + 7x^2 - 4x^2 + 3x - 8x^2 + 3x^2$. On vient d'établir qu'on peut remplacer les termes semblables en x^2 par leur somme $7x^2 - 4x^2 - 8x^2 + 3x^2$ et que cette somme est égale à la différence algébrique $(7x^2 + 3x^2) - (4x^2 + 8x^2)$ ou $10x^2 - 12x^2$, différence qu'on peut évidemment remplacer par le terme unique $-2x^2$. On a donc $P = 5x^3 - 3x + 3x - 2x^2$.

De plus, on peut remplacer les deux termes égaux et de signes contraires $-3x + 3x$ par leur somme et, puisque celle-ci est nulle, la supprimer. D'où

$$P = 5x^3 - 2x^2.$$

33. — Applications. — 1. Problème. *Un mobile* M *se déplace sur une droite de longueur indéfinie : parti du point fixe* O, *il parcourt successivement des longueurs données* $a = 6^m$, $b = 4^m$, $c = 5^m$, $d = 3^m$. *A quelle distance* x *du point de départ se trouve-t-il finalement : 1° s'il a effectué tous ces mouvements dans une même direction? — 2° s'il a fait 6^m vers la droite, puis 4^m vers la gauche, ensuite 5^m vers la droite et enfin 3^m vers la gauche? — 3° si, après s'être avancé de 6^m vers la droite, il a rétrogradé successivement de 4^m, de 5^m, de 3^m?*

Solution. — Appelons *positive* toute longueur parcourue ou mesurée de gauche à droite; nous aurons :

Dans la première hypothèse : $x = 6 + 4 + 5 + 3 = 18$.

Dans la seconde : $x = (+6) + (-4) + (+5) + (-3) = +4$; le mobile se trouve à 4^m à droite du point de départ.

Dans la troisième : $x = (+6) + (-4) + (-5) + (-3) = -6$; le mobile se trouve à 6^m à gauche du point de départ.

En général, les segments parcourus se désignant par a, b, c, d, et ces quantités étant positives ou négatives selon le sens du mouvement, nous obtenons, *dans tous les cas possibles,* la formule de solution

$$x = a + b + c + d.$$

Suivant que la somme algébrique x est positive ou négative, le mobile se trouve finalement à droite ou à gauche du point de départ.

Si l'on demandait la distance, non entre le point d'arrivée et le point de départ, mais entre le point d'arrivée O et un certain point fixe K situé à gauche du point de départ et suffisamment loin pour n'être jamais atteint par le mobile dans ses excursions, la solution x serait toujours positive. Ainsi, en désignant par n la distance KO et en supposant n positif et suffisamment grand, on aurait l'expression $x = n + a + b + c + d$, somme positive quels que soient les signes de a, b, c, d.

L'apparition d'une *solution négative* tient au choix qu'on a fait, d'ailleurs arbitrairement, du point de départ pour *point d'origine* ou point de repère.

2. Représentation graphique de la valeur des polynomes. — Soit x la valeur numérique d'un polynome : $x = a + b + c + d$.

Représentons les termes successifs par des segments $OA = a$, $AB = b$, $BC = c$, $CD = d$, segments portés bout à bout sur une même droite X'X et dirigés vers la droite ou vers la gauche, suivant qu'ils représentent des termes positifs ou négatifs. La valeur numérique du polynome sera représentée par le segment OD résultant de la jonction de l'origine O du premier segment et de l'extrémité libre D du dernier segment : la *grandeur* et la *direction* de ce segment OD donneront la valeur absolue et le signe de x.

Le segment OD $= x$ s'appelle la résultante du déplacement ou l'abscisse du point figuratif de x.

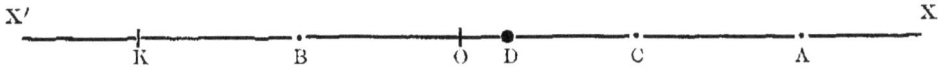

Ainsi, l'expression $x = n^3 — 3n^2 + 4n — 3$, dans l'hypothèse $n = 2$, se traduit graphiquement par la figure ci-dessus, qui donne $x = $ OD $= + 1$.

5. — Addition et soustraction des Monomes et des Polynomes.

34. — Addition et soustraction des monomes. — Règle. — Pour additionner à une quantité un monome, on l'écrit à la suite de cette quantité avec son signe propre. Pour soustraire d'une quantité un monome, on l'écrit à la suite de cette quantité en renversant son signe.

$$a + (+ b) = a + b; \qquad a + (— b) = a — b;$$
$$a — (+ b) = a — b; \qquad a — (— b) = a + b.$$

En effet, un monome n'est que l'expression, sous forme littérale, d'une quantité algébrique.

APPLICATION. — Un personnage étant né en l'an n' et mort en l'an n'', le nombre d'années qu'il a vécu est donné par la formule $x = n'' — n'$. Appliquons cette formule au problème suivant :

Combien d'années ont vécu Alexandre le Grand, né en — 356 et mort en — 323, et l'empereur Auguste, né en — 63 et mort en + 14?

$$x = (— 323) — (— 356) = 33; \qquad x = (+ 14) — (— 63) = 77.$$

35. — Addition des polynomes. — Règle. — Pour additionner à un polynome un autre polynome, on écrit à la suite du premier tous les termes du second, pris avec leurs signes. On fait ensuite la réduction des termes semblables, s'il y a lieu.

$$P + (a — b + c — d) = P + a — b + c — d.$$

En effet, un polynome n'est que l'expression d'une somme de quantités, les unes positives, les autres négatives. Or, on ajoute une somme en ajoutant successivement toutes ses parties.

COROLLAIRE. — Pour additionner plusieurs polynomes, on écrit à la suite tous les termes pris avec leurs signes respectifs.

36. — Soustraction des polynomes. — Règle. — Pour soustraire d'un polynome un autre polynome, on écrit à la suite du premier tous les termes du second, en changeant leurs signes. On fait ensuite la réduction des termes semblables, s'il y a lieu.

$$P - (a - b + c - d) = P - a + b - c + d.$$

En effet, le second membre de cette égalité ajouté algébriquement au polynome $a - b + c - d$ reproduit le polynome P.

37. — EXEMPLES. — Remarquons d'abord que, dans la pratique, il peut être avantageux d'*ordonner* (**11**) par rapport à une même lettre les polynomes proposés et de les disposer horizontalement les uns sous les autres, en plaçant les termes semblables dans les mêmes colonnes verticales : la réduction des termes est ainsi toute préparée.

1. $$(3xy^2 + x^3 - 3x^2y + y^3) + (y^3 - x^3 - 5xy^2) + (2xy^2 + x^3).$$

$$
\begin{aligned}
P &= x^3 - 3x^2y + 3xy^2 + y^3 \\
P' &= - x^3 - 5xy^2 + y^3 \\
P'' &= + x^3 + 2xy^2 \\
\hline
S &= x^3 - 3x^2y + 2y^3
\end{aligned}
$$

2. $$(6a^2b^2 - 4ab^3 + a^4 + b^4 - 4a^3b) - (a^4 - 2a^2b^2 + b^4).$$

$$
\begin{aligned}
P &= a^4 - 4a^3b + 6a^2b^2 - 4ab^3 + b^4 \\
- P' &= - a^4 + 2a^2b^2 - b^4 \\
\hline
D &= - 4a^3b + 8a^2b^2 - 4ab^3
\end{aligned}
$$

3. $$(4p - 6q - 8r + 2) - (5p + 7 - 3r) + (7q + 6r) - (q - 2p - 4).$$

$$
\begin{aligned}
P &= 4p - 6q - 8r + 2 \\
- P' &= - 5p + 3r - 7 \\
P'' &= + 7q + 6r \\
- P''' &= + 2p - q + 4 \\
\hline
S &= p + r - 1
\end{aligned}
$$

38. — **Des parenthèses.** — Les règles relatives à l'introduction ou à la suppression des parenthèses dérivent immédiatement de la théorie de l'addition et de la soustraction algébriques.

Règle I. — Lorsqu'un polynome renferme un certain nombre de termes entre deux parenthèses, on peut supprimer ces parenthèses, en conservant à ces termes leurs signes, si les parenthèses étaient précédées du signe +, et en renversant les signes de ces termes, si elles étaient précédées du signe —.

En effet, des parenthèses précédées du signe + sont l'indication d'une addition à effectuer, et, précédées du signe —, l'indication d'une soustraction à effectuer.

EXEMPLES. $\quad a + (b - c) = a + b - c; \quad a + (- b - c) = a - b - c;$
$\quad\quad\quad\quad\quad a - (b + c) = a - b - c; \quad a - (b - c) = a - b + c.$

Remarque. —Si l'expression renferme des parenthèses de divers ordres, il importe de ne pas perdre de vue, en les supprimant successivement, que *tant qu'une quantité est entre deux parenthèses, elle doit se considérer comme un seul terme.* On peut commencer les suppressions soit par les parenthèses les plus intérieures, soit par les parenthèses les plus extérieures.

Exemples. $a — [b — (c — d)] = a — (b — c + d) = a — b + c — d.$
$a — [b — (c — d)] = a — b + (c — d) = a — b + c — d.$

Règle II. —On peut mettre entre parenthèses un nombre quelconque de termes d'un polynome, en leur conservant leurs signes, si l'on fait précéder la parenthèse du signe +, et en changeant leurs signes, si on la fait précéder du signe —.

En effet, si l'on veut effectuer l'addition représentée par la parenthèse positive, on laissera leurs signes aux termes de cette parenthèse, et le polynome redeviendra ce qu'il était d'abord; de même, pour effectuer la soustraction représentée par la parenthèse négative, on renversera les signes des termes de cette parenthèse et le polynome primitif reparaîtra.

Exemples. $a + b — c = a + (b — c); \quad a — b — c = a + (— b — c);$
$a — b — c = a — (b + c); \quad a — b + c = a — (b — c);$
$p — q + r — s = p — q + (r — s) = p — [q — (r — s)].$

6. — Inégalités algébriques.

39. — **Définition.** — Une quantité a est dite *plus grande* qu'une quantité b, lorsque la différence algébrique $a — b$ est positive [1].

Corollaires. — I. *Tout nombre positif est plus grand que zéro;* en effet, $(+ A) — 0 = + A.$

Il s'ensuit que les inégalités $a > b$ et $a — b > 0$ sont équivalentes.

II. *Tout nombre négatif est plus petit qu'un nombre positif quelconque et plus petit que zéro, et est d'autant plus petit que sa valeur absolue est plus grande.*

---

1 Cette définition constitue une convention de langage très naturelle. En effet, soit N un nombre arithmétique quelconque, suffisamment grand d'ailleurs pour que les deux membres de chacune des inégalités suivantes soient positifs : dire que a est plus grand que b, c'est dire que l'on a $N + a > N + b$; or, les inégalités $N + a > N + b$, $N + a — b > N + b — b$ et $N + a — b > N$ sont équivalentes et la dernière exige que $a — b$ soit un nombre positif. La définition est donc justifiée.

Quant à la notion : *toute quantité négative est moindre que zéro;* elle ne signifie pas qu'une quantité négative soit plus petite que rien : prétendre qu'une chose soit moindre que le néant est un non-sens. Ce langage conventionnel signifie seulement que si à un nombre donné N on *ajoute* une quantité négative, le résultat sera plus petit que si l'on n'avait rien ajouté : $N + (— a) < N + 0$. Les inégalités $+ 2 > — 5$ et $— 3 > — 5$ traduisent de même les inégalités plus explicites $N + (+ 2) > N + (— 5)$ et $N + (— 3) > N + (— 5)$.

Ainsi, $+2 > -5$, $0 > -5$, $-3 > -5$; car on a $+2-(-5)=+2+5=+7$, $0-(-5)=+5$, $-3-(-5)=-3+5=+2$.

III. Considérons la suite de tous les nombres entiers positifs et négatifs disposés en deux séries qui se continuent indéfiniment en deux sens opposés :

$$..., -4, -3, -2, -1, 0, +1, +2, +3, +4, ...;$$

on voit qu'un nombre quelconque de cette série est plus grand algébriquement que tout nombre situé à sa gauche et plus petit que tout nombre situé à sa droite [1].

CHAPITRE III.

MULTIPLICATION.

1. — Préliminaires.

40. — **Définition.** — La MULTIPLICATION ALGÉBRIQUE est une opération qui a pour but de former une expression algébrique dont la valeur numérique soit égale au produit des valeurs numériques de deux expressions algébriques données.

L'expression à former s'appelle *produit*; les expressions données s'appellent *facteurs*, ou *multiplicande* et *multiplicateur* [2].

---

[1] On voit aussi que si l'on parcourt en l'un ou l'autre sens les termes de cette série et qu'on appelle *addition* l'opération consistant à avancer d'un certain nombre de termes dans un certain sens convenu, par exemple vers la droite, et soustraction l'opération consistant à marcher dans le sens inverse, on aura des opérations toujours exécutables : de quelque terme qu'on parte, avancer de 3 termes, puis de 2 termes, équivaut à avancer de 5 termes; de même avancer de 3 termes, puis reculer de 5 termes, équivaut à reculer de 2 termes, etc. $+3+2=+5$, $+3-5=-2$, $-4-3=-7$, etc. Ce qui, en Arithmétique, rend impossibles certaines soustractions, c'est que la suite des grandeurs arithmétiques part de zéro et n'est indéfinie que dans un seul des deux sens.

Les signes $>$ et $<$ sont dus à Thomas HARRIOT (1560-1621) : on les trouve dans son livre posthume *Artis analyticæ praxis* (Londres, 1631), ainsi que le signe d'égalité $=$, qui avait été employé, dès 1556, par son compatriote le mathématicien, astronome et médecin Robert RECORDE et délaissé depuis. — Harriot, en Angleterre, et le lorrain Albert GIRARD, dans nos contrées, furent les premiers à suivre les traces de Viète : l'*Artis analyticæ praxis* de l'un et l'*Invention nouvelle en l'Algèbre* (Amsterdam, 1629) de l'autre constituent les deux plus remarquables Algèbres du temps. Harriot paraît avoir entrevu plusieurs des découvertes algébriques que DESCARTES devait faire peu de temps après et publier en 1637.

[2] Le signe $\times$ a été introduit par OUGHTRED en 1631 : son *Arithmeticæ in numeris et speciebus*

41. — Principes arithmétiques. — Définie d'une manière générale, la *multiplication arithmétique* est une opération qui consiste, étant donnés deux nombres appelés multiplicande et multiplicateur, à effectuer sur le multiplicande les opérations qu'il a fallu effectuer sur l'unité pour former le multiplicateur.

Ainsi, multiplier 8 par 5, c'est faire la somme de 5 nombres égaux à 8, comme 5 est formé de la somme de 5 nombres égaux à l'unité; multiplier 8 par la fraction $\frac{3}{4}$, c'est faire la somme de 3 nombres égaux au quart de 8, comme $\frac{3}{4}$ est formé de la somme de 3 nombres égaux au quart de l'unité; multiplier 8 par le nombre incommensurable 3,14159..., c'est indiquer la limite vers laquelle tend la somme indéfiniment croissante $1 \times 3 + 1 \times 0,1 + 1 \times 0,04 + 1 \times 0,001 + \dots$.

La multiplication arithmétique n'est donc qu'une addition répétée, de même que tout nombre arithmétique n'est qu'une addition d'unités ou de fractions de l'unité.

De la définition générale de la multiplication arithmétique, on déduit les *propriétés générales* suivantes :

1. La multiplication arithmétique n'admet qu'une seule solution : si $8 \times 3 = 8 \times m$, on a $m = 3$, et réciproquement;

2. On peut, dans un produit de deux nombres, intervertir l'ordre des facteurs : $8 \times 3 = 3 \times 8$;

3. Pour multiplier par un produit de deux nombres, il suffit de multiplier successivement par chacun d'eux : $8(2 \times 5) = 8 \times 2 \times 5$;

4. Pour multiplier par une somme de deux nombres, on multiplie successivement par ces deux nombres et on ajoute les produits partiels : $8(2+4) = 8 \times 2 + 8 \times 4$;

5. Pour qu'un produit de deux nombres soit nul, il faut et il suffit qu'un des deux soit zéro : $8 \times 0 = 0 \times 8 = 0$;

6. On ne change pas un nombre en le multipliant par l'unité : $8 \times 1 = 8$.

On exprime les quatre premières propriétés en disant que la multiplication est une opération *uniforme, commutative, associative* et *distributive*.

2. — Multiplication des Quantités algébriques.

42. — Définition. — On appelle MULTIPLICATION DE DEUX QUANTITÉS ALGÉBRIQUES *l'opération qui consiste à soumettre la première de ces deux quantités, appelée* MULTIPLICANDE, *aux mêmes opérations qu'il faudrait effectuer sur l'unité positive pour former la seconde de ces quantités, appelée* MULTIPLICATEUR.

---

institutio ou *Mathematicæ clavis* a été longtemps classique en Angleterre. LEIBNITZ emploie tantôt le point, tantôt la croix : $a \cdot b$ ou $a \times b$. La simple juxtaposition des facteurs est déjà employée par Michel STIFEL dans son *Arithmetica integra* (Nuremberg), en 1544.

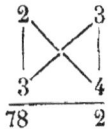

Le symbole $\times$ aura été choisi probablement, par Oughtred, en souvenir des barres croisées *(crocetta*, disaient les Italiens) que les arithméticiens du moyen âge et de la renaissance employaient dans la multiplication. La figure ci-contre indiquait les opérations à effectuer pour multiplier 23 par 34.

Le résultat de cette opération s'appelle le *produit algébrique* des deux quantités, ou des deux *facteurs*.

De cette définition se déduit la règle suivante :

Règle. — Le produit de deux quantités algébriques s'obtient en effectuant le produit de leurs valeurs absolues et en affectant ce produit du signe de la première quantité, si la seconde est positive, et du signe opposé au signe de la première, si la seconde est négative.

Exemples.
$$+3 \times +2 = +6, \qquad +3 \times -2 = -6,$$
$$-3 \times +2 = -6, \qquad -3 \times -2 = +6.$$

En général
$$(+a)(+b) = +ab, \qquad (+a)(-b) = -ab,$$
$$(-a)(+b) = -ab, \qquad (-a)(-b) = +ab.$$

En effet, 1° supposons d'abord que le multiplicateur ait une valeur absolue *entière*. Le multiplicateur est positif ou négatif :

Soit le cas d'un multiplicateur positif : $(+a)(+b)$ ou $(-a)(+b)$. Le multiplicateur positif $+b$ indique, par définition, qu'il faut prendre b fois par voie d'addition la quantité, soit positive, soit négative, désignée par le multiplicande, de même que $+b$ est formé de l'unité positive $+1$ prise b fois par voie d'addition. On a donc

$$(+a)(+b) = (+a) + (+a) + (+a) + \ldots = +a + a + a + \ldots = +(ab),$$
$$(-a)(+b) = (-a) + (-a) + (-a) + \ldots = -a - a - a - \ldots = -(ab).$$

Soit le cas d'un multiplicateur négatif : $(+a)(-b)$ ou $(-a)(-b)$. Le multiplicateur négatif $-b$ indique, par définition, qu'il faut prendre b fois par voie de soustraction la quantité multiplicande, de même que $-b$ est formé de l'unité positive $+1$ prise b fois par voie de soustraction. On a donc

$$(+a)(-b) = -(+a) - (+a) - (+a) - \ldots = -a - a - a - \ldots = -(ab),$$
$$(-a)(-b) = -(-a) - (-a) - (-a) - \ldots = +a + a + a + \ldots = +(ab).$$

2° Supposons ensuite un multiplicateur de valeur absolue *fractionnaire*, tel que $\left(+\dfrac{k}{p}\right)$ ou $\left(-\dfrac{k}{p}\right)$.

Le facteur positif $+\dfrac{k}{p}$ s'obtient en formant la $p^{ième}$ partie de la valeur absolue de $+1$, en affectant cette $p^{ième}$ partie du signe même de $+1$ et en la prenant k fois par addition : $+\dfrac{k}{p} = +\left(+\dfrac{1}{p}\right) + \left(+\dfrac{1}{p}\right) + \left(+\dfrac{1}{p}\right) + \ldots = +\dfrac{1}{p} + \dfrac{1}{p} + \dfrac{1}{p} + \ldots$

Le facteur négatif $-\dfrac{k}{p}$ s'obtient en formant la $p^{ième}$ partie de la valeur absolue de $+1$, en affectant cette partie du signe même de $+1$ et en la prenant k fois par soustraction : $-\dfrac{k}{p} = -\left(+\dfrac{1}{p}\right) - \left(+\dfrac{1}{p}\right) - \left(+\dfrac{1}{p}\right) - \ldots = -\dfrac{1}{p} - \dfrac{1}{p} - \dfrac{1}{p} - \ldots$

On aura donc, en traitant de même le multiplicande :

$$(+a)\left(+\frac{k}{p}\right) = +\left(+\frac{a}{p}\right) + \left(+\frac{a}{p}\right) + \ldots = +\frac{a}{p} + \frac{a}{p} + \ldots = +\left(\frac{ak}{p}\right).$$

$$(-a)\left(+\frac{k}{p}\right) = +\left(-\frac{a}{p}\right) + \left(-\frac{a}{p}\right) + \ldots = -\frac{a}{p} - \frac{a}{p} - \ldots = -\left(\frac{ak}{p}\right).$$

$$(+a)\left(-\frac{k}{p}\right) = -\left(+\frac{a}{p}\right) - \left(+\frac{a}{p}\right) - \ldots = -\frac{a}{p} - \frac{a}{p} - \ldots = -\left(\frac{ak}{p}\right).$$

$$(-a)\left(-\frac{k}{p}\right) = -\left(-\frac{a}{p}\right) - \left(-\frac{a}{p}\right) - \ldots = +\frac{a}{p} + \frac{a}{p} + \ldots = +\left(\frac{ak}{p}\right).$$

On voit que, dans tous les cas, la définition de la multiplication des quantités algébriques conduit à la règle énoncée.

COROLLAIRE. — Le produit de deux facteurs est positif ou négatif suivant que ces facteurs ont mêmes signes ou signes contraires [1].

On énonce parfois cette règle des signes en disant : *+ par + donne +; + par — donne —; — par + donne —; — par — donne +.*

Application. — PROBLÈME. — *Un train parcourt, avec une vitesse de 60 Km. à l'heure, la ligne de chemin de fer reliant les villes A et B et traverse actuellement la gare de N. A quelle distance* x *de cette gare se trouve-t-il à une époque séparée de l'instant présent par un intervalle de 3 heures?*

Si le train roule de A vers B, dans 3 heures il sera à une distance $x = vt = 60 \times 3 = 180$ Km. de N, dans la direction de B.

Mais, dans son énoncé général, le problème comprend quatre cas différents. — Le train se dirige vers B : à quelle distance de N se trouvera-t-il dans 3 heures? Le train se dirige vers B : à quelle distance de N se trouvait-il il y a 3 heures? Le train se dirige vers A : à quelle distance se trouvera-t-il dans 3 heures? Le train se dirige vers A : à quelle distance se trouvait-il il y a 3 heures?

Appelons positif le temps à venir, négatif le temps écoulé; positives les longueurs mesurées ou parcourues dans la direction de A vers B, négatives les longueurs mesurées ou parcourues dans le sens opposé.

Aux quatre questions distinctes correspondent quatre égalités :

$$x = (+60)(+3) = +180;$$
$$x = (+60)(-3) = -180;$$
$$x = (-60)(+3) = -180;$$
$$x = (-60)(-3) = +180.$$

Dans le premier et dans le quatrième cas, le train, à l'époque demandée, se

---

1 Cette règle des signes était déjà formulée par DIOPHANTE : λεῖψις ἐπι λεῖψιν πολλαπλασιαθεῖσα ποῖει ὑπαρξιν, *minus per minus multiplicatum efficit plus* (*Arithm.*, I, def. 9). Le vieil algébriste CHUQUET ouvre son chapitre sur la multiplication en ces termes : « Il est chose convenable premierement scauoir. Qui multiplic plus par plus et » moins par moins il en vient plus. Et qui multiplic plus par moins *vel e c*ᵃ, il en vient » tousiours moins. »

trouve à 180 Km. de N dans la direction de B; dans le second et dans le troisième cas, il se trouve à 180 Km. de N dans la direction de A.

On voit que la simple application de la règle de la multiplication de deux facteurs algébriques donne en *grandeur* et en *direction* la quantité $x = vt$ demandée [1].

Justification de la définition. — Proposition. — *La définition de la multiplication algébrique constitue une généralisation naturelle et légitime de la définition de la multiplication arithmétique.*

L'unité positive joue, dans les additions et soustractions algébriques, le même rôle que l'unité absolue dans les additions et soustractions arithmétiques. Il est donc *naturel*, si l'on veut étendre à l'Algèbre la définition arithmétique de la multiplication, d'appeler multiplication algébrique une opération consistant à effectuer sur le multiplicande les opérations qu'il faudrait effectuer sur l'*unité positive* pour reproduire le multiplicande.

De plus, il est *légitime* d'appeler multiplication une opération algébrique dont la définition et la règle reproduisent la définition et la règle de la multiplication arithmétique dans tous les cas où les quantités en présence sont des nombres positifs, et dont les propriétés fondamentales sont précisément, comme on va l'établir, les propriétés de la multiplication arithmétique.

43. — **Propriétés fondamentales.** — La multiplication de deux quantités algébriques jouit des propriétés suivantes :

1° *Elle n'admet qu'une seule solution :* si $ab = ab'$, on a $b = b'$; et réciproquement, si $b = b'$, on a $ab = ab'$.

En effet, la règle de la multiplication appliquée aux deux opérations ab et ab' donne des résultats égaux, si b et b' ont égale valeur absolue et même signe, et en ce cas seulement.

2° *On peut, dans un produit de deux quantités, intervertir l'ordre des facteurs :*

$$ab = ba.$$

En effet, les deux opérations ab et ba conduisent à des résultats de même valeur absolue, d'après la règle énoncée, et de même signe, d'après son corollaire immédiat.

3° *On multiplie par un produit de deux facteurs en multipliant successivement par ces deux facteurs :*

$$a(bc) = abc.$$

Les expressions $a(bc)$ et $(ab)c$ ont, en effet, même valeur absolue et même signe.

Même valeur absolue : cela résulte d'un principe analogue de la multiplication des valeurs absolues ou arithmétiques.

---

[1] Cette application concrète de la règle abstraite ne constitue pas une démonstration de cette règle, mais une vérification et une justification.

Même signe : l'expression $a(bc)$ a, en effet, le même signe que le facteur a ou le signe contraire au signe de a, suivant que la quantité (bc) se compose de deux facteurs tous deux positifs ou négatifs, ou de deux facteurs l'un positif et l'autre négatif. Or, l'expression $(ab)c$ a le signe de c ou le signe contraire au signe de c, selon que la quantité (ab) se compose de deux facteurs tous deux positifs ou négatifs ou de deux facteurs l'un positif et l'autre négatif. En toute hypothèse [1], les deux expressions ont donc finalement même signe.

4° *Pour multiplier par une somme de deux quantités, on multiplie successivement par ces deux quantités et on ajoute les produits partiels :*

$$a(b + c) = ab + ac.$$

En effet, le multiplicateur $(b + c)$ se forme en multipliant successivement par b et par c l'unité positive et en ajoutant les résultats; or, multiplier par $(b + c)$, c'est faire subir au multiplicande les mêmes opérations (**42**).

5° *Pour qu'un produit de deux quantités soit nul, il faut et il suffit qu'une des deux quantités soit nulle :*

$$a \times 0 = 0 \times a = 0.$$

6° *On ne change pas une quantité en la multipliant par l'unité positive :*

$$a(+ 1) = (+ 1)a = a.$$

Ces deux derniers principes résultent immédiatement de la définition de la multiplication des quantités algébriques.

44. — Propriétés des produits de plusieurs facteurs. — Définition. — On entend par *multiplication de plusieurs quantités*, l'opération qui consiste à multiplier par la troisième de ces quantités le produit des deux premières, puis par la quatrième le produit ainsi obtenu des trois premières, et ainsi de suite.

$$(- 3)(- 5)(+ 2)(- 4) = (+ 15)(+ 2)(- 4) = (+ 30)(- 4) = - 120.$$

Le produit $abcd$ peut donc s'écrire indifféremment

$$(ab)cd, \qquad [(ab)c]d, \qquad (abc)d.$$

---

[1] Les hypothèses possibles, relativement aux signes de trois facteurs, sont au nombre de huit :

$(+ a) (+ b) (+ c),$ $\quad (+ a) (+ b) (- c),$ $\quad (- a) (+ b) (+ c),$ $\quad (- a) (+ b) (- c),$

$(+ a) (- b) (- c),$ $\quad (+ a) (- b) (+ c),$ $\quad (- a) (- b) (- c),$ $\quad (- a) (- b) (+ c).$

Théorème I. — *Le produit de plusieurs facteurs est positif ou négatif, suivant que le nombre des facteurs négatifs qui y entrent est pair (ou nul) ou est impair.*

En effet, supposons que le premier facteur soit positif; s'il ne l'est pas, écrivons en tête de ces facteurs le facteur $+1$, ce qui n'altérera point les résultats. Imaginons ensuite qu'on effectue les multiplications successives : chaque fois qu'on rencontrera un facteur négatif, le signe du résultat des opérations effectuées se renversera; ainsi, le premier facteur ayant le signe $+$, le signe final sera $+$ ou $-$ suivant que le nombre des changements de signe, c'est-à-dire le nombre des facteurs négatifs rencontrés, sera pair (ou même nul) ou sera impair.

Corollaires. — I. *Si dans un produit de plusieurs facteurs l'on change les signes d'un nombre impair de facteurs, le produit change de signe; si l'on change les signes d'un nombre pair de facteurs, le produit ne change pas.*

En effet, si le produit était primitivement positif, c'est que le nombre de ses facteurs négatifs était pair; or, si l'on renverse le signe d'un facteur quelconque, positif ou négatif, le nombre des facteurs négatifs augmente ou diminue d'un et devient impair : le produit est donc rendu négatif. Si l'on renverse le signe d'un second facteur, le nombre des facteurs négatifs se retrouve pair, et le produit redevient positif. Un troisième changement de signe altère de nouveau le signe du produit; un quatrième le rétablit, et ainsi de suite. — Si le produit était primitivement négatif, on ferait un raisonnement inverse.

II. *Les puissances paires d'une quantité négative sont positives et les puissances impaires sont négatives.*

Car la puissance $m^{ième}$ d'une quantité négative n'est autre chose qu'un produit de m facteurs négatifs; ex. : $(-x)^4 = -x \times -x \times -x \times -x = x^4$; $(-x)^3 = -x \times -x \times -x = -x^3$.

De ce corollaire résultent les égalités : $(+x)^2 = (-x)^2$, $(+x)^4 = (-x)^4$, $(+x)^6 = (-x)^6$, etc. Il s'ensuit encore que les puissances successives de -1 sont : $(-1)^2 = +1$, $(-1)^3 = -1$, $(-1)^4 = +1$, $(-1)^5 = -1$, …, $(-1)^{2k} = +1$, $(-1)^{2k+1} = -1$.

III. *Si la quantité particulière représentée par une lettre dans un polynome vient à changer de signe, les termes de ce polynome où cette lettre entre avec un exposant impair changent de signe, tandis que les termes où elle entre avec un exposant pair ne changent pas.*

Ce corollaire découle du précédent.

Ainsi, la formule $(a + b)^2 = a^2 + 2ab + b^2$ étant vraie quelles que soient les valeurs de a et de b, supposons que b devienne négatif : nous aurons

ou
$$[a + (-b)]^2 = a^2 + 2a(-b) + (-b)^2,$$
$$(a - b)^2 = a^2 - 2ab + b^2.$$

La formule $(a + b)^3 = a^3 + 3a^2b + 3ab^2 + b^3$ conduit de même a

$$(a - b)^3 = a^3 - 3a^2b + 3ab^2 - b^3.$$

Théorème II. — *Dans un produit algébrique, on peut intervertir l'ordre des facteurs.*

En effet, la valeur absolue du produit, étant égale au produit des valeurs absolues des facteurs, est indépendante de l'ordre des facteurs; et le signe du produit algébrique, ne dépendant que du nombre des facteurs négatifs en présence, est également indépendant de l'ordre des facteurs.

On peut aussi démontrer ce théorème en partant des principes fondamentaux de la multiplication et en suivant la même marche que dans la démonstration du théorème analogue de l'addition (**43** et **28**).

Théorème III. — *Dans un produit algébrique, on peut remplacer autant de facteurs qu'on veut par leur produit effectué, et réciproquement remplacer un facteur par d'autres dont il serait le produit.*

En effet, soit $m = bde$; on peut écrire

$$abcde = bdeac = mac.$$

Réciproquement, soit $c = pqr$; on peut écrire

$$abcde = cabde = pqrabde.$$

Corollaires. — I. Pour multiplier une quantité par un produit, on la multiplie successivement par tous les facteurs de ce produit : $m(abcd) = mabcd$.

II. Pour multiplier un produit par une quantité, on peut multiplier par cette quantité un facteur quelconque de ce produit : $(abcd)m = ab(cm)d$.

Théorème IV. — *Pour multiplier deux puissances d'une même quantité, on ajoute les exposants.*

En effet,

$$a^3a^2 = (aaa)(aa) = aaaaa = a^{3+2} = a^5.$$

45. — Multiplication par une somme. — **Théorème.** — *On multiplie une quantité par une somme algébrique en la multipliant successivement par les divers termes de la somme et en ajoutant les produits partiels :*

$$m(a + b + c + d) = ma + mb + mc + md.$$

En effet, le multiplicateur se forme en multipliant l'unité positive $+ 1$ successivement par a, b, c, d et en ajoutant les produits partiels.

Autre démonstration. — Toute somme peut être partagée en deux parties; appliquant le principe de la multiplication par une somme de deux quantités (**43**, 4°), on peut écrire

$$\begin{aligned}
m(a + b + c + d) &= m[(a + b + c) + d], \\
&= m(a + b + c) + md, \\
&= m[(a + b) + c] + md, \\
&= m(a + b) + mc + md, \\
&= ma + mb + mc + md. \quad \text{C. Q. F. D.}
\end{aligned}$$

Réciproque. — On multiplie une somme par une quantité en multipliant successivement tous ses termes par cette quantité et en ajoutant les produits partiels.

En effet,

$$(a+b+c+d)m = m(a+b+c+d) = ma+mb+mc+md = am+bm+cm+dm.$$

46. — **Multiplication par une différence.** — Théorème. — *On multiplie une quantité par une différence algébrique en la multipliant successivement par les deux termes de la différence et en soustrayant les produits partiels :*

$$m(a — b) = ma — mb.$$

Ce théorème est inclus dans le précédent ; car les démonstrations du précédent subsistent pour le produit $m(a + b)$, même quand b est négatif.

Autre démonstration. — Par définition de la soustraction, on a

$$a = (a — b) + b ;$$

d'où $$ma = m[(a — b) + b],$$

ou $$ma = m(a — b) + mb.$$

Il en résulte $$ma — mb = m(a — b).$$ C. Q. F. D.

Réciproque. — On multiplie une différence par une quantité en multipliant successivement les deux termes par cette quantité et en soustrayant les produits partiels.

En effet,

$$(a — b)m = m(a — b) = ma — mb = am — bm.$$

3. — Multiplication de Monomes et Polynomes.

47. — **Multiplication de deux monomes.** — Règle. — Pour multiplier deux monomes, 1° on détermine le *signe* du résultat, qui sera le signe $+$ ou le signe $-$ suivant que les deux facteurs ont mêmes signes ou signes contraires ; — 2° on multiplie les *coefficients* entre eux ; — 3° on écrit à la suite de ce produit une fois chacune des *lettres* que renferment les facteurs ; enfin 4° on donne à chaque lettre un *exposant* égal à la somme des exposants dont elle est affectée dans les facteurs.

Soient, en effet, les monomes $+ \frac{3}{5}a^2b^2c$ et $— 4ab^2d^3$ et soit M leur produit. Pour obtenir le produit, on multiplie entre eux successivement tous les facteurs des deux expressions (**44**), en intervertissant, si l'on veut, l'ordre de ces facteurs (**44,** Th. II) : d'où

$$M = \left(+ \frac{3}{5}\right)(— 4)a^2ab^2b^2cd^3 ;$$

on peut remplacer les facteurs numériques par leur produit effectué et appliquer aux facteurs littéraux la règle des produits de deux puissances (**44**, Tʜ. III et IV) ; on a donc

$$M = -\frac{12}{5}a^3b^4cd^3.$$ c. q. f. d.

48. — Scolies. — I. Pour former *le produit de plusieurs monomes*, il faut : 1° multiplier les coefficients entre eux ; — 2° écrire à la suite du produit ainsi obtenu chacune des lettres qui entrent dans les facteurs ; — 3° affecter chaque lettre d'un exposant égal à la somme des exposants qu'elle a dans chaque facteur, et 4° donner au résultat le signe + ou le signe —, suivant que le nombre des facteurs négatifs est pair ou impair.

Exemple. $(+ xy^2)(- x^2z)(+ yz^2)(- xyz) = + x^4y^4z^4$.

II. *Puissances d'un monome.* — Pour former le carré d'un monome, on élève au carré le coefficient, on double les exposants et l'on donne au résultat le signe positif.

Exemples. $(5ax^2y^3)^2 = 25a^2x^4y^6$; $(- 3a^2)^2 = 9a^4$; $(- 3x^m)^2 = 9x^{2m}$.

Pour former la puissance $m^{ième}$ d'un monome, on élève à la puissance $m^{ième}$ le coefficient, on multiplie par m les exposants et l'on donne au résultat le signe positif, si m est pair, et le signe même de la racine, si m est impair.

Exemples. $(- 3a^2)^3 = - 27a^6$; $(5xy^2z^3)^m = 5^mx^my^{2m}z^{3m}$.

49. — **Multiplication d'un monome par un polynome.** — **Règle.** — Pour multiplier un monome par un polynome, on multiplie algébriquement le monome par tous les termes du polynome, et on ajoute les produits partiels.

En effet, $\quad m(a - b + c - d) = m[(a + c) - (b + d)]$
(**46**) $\qquad\qquad\qquad = m(a + c) - m(b + d)$
(**45**) $\qquad\qquad\qquad = ma + mc - mb - md$
$\qquad\qquad\qquad\qquad = ma - mb + mc - md.$ c. q. f. d.

Autre démonstration :

$$m(a - b + c - d) = m[a + (-b) + c + (-d)]$$
$$= ma + m(-b) + mc + m(-d)$$
$$= ma - mb + mc - md.$$

Réciproquement, *pour multiplier un polynome par un monome, on multiplie algébriquement tous les termes du polynome par le monome et on ajoute les résultats.*

En effet, $\quad (a - b + c - d)m = m(a - b + c - d)$
$$= ma - mb + mc - md$$
$$= am - bm + cm - dm. \quad \text{C. Q. F. D.}$$

C
OROLLAIRE. — De la formule qu'on vient de démontrer,

$$m(a - b + c - d) = am - bm + cm - dm,$$

on déduit cette règle :

Quand un polynome contient un facteur commun à tous les termes, on peut supprimer ce facteur dans tous ces termes et multiplier le résultat par ce facteur commun.

Cette opération s'appelle METTRE EN ÉVIDENCE un facteur commun ou *mettre un monome en facteur.*

EXEMPLE. $\quad 3a^3bc - 18a^2b^2c + 3ab^3c = 3abc(a^2 - 6ab + b^2).$

50. — Multiplication de deux polynomes. — Règle. — Pour multiplier

un polynome par un autre, on multiplie successivement tous les termes du multiplicande par chaque terme du multiplicateur, en ayant soin d'affecter chacun des produits partiels ainsi obtenu du signe $+$ ou du signe $-$ suivant que les deux termes dont il provient sont de même signe ou sont de signes contraires; ensuite on réduit les termes semblables, s'il y a lieu.

Soient les polynomes $P = (a - b + c - d)$ et $P' = (x - y + z - v)$. On peut écrire les égalités successives :

$$PP' = P(x - y + z - v) = Px - Py + Pz - Pv$$
$$= (a-b+c-d)x - (a-b+c-d)y + (a-b+c-d)z - (a-b+c-d)v$$
$$= (ax-bx+cx-dx) - (ay-by+cy-dy) + (az-bz+cz-dz) - (av-bv+cv-dv)$$
$$= ax-bx+cx-dx-ay+by-cy+dy+az-bz+cz-dz-av+bv-cv+dv.$$

En considérant attentivement le produit PP' sous son avant-dernière forme, on voit premièrement que ce produit se compose de tous les produits partiels obtenus en multipliant chaque terme du multiplicande par chaque terme du multiplicateur. Secondement, on observe que chaque parenthèse est précédée du signe du terme multiplicateur et qu'à l'intérieur des parenthèses, chaque produit partiel a le signe du terme multiplicande : après la destruction des parenthèses, chaque produit partiel aura donc le signe $+$ ou le signe $-$ selon que les deux termes dont il provient sont de même signe ou de signes contraires.

SCOLIES. — I. Dans le cas de deux binomes, la règle précédente conduit à cette formule :

$$(a - b)(c - d) = ac - bc - ad + bd.$$

II. On observe que les quantités soit positives soit négatives isolées se comportent toujours comme si elles faisaient partie de polynomes :

$$(+ p)(+ q) = (0 + p)(0 + q) = 0 + pq = +pq;$$
$$(+ p)(- q) = (0 + p)(0 - q) = 0 - pq = -pq;$$
$$(- p)(+ q) = (0 - p)(0 + q) = 0 - pq = -pq;$$
$$(- p)(- q) = (0 - p)(0 - q) = 0 + pq = +pq.$$

III. La rigueur de la théorie de la multiplication de deux polynomes exige qu'on suppose admise cette proposition :

Il n'y a qu'un seul polynome qui soit le produit de deux polynomes donnés.

Cette proposition est un corollaire du théorème suivant, qui sera établi dans le dernier paragraphe du présent chapitre : Deux polynomes ne peuvent être constamment égaux, quelles que soient les valeurs attribuées aux lettres qu'ils renferment, que s'ils sont identiquement composés des mêmes termes.

Multiplication de plusieurs polynomes. — On démontrerait aisément (**44**) que pour former *le produit de* n *polynomes*, il faut faire la somme de tous les produits partiels qu'il est possible de former en prenant un terme dans chacun de ces *n* polynomes et en multipliant ces *n* termes entre eux *n* à *n*.

Ex. : $(a+b)(p+q)(x+y) = apx+bpx+aqx+bqx+apy+bpy+aqy+bqy.$

51. — EXEMPLES. — Nous allons donner quelques types de multiplications de polynomes. Remarquons d'abord que, dans la pratique, il y a avantage à *ordonner* les deux polynomes suivant une même lettre, s'ils ont des lettres communes, et à *disposer* les calculs à peu près comme en Arithmétique. Les produits partiels s'obtiennent ainsi tout ordonnés, et la réduction des termes semblables se fait aisément.

I. Quand les polynomes sont *complets* (II), l'opération est peu compliquée.

Multiplicande	$x^3 - 3ax^2 + 3a^2x - a^3$
Multiplicateur	$x^2 - 2ax + a^2$

Produits partiels
- par x^2 . . . . . . : $x^5 - 3ax^4 + 3a^2x^3 - a^3x^2$
- par $- 2ax$ . . . . . : $- 2ax^4 + 6a^2x^3 - 6a^3x^2 + 2a^4x$
- par $+ a^2$ . . . . . . : $+ a^2x^3 - 3a^3x^2 + 3a^4x - a^5$

Produit simplifié . . . . . . $x^5 - 5ax^4 + 10a^2x^3 - 10a^3x^2 + 5a^4x - a^5$

II. Quand les polynomes sont *incomplets,* on laisse vides certains intervalles.

$$x^3 - x^2 + 1$$
$$x^3 - x + 1$$
$$x^6 - x^5 \quad + x^3$$
$$- x^4 + x^3 \quad - x$$
$$+ x^3 - x^2 \quad + 1$$
$$x^6 - x^5 - x^4 + 3x^3 - x^2 - x + 1$$

III. Quand la lettre ordonnatrice se trouve avec le même exposant dans plusieurs termes, on met en évidence chaque puissance commune à plusieurs termes et on considère les parenthèses comme des coefficients de la lettre principale. Soit la multiplication

$$(ax^2 - bx^2 + ax + bx + a - b)(ax + bx - a + b).$$

1. EMPLOI DE PARENTHÈSES ORDINAIRES.

$$(a - b)x^2 + (a + b)x + (a - b)$$
$$(a + b)x - (a - b)$$

$$(a^2 - b^2)x^3 + (a^2 + 2ab + b^2)x^2 + (a^2 - b^2)x$$
$$\qquad - (a^2 - 2ab + b^2)x^2 - (a^2 - b^2)x - (a^2 - 2ab + b^2)$$

$$(a^2 - b^2)x^3 \qquad + 4abx^2 \qquad\qquad\qquad - (a^2 - 2ab + b^2)$$

Calculs accessoires.

$a - b$	$a + b$	$a - b$
$a + b$	$a + b$	$a - b$
$a^2 - ab$	$a^2 + ab$	$a^2 - ab$
$\quad + ab - b^2$	$\quad + ab + b^2$	$\quad - ab + b^2$
$a^2 \qquad - b^2$	$a^2 + 2ab + b^2$	$a^2 - 2ab + b^2$

2. EMPLOI DE PARENTHÈSES VERTICALES.

(Les coefficients des termes sont disposés en colonnes.)

Multiplicande			
	a | $x^2 + a$ | $x + a$ |		
	$- b$ | $\quad + b$ | $\quad - b$ |		

Multiplicande $\Big\{$ $\begin{array}{c|c|c} a & x^2 + a & x + a \\ -b & +b & -b \end{array}\Big|$

Multiplicateur $\Big\{$ $\begin{array}{c|c} a & x - a \\ +b & +b \end{array}\Big|$

Produits partiels $\begin{cases} \text{par } ax \\ \text{par } bx \\ \\ \text{par } -a \\ \text{par } +b \end{cases}$ $\left. \begin{array}{c|c|c|c} a^2 & x^3 + a^2 & x^2 + a^2 & x \\ -ab & +ab & -ab & \\ +ab & +ab & +ab & \\ -b^2 & +b^2 & \;.\; -b^2 & \\ \hline & -a^2 & -a^2 & -a^2 \\ & +ab & -ab & +ab \\ & +ab & +ab & +ab \\ & -b^2 & +b^2 & -b^2 \end{array}\right|$

Produit simplifié $\Big\{$ $\begin{array}{c|c|c|c} a^2 & x^3 + 4ab & x^2 & -a^2 \\ -b^2 & & & +2ab \\ & & & -b^2 \end{array}\Big|$

4. — Théorèmes et Formules.

52. — **Premier et dernier termes d'un produit.** — THÉORÈME. — *Quand un produit de deux polynomes et ses deux facteurs sont ordonnés semblablement par rapport à une même lettre, le premier et le dernier termes* *du produit sont égaux, l'un au produit du premier terme du multiplicande par le premier terme du multiplicateur, l'autre au produit du dernier terme du multiplicande par le dernier terme du multiplicateur.*

En effet, soient P et P′ le multiplicande et le multiplicateur, ordonnés suivant les puissances décroissantes d'une même lettre. Considérons leur produit avant la réduction des termes (**51**). Chacun des termes du produit est le produit partiel d'un terme de P par un terme de P′ et a pour exposant de la lettre ordonnatrice la somme des exposants de cette lettre dans ces deux termes. Dans le produit partiel du premier terme de P par le premier terme de P′, l'exposant sera la somme des deux exposants les plus forts et sera, par suite, plus élevé que partout ailleurs : ce produit partiel ne se réduira donc avec aucun autre produit partiel et constituera le premier terme du produit total ordonné. De même, l'exposant sera plus faible que partout ailleurs dans le produit partiel des derniers termes de P et de P′ : ce produit partiel ne se réduira donc avec aucun autre et constituera le dernier terme du produit total ordonné.

Remarque. — Quand les polynomes contiennent plusieurs lettres, le théorème précédent fait souvent connaître plus de deux termes irréductibles.

Ainsi, le produit $(a^3 - a^2y + ay^2 - y^3)(a^2y^2 - ay + 1)$ offre les termes irréductibles a^5y^2 et $-y^3$, si l'on considère a comme ordonnatrice, et $-a^2y^5$ et a^3, si l'on prend y comme ordonnatrice. Ce produit contient donc au moins quatre termes.

53. — Nombre des termes d'un produit. — Théorèmes. — *Le nombre maximum des termes d'un produit de deux polynomes est égal au produit du nombre des termes du multiplicande par le nombre des termes du multiplicateur.*

Un produit s'obtient, en effet, en multipliant chaque terme du multiplicande par chaque terme du multiplicateur, et il peut arriver qu'il n'y ait pas de termes semblables à réduire dans le résultat.

Le nombre minimum des termes du produit est deux.

En effet, il y a nécessairement (**52**) deux termes qui ne se réduisent avec aucun autre et qui sont, si le produit est ordonné, les termes extrêmes.

Exemple.

$$x^3 - x^2y + xy^2 - y^3$$
$$x + y$$
$$\overline{\begin{array}{l}x^4 - x^3y + x^2y^2 - xy^3 \\ + x^3y - x^2y^2 + xy^3 - y^4\end{array}}$$
$$\overline{x^4 - y^4}$$

54. — Produits homogènes. — Théorème. — *Le produit de deux polynomes homogènes est homogène et a pour degré la somme des degrés des facteurs.*

En effet, chacun des termes de ce produit a pour degré la somme des degrés d'un terme du multiplicande et d'un terme du multiplicateur.

On démontrerait, sans difficulté, le même théorème relativement au produit d'un nombre quelconque de polynomes homogènes.

55. — Somme algébrique des coefficients d'un produit. — Théorème. — *La somme algébrique des coefficients d'un produit est égale au produit des sommes algébriques des coefficients des facteurs.*

En effet, pour appliquer la règle de la multiplication des polynomes, on doit multiplier successivement tous les coefficients du polynome multiplicateur par chacun des coefficients du polynome multiplicande.

Ce théorème permet de vérifier, après une multiplication, s'il ne s'est pas glissé d'erreur dans l'application des règles des *signes* et des *coefficients*.

Soit à vérifier la multiplication $(2x^3 - 3x^2 + 4x - 1)(x^2 - 4x + 1)$ $= 2x^5 - 11x^4 + 18x^3 - 20x^2 + 8x - 1.$

On aura : $s = 2 - 3 + 4 - 1 = +2,$ $\quad s' = 1 - 4 + 1 = -2;$ $ss' = +2 \times -2 = -4;$ $\quad S = 2 - 11 + 18 - 20 + 8 - 1 = -4.$ On trouve $S = ss'$, ce qui vérifie l'opération.

Autre démonstration. — On établit le même théorème en observant qu'une identité algébrique subsistant pour toutes valeurs attribuées aux lettres qu'elle renferme, on peut attribuer à toutes les lettres la valeur 1 : l'égalité

$$(2x^3 - 3x^2 + 4x - 1)(x^2 - 4x + 1) = 2x^5 - 11x^4 + 18x^3 - 20x^2 + 8x - 1$$

devient alors

$$(2 - 3 + 4 - 1)(1 - 4 + 1) = 2 - 11 + 18 - 20 + 8 - 1.$$

56. — Formules remarquables. — Les multiplications suivantes conduisent à des résultats d'un fréquent emploi dans la suite du Cours :

$$
\begin{array}{lll}
a + b & a - b & a + b \\
a + b & a - b & a - b \\
\hline
a^2 + ab & a^2 - ab & a^2 + ab \\
\quad + ab + b^2 & \quad - ab + b^2 & \quad - ab - b^2 \\
\hline
a^2 + 2ab + b^2 & a^2 - 2ab + b^2 & a^2 \qquad - b^2
\end{array}
$$

$$(a + b)^3 = (a^2 + 2ab + b^2)(a + b) = a^3 + 3a^2b + 3ab^2 + b^3.$$

$$(a - b)^3 = (a^2 - 2ab + b^2)(a - b) = a^3 - 3a^2b + 3ab^2 - b^3.$$

$$
\begin{array}{ll}
x + a & x^2 + (a + b)x + ab \\
x + b & x + c \\
\hline
x^2 + ax & x^3 + (a + b)x^2 + abx \\
\quad + bx + ab & \qquad + cx^2 + (a + b)cx + abc \\
\hline
x^2 + (a + b)x + ab & x^3 + (a + b + c)x^2 + (ab + ac + bc)x + abc
\end{array}
$$

5

Ces résultats constituent autant de règles ou théorèmes :

THÉORÈME I. — *Le carré de la somme de deux quantités est égal au carré de la première, plus le double produit de la première par la seconde, plus le carré de la seconde.*

FORMULE : $\qquad (a + b)^2 = a^2 + 2ab + b^2.$

THÉORÈME II. — *Le carré de la différence de deux quantités est égal au carré de la première, moins le double produit de la première par la seconde, plus le carré de la seconde.*

FORMULE : $\qquad (a - b)^2 = a^2 - 2ab + b^2.$

On observera que les carrés $(a - b)^2$ et $(- a + b)^2$ sont l'un et l'autre $a^2 - 2ab + b^2$; de même, les carrés $(a + b)^2$ et $(- a - b)^2$ sont tous deux $a^2 + 2ab + b^2$. On peut donc dire que *le second terme d'un trinome carré parfait a le signe $+$ ou le signe $-$, suivant que les deux termes du binome racine ont mêmes signes ou signes différents*, et l'on réunira en un seul énoncé et en une seule formule les deux premiers théorèmes :

Le carré d'un binome est égal au carré du premier terme, PLUS *ou* MOINS *le double produit du premier par le second, plus le carré du second.*

FORMULE : $\qquad (a \pm b)^2 = a^2 \pm 2ab + b^2.$ $\qquad$ (A

THÉORÈME III. — *Le cube d'un binome est égal au cube du premier terme,* plus *le triple produit du carré du premier terme par le second plus le triple produit du premier terme par le carré du second, plus le cube du second terme.*

FORMULE : $\qquad (a + b)^3 = a^3 + 3a^2b + 3ab^2 + b^3.$ $\qquad$ (B

Pour établir cette loi, il suffit d'effectuer la multiplication $(a + b)\,(a + b)\,(a + b)$ ou $(a^2 + 2ab + b^2)\,(a + b)$.

REMARQUE. — Dans l'énoncé de la loi précédente, comme dans les énoncés qui suivront, nous prenons le mot *plus* au sens algébrique, c'est-à-dire que le terme annoncé sera positif ou négatif suivant la règle habituelle du signe d'un produit (44). On aura, par exemple : $(a - b)^3 = a^3 - 3a^2b + 3ab^2 - b^3$; $(- a + b)^3 = - a^3 + 3a^2b - 3ab^2 + b^3$; $(- a - b)^3 = - a^3 - 3a^2b - 3ab^2 - b^3$. Il suffit, d'ailleurs, d'appliquer à la formule le corollaire III de la règle rappelée (44).

THÉORÈME IV. — *Le produit de la somme de deux quantités par leur différence est égal à la différence des carrés de ces deux quantités.*

FORMULE : $\qquad (a + b)\,(a - b) = a^2 - b^2.$ $\qquad$ (C

Les expressions $a + b$ et $a - b$ sont dites *conjuguées*. En général, on appelle expressions conjuguées deux expressions qui sont l'une la somme, l'autre la différence de deux mêmes quantités.

THÉORÈME V. — *Le produit de deux binomes qui ont le même premier terme est égal au carré du premier terme, plus le produit de la somme algébrique des seconds termes par le premier, plus le produit algébrique des seconds.*

FORMULE : $(x + a) (x + b) = x^2 + (a + b) x + ab.$ (D

Cette formule contient implicitement les formules A et C : on retrouve A en posant $b = a$, et C en posant $b = - a$.

Toutes les formules précédentes sont d'ailleurs des cas particuliers de la formule

$$(x + a) (x + b) (x + c) = x^3 + (a + b + c)x^2 + (ab + ac + bc) x + abc,$$ (E

qui reproduit B si l'on pose $a = b = c$, et contient D si l'on fait $c = 0$.

Par des multiplications successives, on établira aisément la remarquable formule générale de VIÈTE :

$$(x + a) (x + b) (x + c) \ldots (x + k) (x + l)$$

$= x^n + a$	$x^{n-1} + ab$	$x^{n-2} + abc$	$x^{n-3} + \ldots + abc \ldots kl,$	(F
$+ b$	$+ ac$	$+ abd$		
$+ c$	$+ ad$	$+ abe$		
$\ldots$	$\ldots$	$\ldots$		
$\ldots$	$+ bc$	$+ bcd$		
$+ l$	$\ldots$	$+ bce$		
	$+ kl$	$\ldots$		
		$+ hkl$		

formule que traduit le théorème suivant :

THÉORÈME VI. — *Le produit de* n *facteurs binomes de la forme* x + a *à premiers termes identiques est un polynome entier en* x *du degré* n : *son premier coefficient est l'unité; son second coefficient est la somme des seconds termes; son troisième coefficient est la somme de tous les produits qu'on peut faire en combinant les seconds termes deux à deux; son quatrième coefficient est la somme de tous les produits qu'on peut faire en combinant les seconds termes trois à trois et, en général, son* $p^{ième}$ *terme est la somme de tous les produits qu'on peut faire en combinant les seconds termes* p — 1 à p — 1.

On représente souvent cette loi sous la forme symbolique suivante, le signe Σ indiquant une somme de termes composés de la même manière que le terme affecté de ce signe :

$$(x+a)(x+b)(x+c)\ldots(x+l)=x^n+(\Sigma a)x^{n-1}+(\Sigma ab)x^{n-2}+(\Sigma abc)x^{n-3}+\ldots+abc\ldots l.$$

57. — **Applications.** — Les formules et théorèmes que l'on vient d'établir permettent : 1° d'effectuer rapidement certains calculs, soit arithmétiques, soit algébriques; — 2° d'établir divers théorèmes; — 3° de décomposer en facteurs certaines expressions algébriques.

Nous donnerons quelques exemples de ces applications :

I. Applications à des *calculs arithmétiques :*
Soit à effectuer le carré de 19; la formule A donne :

$$19^2 = (20 - 1)^2 = 400 - 40 + 1 = 361.$$

Soit à effectuer le produit 1897×1903 par la formule C :

$$1897 \times 1903 = (1900 - 3)(1900 + 3) = 1900^2 - 3^2 = 3610000 - 9 = 3609991.$$

Soit à calculer le produit 43×47 ; la formule D donne :

$$43 \times 47 = 40^2 + (3 + 7)40 + 3 \times 7 = 1600 + 400 + 21 = 2021.$$

II. Applications à des *calculs algébriques* :

1. $(3ax + 5by)^2 = (3ax)^2 + 2 \times 3ax \times 5by + (5by)^2 = 9a^2x^2 + 30abxy + 25b^2y^2.$

2. $(px^2 - qy^2)^2 = (px^2)^2 - 2px^2qy^2 + (qy^2)^2 = p^2x^4 - 2pqx^2y^2 + q^2y^4.$

3. $(x + y + z)^2 = [(x + y) + z]^2 = (x + y)^2 + 2(x + y)z + z^2$
$$= x^2 + 2xy + y^2 + 2xz + 2yz + z^2.$$

4. $(p - q - r)^2 = [(p - q) - r^2] = (p - q)^2 - 2(p - q)r + r^2$
$$= p^2 - 2pq + q^2 - 2pr + 2qr + r^2.$$

5. $(x + y + z + v)^2 = [(x + y + z) + v]^2 = (x + y + z)^2 + 2(x + y + z)v + v^2$
$$= x^2 + 2xy + y^2 + 2xz + 2yz + z^2 + 2xv + 2yv + 2zv + v^2.$$

Les trois derniers exemples indiquent déjà une loi qui sera établie plus tard : *Le carré d'un polynome est égal à la somme des carrés de ses termes, plus les doubles produits algébriques de ses termes pris deux à deux.*

6. $(2a - x)(2a + x)(4a^2 + x^2) = [(2a)^2 - x^2](4a^2 + x^2) = (4a^2)^2 - (x^2)^2$
$$= 16a^4 - x^4.$$

7. $(p - 3n^3)(3n^3 + p) = p^2 - (3n^3)^2 = p^2 - 9n^6.$

8. $(x + xy + y)(x - xy + y)$. Dans ce produit, le premier facteur est la somme des deux quantités $x + y$ et xy, et le second facteur en est la différence ; on appliquera la formule C :

$$(x + y + xy)(x + y - xy) = (x + y)^2 - (xy)^2 = x^2 + 2xy + y^2 - x^2y^2.$$

9. $(a^2 + 2a - 1)(a^2 - 2a + 1) = (a^2)^2 - (2a - 1)^2 = a^4 - (4a^2 - 4a + 1)$
$$= a^4 - 4a^2 + 4a - 1.$$

10. $(x - y)(x + y)(x^2 + y^2) = (x^2 - y^2)(x^2 + y^2) = x^4 - y^4.$

11. $(a + 2)(a + 5) = a^2 + (2 + 5)a + 2 \times 5 = a^2 + 7a + 10.$

12. $(x + 3)(x - 1) = x^2 + (3 - 1)x + (3 \times - 1) = x^2 + 2x - 3.$

13. $n(n + 1)(n + 2)(n + 3) = n(n^3 + 6n^2 + 11n + 6)$
$$= n^4 + 6n^3 + 11n^2 + 6n.$$

14. $(a + b + c)(a + b - c)(a - b + c)(- a + b + c)$
$$= [(a + b) + c][(a + b) - c][c + (a - b)][c - (a - b)]$$
$$= [(a + b)^2 - c^2][c^2 - (a - b)^2]$$
$$= (a^2 + 2ab + b^2 - c^2)(c^2 - a^2 + 2ab - b^2)$$
$$= [2ab + (a^2 + b^2 - c^2)][2ab - (a^2 + b^2 - c^2)]$$
$$= (2ab)^2 - (a^2 + b^2 - c^2)^2$$
$$= - a^4 - b^4 - c^4 + 2a^2b^2 + 2a^2c^2 + 2b^2c^2.$$

Autrement : ... $= [(a + b)^2 - c^2] [c^2 - (a - b)^2]$

$$= - [c^2 - (a + b)^2] [c^2 - (a - b)^2]$$
$$= - \left\{ c^4 - [(a + b)^2 + (a - b)^2]c^2 + (a + b)^2(a - b)^2 \right\}$$
$$= - [c^4 - (2a^2 + 2b^2)c^2 + (a^2 - b^2)^2]$$
$$= - c^4 + 2a^2c^2 + 2b^2c^2 - a^4 + 2a^2b^2 - b^4.$$

III. Théorème. — *Pour partager une quantité donnée en deux parties dont le produit soit le plus grand possible, il faut que ces deux parties soient égales à la moitié de la quantité proposée.*

En effet, soient a la quantité donnée et $\frac{a}{2} + x$ l'une des parties. L'autre partie sera nécessairement $\frac{a}{2} - x$. Le produit sera $\left(\frac{a}{2} + x\right)\left(\frac{a}{2} - x\right)$ ou $\left(\frac{a}{2}\right)^2 - x^2$. Ce produit sera donc inférieur, ou tout au plus égal, à $\left(\frac{a}{2}\right)^2$: sa valeur maximum correspondra au cas particulier $x = 0$, et en ce cas les deux parties seront égales et auront pour produit $\left(\frac{a}{2}\right)^2$.

IV. Théorème. — *Le produit d'une somme de deux carrés par une somme de deux carrés est une somme de deux carrés.*

En effet, soit le produit $(a^2 + b^2)(p^2 + q^2)$: en le développant et en y ajoutant la quantité nulle $2abpq - 2abpq$, on obtient la double identité

$$(a^2 + b^2)(p^2 + q^2) = (ap - bq)^2 + (bp + aq)^2 = (ap + bq)^2 + (bp - aq)^2.$$

On voit que le produit peut se mettre de deux manières sous la forme annoncée.

Cette double identité porte le nom d'*identité de Fibonacci*, l'illustre algébriste de Pise l'ayant donnée, en 1225, dans son *Livre des carrés*.

— On établira de même l'*identité de Lagrange*, en ajoutant et en retranchant au premier membre les trois termes $2abpq$, $2acpr$, $2bcqr$:

$$(a^2 + b^2 + c^2)(p^2 + q^2 + r^2) = (ap + bq + cr)^2 + (aq - bp)^2 + (ar - cp)^2 + (br - cq)^2.$$

V. L'application des formules à la *décomposition en facteurs* sera traitée plus loin dans un paragraphe spécial.

Nous nous contenterons ici de ces quelques exemples :

$$x^2 + 2xy + y^2 - x^2y^2 = (x + y)^2 - (xy)^2 = (x + y + xy)(x + y - xy).$$
$$(a^2 + ab + b^2)^2 - (a^2 - ab + b^2)^2 = (2a^2 + 2b^2)2ab = 4ab(a^2 + b^2).$$
$$(n + 1)^2 - n^2 = (n + 1 + n)(n + 1 - n) = 2n + 1.$$
$$\left(\frac{a + b}{2}\right)^2 - \left(\frac{a - b}{2}\right)^2 = \left[\frac{(a + b) + (a - b)}{2}\right]\left[\frac{(a + b) - (a - b)}{2}\right] = ab.$$

La formule remarquable qu'on vient d'établir,

$$ab = \left(\frac{a + b}{2}\right)^2 - \left(\frac{a - b}{2}\right)^2,$$

montre que si l'on a sous la main une *table de carrés* ou une *table de quarts de carrés*, on peut, dans les calculs, remplacer la multiplication par une addition et deux soustractions; par exemple, $315 \times 285 = \frac{600^2}{4} - \frac{30^2}{4}$.

Cette même identité permet d'établir le théorème donné précédemment, relatif au partage d'une somme en deux parties de produit maximum. Elle permet d'établir ces deux théorèmes généraux : Si deux quantités a et b ont une *somme constante*, leur produit est maximum ou minimum suivant que leur différence est minimum ou maximum (en valeur absolue); si deux quantités a et b ont un *produit constant*, leur somme est maximum ou minimum suivant que leur différence est maximum ou minimum.

EXEMPLES. $12 = 11 + 1 = 10 + 2 = \ldots = 7 + 5 = 6 + 6$; $11 \times 1 = 11$, $10 \times 2 = 20, \ldots, 7 \times 5 = 35, 6 \times 6 = 36$. De même : $36 = 1 \times 36 = 2 \times 18 = \ldots = 6 \times 6$; $1 + 36 = 37, 2 + 18 = 20, \ldots, 6 + 6 = 12$.

5. — Polynomes identiques.

58. — Rappelons (**11**) qu'un polynome est dit *rationnel et entier en x* ou, simplement, *entier en x,* quand il ne contient x ni sous le signe radical ni en dénominateur; le *degré en x* d'un tel polynome est l'exposant le plus élevé de x dans ce polynome.

La forme générale d'un tel polynome est

$$ax^m + bx^{m-1} + cx^{m-2} + \ldots + sx^2 + tx + u;$$

m est le degré du polynome par rapport à x; a, b, c, $\ldots$, u désignent des coefficients numériques ou littéraux quelconques, et les points suspensifs remplacent les termes non écrits. Si aucun coefficient n'est nul, le polynome est *complet en x.*

59. — **Polynome identiquement nul.** — Une expression est dite *identiquement nulle* ou *identique à zéro,* quand elle est constamment nulle, quelles que soient les valeurs attribuées aux lettres qu'elle contient.

THÉORÈME. — *Pour qu'un polynome entier en* x *soit nul pour toute valeur attribuée à* x, *il faut et il suffit que chacun des coefficients de* x *soit nul.*

Il est évident que cette condition suffit : un polynome tel que $0x^4 + 0x^3 + 0x^2 + 0x + 0$ est évidemment nul. Il reste à démontrer que cette condition est nécessaire.

Si un polynome P entier en x, tel que

$$ax^5 + bx^4 + cx^3 + dx^2 + ex + f,$$

est nul quel que soit x, il doit l'être si l'on assigne à x la valeur zéro : il en résulte $f = 0$ et, par suite, le polynome se réduit à

$$P = ax^5 + bx^4 + cx^3 + dx^2 + ex,$$

ou $\qquad\qquad P = x(ax^4 + bx^3 + cx^2 + dx + e).$

Mais pour que P soit nul quelle que soit la valeur de x, il faut que le facteur entre parenthèses soit nul quel que soit x.

Assignons de nouveau à x dans le polynome $ax^4 + bx^3 + \dots$ la valeur particulière $x = 0$: il se réduit à e et l'on doit avoir $e = 0$. On établit de même $d = 0$, puis $c = 0$, et ainsi de suite.

Autre démonstration. — La condition est évidemment suffisante. Elle est nécessaire :

En effet, si pour toute valeur de x on a l'égalité

$$ax^m + bx^{m-1} + cx^{m-2} + \dots + sx^2 + tx + u = 0,$$

je dis que $u = 0$. Car si u n'était pas nul, on pourrait assigner à x une valeur absolue différente de zéro, mais assez petite pour que la somme des m termes qui précèdent u, soit moindre en valeur absolue que u : il suffirait, à cet effet, d'assigner à x une valeur qui satisfît aux inégalités

$$ax^m < \frac{u}{m}, \qquad bx^{m-1} < \frac{u}{m}, \qquad cx^{m-2} < \frac{u}{m}, \qquad \dots,$$

ou
$$x < \sqrt[m]{\frac{u}{am}}, \qquad x < \sqrt[m-1]{\frac{u}{bm}}, \qquad x < \sqrt[m-2]{\frac{u}{cm}}, \qquad \dots.$$

Par suite, pour toute valeur absolue de x égale ou inférieure à cette valeur assignée, le dernier terme u surpasserait en valeur absolue la somme de tous les autres et le polynome ne se réduirait pas à zéro, contrairement à l'hypothèse. Le terme u ne peut donc différer de zéro. Mais si l'on a $u = 0$, le polynome devient

$$P = x(ax^{m-1} + bx^{m-2} + \dots + sx + t).$$

Or, je dis que $t = 0$. Car si t différait de zéro, on pourrait assigner à x une valeur absolue différente de zéro, mais assez petite pour que le terme t dépassât en valeur absolue la somme de tous les autres termes de la parenthèse, et pour une telle valeur de x ni la parenthèse, ni le facteur x en dehors de la parenthèse, ni par conséquent le polynome P, ne seraient nuls. — On établirait de même que les autres coefficients $s, \dots, c, b, a$ sont nuls.

60. — Polynomes identiques. — Théorème. — *Deux polynomes entiers en* x, *identiques ou équivalents l'un à l'autre, c'est-à-dire égaux pour toute valeur assignée à* x, *sont identiques terme à terme, c'est-à-dire sont du même degré en* x *et ont les coefficients des mêmes puissances de* x *respectivement égaux.*

En effet, supposons que pour toute valeur de x on ait

$$ax^8 + bx^7 + cx^6 + dx^5 + ex^4 + \dots = c'x^6 + d'x^5 + e'x^4 + \dots;$$

il en résulte que, pour toute valeur de x, on a

$$ax^8 + bx^7 + (c - c')x^6 + (d - d')x^5 + (e - e')x^4 + \dots = 0,$$

et, par suite du théorème précédent, on obtient

$$a = 0, \quad b = 0, \quad c - c' = 0, \quad d - d' = 0, \quad \dots.$$

Remarque. — Il revient donc au même de dire que deux polynomes entiers en x sont *identiques terme à terme*, ou qu'ils prennent des *valeurs identiques* pour toute valeur de x.

Scolie. — *La condition pour que deux polynomes* P *et* P′ *entiers en* x, y, z, u, ..., *soient identiquement égaux, est que les coefficients des termes semblables soient égaux.*

Par exemple, pour que les deux polynomes

$$P = ax^2 + by^2 + cz^2 + 2fyz + 2gxz + 2hxy,$$
$$P' = a'x^2 + b'y^2 + c'z^2 + 2f'yz + 2g'xz + 2h'xy,$$

soient égaux *constamment*, c'est-à-dire quels que soient x, y, z, il faut et il suffit qu'on ait $a = a'$, $b = b'$, ..., $h = h'$.

En effet, P et P′ peuvent s'écrire sous la forme $A + Bx + Cx^2 + Dx^3 + ...$ et $A' + B'x + C'x^2 + D'x^3 + ...$, les coefficients désignant ici des expressions en y, z, u, ... Or, l'identité P = P′ a pour condition les identités $A = A'$, $B = B'$, ...

On ordonnera les expressions A et A′ par rapport à y et on rappellera que l'identité entre A et A′ exige l'identité entre les coefficients des mêmes puissances de y dans ces deux expressions. On traitera de même les identités B = B′, C = C′, ...

On procédera semblablement pour les expressions en z qui forment les coefficients de y dans chacune de ces identités A = A′, B = B′, ...; et ainsi de suite.

CHAPITRE IV.

DIVISION.

—

1. — Définition et Principes.

61. — Définition. — La division algébrique est une opération qui a pour but de former une expression algébrique dont la valeur numérique soit égale au quotient des valeurs numériques de deux expressions algébriques données.

On voit qu'en Algèbre comme en Arithmétique la division est l'inverse de la multiplication. De ce fait et de ce que la multiplication est une opération qui n'a qu'une seule solution (**43**), il résulte que l'on peut donner immédiatement cette seconde définition, tout à fait générale et applicable dans tous les cas :

La division algébrique est une opération qui a pour but, étant données deux expressions quelconques, l'une appelée dividende, l'autre appelée diviseur, de déterminer une troisième expression, appelée quotient, qui, multipliée par la seconde, reproduise la première.

Si A représente le dividende, B le diviseur et Q le quotient, la division algébrique s'indique par l'une ou par l'autre des deux notations [1] :

$$A : B = Q \text{ ou } \frac{A}{B} = Q.$$

En vertu de la définition même de la division, il y a équivalence entre les égalités $\frac{A}{B} = Q$ et $A = BQ$.

62. — Divisions possibles et divisions impossibles. — Si le dividende et le diviseur contiennent une ou plusieurs lettres communes, et s'il existe une expression qui soit entière par rapport à ces lettres communes et qui, multipliée par le diviseur, reproduise le dividende, la division est dite *possible algébriquement*.

EXEMPLES. — La division $5a^4x^3y^2 : 4a^2x$ est possible algébriquement; car l'expression $\frac{5}{4}a^2x^2y^2$, multipliée par le diviseur, reproduit le dividende.

De même, la division $\frac{x^2 - y^2}{x + y}$ est une division possible : elle admet le quotient entier $x - y$; car $(x - y)(x + y) = x^2 - y^2$.

Observons qu'une division *algébriquement* impossible peut conduire à un quotient arithmétiquement entier pour certaines valeurs attribuées aux lettres; ainsi, dans l'hypothèse $a = 2$, $b = 3$, $c = 4$, l'expression $\frac{3ac}{4b}$ a pour valeur 2.

S'il n'existe pas de quotient algébriquement entier, on se contente d'indiquer la division par une des notations $A : B$ ou $\frac{A}{B}$, quitte à simplifier cette expression d'après les règles qui seront données dans la théorie des fractions.

L'expression d'une division algébrique, algébriquement possible ou non, s'appelle un *quotient* algébrique, un *rapport* algébrique, une *fraction* algébrique.

63. — Division de deux quantités algébriques. — THÉORÈME. — *Étant proposées deux quantités algébriques quelconques à diviser l'une par l'autre, il existe toujours un quotient et un seul, excepté dans le cas où le diviseur est nul; et ce quotient a pour* VALEUR ABSOLUE *le quotient des valeurs absolues des deux quantités proposées et pour* SIGNE *le signe* PLUS *ou le signe* MOINS, *suivant que les deux quantités proposées ont mêmes signes ou ont signes contraires.*

Ex. :
$$\frac{+6}{+2} = +3, \quad \frac{+6}{-2} = -3, \quad \frac{-6}{+2} = -3, \quad \frac{-6}{-2} = +3;$$
$$\frac{+a}{+b} = +\frac{a}{b}, \quad \frac{+a}{-b} = -\frac{a}{b}, \quad \frac{-a}{+b} = -\frac{a}{b}, \quad \frac{-a}{-b} = +\frac{a}{b}.$$

Soient, en effet, a et b les valeurs absolues du dividende et du diviseur. On démontre, en Arithmétique, qu'il existe toujours une troisième gran-

---

[1] Le signe de division : est usité depuis LEIBNITZ (1646-1716). La barre de division est bien plus ancienne : elle est employée par CHUQUET, en 1484, et déjà par LÉONARD DE PISE, en 1202; elle est due probablement aux Hindous.

deur arithmétique, et une seule qui, multipliée par la seconde b, reproduise la première a, sauf dans le cas où la seconde est nulle. Donnons à cette troisième quantité le signe même du diviseur b ou le signe opposé, suivant que le dividende a le signe $+$ ou le signe $-$: cela suffira et cela sera nécessaire, pour que cette quantité, multipliée algébriquement par le diviseur, reproduise en grandeur et en signe le dividende. .

REMARQUES. — I. Si le diviseur est nul sans que le dividende le soit, il n'existe pas de quotient : la division est *absolument impossible*. Les égalités $\frac{+3}{0} = q$, $\frac{-3}{0} = q$, $\frac{a}{0} = q$, ou les égalités équivalentes $+3 = 0 \times q$, $-3 = 0 \times q$, $a = 0 \times q$, sont absurdes : aucune quantité q multipliée par zéro ne peut donner un produit différent de zéro.

De même, la division $\frac{a+5}{a-5}$, dans l'hypothèse $a = 5$, est absolument impossible.

II. Si le diviseur est nul et que le dividende le soit en même temps, le quotient est *indéterminé* : la division admet pour quotient toute quantité qu'on voudra. Quelle que soit la valeur attribuée à q, l'égalité $\frac{0}{0} = q$, c'est-à-dire $0 = 0 \times q$, est satisfaite.

De même, le quotient $\frac{a-3}{2a-6}$, dans l'hypothèse $a = 3$, a toutes les valeurs qu'on veut : l'égalité $a - 3 = (2a - 6)q$ est satisfaite pour toute valeur assignée à q, dès qu'on pose $a = 3$.

Nous supposerons, dans tout ce chapitre, que le dénominateur ne prend en aucun cas une valeur égale à zéro : par suite, la valeur du quotient considéré sera toujours déterminée, que la division soit d'ailleurs algébriquement possible ou non.

64. — Propriétés fondamentales.

— Il résulte de la définition même de la division et du théorème précédent que la division de deux quantités algébriques jouit de ces deux propriétés :

1° *Dans toute division, le quotient multiplié par le diviseur reproduit le dividende* : A $=$ BQ. Ce principe permet de déduire immédiatement, par voie de réciprocité, les règles de la division des règles correspondantes de la multiplication.

2° *La division de deux quantités admet toujours une solution et une seule,* si le diviseur n'est pas nul.

65. — Quantités inverses.

— En Arithmétique, on appelle *inverses* ou *réciproques* deux grandeurs dont le produit est égal à l'unité.

EXEMPLES.   3 et $\frac{1}{3}$, $\frac{2}{3}$ et $\frac{3}{2}$.

Zéro n'a pas d'inverse; car il n'existe aucune grandeur qui, multipliée par zéro, donne pour produit l'unité. Le symbole $\frac{1}{0}$ ne représente aucune grandeur.

En Algèbre, on appelle *inverses* ou *réciproques* deux quantités dont le produit est l'unité positive ; telles sont a et $\dfrac{1}{a}$ (par définition même du quotient), — b et — $\dfrac{1}{b}$.

Il résulte des règles de la multiplication que deux quantités inverses sont nécessairement de même signe et ont des valeurs absolues arithmétiquement inverses.

THÉORÈME. — *La multiplication d'une expression par une quantité donnée ou la division de cette expression par l'inverse de cette quantité conduisent à deux résultats identiques :*

$$a \times b = a : \frac{1}{b}, \quad a : b = a \times \frac{1}{b}.$$

En effet, les résultats auront le même signe, puisque deux quantités inverses ont même signe l'une que l'autre ; et ils auront la même valeur absolue, puisque la multiplication et la division par deux nombres inverses conduisent à des résultats arithmétiquement égaux :

$$12 \times 3 = 12 : \frac{1}{3}, \quad 12 \times \frac{1}{4} = 12 : 4.$$

COROLLAIRE. — *On divise un produit par une quantité en divisant un des facteurs par cette quantité.*

En effet :

$$\frac{abc}{m} = abc \times \frac{1}{m} = a\left(b \times \frac{1}{m}\right)c = a \times \frac{b}{m} \times c.$$

Il s'ensuit qu'on divise un produit par un de ses facteurs en supprimant ce facteur :

$$\frac{abc}{b} = a \times \frac{b}{b} \times c = a \times 1 \times c = ac.$$

66. — Propriétés des quotients. — Les propriétés fondamentales de la division algébrique conduisent aux théorèmes suivants :

THÉORÈME I. — *On n'altère pas un quotient algébrique en multipliant ou en divisant le dividende et le diviseur par une même quantité, différente de zéro.*

En effet : 1° soit q la valeur bien déterminée du quotient d'une division : $\dfrac{a}{b} = q$. On peut multiplier les deux membres de l'égalité $a = bq$ par un même facteur m, différent de zéro : on obtient

$$am = bqm,$$

ou

$$(am) = (bm)q.$$

Donc q est aussi le quotient de la division de am par bm, et l'on a $\frac{am}{bm} = q$, ou, en substituant à q sa valeur,

$$\frac{am}{bm} = \frac{a}{b}.$$

2° Réciproquement, cette même formule $\frac{am}{bm} = \frac{a}{b}$ montre que si l'on divise les deux termes d'un quotient par une même quantité m, différente de zéro, on obtient un quotient égal au premier. — Cela résulte encore de ce que diviser par une quantité revient à multiplier par l'inverse de cette quantité.

Théorème II. — *Si l'on multiplie ou si l'on divise le dividende seul par une certaine quantité, le quotient est multiplié ou divisé par cette même quantité.*

En effet, soit la division $\frac{a}{b} = q$. Multipliant les deux membres de l'égalité $a = bq$ par un même facteur m, il vient $am = bqm$ ou $(am) = b(qm)$. D'où, en vertu de la définition de la division, $\frac{am}{b} = qm$; et, en substituant à q sa valeur, on a

$$\frac{am}{b} = \frac{a}{b} \times m.$$

On a de même $\frac{a : m}{b} = \frac{a}{b} : m$; car diviser par m revient à multiplier par l'inverse de m.

Théorème III. — *Si l'on multiplie ou si l'on divise le diviseur seul par une certaine quantité, le quotient est, inversement, divisé ou multiplié par cette même quantité.*

En effet, en vertu des deux premiers théorèmes, on a

$$\frac{a}{bm} = \frac{a : m}{bm : m} = \frac{a : m}{b} = \frac{a}{b} : m.$$

Théorème IV. — *Si l'on renverse les signes du dividende et du diviseur en même temps, le quotient ne change pas de signe; au contraire, si l'on renverse le signe du dividende seulement ou du diviseur, le quotient change de signe.*

Ce théorème résulte de la règle du signe du quotient (**63**). Il résulte encore, d'ailleurs, de ce que ces opérations reviennent à multiplier par le facteur — 1 les deux termes du quotient ou l'un des deux termes seulement.

Exemples.

$$\frac{-a}{b} = \frac{a}{-b} = -\frac{a}{b} = -\frac{-a}{-b}; \quad \frac{x-y}{y-x} = -\frac{x-y}{x-y} = -1.$$

2. — Division des Monomes.

67. — Règle. — Pour diviser un monome par un monome : 1° on détermine le *signe* du résultat, qui est le signe $+$ ou le signe $-$ suivant que le dividende et le diviseur ont mêmes signes ou signes contraires; — 2° on divise les *coefficients* entre eux; — 3° on écrit à la suite de ce quotient toutes les *lettres* du dividende; — enfin 4° on donne à chaque lettre un *exposant* égal à l'excès de son exposant au dividende sur son exposant au diviseur, en observant que, si une lettre ne se trouve qu'au dividende, elle doit se reproduire au quotient avec son exposant et que, si une lettre se trouve avec le même exposant au dividende et au diviseur, elle ne doit pas paraître au quotient.

EXEMPLES.
$$(+ 12a^5b^4c^3d^2) : (- 4a^3bc^3) = - 3a^2b^3d^2;$$
$$(- 6a^mb^nx^{p+q}) : (- 15ab^{n-1}x^{q-r}) = + \tfrac{2}{5}a^{m-1}bx^{p+r}.$$

Supposons, en effet, que la division des monomes proposés soit possible, c'est-à-dire qu'il existe une quantité entière Q qui, multipliée par le diviseur, reproduise le dividende. Observons d'abord que ce quotient sera un monome; car si Q était un polynome, multiplié par le diviseur, il reproduirait un polynome.

Pour établir la règle énoncée, on se reportera à la règle de la multiplication des monomes (**47**).

Soit à diviser $+ 12a^5b^4c^3d^2$ par $- 4a^3bc^3$. Le quotient Q devra satisfaire à la relation $+ 12a^5b^4c^3d^2 = - 4a^3bc^3 \times Q$.

1° Le *signe* d'un produit de deux facteurs étant positif ou négatif suivant que les deux facteurs ont mêmes signes ou signes contraires, réciproquement le signe du quotient cherché sera positif ou négatif suivant que le dividende et le diviseur seront de même signe ou de signes contraires. En effet, si le dividende a le signe $+$, c'est que ses deux facteurs, le diviseur et le quotient, sont de même signe : si le diviseur est positif, Q sera positif et si le diviseur est négatif, Q sera négatif; au contraire, si le dividende a le signe $-$, c'est que le diviseur et le quotient sont de signes contraires : si le diviseur est positif, Q sera négatif, et si le diviseur est négatif, Q sera positif.

2° Le *coefficient* du dividende devant être le produit du coefficient du diviseur par le coefficient du quotient, réciproquement on obtiendra le coefficient du quotient en divisant le coefficient du dividende par le coefficient du diviseur. Ici l'on aura $12 : 4 = 3$.

3° L'*exposant* d'une lettre quelconque du dividende devant être la somme de ses exposants au diviseur et au quotient, réciproquement on obtiendra l'exposant de cette lettre au quotient en retranchant de son exposant au dividende son exposant au diviseur.

Nous distinguerons trois cas :

Si la lettre considérée a au dividende un exposant *plus élevé* qu'au diviseur, cette règle de la soustraction des exposants s'applique sans difficulté ; dans l'exemple présent, l'exposant de a sera 5 — 3 ou 2, celui de b sera 4 — 1 ou 3. — Si la lettre considérée a au dividende et au diviseur un exposant *égal*, on sait par la règle de la multiplication des monomes que cette lettre ne doit pas entrer dans le facteur Q. Du reste, on peut dire que la règle de la soustraction des exposants reste applicable à ce cas, à condition que, si une lettre n'entre pas dans un facteur, elle soit censée y figurer avec l'exposant *zéro* ; ainsi, l'exposant de c sera 3 — 3 ou 0, c'est-à-dire que c n'entrera aucune fois au quotient. — Enfin, si la lettre considérée entre au dividende sans entrer au diviseur, on sait par la règle de la multiplication des monomes que cette lettre doit entrer au quotient avec son exposant du dividende. D'ailleurs, l'on peut faire rentrer ce cas dans la règle générale de la soustraction des exposants, en considérant cette lettre comme figurant au diviseur avec l'exposant zéro ; ainsi, l'exposant de d sera 2 — 0 ou 2.

Dans l'exemple $(+ 12a^5b^4c^3d^2) : (- 4a^3bc^3)$, le quotient est donc $Q = - 3a^2b^3d^2$.

68. — Conditions de possibilité. — Pour que deux monomes soient divisibles l'un par l'autre, c'est-à-dire donnent un quotient *algébriquement entier*, il faut et il suffit : 1° que toutes les *lettres* du diviseur entrent dans le dividende, et 2° que l'*exposant* de chaque lettre du dividende soit au moins égal à l'exposant de cette même lettre dans le diviseur.

Si l'on veut, de plus, que le coefficient numérique du quotient soit entier, il faut que les coefficients du dividende et du diviseur soient divisibles l'un par l'autre.

REMARQUE. — Si une lettre possède au diviseur un exposant supérieur à son exposant au dividende, la division est impossible. Cependant il se peut que la fraction qui exprime une telle division se prête à quelque simplification, par la suppression des facteurs communs au dividende et au diviseur (**62**).

Ainsi, la division $\dfrac{18a^9b^2}{3a^5b^5}$ est impossible algébriquement ; mais cette expression peut s'écrire $\dfrac{18a^5a^4b^2}{3a^5b^2b^3}$, ou $\dfrac{6a^4}{b^3}$.

En général, on a $\dfrac{a^m}{a^{m+p}} = \dfrac{a^m}{a^m a^p} = \dfrac{1}{a^p}$.

Si l'on veut appliquer à ces divisions la règle des exposants, on trouve $\dfrac{18a^9b^2}{3a^5b^5} = 6a^{9-5}b^{2-5} = 6a^4b^{-3}$, et $\dfrac{a^m}{a^{m+p}} = a^{m-m-p} = a^{-p}$.

Cette extension conventionnelle de la règle des exposants donne naissance aux *exposants négatifs*, dont la théorie sera traitée dans la suite (*Liv. II, Ch. 5*).

69. — Exposant zéro. — Origine. — L'exposant zéro a son origine dans l'application de la règle des exposants au cas de la division d'une quantité affectée d'un certain exposant par la même quantité affectée du même exposant. Cette règle appliquée à la division $\dfrac{a^m}{a^m}$ donne, en effet,

$$\frac{a^m}{a^m} = a^{m-m} = a^0.$$

Valeur conventionnelle. — Le symbole A^0 n'a aucun sens par lui-même; mais on a adopté la convention suivante :

Toute quantité affectée de l'exposant zéro représente l'unité positive; par exemple : $x^0 = 1$, $(x+y)^0 = 1$, $(\tfrac{2}{3})^0 = 1$, $(-a)^0 = 1$.

Cette convention est naturelle.

En effet, d'abord elle identifie le résultat de la règle des exposants, $a^m : a^m = a^{m-m} = a^0$, avec la valeur vraie du quotient : toute quantité divisée par elle-même donne pour quotient l'unité positive, $\dfrac{a^m}{a^m} = 1$.

En outre, elle s'accorde avec la définition de l'exposant (**7**), pourvu qu'on donne à cette définition une extension toute naturelle et qu'on dise : L'exposant 0 indique que la quantité qu'il affecte doit entrer 0 fois comme facteur dans le produit considéré : $3a^2b^0c = 3a^2c = 3a^2 \times 1 \times c$; $a^0 = +1a^0 = +1$.

Enfin, cette convention s'appuie surtout sur une troisième considération qui sera indiquée plus tard (à l'occasion des exposants fractionnaires).

Utilité. — L'introduction de l'exposant zéro et de la convention $A^0 = 1$ offre de précieux avantages.

Ainsi, 1° on pourra considérer tout facteur qui fait défaut dans un terme comme y figurant avec l'exposant zéro : $a^2 + 2ab + b^2 = a^2b^0 + 2ab + a^0b^2$, $x^2 + 2x + 1 = x^2 + 2x + x^0$.

Cette convention permet de conserver, parfois très utilement, la trace d'un facteur qui sans cela disparaîtrait dans la suite des calculs.

2° On pourra simplifier et généraliser les énoncés de certaines règles. Ainsi, les règles de la multiplication et de la division des monomes s'énonceront :

Pour multiplier deux monomes, il suffit de multiplier les coefficients, d'ajouter les exposants et d'appliquer la règle des signes. Pour diviser deux monomes, il suffit de diviser les coefficients, de soustraire les exposants et d'appliquer la règle des signes.

Exemples. $\quad 2a^2b^3 \times 3ac = 2 \times 3a^{2+1}b^{3+0}c^{0+1} = 6a^3b^3c$;

$$9x^3y^2z : 3x^2y^2 = (9:3)x^{3-2}y^{2-2}z^{1-0} = 3xy^0z = 3xz.$$

L'exposant zéro constitue une première généralisation des exposants, qui se complétera plus loin par l'introduction des exposants négatifs, déjà indiqués, et des exposants fractionnaires [1].

3. — Division des Polynomes.

70. — **Division d'un polynome par un monome.** — **Règle.** — Pour diviser un polynome par un monome, on divise algébriquement chaque terme du polynome par le monome.

Pour démontrer cette règle, supposons que la division soit possible, c'est-à-dire conduise à un quotient entier. — On sait déjà que ce quotient sera un polynome; car, si c'était un monome, multiplié par le monome diviseur, il reproduirait un monome. — Le dividende doit être le produit du monome diviseur par ce polynome cherché; or, un tel produit s'effectue en multipliant par le diviseur chaque terme du quotient; donc, réciproquement, on obtiendra ce quotient en divisant chaque terme du dividende par le diviseur.

EXEMPLES.
$$\frac{9a^5x^3 - 6a^4x^4 + 3a^3x^5}{3a^2x^2} = 3a^3x - 2a^2x^2 + ax^3.$$

$$\frac{x^{m+1}y^{m-1} - 2x^m y^m + x^{m-1}y^{m+1}}{x^{m-1}y^{m-1}} = x^2 - 2xy + y^2.$$

COROLLAIRE. — L'opération, déjà définie (**49**), de la *mise en évidence* d'un facteur commun, est simplement une application de la règle précédente.

EXEMPLE. $9a^5x^3 - 6a^4x^4 + 3a^3x^5 = 3a^2x^2(3a^3x - 2a^2x^2 + ax^3).$

CONDITION DE POSSIBILITÉ. — Pour qu'un polynome soit divisible par un monome, il faut et il suffit que chacun de ses termes soit divisible par ce monome.

71. — **Définition de la division de deux polynomes.** — *Étant donnés deux polynomes* A *et* B *entiers en* x, *la division du polynome* A *par le polynome* B *est une opération qui a pour objet de trouver un troisième polynome* Q *entier en* x, *appelé quotient entier, qui, multiplié par le polynome diviseur* B, *reproduise terme par terme le polynome dividende* A, *en sorte qu'on ait l'identité*

$$A = BQ;$$

ou, si ce premier problème n'admet pas de solution, de trouver du moins deux polynomes Q *et* R, *entiers en* x *et le second d'un degré inférieur au degré du diviseur* B, *tels que le produit du polynome* Q *par le diviseur* B,

---

[1] Il est intéressant de voir apparaître déjà l'exposant *zéro* dans le *Triparty* de Nicolas CHUQUET (XVe siècle) : « Les nõbres simplemt pris sans aucune denomiãcion auront dores- » nauant 0 dessus eulx pour leur denomiãcion. » (Chap. I de la tierce et derreniere partie.)

produit augmenté du polynome R, *reproduise terme par terme le dividende* A, *en sorte qu'on ait l'identité*

$$A = BQ + R.$$

REMARQUES. — I. Le premier de ces deux problèmes constitue le problème de la *division exacte* de deux polynomes.

Il est évident que souvent ce problème n'admet point de solution : deux polynomes A et B étant pris au hasard, c'est par exception que le premier est précisément le produit exact du second par quelque autre polynome entier.

II. Le second problème est le *problème général* de la division et contient le premier comme cas particulier. Dans l'hypothèse, en effet, où la résolution de ce second problème donne R = 0, l'identité A = BQ + R devient A = BQ et Q est le quotient de la division exacte de A par B.

72. — Règle de la division des polynomes. — Pour diviser un polynome par un polynome : 1° on ordonne les deux polynomes de la même manière l'un et l'autre, par rapport aux puissances croissantes ou par rapport aux puissances décroissantes d'une même lettre; — 2° on divise le premier terme du dividende par le premier terme du diviseur, ce qui fournit le premier terme du quotient; — 3° on retranche du dividende le produit du diviseur par le terme que l'on vient de trouver; — 4° on opère sur le reste obtenu comme on a opéré sur le polynome dividende, et l'on continue de cette façon jusqu'à ce que l'on arrive à un reste nul, ou que l'on juge bon à un moment quelconque d'arrêter l'opération, ou que l'on s'aperçoive que la division est impossible.

Trois théorèmes vont justifier et compléter cette règle.

73. — THÉORÈME I. — *Si la division exacte est possible, c'est-à-dire si le dividende* A *est le produit exact du diviseur* B *par un polynome entier, l'opération énoncée aboutit forcément, et dans ce cas seulement, à un reste nul, et le polynome* Q, *écrit au quotient satisfait, et lui seul, à la relation* $A = BQ$ *ou* $\dfrac{A}{B} = Q$.

EXEMPLES. — Dans la pratique, on adopte pour les calculs une disposition qui rappelle les procédés de l'Arithmétique et qui prépare et facilite la réduction des termes dans les soustractions successives.

1. Division ordonnée suivant les puissances décroissantes de l'ordonnatrice :

$$
\begin{array}{rl|l}
x^5 - 5x^4 + 10x^3 - 10x^2 + 5x - 1 & & x^3 - 3x^2 + 3x - 1 \\
-x^5 + 3x^4 - 3x^3 + x^2 & & \overline{x^2 - 2x + 1} \\
\hline
-2x^4 + 7x^3 - 9x^2 + 5x - 1 & & \\
+2x^4 - 6x^3 + 6x^2 - 2x & & \\
\hline
+ x^3 - 3x^2 + 3x - 1 & & \\
- x^3 + 3x^2 - 3x + 1 & & \\
\hline
0 & &
\end{array}
$$

II. Même division, mais dans l'ordre inverse :

$$
\begin{array}{c|c}
\begin{aligned}
& -1 + 5x - 10x^2 + 10x^3 - 5x^4 + x^5 \\
& +1 - 3x + 3x^2 - x^3 \\
\hline
& \quad\;\; +2x - 7x^2 + 9x^3 - 5x^4 + x^5 \\
& \quad\;\; -2x + 6x^2 - 6x^3 + 2x^4 \\
\hline
& \qquad\qquad -x^2 + 3x^3 - 3x^4 + x^5 \\
& \qquad\qquad +x^2 - 3x^3 + 3x^4 - x^5 \\
\hline
& \qquad\qquad\qquad\quad 0
\end{aligned}
&
\begin{aligned}
& -1 + 3x - 3x^2 + x^3 \\
\hline
& 1 - 2x + x^2
\end{aligned}
\end{array}
$$

DÉMONSTRATION. — Soient A et B les polynomes proposés, que nous ordonnerons par rapport à une même lettre et de la même manière. Supposons que la division A : B soit possible, c'est-à-dire qu'il existe un quotient entier par rapport à l'ordonnatrice qui, multiplié par B, reproduise A.

Le théorème énoncé repose sur les deux lemmes suivants :

1° *Le dividende et le diviseur d'une division exacte étant ordonnés semblablement, le premier terme du dividende est le produit du premier terme du diviseur par le premier terme du quotient.*

En effet, on a vu (**52**) que si un produit A et ses deux facteurs B et Q sont ordonnés semblablement, le premier terme du produit A est égal au produit du premier terme d'un des facteurs B par le premier terme de l'autre facteur Q.

2° *Le dividende et le diviseur d'une division exacte étant semblablement ordonnés, si l'on retranche du dividende le produit du diviseur par le premier terme du quotient, le reste ainsi obtenu représente le produit du dividende par l'ensemble des autres termes du quotient.*

En effet, un produit A de deux polynomes B et Q se compose de la somme des produits partiels obtenus en multipliant tous les termes de l'un par chacun des termes de l'autre (**50**). Si l'on retranche donc de cette somme le produit de tous les termes de B par le premier terme de Q, il restera l'ensemble des produits partiels de tous les termes de B par les autres termes de Q.

En vertu du premier lemme, on obtient le premier terme du quotient en divisant le premier terme du dividende par le premier terme du diviseur.

Le second lemme nous ramène, pour la détermination des termes suivants, à une nouvelle division, qui aura pour dividende le premier reste obtenu et pour diviseur l'ancien diviseur B. On opérera donc sur ce premier reste R comme on l'a fait sur le dividende A : le premier terme du quotient de cette nouvelle division sera le second terme du quotient cherché.

Retranchant de R le produit de B par ce second terme trouvé, on obtiendra un nouveau reste R', qui, en vertu du second lemme, représentera le produit du diviseur par les termes encore inconnus du quotient. On opérera donc de même sur ce nouveau reste pour avoir le troisième terme du quotient. On traitera ainsi de suite les restes successifs jusqu'à ce qu'on obtienne un reste nul.

Si la division exacte est possible, c'est-à-dire si le dividende est le produit exact du diviseur par un polynome entier, on aboutira effectivement à un reste nul; car, par ces opérations, on retranche successivement du dividende toutes les parties qui le forment.

Réciproquement, si l'on aboutit à un reste nul, la division est exacte; car le dividende représente le produit exact du diviseur par le polynome écrit au quotient.

Le polynome Q écrit au quotient satisfait donc à la relation $A = BQ$, ou $\dfrac{A}{B} = Q$.

Il satisfait seul à cette relation. Deux polynomes Q et Q' non identiques ne peuvent, en effet, satisfaire simultanément aux identités $A = BQ$ et $A = BQ'$; car il s'ensuivrait l'identité $BQ = BQ'$: or, d'après les règles de la multiplication, un même polynome B multiplié par deux polynomes différents ne peut donner deux résultats identiques.

Remarque. — Dans les divisions exactes, il est indifférent d'ordonner les polynomes suivant les puissances *croissantes* ou suivant les puissances *décroissantes* de la lettre ordonnatrice. La marche des opérations et le raisonnement restent les mêmes dans les deux cas. Seulement, selon que A et B seront ordonnés suivant les puissances croissantes ou suivant les puissances décroissantes, l'exposant de la lettre ordonnatrice au premier terme de chaque reste du dividende partiel ira toujours en augmentant ou toujours en diminuant, et le quotient lui-même sera ordonné suivant les puissances croissantes ou décroissantes de l'ordonnatrice.

74. — Théorème II. — *On peut, dans tous les cas, arrêter la division de deux polynomes à un moment quelconque, que la division exacte soit possible ou non : le dividende A sera toujours identique au produit du diviseur B par le polynome Q déjà écrit au quotient, produit augmenté du reste R qui aurait dû fournir la suite du quotient; en sorte qu'on a l'identité $A = BQ + R$ et que le quotient peut se mettre sous la forme* $\dfrac{A}{B} = Q + \dfrac{R}{B}$.

On appelle *quotient complet* cette expression, en partie entière, en partie fractionnaire, du quotient de deux polynomes.

Exemple. — Soit la division $(a^4 + a^2b^2 + b^4) : (a + b)$.

$$
\begin{array}{ll|l}
a^4 \quad\;\; + a^2b^2 + b^4 & a + b \\
-a^4 - a^3b & \\
\hline
\quad\; -a^3b + a^2b^2 & a^3 - a^2b + \dfrac{2a^2b^2 + b^4}{a + b} \\
\quad\; +a^3b + a^2b^2 & \\
\hline
\qquad\quad +2a^2b^2 + b^4 &
\end{array}
$$

$$\frac{a^4 + a^2b^2 + b^4}{a + b} = a^3 - a^2b + \frac{2a^2b^2 + b^4}{a + b}.$$

DÉMONSTRATION. — Que la division exacte soit possible ou non, ordonnons A et B suivant les puissances, soit croissantes, soit décroissantes, d'une même lettre, et commençons l'opération comme dans le cas d'une division exacte. Soit Q l'ensemble des termes déjà écrits au quotient à l'instant où nous jugeons bon d'interrompre l'opération, et soit R le reste obtenu en retranchant ensuite du dernier dividende partiel le produit de B par le dernier terme écrit au quotient. Ce reste R est dans tous les cas, que la division exacte soit possible ou non, le résultat obtenu en soustrayant successivement du dividende A le produit du diviseur B par les divers termes Q déjà trouvés. On a donc R = A — BQ. D'où l'identité : A = BQ + R.

Cette dernière identité peut s'écrire $A = BQ + \dfrac{BR}{B}$ ou $A = B\left(Q + \dfrac{R}{B}\right)$; d'où l'identité $\dfrac{A}{B} = Q + \dfrac{R}{B}$.

75. — THÉORÈME III. — *Si la division exacte de deux polynomes* A *et* B *entiers en* x *est impossible, c'est-à-dire s'il n'existe point de polynome entier en* x *qui, multiplié par le diviseur* B, *reproduise le dividende* A, *l'opération, une fois entreprise suivant la règle énoncée, se heurtera finalement à un reste* R *de degré inférieur au degré du diviseur* B, *ou bien se poursuivra indéfiniment en fournissant au quotient une série illimitée de termes entiers en* x, *suivant que les polynomes* A *et* B *auront été ordonnés par rapport aux puissances décroissantes ou aux puissances croissantes de l'ordonnatrice.*

EXEMPLES. — Soit la division $\dfrac{x^4 + 2x^3 + 3x^2 + 2x + 1}{x^2 - x + 1}$.

$$
\begin{array}{l|l}
x^4 + 2x^3 + 3x^2 + 2x + 1 & x^2 - x + 1 \\
- x^4 + x^3 - x^2 & \\
\hline
 + 3x^3 + 2x^2 + 2x + 1 & x^2 + 3x + 5 + \dfrac{4x - 4}{x^2 - x + 1} \\
 - 3x^3 + 3x^2 - 3x & \\
\hline
 + 5x^2 - x + 1 & \\
 - 5x^2 + 5x - 5 & \\
\hline
 + 4x - 4 & \\
\end{array}
$$

$$
\begin{array}{l|l}
1 + 2x + 3x^2 + 2x^3 + x^4 & 1 - x + x^2 \\
- 1 + x - x^2 & \\
\hline
\cdot\ \cdot\ \cdot\ \cdot\ \cdot\ \cdot & 1 + 3x + 5x^2 + 4x^3 - \ldots \\
\cdot\ \cdot\ \cdot\ \cdot\ \cdot\ \cdot & \\
\cdot\ \cdot\ \cdot\ \cdot\ \cdot\ \cdot & \\
\end{array}
$$

DÉMONSTRATION. — Ordonnons A et B par rapport aux puissances décroissantes de x. Si A est d'un degré au moins égal au degré de B, on peut entreprendre la division comme dans le cas d'une division exacte. Tant que les premiers termes des restes successifs seront d'un degré supérieur ou au moins égal au degré du premier terme du diviseur, les divisions partielles seront algébriquement possibles et fourniront au quotient des termes entiers par rapport à x. Mais le degré des restes successifs s'abaissant constamment, on arrivera nécessairement à un reste R dont le premier terme sera d'un degré inférieur au degré du premier terme de B et, par suite, ne sera pas divisible par celui-ci : à ce moment, l'opération sera forcément arrêtée.

Ordonnons, au contraire, A et B par rapport aux puissances croissantes de x. Si la première division partielle est possible, toutes les divisions partielles suivantes seront aussi possibles algébriquement, sans que rien puisse arrêter la suite de l'opération; car le degré des premiers termes des restes successifs ira en croissant. En poursuivant l'opération, on obtiendra au quotient un polynome entier en x d'un nombre de termes indéfiniment croissant et ordonné suivant les puissances ascendantes.

76. — Corollaire. — *Étant donnés deux polynomes* A *et* B *entiers en* x *et le premier étant d'un degré au moins égal au degré du second, on peut toujours mettre l'expression de leur division* $\dfrac{A}{B}$ *sous la forme d'un polynome* Q *entier en* x, *augmenté, si la division exacte est impossible, d'une fraction* $\dfrac{R}{B}$, *ayant pour numérateur un polynome* R *entier en* x *et de degré inférieur au degré de* B, *et pour dénominateur le polynome diviseur* B.

Cette transformation ne peut s'effectuer que d'une seule manière, à moins qu'on ne change la manière d'ordonner la division.

Ordonnons, en effet, A et B par rapport aux puissances décroissantes de x. La première division partielle sera possible algébriquement. Supposons qu'on poursuive les opérations aussi loin que possible.

En vertu du premier théorème, si la division exacte est possible, on aboutira à un reste nul R = 0 et l'on pourra écrire, et d'une seule manière, l'identité $\dfrac{A}{B} = Q$.

En vertu du troisième théorème et du second, si la division exacte est impossible, on se heurtera à un reste R de degré inférieur au degré de B, et en appelant Q l'ensemble des termes entiers en x déjà portés au quotient, on pourra écrire l'identité $\dfrac{A}{B} = Q + \dfrac{R}{B}$.

Cette transformation, dans le second cas, ne peut se faire que d'une seule manière. En effet, soient Q' et R' un autre quotient entier et un autre reste de la division A : B. Ils devront satisfaire à la relation A = BQ' + R'; cette égalité, comparée à la première A = BQ + R, exige qu'on ait BQ + R = BQ' + R', relation qui peut s'écrire BQ — BQ' = R' — R ou encore B(Q — Q') = R' - R. Mais cette dernière égalité est absurde, tant que Q et Q' ne sont pas identiques, ainsi que R et R'. Car le second membre est de degré inférieur au degré de B, tandis que le premier membre est d'un degré supérieur ou au moins égal au degré de B.

Cependant, si l'on change la manière d'ordonner, on peut obtenir un nouveau quotient et un nouveau reste. Ainsi, la division suivante, ordonnée par rapport aux puissances croissantes de a, puis par rapport aux puissances croissantes de b, fournit deux quotients complets de formes différentes, mais équivalents :

$$\frac{a^2 - ab + b^2}{a + b} = a - 2b + \frac{3b^2}{a + b}; \qquad \frac{b^2 - ab + a^2}{b + a} = b - 2a + \frac{3a^2}{b + a}.$$

77. — REMARQUES DIVERSES. — I. Des auteurs conseillent de s'habituer à faire à la fois chaque multiplication partielle et la soustraction correspondante; par exemple, si l'on effectue de la sorte la division $(x^3 - ax^2 - a^2x + a^3) : (x + a)$, le tableau des calculs se trouve réduit à ce qui suit :

$$
\begin{array}{l|l}
x^3 - ax^2 - a^2x + a^3 & x + a \\
\quad - 2ax^2 - a^2x + a^3 & \overline{x^2 - 2ax + a^2} \\
\qquad\quad + a^2x + a^3 & \\
\hline
\qquad\qquad 0 &
\end{array}
$$

En réalité, ce procédé abrège les écritures, mais non les calculs, qu'il faut faire mentalement, et il rend moins aisée la revision des opérations. Aussi, bien que ce procédé paraisse plus rapide, souvent il y a plus de sûreté, moins de fatigue et en définitive plus d'avantage à écrire complètement la plupart des opérations, comme on l'a fait dans les exemples précédents.

II. On peut, dans le cours de l'opération, ordonner en sens inverse ou même changer de lettre ordonnatrice; car à chaque nouveau reste, on commence une division nouvelle. Le quotient complet change de forme, mais reste identique à lui-même.

$$
\begin{array}{l|l}
x^3 + 2ax^2 + 2a^2x + a^3 & x + a \\
- x^3 - ax^2 & \overline{x^2} \\
\hline
\quad a^3 + 2a^2x + ax^2 & a + x \\
\quad - a^3 - a^2x & \overline{a^2 + ax} \\
\hline
\qquad + a^2x + ax^2 & \\
\qquad - a^2x - ax^2 & \\
\hline
\qquad\qquad 0 &
\end{array}
$$

Le quotient ainsi obtenu $Q = x^2 + a^2 + ax$ est d'ailleurs identique au quotient $x^2 + ax + a^2$ que l'on aurait trouvé en poursuivant l'opération dans l'ordre primitif.

III. Le quotient de la division de deux polynomes peut être un monome; dans ce cas, le premier reste sera nul.

EXEMPLE. $\quad (3a^3b - 6a^2b^2 + 3ab^3) : (a^2 - 2ab + b^2) = 3ab.$

IV. Quand la lettre ordonnatrice figure avec le même exposant dans plusieurs termes, les calculs sont plus laborieux, mais suivent les mêmes règles; l'introduction de parenthèses, soit horizontales soit verticales, rend les calculs plus rapides et plus élégants. — Soit la division

$$(a^2x^3 - a^2 + 4abx^2 + 2ab - b^2x^3 - b^2) : (ax^2 + ax + a - bx^2 + bx - b).$$

1. EMPLOI DE PARENTHÈSES ORDINAIRES.

$$
\begin{array}{l|l}
(a^2 - b^2)x^3 + 4abx^2 - (a^2 - 2ab + b^2) & (a-b)x^2 + (a+b)x + (a-b) \\
- (a^2 - b^2)x^3 - (a^2 + 2ab + b^2)x^2 - (a^2 - b^2)x & \overline{(a+b)x - (a-b)} \\
\hline
\quad - (a^2 - 2ab + b^2)x^2 - (a^2 - b^2)x - (a^2 - 2ab + b^2) & \\
\quad + (a^2 - 2ab + b^2)x^2 + (a^2 - b^2)x + (a^2 - 2ab + b^2) & \\
\hline
\qquad\qquad 0 &
\end{array}
$$

Calculs accessoires.

$$(a^2 - b^2) : (a - b) = a + b, \quad (a^2 - 2ab + b^2) : (a - b) = a - b.$$

2. EMPLOI DE PARENTHÈSES VERTICALES.

$$
\begin{array}{c|c|c|c}
a^2 & x^3 + 4ab & x^2 + 0 & x \quad -a^2 \\
-b^2 & & & \quad +2ab \\
& & & \quad -b^2 \\[4pt]
-a^2 & -a^2 & -a^2 \\
+b^2 & -2ab & +b^2 \\
& -b^2 & \\[6pt]
\hline
& -a^2 & x^2 - a^2 & x \quad -a^2 \\
& +2ab & +b^2 & \quad +2ab \\
& -b^2 & & \quad -b^2 \\[6pt]
& +a^2 & +a^2 & +a^2 \\
& -2ab & -b^2 & -2ab \\
& +b^2 & & +b^2 \\
\end{array}
$$

$$
\begin{array}{c|c|c}
a & x^2 + a & x + a \\
-b & +b & -b \\[2pt]
\hline
a & x - a \\
+b & +b \\
\end{array}
$$

$$0$$

— Autre exemple : $(x^3 + y^3 + z^3 - 3xyz) : (x + y + z)$.

$$
\begin{array}{l|l}
x^3 + y^3 + z^3 - 3xyz & x + y + z \\
-x^3 - (y+z)x^2 & \overline{x^2 - (y+z)x + (y^2 - yz + z^2)} \\[4pt]
\quad -(y+z)x^2 - 3xyz + y^3 + z^3 & \\
\quad +(y+z)x^2 + (y+z)^2 x & \\[4pt]
\hline
\quad\quad +(y^2 - yz + z^2)x + (y^3 + z^3) & \\
\quad\quad -(y^2 - yz + z^2)x - (y+z)(y^2 - yz + z^2) & \\[4pt]
\hline
\quad\quad\quad 0 &
\end{array}
$$

$$ Q = x^2 + y^2 + z^2 - xy - xz - yz. $$

— Soit encore $(Ax^4 + Bx^3 + Cx^2 + Dx + E) : (x - a)$.
On obtient pour partie entière du quotient et pour reste :

$$ Q = Ax^3 + (Aa + B)x^2 + (Aa^2 + Ba + C)x + (Aa^3 + Ba^2 + Ca + D), $$
$$ R = Aa^4 + Ba^3 + Ca^2 + Da + E. $$

V. Quand le dividende contient une lettre qui ne figure pas au diviseur, on ordonne le dividende par rapport à cette lettre : la division prend la forme $(Ax^2 + Bx + C) : M$, les coefficients A, B, C représentant des polynomes et M le polynome diviseur. On se trouve ramené à une application de la règle de la division d'un polynome par un monome. La condition de possibilité est que chacun des polynomes A, B, C, soit divisible par le polynome M. Exemple :

$$ [(a^2 + 2ab + b^2)x^2 + (a^2 - b^2)x + (a + b)] : (a + b) = (a + b)x^2 + (a - b)x + 1. $$

77*. — Quotient en série. — On appelle SÉRIE une suite illimitée de termes se déduisant les uns des autres suivant une loi déterminée.

Si l'on ordonne suivant les puissances croissantes de x deux polynomes non divisibles exactement et que la première division partielle puisse s'effectuer, le quotient se développera (**75**) en une *série* entière en x et ordonnée par rapport aux puissances croissantes.

En arrêtant la série après avoir écrit le terme de degré n, le reste de la division contiendra x^{n+1} en facteur à tous ses termes. En posant $R = x^{n+1} R'$, on aura

$$\frac{A}{B} = Q + \frac{x^{n+1} R'}{B}.$$

EXEMPLES. — Soit la division $(1 + x) : (1 - x - x^2)$.

$$
\begin{array}{l|l}
\begin{array}{r}
1 + x \\
-1 + x + x^2 \\
\hline
+ 2x + x^2 \\
\quad 3x^2 + 2x^3 \\
\qquad 5x^3 + 3x^4 \\
\qquad\quad 8x^4 + 13x^5 \\
\qquad\qquad 13x^5 + 8x^6
\end{array}
&
\begin{array}{l}
1 - x - x^2 \\
\hline
1 + 2x + 3x^2 + 5x^3 + 8x^4 + \dfrac{(13 + 8x)x^5}{1 - x - x^2}
\end{array}
\end{array}
$$

Voici d'autres exemples :

$$\frac{1}{1 - x} = 1 + x + x^2 + x^3 + x^4 + \ldots + x^n + \frac{x^{n+1}}{1 - x};$$

$$\frac{1}{1 + x} = 1 - x + x^2 - x^3 + x^4 - \ldots \pm x^n \mp \frac{x^{n+1}}{1 + x};$$

$$\frac{1}{(x-1)^2} = \frac{1}{1 - 2x + x^2} = 1 + 2x + 3x^2 + 4x^3 + \ldots + (n+1)x^n + \frac{(n+2)x^{n+1} - (n+1)x^{n+2}}{1 - 2x + x^2}.$$

APPLICATION. — Que devient l'identité $\frac{1}{1-x} = 1 + x + x^2 + \ldots$, si l'on pose $x = \frac{1}{2}$?

Elle devient $2 = 1 + \frac{1}{2} + \frac{1}{4} + \frac{1}{8} + \frac{1}{16} + \frac{1}{32} + \ldots$. La quantité 2 est la *limite* vers laquelle *converge* cette série, c'est-à-dire la quantité fixe et déterminée dont s'approche indéfiniment, et d'aussi près qu'on veut, la somme des n premiers termes de la série, si l'on additionne un nombre n indéfiniment croissant de termes.

Déjà en Arithmétique, on a eu occasion de rencontrer des *séries* convergentes. Ainsi, une fraction décimale périodique est précisément une série de termes fractionnaires qui a pour *somme limite* la fraction génératrice correspondante : par exemple, $\frac{1}{3}$ est la limite de la somme $\frac{3}{10} + \frac{3}{100} + \frac{3}{1000} + \frac{3}{10000} + \ldots$, ou de l'expression $0,3333\ldots$.

78. — **Caractères d'impossibilité.** — La division de deux polynomes est dite *impossible* algébriquement, lorsqu'elle n'admet pas de quotient complet *algébriquement entier*. — La division suivante est possible, quoique le quotient offre des coefficients numériques fractionnaires :

$$\frac{24x^4 + 40x^3 - 7x^2 - 30x - 96}{12x + 24} = 2x^3 - \frac{2}{3}x^2 + \frac{3}{4}x - 4.$$

Au contraire, le quotient de la division

$$[abx^3 - a(b-1)x^2 + (b^2-a)x - b^2] : (bx - b),$$

qui est entier par rapport à x, mais non par rapport à b, est fractionnaire algébriquement.

Les *caractères d'impossibilité* suivants permettent fréquemment soit de prévoir avant d'entreprendre les calculs, soit de constater dans le cours même de l'opération que la division proposée n'admet pas pour quotient un polynome *entier* :

I. Il est inutile d'*entreprendre* la division de deux polynomes :

1° Si le diviseur contient une lettre qui ne figure pas au dividende.

2° Si, les deux polynomes étant ordonnés semblablement, par rapport à l'une quelconque des lettres communes au dividende et au diviseur, le premier et le dernier terme du dividende ne sont pas respectivement divisibles par le premier et par le dernier terme du diviseur. — Ce caractère est basé sur le théorème relatif au premier et au dernier terme du produit ordonné (**52**).

3° Si le terme du dividende qui contient une lettre, autre que l'ordonnatrice, avec son plus haut ou avec son plus bas exposant, n'est pas divisible par le terme analogue du diviseur. — En effet, si l'on prenait cette lettre pour ordonnatrice, on serait ramené au cas précédent.

II. Il est inutile de *poursuivre* la division, ni de la recommencer en changeant la manière d'ordonner :

1° Si le premier terme du reste n'est pas divisible algébriquement par le premier terme du diviseur.

2° Si, après avoir calculé à l'avance le dernier terme du quotient, — ce qui se fait en divisant le dernier terme du dividende par le dernier terme du diviseur (**52**), — on est amené, dans le cours de l'opération, à poser au quotient :

Ou bien un terme ayant, par rapport à l'ordonnatrice, un *degré inférieur* au degré du dernier terme calculé, la division étant d'ailleurs ordonnée suivant les puissances décroissantes de l'ordonnatrice;

Ou bien un terme de *degré égal,* mais qui ne soit pas identique au terme calculé;

Ou bien un terme *identique* à ce terme calculé, mais sans que le reste suivant soit nul.

Ce caractère repose sur ce que, dans une division ordonnée, la suite des termes successivement portés au quotient est toujours ordonnée de la même manière que les polynomes dividende et diviseur.

Si la division est ordonnée suivant les puissances croissantes de l'ordonnatrice, on s'arrêtera quand on sera conduit à poser au quotient un terme de degré *supérieur* au degré du terme calculé. Cette remarque est d'autant plus importante qu'elle constitue souvent le seul moyen de constater l'impossibilité de la division et de ne pas se jeter dans des calculs illimités. — Par exemple, soit à entreprendre la division $(1 - x - x^2 - x^3) : (1 + x)$. Si elle est possible, le dernier terme du quotient sera $-x^2$; or, dès le second dividende partiel, on obtient au quotient le terme $+x^2$: dès lors, on est assuré que la division est impossible, quelque loin qu'on prolonge les calculs.

III. La remarque suivante fournit un caractère d'impossibilité parfois avantageux à connaître.

Si les coefficients du dividende et du diviseur sont entiers et qu'un terme du diviseur offre une lettre quelconque avec son plus haut ou son plus bas exposant et avec l'unité pour coefficient, *tous les coefficients du quotient sont entiers* dans le cas d'une division sans reste; car on peut prendre cette lettre comme ordonnatrice et ce terme pour premier terme du diviseur.

Par conséquent, il est inutile de commencer la division, si, en ordonnant le dividende et le diviseur par rapport à cette lettre ou à quelque autre lettre commune et en calculant directement les deux termes extrêmes du quotient, on ne trouve pas deux termes à coefficients entiers.

Ainsi, $2x^3 + 6ax^2 - 6a^2x + 2a^3$ n'est pas divisible sans reste par $3x^2 - 2ax + a^2$.

78*. — Division par un produit de polynomes. — Théorème. — *Pour obtenir la partie entière Q du quotient d'un polynome P entier en x par un produit ABCD... de plusieurs polynomes entiers, on peut diviser le dividende P par A, puis le quotient par B, puis le nouveau quotient par C, et ainsi de suite. — Si, de plus, les restes de ces différentes divisions sont tous nuls, la division proposée a elle-même un reste nul.*

En effet, soit à diviser P par ABC. Posons

$$P = Aq + r, \qquad q = Bq' + r', \qquad q' = Cq'' + r''.$$

Il vient

$$P = A[B(Cq'' + r'') + r'] + r,$$

ou

$$P = ABCq'' + ABr'' + Ar' + r.$$

Or, les termes $ABr'' + Ar' + r$ sont d'un degré en x inférieur au degré du diviseur ABC : ils constituent donc le reste R de la division proposée, et l'on a

$$Q = q'', \qquad R = r + Ar' + ABr''.$$

79. — Quotients homogènes. — Théorème. — *Le quotient de deux polynomes homogènes est homogène et a pour degré la différence entre le degré du dividende et le degré du diviseur.*

80. — Somme algébrique des coefficients du quotient. — Théorème. — *La somme algébrique des coefficients d'un quotient est égale au quotient des sommes algébriques des coefficients du dividende et du diviseur.*

Cependant, si ces deux dernières sommes étaient nulles en même temps, on ne pourrait plus déterminer à l'avance la somme algébrique des coefficients du quotient.

Ces deux théorèmes sont relatifs au quotient de la division exacte.

On les établira aisément, en s'appuyant sur les théorèmes analogues de la multiplication (**54, 55**). On examinera ensuite de quelle manière ils s'étendent au quotient complet d'une division avec reste.

81. — Des opérations arithmétiques. — Un nombre entier peut s'assimiler à un polynome ordonné suivant les puissances décroissantes de x, x étant supposé égal à 10 :

$$7298 = 7x^3 + 2x^2 + 9x + 8.$$

Les questions d'Arithmétique sont donc des cas particuliers de questions analogues d'Algèbre, mais des cas entourés de multiples conditions. Ainsi, pour borner nos remarques au cas de la division, si l'on compare la division arithmétique $7298 : 506$ à la division algébrique $(7x^3 + 2x^2 + 9x + 8) : (5x^2 + 6)$, on observera les différences suivantes :

1º Dans la première, le quotient se compose de chiffres qui doivent être des nombres entiers, inférieurs à 10 et supérieurs ou tout au moins égaux à 0; dans la seconde, les coefficients du quotient peuvent être fractionnaires, de valeur quelconque et de signes quelconques.

2º Dans la première, le reste doit avoir une valeur moindre que le diviseur; dans la seconde, il doit avoir un degré moindre.

3º En Algèbre, x désigne une quantité quelconque; en Arithmétique, l'opération suppose une *base de numération* déterminée : dans notre système du numération, $x = 10$.

3. — Division par le binome $(x - a)$.

82. — Une question qui se présente fréquemment dans le calcul algébrique est la détermination du reste et du quotient de la division d'un polynome entier en x par un binome de premier degré en x de la forme $(x - a)$.

Nous désignerons le polynome par P ou par P_x, ou quelquefois par la notation $f(x)$, qui s'énonce *fonction de* x; et nous indiquerons par les notations P_a, P_{-a}, P_1, P_2, P_0, ..., ou par les notations $f(a)$, $f(-a)$, $f(1)$, $f(2)$, $f(0)$, ..., ce que devient le polynome quand on y pose successivement $x = a$, $x = -a$, $x = 1$, $x = 2$, $x = 0$, ...

Ainsi, soit le trinome $P = 6x^2 - x - 2$; si l'on assigne à x les valeurs successives a, $-a$, 1, 2, 0, ..., le trinome devient $P_a = 6a^2 - a - 2$, $\quad P_{-a} = 6a^2 + a - 2$, $P_1 = 6 - 1 - 2 = 3$, $\quad P_2 = 20$, $\quad P_0 = -2$.

En général, on appelle FONCTION d'une quantité variable x et on représente par le symbole $f(x)$ ou par d'autres analogues, tels que $F(x)$, $\varphi(x)$, ..., toute expression dont la valeur dépend de la valeur assignée à x.

83. — Calcul direct du reste. — THÉORÈME. — *Le reste de la division d'un polynome entier en* x *par un binome de la forme* (x — a) *s'obtient en* remplaçant x *dans le polynome par* a, *c'est-à-dire par le second terme changé de signe du diviseur.*

EXEMPLE. — La division $(3x^3 - 5x + 4) : (x - 2)$ a pour reste $R = 3 \times 2^3 - 5 \times 2 + 4 = 18$.

En effet, soit P le polynome proposé, ordonné suivant les puissances décroissantes de x. On entreprendra la division et on la poursuivra jusqu'à ce qu'on obtienne un reste de degré moindre que le diviseur, par conséquent un reste de degré zéro ou qui ne contient plus x. On aura (**74**) :

$$P = (x - a)Q + R.$$

Cette égalité étant une identité, c'est-à-dire restant vraie quelles que soient les valeurs attribuées aux lettres qu'elle renferme, on peut supposer que x prenne la valeur particulière a. Mais, dans cette hypothèse, le facteur $(x - a)$ s'annule : par conséquent, le produit $(x - a)Q$ s'annule aussi [1]. Quant à R, qui ne contient pas x, il ne change pas. Désignant par P_a la valeur que prend le dividende P quand on y attribue à x la valeur a, on obtient la relation annoncée :

$$P_a = R.$$

COROLLAIRES. — I. *Pour qu'un polynome entier en* x *soit divisible par le binome* (x — a), *il faut et il suffit que ce polynome s'annule quand on y remplace* x *par* a.

En effet, pour qu'une division donne un quotient entier, il faut et il suffit (**73**) qu'on arrive à un reste nul ; or, $R = P_a$; donc il faut et il suffit qu'on ait $P_a = 0$.

II. *Le reste de la division d'un polynome entier en* x *par le binome* (x + a) *s'obtient en remplaçant* x *par* — a *dans le polynome.*

En effet, $x + a = x - (-a)$.

SCOLIE. — *Le reste de la division d'un polynome entier en* x *par le binome* (bx — a) *s'obtient en remplaçant* x *par* $\dfrac{a}{b}$ *dans le polynome.*

En effet, si dans l'identité $P = (bx - a)Q + R$, on pose $x = \dfrac{a}{b}$, le binome $(bx - a)$ s'annule et, par suite, le produit $(bx - a)Q$ s'annule aussi.

APPLICATIONS. — Nous donnerons quelques exemples d'applications du théorème relatif au reste de la division $\dfrac{P}{x - a}$, l'un des théorèmes les plus importants de l'Algèbre.

1. Le reste de la division de P par $x - 1$ est égal à la somme algébrique des coefficients du polynome ; en effet, $R = P_1$.

---

[1] Dans ce produit, Q étant un polynome entier en x prend, pour $x = a$, une valeur finie déterminée (positive, négative ou nulle). Or, on sait qu'un produit de deux facteurs dont l'un est nul et dont l'autre a une valeur finie, est nul lui-même (**45, 5°**).

2. Le reste de la division de P par $x+1$ est égal à l'excès de la somme des coefficients des puissances paires de x sur la somme des coefficients des puissances impaires de x; en effet, $R = P_{-1}$.

3. Le reste de la division $(a^2 - ab + b^2) : (a + 2b)$ s'obtient en posant $a = -2b$ dans le dividende; ce qui donne $R = 7b^2$.

4. Le reste de la division $(x^3 + y^3 + z^3 - 3xyz) : (x + y + z)$ s'obtient en remplaçant x par $-(y + z)$ dans le dividende : $R = (-y - z)^3 + y^3 + z^3 - 3(-y - z)yz$, ou, tout calcul fait, $R = 0$.

5. Le reste de la division de $(x + y)^m - x^m - y^m$ par $x + y$ s'obtient en remplaçant x par $-y$; ce qui donne $R = -(-y)^m - y^m$: si m est pair, on a $R = -y^m - y^m = -2y^m$, et si m est impair, on a $R = y^m - y^m = 0$.

84. — Calcul de la valeur numérique d'un polynome.

— On a fréquemment à calculer la valeur numérique que prend un polynome entier en x pour une certaine valeur attribuée à x; la RÈGLE suivante est, à cet effet, d'une application assez rapide :

Le polynome entier en x étant supposé complet en x et étant ordonné suivant les puissances décroissantes de cette lettre, on multipliera le coefficient du premier terme par la valeur attribuée à x, puis on ajoutera (en tenant compte du signe) le coefficient du second terme. On multipliera le résultat par la valeur de x, puis on ajoutera le coefficient du troisième terme. On multipliera le nouveau résultat par la valeur de x, puis on ajoutera le coefficient du terme suivant. On procédera ainsi de suite, jusqu'à ce que l'on ait ajouté le dernier coefficient.

Dans le cas d'un polynome incomplet, on rétablira les termes manquant en leur donnant le coefficient zéro.

EXEMPLE. — Soit à calculer la valeur de $x^5 + 7x^4 - x^3 - 43x^2 + 36$ dans l'hypothèse $x = 3$. On aura : $1 \times 3 + 7 = 10$; $10 \times 3 - 1 = 29$; $29 \times 3 - 43 = 44$; $44 \times 3 + 0 = 132$; $132 \times 3 + 36 = 432$. D'où $P_3 = 432$.

Cette règle est aisée à justifier; tout polynome entier et complet en x, tel que $Ax^4 + Bx^3 + Cx^2 + Dx + E$, peut en effet se mettre sous la forme suivante :

$$\{[(Ax + B)x + C]x + D\}x + E.$$

85. — Loi de formation du quotient.

— THÉORÈME. — *Le quotient de la division d'un polynome entier et complet en* x *par le binome (*x − a*) est un polynome entier en* x *d'un degré inférieur d'une unité au degré du dividende. Le coefficient du premier terme du quotient est le coefficient du premier terme du dividende. Le coefficient du second terme du quotient s'obtient en multipliant par* a *le coefficient précédent et en ajoutant à ce produit le coefficient du second terme du dividende. En général, le coefficient d'un terme quelconque du quotient s'obtient en multipliant par* a *le coefficient précédent du quotient et en ajoutant à ce produit le coefficient du terme de même rang du dividende.*

Effectuons, en effet, la division du polynome $Ax^4 + Bx^3 + Cx^2 + Dx + E$ par $(x - a)$.

$$
\begin{array}{l|l}
Ax^4 + Bx^3 + Cx^2 + Dx + E & \;x - a \\
- Ax^4 + Aax^3 & \overline{\qquad\qquad\qquad\qquad\qquad\qquad} \\
\overline{\qquad\qquad\qquad\qquad} & Ax^3 + \underbrace{(Aa + B)}x^2 + \underbrace{(Ma + C)}x + \underbrace{(Na + D)} \\
\quad (Aa + B)x^3 + Cx^2 & \qquad\qquad M \qquad\qquad\;\; N \qquad\qquad\; S \\
\quad\; - Mx^3 + Max^2 & \\
\;\;\overline{\qquad\qquad\qquad\qquad} & \\
\qquad (Ma + C)x^2 + Dx & \\
\qquad\; - Nx^2 + Nax & \\
\;\;\;\;\overline{\qquad\qquad\qquad\qquad} & \\
\qquad\quad (Na + D)x + E & \\
\qquad\quad\; - Sx + Sa & \\
\;\;\;\;\;\overline{\qquad\qquad\qquad} & \\
\qquad\qquad\quad Sa + E &
\end{array}
$$

Pour abréger les écritures, nous avons posé dans la suite des opérations les notations : $M = Aa + B$, $\quad N = Ma + C$, $\quad S = Na + D$.

On voit, de plus, que le reste de cette division s'obtient en multipliant par a le dernier terme du quotient et en ajoutant à ce produit le dernier terme du dividende : $R = Sa + E$. Pour que la division soit exactement possible, il faut et il suffit que l'on ait $Sa + E = 0$.

Remarque. — Dans l'application de cette loi, il faut avoir soin, si le dividende n'est pas *complet*, de rétablir les termes manquants, en leur donnant le coefficient zéro.

Exemples. — Soit la division $(3x^5 - x^4 - 10x^3 + 4x^2 - 10) : (x - 2)$. Représentant par A, B, C, ..., les coefficients du quotient et par Q le quotient complet, on peut disposer les calculs comme il suit :

$$P = 3x^5 - x^4 - 10x^3 + 4x^2 + 0x - 10,$$
$$Q = Ax^4 + Bx^3 + Cx^2 + Dx + E + \frac{R}{x - 2}.$$

$A = 3; \qquad B = 3 \times 2 - 1 = 5; \qquad C = 5 \times 2 - 10 = 0; \qquad D = 0 \times 2 + 4 = 4;$
$E = 4 \times 2 - 0 = 8; \quad R = 8 \times 2 - 10 = 6.$

$$Q = 3x^4 + 5x^3 + 4x + 8 + \frac{6}{x - 2}.$$

— Soit encore la division $(x^4 - a^4) : (x + a)$.

$$P = x^4 + 0x^3 + 0x^2 + 0x - a^4,$$
$$Q = Ax^3 + Bx^2 + Cx + D + \frac{R}{x + a}.$$

$A = 1; \quad B = (1 \times -a) + 0 = -a; \quad C = (-a \times -a) + 0 = a^2; \quad D = (a^2 \times -a) + 0 = -a^3;$
$R = (-a^3 \times -a) - a^4 = 0.$

$$Q = x^3 - ax^2 + a^2x - a^3.$$

Scolies. — I. Si l'on effectue la division

$$(Ax^4 + Bx^3 + Cx^2 + Dx + E) : (x - a)$$

sans recourir aux notations abrégées M, N, ..., mais à l'aide des parenthèses horizontales ou verticales (**76**, IV), le quotient complet se présente sous cette forme :

$$Q = Ax^3 + (Aa + B)x^2 + (Aa^2 + Ba + C)x + (Aa^3 + Ba^2 + Ca + D) + \frac{Aa^4 + Ba^3 + Ca^2 + Da + E}{x - a}.$$

Il est aisé de reconnaître dans le quotient complet ainsi écrit la loi énoncée.

De plus, ainsi conduite, l'opération fournit une seconde démonstration de la loi de formation du reste : $R = P_a$.

II. En effectuant la division suivante :

$$\frac{Ax^4 + Bx^3 + Cx^2 + Dx + E}{bx - a} = A'x^3 + B'x^2 + C'x + D' + \frac{R}{bx - a},$$

on obtient pour coefficients du quotient et pour reste :

$$A' = \frac{A}{b}, \quad B' = \frac{A'a + B}{b}, \quad C' = \frac{B'a + C}{b}, \quad ..., \quad R = \frac{D'a + E}{b}.$$

Dans l'hypothèse particulière $b = 1$, on retrouve la loi énoncée dans le théorème même :

$$A' = A, \quad B' = A'a + B, \quad C' = B'a + C, \quad ..., \quad R = D'a + E.$$

86. — Sommes et différences de puissances semblables. — Nous allons appliquer aux divisions de la forme $\dfrac{x^m \pm a^m}{x \pm a}$ les théorèmes relatifs au reste et au quotient des divisions de la forme $P : (x - a)$.

Divisibilité. — Si, dans le dividende, on remplace x par le second terme, pris en signe contraire, du binome diviseur,

la division $\dfrac{x^m - a^m}{x - a}$ donne $R = (a)^m - a^m = 0$;

la division $\dfrac{x^m + a^m}{x - a}$ donne $R = (a)^m + a^m = 2a^m$;

la division $\dfrac{x^m - a^m}{x + a}$ donne $R = (-a)^m - a^m = \begin{cases} 0, \text{ si } m \text{ est pair;} \\ -2a^m, \text{ si } m \text{ est impair;} \end{cases}$

la division $\dfrac{x^m + a^m}{x + a}$ donne $R = (-a)^m + a^m = \begin{cases} +2a^m, \text{ si } m \text{ est pair;} \\ 0, \text{ si } m \text{ est impair.} \end{cases}$

D'où résultent ces théorèmes :

I. *La* différence *des puissances semblables de deux quantités est toujours divisible par la* différence *de ces quantités;*

II. *La* somme *des puissances semblables de deux quantités n'est jamais divisible par la* différence *de ces deux quantités;*

III. *La* différence *des puissances semblables de deux quantités est divisible par la* somme *de ces deux quantités, quand m est pair et ne l'est pas, quand m est impair;*

IV. *La* somme *des puissances semblables de deux quantités est divisible par la* SOMME *de ces deux quantités, quand* m *est impair, et ne l'est pas, quand* m *est pair* [1].

LOI DU QUOTIENT. — *1° Le quotient d'une division de la forme* $(x^m \pm a^m) : (x \pm a)$ *est un polynome homogène, du degré* m — 1, *complet à la fois en* x *et en* a; — *2° les exposants de* x *vont en décroissant, depuis* m — 1 *jusqu'à* 0, *et les exposants de* a *vont en croissant, depuis* 0 *jusqu'à* m — 1; — *3° les signes des termes sont tous positifs, si le diviseur est* (x — a), *et sont alternativement positifs et négatifs, si le diviseur est* (x + a).

Cette loi ressort de l'examen attentif des quotients suivants, que l'on peut soit former directement (**85**), soit chercher par la méthode ordinaire (**72**) :

$$\frac{x^6 - a^6}{x - a} = x^5 + ax^4 + a^2x^3 + a^3x^2 + a^4x + a^5,$$

$$\frac{x^6 + a^6}{x - a} = x^5 + ax^4 + a^2x^3 + a^3x^2 + a^4x + a^5 + \frac{2a^6}{x - a},$$

$$\frac{x^6 - a^6}{x + a} = x^5 - ax^4 + a^2x^3 - a^3x^2 + a^4x - a^5,$$

$$\frac{x^5 - a^5}{x + a} = x^4 - ax^3 + a^2x^2 - a^3x + a^4 - \frac{2a^5}{x + a},$$

$$\frac{x^6 + a^6}{x + a} = x^5 - ax^4 + a^2x^3 - a^3x^2 + a^4x - a^5 + \frac{2a^6}{x + a},$$

$$\frac{x^5 + a^5}{x + a} = x^4 - ax^3 + a^2x^2 - a^3x + a^4.$$

EXEMPLES. — Les lois permettent d'écrire immédiatement les quotients complets suivants :

$$\frac{x^6 - 1}{x - 1} = x^5 + x^4 + x^3 + x^2 + x + 1, \qquad \frac{x^6 - 1}{x + 1} = x^5 - x^4 + x^3 - x^2 + x - 1.$$

$$\frac{x^6 + a^6}{-x - a} = -\frac{x^6 + a^6}{x + a} = -x^5 + ax^4 - a^2x^3 + a^3x^2 - a^4x + a^5 - \frac{2a^6}{x + a}.$$

$$\frac{16x^4 - 81}{2x + 3} = \frac{(2x)^4 - 3^4}{2x + 3} = (2x)^3 - (2x)^2 \times 3 + (2x) \times 3^2 - 3^3 = 8x^3 - 12x^2 + 18x - 27.$$

COROLLAIRE. — *La différence* x^m — a^m *est divisible par* x^p — a^p *quand* m *est un multiple de* p.

---

[1] Pour faciliter l'usage des quatre théorèmes précédents, on peut, dans chaque cas particulier, se rappeler la forme la plus simple du binome dividende. Ainsi, dans le cas d'exposants *pairs*, les binomes les plus simples sont $a^2 + b^2$ et $a^2 - b^2$: l'un n'est divisible ni par $a + b$ ni par $a - b$, l'autre est divisible par $a + b$ et par $a - b$; dans le cas d'exposants *impairs*, les binomes les plus simples sont $a + b$ et $a - b$, divisibles l'un par $a + b$ seulement, l'autre par $a - b$.

En effet, si $m = kp$, la division de $x^m - a^m$, ou du binome équivalent $(x^p)^k - (a^p)^k$, par $x^p - a^p$ retombe dans le premier des cas précédents : en représentant x^p par X et a^p par A, la division prend la forme $(X^k - A^k) : (X - A)$.

EXEMPLE. $(x^6 - a^6) : (x^2 - a^2) = [(x^2)^3 - (a^2)^3] : [(x^2) - (a^2)]$.

D'une manière générale, on posera $m = kp + r$ et l'on effectuera la division $(x^m - a^m) : (x^p - a^p)$ par la méthode ordinaire : il sera aisé d'étudier la loi de formation des dividendes successifs et d'observer que le reste sera $R = a^{kp}x^r - a^m = a^{kp}(x^r - a^r)$; la condition $r = 0$, ou $m = kp$, est donc nécessaire et suffisante pour que la division soit possible.

On établira de même que $x^m + a^m$ n'est jamais divisible par $x^p - a^p$; que $x^m - a^m$ est divisible par $x^p + a^p$, si m est un multiple pair de p, et que $x^m + a^m$ est divisible pas $x^p + a^p$, si m est un multiple impair de p.

EXEMPLES. $(x^6 + a^6) : (x^2 - a^2) = x^4 + a^2x^2 + a^4 + \dfrac{2a^6}{x^2 - a^2}$.

$(x^{15} - 1) : (x^3 - 1) = x^{12} + x^9 + x^6 + x^3 + 1$.

87. — Division par un produit de binomes. — THÉORÈME I. — *Si un polynome entier en* x *s'annule quand on y remplace successivement* x *par les quantités* a, b, c, ..., *inégales entre elles, le polynome est divisible par le produit* (x — a) (x — b) (x — c) ...; *et réciproquement.*

En effet, si P s'annule pour $x = a$, il est divisible par $(x - a)$; soit Q le quotient entier en x de la division de P par $(x - a)$, on a

$$P = (x - a)Q.$$

Mais, dans cette égalité, vraie quel que soit x, posons $x = b$. Le premier membre s'annule par hypothèse; le second membre devient $(b - a)Q_b$ et doit s'annuler également, et puisque $(b - a)$ n'est pas nul, Q_b doit l'être. Il s'ensuit que Q est divisible par $(x - b)$, et en désignant par Q' un polynome entier en x, on a $Q = (x - b)Q'$. D'où

$$P = (x - a)(x - b)Q'.$$

Poursuivant le même raisonnement, on pose $x = c$ et l'on obtient $Q' = (x - c)Q''$; par conséquent, on a

$$P = (x - a)(x - b)(x - c)Q''.$$

Et ainsi de suite.

La réciproque est vraie. En effet, si l'on a l'égalité

$$P = (x - a)(x - b)(x - c)Q,$$

Q désignant une expression entière en x, chacune des valeurs a, b, c, substituée à x, annule le second membre et, par suite, le polynome P.

EXEMPLE. — Soit le polynome $P = 2x^4 - 5x^3 - 8x^2 + 17x - 6$, qui s'annule pour $x = 1$, $x = -2$, $x = 3$, $x = \frac{1}{2}$. On aura :

$$P = 2x^4 - 5x^3 - 8x^2 + 17x - 6$$
$$= (x - 1)(2x^3 - 3x^2 - 11x + 6)$$
$$= (x - 1)(x + 2)(2x^2 - 7x + 3)$$
$$= (x - 1)(x + 2)(x - 3)(2x - 1)$$
$$= (x - 1)(x + 2)(x - 3)(x - \tfrac{1}{2})2.$$

Il est utile d'observer que le premier terme de chacun des quotients successifs entiers a pour coefficient le coefficient du premier terme du polynome.

APPLICATIONS. — 1. Démontrer l'identité

$$(a - b)x^3 - (a^3 - b^3)x + ab(a^2 - b^2) = (x - a)(x - b)(x + a + b)(a - b).$$

Le premier membre est divisible exactement par chacun des facteurs écrits au second membre; car il s'annule pour $x = a$, pour $x = b$, pour $x = -(a + b)$ et pour $a = b$. D'ailleurs, si l'on effectue les multiplications, le second membre se développe en un polynome du troisième degré en x, et son terme en x^3 est $(a - b)x^3$, c'est-à-dire est identique au terme en x^3 du premier membre. Le premier membre ne contient donc pas d'autres facteurs que les quatre facteurs écrits au second membre.

2. Former le reste et le quotient de la division

$$[a^3(b^2 - c^2) + b^3(c^2 - a^2) + c^3(a^2 - b^2)] : [(a - b)(b - c)(c - a)].$$

Le reste est nul; car le dividende P s'annule quand on y remplace a par b, ou b par c, ou c par a.

Le quotient est du premier degré par rapport à a; car, par rapport à a, le dividende est du troisième degré et le diviseur est du second degré. Représentons le quotient par $Ma + N$. Le terme Ma s'obtient en divisant le terme en a^3 du dividende par le terme en a^2 du diviseur, et le terme N s'obtient en divisant le terme en a^0 du dividende par le terme en a^0 du diviseur :

$$Ma = \frac{a^3(b^2 - c^2)}{-a^2(b - c)} = -a(b + c), \qquad N = \frac{b^3c^2 - b^2c^3}{-bc(b - c)} = -bc.$$

D'où
$$Q = -(ab + bc + ca).$$

THÉORÈME II. — *Tout polynome entier en* x *du degré* m, *qui s'annule pour plus de* m *valeurs inégales attribuées à* x, *est identiquement nul, c'est-à-dire constamment nul, quelque valeur qu'on assigne à* x.

Soient, en effet, m valeurs inégales, a, b, c, ..., k, dont chacune annule P_x, et soient Q_1, Q_2, Q_3, ..., Q_m les m quotients successifs, entiers en x. On aura

$$P = (x - a)Q_1$$
$$= (x - a)(x - b)Q_2$$
$$= (x - a)(x - b)(x - c)Q_3$$
$$\cdots$$
$$= (x - a)(x - b)(x - c) \ldots (x - k)Q_m.$$

On observe que le degré de chaque quotient est inférieur d'une unité au degré du quotient précédent, de sorte que Q_1, étant du degré $m-1$, Q_2 sera du degré $m-2$, Q_3 du degré $m-3$, et Q_m du degré $m-m$ ou du degré zéro, c'est-à-dire que Q_m ne contiendra plus x. Or, le second membre de l'égalité dernière

$$P = (x-a)(x-b)(x-c)\ldots(x-k)Q_m$$

ne peut s'annuler pour une $(m+1)^{ième}$ valeur attribuée à x, différente de a, b, c, ..., k, que si Q_m est nul : car cette nouvelle valeur n'annule aucun des facteurs binomes $(x-a)$, $(x-b)$, ..., $(x-c)$. Par conséquent, P ne peut s'annuler pour une $(m+1)^{ième}$ valeur de x que si $Q_m = 0$, et puisque Q_m est une quantité indépendante de x, ou constante, on a constamment $P = 0$.

SCOLIES. — I. Un polynome peut être divisible plusieurs fois par le même binome.

EXEMPLE. $x^3 - 7x^2 + 16x - 12 = (x-2)(x^2 - 5x + 6) = (x-2)^2(x-3)$.

On peut donc écrire $P = (x-a)^p(x-b)^q(x-c)^r\ldots(x-k)^t Q$; mais la somme des exposants ne pourra être supérieure à m.

II. On appelle *racines* d'un polynome en x les expressions soit numériques, soit algébriques, qui, substituées à x, annulent ce polynome.

Ce sont les racines (**13**) de l'équation $P_x = 0$.

On conclut du théorème précédent qu'*une équation entière par rapport à* x *et du degré* m *n'admet pas plus de* m *racines différentes*.

Ainsi, l'équation $2x^4 - 5x^3 - 8x^2 + 17x - 6 = 0$ a pour racines $x' = 1$, $x'' = -2$, $x''' = 3$, $x'''' = \frac{1}{2}$.

L'équation $x^3 - 7x^2 + 16x - 12 = 0$, qui peut s'écrire $(x-2)^2(x-3) = 0$, admet les racines 2 et 3, et pour exprimer que la première est double et la seconde simple, on écrit : $x' = 2$, $x'' = 2$, $x''' = 3$.

III. Pour qu'un polynome entier en x soit constamment nul, quel que soit x, il faut que chacun de ses coefficients soit nul.

Cette proposition, déjà donnée au chapitre de la multiplication (**59**), peut s'établir comme un simple corollaire du théorème qu'on vient de démontrer.

Soit $P = Ax^m + Bx^{m-1} + \ldots$ un polynome entier en x. Si P est nul quel que soit x, il est nul pour plus de m valeurs de x : on a donc, par suite de la démonstration du théorème, $Q_m = 0$. Or, le premier terme de chacun des quotients Q_1, Q_2, Q_3, ..., a pour coefficient le premier coefficient de P : on aura donc, Q_m étant du degré zéro, $Q_m = A$. D'où $A = 0$.

Il vient ainsi $P = Bx^{m-1} + \ldots$. On démontrera de même que $B = 0$; et ainsi de suite.

CHAPITRE V.

PUISSANCES ET RACINES.

—

1. — Élévation aux Puissances.

88. — Définition. — La *puissance* $m^{ième}$ d'une quantité est le produit de m facteurs égaux à cette quantité.

Cette quantité elle-même à prendre m fois comme facteur s'appelle la *base* de la puissance. Le nombre m est le *degré* de la puissance [1] et s'indique par un *exposant* (**7**).

La seconde et la troisième puissance d'une quantité s'appellent son *carré* et son *cube;* la quatrième puissance s'appelle quelquefois son *bicarré* [2].

---

[1] Dans tout ce chapitre, la lettre m représente un nombre entier positif; il sera question des exposants négatifs et des exposants fractionnaires dans la théorie des fractions et dans la théorie des quantités irrationnelles.

[2] On a longtemps attribué à DESCARTES l'invention des exposants. « Cette notation, en ne » la considérant que comme une manière abrégée de représenter les puissances, semble être » peu de chose; mais tel est l'avantage d'une langue bien faite, que ses notations les plus » simples sont devenues souvent la source des théories les plus profondes, et c'est ce qui » a eu lieu pour les exposants. » (LAPLACE, *Théorie analytique des probabilités*, Liv. I.)

Descartes n'a fait qu'introduire dans sa *Géométrie*, en 1637, cette notation déjà usitée par des mathématiciens de son temps, tels que Stevin et Girard dans les Pays-Bas et Harriot en Angleterre; mais l'autorité de ce grand nom ne contribua pas peu à en répandre l'usage. Jusqu'à Descartes, et pendant quelque temps encore, les algébristes écrivirent aa, aaa, ..., ou a *quadratum*, a *cubus*, ..., pour a^2, a^3, ...

Les dénominations de *carré* et de *cube* proviennent de considérations géométriques et se sont introduites depuis vingt-cinq siècles dans le langage de l'Arithmétique abstraite, non sans y donner lieu parfois à des confusions. On sait que chez les Anciens, les mathématiques avaient un caractère essentiellement géométrique : aussi, les mathématiciens grecs, Diophante excepté, appelaient *côté, carré* et *cube* (πλευρά, latus; τετράγωνον, quadratum; κύβος, cubus), la première, la seconde et la troisième puissance de l'inconnue des problèmes.

De leur côté, les Arabes, sans rejeter ces dénominations de carré et de cube, appelaient habituellement l'inconnue des problèmes et l'x de nos expressions algébriques du nom de *shaï*, qui signifie la *chose*, et du nom de *gidr*, qui signifie la *racine* (la chose à extraire du sein de l'inconnu, comme du sein de la terre); ils nommaient son carré *mâl* (produit, revenu, en latin *census*); les quantités connues se nomment des *drachmes*. Par suite, les algébristes italiens qui, au moyen âge, nous transmirent les sciences orientales, appelèrent l'inconnue *la cosa* ou *la radice* et son carré *il censo*, et nommèrent l'Algèbre l'*Arte della cosa* ou la *Regola della cosa* ou *Ars rei et census*, noms que les Allemands ont traduits par *Règle de la Coss :* la plus ancienne Algèbre imprimée au delà du Rhin est *Die Coss* (1525) de Christophe RUDOLFF, rééditée en 1553 par STIFEL.

Cela dit, il est aisé de suivre l'évolution graduelle et lente du symbolisme algébrique, depuis

89. — Principes fondamentaux. — L'élévation aux puissances n'étant qu'une multiplication répétée, les principes suivants et les lois que l'on

---

l'écriture prolixe et obscure des premiers algébristes jusqu'à la notation, si précise et si claire, consacrée par Descartes et aujourd'hui universellement adoptée.

Le Père de l'Algèbre, DIOPHANTE, emploie déjà quelques abréviations : les initiales ς, δ^υ, ϰ^υ désignent la première puissance, le carré (δύναμις) et le cube (ϰύϐος) du Nombre (ἀριθμός), c'est-à-dire de l'inconnue ; les initiales μ^ο désignent l'unité (μονάς) pour les quantités connues ; ces symboles précèdent toujours leurs coefficients. L'unique signe opératoire est ⋔, qui signifie *moins* (voy. *note* n. 23). Ainsi, le polynome $3x^2 + 4 + 9x^6 + 8x - x^3 + 52x^5$ se présente chez Diophante sous ce vêtement grec :

$$δ^υγ' \quad μ^οδ' \quad ϰ^υϰ^υθ' \quad ςη' \quad ⋔ϰ^υα' \quad δ^υϰ^υβ'.$$

Les algébristes arabes n'emploient guère d'abréviations. AL HOVAREZ (IXe siècle), dans son *Al djebr w' al mokâbalah*, écrit tout au long : *census et viginti dragma æquantur decem radicibus*. En traduisant non plus en latin, mais en langage cartésien, on a : $x^2 + 20 = 10x$.

Au moyen âge, dans l'*Abacus* (1202) de LÉONARD DE PISE, où l'Europe a appris l'Algèbre des Hindous et des Arabes, on lit : *duo census et decem radices æquantur denariis triginta*. Cela signifie $2x^2 + 10x = 30$. *(Liber abaci*, capitul. XV, *De quæstionibus algebræ et almachabelæ*; ce chapitre est une reproduction de l'ouvrage d'Al Hovarez.)

A la Renaissance, l'Algèbre commence à se revêtir de notations symboliques.

Les exposants sont dus à Nicolas CHUQUET. Deux siècles et demi avant Descartes, il les emploie couramment dans son *Triparty* (1484), en les appelant des *denominacions*; il définit même et soumet aux règles du calcul l'exposant zéro et les exposants négatifs. Le polynome $4x^2 - 2x + 9$ s'écrit, chez lui, $4.^2 m.2.^1 p.9.^0$: il sous-entend la lettre du polynome ; du reste, il n'emploie les lettres que comme signes d'opérations, *p.* et *m.* pour + et —. L'expression $6.^3 \cdot m$, que nous écrivons $6x^{-3}$, représente la fraction $\dfrac{1}{6x^3}$. Plusieurs notations du *Triparty* se retrouvent dans *Larismetique nouellement composee par maistre Estienne de la roche dict de Villefranche, natif de Lyon sus le Rosne* (Lyon, 1520); mais le livre d'Estienne DE LA ROCHE est un plagiat du manuscrit de Chuquet.

Le moine toscan, Lucas PACIOLI, qui, dans sa *Summa de arithmetica, geometria e proportioni* (Venise, 1494), a résumé les travaux de ses devanciers italiens et surtout de Léonard Fibonacci, ne connaît pas les exposants. Dans cette *Summa*, qui est le plus ancien livre imprimé où l'on traitât de l'Algèbre et qui a servi de base à tous les travaux des algébristes du XVIe siècle, il écrit :

$$1.ce.ce.2.cu.3.ce.2.co. \; eguale \; al \; numero.81600,$$

égalité qui signifie $x^4 + 2x^3 + 3x^2 + 2x = 81600$.

Dans son *Ars magna* (1545), le géomètre milanais CARDAN écrit tout au long : *cubus et 6 positiones æquantur 20*, pour $x^3 + 6x = 20$.

Les exposants reparaissent, en 1544, dans l'*Arithmetica integra* de STIFEL ; il les appelle déjà des *exposants*.

L'*Algebra* (Bologne, 1572), de Raphaël BOMBELLI porte $1\underset{\smile}{1}m.5\underset{\smile}{2}p.26$ pour $x^4 - 5x^2 + 26$.

En 1585, l'illustre inventeur ou promoteur du calcul des fractions décimales, Simon STEVIN, de Bruges, dans son *Arithmetique* « premierement descripte en flaming et maintenant convertie en françois, » écrit les polynomes, ou, comme il dit, les *multinomies algébraïques* sous la forme suivante, où la *dignité* de chaque *potence* (il appelle ainsi l'exposant de chaque puissance) est enfermée en un petit cercle :

$$5\,③ - 7\,② + 3\,① - 21\,⓪;$$

c'est le polynome $5x^3 - 7x^2 + 3x - 21$.

L'algébriste Albert GIRARD, de Saint-Mihiel en Lorraine, à qui l'on doit une édition

va énoncer sont de simples conséquences des principes et des règles de la multiplication.

PRINCIPE I. — *Une puissance de degré pair d'une quantité soit positive, soit négative, est toujours positive; une puissance de degré impair a toujours le signe de sa racine.*

Ce principe se déduit du théorème relatif au signe d'un produit de plusieurs facteurs (**44**).

EXEMPLES. $(+a)^5 = +a^5$, $(-a)^4 = a^4$, $(-a)^5 = -a^5$.

En général : $(+a)^m = +a^m$, $(-a)^{2p} = a^{2p}$, $(-a)^{2p+1} = -a^{2p+1}$.

PRINCIPE II. — *La puissance* m^{ième} *d'un produit de plusieurs facteurs est égale au produit des puissances* m^{ièmes} *de chacun des facteurs.*

En effet, on a, par exemple : $(abc)^3 = abc \cdot abc \cdot abc = aaabbbccc = a^3b^3c^3$.

PRINCIPE III. — *Pour élever à la puissance* m^{ième} *une quantité affectée d'un exposant, on multiplie par* m *cet exposant.*

En effet, on a, par exemple : $(a^2)^3 = a^2a^2a^2 = a^{2+2+2} = a^{2\times3}$.

EXEMPLES. $(-a^2)^3 = -a^6$, $(-a^3)^2 = a^6$, $(-a^2)^4 = a^8$.

En général : $(a^m)^p = a^{mp}$.

Il ne faut pas confondre les notations $(a^p)^q$ et a^{pq} ; la seconde signifie $a^{(pq)}$. En supposant $p=2$ et $q=3$, l'une équivaut à a^6, l'autre à a^8.

90. — Monomes. — Loi du carré. — Pour former le carré d'un monome, on élève au carré le coefficient, on double les exposants et l'on donne au résultat le signe positif (**48**).

EXEMPLES. $(5ax^2y^3)^2 = 25a^2x^4y^6$; $(-3x^m)^2 = 9x^{2m}$.

Loi d'une puissance quelconque. — Pour former la puissance $m^{ième}$ d'un monome, on élève à la puissance $m^{ième}$ le coefficient, on multiplie par m les exposants et l'on donne au résultat le signe positif, si m est pair, et le signe même de la racine, si m est impair (**48**).

EXEMPLES. $(5xy^2z^3)^m = 5^mx^my^{2m}z^{3m}$; $[(a^p)^q]^r = a^{pqr}$.

---

commentée (Leyde, 1634) des œuvres mathématiques du géomètre brugeois, adopte ces mêmes notations dans son propre livre : *Invention nouvelle en l'Algèbre* (1629); de plus, il se sert des exposants fractionnaires, que Stevin n'avait fait que proposer : $(\frac{3}{2})$ désigne $\sqrt[3]{x^2}$.

Cependant, VIÈTE, le créateur de l'Algèbre littérale, ne connaît pas les exposants. Ayant à formuler, dans son livre : *Ad Logisticen speciosam notæ priores* (1591), la loi de la sixième puissance d'un binome, il écrit : *Genesis A + B cubo-cubi erit A cubo-cubus + A cubo-quadratum in B. 6 + A quad.-quad. in B quad. 15 + A cubus in B cubum. 20 + A quadratum in B quad.-quad. 15 + A in B quad.-cub. 6 + B cubo-cubus.* Nous traduisons :

$$(a+b)^6 = a^6 + 6a^5b + 15a^4b^2 + 20a^3b^3 + 15a^2b^4 + 6ab^5 + b^6.$$

91. — Binomes. — Lois du carré et du cube. — *Voy. n° 56.*

Formules :
$$(a \pm b)^2 = a^2 \pm 2ab + b^2 ;$$
$$(a \pm b)^3 = a^3 \pm 3a^2b + 3ab^2 \pm b^3.$$

Loi d'une puissance quelconque. — La formation de la puissance $m^{ième}$ d'un binome constitue un chapitre spécial des Compléments de l'Algèbre élémentaire et est, d'ordinaire, rattachée à la théorie des combinaisons.

Cependant, nous consacrerons à cet objet le paragraphe dernier du présent chapitre (**105**), en le traitant comme une application immédiate des règles de la multiplication.

92. — Trinomes. — Loi du carré. — Le carré d'un trinome est égal au carré du premier terme, plus le double produit du premier par le second, plus le carré du second, plus le double produit des deux premiers par le troisième, plus le carré du troisième.

Formule : $(a+b+c)^2 = a^2 + 2ab + b^2 + 2ac + 2bc + c^2.$

En effet, on a : $(a+b+c)^2 = [(a+b)+c]^2 = (a+b)^2 + 2(a+b)c + c^2 = \dots$

Loi du cube. — Le cube d'un trinome est égal à la somme des cubes de ses termes, plus le triple produit de chaque terme par le carré de chacun des autres, plus six fois le produit des trois termes.

En effet, $(a+b+c)^3 = (a+b+c)^2(a+b+c)$
$$= a^3 + b^3 + c^3 + 3ab^2 + 3ac^2 + 3ba^2 + 3bc^2 + 3ca^2 + 3cb^2 + 6abc.$$

93. — Polynomes. — Loi du carré. — *Le carré d'un polynome est égal à la somme des carrés de chacun de ses termes, plus les doubles produits de ses termes pris deux à deux.*

$$(a+b+c+d+\dots)^2 = a^2 + b^2 + c^2 + d^2 + \dots + 2ab + 2ac + \dots + 2bc + 2bd + \dots$$

On représente souvent cette loi sous la forme symbolique

$$(a+b+c+\dots)^2 = \Sigma a^2 + 2\Sigma ab,$$

le signe Σ indiquant une somme de termes composés de la même manière que le terme affecté de ce signe.

Démonstration. — Pour établir cette loi générale, nous allons démontrer que si cette loi est vraie pour un polynome de n termes, elle se vérifiera encore pour un polynome de $n+1$ termes, c'est-à-dire renfermant un terme de plus.

Soit $a+b+c+\dots+h+k$ un polynome de n termes et $a+b+c+\dots+h+k+l$ un polynome de $n+1$ termes. Supposons que la loi énoncée s'applique au carré du premier polynome. Je dis qu'elle subsistera pour le carré du second polynome.

En effet, on a :

$$(a+b+c+\ldots+h+k+l)^2 = [(a+b+\ldots+k)+l]^2$$
$$= (a+b+\ldots+k)^2 + l^2 + 2(a+b+\ldots k)l.$$

Or, le carré $(a+b+c+\ldots+h+k)^2$ contient, par hypothèse, les carrés des termes $a, b, c, \ldots, h, k$, plus les doubles produits de ces n termes pris deux à deux. Si l'on y ajoute donc le carré l^2 et le double du produit des termes $a, b, c, \ldots, h, k$ par l, on aura la somme des carrés de chacun des termes $a, b, c, \ldots, h, k, l$ et les doubles produits de tous ces $n+1$ termes pris deux à deux.

Par conséquent, si la loi est exacte pour un polynome de n termes, elle reste vraie pour un polynome de $n+1$ termes.

Or, nous avons vérifié cette loi pour un trinome (**92**); donc elle subsiste pour un quadrinome; étant vraie pour un quadrinome, elle subsiste pour un polynome de cinq termes, et ainsi de suite.

Remarques. — I. On peut donner de cette loi ce *second énoncé* : Le carré d'un polynome est égal au carré du premier terme, plus le double produit du premier par le second, plus le carré du second, plus le double produit des deux premiers par le troisième, plus le carré du troisième, plus le double produit des trois premiers par le quatrième, plus le carré du quatrième, et ainsi de suite.

$$(a+b+c+d+\ldots)^2 = a^2 + 2ab + b^2 + 2ac + 2bc + c^2 + 2ad + 2bd + 2cd + d^2 + \ldots.$$

Cet énoncé, qui ne diffère du premier que par l'ordre des termes dans le développement, servira plus loin de base à la théorie de l'extraction de la racine carrée des polynomes.

II. Si l'ordonnatrice se présente avec le même exposant à plusieurs termes, on la met en évidence et on considère les parenthèses comme des coefficients.

Exemple. $(ax^2 - bx^2 + ax + bx + a - b)^2 = [(a-b)x^2 + (a+b)x + a - b]^2 = \ldots.$

Termes irréductibles. — *Le carré d'un polynome de plus de deux termes renferme au moins quatre termes irréductibles, qui sont, dans le carré ordonné, les deux premiers et les deux derniers.*

Soit, en effet, $P = x^a + x^b + x^c + x^d$ le polynome ordonné suivant les puissances décroissantes de x; son carré, développé dans l'ordre indiqué au second énoncé, sera $P^2 = x^{2a} + 2x^{a+b} + x^{2b} + 2x^{a+c} + 2x^{b+c} + x^{2c} + 2x^{a+d} + 2x^{b+d} + 2x^{c+d} + x^{2d}$.

De ce que $a > b > c > \ldots$, il suit qu'on a $2a > a+b$ et $a+b > 2b$; les deux premiers termes de P^2 sont donc irréductibles entre eux et avec les suivants. De même, on a $2d < c+d < b+d$, et par conséquent les deux derniers termes sont irréductibles entre eux et avec les précédents.

Loi du cube. — Le cube d'un polynome est égal à la somme des cubes de ses termes, plus le triple produit de chaque terme par le carré de chacun des autres, plus six fois les produits des termes pris trois à trois.

$$(a+b+c+d+\ldots)^3 = a^3+b^3+c^3+\ldots+3ab^2+3ac^2+\ldots+6abc+6acd+\ldots,$$

ou
$$(\Sigma a)^3 = \Sigma a^3 + 3\Sigma ab^2 + 6\Sigma abc.$$

Cette loi du cube pourrait se démontrer ici suivant le même procédé (procédé d'induction, ou démonstration de proche en proche) que la loi du carré. On établirait que si cette loi est vraie pour un polynome de n termes, elle l'est encore pour un polynome de $n+1$ termes; or, en effectuant, par une multiplication répétée, le cube de $a+b+c$, on voit que la loi se vérifie dans le cube d'un binome; donc...

Loi d'une puissance quelconque. — La recherche et l'étude de la loi de la puissance $m^{ième}$ d'un polynome trouvent leur place dans une partie plus élevée de l'Algèbre.

On trouve, par exemple, cette formule :

$$(a+b+c+d+e+\ldots)^4 = \Sigma a^4 + 4\Sigma a^3 b + 6\Sigma a^2 b^2 + 12\Sigma a^2 bc + 24\Sigma abcd.$$

2. — Extraction des Racines.

94. — Définitions. — Racines. — La *racine* $m^{ième}$ d'une quantité est une quantité qui, élevée à la puissance $m^{ième}$, reproduit la première.

Le nombre m est le *degré* de la racine et s'indique par l'*indice* [1] du signe radical (**7**).

---

[1] Le signe $\sqrt{}$ date du XVIe siècle.

Dès 1484, on trouve chez Nicolas Chuquet des notations spéciales pour indiquer les racines : ฿².10. signifie $\sqrt{10}$, ฿³.8. désigne $\sqrt[3]{8}$; il emploie fréquemment ce qu'il nomme les *racines lyees* :

฿³.10.p.฿².36.m.฿³.27. signifie $\sqrt[3]{10 + \sqrt{36} - \sqrt[3]{27}}$.

Fra Lucas Pacioli, dans sa *Summa* (1494), emploie aussi la *radice legata* ou la *radice universale*, sous cette forme :

฿V.40.m.฿320 pour $\sqrt{40 - \sqrt{320}}$.

Bombelli, dans son *Algebra* (1572), écrit :

฿.q.L฿.c.L฿.q.68.p.2 ⌡m.฿.c.L฿.q.68.m.2.⌡⌡

pour
$$\sqrt{\left[\sqrt[3]{\sqrt{68}+2} - \sqrt[3]{\sqrt{68}-2}\right]}.$$

Le signe L est l'initiale de *legata*, comme V l'initiale de *universale*.

Une vieille algèbre latine (XVe siècle?) indique par un, deux ou trois points placés devant une quantité sa racine carrée, bi-carrée, cubique. Rudolff, l'auteur de *Die Coss* (1525), remplaça les points par des barres, reliées entre elles par des traits plus fins, et fut amené

L'élévation aux puissances et l'extraction des racines étant deux opérations inverses l'une de l'autre, le carré de la racine carrée d'une quantité est cette quantité elle-même : $\left(\sqrt{a}\right)^2 = a$; réciproquement : $\sqrt{a^2} = a$.

En général, on a donc $\left(\sqrt[m]{a}\right)^m = a$ et $\sqrt[m]{a^m} = a$.

Expressions irrationnelles. — Une expression est *rationnelle* ou *irrationnelle* suivant qu'elle ne contient pas de signe d'extraction de racine ou qu'elle en contient.

Cependant, une expression n'est considérée comme irrationnelle que si l'on ne peut la débarrasser de son signe d'extraction de racine : on ne regardera pas comme irrationnelles les quantités $\sqrt{a^2b^4}$, $\sqrt{a^2 - 2ab + b^2}$, qui sont en effet équivalentes à ab^2 et $a - b$.

La présente partie du Calcul algébrique étant consacrée aux quantités rationnelles, il ne sera question ici que de l'extraction des racines de puissances parfaites.

Nous entendons par *carré parfait, cube parfait, puissance $m^{ième}$ parfaite,* des expressions qui sont exactement le carré, le cube, la puissance $m^{ième}$ de quantités rationnelles. Il est clair que si une quantité n'est pas puissance $m^{ième}$ parfaite, l'extraction de sa racine $m^{ième}$ sera impossible et ne pourra être qu'indiquée : cette indication constitue précisément ce qu'on appelle une expression irrationnelle.

95. — Valeur arithmétique d'un radical. — Si A représente une quantité positive, on entend par *valeur arithmétique* du radical $\sqrt[m]{A}$, ou *racine arithmétique $m^{ième}$* de A, le nombre positif qui, élevé à la puissance $m^{ième}$, reproduit la quantité A.

Ce nombre sera tantôt commensurable, c'est-à-dire entier ou fractionnaire : exemples, $\sqrt[3]{125} = 5$, $\sqrt[2]{\frac{9}{16}} = \frac{3}{4}$; tantôt incommensurable : exemple, $\sqrt{2} = 1,41421\ldots$

Une quantité A ne peut avoir qu'une seule racine arithmétique $m^{ième}$; car deux nombres inégaux, multipliés chacun par lui-même un même nombre de fois, donneraient nécessairement deux résultats inégaux.

De ces considérations résulte le théorème suivant :

Toute quantité positive admet une racine positive d'ordre $m^{ième}$ et n'en admet qu'une seule.

---

ainsi à désigner par les signes $\vee$, $\vee\vee$, $\vee\vee\vee$, la racine carrée, la racine bicarrée, la racine cubique. Peut-être le signe $\vee$ n'est-il qu'une déformation de l'initiale r du mot *radix*.

Le signe $\vee$ se retrouve chez Simon Stevin et chez Albert Girard. Ce dernier emploie tantôt les radicaux avec leurs indices, tantôt les exposants fractionnaires (voy. *note* n. **88**). Descartes n'emploie pas les indices : $\sqrt{C. a^6}$ représente, chez lui, la racine cubique de a^6.

96. — Double valeur de la racine carrée. — Théorème. — *Toute quantité positive a deux racines carrées, égales en valeur absolue et de signes contraires, et ne peut en avoir davantage.*

En effet, soit $+x$ la racine arithmétique de la quantité positive A : on a $(+x)^2 = A$. Or, le même nombre x pris négativement sera une seconde racine carrée : car, le carré d'une quantité négative étant positif, on a $(-x)^2 = (+x)^2$. Il ne peut y avoir, d'ailleurs, d'autres racines carrées de A que $+x$ et $-x$; car toute quantité supérieure ou inférieure à x en valeur absolue, prise positivement ou négativement, donnerait un carré supérieur ou inférieur à x^2 et par conséquent à A.

Autre démonstration. — Soit x la valeur de $\sqrt{A}$; on a $x^2 = A$, égalité qui peut s'écrire sous les formes successives : $x^2 - A = 0$, ou $x^2 - (\sqrt{A})^2 = 0$, ou $(x + \sqrt{A})(x - \sqrt{A}) = 0$. Or, pour qu'un produit soit nul, il faut et il suffit qu'un de ses facteurs soit nul. L'égalité dernière exige donc que l'on ait ou bien $x + \sqrt{A} = 0$ et par suite $x = -\sqrt{A}$, ou bien $x - \sqrt{A} = 0$ et par suite $x = +\sqrt{A}$. Il y a donc deux racines de A, qui sont $+\sqrt{A}$ et $-\sqrt{A}$; et il ne peut pas en exister d'autres, le produit $(x + \sqrt{A})(x - \sqrt{A})$ ne pouvant être nul pour aucune autre valeur attribuée à x.

On désigne les deux racines carrées de A par la notation à signe ambigu $\pm\sqrt{A}$; cependant, devant le signe radical, on sous-entend le double signe, et l'on écrit, par exemple, $\sqrt{9} = \pm 3$.

97. — Différentes valeurs d'un radical algébrique. — On démontre, en Algèbre supérieure, que toute quantité A admet m racines d'ordre $m^{\text{ième}}$, ou en d'autres termes que l'expression $\sqrt[m]{A}$ admet m valeurs algébriques : nous venons de vérifier ce fait pour le radical du second degré. Pour le moment, il n'y a lieu de considérer que les racines *réelles* : on appelle quantités réelles les quantités positives et négatives, par opposition aux quantités imaginaires, dont il sera question quelques lignes plus bas. — Cette remarque faite, nous énoncerons les théorèmes suivants :

Racines réelles d'ordre pair. — 1° *Si* m *représente un indice pair, toute quantité positive admet deux racines* m^{ièmes}, *égales en valeur absolue et de signes contraires.*

Exemples. $\sqrt{25} = \pm 5$, $\sqrt[6]{64} = \pm 2$.

En effet, si $+x$ est la racine arithmétique $m^{\text{ième}}$ de A, $-x$ sera aussi racine $m^{\text{ième}}$ de cette quantité; car, m étant pair, on a $(-x)^m = (+x)^m$.

2° *Une quantité négative n'admet aucune racine réelle d'ordre pair.*

En effet, les puissances paires d'une quantité quelconque, positive ou négative, sont toujours positives.

Ainsi, des expressions telles que $\sqrt{-9}$, $\sqrt{-x^2}$, $\sqrt[6]{-64}$, etc., n'ont aucune valeur *réelle*, ni positive, ni négative; c'est pourquoi tout radical d'indice pair affectant une quantité négative porte le nom d'*expression imaginaire*.

Racines réelles d'ordre impair. — *Si* m *désigne un indice impair, toute quantité soit positive soit négative admet une racine* m^{ième} *réelle, de même signe qu'elle, et n'en admet pas d'autres.*

Exemples. $\sqrt[3]{27} = 3$, $\sqrt[3]{-27} = -3$.

En effet, considérons soit le radical $\sqrt{+A}$, soit le radical $\sqrt{-A}$. La racine arithmétique de la quantité absolue A, affectée du même signe que A et élevée à la puissance d'ordre impair m^{ième} reproduira, en signe et en valeur absolue, l'expression écrite sous le radical ; et toute quantité différente de cette valeur arithmétique ou affectée d'un signe différent donnera, à la puissance m^{ième}, un résultat différent.

98. — Principes fondamentaux.

— L'extraction des racines n'étant que l'opération inverse de l'élévation aux puissances, les principes de l'élévation aux puissances (**89**) fournissent, par voie de réciprocité, les principes suivants :

Principe I.   *Une racine de degré pair est réelle et de signe double, si la quantité soumise au radical est positive, et elle est imaginaire, si cette quantité est négative.*

Une racine de degré impair est réelle, quel que soit le signe de la quantité soumise au radical, et elle a le signe de cette quantité.

Ce principe ne fait que résumer les théorèmes précédents.

Principe II. — *La racine* m^{ième} *d'un produit est égale au produit des racines* m^{ièmes} *des facteurs :*

$$\sqrt[m]{abc} = \sqrt[m]{a}\,\sqrt[m]{b}\,\sqrt[m]{c}.$$

Principe III. — *La racine* m^{ième} *d'une quantité affectée d'un exposant s'obtient en divisant par* m *cet exposant :*

$$\sqrt{a^6} = \pm\, a^3, \qquad \sqrt[3]{a^6 b^9 c^3} = a^2 b^3 c.$$

Remarque. — Dans toute la suite de ce chapitre, nous supposerons, sauf indication contraire, que les quantités placées sous le radical sont positives et, de plus, nous ne considérerons d'ordinaire que les racines positives de ces quantités. Nous nous limiterons ainsi à ce qu'on appelle les *valeurs arithmétiques* des radicaux.

99. — Monomes.

— Racine carrée. — Les conditions nécessaires et suffisantes pour qu'un monome soit carré parfait, sont : 1° qu'il soit positif; — 2° que le coefficient soit un carré; — 3° que les exposants soient pairs.

Ces conditions sont *nécessaires.* Car un monome ne peut avoir pour racine carrée qu'un monome; or, ce monome racine qui, élevé au carré, doit reproduire le monome proposé, demande, pour être élevé au carré, que l'on élève au carré son coefficient, que l'on double ses exposants et que l'on donne au résultat le signe positif.

Ces conditions sont *suffisantes.* Car, si elles sont remplies, le monome qu'on obtient en extrayant la racine du coefficient et en divisant par 2 les exposants, a pour carré le monome proposé.

Pour extraire la racine carrée d'un monome carré parfait, on extrait la racine carrée du coefficient, on divise par 2 les exposants et, si l'on veut tenir compte du signe, on donne le signe $\pm$ au résultat.

EXEMPLES. $\sqrt{25a^2x^4y^6} = \pm 5ax^2y^3$; $\sqrt{9x^{2m}} = \pm 3x^m$.

RACINE QUELCONQUE. — Pour qu'un monome soit puissance $m^{ième}$ exacte, il faut et il suffit : 1° que le signe soit positif, si m est pair ; — 2° que le coefficient soit une puissance $m^{ième}$ exacte ; — 3° que les exposants soient multiples de m.

Pour extraire la racine $m^{ième}$ d'un monome, on extrait la racine $m^{ième}$ du coefficient, on divise par m les exposants et, si l'on veut tenir compte du signe, on donne au résultat le signe $\pm$, si m est pair, et le signe même du monome, si m est impair.

EXEMPLE. $\sqrt[m]{5^m x^m y^{2m} z^{3m}} = 5xy^2z^3$.

COROLLAIRE. — Le *degré* d'un terme irrationnel de la forme $\sqrt[m]{A}$ s'obtient en divisant par l'indice de la racine le degré de la quantité placée sous le radical : $\sqrt[3]{xy^2z^3}$ est du 2ᵉ degré. Si le terme a la forme $A\sqrt[m]{B}$ on additionne les degrés de A et de $\sqrt[m]{B}$: ainsi $x^3\sqrt[m]{y^2z^4}$ est du 6ᵉ degré.

100. — Binomes. — *Un binome rationnel ne peut être le carré d'aucune expression rationnelle.* En effet, le carré d'un monome est un monome, le carré d'un binome est un trinome, le carré d'un polynome est un polynome qui a au moins quatre termes.

101. — Trinomes. — RACINE CARRÉE. — La racine carrée d'un trinome carré parfait ne peut être qu'un binome ; car une racine monome donnerait un carré monome, et une racine de plus de deux termes donnerait un carré de quatre termes au moins.

Pour qu'un trinome ordonné soit le carré parfait d'une expression rationnelle, il faut et il suffit que les termes extrêmes soient carrés parfaits, et que le terme du milieu soit le double produit des racines des extrêmes.

Pour extraire la racine carrée d'un trinome carré parfait, on commence par ordonner le trinome, puis on extrait les racines des termes extrêmes et on les sépare par le signe $+$ ou par le signe $-$, suivant que le second terme du trinome est positif ou négatif.

FORMULE : $\sqrt{a^2 \pm 2ab + b^2} = a \pm b$.

REMARQUE. — Si l'on veut tenir compte de la double valeur de la racine carrée, on affectera du signe $\pm$ le résultat obtenu : ainsi $\sqrt{9x^2+12x+4} = \pm(3x+2)$. $\sqrt{a^2-2a+1} = \pm(a-1)$; car le premier trinome admet à la fois pour racines $3x+2$ et $-3x-2$, et le second admet $a-1$ et $1-a$.

102. — Applications. — I. *Montrez que le double produit de deux quantités inégales est moindre que la somme de leurs carrés.*

On a $(a-b)^2 = a^2 + b^2 - 2ab$; or, tout carré étant positif, on a $a^2 + b^2 - 2ab > 0$, ce qui exige que l'on ait $a^2 + b^2 > 2ab$.

Si a et b étaient des quantités égales, on aurait $(a-b)^2 = 0$; d'où $a^2 + b^2 - 2ab = 0$ et $2ab = a^2 + b^2$.

II. *Un binome étant donné, on demande de lui ajouter un terme pour obtenir un carré parfait.*

La solution de ce problème exige qu'un terme au moins du binome soit un carré.

Représentons par $A + B + C$ le trinome cherché, A et C désignant des termes carrés parfaits.

Le second terme devra répondre à la relation $B = \pm 2\sqrt{A}\sqrt{C}$, relation qui peut s'écrire $B = \pm 2\sqrt{AC}$, ou $B^2 = 4AC$.

Le terme extrême C répondra, par suite, à la relation $\sqrt{C} = \dfrac{B}{2\sqrt{A}}$ ou $C = \dfrac{B^2}{4A}$.

Exemples. — 1. On demande de compléter le binome $9x^2 + 0,25y^2$.

Remarquant que ces deux termes sont des carrés, on cherchera le terme du milieu : $B = \pm 2\sqrt{AC} = \pm 2 \times 3x \times 0,5y = \pm 3xy$. Le trinome complet est $9x^2 \pm 3xy + 0,25y^2$.

2. Soit à compléter le binome $a^2 - 6ab$. On cherche le terme troisième : sa racine est $\sqrt{C} = \dfrac{B}{2\sqrt{A}} = \dfrac{-6ab}{2a} = -3b$: le trinome est $a^2 - 6ab + 9b^2$.

3. Soit à compléter $x^2 + px$. On a $C = \dfrac{B^2}{4A} = \dfrac{p^2 x^2}{4x^2} = \dfrac{p^2}{4}$; d'où le trinome $x^2 + px + \dfrac{p^2}{4}$.

103. — Théorème. — *Pour que le trinome $T = ax^2 + bx + c$ soit le carré parfait d'une expression rationnelle par rapport à x, il faut et il suffit que les coefficients de x vérifient la relation $b^2 - 4ac = 0$.*

Cette relation peut s'écrire $b^2 = 4ac$, ou $b = \pm 2\sqrt{ac}$.
Exemple. $25x^2 - 30x + 9$ est carré parfait; car $30 = 2 \times 5 \times 3$.

Cette condition est *nécessaire.* — Pour le démontrer, supposons d'abord $a \neq 0$. Le second terme de T doit être le double produit des deux termes de la racine, si T est un carré parfait; or, ces deux termes ne peuvent être que les racines des termes extrêmes du trinome; donc on doit avoir $bx = 2\sqrt{ax^2}\sqrt{c}$, ou, en élevant au carré les deux membres de l'égalité, $b^2 x^2 = 4ac x^2$; d'où $b^2 = 4ac$.

Supposons le cas particulier où a est nul : T se réduit à $bx + c$. Or, un binome ne peut être carré parfait. On doit donc avoir, ou bien $c = 0$, mais en ce cas, T, ou bx, n'est pas le carré d'une expression rationnelle en x; ou bien $b = 0$, et en ce cas, la relation annoncée se vérifie, et le trinome d'ailleurs se réduit à c qui est le carré de la quantité $\sqrt{c}$, peut-être irrationnelle, mais indépendante de x.

La condition est *suffisante*. — En effet, si l'on a $a \neq 0$, la relation $b^2 - 4ac = 0$ fournit $c = \dfrac{b^2}{4a}$ et, par suite,

$$ax^2 + bx + c = ax^2 + bx + \frac{b^2}{4a} = \left(x\sqrt{a} + \frac{b}{2\sqrt{a}}\right)^2.$$

Si, au contraire, $a = 0$, la relation $b^2 - 4ac = 0$ donne $b^2 = 0$; d'où $b = 0$, et le trinome se réduit à c.

APPLICATION. — A quelle condition $ax^2 + 2bxy + cy^2$ est-il un carré parfait, a, b, c désignant des coefficients numériques?

Rép. : $(2by)^2 - 4acy^2 = 0$; d'où $b^2 = ac$.

104. — Polynomes. — RACINE CARRÉE. — Pour extraire la racine carrée d'un polynome, on applique la RÈGLE suivante :

Après avoir ordonné le polynome suivant les puissances décroissantes ou croissantes d'une de ses lettres, on extrait la racine carrée du premier terme, ce qui donne le *premier* terme de la racine; puis on retranche du polynome le carré du terme trouvé. — On divise le premier terme du reste par le double du premier terme de la racine, ce qui donne le *second* terme de la racine; puis on retranche du reste le double produit du premier terme de la racine par le second et le carré du second. — On divise le premier terme du nouveau reste par le double du premier terme de la racine, ce qui donne le *troisième* terme de la racine; puis on retranche du reste le double produit des deux premiers termes trouvés de la racine par le troisième et le carré du troisième. — On continue ainsi, jusqu'à ce que l'on arrive à un reste nul ou que l'on reconnaisse que l'extraction est impossible.

EXEMPLE. — Soit $P = x^6 - 4x^5 + 10x^4 - 20x^3 + 25x^2 - 24x + 16$.

On adopte pour les calculs une disposition qui rappelle les procédés de l'Arithmétique.

$$
\begin{array}{l|l}
x^6 - 4x^5 + 10x^4 - 20x^3 + 25x^2 - 24x + 16 & \;x^3 - 2x^2 + 3x - 4 \\
-x^6 & \\
\hline
& (2x^3 - 2x^2) \times -2x^2 \\
-4x^5 + 10x^4 - 20x^3 + 25x^2 - 24x + 16 & (2x^3 - 4x^2 + 3x) \times 3x \\
+4x^5 - 4x^4 & (2x^3 - 4x^2 + 6x - 4) \times -4 \\
\hline
+6x^4 - 20x^3 + 25x^2 - 24x + 16 & \\
-6x^4 + 12x^3 - 9x^2 & \\
\hline
-8x^3 + 16x^2 - 24x + 16 & \\
+8x^3 - 16x^2 + 24x - 16 & \\
\hline
0 &
\end{array}
$$

Il est utile d'observer les analogies entre l'extraction de la racine d'un polynome et l'extraction de la racine d'un nombre entier. Ces analogies se justifient aisément : l'opération $\sqrt{4\,058\,292\,051}$ revient à l'extraction de la racine carrée du polynome $40x^8 + 58x^6 + 29x^4 + 20x^2 + 51$.

$$
\begin{array}{l|l}
4\,0.5\ 8.2\ 9.2\ 0.5\ 1 & 63\,704 \\
\hline
\quad 4\ 5.8 & \\
\qquad 8\ 9\ 2.9 & (120+3)\times 3 = 369 \\
\qquad 6\ 0\ 2.0\ 5.1 & (1260+7)\times 7 = 8869 \\
\qquad 9\ 2\ 4\ 3\ 5 & (127\,400+4)\times 4 = 509\,616
\end{array}
$$

$$\therefore \quad 4\,058\,292\,051 = (63\,704)^2 + 92\,435$$

Démonstration. — Supposons que le polynome proposé P soit le carré d'un polynome Q rationnel par rapport à x, et ordonnons P suivant les puissances décroissantes de x.

On sait (**93**, Rem.) que, dans un polynome carré ordonné, le premier terme est le carré du premier terme de la racine et que le second terme est le double produit des deux premiers termes de la racine. On obtient donc le premier terme de Q en extrayant la racine du premier terme de P, et le second terme de Q en divisant le second terme de P par le double du premier terme de Q. — Si l'on retranche de P le carré du premier terme de Q, plus le double produit du premier par le second, plus le carré du second, le reste P′ ne contiendra plus (**93**) que les doubles produits des deux premiers termes de Q par le troisième, plus le carré du troisième, etc. Or, on voit aisément que le double produit du premier terme par le troisième contient x à une plus haute puissance que les autres parties de P′; donc ce double produit est le premier terme, sans réduction, de P′. On obtient donc le troisième terme de Q en divisant le premier terme de P′ par le double du premier terme de Q. — Si l'on retranche encore le double produit des deux premiers termes de Q par le troisième, plus le carré du troisième, le nouveau reste P″ contiendra les doubles produits des trois premiers termes de Q par le quatrième, plus le carré du quatrième, etc. Raisonnant comme tantôt, on trouvera de la même manière le quatrième terme de Q.

En continuant ainsi, on est certain, si P est un carré, de découvrir successivement tous les termes de sa racine et d'arriver à un reste nul; car chaque division fera trouver un terme de la racine, et chaque soustraction fera retrancher du polynome un des diverses parties qui composent un carré parfait.

On fait une démonstration analogue, si P est ordonné dans l'ordre des puissances croissantes de l'ordonnatrice; mais on observera que si P n'est pas carré parfait, l'opération ainsi ordonnée peut se prolonger indéfiniment.

Remarques. — I. Si l'on veut tenir compte de la double valeur de la racine, on affectera le résultat du signe $\pm$. Ainsi, dans l'exemple choisi : $\sqrt{P} = \pm\,(x^3 - 2x^2 + 3x - 4)$; le polynome admet, en effet, les deux racines $x^3 - 2x^2 + 3x - 4$ et $-x^3 + 2x^2 - 3x + 4$. On se rendra compte de cette ambiguïté en observant que l'on pouvait, au début de l'opération, prendre indifféremment $+x^3$ et $-x^3$ pour racine du premier terme x^6.

II. Si le polynome renferme l'ordonnatrice avec le même exposant dans plusieurs termes, on la met en facteur commun, et l'on considère les parenthèses comme des coefficients.

EXEMPLE. $\sqrt{(a^2x^2 - 2abx^2 + b^2x^2 - 2a^2bx + 2ab^2x + a^2b^2)}$
$$= \sqrt{[(a^2 - 2ab + b^2)x^2 - 2(a - b)abx + a^2b^2]} = \pm [(a - b)x - ab].$$

III. On pourrait calculer immédiatement les deux premiers et les deux derniers termes de la racine. Les termes extrêmes de la racine s'obtiendraient en prenant les racines des termes extrêmes de P; le second et l'avant-dernier terme de la racine s'obtiendraient ensuite en divisant le second terme de P par le double du premier terme de Q, et l'avant-dernier terme de P par le double du dernier terme de Q. Il resterait ambiguïté relativement à leurs signes.

RACINE CARRÉE INEXACTE. — Étant donné un polynome quelconque P de degré m par rapport à x, il est toujours possible, si m est pair, de trouver (par la règle d'extraction précédemment énoncée) deux polynomes Q et $-$Q, du degré $\frac{m}{2}$, à termes égaux, mais de signes contraires, et un polynome R de degré inférieur à $\frac{m}{2}$, qui satisfassent à la relation $P = Q^2 + R$.

Il n'existe qu'un seul polynome R et que deux polynomes Q et $-$Q satisfaisant à cette relation. On donne à Q et à $-$Q le nom de *racines carrées non exactes* de P, et à R le nom de *reste* de l'extraction. Si R $= 0$, la racine carrée est dite *exacte* et P est *carré parfait*.

On suivra, pour établir ces théorèmes, la marche déjà suivie dans la démonstration de théorèmes analogues relatifs à la division (**76**).

CARACTÈRES D'IMPOSSIBILITÉ. — Il est inutile d'*entreprendre* l'extraction de la racine carrée exacte :

1° Si le premier et le dernier terme du polynome ne sont pas carrés parfaits.

2° Si le second et l'avant-dernier terme du polynome ne sont pas respectivement divisibles par le double de la racine du premier et du dernier terme.

Il est inutile de *poursuivre* l'extraction :

1° Si le premier terme d'un reste n'est pas divisible par le double du premier terme posé à la racine.

2° Si l'opération ne se termine pas après qu'on a placé à la racine un terme dont le degré en x est égal à la moitié du degré en x du dernier terme du polynome (celui-ci étant ordonné suivant les puissances décroissantes de x).

RACINE CUBIQUE ET RACINE QUELCONQUE. — L'extraction de la racine cubique, et en général de la racine $m^{ième}$ des polynomes, est étrangère à la partie présente de l'Algèbre.

3. — Puissances d'un Binome.

105. — Formation des puissances successives. — Calculons les premières puissances du binome $(a+b)$ par de simples multiplications répétées, et joignons-y la puissance de degré zéro (**69**) :

$$
\begin{aligned}
(a+b)^0 &&&= 1,\\
(a+b)^1 &&&= a+b,\\
(a+b)^2 &= (a+b)(a+b) &&= a^2 + 2ab + b^2,\\
(a+b)^3 &= (a+b)^2(a+b) &&= a^3 + 3a^2b + 3ab^2 + b^3,\\
(a+b)^4 &= (a+b)^3(a+b) &&= a^4 + 4a^3b + 6a^2b^2 + 4ab^3 + b^4.
\end{aligned}
$$

En considérant ces premières puissances du binome, on constate qu'elles vérifient la loi de formation successive que nous allons formuler et établir :

THÉORÈME. — *La puissance* $m^{ième}$ *du binome* a+b *est un polynome homogène du degré* m, *composé de* m+1 *termes; les termes extrêmes sont* a^m *et* b^m; *les exposants de* a *décroissent de* m *à* 0, *et les exposants de* b *croissent de* 0 *à* m; *le coefficient d'un terme de rang quelconque s'obtient en faisant la somme, dans le développement de la puissance précédente, des coefficients du terme de même rang et du terme précédent.*

DÉMONSTRATION. — La $(m-1)^{ième}$ puissance de $a+b$ est le produit de $m-1$ facteurs identiques au binome homogène $a+b$; par suite, ce produit sera homogène (**54**) et aura pour termes extrêmes a^{m-1} et b^{m-1} (**52**); ordonné par rapport à a, il prend donc la forme

$$(a+b)^{m-1} = a^{m-1} + pa^{m-2}b + qa^{m-3}b^2 + ra^{m-4}b^3 + \dots$$

Multiplié par $a+b$, il doit donner la $m^{ième}$ puissance de $a+b$. Or, d'après les simples règles de la multiplication, il devient :

$$(a+b)^{m-1}(a+b) = a^m + (p+1)a^{m-1}b + (q+p)a^{m-2}b^2 + (r+q)a^{m-3}b^3 + \dots$$

La puissance $(a+b)^m$ satisfait donc à la loi énoncée.

SCOLIE. — En formant le tableau des coefficients numériques des puissances successives du binome, on obtient le fameux TRIANGLE ARITHMÉTIQUE ou TRIANGLE DE PASCAL.

Rien n'est plus aisé que de poursuivre la construction de ce triangle jusqu'à telle ligne qu'on voudra : en vertu du théorème précédent, chaque élément du triangle est la somme de l'élément situé au-dessus de lui et de l'élément qui précède celui-ci dans la même ligne horizontale : par exemple, $56 = 35 + 21$.

```
1
1 │ 1
1 │ 2   1
1 │ 3   3    1
1 │ 4   6    4    1
1 │ 5  10   10    5    1
1 │ 6  15   20   15    6    1
1 │ 7  21   35   35   21    7   1
1 │ 8  28   56   70   56   28   8   1
. │ .   .    .    .    .    .    .   .
```

Abstraction faite de la colonne des unités, la $m^{ième}$ ligne du triangle fournit les coefficients de $(a + b)^m$, et l'élément appartenant à la colonne $p^{ième}$ et à la ligne $m^{ième}$ est le coefficient du $(p + 1)^{ième}$ terme de la $m^{ième}$ puissance du binome.

REMARQUE. — Chaque terme, ou élément du triangle, est la somme de tous les termes situés au-dessus de lui dans la colonne précédente.

EXEMPLE. $\qquad 56 = 21 + 15 + 10 + 6 + 3 + 1.$

En vertu de la loi de construction du triangle, on a, en effet, $56 = 35 + 21 = (20 + 15) + 21 = (10 + 10) + 15 + 21 = (4 + 6) + 10 + 15 + 21 = \ldots$

APPLICATIONS. — Développez, à l'aide du triangle arithmétique, les expressions : $(x - y)^4$, $\quad (1 + z)^6$, $\quad (2u^3 - 3tv^2)^5$, $\quad (p + q - r)^4$. (*Voy. aussi* n. **44**, COR. III.)

1. $(x - y)^4 = x^4 - 4x^3y + 6x^2y^2 - 4xy^3 + y^4$.

2. $(1 + z)^6 = 1 + 6z + 15z^2 + 20z^3 + 15z^4 + 6z^5 + z^6$.

3. $(2u^3 - 3tv^2)^5 = (2u^3)^5 - 5(2u^3)^4(3tv^2) + 10(2u^3)^3(3tv^2)^2 - \ldots$
$\qquad\qquad = 32u^{15} - 240u^{12}tv^2 + 720u^9t^2v^4 - \ldots$

4. $(p + q - r)^4 = (p + q)^4 - 4(p + q)^3r + 6(p + q)^2r^2 - 4(p + q)r^3 + r^4$
$\qquad\qquad = (p^4 + 4p^3q + \ldots) - 4(p^3 + 3p^2q + \ldots)r + \ldots$

Formation directe d'une puissance. — Sans passer par le calcul des puissances intermédiaires, on obtient directement la puissance $m^{ième}$ du binome en la développant en un polynome homogène de degré m,

$$(a + b)^m = a^m + pa^{m-1}b + qa^{m-2}b^2 + \ldots,$$

et en calculant les coefficients d'après la loi suivante :

THÉORÈME. — *Le coefficient du* $(p + 1)^{ième}$ *terme de la puissance* $m^{ième}$ *du binome est le quotient de deux produits composés chacun de* p *nombres entiers consécutifs, le plus grand facteur étant* m *au dividende et étant* p *au diviseur.*

Démonstration. — On constate que les premières puissances obéissent à cette loi ; par exemple :

$$(a+b)^4 = a^4 + 4a^3b + 6a^2b^2 + 4ab^3 + b^4$$
$$= a^4 + \frac{4}{1}a^3b + \frac{4.3}{1.2}a^2b^2 + \frac{4.3.2}{1.2.3}ab^3 + \frac{4.3.2.1}{1.2.3.4}b^4.$$

Or, si cette loi se vérifie pour une puissance $(m-1)^{ième}$, elle subsiste pour la puissance suivante. En effet, en vertu du théorème précédemment établi, le coefficient N du $(p+1)^{ième}$ terme de $(a+b)^m$ est la somme des coefficients $(p+1)^{ième}$ et $p^{ième}$ de $(a+b)^{m-1}$; on a donc l'égalité

$$N = \frac{(m-1)(m-2)(m-3)\dots(m-p)}{1.2.3\dots p} + \frac{(m-1)(m-2)\dots(m-p+1)}{1.2\dots(p-1)}.$$

Additionnons ces deux fractions : à cet effet, on les réduit au même dénominateur, comme on fait en Arithmétique, en multipliant le numérateur et le dénominateur de la seconde par p ; nous obtiendrons

$$N = \frac{(m-1)(m-2)\dots(m-p) + (m-1)(m-2)\dots(m-p+1)p}{1.2.3\dots(p-1)p}$$
$$= \frac{(m-1)(m-2)\dots(m-p+1)[(m-p)+p]}{1.2.3\dots(p-1)p}$$
$$= \frac{m(m-1)(m-2)\dots(m-p+1)}{1.2.3\dots(p-1)p}.$$

La loi subsiste donc pour la $m^{ième}$ puissance, si elle se vérifie pour la puissance précédente ou $(m-1)^{ième}$.

Scolies. — I. Le *terme général*, ou le terme qui a p termes avant lui, a pour expression

$$T_{p+1} = \frac{m(m-1)(m-2)\dots(m-p+1)}{1.2.3\dots p} a^{m-p}b^p.$$

Le terme suivant est

$$T_{p+2} = \frac{m(m-1)\dots(m-p+1)(m-p)}{1.2\dots p(p+1)} a^{m-p-1}b^{p+1}.$$

On voit que la *règle* pour passer d'un terme au suivant est d'abaisser d'une unité l'exposant de a ; d'élever d'une unité l'exposant de b ; enfin de multiplier par l'ancien exposant de a et de diviser par le nouvel exposant de b le coefficient ancien.

II. *Les termes équidistants des termes extrêmes ont leurs coefficients égaux.*

En effet, $(a+b)^m$ étant symétrique en a et b, c'est-à-dire ne changeant pas de valeur quand on permute a et b, il doit en être de même du développement. S'il y a donc un terme en $ka^{m-p}b^p$, il doit y avoir aussi un terme en $kb^{m-p}a^p$; or, le terme en a^{m-p}, a p termes avant lui, et le terme en a^p en a p après lui; les termes équidistants des extrêmes ont donc leurs coefficients égaux.

Ce fait résulte aussi de l'égalité, qu'on établira par les règles du calcul des fractions, entre les coefficients $\dfrac{m(m-1)\ldots(m-p+1)}{1.2\ldots p}$ et $\dfrac{m(m-1)\ldots[m-(m-p)+1]}{1.2\ldots(m-p)}$.

Dans les applications numériques, il suffira donc de calculer les $\dfrac{m}{2}$ ou les $\dfrac{m+1}{2}$ premiers coefficients : les suivants reproduiront, en ordre inverse, les coefficients déjà trouvés.

III. La formule qui donne le développement de la $m^{ième}$ puissance du binome constitue la célèbre formule du BINOME DE NEWTON [1] et peut s'écrire comme il suit :

$$(a+b)^m = a^m + \frac{m}{1}a^{m-1}b + \frac{m(m-1)}{1.2}a^{m-2}b^2 + \frac{m(m-1)(m-2)}{1.2.3}a^{m-3}b^3 + \ldots$$

$$+ \frac{m(m-1)\ldots(m-p+1)}{1.2\ldots p}a^{m-p}b^p + \ldots$$

$$+ \frac{m(m-1)}{1.2}a^2 b^{m-2} + \frac{m}{1}ab^{m-1} + b^m.$$

APPLICATION. $\quad (x+a)^5 = x^5 + \dfrac{5}{1}x^4 a + \dfrac{5.4}{1.2}x^3 a^2 + \dfrac{5.4.3}{1.2.3}x^2 a^3 + \ldots$

$$= x^5 + 5ax^4 + 10a^2 x^3 + 10a^3 x^2 + 5a^4 x + a^5.$$

---

[1] La formule du binome porte le nom de NEWTON (1642-1727), ce grand géomètre ayant le premier donné à cette formule toute sa valeur en établissant qu'elle s'applique aux exposants fractionnaires. C'est en 1663 que Newton, encore élève au Collège de la Trinité à Cambridge, fit cette découverte, à la suite de ses méditations sur l'*Arithmetica infinitorum* (1655) de WALLIS; cette découverte l'amena à inventer, bientôt après (1668, le développement des fonctions en séries et les éléments de la théorie des fluxions, première forme de la théorie du Calcul différentiel.

Le triangle arithmétique constitue, sous une forme commode, l'équivalent du binome newtonien.

Blaise PASCAL (1623-1662) développa, dans son *Traité du triangle arithmétique* (1654), les propriétés « étrangement nombreuses » de cette figure et les applications de ces propriétés à la théorie des combinaisons et à la théorie des probabilités : par suite, on a donné à ce triangle le nom de Triangle de Pascal. — Avant lui, Pierre DE FERMAT (1601-1665), de Toulouse, l'avait étudié et, dès 1636, dans une lettre à Roberval, notait la loi de formation de chaque élément comme quotient de deux produits d'entiers.

D'ailleurs, dès 1494, le moine franciscain PACIOLI avait ouvert la voie, dans sa *Summa de Arithmetica*. Un demi-siècle plus tard, STIFEL, dans son *Arithmetica integra*, avait donné la loi de formation des coefficients par additions successives et l'avait appliquée, — comme le fit aussi VIÈTE dans son *De numerosâ Potestatum resolutione* (1600), — à l'extraction des racines de degrés supérieurs. En 1554, Nicolas TARTAGLIA, de Brescia, donne le triangle arithmétique

IV. Dans le triangle arithmétique, l'élément qui appartient à la $m^{ième}$ ligne et à la $p^{ième}$ colonne a pour expression $N = \dfrac{m(m-1)\ldots(m-p+1)}{1.2\ldots p}$.

V. En introduisant dans le binome l'hypothèse $a = b = 1$ et l'hypothèse $a = 1$ et $b = -1$, on aboutit à ces théorèmes :

La somme des coefficients de $(a+b)^m$, ou la somme des éléments de toute la $m^{ième}$ ligne du triangle, est égale à 2^m ;

La somme des coefficients binomiaux de rangs pairs est égale à la somme des coefficients de rangs impairs.

EXEMPLES. $1+4+6+4+1 = 2^4$; $1-4+6-4+1 = 0$.

CHAPITRE VI.

DIVISEURS ET MULTIPLES.

—

1. — Définitions et Théorèmes généraux.

106. — Définitions. — Un DIVISEUR ou un FACTEUR d'une quantité est une autre quantité qui divise la première exactement, c'est-à-dire sans

---

dans son *Trattato de Numeri* (Venise). Aussi, dès la fin du XVIe siècle, le fameux triangle se retrouve dans presque toutes les Arithmétiques qui se publient en Europe.

Bien plus, en Chine. sans parler du *Swan-Fa-Tong-Tsong* (Principes du calcul), imprimé en 1593 et qui contient la loi des coefficients binomiaux, le géomètre TSCHU-SCHI-KHI avait, dès 1303, publié son *Szé-Yuen-Yuh-Kihn* (le Miroir précieux des quatre éléments), traité d'Algèbre qui s'ouvre par le tableau, connu depuis longtemps, dit l'auteur, des *Lihn*, ou coefficients, jusqu'à la huitième puissance : le tableau présente la forme d'un triangle équilatéral, comme chez Tartaglia.

```
            1
          1   1
        1   2   1
      1   3   3   1
    1   4   6   4   1
  1   5  10  10   5   1
.   .   .   .   .   .   .
```

Du reste, les Chinois ont puisé en partie à des sources arabes, en partie à des sources hindoues, leurs connaissances d'Arithmétique générale et d'Algèbre. Les idées arabes pénétrèrent de bonne heure dans l'Empire du Milieu, et la science chinoise s'enrichit de doctrines originaires les unes de l'école de Bagdad et les autres, à partir du XIIIe siècle, de l'école mongole de Samarkande. Or, on trouve le développement des puissances entières d'un binome déjà exposé dans le *Meftehal Hisâb* (la Clef du calcul), écrit à la fin du XIVe siècle, à Samarkande, par DJAMSCHID, ou DJIJATH EDDIN, médecin astronome de la cour du petit-fils de Tamerlan, le prince Oloug Beg. Plus tôt encore, dès le XIe siècle, OMAR AL KHAYYAMÎ, algébriste et astronome de Bagdad, à qui la Perse doit la réforme célèbre et justement admirée de son calendrier, faite en 1079, compose un écrit sur l'extraction des racines de degrés supérieurs, extraction qui dépend de la formule dite du binome de Newton.

reste. Réciproquement, un MULTIPLE d'une quantité est une autre quantité exactement divisible par la quantité donnée.

Soient A, B et D des expressions rationnelles et entières (du reste, il n'est question, en ce chapitre, que de quantités rationnelles et entières) : on dit que D est un diviseur ou un facteur de A et, réciproquement, que A est un multiple de D, lorsqu'on a les relations $\dfrac{A}{D} = B$ ou $A = BD$.

Parmi les diviseurs d'une quantité figurent toujours cette quantité elle-même, prise avec son signe ou en signe contraire, et l'unité tant positive que négative; car, on a $A = +1 \times A = -1 \times -A$.

Parmi les multiples de toute quantité figure aussi zéro, ou toute quantité nulle, en vertu de l'identité $0 = A \times 0$; réciproquement, une quantité nulle admet pour diviseur toute quantité qu'on voudra. En raison de son caractère exceptionnel, on fera abstraction de la quantité zéro dans ce qui suit et l'on supposera, en parlant des diviseurs d'une quantité, que cette quantité n'est pas nulle et, en parlant des multiples, que ces multiples ne sont pas nuls.

Un *diviseur commun* ou un *codiviseur* de plusieurs quantités est une quantité qui divise exactement chacune d'elles, et un *multiple commun* ou un *comultiple* de plusieurs quantités est une quantité exactement divisible par chacune d'elles.

Une quantité est dite *première*, quand elle n'est divisible que par elle-même et par l'unité; deux ou plusieurs quantités sont *premières entre elles*, quand elles n'admettent aucun autre facteur commun que l'unité.

Plusieurs quantités peuvent être *premières entre elles* prises dans leur ensemble, sans être *premières entre elles deux à deux*.

Ainsi, a^2, ab et b^2 sont premiers entre eux; de même, 8, 15 et 18. Au contraire, a^2, b^2 et c^2 sont premiers entre eux et premiers deux à deux; de même, 8, 15 et 77.

107. — Théorèmes relatifs à la divisibilité. — Nous représenterons

par A, B, D, S, a, b, m, n, des expressions rationnelles et entières, soit numériques, soit monomes, soit polynomes.

THÉORÈME I. — *Si* D *divise* A *et* B, *il divise aussi leur somme et leur différence.*

En effet, soient a et b les quotients de A et de B par D : on a $A = aD$ et $B = bD$; d'où $A \pm B = aD \pm bD = (a \pm b)D$.

THÉORÈME II. — *Si* D *divise une somme* S *et l'une de ses parties* A, *il divise aussi l'autre partie* B.

En effet, on a $B = S - A$; or, D divise à la fois S et A; donc, en vertu du théorème précédent, il divise aussi $S - A$ ou B.

THÉORÈME III. — *Si* D *divise* A *sans diviser* B, *il ne divise ni leur somme ni leur différence.*

En effet, si D divisait à la fois $A \pm B$ et A, il devrait, d'après le second théorème, diviser aussi B.

THÉORÈME IV. — *Si* D *divise* A, *il divise aussi son multiple* mA.

En effet, en posant encore $A = aD$, on a $mA = m \times aD$ ou $mA = ma \times D$.

THÉORÈME V. — *Si* D *divise* A *et* B, *il divise aussi* mA ± nB.

En effet, en posant $A = aD$ et $B = bD$, on a $mA \pm nB = maD \pm nbD$ ou $mA \pm nB = (ma \pm nb)D$.

108. — Facteurs premiers. — THÉORÈME I. — *Toute quantité première* D *qui divise le produit* AB *de deux quantités entières, divise au moins l'une d'elles.*

Nous appuierons la démonstration de ce théorème fondamental sur une définition et sur un lemme [1].

On appelle *plus grand commun diviseur* entre plusieurs quantités *le produit de tous les facteurs premiers communs à ces deux quantités, chaque facteur premier entrant dans ce produit avec son plus faible exposant.* Ainsi, entre $2 \times 3^2 a^4 b^3 c^2$, $2 \times 3^3 a^3 b^4 cd$ et $3^2 a^3 b^2 c$ le *p. g. c. d.* est $3^2 a^3 b^2 c$.

De cette définition résulte la proposition suivante :

Lorsqu'on multiplie ou qu'on divise plusieurs quantités par un même facteur, leur p. g. c. d. *est multiplié ou divisé par ce facteur;* car cette multiplication introduit et cette division supprime un facteur commun à toutes ces quantités.

Ce lemme étant établi, supposons que D ne divise pas A : le *p. g. c. d.* entre A et D sera 1.

Or, si l'on multiplie A et D par une même quantité B, leur *p. g. c. d.* est multiplié par B.

Entre AB et DB, le *p. g. c. d.* est donc $1 \times B$ ou B.

Mais D divise AB, en vertu de l'hypothèse, et divise DB, puisque DB est son multiple. Donc D entre comme facteur dans AB et dans DB et par conséquent dans le *p. g. c. d.* de ces deux quantités, qui est B. Donc D divise B.

COROLLAIRE. — *Toute quantité première* D *qui divise le produit* PQRS *de plusieurs quantités entières, divise au moins l'une d'elles.*

Car si D divise $P \times QRS$, il divise P ou QRS; s'il divise $Q \times RS$, il divise Q ou RS; s'il divise RS, il divise R ou S.

En particulier, *toute quantité première qui divise une quantité* A *divise aussi* A^m; car $A^m = AAA\dots$

THÉORÈME II. — *Une quantité entière n'est décomposable en facteurs premiers que d'une seule manière.*

---

[1] On peut donner, de ce théorème fondamental, une démonstration qui ne repose pas comme la présente sur la théorie du *p. g. c. d.*, mais qui n'est rigoureuse que si on lui donne des développements qui nous entraîneraient trop loin. Renvoyons aux *Compléments de l'Algèbre élémentaire.*

Soient les égalités $P = abcd...$ et $P = a'b'c'd'...$, dans lesquelles $a, b, c, ...$ désignent des facteurs premiers égaux ou inégaux, et de même a', b', c', ... L'égalité $abcd... = a'b'c'd'...$ exige que le facteur premier a divise le produit $a'b'c'd'...$ et par conséquent un des facteurs, tel que a', de ce produit; or, tous ces facteurs sont premiers; on a donc $a = a'$.

Il en résulte : $bcd... = b'c'd'...$.

On démontre de même que b doit être égal à un des facteurs de $b'c'd'...$; et ainsi de suite.

La quantité P n'admet donc qu'un seul système de facteurs premiers.

THÉORÈME III. — *Pour qu'une quantité entière* D *divise une quantité entière* A, *il faut et il suffit que chacun des facteurs premiers de* D *se retrouve parmi les facteurs premiers de* A *et avec un exposant supérieur ou égal.*

Cette condition est *nécessaire*; car si D divise A, on a l'identité $A = DQ$, qui montre à l'évidence que la condition énoncée est remplie. Elle est *suffisante*; car si l'on trouve dans A tous les facteurs premiers de D et qu'on les y supprime, les facteurs restants forment le quotient de A par D.

THÉORÈME IV. — *Si chacun des facteurs d'un produit* $P = abcd...$ *divise* A *et que ces facteurs soient premiers entre eux deux à deux, ce produit* P *divise* A.

En effet, on a $A = aq$; or b, divisant A et par suite aq et ne divisant pas a, doit diviser q; on a donc $q = bq'$ et par conséquent $A = abq'$. De même, c divisant A et par suite abq' et ne divisant ni a ni b, doit diviser q'; d'où $q' = cq''$ et $A = abcq''$. Et ainsi de suite.

THÉORÈME V. — *Si une quantité* A *est première avec chacun des facteurs d'un produit* P, *elle est première avec ce produit; et réciproquement.*

Car si A et P avaient un facteur premier commun, ce facteur diviserait au moins un des facteurs de P, qui alors ne seraient plus tous premiers avec A.

Réciproquement, si A est premier avec P, A est premier avec chacun des facteurs de P; car si l'un des facteurs de P admettait un facteur premier commun avec A, ce facteur diviserait P qui, dès lors, ne serait plus premier avec A.

THÉORÈME VI. — *Si chacun des facteurs d'un produit* pqrs *est premier avec chacun des facteurs d'un autre produit* abcd, *les deux produits sont premiers entre eux.*

En effet, en vertu du théorème précédent, p, q, r et s sont respectivement premiers avec le produit $abcd$; et en vertu de la réciproque de ce même théorème, cette quantité $abcd$ sera première avec le produit $pqrs$.

COROLLAIRE. — *Si* a *et* b *sont premiers entre eux, toute puissance* a^m *de l'une est première avec toute puissance* b^m *de l'autre.*

2. — Décomposition en facteurs.

109. — Définition. — La DÉCOMPOSITION EN FACTEURS est une opération qui a pour but, étant donnée une expression algébrique, de trouver les divers facteurs qui, multipliés entre eux, reproduiraient l'expression donnée.

Il est évident que la décomposition n'est pas toujours possible; car il y a des quantités qui sont *premières* (**106**), c'est-à-dire qui ne sont divisibles que par elles-mêmes et par l'unité.

EXEMPLES. $\qquad 3ax, \quad a - b, \quad x^2 + y^2.$

Il ne s'agit actuellement que de la recherche des facteurs rationnels; la décomposition en facteurs irrationnels, soit réels, soit imaginaires, sera traitée plus tard.

I. — DÉCOMPOSITION DES MONOMES.

110. — Facteurs premiers. — Règle. — Pour décomposer une expression monome en ses facteurs premiers : 1° on décompose le coefficient numérique en ses facteurs premiers; — 2° si l'expression contient des facteurs polynomes, on décompose ceux-ci par les procédés indiqués plus loin relativement aux polynomes; — 3° on effectue les multiplications entre exposants, s'il y a des exposants affectant des facteurs déjà affectés d'autres exposants.

EXEMPLES.

$$90x^2y^3 = 2 \times 3^2 \times 5x^2y^3; \quad 75(a^2 + 2ab + b^2)x^2 = 3 \times 5^2(a + b)^2x^2; \quad 4(a^3b)^2 = 2^2a^6b^2.$$

Facteurs non premiers. — On consacrera un paragraphe ultérieur à la théorie des facteurs non premiers.

II. — DÉCOMPOSITION DES POLYNOMES.

111. — Décomposition d'un polynome quelconque. — Il n'existe aucune méthode générale pour la décomposition d'un polynome en ses facteurs premiers [1]. Souvent, la réussite de l'opération sera le prix d'une

---

[1] Tout polynome entier en x et du degré m, par rapport à x, admet m facteurs premiers de la forme binome $(x - a)$, auxquels se joignent les facteurs premiers indépendants de x qui entrent dans le coefficient du premier terme.

EXEMPLE. $\quad 6x^4 - 19x^3 - 3x^2 + 19x - 3 = 2 \times 3(x - 1)(x + 1)(x - 3)(x - \frac{1}{6}).$

En effet, on établit, en Algèbre supérieure, que toute équation entière en x et du degré m admet m racines, réelles ou imaginaires, en sorte que le premier membre s'annule pour m expressions substituées à x. Mais, depuis les travaux du géomètre norwégien ABEL (1802-1829), on sait qu'il n'existe, pour les équations de degrés supérieurs au quatrième, aucune formule générale de solution, c'est-à-dire aucune expression générale de x en fonction des coefficients : par suite, il n'existe aucune méthode générale de décomposition du polynome de degré m en ses m facteurs du premier degré.

longue habitude du calcul, et exigera la connaissance approfondie des théories de la multiplication et de la division. Nous exposerons cependant quelques *procédés particuliers* applicables dans un grand nombre de cas.

112. — I. Mise en évidence des facteurs communs. — *Toutes les fois que le polynome contient des facteurs communs à tous les termes, on doit avoir soin, avant tout, de les mettre en évidence.*

On décomposera ensuite, s'il y a lieu, les quantités entre parenthèses.

EXEMPLES.

1. $a^3b^2 + a^2b^3 = a^2b^2(a + b)$.   2. $6x^3y^2z - 9xy^2z^3 = 3xy^2z(2x^2 - 3z^2)$.

3. $12a^3b - 24a^2b^2 + 12ab^3 = 12ab(a^2 - 2ab + b^2) = 2^23ab(a - b)^2$.

4. $(a - b)x + (a - b)y + (a - b)z = (a - b)(x + y + z)$.

5. $(x - y)p + (y - x)q = (x - y)p - (x - y)q = (x - y)(p - q)$.

6. $x^{n+1}y^{n-1} + x^{n-1}y^{n+1} - 2x^ny^n = x^{n-1}y^{n-1}(x^2 + y^2 - 2xy)$
$$= x^{n-1}y^{n-1}(x - y)^2.$$

7. $6x^3y^2z - 6\sqrt{6}x^2y^3z + 9xy^2z^3 = 3xy^2z(2x^2 - 2\sqrt{6}xy + 3z^2)$
$$= 3xy^2z(\sqrt{2}x - \sqrt{3}z)^2.$$

113. — II. Groupement des termes a facteurs communs. — Quand il y a des facteurs communs à quelques termes seulement du polynome et non à tous, il est quelquefois possible de *grouper les termes analogues* et de mettre en évidence leurs facteurs communs de telle façon que les parenthèses de chaque groupe soient identiques.

EXEMPLES. — 1. Soit $P = xy - bx + ay - ab$; partageons ce quadrinome, qui peut être le produit de deux binomes (**53**), en deux groupes de deux termes, des termes en x et des termes en a :

$$P = (xy - bx) + (ay - ab) = x(y - b) + a(y - b) = (x + a)(y - b).$$

2. De même, $ax + ay + az - bx - by - bz$ peut provenir de la multiplication d'un binome par un trinome. On le partagera en deux groupes de trois termes :
$$P = (ax+ay+az) - (bx+by+bz) = a(x+y+z) - b(x+y+z) = (a-b)(x+y+z);$$

ou bien en trois groupes de deux termes :

$$P = (ax-bx) + (ay-by) + (az-bz) = x(a-b) + y(a-b) + z(a-b) = (x+y+z)(a-b).$$

3. $15ax + 6ay - 35bx - 14by = 3a(5x + 2y) - 7b(5x + 2y) = (3a - 7b)(5x + 2y)$.

4. $a^5 - a^4b + a^3b^2 - a^2b^3 + ab^4 - b^5 = a(a^4 + a^2b^2 + b^4) - b(a^4 + a^2b^2 + b^4)$
$$= (a - b)(a^4 + a^2b^2 + b^4).$$

5. $mp - m - p + 1 = m(p - 1) - p + 1 = m(p - 1) - (p - 1) = (m - 1)(p - 1)$.

6. $n^3 - n^2 - n + 1 = n^2(n - 1) - (n - 1) = (n^2 - 1)(n - 1) = (n + 1)(n - 1)^2$.

REMARQUES. — 1° Si les parenthèses ne diffèrent que par les signes des termes, un *renversement des signes* peut suffire à les rendre identiques.

Exemple.

$$15ac - 6bc + 4bd - 10ad = 3c(5a - 2b) + 2d(2b - 5a) = 3c(5a - 2b) - 2d(5a - 2b)$$
$$= (3c - 2d)(5a - 2b).$$

2° La méthode que l'on vient d'exposer ne réussit immédiatement que si le polynome est le produit d'une multiplication qui n'a été suivie d'aucune réduction de termes semblables. On n'entreprendra donc pas de l'appliquer sans préparation à un polynome de 3, de 5, de 7, de 11 termes, ni en général à un polynome dont le nombre de termes est un nombre premier : un tel polynome ne peut être qu'un produit réduit (**53**).

Cependant la méthode réussira parfois, au prix de quelques tâtonnements et d'une heureuse sagacité, si l'on a préparé convenablement le polynome, en décomposant certains termes en plusieurs autres ou en faisant reparaître des termes évanouis.

1. $a^3 + 2a^2 - 1 = a^3 + a^2 + a^2 - 1 = a^2(a + 1) + (a^2 - 1)$
$$= a^2(a + 1) + (a + 1)(a - 1) = (a + 1)(a^2 + a - 1).$$

2. $a^4 - a^3 + a - 1 = a^4 - a^3 + a^2 - a^2 + a - 1 = a^2(a^2 - a + 1) - (a^2 - a + 1)$
$$= (a^2 - a + 1)(a + 1)(a - 1).$$

3. $p^3 + p + 2 = p^3 + 2p - p + 2 = \ldots = (p + 1)(p^2 - p + 2).$

4. $n^4 + 2n^3 + 2n^2 + 2n + 1 = n^4 + 2n^3 + n^2 + n^2 + 2n + 1$
$$= n^2(n^2 + 2n + 1) + (\ldots) = (n^2 + 1)(n + 1)^2.$$

114. — III. Décomposition immédiate. — Il arrive souvent que l'inspection attentive du polynome proposé permet d'y reconnaître l'application de la loi de formation de quelque produit remarquable : la décomposition en facteurs se fait alors immédiatement.

Ainsi, un *binome* peut représenter la différence de deux carrés : on le remplacera par le produit de la somme et de la différence des racines (**56**); il peut aussi représenter la différence de deux puissances semblables quelconques ou la somme de deux puissances semblables impaires : on le décomposera en un produit de la forme $(a \pm b)$ par un polynome complet en a et en b (**86**).

Un *trinome* peut être carré parfait : on déterminera le binome racine (**101**).

Un *quadrinome* peut être cube parfait : on extraira le binome racine (**91**).

Un *polynome* peut être un carré parfait : on déterminera le polynome racine (**104**); etc.

Rappelons les formules les plus importantes.

I. $a^2 - b^2 = (a + b)(a - b);$
$$a^{2m} - b^{2m} = (a^m + b^m)(a^m - b^m).$$

II. $a^3 + b^3 = (a + b)(a^2 - ab + b^2);$
$$a^3 - b^3 = (a - b)(a^2 + ab + b^2).$$

III. $\quad a^6 - b^6 = (a+b)(a^5 - a^4b + a^3b^2 - a^2b^3 + ab^4 - b^5)$
$$\qquad = (a-b)(a^5 + a^4b + a^3b^2 + a^2b^3 + ab^4 + b^5);$$
$\quad a^6 - b^6 = (a^3 + b^3)(a^3 - b^3)$
$$\qquad = (a+b)(a^2 - ab + b^2)(a-b)(a^2 + ab + b^2).$$

IV. $\quad a^2 \pm 2ab + b^2 = (a \pm b)^2;$
$$\quad a^3 \pm 3a^2b + 3ab^2 \pm b^3 = (a \pm b)^3;$$
$$\quad a^2 + b^2 + c^2 + \ldots + 2ab + 2ac + \ldots + 2bc + \ldots = (a+b+c+\ldots)^2.$$

V. $\quad x^2 + (a+b)x + ab = (x+a)(x+b);$
$$\quad x^3 + (a+b+c)x^2 + (ab+ac+bc)x + abc = (x+a)(x+b)(x+c).$$

Remarques. — 1° Avant de recourir à cette méthode, on dégagera le polynome des facteurs communs à tous ses termes, s'il s'en trouve.

2° Il peut arriver qu'un simple renversement des signes de quelques termes suffise à ramener le polynome à une forme connue.

Exemple. $\quad 2ab - a^2 - b^2 = -(a^2 - 2ab + b^2) = -(a-b)^2.$

3° Souvent il suffit d'ordonner ou de grouper convenablement les termes du polynome pour y reconnaître quelqu'une des formules indiquées.

4° Dans certains cas, l'addition d'un terme convenable, suivie de la soustraction du même terme ou encore la décomposition de certains termes en plusieurs autres conduisent au même but.

Exemples. — On peut compléter certains binomes et en faire des carrés (102) :
$$x^4 + 64 = x^4 + 16x^2 + 64 - 16x^2 = (x^2 + 8)^2 - (4x)^2 = (x^2 + 8 + 4x)(x^2 + 8 - 4x).$$
$$a^4 + a^2b^2 + b^4 = a^4 + 2a^2b^2 + b^4 - a^2b^2 = (a^2 + b^2)^2 - a^2b^2 = (a^2 + b^2 + ab)(a^2 + b^2 - ab).$$

Applications. — Dans les exemples que nous allons développer, on trouvera quelques types fréquents de décompositions immédiates :

$$x^3y - xy^3 = xy(x^2 - y^2) = xy(x+y)(x-y).$$

$$4a^2 - 9b^2 = (2a+3b)(2a-3b).$$

$$x^4 - y^4 = (x^2 + y^2)(x^2 - y^2) = (x^2 + y^2)(x+y)(x-y).$$

$$16(a+b)^2 - 9(a-b)^2 = (4a+4b+3a-3b)(4a+4b-3a+3b) = (7a+b)(a+7b).$$

$$a^2 + b^2 - c^2 - d^2 - 2ab + 2cd = (a^2 - 2ab + b^2) - (c^2 - 2cd + d^2)$$
$$\qquad = (a-b)^2 - (c-d)^2 = (a-b+c-d)(a-b-c+d).$$

$$a^2 - b^2 + 2b - 1 = a^2 - (b-1)^2 = (a+b-1)(a-b+1).$$

$$x^2(a^2-1) - y^2(a^2-1) = (x^2 - y^2)(a^2-1) = (x+y)(x-y)(a+1)(a-1).$$

$$a^4 - a^3 + a - 1 = (a^4-1) - (a^3-a) = (a^2+1)(a^2-1) - a(a^2-1) = (a+1)(a-1)(a^2-a+1).$$

$$a^4 + b^4 + c^4 - 2a^2b^2 - 2a^2c^2 - 2b^2c^2 = (a^2 + b^2 - c^2)^2 - 4a^2b^2 = \ldots$$
$$\qquad = -(a+b+c)(a+b-c)(a-b+c)(-a+b+c).$$

$$2x^2y^2z - 12xyz^2 + 18z^3 = 2z(x^2y^2 - 6xyz + 9z^2) = 2z(xy-3z)^2.$$

$$27x^3 + 8y^3 = (3x)^3 + (2y)^3 = (3x+2y)(9x^2 - 6xy + 4y^2).$$

$$p^3 + q^3 + 3pq(p+q) = p^3 + q^3 + 3p^2q + 3pq^2 = (p+q)^3.$$

$$(x-y)^5 - x^5 + y^5 = (x-y)^5 - (x^5 - y^5)$$
$$= (x-y)^5 - (x-y)(x^4 + x^3y + x^2y^2 + xy^3 + y^4)$$
$$= (x-y)(x^4 - 4x^3y + 6x^2y^2 - 4xy^3 + y^4 - x^4 - x^3y - \ldots)$$
$$= (x-y)(-5x^3y + 5x^2y^2 - 5xy^3)$$
$$= -5xy(x-y)(x^2 - xy + y^2).$$

$$x^2 + y^2 - 4x + 4y - 2xy + 3 = (x-y)^2 - 4(x-y) + 3$$
$$= (x-y)^2 - 4(x-y) + 4 - 1$$
$$= [(x-y)-2]^2 - 1^2 = (x-y-2+1)(x-y-2-1)$$
$$= (x-y-1)(x-y-3).$$

$$x^{4a} - y^{4b} = (x^{2a} + y^{2b})(x^a + y^b)(x^a - y^b).$$
$$x^{3m} - x^{3n} = (x^m - x^n)(x^{2m} + x^{m+n} + x^{2n}).$$

115. — IV. Recherche des facteurs binomes de la forme $(x-a)$. — Lorsqu'un polynome entier en x contient des facteurs binomes de la forme $(x-a)$, a désignant des quantités entières, la règle suivante les fait découvrir parfois plus ou moins aisément :

On décompose en ses facteurs, tant simples que composés, le terme indépendant de x; on détermine quels sont parmi ces facteurs ceux qui, pris positivement ou négativement et substitués à x, annulent le polynome; soient a, b, c, ... les valeurs qui l'annulent : les binomes $(x-a)$, $(x-b)$, $(x-c)$, ... seront les facteurs binomes cherchés du polynome proposé.

En effet, si l'on multiplie entre eux des binomes tels que $(x-a)$, $(x-b)$, $(x-c)$, ..., le dernier terme du produit renferme nécessairement comme facteurs les seconds termes a, b, c, ... (**52**). D'autre part, un polynome entier en x est divisible par les binomes $(x-a)$, $(x-b)$, $(x-c)$, ... à la condition qu'il s'annule pour $x=a$, $x=b$, $x=c$, ... (**83** et **87**).

Exemple. — Soit $2x^5 - 7x^4 - 3x^3 + 25x^2 - 23x + 6$; les facteurs de 6 sont en valeurs absolues 1, 2, 3, 6; le polynome s'annule pour $x=1$, $x=-2$, $x=3$: il admet donc les trois facteurs binomes $(x-1)$, $(x+2)$, $(x-3)$ et, comme il est du cinquième degré, il peut en admettre encore deux autres (**87**).

Dans la pratique, l'opération se traite comme il suit :

$$P = 2x^5 - 7x^4 - 3x^3 + 25x^2 - 23x + 6.$$

Les facteurs de 6 sont 1, 2, 3, 6. Comme P s'annule pour $x=1$, il est divisible par $(x-1)$; faisant la division, on obtient :

$$P = (x-1)(2x^4 - 5x^3 - 8x^2 + 17x - 6).$$

Le quotient $2x^4 - 5x^3 - \ldots$ s'annule encore pour $x=1$; on le divise par $(x-1)$ et l'on a

$$P = (x-1)(x-1)(2x^3 - 3x^2 - 11x + 6).$$

Le quotient nouveau $2x^3 - 3x^2 - \ldots$ ne s'annule plus pour $x=1$, ni pour $x=-1$, ni pour $x=2$, mais pour $x=-2$; on le divise par $(x+2)$ et l'on a

$$P = (x-1)(x-1)(x+2)(2x^2 - 7x + 3).$$

Le quotient $2x^2 - 7x + 3$ ne s'annule plus pour $x = -2$, mais pour $x = 3$; on le divise par $(x - 3)$ et l'on a

$$P = (x - 1)(x - 1)(x + 2)(x - 3)(2x - 1).$$

AUTRE EXEMPLE. $\quad P = x^3 - (y + z)(x^2 - 1) + xyz - x(x + 1) + yz + 1$
$$= x^3 - (y + z + 1)x^2 + (yz - 1)x + (yz + y + z + 1)$$
$$= x^3 - (y + z + 1)x^2 + (yz - 1)x + (y + 1)(z + 1).$$

Or, P s'annule pour $x = y + 1$ et pour $x = z + 1$; d'où

$$P = (x - y - 1)(x - z - 1)Q.$$

P étant du 3e degré en x, Q sera du 1er degré et, par suite, de la forme $Ax + B$. En divisant le premier terme de P par x^2 et le dernier terme par $(-y-1)(-z-1)$, on obtient $a = 1$ et $b = 1$. D'où

$$P = (x - y - 1)(x - z - 1)(x + 1).$$

116. — Décomposition du trinome du second degré. — Un *trinome du second degré* est une expression de la forme $Ax^2 + Bx + C$, dans laquelle A, B, C, représentent des quantités numériques ou des expressions algébriques monomes ou polynomes quelconques indépendantes de x.

Règle. — Pour décomposer un trinome du second degré : 1° *on met en évidence* les facteurs communs à tous les termes, s'il y en a; — 2° *on ordonne* le trinome et l'on s'assure s'il n'est pas carré parfait **(103)**, car, en ce cas, ses facteurs seraient précisément sa racine carrée binome, prise deux fois; — 3° le trinome, ainsi préparé, ne pouvant être le produit que de deux binomes du premier degré, on effectue la *recherche des facteurs binomes* par l'une des méthodes suivantes.

Observons que, des quatre méthodes suivantes, la quatrième est la seule qui soit absolument générale; elle est aussi très souvent la plus commode.

I. *Par la recherche d'un des deux facteurs binomes.* — On applique la méthode générale exposée n. **115** pour la recherche des facteurs binomes de la forme $(x - a)$.

EXEMPLES. $T = 3x^2 - 14x + 15$. Les facteurs de 15 sont 1, 3, 5, 15; le trinome, s'annulant pour $x = 3$, admet le facteur $(x - 3)$: on divise T par $(x - 3)$ et on a $T = (x - 3)(3x - 5)$.

$T = a^2 - 4a + 3$. Le trinome s'annule pour $a = 1$; divisant par $(a - 1)$, on obtient $T = (a - 1)(a - 3)$.

— Le polynome $P = x^2 + y^2 - 4x + 4y - 2xy + 3$, du second degré en x, s'ordonne en x sous la forme trinome

$$T = x^2 - 2(y + 2)x + (y^2 + 4y + 3).$$

Le troisième terme de T a pour facteurs $(y + 1)$ et $(y + 3)$. Or, T s'annule pour $x = y + 1$ et pour $x = y + 3$. D'où

$$T = (x - y - 1)(x - y - 3).$$

II. *Par extension du terme moyen.* — On sait d'une part (**52**) que dans le produit de deux binomes semblablement ordonnés, les termes extrêmes sont irréductibles. Soit donc le produit $(ax+b)(cx+d)=acx^2+bcx+adx+bd$: si ce produit qui, avant toute réduction, est un quadrinome, devient un trinome, ce ne peut être que par la réduction des termes du milieu. D'un autre côté, on observe que si l'on multipliait les deux termes du milieu, on aurait un produit égal au produit des extrêmes : $bcx \times adx = acx^2 \times bd$.

De ces considérations on déduit la RÈGLE suivante :

Étant donné un trinome du second degré, on cherchera à remplacer le terme moyen par une *somme* ou par une *différence* de deux termes, dont le produit algébrique soit égal au produit algébrique des termes extrêmes. Si l'on y parvient, le quadrinome ainsi obtenu représentera le produit non réduit de deux binomes du premier degré, et la décomposition se fera aisément par le groupement des termes à facteurs communs (**113**).

EXEMPLES. 1. $T = 2x^2 + 13x + 15$.   On a le produit $2 \times 15 = 30$; or $13 = 10 + 3$ et $30 = 10 \times 3$;   d'où $T = 2x^2 + 10x + 3x + 15$ $= 2x(x+5) + 3(x+5) = (2x+3)(x+5)$.

2. $T = -10x^2 + 11x + 6$.   On a le produit $-10 \times 6 = -60$;   or $11 = 15 - 4$ et $15 \times -4 = -60$;   d'où $T = -10x^2 + 15x - 4x + 6$ $= 5x(-2x+3) + 2(-2x+3) = (5x+2)(3-2x)$.

3. $T = 3x^2 - 5ax - 2a^2 = 3x^2 - 6ax + ax - 2a^2 = 3x(x-2a) + a(x-2a)$ $= (3x+a)(x-2a)$.

Lorsque le coefficient de x^2 est l'unité, l'opération se simplifie : on décompose le troisième terme en deux facteurs dont la somme algébrique reproduise le coefficient du terme moyen : $x^2 + (a+b)x + ab = (x+a)(x+b)$.

Ex. : $x^2 - 9x + 14 = x^2 - 2x - 7x + 14 = x(x-2) - 7(x-2) = (x-7)(x-2)$.

III. *Par formation d'un carré parfait.* — On ajoute au trinome un terme choisi de manière à former avec deux des termes du trinome un carré parfait (**102**); on retranche ensuite le terme ajouté et l'on obtient ainsi un polynome à cinq termes, dont trois forment un carré parfait : si les deux autres se réduisent en un second carré, de signe négatif, la décomposition se fera immédiatement en vertu du théorème relatif à la différence de deux carrés.

Ex. : 1. $4x^2 + 16x + 15 = 4x^2 + 16x + 16 - 16 + 15 = (2x+4)^2 - 1^2$
$= (2x+4+1)(2x+4-1) = (2x+5)(2x+3)$.

2. $x^2 - 5x - 6 = x^2 - 5x + \frac{25}{4} - \frac{25}{4} - 6 = \left(x - \frac{5}{2}\right)^2 - \left(\frac{7}{2}\right)^2 = (x+1)(x-6)$.

3. $3a^2 + 4ab + b^2 = 4a^2 + 4ab + b^2 - a^2 = (2a+b)^2 - a^2 = (3a+b)(a+b)$.

— Dans certains cas, on doit soumettre le trinome à une préparation convenable.

Ex. : $2x^2 - x - 3 = \frac{1}{2}(4x^2 - 2x - 6) = \frac{1}{2}\left(4x^2 - 2x + \frac{1}{4} - \frac{1}{4} - 6\right)$
$= \frac{1}{2}\left[\left(2x - \frac{1}{2}\right)^2 - \left(\frac{5}{2}\right)^2\right] = \frac{1}{2}(2x+2)(2x-3) = (x+1)(2x-3)$.

IV. Par la résolution de l'équation du second degré. — On trouvera dans la théorie des équations du second degré une *méthode générale* qui permet de décomposer immédiatement en deux facteurs binomes (rationnels ou irrationnels, réels ou imaginaires) tout trinome du second degré.

Trinomes du degré $2m$. — Les trinomes de la forme $ax^{2m} + bx^m + c$ sont décomposables par les mêmes procédés.

EXEMPLES. — 1. Soit $T = x^6 - 6x^3y^3 + 8y^6$. En posant $x^3 = u$, on ramène le trinome à la forme d'un trinome du second degré en u : $T = u^2 - 6y^3u + 8y^6$. Or, T s'annule par $u = 2y^3$; en le divisant par $u - 2y^3$, on a $T = (u - 2y^3)(u - 4y^3)$. D'où $T = (x^3 - 2y^3)(x^3 - 4y^3)$.

2. $x^6 - 6x^3y^3 + 8y^6 = x^6 - 2x^3y^3 - 4x^3y^3 + 8y^6 = x^3(x^3 - 2y^3) - 4y^3(x^3 - 2y^3)$
$= (x^3 - 4y^3)(x^3 - 2y^3)$.

3. $x^6 - 6x^3y^3 + 8y^6 = x^6 - 6x^3y^3 + 9y^6 - y^6 = (x^3 - 3y^3)^2 - (y^3)^2 = (x^3 - 2y^3)(x^3 - 4y^3)$.

3. — Facteurs non premiers.

117. — **Facteurs premiers et non premiers.** — On peut avoir à déterminer les facteurs tant *premiers* ou *simples* que *non premiers* ou *composés* :

Règle. — **Pour obtenir tous les diviseurs tant simples que composés d'une expression, on détermine d'abord, par quelqu'une des méthodes indiquées précédemment, tous les facteurs premiers, numériques et littéraux, de l'expression proposée. Ensuite on forme la série des puissances successives de chacun de ces facteurs premiers, depuis la puissance zéro jusqu'à la plus haute puissance qui entre dans l'expression; puis l'on multiplie ces séries entre elles. Les *termes* obtenus en effectuant cette multiplication, pris positivement ou négativement, constituent précisément tous les diviseurs exacts, tant simples que composés, de l'expression donnée.**

EXEMPLES. — Soit $A = ax^2$. Le produit $P = (a^0 + a^1)(x^0 + x^1 + x^2)$, c'est-à-dire $P = (1 + a)(1 + x + x^2)$; donne les diviseurs $1, x, x^2, a, ax, ax^2$.

De même, soit $A = 108a^3 = 2^2 3^3 a^3$; le produit à effectuer est
$$P = (1 + 2 + 4)(1 + 3 + 9 + 27)(1 + a + a^2 + a^3).$$

En général, soit $A = a^p b^q c^r$; on forme le produit
$$P = (1 + a + a^2 + \ldots + a^p)(1 + b + b^2 + \ldots + b^q)(1 + c + c^2 + \ldots + c^r).$$

En effet, 1° chacun des termes ainsi obtenus jouit de la propriété de voir figurer tous ses facteurs premiers parmi les facteurs premiers de l'expression proposée A et avec un exposant au moins égal : par conséquent (**108**, TH. III), il divise A exactement.

2° Toute combinaison formée de facteurs premiers de A, pris avec des exposants inférieurs ou égaux aux exposants qu'ils ont en A, constitue un des termes du produit obtenu plus haut : donc tout diviseur exact de A s'identifie avec quelqu'un des termes de ce produit.

9

COROLLAIRES. — I. Le *nombre des diviseurs premiers et non premiers* d'une expression, en y comprenant l'unité et l'expression elle-même et en n'ayant égard qu'à la valeur positive de ces diviseurs, s'obtient en multipliant les exposants des différents facteurs de l'expression proposée, chaque exposant étant augmenté d'une unité (**53**). En effet, dans le produit P formé suivant la règle indiquée, les termes ne se réduisent point entre eux ; car ils diffèrent tous, soit par les lettres, soit par les exposants.

EXEMPLES. ax^2 admet 6 diviseurs ; $108a^3$ admet 48 diviseurs, tant numériques que littéraux ; $a^p b^q c^r$ admet un nombre $N = (p+1)(q+1)(r+1)$ de diviseurs.

Si l'expression est un carré exact, N est impair ; car p, q, r sont pairs.

II. La *somme des diviseurs premiers et non premiers* d'une expression $A = a^p b^q c^r$ a pour formule

$$S = \frac{a^{p+1}-1}{a-1} \times \frac{b^{q+1}-1}{b-1} \times \frac{c^{r+1}-1}{c-1}.$$

En effet, $S = P$; or $(1 + a + a^2 + \dots + a^p) = (a^{p+1}-1) : (a-1)$.

4. — Plus grand commun diviseur.

118. — Définition. — *On appelle* PLUS GRAND COMMUN DIVISEUR *de plusieurs expressions rationnelles et entières le produit de tous leurs facteurs premiers communs, soit numériques, soit monomes, soit polynomes, chacun étant pris avec son plus faible exposant.*

EXEMPLES. — Entre $18a^4 b^3 x^3$, $27a^3 b^4 cx$ et $36a^2 b^2 c^2 x^2$ le *p. g. c. d.* est $3^2 a^2 b^2 x$. On désigne par la notation $D(a, b, c, \dots, k)$ le *p. g. c. d.* entre les quantités $a, b, c, \dots, k$:

$$D(18a^4 b^3 x^3, \quad 27a^3 b^4 cx, \quad 36a^2 b^2 c^2 x^2) = 9a^2 b^2 x.$$

Le produit ainsi formé est bien un *diviseur* exact des quantités données ; car tous ses facteurs premiers, numériques et littéraux, se retrouvent dans chacune des quantités données et y entrent chacun avec un exposant au moins égal à son exposant dans ce produit (**108**, TH. III).

En outre, ce produit mérite le nom de *plus grand diviseur commun*, non pas qu'il soit, comme le *p. g. c. d.* arithmétique, supérieur à tout autre en valeur numérique, mais il est supérieur aux autres par rapport aux *coefficients* numériques et aux *exposants* des facteurs littéraux. En effet, si on lui ajoutait un seul facteur numérique ou si on élevait d'une unité un seul de ses exposants, il ne diviserait plus toutes les quantités données.

EXEMPLES. — Soit à former le *p. g. c. d.* entre les monomes $60x^3 y^2 z$, $12x^2 y^3$ et $20xy^2 z^3$.

$$\begin{cases} 60x^3 y^2 z = 2^2 \times 3 \times 5x^3 y^2 z, \\ 12x^2 y^3 = 2^2 \times 3x^2 y^3, \\ 20xy^2 z^3 = 2^2 \times 5xy^2 z^3. \end{cases} \qquad P. \ g. \ c. \ d. = 2^2 xy^2 = 4xy^2.$$

Soit à trouver le *p. g. c. d.* entre $x^2 - 6x + 9$, $x^2 - 8x + 15$ et $x^2 - 2x - 3$.

$$\begin{cases} x^2 - 6x + 9 = (x - 3)^2, \\ x^2 - 8x + 15 = (x - 3)(x - 5), \quad P.\ g.\ c.\ d. = x - 3. \\ x^2 - 2x - 3 = (x + 1)(x - 3). \end{cases}$$

On demande le *p. g. c. d.* entre les polynomes $4ab^2x^2 - 8ab^2xy + 4ab^2y^2$, $6a^2bx^2 - 6a^2by^2$ et $2a^2b^3x^4 - 2a^2b^3y^4$.

$$\begin{cases} 4ab^2x^2 - 8ab^2xy + 4ab^2y^2 = 4ab^2(x^2 - 2xy + y^2) = 2^2ab^2(x - y)^2, \\ 6a^2bx^2 - 6a^2by^2 = 6a^2b(x^2 - y^2) = 2 \times 3a^2b(x + y)(x - y), \\ 2a^2b^3x^4 - 2a^2b^3y^4 = 2a^2b^3(x^4 - y^4) = 2a^2b^3(x^2 + y^2)(x + y)(x - y). \end{cases}$$

$$P.\ g.\ c.\ d. = 2ab(x - y).$$

REMARQUES. — I. On peut donner au *p. g. c. d.* le signe double $\pm$. En effet, si les quantités A, B, ... sont divisibles par D, elles le sont aussi par $-$D; car si l'on pose $A = a$D, $B = b$D, ..., on a aussi $A = -a \times -$D, $B = -b \times -$D, ...

Ainsi, dans les exemples donnés, les *p. g. c. d.* sont $\pm 4xy^2$, $\pm (x - 3)$, $\pm 2ab(x - y)$.

II. Si les quantités proposées sont premières entre elles (**106**), leur *p. g. c. d.* est l'unité : $D(a^2, ab, b^2) = 1$.

III. Si quelques-unes des quantités proposées sont des multiples de quelque autre d'entre elles, on peut, dans la formation du *p. g. c. d.*, négliger tous ces multiples : $D(a^3b^2, a^2b, ab^2, a^2b^3) = D(a^2b, ab^2)$.

119. — **Propriétés du p. g. c. d.** — Nous considérerons les propositions suivantes comme de simples corollaires de la définition du *p. g. c. d.*

THÉORÈME I. — *Tout diviseur de deux ou de plusieurs quantités divise leur* p. g. c. d. (**108**, TH. III).

THÉORÈME II. — *On ne change pas le* p. g. c. d. *entre plusieurs quantités, lorsqu'on multiplie ou qu'on divise l'une de ces quantités par un facteur premier avec l'une des autres.*

En effet, cette multiplication n'introduit et cette division ne supprime aucun des facteurs communs à toutes les quantités données.

THÉORÈME III. — *Lorsqu'on multiplie ou qu'on divise plusieurs quantités par un même facteur, leur* p. g. c. d. *est multiplié ou divisé par ce facteur.*

En effet, cette multiplication introduit et cette division supprime un facteur commun à toutes ces quantités.

THÉORÈME IV. — *Si l'on divise plusieurs quantités par leur* p. g. c. d., *les quotients sont premiers entre eux; et réciproquement, tout diviseur commun de plusieurs quantités qui donne des quotients premiers entre eux est le* p. g. c. d. *de ces quantités.*

En effet, diviser ces quantités par le produit de tous leurs facteurs communs, c'est supprimer tous les facteurs communs et aboutir à des quotients qui n'auront plus de facteurs communs entre eux. — Réciproquement, si en divisant plusieurs quantités par un codiviseur, on aboutit à des quotients premiers entre eux, c'est qu'on a supprimé tous les facteurs communs de ces quantités proposées : c'est donc qu'on a divisé par le produit de tous leurs facteurs communs, c'est-à-dire par leur *p. g. c. d.*

120. — **Méthode des divisions successives.** — Il est souvent malaisé de décomposer les polynomes en leurs facteurs premiers. Nous allons donner une méthode de recherche du *p. g. c. d.* entre plusieurs polynomes qui dispense de cette décomposition : c'est la méthode des divisions successives. Nous nous contenterons d'un exposé très élémentaire, observant d'ailleurs que, dans la pratique, cette méthode conduit à des calculs généralement longs et pénibles : il est préférable, d'habitude, de recourir à la décomposition en facteurs, dès que les difficultés de celle-ci ne seront pas trop grandes.

On remarquera utilement les rapprochements qu'il y a lieu de faire entre cette méthode et la théorie du *p. g. c. d.* exposée en Arithmétique [1].

La règle repose sur les lemmes suivants, dans l'énoncé desquels A et B représentent des polynomes rationnels et entiers en x.

LEMME I. — *Tout commun diviseur de A et de B divise aussi le reste* R *de leur division; et réciproquement, tout diviseur de B et de R divise aussi* A.

En effet, posons $A = BQ + R$ (**76**), et soit D un diviseur de A et de B. Si D divise B, il divise aussi BQ (**107**, TH. IV); divisant la somme A et l'une de ses parties BQ, il divise aussi l'autre partie R (**107**, TH. II).

Réciproquement, soit D un diviseur de R et de B : il divisera aussi A. En effet, posons $A = BQ + R$. Si D divise B, il divisera BQ; divisant BQ et R, il divisera leur somme A (**107**, TH. I).

LEMME II. — *Le* p. g. c. d. *entre* A *et* B *est aussi le* p. g. c. d. *entre* B *et le reste* R *de leur division*.

En effet, tout commun diviseur de A et de B est aussi un commun diviseur de B et de R et réciproquement, d'après le lemme précédent. Par suite, si l'on cherche tous les facteurs communs de A et de B d'une part, et d'une autre part tous les facteurs communs de B et de R, les deux séries se composeront identiquement des mêmes facteurs. Le *p. g. c. d.* entre

---

1 On se rappelle que la règle pour trouver le *p. g. c. d.* entre deux nombres entiers est de diviser le plus grand par le plus petit; puis le plus petit par le reste de la première division; puis ce premier reste par le reste de la seconde division, et ainsi de suite, jusqu'à ce qu'on trouve un reste qui divise exactement le reste précédent et qui sera précisément le *p. g. c. d.* cherché. Si ce dernier reste est 1, les deux nombres sont premiers entre eux.

EXEMPLE. — Trouver le *p. g. c. d.* entre 672 et 276.

	2	2	3	3	
672	276	120	36	12	
120	36	12	0		*P. g. c. d.* $= 12$.

A et B est donc un produit formé identiquement des mêmes facteurs que le $p.\,g.\,c.\,d.$ entre B et R, et l'on a $D(A,\,B) = D(B,\,R)$.

Règle. — Pour trouver le $p.\,g.\,c.\,d.$ entre deux polynomes A et B entiers en x et non identiques à zéro, A étant d'un degré en x au moins égal au degré de B, on les ordonnera suivant les puissances décroissantes de x ; on divisera ensuite le premier polynome A par le second B ; puis le second polynome B par le reste trouvé ; puis ce premier reste par le second reste, et ainsi de suite jusqu'à ce qu'on arrive à un reste divisant exactement le reste précédent : ce diviseur exact sera précisément le $p.\,g.\,c.\,d.$ demandé.

DÉMONSTRATION. — Si A est exactement divisible par B, le $p.\,g.\,c.\,d.$ entre A et B sera précisément B. On est donc conduit, pour trouver le $p.\,g.\,c.\,d.$ entre deux polynomes, à essayer leur division. Si elle réussit, la recherche du $p.\,g.\,c.\,d.$ est terminée.

Si la division donne un reste R, on est amené, par le second lemme, à chercher le $p.\,g.\,c.\,d.$ entre B et R ; on divise donc B par R : si cette deuxième division réussit, R sera le $p.\,g.\,c.\,d.$ entre B et R et, par suite, entre A et B.

Si la deuxième division donne un reste R′, on cherche le $p.\,g.\,c.\,d.$ entre R et R′, par une nouvelle division.

Raisonnant ainsi de suite, on voit qu'il faut poursuivre les divisions successives jusqu'à ce qu'on obtienne un reste divisant exactement le précédent ou que l'on reconnaisse que deux restes successifs sont premiers entre eux.

REMARQUES. — I. Avant d'entreprendre la division de A par B, on supprime les facteurs communs à tous les termes de A et les facteurs communs à tous les termes de B : si, parmi ces facteurs supprimés, il y en a qui sont communs à A et à B, on les tient en réserve, parce qu'ils doivent entrer dans la composition du $p.\,g.\,c.\,d.$ cherché (**119**, TH. III). — On pourra, dans le cours même des opérations, si l'on reconnaît un facteur commun au dividende et au diviseur, le supprimer de la même manière et le tenir en réserve.

II. On peut, à un moment quelconque du travail, multiplier ou diviser le dividende par un facteur premier par rapport au diviseur, ou bien le diviseur par un facteur premier par rapport au dividende (**119**, TH. II). Cette remarque permet de *préparer*, si c'est nécessaire, la division de A par B : ainsi, si le coefficient du premier terme de A n'est pas divisible par le coefficient du premier terme de B, on multipliera tout le dividende A par un facteur convenable. Cette remarque permet aussi de poursuivre, sans coefficients fractionnaires, le cours des opérations chaque fois qu'il se trouve interrompu par l'impossibilité de diviser le premier terme d'un dividende par le premier terme de son diviseur.

III. On poursuit la série des opérations *jusqu'à ce qu'on obtienne un reste divisant exactement le précédent* : ce reste sera le *p. g. c. d.* cherché, à condition qu'on le multiplie par les facteurs tenus en réserve conformément à la première remarque ; *ou bien jusqu'à ce qu'on obtienne un reste indépendant de* x : dans ce second cas, A et B n'ont pas de facteurs communs, sinon peut-être des facteurs indépendants de x, d'ailleurs mis en réserve précédemment.

IV. Pour obtenir le *p. g. c. d.* entre plusieurs polynomes A, B, C, D, ..., on cherche le *p. g. c. d.* entre A et B ; puis le *p. g. c. d.* entre le *p. g. c. d.* trouvé et C ; puis le *p. g. c. d.* entre le second *p. g. c. d.* et D, et ainsi de suite. La dernière expression qu'on obtiendra sera le *p. g. c. d.* demandé.

EXEMPLE. — On demande le *p. g. c. d.* entre $P = 2a^2bx^4 + 2a^3bx^3 - 2a^4bx^2 + 2a^5bx - 4a^6b$ et $P' = 6ab^2x^3 + 6a^2b^2x^2 - 18a^3b^2x - 12a^4b^2$.

RECHERCHE DES FACTEURS INDÉPENDANTS DE x.

$P = 2a^2b(x^4 + ax^3 - a^2x^2 + a^3x - 2a^4)$,
$P' = 2 \times 3ab^2(x^3 + ax^2 - 3a^2x - 2a^3)$.

Fact. comm. en réserve : $2ab$.

Première division.

$$
\begin{array}{r|l}
x^4 + ax^3 - a^2x^2 + a^3x - 2a^4 & \;x^3 + ax^2 - 3a^2x - 2a^3 \\
-x^4 - ax^3 + 3a^2x^2 + 2a^3x & \\
\hline
2a^2x^2 + 3a^3x - 2a^4 & \;x \\
\end{array}
$$

Deuxième division.

$$
\begin{array}{r|l}
x^3 + ax^2 - 3a^2x - 2a^3 & 2a^2x^2 + 3a^3x - 2a^4 \\
\text{ou}\quad 2x^3 + 2ax^2 - 6a^2x - 4a^3 & \text{ou}\;\; 2x^2 + 3ax - 2a^2 \\
-2x^3 - 3ax^2 + 2a^2x & \\
\hline
-ax^2 - 4a^2x - 4a^3 & x,\; -a \\
\text{ou}\quad -2ax^2 - 8a^2x - 8a^3 & \\
+2ax^2 + 3a^2x - 2a^3 & \\
\hline
-5a^2x - 10a^3 & \\
\end{array}
$$

Troisième division.

$$
\begin{array}{r|l}
2x^2 + 3ax - 2a^2 & -5a^2x - 10a^3 \\
-2x^2 - 4ax & \text{ou}\quad x + 2a \\
\hline
-ax - 2a^2 & 2x - a \\
+ax + 2a^2 & \\
\hline
0 & \\
\end{array}
$$

$D = x + 2a$; $2ab \times D = 2abx + 4a^2b$; $P. g. c. d. = \pm(2abx + 4a^2b)$.

(A la deuxième division, on a préparé le dividende en lemultipliant par 2, et le diviseur en le divisant par a^2; dans cette même division, on a multiplié par 2 le premier reste. A la troisième division, on a divisé le diviseur par $5a^2$; de plus, on l'a changé de signe, ce qui revient à le multiplier par — 1.)

120*. — Polynomes à plusieurs variables. -- Dans le cas où A et B contiennent deux lettres, ou *variables* (**82**), telles que x et y, on les ordonne par rapport à x et l'on détermine d'abord le *p. g. c. d.* entre les coefficients de x. Soit d ce *p. g. c. d.*, indépendant de x. Les deux polynomes peuvent se mettre sous la forme $A = daA'$ et $B = dbB'$, a et b désignant des expressions indépendantes de x. On cherche ensuite le *p. g. c. d.* entre A' et B'; appelons-le D' : le *p. g. c. d.* entre A et B sera $D = dD'$.

Si l'on cherche D' par la méthode des divisions successives, on peut sans crainte multiplier ou diviser soit un dividende soit un diviseur par un facteur contenant même y, si cela est nécessaire pour rendre le premier terme d'un dividende divisible par le premier terme du diviseur correspondant. En effet, ce facteur sera premier avec B, puisqu'on a écarté préalablement les facteurs de B qui contiennent y.

La même méthode s'étend successivement aux cas où A et B contiennent une troisième lettre z, une quatrième lettre u, et ainsi de suite.

EXEMPLE. — On demande le *p. g. c. d.* entre $A = 2y^4 - 3xy^3 + x^2y^2 - 2y^2 + 3xy - x^2$ et $B = -2y^3 + y^2x - 2y^2 + yx^2 + yx + x^2$.

RECHERCHE DES FACTEURS INDÉPENDANTS DE x.

$$A = (y^2 - 1)x^2 - 3(y^2 - 1)yx + 2(y^2 - 1)y^2,$$
$$B = (y + 1)x^2 + (y + 1)yx - 2(y + 1)y^2.$$

Facteur commun : $d = y + 1$.

RECHERCHE DES FACTEURS EN x.

$$A' = x^2 - 3yx + 2y^2, \quad B' = x^2 + yx - 2y^2.$$

$$
\begin{array}{c|l}
x^2 - 3yx + 2y^2 & x^2 + yx - 2y^2 \\
\hline
-4yx + 4y^2 & 1 \\
\\
x^2 + yx - 2y^2 & -4yx + 4y^2 \text{ ou } x - y \\
\hline
+2yx - 2y^2 & x + 2y \\
\hline
0 &
\end{array}
$$

$$D' = x - y; \qquad P.\ g.\ c.\ d. = \pm(y + 1)(x - y).$$

5. — Plus petit commun multiple.

121. — Définition. — *On appelle* PLUS PETIT COMMUN MULTIPLE *de plusieurs expressions rationnelles et entières le produit de tous leurs* *facteurs premiers, communs et non communs, soit numériques, soit monomes, soit polynomes, chacun étant pris avec son plus haut exposant.*

EXEMPLES. — Entre $18a^4b^3x^3$, $27a^3b^4cx$ et $36a^2b^2c^2x^2$ le *p. p. c. m.* est $2^2 3^3 a^4 b^4 c^2 x^3$; ce que l'on exprime par la notation

$$M(18a^4b^3x^3, \quad 27a^3b^4cx, \quad 36a^2b^2c^2x^2) = 108a^4b^4c^2x^3.$$

Le produit ainsi formé est bien un *multiple* de chacune des quantités données; car il contient chacun des facteurs de ces quantités avec un exposant au moins égal (**108**).

En outre, c'est le multiple commun le *plus petit possible*, c'est-à-dire qu'il offre les plus petits coefficients numériques et les plus faibles exposants; car, si l'on supprimait un seul de ses facteurs numériques ou si l'on diminuait un seul des exposants de ses facteurs littéraux, il cesserait d'être divisible par une au moins des quantités données (**68**).

EXEMPLES. — Soit à former le *p. p. c. m.* entre les monomes $60x^3y^2z$, $12x^2y^3$ et $20xy^2z^3$.

$$\begin{cases} 60x^3y^2z = 2^2 \times 3 \times 5x^3y^2z, \\ 12x^2y^3 = 2^2 \times 3x^2y^3, \\ 20xy^2z^3 = 2^2 \times 5xy^2z^3. \end{cases} \qquad P.\ p.\ c.\ m. = 2^2 \times 3 \times 5x^3y^3z^3 = 60x^3y^3z^3.$$

P. p. c. m. entre $x^2 - 6x + 9$, $x^2 - 8x + 15$ et $x^2 - 2x - 3$.

$$\begin{cases} x^2 - 6x + 9 = (x-3)^2, \\ x^2 - 8x + 15 = (x-3)(x-5), \\ x^2 - 2x - 3 = (x+1)(x-3). \end{cases} \qquad P.\ p.\ c.\ m. = (x+1)(x-3)^2(x-5).$$

P. p. c. m. entre les polynomes $4ab^2x^2 - 8ab^2xy + 4ab^2y^2$, $6a^2bx^2 - 6a^2by^2$ et $2a^2b^3x^4 - 2a^2b^3y^4$.

$$\begin{cases} 4ab^2x^2 - 8ab^2xy + 4ab^2y^2 = 2^2 ab^2(x-y)^2, \\ 6a^2bx^2 - 6a^2by^2 = 2 \times 3a^2b(x+y)(x-y), \\ 2a^2b^3x^4 - 2a^2b^3y^4 = 2a^2b^3(x^2+y^2)(x+y)(x-y). \end{cases}$$
$$P.\ p.\ c.\ m. = 2^2 \times 3a^2b^3(x+y)(x-y)^2(x^2+y^2).$$

REMARQUES. — I. On peut affecter du signe $\pm$ le *p. p. c. m.* trouvé; en effet, si les quantités A, B, C, ... ont $+M$ pour multiple commun, elles ont aussi pour multiple $-M$: car si $M = kA$, on a aussi $-M = -k \times A$.

II. Si les quantités proposées sont premières entre elles et deux à deux (**106**), elles ont pour *p. p. c. m.* leur produit : $M(a^2, b^2, c^2) = a^2b^2c^2$.

III. Si quelques-unes des quantités proposées sont des diviseurs de quelque autre d'entre elles, on peut, dans la formation du *p. p. c. m.*, négliger tous ces diviseurs : $M(a^3b^2, a^2b, ab^2, a^2b^3) = M(a^3b^2, a^2b^3)$.

122. — **Relation entre le p. g. c. d. et le p. p. c. m.** — THÉORÈME. — *Le produit de deux quantités est égal au produit de leur* p. p. c. m. *par leur* p. g. c. d.

Pour démontrer ce théorème, appelons D le *p. g. c. d.* entre A et B, c'est-à-dire le produit de tous les facteurs premiers communs ; a, le produit des facteurs premiers propres à A ; b, le produit des facteurs premiers propres à B. Nous avons ainsi : $A = a D$, $B = b D$; d'où, en multipliant membre à membre ces deux égalités : $AB = ab DD$, relation qui peut s'écrire $AB = ab D \times D$.

Or, le produit $ab D$ se compose du produit a des facteurs premiers propres à A, du produit b des facteurs premiers propres à B et du produit D des facteurs premiers communs à A et à B ; $ab D$ est donc le produit général de tous les facteurs premiers tant communs que non communs de A et de B, et, par conséquent, ce n'est autre chose que le *p. p. c. m.* de ces deux quantités.

Représentant le *p. p. c. m.* par M, on a donc $ab D = M$; par suite, la relation précédente devient $AB = MD$.

COROLLAIRE. — *Le* p. p. c. m. *de deux quantités est égal à leur produit divisé par leur* p. g. c. d. ; *et réciproquement, le* p. g. c. d. *de deux quantités est égal à leur produit divisé par leur* p. p. c. m. :

$$\frac{AB}{D} = M, \qquad \frac{AB}{M} = D.$$

Ce corollaire permet de trouver le *p. p. c. m.* de deux polynomes sans les décomposer en facteurs : on cherche D par la méthode des divisions successives, et l'on obtient M en divisant par D le produit des deux polynomes.

122*. — **Relation générale.** — THÉORÈME. — *Si les suites de quantités*

$$1) \quad a, \quad b, \quad c, \quad d, \quad ...,$$
$$2) \quad a', \quad b', \quad c', \quad d', \quad ...,$$

satisfont à la condition $aa' = bb' = cc' = ... = C$, *on a la relation*

$$C = D(a, b, c, ...) \times M(a', b', c', ...)$$
$$= M(a, b, c, ...) \times D(a', b', c', ...).$$

En effet, soit p un facteur premier quelconque de C, figurant dans C avec l'exposant m, et soit k le plus faible exposant de p dans les termes de la suite (1) ; k est d'ailleurs 0, si p n'entre pas dans tous ces termes. Par suite de la condition imposée, l'exposant de p dans les termes de la suite (2) atteindra le maximum $m - k$. Le facteur p entre donc dans le *p. g. c. d.* des termes de (1) avec l'exposant k et dans le *p. p. c. m.* des termes de (2) avec l'exposant $m - k$: il figure par conséquent dans le produit de ces deux expressions avec l'exposant $k + (m - k)$ ou m, c'est-à-dire avec le même exposant que dans C. La constante C et le produit $D(a, b, ...) \times M(a', b', ...)$ sont donc composés de facteurs premiers affectés d'exposants identiques de part et d'autre ; d'où $C = D(a, b, ...) \times M(a', b', ...)$.

On établit, par un raisonnement analogue, l'identité

$$C = M(a, b, \ldots) \times D(a', b', \ldots).$$

EXEMPLES. — Soient les groupes 3, 9, 6 et 12, 4, 6, qui donnent C = 36. On a
$D(3, 9, 6) \times M(12, 4, 6) = 3 \times 12 = 36$ et $M(3, 9, 6) \times D(12, 4, 6) = 18 \times 2 = 36$.

De même, les groupes ab^2c^3, ab^3, abc^3 et a^2b, a^2c^3, a^2b^2 donnent
$C = a^3b^3c^3$ et $DM' = D'M = a^3b^3c^3$.

COROLLAIRE. — *Le produit de* n *quantités* a, b, c, d, ... *est égal au
produit de leur* p. g. c. d. *par le* p. p. c. m. *des produits* bcd..., acd...,
abd..., ..., *de ces quantités prises* n — 1 *à* n — 1, *et est égal encore au
produit de leur* p. p. c. m. *par le* p. g. c. d. *de ces mêmes combinaisons :*

A) $\quad abcd\ldots = D(a, b, c, d, \ldots) \times M(bcd\ldots, acd\ldots, abd\ldots, \ldots),$

B) $\quad abcd\ldots = M(a, b, c, d, \ldots) \times D(bcd\ldots, acd\ldots, abd\ldots, \ldots).$

En effet, les quantités proposées a, b, c, ... et les produits bcd...,
acd..., abd..., donnent deux à deux le produit constant abcd....

SCOLIE. — Ce théorème constitue une relation fondamentale.

Il contient en particulier le théorème précédent (**122**) ; car, appliqué aux
deux groupes a, b et b, a, il donne la relation $ab = D(a, b) \times M(b, a)$.

Il renferme implicitement toute la théorie du *p. g. c. d.* et du
p. p. c. m. Ainsi, la seule considération des formules A et B du corollaire
de ce théorème général permet d'établir directement ces propriétés
essentielles :

1° Si l'on multiplie ou si l'on divise n quantités par une même
quantité k, leur *p. g. c. d.* et leur *p. p. c. m.* sont multipliés ou divisés
par k.

$$D(ak, bk, ck, \ldots) = kD(a, b, c, \ldots); \quad M(ak, bk, ck, \ldots) = kM(a, b, c, \ldots).$$

2° Pour qu'un diviseur commun de n quantités soit leur *p. g. c. d.*,
il faut et il suffit que, divisées par ce codiviseur, elles donnent des
quotients premiers entre eux ; — pour qu'un multiple commun de n
quantités soit leur *p. p. c. m.*, il faut et il suffit que, divisé par ces
différentes quantités, il donne des quotients premiers entre eux.

3° Tout commun diviseur de n quantités divise leur *p. g. c. d.* et tout
commun multiple de n quantités est un multiple de leur *p. p. c. m.*

Le même théorème fondamental et les *formules de corrélation* A et B
permettent aussi de déduire d'une propriété du *p. g. c. d.*, établie
directement, la propriété correspondante du *p. p. c. m.*, et réciproquement.

CHAPITRE VII.

PRINCIPES RELATIFS AUX INÉGALITÉS.

123. — **Définition.** — On sait qu'une quantité a est dite *plus grande* ou *plus petite* qu'une quantité b, selon que la différence algébrique $a - b$ est positive ou négative (**39**).

Toute quantité positive est dite plus grande que zéro et toute quantité négative est dite plus petite que zéro.

L'inégalité $a > b$ peut donc s'écrire sous chacune des formes équivalentes suivantes : $a - b > 0$, $a = b + k^2$, $a - b = k^2$, $b < a$, $b - a < 0$, $b = a - k^2$.

124. — **Principes.** — De ces définitions et de la théorie des opérations fondamentales du calcul algébrique, on déduit les théorèmes suivants :

Principe I. — *Si l'on a* $a > b$ *et* $b > c$, *on a aussi* $a > c$ *et l'on peut écrire* $a > b > c$.

Car les inégalités $a - b > 0$ et $b - c > 0$ donnent évidemment $(a - b) + (b - c) > 0$; d'où $a - c > 0$.

Principe II. — *On peut, sans changer le sens d'une inégalité :*

1º *Augmenter ou diminuer d'une même quantité les deux membres;*

2º *Multiplier ou diviser les deux membres par une même quantité positive;*

3º *Élever à une même puissance les deux membres, s'ils sont tous deux positifs, ou extraire la racine* $m^{\text{ième}}$ *des deux membres, s'ils sont tous deux positifs et qu'on ne considère que les racines positives.*

Démonstration. — 1º Les trois inégalités $a > b$, $a + m > b + m$, $a - m > b - m$ signifient respectivement que les différences $a - b$, $(a + m) - (b + m)$, $(a - m) - (b - m)$ sont toutes positives. Or, quelle que soit la quantité m, ces trois différences sont égales entre elles et, par suite, si l'une quelconque est positive, les autres le sont aussi. Les trois inégalités sont donc équivalentes.

2º Les inégalités $a > b$, $am > bm$, $\dfrac{a}{m} > \dfrac{b}{m}$ signifient respectivement que les différences $a - b$, $am - bm$, $\dfrac{a}{m} - \dfrac{b}{m}$ sont positives. Or, la seconde peut s'écrire $m(a - b)$, et la troisième $\dfrac{1}{m}(a - b)$, et si m est positif, ces produits ont toujours le signe de $a - b$; par suite, si l'une des trois différences est positive, il en est de même des deux autres. Les trois inégalités sont donc équivalentes.

3° Soient a et b deux quantités positives. On sait, par l'Arithmétique, que suivant qu'une quantité arithmétique a est supérieure ou inférieure à une quantité b, les quantités arithmétiques a^m et $\sqrt[m]{a}$ sont supérieures ou inférieures aux quantités arithmétiques b^m et $\sqrt[m]{b}$.

COROLLAIRES ET SCOLIES. — On établira, sans difficulté, les propositions suivantes :

I. Dans une inégalité, on peut transposer d'un membre dans l'autre un terme d'une inégalité, à condition de renverser le signe du terme.

II. Si l'on multiplie ou si l'on divise par une même quantité négative les deux membres d'une inégalité, le sens de l'inégalité est renversé. Ainsi, il y a équivalence entre les inégalités $a > b$ et $a(-k^2) < b(-k^2)$.

III. Si les deux membres d'une inégalité sont négatifs, on peut les élever à une même puissance, en conservant ou en renversant le sens de l'inégalité suivant que cette puissance est impaire ou paire.

EXEMPLES : $-3 > -5$ donne $(-3)^2 < (-5)^2$, $(-3)^3 > (-5)^3$, etc.

Si les deux membres sont de signes différents, on peut les élever à une même puissance impaire; mais on ne peut rien dire des puissances paires.

EXEMPLES. — Les inégalités $5 > -3$, $5 > -5$, $5 > -7$ donnent $5^3 > (-3)^3$, $5^3 > (-5)^3$, $5^3 > (-7)^3$; mais on a $5^2 > (-3)^2$, $5^2 = (-5)^2$, $5^2 < (-7)^2$.

REMARQUES. — De l'inégalité $a > b$, on ne peut conclure $a^2 > b^2$ que si l'on sait, d'ailleurs, que les quantités a et b sont toutes les deux positives.

De l'inégalité $a^2 > b^2$, on se gardera de conclure $a > b$. Pour qu'on ait l'inégalité $a^2 > b^2$, il faut et il suffit que a ne soit pas compris en $+b$ et $-b$.

PRINCIPE III. — *On peut, sans changer le sens d'une inégalité :*

1° *Lui ajouter, membre à membre, une ou plusieurs autres inégalités de même sens qu'elle ;*

2° *En soustraire, membre à membre, une inégalité de sens contraire ;*

3° *La multiplier par une inégalité de même sens, si les membres des deux inégalités sont positifs ;*

4° *La diviser par une inégalité de sens contraire, si les membres des deux inégalités sont tous positifs.*

EXEMPLES. — Des inégalités $\begin{cases} 12 > 10, \\ 3 > 2, \\ 4 < 5, \end{cases}$ on tire $\begin{cases} 12 + 3 > 10 + 2, \\ 12 - 4 > 10 - 5, \\ 12 \times 3 > 10 \times 2, \\ 12 : 4 > 10 : 5. \end{cases}$

DÉMONSTRATION. — 1° Les inégalités $a > b$ et $c > d$, ou $a - b > 0$ et $c - d > 0$, donnent $a - b + c - d > 0$; d'où $(a + c) - (b + d) > 0$.

2° Les inégalités $a > b$ et $d < c$, ou $a > b$ et $c > d$, donnent $a - b > 0$ et $c - d > 0$; d'où $a - b + c - d > 0$; $(a - d) - (b - c) > 0$.

3° Les inégalités $a>b$ et $c>d$, si l'on multiplie les deux membres de l'une par c et les deux membres de l'autre par b, donnent $ac>bc$ et $bc>bd$; d'où $ac>bd$.

4° Les inégalités $a>b$ et $d<c$, ou $a>b$ et $c>d$, donnent $ac>bd$, comme on vient de le voir; en divisant les deux membres de cette inégalité par la quantité positive cd, il vient $\dfrac{ac}{cd}>\dfrac{bd}{cd}$, ou $\dfrac{a}{d}>\dfrac{b}{c}$.

125. — Applications. — 1. Démontrer que la *moyenne arithmétique* $\dfrac{a+b}{2}$ entre deux quantités positives inégales est supérieure à leur *moyenne géométrique* $\sqrt{ab}$.

A la question $\dfrac{a+b}{2}>\sqrt{ab}$? on peut substituer cette autre question équivalente : $a+b>2\sqrt{ab}$? ou cette autre : $(a+b)^2>4ab$? ou $a^2-2ab+b^2>0$? ou $(a-b)^2>0$? Or, $(a-b)^2>0$. Donc $\dfrac{a+b}{2}>\sqrt{ab}$.

2. Établir l'inégalité $x^5+y^5>x^4y-xy^4$.

Par décomposition en facteurs, on a $x^5+y^5-x^4y-xy^4=x^4(x-y)-y^4(x-y)$ $=(x^4-y^4)(x-y)=(x^2+y^2)(x+y)(x-y)^2>0$.

3. Établir que l'on a $a^2+b^2+c^2>ab+bc+ca$, sauf le cas $a=b=c$.

(On additionnera membre à membre $a^2+b^2>2ab$, $b^2+c^2>2bc$, $a^2+c^2>2ac$; on observera que si $a=b$, $a^2+b^2=2ab$, ...)

4. Laquelle de ces deux expressions $\sqrt{3}+\sqrt{2}$ ou $\sqrt{10}$ est la plus grande? A la question $\sqrt{3}+\sqrt{2}>\sqrt{10}$? on substituera successivement les questions suivantes : $(\sqrt{3}+\sqrt{2})^2>10$? $3+2\sqrt{3}\sqrt{2}+2>10$? $2\sqrt{3}\sqrt{2}>5$? $4(\sqrt{3}\sqrt{2})^2>25$? $4\times3\times2>25$? Or, on a $24<25$. Donc $\sqrt{3}+\sqrt{2}<\sqrt{10}$. En effet, l'Arithmétique donne les valeurs approchées : $\sqrt{2}=1,4142$, $\sqrt{3}=1,7320$, $\sqrt{10}=3,1623$.

LIVRE II.

CALCUL DES QUANTITÉS FRACTIONNAIRES.

~~~~~~

CHAPITRE I.

DÉFINITION ET PROPRIÉTÉ FONDAMENTALE.

126. — **Définition.** — *Une* FRACTION ALGÉBRIQUE, *ou un rapport algébrique, est l'expression, sous la forme* $\frac{a}{b}$, *du quotient d'une division qui n'a pas été effectuée, que la division soit algébriquement possible ou non.*

Le dividende s'appelle le *numérateur*; le diviseur s'appelle le *dénominateur*; le numérateur et le dénominateur sont les deux *termes* de la fraction.

Les termes d'une fraction algébrique peuvent être des expressions quelconques, positives ou négatives, monomes ou polynomes, entières ou fractionnaires, rationnelles ou irrationnelles. Les fractions algébriques sont donc plus générales que les fractions arithmétiques, dont les termes doivent être des nombres entiers et positifs.

Nous ne considérerons dans les trois premiers chapitres que des fractions dont le dénominateur est supposé différent de zéro : par suite (**63**), la valeur de la fraction considérée sera toujours déterminée, que la division soit algébriquement possible ou non.

Quand les deux termes sont des polynomes et que la division peut être entreprise, on sait (**76**) que la fraction $\frac{a}{b}$ peut se mettre sous la forme d'une quantité entière Q, suivie elle-même d'une fraction ayant le reste r pour numérateur et le diviseur b pour dénominateur : $\frac{a}{b} = Q + \frac{r}{b}$.

Puisqu'une lettre peut représenter en Algèbre une quantité quelconque, si l'on a une fraction $\frac{a}{b}$, on peut représenter par q la valeur bien déterminée du quotient (complet) qu'elle représente et écrire $\frac{a}{b} = q$. Or, en vertu de la définition même de la division, le quotient q multiplié par le diviseur doit reproduire le dividende. Donc l'égalité $\frac{a}{b} = q$ entraîne la relation $a = bq$.

C'est sur l'équivalence entre les égalités $\frac{a}{b} = q$ et $a = bq$ que repose toute la théorie des fractions algébriques [1].

---

[1] Une *fraction arithmétique* est une expression qui indique combien une quantité renferme de parties de l'unité divisée en parties égales. Partant de cette définition, on montre, en Arith-

REMARQUE. — *Une quantité entière peut se considérer comme une fraction ayant l'unité pour dénominateur* : $a = \dfrac{a}{1}$. Cette égalité est conforme à la relation fondamentale $\dfrac{a}{b} = q$; car $a \times 1 = a$.

POLYNOMES MIXTES. — On entend par *polynome mixte* un polynome composé de termes entiers et de termes fractionnaires.

Un polynome mixte peut se ramener à une forme entièrement fractionnaire :

$$a + b - \frac{2ab}{a+b} = \frac{a}{1} + \frac{b}{1} - \frac{2ab}{a+b}.$$

127. — Propriété fondamentale des fractions. — THÉORÈME. — *On n'altère pas la valeur d'une fraction algébrique en multipliant ou en divisant ses deux termes par une même quantité, différente de zéro.*

En effet, une fraction algébrique n'est que l'expression d'un quotient. Or, on a établi (**66**) qu'on n'altère pas la valeur d'un quotient en multipliant ou en divisant le dividende et le diviseur par une même quantité différente de zéro. Donc....

COROLLAIRE. — *On n'altère pas la valeur d'une fraction en changeant les signes des deux termes*; car cela revient à multiplier les deux termes par — 1.

La valeur de la fraction change de signe, si l'on renverse le signe de l'un seulement des deux termes; car un quotient change de signe, quand on renverse le signe du dividende seulement ou du diviseur (**66**, TH. IV).

CONSÉQUENCES. — La propriété fondamentale des fractions étant la même qu'en Arithmétique, les conséquences seront les mêmes : condition

---

métique, que toute fraction multipliée par son diviseur reproduit son dividende ($\frac{5}{7} \times 7 = 5$) et, par suite, peut se considérer aussi comme l'expression d'un quotient.

Le *rapport arithmétique* $\frac{A}{B}$ de deux grandeurs A et B est le nombre qui mesure la première A quand on prend la seconde B pour unité.

Partant de cette définition, on montre que le rapport $\frac{A}{B}$ est aussi le quotient de la division des nombres qui mesurent les grandeurs A et B quand on prend une même unité de mesure : appelant q cette commune unité, on a $A = aq$ et $B = bq$ et l'on en déduit $\frac{A}{B} = \frac{a}{b}$.

Aussi, pour la fraction arithmétique et pour le rapport arithmétique, la propriété $\frac{a}{b} \times b = a$, ou l'équivalence entre les écritures $\frac{a}{b} = q$ et $a = bq$, est une conséquence de leurs définitions, tandis que cette propriété constitue la définition même de la *fraction algébrique*. La fraction algébrique diffère donc de la fraction arithmétique et du rapport arithmétique non seulement par sa généralité, mais par sa définition; cependant elle les contient l'un et l'autre comme le général contient le particulier. — Il n'est donc pas superflu de démontrer directement les propriétés des fractions algébriques et les règles qu'elles suivent dans les calculs.

d'égalité de deux fractions, simplification des fractions, réduction au même dénominateur.

128. — Égalité de deux fractions. — Théorème. — *Pour que deux fractions soient égales entre elles, il faut et il suffit que le produit du numérateur de la première par le dénominateur de la seconde soit égal au produit du numérateur de la seconde par le dénominateur de la première.*

Cette condition est *nécessaire*. En effet, soit q la valeur commune des fractions $\frac{a}{b}$ et $\frac{c}{d}$: on a les égalités $a = bq$ et $c = dq$. Multiplions les deux membres de l'une par d et les deux membres de l'autre par b : il vient $ad = bdq$ et $cb = bdq$. D'où $ad = cb$.

Cette condition est *suffisante*. En effet, si l'on a $ad = cb$ et qu'on divise les deux membres de cette égalité par bd, il vient $\frac{ad}{bd} = \frac{cb}{bd}$; divisant par d les deux termes de la première fraction et par b les deux termes de la seconde, on obtient $\frac{a}{b} = \frac{c}{d}$.

Les égalités $\frac{a}{b} = \frac{c}{d}$ et $ad = cb$ sont donc équivalentes.

Corollaires. — I. *Pour que deux fractions, dont l'une a un numérateur nul, soient égales, il faut et il suffit que le numérateur de la seconde soit nul également.*

Soient les fractions $\frac{a}{b}$ et $\frac{a'}{b'}$. Si, dans l'égalité $ab' = ba'$ qui exprime l'égalité de ces fractions, on suppose $a = 0$, le produit ab' s'annule; or, pour que le produit ba', dans lequel b' est essentiellement différent de zéro, soit nul lui aussi, il faut et il suffit que a' soit nul.

II. *Toute fraction dont le numérateur est nul, sans que le dénominateur le soit, est nulle.*

En effet, toutes les fractions de la forme $\frac{0}{n}$ sont égales entre elles, d'après le corollaire précédent; or, l'une d'elles est la fraction $\frac{0}{1}$, qui doit être regardée comme égale à son propre numérateur (**126**, Rem.).

129. — Simplification des fractions. — Simplifier une fraction algébrique, c'est lui donner une forme plus simple, mais équivalente.

Règle. — Pour simplifier une fraction, on décompose les deux termes en leurs facteurs et l'on supprime les facteurs communs à ces deux termes.

Le théorème fondamental permet, en effet, de diviser les deux termes par une même quantité.

Par la suppression de tous les facteurs communs, les deux termes deviennent premiers entre eux : la fraction est dite alors *irréductible* ou *réduite à sa plus simple expression*.

EXEMPLES. — 1. $\dfrac{12a^3b^2c}{18ab^2d} = \dfrac{2^2 \times 3a^3b^2c}{2 \times 3^2ab^2d} = \dfrac{2a^2c}{3d}$.

2. $\dfrac{6ax - 6ay}{12abx - 12aby} = \dfrac{2 \times 3a(x-y)}{2^2 \times 3ab(x-y)} = \dfrac{1}{2b}$.

3. $\dfrac{a^3 - 2a^2b + ab^2}{a^2b - ab^2} = \dfrac{a(a^2 - 2ab + b^2)}{ab(a-b)} = \dfrac{a(a-b)^2}{ab(a-b)} = \dfrac{a-b}{b}$.

4. $\dfrac{2a^2b - 18b}{4a^3b + 24a^2b + 36ab} = \dfrac{2b(a^2 - 9)}{4ab(a^2 + 6a + 9)} = \dfrac{2b(a+3)(a-3)}{2^2ab(a+3)^2} = \dfrac{a-3}{2a(a+3)}$.

5. $\dfrac{(x+y)^4 - (x-y)^4}{(x+y)^3 - (x-y)(x+y)^2 + (x-y)^2(x+y) - (x-y)^3}$. Posons $x+y = A$ et

$x - y = B$; la fraction proposée devient $F = \dfrac{A^4 - B^4}{A^3 - BA^2 + B^2A - B^3} = \ldots = A + B$; en remplaçant les lettres auxiliaires A et B par leur valeur $x+y$ et $x-y$, on a

$$F = A + B = (x+y) + (x-y) = 2x.$$

REMARQUE. — En général, on commence par décomposer le terme qui paraît le plus facile. Soit $F = \dfrac{x^2 - 3x + 2}{x^3 - x^2 - 4x + 4}$. Commençant par le numérateur, on voit (**116**) qu'il s'annule pour $x = 1$; on le divise par $x - 1$ et on a $N = (x-1)(x-2)$. Le dénominateur, à son tour, s'annule pour $x = 1$; on le divise et on a $D = (x-1)(x^2 - 4) = (x-1)(x+2)(x-2)$. D'où

$$\frac{x^2 - 3x + 2}{x^3 - x^2 - 4x + 4} = \frac{(x-1)(x-2)}{(x-1)(x+2)(x-2)} = \frac{1}{x+2}.$$

En divisant les deux termes de la fraction par leur *plus grand commun diviseur*, on la réduit par le fait même à sa plus simple expression; car les deux termes deviennent premiers entre eux (**119**, TH. IV). Par conséquent, lorsque les termes seront des polynomes difficiles à décomposer en facteurs, on cherchera leur *p. g. c. d.*, par la méthode des divisions successives (**120**), et on les divisera par ce *p. g. c. d.*

Soit $\dfrac{2x^3 - 7x^2 + 5x - 1}{6x^2 - 5x + 1}$. On a *p. g. c. d.* $= 2x - 1$; d'où

$$F = \frac{(2x-1)(x^2 - 3x + 1)}{(2x-1)(3x-1)} = \frac{x^2 - 3x + 1}{3x - 1}.$$

THÉORÈME I. — *Toute fraction non identique à zéro est égale à une fraction irréductible.*

En effet, on appelle fraction irréductible une fraction dont les deux termes sont premiers entre eux. Or, en divisant les deux termes de la fraction proposée par leur *p. g. c. d.*, les quotients sont premiers entre eux.

Théorème II. — *Toute fraction* $\dfrac{u}{v}$ *égale à une fraction irréductible* $\dfrac{a}{b}$ *a ses deux termes équimultiples des deux termes de celle-ci.*

En effet, l'égalité $\dfrac{u}{v} = \dfrac{a}{b}$ donne $u = \dfrac{av}{b}$; u étant entier, $\dfrac{av}{b}$ doit l'être aussi ; or, b devant diviser le produit av et ne divisant pas le facteur a, doit diviser le facteur v (**108**, Th. I) ; on peut donc poser $v = bq$: on obtient ainsi $u = \dfrac{abq}{b}$ ou $u = aq$. Les deux termes u et v de la première fraction s'obtiennent donc en multipliant les deux termes a et b de la seconde par un même facteur.

130. — **Réduction au même dénominateur.** — **Règle I.** — Pour réduire plusieurs fractions *au même dénominateur*, sans altérer leur valeur, on multiplie les deux termes de chacune d'elles par le produit des dénominateurs de toutes les autres.

Le théorème fondamental permet, en effet, de multiplier les deux termes d'une fraction par une même quantité.

Exemple. — Soient les fractions $\dfrac{a}{x}, \dfrac{b}{y}, \dfrac{c}{z}$; on aura $\dfrac{a}{x} = \dfrac{ayz}{xyz}, \dfrac{b}{y} = \dfrac{b.xz}{xyz}, \dfrac{c}{z} = \dfrac{cxy}{xyz}$.

Lorsque les dénominateurs des fractions données ne sont pas premiers entre eux, deux à deux, le dénominateur commun ainsi obtenu ne sera pas le plus simple possible. On remplacera, dans ce cas, la règle précédente par la suivante.

Règle II. — Pour réduire plusieurs fractions *au même dénominateur le plus simple possible*, on simplifie les fractions, puis on forme le *plus petit commun multiple* entre les dénominateurs des fractions simplifiées : on prend ce *p. p. c. m.* pour dénominateur commun et l'on multiplie le numérateur de chaque fraction par les facteurs de ce dénominateur nouveau qui n'entraient pas dans l'ancien dénominateur de la fraction considérée.

Cette opération revient à multiplier les deux termes de chaque fraction par le quotient obtenu en divisant ce *p. p. c. m.* par le dénominateur de la fraction considérée.

Exemples. — 1. Soient les fractions $\dfrac{x}{12a^2b}, \dfrac{y}{30b^2c}, \dfrac{z}{45ac^2}$.

$$\begin{cases} 12a^2b = 2^2 \times 3a^2b, \\ 30b^2c = 2 \times 3 \times 5b^2c, \\ 45ac^2 = 3^2 \times 5ac^2. \end{cases} \qquad D = 2^2 3^2 5 a^2 b^2 c^2 = 180 a^2 b^2 c^2.$$

On multiplie x par les facteurs 3, 5, b, c^2; puis y par les facteurs 2, 3, a^2, c, et z par les facteurs 2^2, a, b^2, et l'on obtient

$$\frac{15bc^2x}{180a^2b^2c^2}, \qquad \frac{6a^2cy}{180a^2b^2c^2}, \qquad \frac{4ab^2z}{180a^2b^2c^2}.$$

2. Soient les fractions $\dfrac{2a}{9bc(x-y)}$, $\dfrac{3b}{10ac(x+y)}$, $\dfrac{5c}{6ab(x^2-y^2)}$. On trouve $D = 2 \times 3^2 \times 5abc(x+y)(x-y)$; en multipliant $2a$ par $2 \times 5a(x+y)$, puis $3b$ par $3^2b(x-y)$ et $5c$ par $3 \times 5c$, il vient

$$\frac{20a^2(x+y)}{90abc(x^2-y^2)}, \qquad \frac{27b^2(x-y)}{90abc(x^2-y^2)}, \qquad \frac{75c^2}{90abc(x^2-y^2)}.$$

3. Soient $\dfrac{a}{(a-b)(a-c)}$, $\dfrac{b}{(b-a)(b-c)}$, $\dfrac{c}{(c-a)(c-b)}$. Il semble que les trois dénominateurs n'aient aucun facteur commun et que le plus petit dénominateur commun doive être le produit de six binomes; mais, si l'on change le signe du facteur $(b-a)$ et ceux des deux facteurs $(c-a)$ et $(c-b)$, ces fractions deviennent (127 Cor.) $\dfrac{a}{(a-b)(a-c)}$, $\dfrac{-b}{(a-b)(b-c)}$, $\dfrac{c}{(a-c)(b-c)}$. Le $p.\ p.\ c.\ m.$ sera $(a-b)(a-c)(b-c)$ et les fractions deviennent

$$\frac{a(b-c)}{(a-b)(a-c)(b-c)}, \qquad \frac{-b(a-c)}{(a-b)(a-c)(b-c)}, \qquad \frac{c(a-b)}{(a-b)(a-c)(b-c)}.$$

4. Dernier exemple : $\dfrac{x+2}{x^2-3x+2}$, $\dfrac{x-2}{x^2+x-2}$.

$$\begin{cases} x^2-3x+2 = (x-1)(x-2), \\ x^2+x-2 = (x-1)(x+2). \end{cases} D = (x-1)(x-2)(x+2), \begin{cases} F' = \dfrac{(x+2)^2}{(x-1)(x-2)(x+2)} \\ F'' = \dfrac{(x-2)^2}{(x-1)(x-2)(x+2)}. \end{cases}$$

REMARQUES. — I. En général, on peut *réduire une fraction à un dénominateur donné*, sans altérer la valeur de la fraction, à condition que ce dénominateur soit un multiple du dénominateur primitif. Il suffit de multiplier les deux termes de la fraction par les facteurs du dénominateur nouveau qui n'entraient pas dans le dénominateur précédent.

EXEMPLE. — Soit à donner à la fraction $\dfrac{a}{x+y}$ le dénominateur $2x^2-2y^2$. L'opération est possible; car $2x^2-2y^2 = 2(x+y)(x-y)$. On trouve $\dfrac{a}{x+y}$ $= \dfrac{a \times 2(x-y)}{(x+y) \times 2(x-y)} = \dfrac{2ax-2ay}{2x^2-2y^2}$.

II. On peut *transformer une quantité entière en une fraction de dénominateur donné* : il suffit de multiplier et de diviser à la fois cette quantité par le dénominateur donné.

EXEMPLE. — Soit à réduire a aux dénominateurs x, xyz, $a-b$; on aura

$\dfrac{ax}{x}$, $\dfrac{axyz}{xyz}$, $\dfrac{a(a-b)}{a-b}$. De même, soit la quantité $a+b$; il viendra $\dfrac{(a+b)x}{x}$, $\dfrac{(a+b)xyz}{xyz}$, $\dfrac{(a+b)(a-b)}{a-b}$ ou $\dfrac{a^2-b^2}{a-b}$.

III. — La réduction des fractions au même dénominateur permet de ranger, par ordre de grandeur, des fractions données et d'étendre aux fractions les principes relatifs aux inégalités.

Exemple. — Laquelle des deux fractions $\dfrac{a}{b}$ et $\dfrac{a+k}{b+k}$ est la plus grande? Il suffit de comparer $\dfrac{a(b+k)}{b(b+k)}$ et $\dfrac{b(a+k)}{b(b+k)}$, et par suite de comparer $a(b+k)$ et $b(a+k)$.

CHAPITRE II.

OPÉRATIONS FONDAMENTALES.

On peut se proposer sur les quantités fractionnaires les mêmes opérations que sur les quantités entières : les définitions générales de ces six opérations, telles qu'on les a énoncées au Livre précédent, restent applicables au calcul des quantités fractionnaires.

131. — **Addition.** — **Règle.** — **Pour additionner plusieurs fractions, on les réduit au même dénominateur, on fait la somme des numérateurs et l'on donne à cette somme le dénominateur commun.**

Démonstration. — Soient $\dfrac{a}{m}$, $\dfrac{b}{m}$, $\dfrac{c}{m}$ les fractions proposées, réduites au même dénominateur, et soient q, q', q'' leurs valeurs respectives. On a

$$\frac{a}{m}=q, \quad \frac{b}{m}=q', \quad \frac{c}{m}=q'';$$

de là, $\qquad a=mq, \quad b=mq', \quad c=mq''.$

Additionnant membre à membre, on trouve : $a+b+c=mq+mq'+mq''$, ou $a+b+c=m(q+q'+q'')$; d'où enfin

$$\frac{a+b+c}{m}=q+q'+q''=\frac{a}{m}+\frac{b}{m}+\frac{c}{m}.$$

132. — **Soustraction.** — **Règle.** — **Pour soustraire deux fractions l'une de l'autre, on les réduit au même dénominateur, on soustrait les numérateurs l'un de l'autre et l'on donne à la différence le dénominateur commun.**

Démonstration. — Soient $\dfrac{a}{m}$ et $\dfrac{b}{m}$ les fractions proposées. Posant $\dfrac{a}{m}=q$ et $\dfrac{b}{m}=q'$, on a $a=mq$, $b=mq'$. Soustrayant membre à membre, on obtient, $a-b=mq-mq'$, ou $a-b=m(q-q')$; d'où enfin

$$\frac{a-b}{m}=q-q'=\frac{a}{m}-\frac{b}{m}.$$

Remarque. — De même qu'on peut réduire plusieurs fractions en une seule, inversement on peut décomposer une fraction en plusieurs autres.

Exemple. $\quad \dfrac{a+b+c}{abc}=\dfrac{a}{abc}+\dfrac{b}{abc}+\dfrac{c}{abc}=\dfrac{1}{bc}+\dfrac{1}{ac}+\dfrac{1}{ab}.$

Polynomes mixtes. — Lorsqu'il se présente des additions ou des soustractions entre termes entiers et termes fractionnaires, on réduit les termes entiers en fractions ayant pour dénominateurs le dénominateur commun (**130**, Rem. II) :

$$\frac{a}{b}\pm c=\frac{a}{b}\pm\frac{cb}{b}=\frac{a\pm cb}{b}.$$

133. — Applications. — 1. $\dfrac{1}{bc}+\dfrac{1}{ac}+\dfrac{1}{ab}=\dfrac{a}{abc}+\dfrac{b}{abc}+\dfrac{c}{abc}=\dfrac{a+b+c}{abc}.$

2. $\dfrac{a}{x+y}+\dfrac{a}{x-y}=\dfrac{a(x-y)}{(x+y)(x-y)}+\dfrac{a(x+y)}{(x-y)(x+y)}$

$\qquad\qquad =\dfrac{a(x-y)+a(x+y)}{x^2-y^2}=\dfrac{ax-ay+ax+ay}{x^2-y^2}=\dfrac{2ax}{x^2-y^2}.$

3. $\dfrac{x+y}{x-y}-\dfrac{x-y}{x+y}=\dfrac{(x+y)^2}{(x-y)(x+y)}-\dfrac{(x-y)^2}{(x+y)(x-y)}$

$\qquad\qquad =\dfrac{(x^2+2xy+y^2)-(x^2-2xy+y^2)}{x^2-y^2}=\dfrac{4xy}{x^2-y^2}.$

4. $\dfrac{a}{(a-b)(a-c)}+\dfrac{b}{(b-a)(b-c)}+\dfrac{c}{(c-a)(c-b)}=\ldots=\dfrac{a(b-c)}{(a-b)(a-c)(b-c)}$

$+\dfrac{-b(a-c)}{(a-b)(a-c)(b-c)}+\dfrac{c(a-b)}{(a-b)(a-c)(b-c)}=\dfrac{ab-ac-ab+bc+ac-bc}{(a-b)(a-c)(b-c)}=0.$

134. — Multiplication. — Règle. — Pour multiplier deux ou plusieurs fractions entre elles, on multiplie les numérateurs entre eux et les dénominateurs entre eux.

Démonstration. — Soit $\dfrac{a}{b}\times\dfrac{a'}{b'}$. Posant $\dfrac{a}{b}=q$ et $\dfrac{a'}{b'}=q'$, on a $a=bq$ et $a'=b'q'$; multipliant membre à membre ces dernières égalités, on obtient $aa'=bqb'q'$, ou $aa'=(bb')(qq')$; divisant de part et d'autre par bb', on a $\dfrac{aa'}{bb'}=qq'$ ou $\dfrac{aa'}{bb'}=\dfrac{a}{b}\times\dfrac{a'}{b'}.$

La règle s'étend au cas de trois, de quatre, d'un nombre quelconque de fractions; car on a $\dfrac{a}{b} \times \dfrac{a'}{b'} \times \dfrac{a''}{b''} = \dfrac{aa'}{bb'} \times \dfrac{a''}{b''} = \dfrac{aa'a''}{bb'b''}$, et ainsi de suite.

Corollaire. — Pour multiplier entre elles une fraction et une *quantité entière*, on multiplie le numérateur de la fraction par cette quantité entière : $\dfrac{a}{b} \times c = \dfrac{a}{b} \times \dfrac{c}{1} = \dfrac{ac}{b}$.

On arrive à un résultat tout simplifié en divisant, si cela est possible, le dénominateur de la fraction par la quantité entière; ainsi, l'on aurait : $\dfrac{abc}{xyz} \times x = \dfrac{abc}{yz}$; car $\dfrac{abc}{xyz} \times x = \dfrac{abcx}{xyz} = \dfrac{abc}{yz}$.

135. — **Division.** — **Règle.** — Pour diviser deux fractions l'une par l'autre, on multiplie la fraction dividende par la fraction diviseur renversée.

Démonstration. — Je dis que $\dfrac{a}{b} : \dfrac{a'}{b'} = \dfrac{ab'}{ba'}$; car, si l'on multiplie $\dfrac{ab'}{ba'}$ par la fraction diviseur $\dfrac{a'}{b'}$, on retrouve la fraction dividende $\dfrac{a}{b}$.

Autre démonstration. — Posant $\dfrac{a}{b} = q$, $\dfrac{a'}{b'} = q'$, et, par suite, $a = bq$ et $a' = b'q'$; puis, divisant membre à membre ces dernières égalités, on a $\dfrac{a}{a'} = \dfrac{bq}{b'q'}$; en multipliant par $\dfrac{b'}{b}$ les deux membres, il vient $\dfrac{ab'}{a'b} = \dfrac{bqb'}{b'q'b}$, ou $\dfrac{ab'}{ba'} = \dfrac{q}{q'}$.

Scolie. — On arrive à un résultat tout simplifié en divisant, lorsque c'est possible, les numérateurs entre eux et les dénominateurs entre eux. Ainsi, l'on aurait immédiatement $\dfrac{abc}{xyz} : \dfrac{a}{x} = \dfrac{bc}{yz}$; en effet, $\dfrac{abc}{xyz} : \dfrac{a}{x} = \dfrac{abc \times x}{xyz \times a} = \dfrac{bc}{yz}$.

Par conséquent, lorsqu'on a deux fractions à diviser l'une par l'autre et qu'on aperçoit des facteurs communs aux deux numérateurs ou bien aux deux dénominateurs, on les supprime immédiatement.

Exemple. $\quad \dfrac{\dfrac{a^2 + 2ab + b^2}{xy}}{\dfrac{a^2 - b^2}{yz}} = \dfrac{\dfrac{(a+b)^2}{xy}}{\dfrac{(a+b)(a-b)}{yz}} = \dfrac{\dfrac{a+b}{x}}{\dfrac{a-b}{z}} = \dfrac{z(a+b)}{x(a-b)}$.

Corollaires. — I. Pour diviser une quantité entière par une fraction, on multiplie cette quantité par la fraction renversée : $a : \dfrac{b}{c} = \dfrac{a}{1} : \dfrac{b}{c} = \dfrac{ac}{b}$.

II. Pour diviser une fraction par une quantité entière, on multiplie le dénominateur de la fraction par cette quantité : car on a $\dfrac{a}{b} : c = \dfrac{a}{b} : \dfrac{c}{1}$ $= \dfrac{a}{b} \times \dfrac{1}{c} = \dfrac{a}{bc}$. Ou bien, s'il est possible, on divise le numérateur de la fraction par cette quantité; ex. : $\dfrac{xyz}{abc} : yz = \dfrac{x}{abc}$.

Remarque. — L'emploi de *lettres auxiliaires* simplifie parfois avantageusement les écritures et les calculs.

Soit, par exemple, à effectuer les opérations $\dfrac{\dfrac{a-b}{b-c}-\dfrac{b-c}{a-b}}{\dfrac{a-b-1}{a-b}-\dfrac{b-c-1}{b-c}}$.

Posant $a-b=u$ et $b-c=v$, on a

$$\frac{\dfrac{u}{v}-\dfrac{v}{u}}{\dfrac{u-1}{u}-\dfrac{v-1}{v}}=\frac{\dfrac{u^2-v^2}{uv}}{\dfrac{uv-v-uv+u}{uv}}=\frac{u^2-v^2}{u-v}=u+v.$$

D'où $F = u + v = a - b + b - c = a - c$.

136. — Élévation aux puissances. — Règle. — Pour élever une fraction au carré et, en général, à une puissance quelconque, on élève chacun de ses deux termes à cette puissance.

En effet : $\left(\dfrac{a}{b}\right)^2=\dfrac{a}{b}\times\dfrac{a}{b}=\dfrac{a^2}{b^2}$; $\left(\dfrac{a}{b}\right)^m=\dfrac{a}{b}\times\dfrac{a}{b}\times\dfrac{a}{b}\times\ldots=\dfrac{a^m}{b^m}$.

137. — Extraction des racines. — Règle. — Pour extraire la racine carrée et, en général, une racine quelconque d'une fraction, on extrait la racine de chacun de ses termes.

Démonstration. — Soit à démontrer, pour la racine carrée, la formule $\sqrt{\dfrac{a}{b}}=\dfrac{\sqrt{a}}{\sqrt{b}}$. Si on élève au carré le premier membre, on a, par définition même de la racine (**94**) : $\left(\sqrt{\dfrac{a}{b}}\right)^2=\dfrac{a}{b}$. Si on élève au carré le second membre, on a (**136**) : $\left(\dfrac{\sqrt{a}}{\sqrt{b}}\right)^2=\dfrac{(\sqrt{a})^2}{(\sqrt{b})^2}=\dfrac{a}{b}$. Les carrés des deux membres de la formule étant égaux, ces deux membres le sont aussi, et la formule est démontrée.

On établirait de même la formule générale $\sqrt[m]{\dfrac{a}{b}}=\dfrac{\sqrt[m]{a}}{\sqrt[m]{b}}$, en faisant voir que les puissances $m^{ièmes}$ des deux membres sont égales.

Cette démonstration suppose que a et b sont positifs et qu'il n'est question que des valeurs positives du radical; en d'autres termes, on ne considère ici que les racines arithmétiques (**95**).

CHAPITRE III.

FRACTIONS ÉGALES.

—

1. — Suites de Fractions.

138. — **Suites de fractions égales.** — THÉORÈME. — *Étant donnée une suite de fractions égales, on obtient une fraction égale à chacune d'elles en divisant la somme algébrique des numérateurs par la somme algébrique des dénominateurs.*

DÉMONSTRATION. — Soient les fractions égales $\dfrac{a}{b} = \dfrac{a'}{b'} = \dfrac{a''}{b''} = \dots$; représentant par q leur valeur commune, on a $\dfrac{a}{b} = q$, $\dfrac{a'}{b'} = q$, $\dfrac{a''}{b''} = q$, $\dots$; et, par suite, $a = bq$, $a' = b'q$, $a'' = b''q$, $\dots$.

En additionnant ces égalités membre à membre, il vient

$$a + a' + a'' + \dots = bq + b'q + b''q + \dots,$$
ou
$$a + a' + a'' + \dots = (b + b' + b'' + \dots)q;$$

et, en divisant de part et d'autre par $b + b' + b'' + \dots$,

$$\frac{a + a' + a'' + \dots}{b + b' + b'' + \dots} = q.$$

COROLLAIRES. — I. On peut, avant d'additionner les fractions terme à terme, multiplier les deux termes de chaque fraction par un même facteur arbitraire.

En effet, on a : $\dfrac{a}{b} = \dfrac{ap}{bp}$, $\dfrac{a'}{b'} = \dfrac{a'q}{b'q}$, $\dfrac{a''}{b''} = \dfrac{a''r}{b''r}$, $\dots$; les premiers membres de ces égalités étant égaux, les seconds le sont aussi : d'où $\dfrac{a}{b} = \dfrac{ap}{bp} = \dfrac{a'q}{b'q} = \dfrac{a''r}{b''r} = \dots$; ou, en vertu du théorème précédent,

$$\frac{ap + a'q + a''r + \dots}{bp + b'q + b''r + \dots} = q.$$

II. On peut ajouter certaines fractions terme à terme et retrancher terme à terme certaines autres.

En effet, si, dans la suite proposée, on remplace, par exemple, la fraction $\dfrac{a'}{b'}$ par son équivalente $\dfrac{-a'}{-b'}$, et qu'on applique le théorème, il vient

$$\frac{a - a' + a'' + \ldots}{b - b' + b'' + \ldots} = q.$$

III. On obtient une fraction égale, en valeur absolue, à chacune des fractions proposées en divisant la racine carrée de la somme des carrés des numérateurs par la racine carrée de la somme des carrés des dénominateurs.

En effet, en ajoutant membre à membre les égalités $a = bq$, $a' = b'q$, $a'' = b''q$, ..., préalablement élevées au carré, on a $a^2 + a'^2 + a''^2 + \ldots = b^2 q^2 + b'^2 q^2 + b''^2 q^2 + \ldots$; d'où $\dfrac{a^2 + a'^2 + a''^2 + \ldots}{b^2 + b'^2 + b''^2 + \ldots} = q^2$, et, en prenant la racine des deux membres,

$$\frac{\sqrt{a^2 + a'^2 + a''^2 + \ldots}}{\sqrt{b^2 + b'^2 + b''^2 + \ldots}} = \pm q.$$

139. — Suites de fractions inégales. — *Étant donnée une suite de fractions inégales à dénominateurs tous positifs ou tous négatifs, la fraction obtenue en divisant la somme des numérateurs par la somme des dénominateurs est comprise entre la plus grande et la plus petite d'entre elles.*

Soit la série décroissante $\dfrac{a}{b} > \dfrac{a'}{b'} > \dfrac{a''}{b''} > \dfrac{a'''}{b'''}$. Appelant h la plus grande fraction, on a $\dfrac{a}{b} = h$, $\dfrac{a'}{b'} < h$, $\dfrac{a''}{b''} < h$, $\dfrac{a'''}{b'''} < h$; d'où, si les dénominateurs sont positifs (124),

$$a = bh, \quad a' < b'h, \quad a'' < b''h, \quad a''' < b'''h;$$

d'où
$$a + a' + a'' + a''' < (b + b' + b'' + b''')h;$$

ou enfin
$$\frac{a + a' + a'' + a'''}{b + b' + b'' + b''} < h.$$

Appelant k la plus petite, $\dfrac{a'''}{b'''} = k$, on obtient, par un raisonnement inverse, $a + a' + \ldots > (b + b' + \ldots)k$; donc

$$\frac{a + a' + a'' + a'''}{b + b' + b'' + b'''} > k.$$

Si les dénominateurs sont tous négatifs, on a $a = bh$, $a' > b'h$, $a'' > b''h$, ...; $a + a' + \ldots > (b + b' + \ldots)h$; d'où $\dfrac{a + a' + \ldots}{b + b' + \ldots} < h$. Il vient de même $\dfrac{a + a' + \ldots}{b + b' + \ldots} > k$.

Scolies. — I. Une quantité q est dite *moyenne* entre plusieurs quantités

a, b, c, ..., lorsqu'elle n'est ni supérieure à la plus grande de ces quantités, ni inférieure à la plus petite, et cette propriété s'exprime par la notation $q = \mathfrak{M}(a, b, c, ...)$.

Ainsi, quelles que soient les fractions à dénominateurs de mêmes signes $\dfrac{a}{b}$, $\dfrac{a'}{b'}$, $\dfrac{a''}{b''}$, ..., on a $\dfrac{a + a' + a'' + ...}{b + b' + b'' + ...} = \mathfrak{M}\left(\dfrac{a}{b}, \dfrac{a'}{b'}, \dfrac{a''}{b''}, ...\right)$.

La fraction qui résulte de cette addition terme à terme de plusieurs fractions s'appelle leur *médiante*, et si les fractions proposées ne sont pas toutes égales, elle est effectivement inférieure à la plus grande et supérieure à la plus petite.

II. Dans l'hypothèse $b = b' = b'' = ... = 1$, on obtient cette relation entre n quantités algébriques quelconques :

$$\frac{a + a' + a'' + ...}{n} = \mathfrak{M}(a, a', a'', ...).$$

La somme de plusieurs quantités, ainsi divisée par le nombre de ces quantités, porte le nom de *moyenne arithmétique* ou, parfois, simplement de *moyenne*.

2. — Proportions.

140. — **Définitions.** — Rapport. — On appelle *rapport géométrique* de a à b, ou simplement *rapport de a à b*, l'expression $a : b$ ou $\dfrac{a}{b}$ de la division de a par b.

Rapports, fractions et quotients sont choses identiques en Algèbre. Il en résulte qu'on doit appliquer aux rapports le principe fondamental des fractions algébriques (**127**), avec toutes ses conséquences :

On peut, sans altérer la valeur d'un rapport, multiplier ou diviser les deux termes par une même quantité.

Deux rapports $\dfrac{a}{b}$ et $\dfrac{b}{a}$ dont chacun a pour dividende le diviseur de l'autre, sont dits *inverses* ou *réciproques*. — Le produit de deux rapports inverses est l'unité; car on a $\dfrac{a}{b} \times \dfrac{b}{a} = \dfrac{ab}{ba} = 1$. Cette propriété caractéristique peut servir à définir les rapports inverses et justifie leur nom : à proprement parler, c'est une conséquence de leur définition naturelle.

Proportions. — On appelle *proportion géométrique*, ou simplement *proportion*, une égalité entre deux rapports [1]. Ex. : $\dfrac{a}{b} = \dfrac{c}{d}$.

---

1 La dénomination de *proportion géométrique* vient de l'usage qu'ont fait de ces proportions les géomètres de l'Antiquité. Euclide, il y a vingt-deux siècles, dans ses immortels

Les dividendes ou numérateurs a et c s'appellent les *antécédents*; les diviseurs ou dénominateurs b et d, les *conséquents*; a et d sont les *extrêmes*, b et d sont les *moyens*.

On énonce souvent une proportion, surtout en Géométrie, en disant : a *est à* b *comme* c *est à* d.

Chacun des quatre termes d'une proportion est une *quatrième proportionnelle* par rapport aux trois autres termes.

Une proportion dont les moyens sont égaux est dite *continue*, et le terme moyen s'appelle la *moyenne géométrique* ou la *moyenne proportionnelle* entre les termes extrêmes. Chacun des extrêmes est alors une *troisième proportionnelle* par rapport à l'autre extrême et à la moyenne.

Ainsi, la proportion $\frac{8}{4} = \frac{4}{2}$ donne 4 pour moyenne proportionnelle entre 8 et 2; de même, d'après la proportion $\frac{9a^4}{6a^3} = \frac{6a^3}{4a^2}$, la moyenne proportionnelle entre $9a^4$ et $4a^2$ est $6a^3$.

141. — Propriétés générales des proportions. — Théorème I. — *La condition nécessaire et suffisante pour que quatre quantités* a, b, c, d, *soient en proportion est que le produit des extrêmes soit égal au produit des moyens* (**128**).

1º En effet, soit $\frac{a}{b} = \frac{c}{d}$: réduisant les deux rapports au même dénominateur, on obtient $\frac{ad}{bd} = \frac{bc}{bd}$; d'où $ad = bc$.

2º Réciproquement, soit $ad = bc$: divisant de part et d'autre par bd, on a $\frac{ad}{bd} = \frac{bc}{bd}$; d'où, en simplifiant, $\frac{a}{b} = \frac{c}{d}$.

Corollaires. — I. Toute égalité entre deux quotients peut se transformer en une égalité entre deux produits, et réciproquement.

II. On peut faire subir à une proportion toutes les transformations qu'on voudra, à la condition que le produit des extrêmes reste constamment égal au produit des moyens.

Théorème II. — *Dans toute proportion, on peut : 1º intervertir l'ordre*

Éléments de Géométrie, a donné une théorie des proportions d'une extrême profondeur et d'une absolue rigueur. Il part de cette définition : Quatre grandeurs continues (Euclide n'en considère pas d'autres) sont proportionnelles, si entre ces quantités a, b, c, d, les relations $Ma > Nb$ et $Mc > Nd$ s'entraînent l'une l'autre réciproquement, ou encore les relations $Ma = Nb$ et $Mc = Nd$, ou enfin $Ma < Nb$ et $Mc < Nd$, M et N étant des nombres quelconques.

Quant à la notation, les Français adoptent la forme fractionnaire $\frac{a}{b} = \frac{c}{d}$, à tous égards préférable ; les Anglais écrivent $a : b :: c : d$, depuis Ougthred, qui a introduit cette notation dans sa *Clavis mathematica* (1631); les Allemands préfèrent l'écriture $a : b = c : d$.

des rapports; — 2° échanger les moyens; — 3° échanger les extrêmes; — 4° remplacer chaque rapport par son inverse.

L'équivalence entre $\frac{a}{b} = \frac{c}{d}$ et $\frac{c}{d} = \frac{a}{b}$ est évidente.

Quant aux autres transformations, considérons la proportion $\frac{a}{b} = \frac{c}{d}$: elle donne, en vertu du théorème fondamental, $ad = bc$. Or, chacune des proportions $\frac{a}{c} = \frac{b}{d}$, $\frac{d}{b} = \frac{c}{a}$, $\frac{b}{a} = \frac{d}{c}$ donne la même égalité $ad = bc$ et, réciproquement, peut se déduire de cette égalité.

Remarque. — Le second théorème permet d'écrire, sous huit formes différentes, une même proportion :

$$\frac{a}{b} = \frac{c}{d}; \quad \frac{a}{c} = \frac{b}{d}; \quad \frac{d}{b} = \frac{c}{a}; \quad \frac{d}{c} = \frac{b}{a}; \quad \frac{b}{a} = \frac{d}{c}; \quad \frac{c}{a} = \frac{d}{b}; \quad \frac{b}{d} = \frac{a}{c}; \quad \frac{c}{d} = \frac{a}{b}.$$

Théorème III. — *Si deux proportions ont un rapport commun, les deux autres rapports forment proportion.*

Les égalités $\frac{a}{b} = \frac{c}{d}$ et $\frac{a}{b} = \frac{m}{n}$ donnent $\frac{c}{d} = \frac{m}{n}$.

Remarque. — De même, si l'on a $\frac{a}{b} = \frac{c}{d}$ et $\frac{m}{b} = \frac{n}{d}$, on conclut $\frac{a}{c} = \frac{m}{n}$; et si l'on a $\frac{a}{b} = \frac{c}{d}$ et $\frac{a}{m} = \frac{c}{n}$, on conclut $\frac{b}{d} = \frac{m}{n}$.

Théorème IV. — *L'une quelconque des proportions suivantes, ou de celles qu'on peut obtenir par l'inversion des extrêmes et des moyens, entraîne toutes les autres :*

$$\frac{a}{b} = \frac{c}{d}; \quad \frac{a+b}{b} = \frac{c+d}{d}; \quad \frac{a+b}{c+d} = \frac{a-b}{c-d}; \quad \frac{a \pm c}{b \pm d} = \frac{a}{b}; \quad \frac{a \pm c}{a} = \frac{b \pm d}{b};$$

$$\frac{a+c}{a-c} = \frac{b+d}{b-d}; \quad \frac{a}{b} = \frac{ma \pm nb}{mc \pm nd}; \quad \frac{a}{b} = \frac{ma \pm nc}{mb \pm nd}.$$

On peut établir ce théorème de diverses manières.

Par exemple, soit à démontrer l'équivalence entre $\frac{a}{b} = \frac{c}{d}$ et $\frac{a+b}{b} = \frac{c+d}{d}$. La proportion $\frac{a}{b} = \frac{c}{d}$ donne $\frac{a}{b} + 1 = \frac{c}{d} + 1$, d'où $\frac{a+b}{b} = \frac{c+d}{d}$; réciproquement, l'égalité $\frac{a+b}{b} = \frac{c+d}{d}$ donne $\frac{a}{b} + \frac{b}{b} = \frac{c}{d} + \frac{d}{d}$, d'où $\frac{a}{b} + 1 = \frac{c}{d} + 1$ ou $\frac{a}{b} = \frac{c}{d}$. On établirait encore cette équivalence, en montrant que l'une et l'autre proportion fournissent la même égalité $ad = bc$ entre le produit des extrêmes et le produit des moyens.

Théorème V. — *En multipliant terme à terme plusieurs proportions ou en divisant terme à terme deux proportions, on obtient une nouvelle proportion.*

En effet, les égalités $\frac{a}{b} = \frac{c}{d}$, $\frac{a'}{b'} = \frac{c'}{d'}$, $\frac{a''}{b''} = \frac{c''}{d''}$, multipliées membre à membre, donnent $\frac{aa'a''}{bb'b''} = \frac{cc'c''}{dd'd''}$.

Les deux premières égalités, divisées membre à membre, donnent $\frac{a}{b} : \frac{a'}{b'} = \frac{c}{d} : \frac{c'}{d'}$; d'où $\frac{a : a'}{b : b'} = \frac{c : c'}{d : d'}$.

THÉORÈME VI. — *En valeurs absolues, les puissances ou les racines de même degré des quatre termes d'une proportion forment une proportion.*

En effet : 1° l'égalité $\frac{a}{b} = \frac{c}{d}$, en vertu du théorème précédent, peut être multipliée plusieurs fois par elle-même et donne $\left(\frac{a}{b}\right)^m = \left(\frac{c}{d}\right)^m$; d'où $\frac{a^m}{b^m} = \frac{c^m}{d^m}$.

2° Les puissances $m^{ièmes}$ de $\frac{\sqrt[m]{a}}{\sqrt[m]{b}}$ et de $\frac{\sqrt[m]{c}}{\sqrt[m]{d}}$ étant $\frac{a}{b}$ et $\frac{c}{d}$, il y a équivalence entre les égalités $\frac{\sqrt[m]{a}}{\sqrt[m]{b}} = \frac{\sqrt[m]{c}}{\sqrt[m]{d}}$ et $\frac{a}{b} = \frac{c}{d}$, au point de vue des valeurs absolues.

142. — PROBLÈMES. — I. *Trouver l'un des quatre termes d'une proportion, connaissant les trois autres.*

La relation fondamentale $ad = bc$ conduit aux règles suivantes :

1° Pour obtenir un *terme extrême*, on divise le produit des moyens par le terme extrême déjà connu; car on a $a = \frac{bc}{d}$;

2° Pour obtenir un *terme moyen*, on divise le produit des extrêmes par le terme moyen déjà connu; car on a $b = \frac{ad}{c}$.

II. *Trouver la moyenne géométrique entre deux quantités.*

Pour obtenir la moyenne géométrique entre deux quantités données [1],

---

[1] En *Géométrie*, on établit qu'un rectangle de largeur a et de longueur b est équivalent en surface à un carré ayant pour côté $x = \sqrt{ab}$.

Par généralisation, on appelle *moyenne géométrique* entre n quantités a, b, c, d, ..., une quantité x telle qu'on ait $x = \sqrt[n]{abcd}$.

on extrait la racine carrée du produit de ces quantités. Car la proportion continue $\frac{a}{x} = \frac{x}{d}$ donne la relation $x^2 = ad$, ou $x = \pm \sqrt{ad}$.

On obtiendrait une *troisième proportionnelle* entre deux quantités données, en divisant le carré de la moyenne géométrique donnée par le terme extrême donné; car la proportion $\frac{a}{x} = \frac{x}{d}$ donne $a = \frac{x^2}{d}$.

3. — Applications.

143. — Grandeurs proportionnelles. — Deux grandeurs A et B sont dites *directement proportionnelles,* ou simplement *proportionnelles,* ou *en raison directe* l'une de l'autre, lorsque deux valeurs quelconques de l'une sont dans le même rapport que les deux valeurs correspondantes de l'autre.

Deux grandeurs A et B sont dites *inversement proportionnelles,* ou *en raison inverse* l'une de l'autre, lorsque deux valeurs quelconques de l'une sont dans un rapport inverse du rapport des valeurs correspondantes de l'autre.

EXEMPLES. — I. Le salaire d'un ouvrier est généralement, par convention, proportionnel au nombre de ses journées de travail. La quantité de vivres nécessaire à l'approvisionnement d'un navire est évidemment en proportion avec la durée du voyage à entreprendre. En Physique, on établit que le poids d'un corps homogène est en raison directe de son volume. En Géométrie, on démontre que la circonférence, l'aire et le volume d'une sphère sont respectivement proportionnels à la longueur du rayon de la sphère, au carré de cette longueur et au cube de cette longueur.

II. Le temps nécessaire à une escouade d'ouvriers pour le creusement d'une tranchée est, en général, inversement proportionnel au nombre d'ouvriers employés. En Physique, on établit que le volume d'un corps est en raison inverse de sa densité. En Physique encore, on démontre que l'intensité de la lumière reçue par une surface donnée est en raison inverse du carré de la distance entre cette surface et la source de lumière : à 2, 3, 4, ..., n mètres de cette source, la surface est 4, 9, 16, ..., n^2 fois moins éclairée qu'à 1 mètre.

En Algèbre et en Arithmétique, on n'a pas à démontrer la proportionnalité, directe ou inverse, des grandeurs considérées dans une question : cette proportionnalité est un fait acquis à l'avance, soit qu'elle résulte d'une convention, soit qu'elle s'impose évidemment par la force même des choses, soit qu'elle ait été établie ailleurs par une démonstration spéciale.

Une grandeur peut être, à la fois, proportionnelle directement à certaines grandeurs et proportionnelle inversement à certaines autres.

EXEMPLE. — Le temps nécessaire pour le creusement d'une tranchée est, à la fois, en raison directe de la longueur de la tranchée et en raison inverse du nombre d'ouvriers employés.

On établit en Arithmétique ces deux principes :

Pour que deux grandeurs soient proportionnelles l'une à l'autre, il faut et il suffit qu'elles varient dans le même rapport; c'est-à-dire que si l'une devient n fois plus grande qu'elle n'était, l'autre devienne aussi n fois plus grande.

Pour que deux grandeurs soient inversement proportionnelles l'une à l'autre, il faut et il suffit qu'elles varient dans le rapport inverse; c'est-à-dire que si l'une devient n fois plus grande qu'elle n'était, l'autre devienne n fois plus petite qu'elle n'était.

On prouve aussi, en Arithmétique, que *si deux grandeurs sont proportionnelles, le rapport de leurs valeurs correspondantes est constant :*

$$\frac{a}{b} = \frac{a'}{b'} = k;$$

et que *si deux grandeurs sont inversement proportionnelles, le produit de leurs valeurs correspondantes est constant :*

$$\frac{a}{a'} = \frac{b'}{b} \quad \therefore \quad ab = a'b' = k.$$

Il est utile de remarquer que cette *constante* est, dans l'un et l'autre cas, la valeur numérique de a lorsque b devient égal à l'unité.

144. — Règle de trois. — La RÈGLE DE TROIS SIMPLE a pour objet de fournir le terme inconnu d'une proportion dont les trois autres termes sont donnés (**142**). Elle s'applique aux questions dont voici l'énoncé général :

Connaissant deux valeurs a et b de deux grandeurs directement ou inversement proportionnelles A et B, trouver la valeur x de la première grandeur A qui correspond à une nouvelle valeur b' attribuée à l'autre grandeur B.

EXEMPLES. — 1. *On achète pour a francs b mètres d'étoffe; combien coûteront b' mètres?*

Admettant la proportionnalité entre le prix et la longueur, on a :

$$\frac{a}{b} = \frac{x}{b'} \quad \therefore \quad x = \frac{ab'}{b}.$$

2. *Il a fallu n ouvriers pour exécuter en t jours un certain ouvrage; combien d'ouvriers eût-il fallu pour l'exécuter en t' jours?*

Si l'on admet que le nombre des ouvriers et le nombre des journées varient en raison inverse, on a

$$\frac{n}{x} = \frac{t'}{t} \quad \therefore \quad x = \frac{nt}{t'}.$$

La RÈGLE DE TROIS COMPOSÉE a pour objet le calcul d'une quantité qui entre comme terme inconnu dans plusieurs proportions à trois termes connus. Cette règle sert à résoudre des problèmes du type général suivant :

Connaissant des valeurs simultanées a, b, c, ..., *de plusieurs grandeurs* A, B, C, ..., *directement ou inversement proportionnelles à l'une d'entre elles, trouver la valeur que prend celle-ci quand on attribue de nouvelles valeurs* a′, b′, c′, ..., *à toutes les autres.*

EXEMPLE. — *Il a fallu* t *jours à* n *ouvriers, travaillant* h *heures par jour, pour exécuter un terrassement de* m *mètres cubes; combien d'ouvriers faudra-t-il pour exécuter en* t′ *journées de* h′ *heures un terrassement de* m′ *mètres cubes ?*

Formons le tableau des éléments de la question :

t jours,	n ouvriers,	h heures,	m mètres,
t' jours,	x ouvriers,	h' heures,	m' mètres.

Ramenons la question à une suite de règles de trois simples.

Soit x' le nombre d'ouvriers nécessaire pour exécuter en t' jours l'ouvrage primitif, la journée de travail restant de h heures; on a $\dfrac{x'}{n} = \dfrac{t}{t'}$, d'où $x' = n\dfrac{t}{t'}$.

Soit x'' le nombre d'ouvriers nécessaire pour exécuter en t' journées l'ouvrage primitif, à raison de h' heures de travail par jour; on a $\dfrac{x''}{x'} = \dfrac{h}{h'}$, d'où $x'' = x'\dfrac{h}{h'} = n\dfrac{th}{t'h'}$.

Soit x le nombre d'ouvriers nécessaire pour exécuter en t' journées de h' heures le nouvel ouvrage de m' mètres cubes; on a $\dfrac{x}{x''} = \dfrac{m'}{m}$, d'où $x = x''\dfrac{m'}{m} = n\dfrac{thm'}{t'h'm'}$.

On voit que, dans la règle de trois composée, *l'inconnue est égale au produit de la valeur primitive de même espèce qu'elle, par les rapports, les uns directs, les autres inverses, entre les valeurs nouvelles et les valeurs primitives des autres grandeurs,* — rapports directs, si ces grandeurs sont directement proportionnelles à l'inconnue, rapports inverses, si ces grandeurs lui sont inversement proportionnelles.

RÉDUCTION A L'UNITÉ. — Les questions qui se ramènent aux règles de trois peuvent se traiter par la *réduction à l'unité.* Dans cette méthode, on calcule préalablement la valeur de la grandeur de même espèce que l'inconnue qui correspond à l'hypothèse où toutes les autres grandeurs deviennent égales à l'unité; en d'autres termes, on détermine la *constante* (**143**) qui permet d'établir une relation générale entre les grandeurs considérées.

EXEMPLES. — 1. *On achète pour* a *francs* b *mètres d'étoffe; combien coûtent* b′ *mètres ?*

b mètres coûtent a francs;

1 mètre coûte $\dfrac{a}{b}$ francs;

b' mètres coûtent $b' \times \dfrac{a}{b}$ francs. D'où $x = \dfrac{ab'}{b}$.

2. *Il a fallu* t *jours à* n *ouvriers travaillant* h *heures par jour pour exécuter un ouvrage de* m *mètres cubes; combien d'ouvriers faudra-t-il pour exécuter en* t' *journées de* h' *heures un ouvrage de* m' *mètres cubes?*

n ouvriers en t journées de h heures font m mètres;

nt	»	1	»	h	»	»	m	»
nth	»	1	»	1	»	»	m	»
$\dfrac{nth}{m}$	»	1	»	1	»	»	1	»

On obtiendra x en multipliant par m' et en divisant par t' et par h' la constante $k = \dfrac{nth}{m}$: il viendra $x = n\,\dfrac{m'th}{mt'h'}$.

145. — Partages proportionnels.

— Partager une quantité A en parties x, y, z, ..., proportionnelles à des quantités données a, b, c, ..., c'est la partager en parties telles que les rapports respectifs entre ces parties et ces quantités données soient égaux, c'est-à-dire en sorte que l'on ait :

$$x + y + z + \ldots = A, \qquad \frac{x}{a} = \frac{y}{b} = \frac{z}{c} = \ldots$$

En vertu des propriétés des suites de rapports égaux (**138**), on a

$$\frac{x}{a} = \frac{y}{b} = \frac{z}{c} = \ldots = \frac{x+y+z+\ldots}{a+b+c+\ldots} = \frac{A}{a+b+c+\ldots};$$

d'où

$$x = \frac{Aa}{a+b+c+\ldots}, \qquad y = \frac{Ab}{a+b+c+\ldots}, \qquad z = \frac{Ac}{a+b+c+\ldots}, \qquad \ldots$$

Exemple. — *Trouver la composition de 32 Kg. de poudre de guerre, sachant que la poudre est un mélange de 75 parties, sur 100, de salpêtre ou azotate de potasse, de* $12\frac{1}{2}$ *parties de soufre et de* $12\frac{1}{2}$ *parties de charbon.*

Solution : $\dfrac{x}{75} = \dfrac{y}{12,5} = \dfrac{z}{12,5} = \dfrac{x+y+z}{100} = \dfrac{32}{100}$; $x = 24$, $y = 4$, $z = 4$.

Remarquons qu'en vertu de ces formules on peut, sans altérer les résultats, multiplier ou diviser à l'avance par une même quantité les quantités données a, b, c, ...

CHAPITRE IV.

FORMES ALGÉBRIQUES SINGULIÈRES.

146. — Il arrive quelquefois qu'une fraction, pour certaines valeurs particulières assignées aux lettres qu'elle contient, voit s'annuler son numérateur ou son dénominateur ou même l'un et l'autre, et prend une des formes $\frac{0}{m}$, $\frac{m}{0}$, $\frac{0}{0}$. Nous allons chercher le sens de ces *formes singulières*, après avoir donné dans un paragraphe préliminaire des notions sur l'infini et sur les limites.

1. — Notions sur les Limites.

147. — Quantité infiniment petite. — On appelle *quantité infiniment petite* une quantité variable *décroissant indéfiniment*, en valeur absolue, de façon à devenir définitivement moindre que toute grandeur assignable, si petite que soit celle-ci, sans jamais devenir définitivement nulle.

EXEMPLE. — Soit la fraction $\frac{1}{n}$. Supposons qu'on attribue au diviseur n des valeurs croissant indéfiniment au delà de toute limite, par exemple, les valeurs 10, 100, 1000, ..., qui se décuplent sans cesse à partir d'une valeur initiale $n = 10$. La fraction $\frac{1}{n}$ prendra les valeurs successives $\frac{1}{10}$, $\frac{1}{100}$, $\frac{1}{1000}$, ...; elle approchera indéfiniment et d'aussi près qu'on veut de zéro, sans jamais s'annuler rigoureusement : cette quantité $\frac{1}{n}$ s'appellera un *infiniment petit*.

148. — Quantité infinie. — On appelle *infinie* ou *infiniment grande* une quantité susceptible de prendre des valeurs absolues successives *indéfiniment croissantes*, en sorte que cette quantité finisse par dépasser en valeur absolue tout nombre donné, si grand qu'il soit.

L'*infini* se désigne d'ordinaire [1] par le signe ∞.

EXEMPLE. — Assignons au diviseur p de la fraction $\frac{3}{p}$ des valeurs absolues indéfiniment décroissantes, telles que 0,1, 0,01, 0,001, 0,0001, ... : la fraction prendra des valeurs inversement croissantes, $\frac{3}{0,1}$, $\frac{3}{0,01}$, $\frac{3}{0,001}$, $\frac{3}{0,0001}$, ..., ou 30, 300, 3000, 30 000, ...; et tandis que p devient *infiniment petit*, la fraction $\frac{3}{p}$ croît au delà de toute grandeur donnée. Cette quantité $\frac{3}{p}$ s'appelle un *infiniment grand* et l'on écrit $\frac{3}{p} = \infty$.

En Mathématiques, sous les noms d'*infiniment grand* et d'*infiniment petit*, on ne désigne donc pas des quantités actuellement déterminées et assignables, l'une extrêmement grande, l'autre excessivement petite, mais

---

[1] Le symbole ∞ est employé depuis WALLIS (*Arithmetica infinitorum*, 1655) pour signifier l'infini ; ce n'est peut-être qu'une déformation de l'initiale ↀ du mot *mille* en écriture romaine, mot employé pour désigner un nombre très grand. Chez les Hindous, les algébristes indiquaient l'infini par l'unité divisée par zéro.

des *quantités variables,* actuellement indéterminées en valeurs, l'une en voie de grandir au delà de toute grandeur assignable, l'autre en marche vers zéro, mais sans l'atteindre jamais [1].

149. — Limite. — Quand les valeurs successives d'une quantité variable x approchent indéfiniment d'une quantité fixe et déterminée a, de manière à n'en différer que d'aussi peu qu'on veut, cette quantité fixe et déterminée est appelée la *limite* des valeurs de la variable. — C'est ce qu'on exprime par l'égalité : $\lim x = a$.

Citons quelques exemples.

1. La fraction $\frac{1}{n}$, dans l'hypothèse où n désigne une quantité variable indéfiniment croissante, a pour limite zéro (**147**), et l'on écrit : $\lim \frac{1}{n} = 0$.

2. Le rapport $\frac{n+1}{n}$, si l'on assigne à n les valeurs successives 1, 2, 3, ... et ainsi de suite indéfiniment, devient successivement $\frac{2}{1}, \frac{3}{2}, \frac{4}{3}, \frac{5}{4}, ..., \frac{1001}{1000}, ...,$ et la différence d entre ce rapport et l'unité, $d = \frac{n+1}{n} - 1 = \frac{n+1-n}{n} = \frac{1}{n}$, devient moindre que toute grandeur assignable, si l'on prend n suffisamment grand; on a donc $\lim \frac{n+1}{n} = 1$.

3. L'expression $(-\frac{1}{2})^n$, si l'on attribue à n les valeurs entières successives indéfiniment croissantes 0, 1, 2, 3, 4, ..., devient successivement $+1, -\frac{1}{2}, +\frac{1}{4}, -\frac{1}{8}, +\frac{1}{16}, ...,$ et converge vers zéro en oscillant indéfiniment, mais de plus en plus faiblement, autour de cette valeur limite, qu'elle n'arrive jamais à atteindre : $\lim (-\frac{1}{2})^n = 0$.

---

[1] En réalité, il ne peut exister une *quantité* qui, au sens absolu et littéral des mots, soit infiniment grande ou infiniment petite.

Il ne peut exister, croyons-nous, ni une collection composée d'un nombre infini d'objets existant simultanément, ni un être ayant commencé, depuis un nombre infini d'années, d'exister. — Tout *nombre* proposé est essentiellement déterminé et fini. En effet, si grand soit-il, il en existe un plus grand encore; car on peut y ajouter ne fût-ce qu'une unité, on peut même le doubler, le tripler, le multiplier par tel nombre qui plaît, on peut même l'élever au carré, au cube, à telle puissance qu'on souhaite. Si petit soit-il au contraire, on peut le diviser encore par 2, puis chaque moitié par 2, et ainsi de suite. — De même, dans l'*espace,* une ligne droite donnée a nécessairement une certaine longueur déterminée et finie; car on peut poursuivre cette droite dans l'une et dans l'autre direction, à l'infini ou plutôt à l'indéfini, comme on peut, au contraire, par la pensée, partager cette droite en deux moitiés et ces moitiés encore, et ainsi de suite sans être jamais arrêté. — De même, dans le *temps,* la durée de l'existence d'un être qui a commencé d'exister à un moment donné, a une certaine valeur actuelle déterminée (un certain âge); par la pensée, on peut prolonger à l'indéfini cette durée, en y ajoutant sans cesse et sans limite; on peut aussi, au contraire, partager par la pensée la durée d'une vie en deux moitiés, et chaque moitié encore et ainsi de suite.

L'infini absolu n'est pas un nombre, ce n'est pas une *quantité* numérique; non plus que l'immensité absolue n'est une quantité d'espace, ni l'éternité une quantité de temps. Inversement, zéro n'est pas une *quantité* infiniment petite, un fragment infinitésimal d'unité; non plus que l'instant actuel n'est une portion de temps, ni le point une portion de longueur.

4. La somme s_p des p premiers termes de la série $1+\frac{1}{2}+\frac{1}{4}+\frac{1}{8}+\frac{1}{16}+\frac{1}{32}+\ldots$ approche indéfiniment et d'aussi près qu'on veut de 2, si l'on additionne un nombre suffisamment grand de termes. En effet, en additionnant 2, 3, 4, 5, ... termes, on obtient successivement les sommes $\frac{3}{2}$, $\frac{7}{4}$, $\frac{15}{8}$, $\frac{31}{16}$, ..., ou en général $\frac{2m-1}{m}$, en désignant par m le dénominateur de la dernière fraction additionnée.

Or $\frac{2m-1}{m}=2-\frac{1}{m}$; et pour m infiniment grand, on a $\lim\left(2-\frac{1}{m}\right)=2$.

5. Nous avons déjà vu (**77*****) comment certains quotients se prêtent à un *développement en série*, et comment, par exemple, l'identité

$$\frac{1}{1-x}=1+x+x^2+x^3+\ldots,$$

pour $x=\frac{1}{2}$, fournit la sommation

$$2=\lim(1+\tfrac{1}{2}+\tfrac{1}{4}+\tfrac{1}{8}+\ldots).$$

6. On a vu, en Arithmétique, qu'une *fraction périodique,* si l'on prend un nombre indéfiniment grandissant de périodes, converge vers la valeur de sa fraction génératrice. Ainsi, $\lim 0,33333\ldots=\frac{1}{3}$. En effet,

$$\frac{1}{3}-0,3\ \ =\frac{1}{3}-\frac{3}{10}\ \ =\frac{1}{30},$$

$$\frac{1}{3}-0,33\ \ =\frac{1}{3}-\frac{33}{100}\ \ =\frac{1}{300},$$

$$\frac{1}{3}-0,333=\frac{1}{3}-\frac{333}{1000}=\frac{1}{3000},$$

et ainsi de suite.

7. On sait aussi (I) que le *nombre incommensurable* représenté par le symbole $\sqrt{2}$ est la limite commune des nombres commensurables, les uns indéfiniment croissants (1, 1,4, 1,41, 1,414, ...), les autres indéfiniment décroissants (2, 1,5, 1,42, 1,415, ...), dont les carrés ont 2 pour limite [1] : $\sqrt{2}=\lim 1,41421356\ldots$.

8. En Géométrie, on établit ces deux définitions : — On appelle longueur de la *circonférence* la limite du périmètre, et aire du *cercle* la limite de l'aire d'un polygone convexe inscrit dont les côtés deviennent indéfiniment plus nombreux et diminuent indéfiniment de manière à devenir moindres que toute grandeur donnée.

9. En Géométrie encore, on pose cette définition : — La *tangente* à une courbe en un point donné de la courbe est la limite des positions d'une sécante, qui coupe la courbe en ce point et qui tourne autour de ce point de façon qu'un second point de section tende à se confondre avec le premier.

REMARQUES. — I. La complète et rigoureuse *définition* de la limite mathématique se formule en ces termes :

On entend par *limite* d'une quantité variable x, une quantité fixe a

---

[1] La définition du nombre incommensurable, comme limite d'une suite de nombres commensurables, est de CAUCHY; le géomètre belge CATALAN (1814-1894) a repris cette notion et a donné le premier, dans ses excellents *Manuels d'Arithmétique et d'Algèbre* (1852 et 1857), la véritable théorie des incommensurables, devenue aujourd'hui classique.

dont les valeurs successives de la quantité variable s'approchent indéfiniment, de manière que la différence $x - a$, prise en valeur absolue, entre cette variable et cette quantité fixe, finit par devenir définitivement plus petite que toute grandeur assignable, si petite que soit celle-ci, sans que cette différence devienne jamais définitivement nulle.

De cette définition résultent les conséquences suivantes :

1º Il y a équivalence entre les égalités $\lim x = a$ et $\lim (x - a) = 0$.

2º Une *quantité infiniment petite* peut se définir *une quantité variable qui a zéro pour limite*.

3º Une *quantité infiniment grande* peut se définir *une quantité variable susceptible de croître au-delà de toute limite* [1].

II. Entre la variable et sa limite il y a une *différence de nature*, qui s'oppose à ce que l'une finisse jamais par se confondre formellement avec l'autre.

Ainsi, zéro n'est aucunement une fraction infiniment petite : il ne peut exister un fragment de l'unité, si petit soit-il, qui soit néant. Un infiniment petit ne diffère d'une fraction ordinaire que par la dimension, laquelle a cessé d'être perceptible et même concevable, son diviseur excédant tout nombre susceptible d'être formulé.

De même, un cercle n'est pas un polygone à côtés excessivement petits : le cercle n'a pas de côtés; une courbe n'offre nulle part trois points consécutifs en ligne droite.

Cependant, il peut arriver qu'une variable atteigne une ou plusieurs fois, ou même périodiquement, la valeur particulière de sa limite : elle ne se confond pas définitivement ni formellement avec sa limite, elle traverse cette valeur.

---

[1] L'infiniment petit et l'infiniment grand sont les deux modes extrêmes de la quantité, qui, dans ses variations, tend vers le néant ou vers l'infini.

Zéro est la limite d'un infiniment petit.

Dira-t-on que *l'infini est la limite d'un infiniment grand?* Non; cette locution serait vicieuse à tous égards; on ne pourrait même l'interpréter en entendant, par cette limite et par cet infini absolu, je ne sais quelle barrière idéale placée au delà de toute quantité. L'infini absolu ne peut jouer le rôle de limite : il n'est que la simple négation de toute limitation, il est une pure conception de notre esprit, et non une grandeur réelle, une quantité.

En Mathématiques, le mot *infini* a toujours un sens conventionnel.

D'ordinaire, il signifie une quantité susceptible de croître sans limite, un *indéfiniment grand*.

Quelquefois, surtout comme solution d'un problème, l'*infini absolu* apparaît : il signifie alors que, dans les conditions données, la quantité cherchée cesse absolument d'exister. — On demande à quelle distance x de son origine la droite A est rencontrée par une droite B, et le résultat du calcul est $x = \infty$; on conclura : il n'y a point de rencontre, les deux droites sont parallèles.

Rappelons qu'un *nombre infini* implique contradiction. Tout *nombre* est déterminé et fini.

EXEMPLE. — Soit la fraction $x = \dfrac{3n^2 - 2n + 7}{n^2 + 1}$, dans laquelle on suppose n croissant indéfiniment. On a $\lim x = 3$; on peut, en effet, s'en assurer en écrivant la fraction sous la forme $x = \dfrac{3 - \dfrac{2}{n} + \dfrac{7}{n^2}}{1 + \dfrac{1}{n^2}}$: si n est infiniment grand, les termes $\dfrac{2}{n}$, $\dfrac{7}{n^2}$, $\dfrac{1}{n^2}$ deviennent infiniment petits et s'évanouissent. Cependant, posons successivement $n = 1$, $n = 2$, $n = 3$, $n = 4$, ... : il vient $x = 4$, $x = 3$, $x = 2,8$, $x = 2,76...$, ...; ainsi, la variable, partant de la valeur $x = 4$, décroît, passe par la valeur 3 et décroît encore, pour revenir ensuite converger vers sa limite 3.

(En Trigonométrie, le rapport $\dfrac{\sin x}{x}$ tend vers zéro, quand x croît indéfiniment; mais toutes les fois que x devient égal à un multiple de la demi-circonférence, le rapport s'annule et change de signe : cette variable oscille de part et d'autre de sa valeur limite zéro, tout en se resserrant de plus en plus auprès d'elle.)

La valeur *maximum* et la valeur *minimum* d'une quantité variable ne constituent pas des *limites* au sens mathématique de ce mot.

Ainsi, les cordes inscrites dans un cercle ont pour longueur maximum la longueur du diamètre : le diamètre n'est cependant pas la limite des cordes, ce n'est qu'une corde plus grande que les autres; il n'en diffère point par nature. (De même, en Trigonométrie, le rayon est le maximum, et non la limite proprement dite, du sinus.)

III. On classe en divers *ordres* les infiniment grands et les infiniment petits.

Soit n une quantité infiniment grande : son carré n^2 est infiniment grand par rapport à elle; son cube n^3 est infiniment grand par rapport au carré, et ainsi de suite. Ces infiniment grands sont du premier, du second, du troisième ordre. — Inversement, la fraction $\dfrac{1}{n}$ étant un infiniment petit du premier ordre, son carré et son cube sont des infiniment petits du second et du troisième ordre : ces infiniment petits marchent tous vers le néant, mais accélèrent inégalement leurs pas : $\dfrac{1}{n^2}$ est déjà évanouissant, quand $\dfrac{1}{n}$ est encore perceptible, et $\dfrac{1}{n^3}$ est déjà lui-même infiniment petit par rapport à $\dfrac{1}{n^2}$.

150. — **Principe fondamental.** — *Deux variables constamment égales entre elles dans tout le cours de leurs variations, tendent vers des limites égales.*

Ce principe est évident, à la condition que l'on conçoive nettement la notion exacte de la *limite*. En effet, si x et y varient simultanément et restent constamment égales, x ne peut approcher indéfiniment d'une valeur fixe et déterminée a et se tenir dans un voisinage de plus en plus resserré de cette valeur a, sans qu'il en soit de même de son égale y. Donc, si $x = y$, on a $\lim x = \lim y$.

Dans les Compléments de l'Algèbre élémentaire, on développera ces premières notions relatives aux limites et les principes qui en résultent.

2. — Symboles $\dfrac{0}{m}$ et $\dfrac{m}{0}$.

151. — **Symbole $\dfrac{0}{m}$.** — Proposition. — *Toute fraction $\dfrac{0}{m}$ dont le numérateur est nul sans que le dénominateur soit nul (ni infini), est nulle.*

En effet, soit x la valeur de cette fraction. Une fraction étant l'expression d'un quotient, les égalités $\dfrac{0}{m} = x$ et $0 = mx$ sont équivalentes. Or, pour que le produit de deux quantités déterminées soit nul, il faut et il suffit qu'un des facteurs le soit. Donc, si m est une quantité déterminée différente de zéro, x est nul.

Il sera démontré plus tard (**153** et **156**) que si m était *nul*, la fraction $\dfrac{0}{m}$ serait de valeur indéterminée.

152. — **Symbole $\dfrac{m}{0}$.** — Proposition. — *Toute fraction de la forme $\dfrac{m}{0}$, le numérateur m désignant une quantité déterminée et différente de zéro et le dénominateur 0 désignant une quantité non pas rigoureusement nulle, mais infiniment petite, est le symbole de l'infini.*

En effet, un quotient dont le dividende est constant et dont le diviseur décroît indéfiniment, croît lui-même indéfiniment en proportion inverse; ainsi, les rapports $\dfrac{3}{0,1}$, $\dfrac{3}{0,01}$, $\dfrac{3}{0,001}$, $\dfrac{3}{0,0001}$, … ont pour valeurs respectives 30, 300, 3000, 30 000, …. Par conséquent, une fraction dont le dénominateur est *infiniment petit* est elle-même *infiniment grande*.

Remarques. — I. Il importe de ne point perdre de vue que si l'on considère $\dfrac{m}{0}$ comme *symbole de l'infini*, le dénominateur 0 ne désigne point le zéro habituel, mais une quantité *infiniment petite*, une quantité variable décroissant indéfiniment et s'approchant d'aussi près qu'on veut de la valeur limite zéro.

II. Si le dénominateur est actuellement *nul*, la fraction $\dfrac{m}{0}$ cesse d'exister.

Il n'existe, en effet, aucune quantité q qui satisfasse à la relation $\frac{m}{0} = q$, c'est-à-dire qui, multipliée par zéro, donne un produit m différent de zéro. La division $\frac{m}{0}$ est d'une impossibilité absolue. (*Voy.* n. 63, REM. I.)

Le symbole $\frac{m}{0}$, à dénominateur rigoureusement nul, est donc le symbole d'une quantité impossible à réaliser.

III. En considérant 0 comme le symbole d'une quantité non pas nulle, mais s'approchant indéfiniment de zéro, on peut donner à 0 le signe $\pm$. Par $+0$, on désigne donc la limite d'une quantité positive indéfiniment décroissante, et par -0, la limite d'une quantité négative dont la valeur absolue décroît indéfiniment ; en d'autres termes, $+0$ représente une *quantité positive infiniment petite*, et -0 une *quantité négative infiniment petite*.

D'après cela, en désignant par $+\infty$ l'*infini positif*, c'est-à-dire une quantité positive indéfiniment croissante, et par $-\infty$ l'*infini négatif*, c'est-à-dire une quantité négative indéfiniment croissante en valeur absolue, et en supposant m positif, on écrira : $\dfrac{m}{+0} = +\infty$, $\dfrac{m}{-0} = -\infty$.

EXEMPLES. $1 - 0,9999\ldots = +0$; $0,9999\ldots - 1 = -0$;

$$\frac{1}{1 - 0,9999\ldots} = \frac{1}{+0} = +\infty; \qquad \frac{1}{0,9999\ldots - 1} = \frac{1}{-0} = -\infty.$$

En général, considérons la fraction $\dfrac{1}{a - b}$:

Soit $a > b$. Si, dans le dénominateur positif $a - b$, on fait croître b en sorte qu'il approche indéfiniment de a, la fraction devient $\dfrac{1}{+0} = +\infty$.

Soit $a < b$. Si, dans le dénominateur négatif $a - b$, on fait croître a en sorte qu'il tende vers la valeur limite b, la fraction devient $\dfrac{1}{-0} = -\infty$.

IV. De la relation $\dfrac{m}{0} = \infty$, on déduit : $\dfrac{m}{\infty} = 0$, en observant que 0 désigne une quantité s'approchant indéfiniment de zéro et non pas rigoureusement zéro. — D'ailleurs, on sait qu'un quotient décroît à mesure que le diviseur augmente; exemple : $\frac{1}{10}$, $\frac{1}{100}$, $\frac{1}{1000}$, ...

Une quantité infiniment petite a donc pour symbole $\dfrac{1}{\infty}$.

3. — Symbole $\dfrac{0}{0}$.

153. — Symbole $\dfrac{0}{0}$. — PROPOSITION. — *Une fraction de la forme $\dfrac{0}{0}$, c'est-à-dire dont le numérateur et le dénominateur s'annulent simultanément pour certaines valeurs attribuées aux lettres qu'ils renferment, est un symbole d'indétermination.*

En effet, une fraction est l'expression d'un quotient. Or, quelle que soit la valeur attribuée au quotient, cette valeur multipliée par le diviseur 0 reproduira toujours le dividende 0 ; on aura donc indifféremment $\frac{0}{0}=1$, $\frac{0}{0}=2$, $\frac{0}{0}=3$, ..., $\frac{0}{0}=a$, $\frac{0}{0}=b$, ... (*Voy*. n. **63**, Rem. II.)

154. — **Indétermination réelle et indétermination apparente.** — Une fraction qui, pour certaines valeurs assignées aux lettres qu'elle contient, prend la forme $\frac{0}{0}$, peut être indéterminée *réellement* ou seulement *en apparence*.

1° Lorsque la fraction se présente sous la forme $\frac{0}{0}$ par suite d'une *même* hypothèse introduite à la fois au numérateur et au dénominateur, l'indétermination peut provenir de la présence, dans les deux termes de la fraction, d'un facteur commun que cette hypothèse réduit précisément à zéro.

En ce cas, l'indétermination est dite *apparente* et on appelle *vraie valeur* de la fraction proposée la valeur que prend cette fraction après la suppression du facteur commun.

EXEMPLE. — On demande la valeur de $\dfrac{x^2-4}{3x-6}$, dans l'hypothèse $x=2$.

On trouve immédiatement $\frac{0}{0}$. Mais, si le numérateur et le dénominateur s'annulent pour $x=2$, il s'ensuit (**83**, Coroll. I) qu'ils sont divisibles par $(x-2)$; ils ont donc le facteur commun $(x-2)$. En décomposant, on a, en effet, $\dfrac{x^2-4}{3x-6}=\dfrac{(x+2)(x-2)}{3(x-2)}$.

Si l'on supprime le facteur commun, il vient $\dfrac{x+2}{3}$, fraction qui, pour $x=2$, prend la valeur $\frac{4}{3}$.

2° Lorsque la forme $\frac{0}{0}$ provient d'hypothèses *différentes* introduites respectivement au numérateur et au dénominateur, l'indétermination est *réelle*.

EXEMPLE. — La fraction $\dfrac{y-2}{z-3}$, pour $y=2$ et $z=3$, devient $\frac{0}{0}$ et a une valeur réellement indéterminée.

155. — **Vraie valeur.** — Définition générale. — On appelle *vraie valeur* [1] d'une expression algébrique qui, pour certaines valeurs particulières assignées aux lettres qu'elle contient, se présente sous une *forme singulière* sans signification par elle-même, telle que $\frac{0}{0}$, $\frac{\infty}{\infty}$, $0 \times \infty$, etc., la *limite* vers laquelle tend la valeur de cette expression, lorsqu'on attribue à ces lettres des valeurs variables s'approchant elles-mêmes indéfiniment de ces valeurs particulières.

---

[1] Expression évidemment peu logique, mais usitée.

156. — Détermination de la vraie valeur. — Pour déterminer la *vraie valeur* d'une fraction qui, pour certaines valeurs des lettres qu'elle renferme, prend la forme $\frac{0}{0}$, on applique une des deux méthodes suivantes.

Première méthode. — Au lieu d'introduire immédiatement les hypothèses dans la fraction proposée, on décompose en facteurs le numérateur et le dénominateur, on supprime les facteurs communs aux deux termes et on introduit dans la fraction ainsi simplifiée les hypothèses particulières.

Reprenons, en effet, la fraction $\frac{x^2-4}{3x-6}$ et l'hypothèse $x=2$, qui lui fait revêtir immédiatement la forme $\frac{0}{0}$. En décomposant, on a l'égalité $\frac{x^2-4}{3x-6} = \frac{(x+2)(x-2)}{3(x-2)}$.

Pour toutes les valeurs de x autres que $x=2$, par exemple, pour $x=0$, $x=1$, $x=1,999...$, la seconde fraction peut s'écrire $\frac{x+2}{3}$; car on peut supprimer le facteur commun $x-2$, tant qu'il n'est pas nul (**127**). La fraction proposée $\frac{x^2-4}{3x-6}$ et la fraction $\frac{x+2}{3}$ sont donc constamment égales pour des valeurs de x s'approchant indéfiniment de la limite $x=2$. Par conséquent (**150**), les limites de ces fractions sont égales. Or, si x tend vers 2, la seconde fraction tend vers $\frac{4}{3}$; donc la fraction proposée a pour limite cette même valeur $\frac{4}{3}$.

EXEMPLES. — 1. La vraie valeur de $\frac{x^2-a^2}{2x-2a}$, pour $x=a$, est

$$F = \frac{(x+a)(x-a)}{2(x-a)} = \frac{x+a}{2} = \frac{2a}{2} = a.$$

2. La vraie valeur de $\frac{a^2+4a-5}{a^2+a-2}$, pour $a=1$, est

$$F = \frac{(a-1)(a+5)}{(a-1)(a+2)} = \frac{a+5}{a+2} = \frac{6}{3} = 2.$$

3. Si ε tend à s'annuler, quelle valeur tend à prendre la fraction $\frac{(x+\varepsilon)^m - x^m}{\varepsilon}$?

$$F = \frac{(x+\varepsilon-x)[(x+\varepsilon)^{m-1}+(x+\varepsilon)^{m-2}x+(x+\varepsilon)^{m-3}x^2+...+x^{m-1}]}{\varepsilon}$$

$$= (x+\varepsilon)^{m-1}+(x+\varepsilon)^{m-2}x+(x+\varepsilon)^{m-3}x^2+...+x^{m-1};$$

introduisons l'hypothèse $\varepsilon=0$: nous obtenons $F = mx^{m-1}$.

4. Vraie valeur de $\frac{n^3-n^2-n+1}{n^4-n^3-3n^2+5n-2}$, pour $n=1$.

$$F = \frac{(n-1)^2(n+1)}{(n-1)^3(n+2)} = \frac{n+1}{(n-1)(n+2)}.$$ Pour $n=1$, on a $F=\frac{2}{0}$; c'est-à-dire que si n devient sensiblement égal à 1, la fraction croît au delà de toute limite : la vraie valeur de F pour $n=1$ est l'infini, $F=\infty$.

5. Dans les fractions suivantes, on suppose à la fois $a = b$ et $p = q$:

$\dfrac{(a^2 - b^2)(p - q)}{(a - b)(p^2 - q^2)}$. Simplifiant, on a $F = \dfrac{a + b}{p + q} = \dfrac{2b}{2q} = \dfrac{b}{q}$.

$\dfrac{(a^2 - b^2)(p + q)}{(a - b)(p^2 - q^2)}$. Il vient $F = \dfrac{a + b}{p - q} = \dfrac{2b}{0} = \infty$.

$\dfrac{(a^2 - b^2)(p + q)}{(a + b)(p^2 - q^2)}$. On a $F = \dfrac{a - b}{p - q} = \dfrac{0}{0}$. (Indét. réelle.)

REMARQUE. — Quand un des deux termes de la fraction est irrationnel, on le rend rationnel, puis on simplifie la fraction.

Les procédés à suivre pour rendre rationnel un des termes d'une fraction seront exposés complètement dans la théorie des quantités irrationnelles (**181**); l'exemple suivant donnera une première idée de la marche des opérations.

EXEMPLE. — Quelle est la vraie valeur de $\dfrac{\sqrt{x + 3} - 2}{x - 1}$, pour $x = 1$?

$$F = \frac{(\sqrt{x + 3} - 2)(\sqrt{x + 3} + 2)}{(x - 1)(\sqrt{x + 3} + 2)} = \frac{(x + 3) - 2^2}{(x - 1)(\sqrt{x + 3} + 2)}$$

$$= \frac{x - 1}{(x - 1)(\sqrt{x + 3} + 2)} = \frac{1}{\sqrt{x + 3} + 2} = \frac{1}{4}.$$

Seconde méthode. — Au lieu d'assigner brusquement aux lettres $x, y, z, \ldots$, les valeurs particulières $a, b, c, \ldots$, qui amèneraient l'indétermination, on leur attribue des valeurs voisines, $a + h, b + kh, c + k'h, \ldots$ (les lettres $h, k, k', \ldots$, désignant des quantités arbitraires différentes de zéro, mais susceptibles de devenir si petites qu'on veut). La substitution faite, on effectue tous les calculs indiqués aux deux termes de la fraction et on simplifie le résultat. On pose ensuite $h = 0$ et on obtient ainsi la vraie valeur de la fraction.

Cette méthode supprime indirectement le facteur commun qui produisait l'indétermination.

EXEMPLES. — 1. Vraie valeur de $\dfrac{x^2 - 4}{3x - 6}$, pour $x = 2$.

Posant $x = 2 + h$, on a $\dfrac{x^2 - 4}{3x - 6} = \dfrac{(2 + h)^2 - 4}{3(2 + h) - 6} = \dfrac{4h + h^2}{3h} = \dfrac{4 + h}{3}$; faisant $h = 0$, il vient $F = \dfrac{4}{3}$.

2. Vraie valeur de $\dfrac{(a^2 - b^2)(p - q)}{(a - b)(p^2 - q^2)}$, pour $a = b$ et $p = q$.

Posant $a = b + h$ et $p = q + kh$, on obtient $F = \ldots = \dfrac{2b + h}{2q + kh}$; faisant $h = 0$, on a $F = \dfrac{b}{q}$.

REMARQUES. — I. Dans l'une et l'autre méthode, si l'on obtient pour résultat une fraction donnant encore $\frac{0}{0}$, on la traite de même que la fraction proposée, et ainsi de suite, jusqu'à ce qu'on arrive à une fraction dont les deux termes ne s'annulent plus simultanément, ou sont deux quantités nulles, quelles que soient les valeurs de x, y, z, ...

II. Lorsqu'il y a plusieurs hypothèses à faire, il faut les introduire *simultanément,* sous peine de s'exposer à faire disparaître une indétermination qui peut-être existe réellement.

Exemples. — La fraction $x = \dfrac{m(am - b)}{m^2 - 1}$, dans le cas où l'on a $b = a$ et $m = 1$, est réellement indéterminée.

Cependant, si l'on posait d'abord $b = a$ et que, dans la fraction simplifiée par la suppression du facteur commun $m - 1$, on fît $m = 1$, on aurait $x = \dfrac{a}{2}$.

La seconde méthode, régulièrement appliquée, fait aussi apparaître l'indétermination réelle. En posant $b = a + h$ et $m = 1 + kh$ et en introduisant ensuite $h = 0$, on obtient $x = \dfrac{(1 + kh)(ak - 1)}{k(2 + kh)} = \dfrac{ak - 1}{2k}$: l'expression proposée est bien indéterminée, à cause de la présence de k, quantité essentiellement indéterminée.

Au contraire, si l'on posait $b = a + h$ et $m = 1 + k$ et que dans l'expression transformée on fît successivement $h = 0$, puis $k = 0$, il viendrait $x = \dfrac{a}{2}$.

156*. — Note sur la seconde méthode. — Désignons par $f(x)$ une fonction de x, c'est-à-dire une expression en x, et par $f(x + h)$ ce que devient cette fonction lorsque x s'accroît d'une quantité h. De même, $F(x)$ et $F(x + h)$ désigneront une autre fonction de x et cette autre fonction modifiée par l'accroissement de x.

Par définition même (155), la *vraie valeur* d'une fraction qui prend la forme $\frac{0}{0}$ a pour expression

$$\text{v. v. } \frac{f(x)}{F(x)} = \lim \frac{f(x + h)}{F(x + h)}, \tag{1}$$

h étant supposé infiniment petit.

Or, nous établirons dans les Compléments d'Algèbre élémentaire ce théorème : — L'expression $f(x + h)$ est égale à l'expression primitive, plus une suite d'expressions en x, que nous désignerons par $f'(x)$, $f''(x)$, $f'''(x)$, ..., et qui portent le nom de *première dérivée, seconde dérivée, troisième dérivée,...,*multipliées respectivement par $\dfrac{h}{1}$, par $\dfrac{h^2}{1.2}$, par $\dfrac{h^3}{1.2.3}$, ...; en sorte qu'on a

$$f(x + h) = f(x) + \frac{h}{1}f'(x) + \frac{h^2}{1.2}f''(x) + \frac{h^3}{1.2.3}f'''(x) + ... \tag{2}$$

Mais si h est infiniment petit, les termes en h^2, en h^3, ..., sont eux-mêmes infiniment petits par rapport aux termes en h (149, Rem. III) et sont négligeables vis-à-vis de ceux-ci. On a donc, si h converge vers zéro,

$$f(x + h) = f(x) + hf'(x) + \varepsilon, \tag{3}$$

ε désignant un infiniment petit, d'un ordre de petitesse supérieur à celui de h. Par suite, l'égalité (1) devient

$$\text{v. v. } \frac{f(x)}{F(x)} = \lim \frac{f(x + h)}{F(x + h)} = \frac{f(x) + hf'(x)}{F(x) + hF'(x)},$$

ou, $f(x)$ et $F(x)$ étant nulles par hypothèse,

$$\text{v. v. } \frac{f(x)}{F(x)} = \frac{f'(x)}{F'(x)}. \tag{4}$$

On obtient donc la vraie valeur d'une expression indéterminée de la forme $\frac{0}{0}$, en calculant les dérivées des deux termes de la fraction et en introduisant dans le rapport de ces dérivées l'hypothèse qui avait amené l'indétermination.

Si ce rapport prend à son tour la forme $\frac{0}{0}$, on conçoit qu'on devra le traiter de même : on formera le rapport de ses dérivées et on y introduira l'hypothèse; et ainsi de suite.

La même règle s'applique aux expressions indéterminées de la forme $\frac{\infty}{\infty}$.

Cette règle porte le nom de *règle de Lhôpital*, du nom de l'auteur de l'*Analyse des infiniment petits* (1696).

REMARQUES. — I. Si la fonction primitive $f(x)$ est un polynome rationnel et entier en x, la première dérivée $f'(x)$ se déduit, ou *dérive*, de la fonction primitive suivant une *loi* très simple, qu'on démontre dans les Compléments d'Algèbre : — On multiplie chaque terme du polynome primitif par l'exposant qui affecte x dans ce terme et on abaisse cet exposant d'une unité.

Par exemple, x^3+2x^2-x-2 a pour dérivée $3x^2+4x-1$; de même, x^2+x-2 a pour dérivée $2x+1$. Ainsi, la vraie valeur de la fraction $\dfrac{x^3+2x^2-x-2}{x^2+x-2}$, pour $x=1$, s'obtient en posant $x=1$ dans $\dfrac{3x^2+4x-1}{2x+1}$: c'est 2.

II. L'égalité (3) peut s'écrire, en notant que h tend vers zéro,

$$f'(x) = \lim \frac{f(x+h)-f(x)}{h}, \tag{5}$$

en sorte qu'en général on appelle DÉRIVÉE d'une fonction *la limite du rapport entre l'accroissement de cette fonction et l'accroissement de la variable principale* x, *lorsque ce dernier* (h) *est infiniment petit.*

4. — Symboles $\frac{\infty}{\infty}$, $0 \times \infty$ et $\infty - \infty$.

157. — Divers symboles d'indétermination. — Il existe encore d'autres symboles d'indétermination que $\frac{0}{0}$; citons principalement les formes $\frac{\infty}{\infty}$, $0 \times \infty$, $\infty - \infty$.

SYMBOLE $\frac{\infty}{\infty}$. — Lorsque, par suite d'hypothèses particulières, les deux termes d'une fraction deviennent infinis, la fraction se présente sous la forme $\frac{\infty}{\infty}$.

Cette forme est un symbole d'indétermination. En effet, un nombre fini quelconque q, différent de zéro, satisfait à la relation $\frac{\infty}{\infty} = q$, puisque le produit de ce nombre par le dénominateur infini est évidemment infini.

D'ailleurs, la fraction $\dfrac{a}{b}$ peut s'écrire $\dfrac{a}{b} = \dfrac{\frac{1}{b}}{\frac{1}{a}} = \dfrac{\frac{1}{\infty}}{\frac{1}{\infty}} = \dfrac{0}{0}$.

L'indétermination peut n'être qu'*apparente*; car deux quantités peuvent croître indéfiniment tout en conservant un rapport déterminé.

Ainsi, la fraction $\dfrac{2a+2}{a+1}$ devient $\dfrac{\infty}{\infty}$, quand a croît indéfiniment; cependant on a $\dfrac{2a+2}{a+1} = \dfrac{2(a+1)}{a+1} = 2$, ce qui montre que le rapport, quel que soit a, est constamment égal à 2.

SYMBOLE $0 \times \infty$. — Lorsque, par suite d'hypothèses faites sur un produit de deux facteurs, l'un des facteurs devient nul et l'autre infini, le produit prend la forme $0 \times \infty$.

Cette forme est un symbole d'indétermination. En effet, l'égalité $0 \times \infty = q$ est satisfaite quelle que soit la quantité q, puisque, divisée par le facteur ∞, cette quantité q donne pour quotient l'autre facteur, zéro.

D'ailleurs, le produit $a \times b$ peut s'écrire $a \times b = \dfrac{a}{\frac{1}{b}} = \dfrac{0}{\frac{1}{\infty}} = \dfrac{0}{0}$.

L'indétermination peut n'être qu'*apparente*; car, si deux quantités varient suivant une proportion exactement inverse, l'une en croissant, l'autre en décroissant, leur produit reste déterminé et constant.

Ainsi, le produit $(n^2 - 4) \times \dfrac{1}{n-2}$, pour $n = 2$, donne $0 \times \infty$; cependant, puisqu'on a $(n^2 - 4) \times \dfrac{1}{n-2} = \dfrac{n^2-4}{n-2} = \dfrac{(n+2)(n-2)}{n-2} = n+2$, on voit que la vraie valeur du produit est 4.

SYMBOLE $\infty - \infty$. — Lorsque les deux termes d'une différence deviennent infinis, la différence revêt la forme $\infty - \infty$.

Cette forme est un symbole d'indétermination. En effet, quelle que soit la différence d entre deux quantités a et $a - d$, si la quantité a croît indéfiniment, on a $d = a - (a - d) = \infty - \infty$; ainsi, $\infty - \infty$ est égal à une quantité quelconque d.

D'ailleurs, la différence $a - b$ peut s'écrire

$$a - b = \dfrac{1}{\frac{1}{a}} - \dfrac{1}{\frac{1}{b}} = \dfrac{\frac{1}{b} - \frac{1}{a}}{\frac{1}{a} \times \frac{1}{b}} = \dfrac{\frac{1}{\infty} - \frac{1}{\infty}}{\frac{1}{\infty} \times \frac{1}{\infty}} = \dfrac{0}{0}.$$

L'indétermination peut n'être qu'*apparente*; car deux quantités peuvent croître indéfiniment tout en conservant une différence déterminée.

Par exemple, la différence $\left(\dfrac{1}{x-y}+5\right)-\left(\dfrac{1}{x-y}+2\right)$, qui, pour $x=y$, conduit à $\infty-\infty$, est égale à 3, quels que soient x et y; mais les deux termes de cette différence croissent indéfiniment, à mesure que x s'approche de la valeur de y.

158. — Vraies valeurs. — Pour obtenir la vraie valeur d'une expression qui prend une des formes $\dfrac{\infty}{\infty}$, $0\times\infty$, $\infty-\infty$, on peut tantôt appliquer immédiatement la seconde des deux méthodes exposées plus haut (**156**), tantôt ramener préalablement cette expression à une forme donnant $\frac{0}{0}$ et appliquer ensuite une des deux méthodes.

Mais d'ordinaire, on recourra utilement à quelqu'une des règles suivantes :

I. Quand l'apparition de la forme $\dfrac{\infty}{\infty}$ a pour cause la présence aux deux termes de la fraction d'un même diviseur, que l'hypothèse rend précisément nul, on multiplie les deux termes de la fraction par ce diviseur commun, avant d'introduire l'hypothèse.

EXEMPLE. — Vraie valeur de $\dfrac{x+1+\dfrac{x-1}{x-2}}{x-1+\dfrac{3x-1}{x-2}}$, pour $x=2$.

L'hypothèse $x=2$ donne immédiatement $F=\dfrac{\infty}{\infty}$; mais la fraction peut s'écrire

$$F=\frac{\dfrac{(x+1)(x-2)+x-1}{x-2}}{\dfrac{(x-1)(x-2)+3x-1}{x-2}}=\frac{(x+1)(x-2)+x-1}{(x-1)(x-2)+3x-1}=\frac{x^2-3}{x^2+1};$$

pour $x=2$, on obtient $F=\frac{1}{5}$.

II. Quand l'apparition de la forme $\dfrac{\infty}{\infty}$ tient à ce que l'on attribue à une même lettre des valeurs croissant sans limite, on obtiendra généralement la vraie valeur en divisant les deux termes par la plus haute puissance de cette lettre.

EXEMPLES. — 1. On demande la valeur du rapport $\dfrac{n+1}{n-1}$, pour n infini.

Divisant par n, on a $\dfrac{n+1}{n-1}=\dfrac{1+\dfrac{1}{n}}{1-\dfrac{1}{n}}=\dfrac{1+\dfrac{1}{\infty}}{1-\dfrac{1}{\infty}}=\dfrac{1+0}{1-0}=1.$

2. Valeur limite de $\dfrac{x^2-x+1}{x^3+1}$, quand x croît indéfiniment.

On divise par x^3, et il vient : $F = \dfrac{\dfrac{1}{x} - \dfrac{1}{x^2} + \dfrac{1}{x^3}}{1 + \dfrac{1}{x^3}} = \dfrac{0}{1} = 0$. L'expression tend

vers zéro.

3. Vraie valeur de $\dfrac{x^4 - a^4}{x^2 - 2ax + a^2}$, pour $x = \infty$.

On divise par x^4 : $F = \dfrac{1 - \dfrac{a^4}{x^4}}{\dfrac{1}{x^2} - \dfrac{2a}{x^3} + \dfrac{a^2}{x^4}} = \dfrac{1}{0} = \infty$.

4. Vraie valeur de $\dfrac{\sqrt{n}}{\sqrt{n+1} + \sqrt{n-1}}$, pour $n = \infty$.

Divisons par $\sqrt{n}$:

$$F = \frac{1}{\sqrt{1 + \dfrac{1}{n}} + \sqrt{1 - \dfrac{1}{n}}} = \frac{1}{\sqrt{1 + \dfrac{1}{\infty}} + \sqrt{1 - \dfrac{1}{\infty}}} = \frac{1}{\sqrt{1} + \sqrt{1}} = \frac{1}{2}.$$

REMARQUE. — Cette méthode revient à mettre la plus haute puissance (n, x^3, x^4, ...) en évidence aux deux termes de la fraction, puis à supprimer ce facteur commun.

III. Lorsque les deux termes d'une fraction sont des polynomes entiers en x et qu'on attribue à x une valeur infinie, la fraction devient *infinie* ou a pour *limite* le quotient des coefficients des termes de degrés les plus élevés ou devient *nulle*, selon que le degré du numérateur est supérieur, égal ou inférieur au degré du dénominateur.

En effet, soit la fraction générale $F = \dfrac{ax^m + bx^{m-1} + cx^{m-2} + \ldots}{a'x^n + b'x^{n-1} + c'x^{n-2} + \ldots}$. On a

$F = \dfrac{x^m\left(a + \dfrac{b}{x} + \dfrac{c}{x^2} + \ldots\right)}{x^n\left(a' + \dfrac{b'}{x} + \dfrac{c'}{x^2} + \ldots\right)}$. Posons $x = \infty$: dans chaque parenthèse, tous les

termes, sauf le premier, s'évanouissent, et il vient $F = \dfrac{x^m}{x^n} \times \dfrac{a}{a'}$. Or, si $m > n$,

$\dfrac{x^m}{x^n} = x^{m-n} = \infty$; si $m = n$, $\dfrac{x^m}{x^n} = 1$; si $x^m < x^n$, $\dfrac{x^m}{x^n} = \dfrac{1}{x^{n-m}} = \dfrac{1}{\infty} = 0$. Donc,

selon que m est supérieur, égal ou inférieur à n, on a $F = \infty$, $F = \dfrac{a}{a'}$ ou $F = 0$.

(Voir des exemples à la règle précédente.)

IV. Quand une différence de deux expressions prend la forme $\infty - \infty$, on obtient souvent la vraie valeur en effectuant la soustraction algébrique avant d'introduire l'hypothèse.

EXEMPLES. — Pour $x = a$, $\dfrac{1}{a^2x - a^3} - \dfrac{1}{x^3 - ax^2} = \infty - \infty$. Mais en effectuant

la soustraction, on a $D = \dfrac{x^2 - a^2}{a^2x^2(x - a)} = \dfrac{x + a}{a^2x^2}$. D'où la vraie valeur $D = \dfrac{2}{a^3}$.

De même, $\dfrac{2x-9}{x^2-5x+6} - \dfrac{x-9}{x^2-4x+3}$, pour $x=3$, donne :

$$D = \frac{2x-9}{(x-2)(x-3)} - \frac{x-9}{(x-1)(x-3)} = \frac{x^2-9}{(x-1)(x-2)(x-3)} = \frac{x+3}{(x-1)(x-2)} = \frac{6}{2} = 3.$$

V. Quand une différence de deux expressions irrationnelles, $\sqrt{P}-\sqrt{Q}$, prend la forme $\infty - \infty$, on obtient souvent la vraie valeur en multipliant et en divisant à la fois cette différence par la *somme* de ces deux expressions. Il en est de même d'une différence de la forme $P - \sqrt{Q}$.

EXEMPLE. — Vraie valeur de $x - \sqrt{x^2-6x}$, pour x infini.

On a $\quad x - \sqrt{x^2-6x} = \dfrac{(x-\sqrt{x^2-6x})(x+\sqrt{x^2-6x})}{x+\sqrt{x^2-6x}} = \dfrac{x^2-(x^2-6x)}{x+\sqrt{x^2-6x}}$

$= \dfrac{6x}{x+\sqrt{x^2-6x}}$. Cette dernière forme conduirait immédiatement, pour x

infini, à $\dfrac{\infty}{\infty}$; mais, en divisant haut et bas par x, il vient :

$$\frac{6x}{x+\sqrt{x^2-6x}} = \frac{6}{1+\sqrt{1-\dfrac{6}{x}}} = \frac{6}{1+\sqrt{1-\dfrac{6}{\infty}}} = \frac{6}{1+\sqrt{1}} = 3.$$

(Les expressions de cette dernière catégorie se traiteront plus aisément quand on aura étudié, au Livre suivant, la théorie des quantités irrationnelles.)

CHAPITRE V.

EXPOSANTS NÉGATIFS.

159. — **Origine.** — Les exposants négatifs ont leur origine dans l'application de la règle ordinaire des exposants (**67**) au cas de la division d'une quantité affectée d'un certain exposant par la même quantité affectée d'un exposant plus élevé [1].

---

[1] Jean WALLIS (1616-1703), dont la célèbre *Arithmétique des Infinis* (1655) fit faire à la Géométrie et à l'Analyse de grands progrès en diverses questions qui se traitent aujourd'hui par le Calcul intégral, introduisit dans la science les exposants négatifs et les exposants fractionnaires; dans ce même ouvrage, il considère même les exposants irrationnels. Dans les écrits de DESCARTES, les exposants sont toujours positifs et entiers et, du reste, ne sont jamais littéraux.

Rappelons que, dès le XVe siècle, CHUQUET, en son *Triparty*, définissait les exposants négatifs et les soumettait aux mêmes règles que les exposants positifs (voy. *note*, n. **88**).

Soit la division $\dfrac{x^3}{x^5}$; la règle ordinaire, exigeant que l'exposant soit plus élevé au dividende qu'au diviseur, cesse d'être démontrée pour ce cas; mais si, par extension, on convient de l'appliquer quand même, on a $\dfrac{x^3}{x^5} = x^{3-5} = x^{-2}$.

De même, en général, $\dfrac{a^m}{a^{m+p}} = a^{m-(m+p)} = a^{m-m-p} = a^{-p}$.

Valeur conventionnelle. — Le symbole A^{-p} n'a aucun sens par lui-même et ne représente rien; car il provient de l'application d'une règle à un cas pour lequel elle cesse d'être démontrée, et, en outre, on ne peut aucunement lui appliquer la définition des exposants (**7**). On a adopté la convention suivante :

Le symbole A^{-p} *représente la fraction* $\dfrac{1}{A^p}$.

Exemples. $a^3 b^{-3} = \dfrac{a^3}{b^3}$; $\quad 10^{-4} = \dfrac{1}{10\,000}$; $\quad a b^{-1} c^2 d^{-2} = \dfrac{a c^2}{b d^2}$; $\quad \left(\dfrac{a}{b}\right)^{-1} = \dfrac{1}{\left(\dfrac{a}{b}\right)} = \dfrac{b}{a}$;

$(x+y)(x^2-y^2)^{-1} = \dfrac{x+y}{x^2-y^2} = \dfrac{1}{x-y} = (x-y)^{-1}$.

Proposition. — *La notation conventionnelle* $A^{-p} = \dfrac{1}{A^p}$ *est naturelle et légitime.*

1° Cette convention est naturelle.

En effet, d'une part la règle des exposants, appliquée à la division $\dfrac{a^m}{a^{m+p}}$ donne $\dfrac{a^m}{a^{m+p}} = a^{m-(m+p)} = a^{-p}$; d'autre part, la règle de la simplification des fractions, appliquée à la même expression, donne $\dfrac{a^m}{a^{m+p}} = \dfrac{a^m}{a^m a^p} = \dfrac{1}{a^p}$. Or, il est naturel d'identifier le résultat de la règle des exposants et la valeur vraie de l'expression.

De plus, cette convention donne à la définition de l'exposant une extension toute naturelle. Cette convention revient, en effet, à traiter l'exposant comme une quantité algébrique, c'est-à-dire susceptible d'un

---

Il « rememore et clarifie » la règle de la multiplication des puissances, — « Il conuient
» multiplier nombre par nombre et denominacion auec denoiacion se doit adiouster, » —
et la règle de la division, — « Oultre fault scauoir que nombre se doit partir [diviser] par
» nombre et denominacion se doit leuer [soustraire] de denoiacion; » — puis il applique
ces règles à des cas de toute espèce. Par exemple : « Qui multipliroit .8.³ par .7.¹·ᵐ ceste
» multiplicacion monte .56.² Qui multipliroit aussi .8.¹ par .7.¹·ᵐ ainsi monte la mul-
» tiplicacion .56.⁰ Qui vouldroit partir .84.³·ᵐ par .7.²·ᵐ ainsi vient a la part .12.¹·ᵐ. »
En d'autres termes : $8x^3 \times 7x^{-1} = 56x^2$, $8x^1 \times 7x^{-1} = 56x^0$, $84x^{-3} : 7x^{-2} = 12x^{-1}$.

A propos de ce vieil algébriste, notons qu'il propose d'employer la barre de division non pas
seulement pour les *nombres routz*, c'est-à-dire pour les fractions arithmétiques (*numeri rupti*),
mais aussi pour les quotients algébriques : ainsi, il écrit $\dfrac{30 \cdot m \cdot 1 \cdot 1}{1 \cdot 2 p \cdot 1 \cdot 1}$, pour $(30-x) : (x^2+x)$.

double signe; or, le rôle naturel des signes $+$ et $-$ est d'indiquer deux qualités ou deux fonctions directement contraires (**23**); si l'exposant *positif* indique combien de fois une quantité entre comme *facteur* dans une expression, l'exposant *négatif* indiquera donc naturellement combien de fois la quantité qu'il affecte entre comme *diviseur* dans l'expression.

2° Cette convention est légitime.

En effet, *la notation* $A^{-p} = \dfrac{1}{A^p}$ *n'implique pas contradiction*; en d'autres termes, cette égalité conventionnelle, admise dans le cas de p positif, subsiste par cela même dans le cas d'une valeur de p négative. — Pour le démontrer, soit $p = -k$; k étant supposé positif, on a, par la convention même, $a^{-k} = \dfrac{1}{a^k}$; il s'ensuit que $1 : (a^{-k}) = 1 : \left(\dfrac{1}{a^k}\right)$, ce qui nous donne $\dfrac{1}{a^{-k}} = a^k$, ou bien, en remplaçant $-k$ par p, $\dfrac{1}{a^p} = a^{-p}$. La formule se vérifie donc pour $p = -k$.

Calcul des exposants négatifs. — THÉORÈME. — *Les exposants négatifs sont soumis, dans le calcul, aux mêmes règles que les exposants positifs.*

DÉMONSTRATION. — Les règles fondamentales relatives aux exposants positifs sont les suivantes : Pour *multiplier* deux puissances d'une même quantité, on ajoute les exposants; pour *diviser* deux puissances d'une même quantité, on soustrait les exposants l'un de l'autre; pour élever une certaine puissance d'une quantité à une autre *puissance*, on multiplie les exposants; pour extraire une *racine* d'une quantité affectée d'un certain exposant, on divise l'exposant par l'indice de la racine.

Or, en vertu de la valeur conventionnelle des exposants négatifs, on a

$$a^{-p} \times a^{-q} = \frac{1}{a^p} \times \frac{1}{a^q} = \frac{1}{a^{p+q}} = a^{-(p+q)} = a^{-p-q};$$

$$a^{-p} : a^{-q} = \frac{1}{a^p} : \frac{1}{a^q} = \frac{a^q}{a^p} = a^{-p+q};$$

$$(a^{-p})^{-q} = \frac{1}{\left(\frac{1}{a^p}\right)^q} = \frac{1}{\frac{1}{(a^p)^q}} = \frac{1}{\frac{1}{a^{pq}}} = a^{pq};$$

$$\sqrt[n]{a^{-p}} = \sqrt[n]{\frac{1}{a^p}} = \frac{1}{\sqrt[n]{a^p}} = \frac{1}{a^{\frac{p}{n}}} = a^{-\frac{p}{n}}.$$

D'où ces quatre relations fondamentales :

$$a^{-p} \times a^{-q} = a^{-p-q}, \qquad a^{-p} : a^{-q} = a^{-p+q},$$

$$(a^{-p})^{-q} = a^{pq}, \qquad \sqrt[n]{a^{-p}} = a^{-\frac{p}{n}}.$$

On démontrerait d'ailleurs de même qu'elles subsistent si l'on remplace —p par $+p$ ou —q par $+q$. Les exposants négatifs suivent donc toujours, dans le calcul, les mêmes règles que les exposants positifs.

Utilité des exposants négatifs. — L'introduction des exposants négatifs dans le calcul permet de donner la forme entière aux expressions fractionnaires.

Exemples. — 1. $x^2 + x + 1 + \dfrac{1}{x} + \dfrac{1}{x^2} = x^2 + x + x^0 + x^{-1} + x^{-2}$;

2. $\dfrac{a^3}{b^2} = a^3 b^{-2}$;   3. $\dfrac{ac^2}{bc^4 d^3} = ab^{-1}c^{-2}d^{-3}$;   4. $\dfrac{1}{(p-q)^3} = (p-q)^{-3}$;

5. $\dfrac{xy}{\dfrac{1}{x^2} - \dfrac{1}{y^2}} = xy(x^{-2} - y^{-2})^{-1}$;   6. $\dfrac{2a^2}{3x^2} - \dfrac{3x^2}{2a^2} = 2 \times 3^{-1}a^2 x^{-2} - 2^{-1} \times 3a^{-2}x^2$.

Il résulte de là des avantages importants :

1° On peut apprécier le *degré* d'un terme fractionnaire : les exposants du dénominateur étant considérés comme négatifs, le degré d'une fraction s'obtient en retranchant du degré du numérateur le degré du dénominateur.

Exemple : $\dfrac{a^6 b^5 d^4}{ab^5 cd^6}$,   ou $a^5 b^0 c^{-1}d^{-2}$,   est du 2ᵉ degré.

Cependant, on appelle parfois aussi *degré* d'une fraction le plus élevé des degrés de ses deux termes, la fraction étant d'ailleurs réduite à sa plus simple expression. Ainsi, $\dfrac{x^5}{yz^2}$ est du 5ᵉ degré, $\dfrac{x^3}{y^2 z^4}$ est du 6ᵉ degré. — La fraction est dite *homogène*, si les deux termes sont du même degré.

2° On peut appliquer aux expressions fractionnaires les règles du calcul des quantités entières, ce qui parfois abrège les opérations et est, en outre, très conforme à l'esprit généralisateur de l'Algèbre.

Exemple. — La multiplication $\left(\dfrac{1}{x^2} + \dfrac{a}{x} + a^2\right)\left(x^2 + \dfrac{1}{a^2}\right)$ peut s'effectuer sous la forme suivante :

$(x^{-2} + ax^{-1} + a^2)(x^2 + a^{-2}) = 1 + ax + a^2 x^2 + a^{-2}x^{-2} + a^{-1}x^{-1} + 1$.

3° Les exposants négatifs permettent de *poursuivre* des divisions qu'on n'aurait pu continuer par le seul emploi des exposants positifs.

On remarquera que certaines divisions inexactes pourront se poursuivre ainsi indéfiniment et donner pour quotient une série illimitée de termes.

Cependant on parviendra souvent à *achever* la division et à obtenir un quotient formé d'un nombre limité de termes, les uns entiers, les autres fractionnaires. On trouvera là un moyen de *simplifier* certaines expressions fractionnaires.

EXEMPLES. — 1. La division $\dfrac{x}{x+1}$ donne pour quotient la série indéfinie de termes $1 - x^{-1} + x^{-2} - x^{-3} + \dots$ (77*).

2. Soit la division $\dfrac{x^5 + x^4 + 2x^3 + 2x^2 + 2x + 1}{x^4 + x^3 + x^2}$. Traitée par la méthode ordinaire (75), la division s'arrête de suite et donne pour quotient complet $x + \dfrac{x^3 + 2x^2 + 2x + 1}{x^4 + x^3 + x^2}$. Par l'emploi des exposants négatifs, la division se poursuit et même s'achève :

$$
\begin{array}{l|l}
x^5 + x^4 + 2x^3 + 2x^2 + 2x + 1 & x^4 + x^3 + x^2 \\
\quad\quad\quad\quad x^3 + 2x^2 + 2x + 1 & \overline{x + x^{-1} + x^{-2}} \\
\quad\quad\quad\quad\quad\quad\quad x^2 + x + 1 & \\
\quad\quad\quad\quad\quad\quad\quad\quad\quad\quad 0 &
\end{array}
$$

et l'on obtient pour quotient $Q = x + x^{-1} + x^{-2}$.

La méthode ordinaire, si l'on admettait les monomes fractionnaires, donnerait $Q = x + \dfrac{1}{x} + \dfrac{1}{x^2}$.

Le quotient $x + x^{-1} + x^{-2}$ pouvant s'écrire $x + \dfrac{1}{x} + \dfrac{1}{x^2}$ ou $\dfrac{x^3 + x + 1}{x^2}$, l'expression fractionnaire primitive, complètement *simplifiée*, devient

$$
\frac{x^5 + x^4 + 2x^3 + 2x^2 + 2x + 1}{x^4 + x^3 + x^2} = \frac{x^3 + x + 1}{x^2}.
$$

LIVRE III.

CALCUL DES QUANTITÉS IRRATIONNELLES.

~~~~~~

Préliminaires.

160. — **Définitions.** — On entend par *quantité irrationnelle* une expression qui contient l'indication d'une extraction de racine (**10**).

EXEMPLES.
$$2a\sqrt[3]{3ab}; \quad x - 2\sqrt{xy} + y.$$

Cependant on ne considère pas comme irrationnelle une expression dans laquelle un signe radical d'indice m couvre une puissance $m^{ième}$ parfaite (**94**); ainsi, les expressions $\sqrt{a^2 + 2ab + b^2}$, $\sqrt[3]{27a^3}$, $\sqrt[4]{x^8}$, n'ont qu'une irrationnalité apparente : en les débarrassant du signe radical, on les trouve équivalentes à $a + b$, à $3a$, à x^2.

On appelle *radical du* $m^{ième}$ *degré* une expression monome contenant un signe radical d'indice m (**7**).

L'ensemble des facteurs qui sont hors du signe radical constitue le *coefficient* du radical.

EXEMPLES. $\sqrt{a}$, $-2x\sqrt[3]{5y}$, $(p+q)\sqrt[4]{p-q}$, sont des radicaux du 2e, du 3e, du 4e degré et ont pour coefficients respectifs 1, $-2x$, $p+q$.

Des radicaux sont *semblables*, lorsqu'ils ont même indice et que les quantités sous le signe radical sont les mêmes.

EXEMPLE. $2a\sqrt{3b}$, $-\sqrt{3b}$ et $(a-b)\sqrt{3b}$.

En vertu de la définition même des racines, la *racine première* d'une quantité est cette quantité même : $\sqrt[1]{a} = a$. Les quantités rationnelles peuvent donc s'écrire sous forme irrationnelle, avec l'unité pour indice, de même que les quantités entières admettent la forme fractionnaire avec l'unité pour dénominateur.

161. — **Différentes valeurs d'un radical.** — On entend par *racine* $m^{ième}$ de A et on désigne par le symbole $\sqrt[m]{A}$ toute expression, même purement algébrique, dont la puissance $m^{ième}$ est égale à A. Partant de cette définition générale, on a vu (**97**) :

1° Que si m est pair et A positif, le radical admet deux valeurs réelles, égales et de signes contraires : $\sqrt{4} = \pm 2$, $\sqrt[4]{625} = \pm 5$.

2° Que si m est pair et A négatif, le radical n'admet aucune valeur réelle et est dit imaginaire : $\sqrt{-9}$, $\sqrt{-x^2}$, $\sqrt[4]{-625}$ ne représentent aucun nombre, ni positif, ni négatif.

3° Que si m est impair, le radical admet toujours une valeur réelle, de même signe que A : $\sqrt[3]{8} = 2$, $\sqrt[3]{-27} = -3$.

On établit en Algèbre supérieure que l'expression $\sqrt[m]{A}$ admet toujours m valeurs algébriques : une ou deux de ces valeurs peuvent être réelles, les autres sont dites imaginaires.

Si le radical est réel, c'est-à-dire si ce n'est pas un radical d'indice pair couvrant une quantité négative, parmi les m valeurs algébriques de $\sqrt[m]{A}$ on convient d'appeler *valeur principale* du radical, ou *racine $m^{ième}$ principale* de A, la racine arithmétique $m^{ième}$ de A prise avec le signe de A. Ainsi, sauf indication explicite contraire, les radicaux $\sqrt{4}$, $\sqrt[4]{625}$, $\sqrt[3]{-27}$ désignent les quantités $+2$, $+5$, -3.

La valeur principale d'un radical imaginaire sera définie plus tard.

L'objet de ce Livre est, avant tout, l'étude des radicaux du second degré, réels et imaginaires; on complétera cette étude par l'exposé élémentaire du calcul des radicaux de degré quelconque [1].

---

[1] Dans ce Livre III, on traite les radicaux abstraction faite des valeurs particulières assignées aux lettres qu'ils renferment.

Suivant les valeurs numériques attribuées aux diverses lettres, un même radical algébrique peut représenter une *quantité arithmétique rationnelle*, ou une *quantité arithmétique irrationnelle*, ou une *quantité imaginaire*. Ainsi, le même radical $\sqrt{a-b}$, selon qu'on pose $a = 10$ et $b = 1$, ou $a = 5$ et $b = 3$, ou $a = 3$ et $b = 7$, représente le nombre rationnel 3, ou le nombre irrationnel $\sqrt{2}$, ou la quantité imaginaire $\sqrt{-4}$.

Dans les calculs algébriques, il n'y a point lieu de se préoccuper sans cesse de ce que peut représenter chaque radical.

En effet, si, par suite de quelque hypothèse, un radical d'indice pair vient à couvrir un nombre négatif, l'expression devient sans doute imaginaire; mais, au second chapitre du Livre, on donne la théorie des imaginaires.

Quant aux nombres irrationnels, on suppose établie la double proposition suivante :

1° *Les théorèmes démontrés pour des nombres commensurables quelconques (nombres entiers et nombres fractionnaires) subsistent pour les nombres incommensurables*, lesquels sont les limites de nombres commensurables variables; par exemple : la valeur d'un produit de facteurs incommensurables est indépendante de l'ordre des facteurs.

2° *Les formules établies sur des lettres représentant des nombres commensurables quelconques, subsistent encore, lorsque ces lettres viennent à représenter des nombres incommensurables*, par exemple, des nombres irrationnels; ainsi, la relation $(a+b)(a-b) = a^2 - b^2$ conduit à la relation $(\sqrt{a}+\sqrt{b})(\sqrt{a}-\sqrt{b}) = (\sqrt{a})^2 - (\sqrt{b})^2$, même si a et b désignent

CHAPITRE I.

RADICAUX RÉELS DU SECOND DEGRÉ.

Tout radical réel du second degré se ramène à la forme générale $A\sqrt{B}$, dans laquelle B représente une quantité *positive* et A un coefficient quelconque.

---

des nombres non carrés. Le premier de ces deux lemmes appartient à l'Arithmétique, le second n'est que la traduction algébrique du premier.

Disons, à ce propos, que les nombres irrationnels, de différents degrés, ne sont pas les seuls *nombres incommensurables*. Il y a encore les nombres *transcendants*, c'est-à-dire qui ne peuvent être racines d'aucune équation algébrique de quelque degré que ce soit à coefficients rationnels ; les deux plus célèbres sont le nombre π, rapport de la circonférence au diamètre, $\pi = 3,14159...$, et le nombre e, base des logarithmes népériens, $e = 2,71828...$

On classe, en effet, les nombres réels en nombres algébriques et en nombres transcendants.

Par NOMBRES ALGÉBRIQUES, on entend toute racine des équations à coefficients entiers de la forme

$$ax^n + bx^{n-1} + cx^{n-2} + ... + sx^2 + tx = u.$$

En vertu de sa définition même, tout nombre algébrique x, soumis à un nombre limité d'opérations purement algébriques, — élévations à certaines puissances, multiplications, additions, soustractions, — donne, pour résultat, un nombre entier, u.

Les nombres algébriques comprennent les nombres *rationnels* ou *commensurables*, racines d'équations du premier degré de la forme $tx = u$, soit *entiers* (cas : $t = 1$), soit *fractionnaires*, et les nombres *irrationnels*.

Parmi les nombres irrationnels algébriques, il en est qui, par une simple élévation à une certaine puissance $n^{ième}$, reproduisent un nombre rationnel : ils sont racines d'équations binomes de la forme $ax^n - u = 0$, et leur type est $x = \sqrt[n]{A}$, A désignant un nombre rationnel qui n'est puissance $n^{ième}$ exacte d'aucun nombre entier ni fractionnaire. Exemples : $\sqrt{2}$, racine de $3x^2 - 6 = 0$; $\sqrt[3]{5}$, racine de $2x^3 - 10 = 0$.

D'autres nombres sont d'une irrationnalité plus complexe. Ainsi, le nombre irrationnel $x = 1 + \sqrt{5}$ ou $x = 3,236...$, racine de l'équation $x^2 - 2x = 4$, doit être élevé au carré, puis diminué du double de lui-même pour reproduire le nombre entier 4; de même, $x = 0,53208...$, racine de $x^3 + 3x^2 = 1$, doit être élevé au cube, puis augmenté du triple de son carré pour donner le nombre entier 1.

Les NOMBRES TRANSCENDANTS, au contraire, sont des nombres réels qui ne peuvent être racines d'aucune équation algébrique à coefficients réels; leur incommensurabilité est infinie : un tel nombre, soumis à des opérations algébriques quelconques en nombre limité, ne donne jamais pour résultat un nombre rationnel. Tels sont π et e. Dès 1770, LAMBERT avait traité de l'incommensurabilité du nombre π, et, en 1794, LEGENDRE, dans la première édition de ses *Éléments de Géométrie*, avait établi que π^2 est aussi incommensurable; mais ce n'est qu'un siècle plus tard, en 1873 et en 1882, qu'HERMITE et LINDEMANN démontrèrent l'un la transcendance du nombre e, l'autre la transcendance du nombre π. Lindemann établit en même temps la transcendance du logarithme de tout nombre algébrique autre que zéro.

Rappelons que tout nombre incommensurable, soit irrationnel, soit transcendant, est la *limite* commune de deux suites de nombres commensurables, l'une décroissante, l'autre

I. — Principes fondamentaux.

162. — Restriction préliminaire. — Tout radical réel du second degré a deux valeurs, égales absolument, mais de signes contraires. Néanmoins, dans tout le présent paragraphe, on considérera seulement la *valeur principale*, ou *positive*, du radical; en d'autres termes, on ne considérera ici les radicaux que comme représentant des racines arithmétiques, et ayant, par conséquent, toujours une valeur unique et déterminée.

Cette restriction est indispensable pour la rigueur des démonstrations qui seront données et pour l'exactitude des résultats. Les principes suivants eux-mêmes, qui sont la base du calcul des radicaux réels, ne s'appliquent, dans leur universalité, qu'aux racines *positives*, commensurables ou non, de quantités positives.

163. — Principes. — I. *Le carré de la racine carrée d'une quantité est cette quantité elle-même; et, réciproquement, la racine carrée du carré d'une quantité est cette quantité elle-même :* $(\sqrt{a})^2 = a$, $\sqrt{a^2} = a$.

Ce principe résulte des définitions mêmes (**7**); deux opérations inverses effectuées sur une même quantité se détruisent.

II. *La racine carrée d'un produit de plusieurs quantités est égale au produit des racines carrées des facteurs :* $\sqrt{abc} = \sqrt{a}\sqrt{b}\sqrt{c}$.

En effet, en élevant au carré le premier membre de cette formule, on a $(\sqrt{abc})^2 = abc$; en élevant au carré le second membre (**89**, II), on a $(\sqrt{a}\sqrt{b}\sqrt{c})^2 = (\sqrt{a})^2(\sqrt{b})^2(\sqrt{c})^2 = abc$. Les carrés des deux membres étant égaux, les deux membres doivent l'être aussi, et la formule est démontrée [1].

III. *La racine carrée d'une quantité affectée d'un exposant s'obtient en divisant par 2 cet exposant :* $\sqrt{a^6} = a^3$, $\sqrt{a^{2m}} = a^m$.

En effet, élevons au carré le premier membre : $(\sqrt{a^{2m}})^2 = a^{2m}$; élevons au carré le second membre (**89**, III) : $(a^m)^2 = a^{2m}$. Les carrés des deux membres de la formule étant égaux, les deux membres le sont aussi, et la formule est démontrée.

---

croissante (**1** et **149**). — Ajoutons qu'entre deux nombres algébriques quelconques aussi rapprochés qu'on veut, il existe et on peut calculer non pas seulement un nombre transcendant, mais une infinité de nombres transcendants.

[1] Ce raisonnement, — « les puissances $m^{i\text{èmes}}$ des deux membres de la formule sont égales, donc les deux membres sont égaux, et la formule est démontrée, » — en d'autres termes : $a^m = b^m$, donc $a = b$, — ce raisonnement est rigoureux, parce qu'on ne considère que les racines positives ou *arithmétiques* de quantités positives. Si l'on considérait, en général, les racines *algébriques*, on ne pourrait plus rien conclure; par exemple, on a $(+2)^2 = (-2)^2$ ou $4 = 4$, et cependant $+2$ et -2 sont des quantités différentes.

2. — Transformations.

164. — **Mise d'un facteur en coefficient.** — Théorème. — *On peut toujours faire sortir un facteur positif de dessous le radical, à condition d'en extraire la racine :* $\sqrt{a^2 b} = a\sqrt{b}$.

En effet, on a $\sqrt{a^2 b} = \sqrt{a^2}\sqrt{b} = a\sqrt{b}$.

Simplification des radicaux. — Le théorème qui précède conduit à cette règle.:

Pour simplifier un radical du second degré, on décompose la quantité soumise au radical en ses facteurs premiers; on groupe ces facteurs de manière à former les plus grands carrés parfaits possibles; puis l'on fait sortir du radical les carrés parfaits, en en prenant la racine.

Exemples.

1. $\sqrt{a^3} = \sqrt{a^2 a} = a\sqrt{a}$.

2. $\sqrt{50a^4 b^3 c^2 d} = \sqrt{2 \times 5^2 a^4 b^3 c^2 d} = \sqrt{5^2 a^4 b^2 c^2 \times 2bd} = 5a^2 bc\sqrt{2bd}$.

3. $\sqrt{12a^2 b - 24ab^2 + 12b^3} = \sqrt{12b(a^2 - 2ab + b^2)} = \sqrt{2^2(a-b)^2 \times 3b} = 2(a-b)\sqrt{3b}$.

4. $\sqrt{15(x^2-1)(3x+3)} = \sqrt{3^2 \times 5(x+1)(x-1)(x+1)} = 3(x+1)\sqrt{5(x-1)}$.

5. $\sqrt{\dfrac{18abc^2}{a^2 - 2ab + b^2}} = \sqrt{\dfrac{2 \times 3^2 abc^2}{(a-b)^2}} = \sqrt{\dfrac{3^2 c^2}{(a-b)^2} \times 2ab} = \dfrac{3c}{a-b}\sqrt{2ab}$.

6. $\sqrt{b^2\left(1 - \dfrac{x^2}{a^2}\right)} = \sqrt{\dfrac{b^2}{a^2}(a^2 - x^2)} = \dfrac{b}{a}\sqrt{a^2 - x^2}$.

7. $\sqrt{a^2 - \dfrac{c^2}{4}} = \sqrt{\dfrac{1}{4}(4a^2 - c^2)} = \dfrac{1}{2}\sqrt{4a^2 - c^2}$.

8. $\sqrt{9x^5 - 15x^4 - 23x^3 + 39x^2 + 15x - 25}$. — La somme des coefficients des termes positifs et la somme des coefficients des termes négatifs étant égales et de signes contraires, il s'ensuit (**83**) que le polynome P est divisible par $(x-1)$. On divise et on a $P = (x-1)(9x^4 - 6x^3 - 29x^2 + 10x + 25)$. Examinant les deux premiers et les deux derniers termes du polynome $9x^4 - 6x^3 - \ldots$, on soupçonne (**93**) qu'il peut être carré parfait; on essaie l'extraction de la racine : elle réussit. On obtient :

$$\sqrt{P} = \sqrt{(x-1)(3x^2 - x - 5)^2} = (3x^2 - x - 5)\sqrt{x-1}.$$

Remarques. — I. On peut toujours rendre entière la quantité placée sous le radical; à cet effet, on multiplie sous le radical les deux termes de la fraction par les facteurs nécessaires pour rendre carré parfait le dénominateur.

$$\sqrt{\frac{a}{b}} = \sqrt{\frac{ab}{b^2}} = \sqrt{\frac{1}{b^2} \times ab} = \frac{1}{b}\sqrt{ab}.$$

$$\sqrt{\frac{x+y}{3(x-y)}} = \sqrt{\frac{3(x+y)(x-y)}{3^2(x-y)^2}} = \frac{1}{3(x-y)}\sqrt{3(x^2-y^2)}.$$

II. Pour décider si des radicaux sont semblables ou non, il est souvent nécessaire de les simplifier et de les rendre entiers.

EXEMPLES. — Les radicaux $\sqrt{12a^3}$, $\sqrt{75a}$, $\sqrt{27ab^2}$ sont semblables; car, simplifiés, ils deviennent respectivement $2a\sqrt{3a}$, $5\sqrt{3a}$, $3b\sqrt{3a}$. De même,

$\sqrt{\dfrac{x}{y}}$ et $\sqrt{\dfrac{y}{x}}$ sont semblables; car l'un équivaut à $\dfrac{1}{y}\sqrt{xy}$ et l'autre à $\dfrac{1}{x}\sqrt{xy}$.

III. Si la racine qu'on fait sortir du radical est une quantité qui peut devenir négative en certaines hypothèses, il faut, dans ces hypothèses, renverser le signe du radical.

EXEMPLE :
Si $a > b$, $\sqrt{(a-b)^2 c} = (a-b)\sqrt{c}$;
Si $a < b$, $\sqrt{(a-b)^2 c} = \sqrt{(b-a)^2 c} = (b-a)\sqrt{c} = -(a-b)\sqrt{c}$.

165. — Introduction d'un facteur sous le radical. — THÉORÈME. — *On peut toujours introduire sous le radical un facteur positif du coefficient, à condition de l'élever au carré :* $a\sqrt{b} = \sqrt{a^2 b}$.

En effet, on a $a\sqrt{b} = \sqrt{a^2}\sqrt{b} = \sqrt{a^2 b}$.

REMARQUE. — L'égalité $(a-b)\sqrt{c} = \sqrt{(a-b)^2 c}$ n'est exacte que si $a > b$; dans l'hypothèse $a < b$, il faut écrire $(a-b)\sqrt{c} = -(b-a)\sqrt{c} = -\sqrt{(b-a)^2 c}$ et, par suite, en ce cas, $(a-b)\sqrt{c} = -\sqrt{(a-b)^2 c}$.

APPLICATION. — Cette transformation s'utilise dans la recherche de la valeur numérique approchée d'un radical.

Soit, par exemple, à chercher la valeur approchée de $4\sqrt{5}$. — Si l'on dit que la racine de 5 étant comprise entre 2 et 3, la valeur de $4\sqrt{5}$ est par suite comprise entre 8 et 12 : on voit que l'erreur possible se trouve multipliée par le coefficient. Au contraire, en appliquant la transformation, on a $4\sqrt{5} = \sqrt{5 \times 4^2} = \sqrt{80}$; la valeur demandée est comprise entre 8 et 9; l'erreur possible est moindre qu'une unité.

APPROXIMATION DÉTERMINÉE. — La méthode donnée en Arithmétique pour l'extraction de la racine carrée d'un nombre a à $\dfrac{1}{n}$ d'unité près, se représente par la formule $\sqrt{a} = \dfrac{\sqrt{an^2}}{n}$.

Soit à calculer $\sqrt{80}$ à moins de $\frac{1}{4}$ d'unité. — Posant $n = 4$, on obtient
$$\sqrt{80} = \frac{\sqrt{80 \times 4^2}}{4} = \frac{\sqrt{1280}}{4};$$ la valeur cherchée est $\frac{35}{4}$ par défaut et $\frac{36}{4}$ par excès.

On demande la racine de 2 à moins d'un dix-millième d'unité. — La formule
donne $\sqrt{2} = \frac{\sqrt{2 \times 10000^2}}{10000}$; cherchant la racine de 200 000 000, on trouve 14142,
à moins d'une unité; en divisant par 10 000, il vient $\sqrt{2} = 1{,}4142\ldots$

En général, pour obtenir p chiffres décimaux exacts à la racine et atteindre l'approximation marquée par la fraction $\frac{1}{10^p}$, il faut appliquer la formule
$$\sqrt{a} = \frac{\sqrt{a \times 10^{2p}}}{10^p}.$$

3. — Opérations fondamentales.

166. — Addition et soustraction. — Règle. — Pour additionner ou soustraire des radicaux *semblables*, on ajoute ou on soustrait les coefficients et l'on multiplie le résultat par le radical commun :
$$a\sqrt{m} - b\sqrt{m} + c\sqrt{m} = (a - b + c)\sqrt{m}.$$

Si les radicaux ne sont pas semblables, on ne peut qu'indiquer l'opération. Ainsi, pour ajouter $2\sqrt{x}$ à $3\sqrt{y}$, on écrit simplement $2\sqrt{x} + 3\sqrt{y}$.

EXEMPLES. 1. $2\sqrt{5a^3b} + \sqrt{45ab^3} - 3\sqrt{20a^3b^3} = 2a\sqrt{5ab} + 3b\sqrt{5ab} - 6ab\sqrt{5ab}$
$$= (2a + 3b - 6ab)\sqrt{5ab}.$$

2. $\sqrt{\dfrac{y}{x}} + \sqrt{\dfrac{x}{y}} = \dfrac{1}{x}\sqrt{xy} + \dfrac{1}{y}\sqrt{xy} = \left(\dfrac{1}{x} + \dfrac{1}{y}\right)\sqrt{xy} = \dfrac{x+y}{xy}\sqrt{xy}$.

167. — Multiplication et division. — Règles. — I. Pour *multiplier* deux ou plusieurs radicaux, on multiplie les coefficients entre eux et les quantités sous le signe radical entre elles :
$$(a\sqrt{b}) \times (c\sqrt{d}) = ac\sqrt{bd}.$$

En effet, élevons au carré le premier membre de cette formule : $(a\sqrt{b} \times c\sqrt{d})^2 = a^2(\sqrt{b})^2 c^2(\sqrt{d})^2 = a^2bc^2d$; élevons au carré le second membre : $(ac\sqrt{bd})^2 = a^2c^2(\sqrt{bd})^2 = a^2c^2bd$; les carrés étant égaux, il s'ensuit que les deux membres de la formule le sont aussi, et la formule est démontrée.

EXEMPLES. 1. $5a\sqrt{3xy} \times 2b\sqrt{6xz} = 10ab\sqrt{18x^2yz} = 30abx\sqrt{2yz}$.

2. $\sqrt{x^2 - y^2} \times \sqrt{x+y} = \sqrt{(x+y)(x-y)(x+y)} = (x+y)\sqrt{x-y}$.

II. Pour *diviser* deux radicaux l'un par l'autre, on divise les coefficients entre eux et les quantités sous le signe radical entre elles :
$$\frac{a\sqrt{b}}{c\sqrt{d}} = \frac{a}{c}\sqrt{\frac{b}{d}}.$$

En effet, le carré du premier membre (**136**) est :

$$\left(\frac{a\sqrt{b}}{c\sqrt{d}}\right)^2 = \frac{(a\sqrt{b})^2}{(c\sqrt{d})^2} = \frac{a^2 b}{c^2 d};$$

le carré du second membre est :

$$\left(\frac{a}{c}\sqrt{\frac{b}{d}}\right)^2 = \left(\frac{a}{c}\right)^2 \left(\sqrt{\frac{b}{d}}\right)^2 = \frac{a^2}{c^2} \times \frac{b}{d};$$

les carrés étant égaux, il s'ensuit que les deux membres de la formule le sont aussi, et la formule est démontrée.

EXEMPLE. $(12a^2\sqrt{25x^3y^2}) : (3a\sqrt{20xy}) = 4a\sqrt{\frac{5}{4}x^2y} = 2ax\sqrt{5y}.$

III. Sans formuler de règles relativement à la division d'une quantité rationnelle par un radical, et inversement, donnons ces deux types assez fréquents :

$$\frac{a}{\sqrt{a}} = \frac{(\sqrt{a})^2}{\sqrt{a}} = \sqrt{a}; \qquad \frac{\sqrt{a}}{a} = \frac{\sqrt{a}}{(\sqrt{a})^2} = \frac{1}{\sqrt{a}}.$$

168. — Puissances et racines. — Règles. — I. Pour élever au *carré* un radical, on élève au carré le coefficient et on supprime le signe radical : $(a\sqrt{b})^2 = a^2 b.$

En effet, $(a\sqrt{b})^2 = a^2(\sqrt{b})^2 = a^2 b.$

II. On élève un radical à une *puissance quelconque*, en élevant séparément à cette puissance le coefficient et la quantité sous le signe radical : $(a\sqrt{b})^p = a^p\sqrt{b^p}.$

En effet,

$$(\sqrt{b})^p = \sqrt{b}\sqrt{b}\sqrt{b}\ldots = \sqrt{bbb\ldots} = \sqrt{b^p}; \quad (a\sqrt{b})^p = a^p \times (\sqrt{b})^p = a^p\sqrt{b^p}.$$

EXEMPLES. $(\sqrt{x})^3 = \sqrt{x^3} = x\sqrt{x}; \quad (\sqrt{a^6})^3 = \sqrt{a^{18}} = a^9.$

III. La *racine* $m^{ième}$ d'un radical s'obtient soit en multipliant par m l'indice du radical, soit en divisant par m l'exposant de la quantité soumise au radical.

Cette règle sera démontrée plus tard (**207**).

EXEMPLES. $\sqrt{\sqrt{a^6}}$ équivaut à $\sqrt[4]{a^6}$ et aussi à $\sqrt{a^3}.$

$\sqrt[3]{\sqrt{a^6}}$ représente $\sqrt[6]{a^6}$ et aussi $\sqrt{a^2}.$

169. — Remarque générale. — Si, contrairement à la restriction posée en tête de ce chapitre, on considère dans le symbole $\sqrt{}$ l'indication d'une *racine algébrique*, tout radical du second degré devient ambigu et les règles du calcul se modifient.

Désignons par $(+\sqrt{a})$ et $(-\sqrt{a})$ les deux *déterminations*, ou valeurs algébriques, du radical du second degré $\sqrt{a}$.

La somme de deux radicaux $\sqrt{a}+\sqrt{b}$ admet quatre déterminations :

$(+\sqrt{a})+(+\sqrt{b})$, $(+\sqrt{a})+(-\sqrt{b})$, $(-\sqrt{a})+(+\sqrt{b})$, $(-\sqrt{a})+(-\sqrt{b})$; il en est de même de la différence $\sqrt{a}-\sqrt{b}$.

La somme de trois radicaux $\sqrt{a}+\sqrt{b}+\sqrt{c}$, de quatre, de cinq, ..., de n radicaux, admet 8, 16, 32, ..., 2^n déterminations.

Le produit de deux ou de plusieurs radicaux admet deux déterminations : $\sqrt{a}\sqrt{b}\sqrt{c}\ldots=(\pm\sqrt{abc\ldots})$; il en est de même du quotient de deux radicaux : $\sqrt{a}:\sqrt{b}=(\pm\sqrt{a:b})$.

Le produit $\sqrt{a}\sqrt{a}$ admet deux déterminations, $\pm a$; mais le carré $(\sqrt{a})^2$, ou le produit d'un radical par lui-même, n'admet que la détermination positive : $(+\sqrt{a})^2=+a$, $(-\sqrt{a})^2=+a$.

Quant aux racines, on voit aisément que la racine carrée de $\sqrt{a}$ admet quatre déterminations, les unes réelles, les autres imaginaires : ainsi, $\sqrt{\sqrt{16}}$ admet les déterminations $\pm\sqrt{+\sqrt{16}}=\pm 2$ et $\pm\sqrt{-\sqrt{16}}=\pm\sqrt{-4}$. La racine cubique de $\sqrt{a}$ admet deux déterminations réelles sans parler d'une troisième détermination, imaginaire; exemple, $\sqrt[3]{\sqrt{729}}=\sqrt[3]{\pm 27}=\pm 3$.

170. — Calcul des polynomes irrationnels. — Règle générale. —

On fait suivre aux polynomes irrationnels toutes les règles de calcul qui ont été démontrées pour les polynomes rationnels, en ayant soin, dans le cours des opérations, d'appliquer aux termes irrationnels qu'on rencontre les règles particulières du calcul des radicaux.

En effet, on pourrait démontrer que les théorèmes et les formules relatifs aux polynomes rationnels subsistent dans le cas où les termes de ces polynomes deviennent, tous ou en partie, irrationnels (**161**, *note*).

EXEMPLES. — Voici, rapportés aux six opérations fondamentales, quelques types de calcul.

ADDITION ET SOUSTRACTION.

1. $$\frac{\sqrt{a}+\sqrt{b}}{\sqrt{a}}+\frac{\sqrt{a}-\sqrt{b}}{\sqrt{b}}=\frac{(\sqrt{a}+\sqrt{b})\sqrt{b}}{\sqrt{a}\sqrt{b}}+\frac{(\sqrt{a}-\sqrt{b})\sqrt{a}}{\sqrt{a}\sqrt{b}}$$

$$=\frac{\sqrt{ab}+b}{\sqrt{ab}}+\frac{a-\sqrt{ab}}{\sqrt{ab}}=\frac{a+b}{\sqrt{ab}}.$$

2. $$\frac{\sqrt{x}}{1-\sqrt{x}}-\frac{\sqrt{x}}{1+\sqrt{x}}=\frac{\sqrt{x}(1+\sqrt{x})}{(1-\sqrt{x})(1+\sqrt{x})}-\frac{\sqrt{x}(1-\sqrt{x})}{(1+\sqrt{x})(1-\sqrt{x})}$$

$$=\frac{\sqrt{x}(1+\sqrt{x})}{1-x}-\frac{\sqrt{x}(1-\sqrt{x})}{1-x}=\frac{\sqrt{x}+x-\sqrt{x}+x}{1-x}=\frac{2x}{1-x}.$$

MULTIPLICATION ET DIVISION.

1. $(p\sqrt{q}+q\sqrt{p}+\sqrt{pq})(\sqrt{p}-\sqrt{q})$
   $=p\sqrt{pq}+pq+p\sqrt{q}-pq-q\sqrt{pq}-q\sqrt{p}=(p-q)\sqrt{pq}+p\sqrt{q}-q\sqrt{p}.$

2. $(\sqrt{a}+\sqrt{b})(\sqrt{a}-\sqrt{b})=(\sqrt{a})^2-(\sqrt{b})^2=a-b.$

3. $\left(x+\dfrac{p}{2}+\sqrt{\dfrac{p^2}{4}-q}\right)\left(x+\dfrac{p}{2}-\sqrt{\dfrac{p^2}{4}-q}\right)=\left(x+\dfrac{p}{2}\right)^2-\left(\sqrt{\dfrac{p^2}{4}-q}\right)^2$

$$=x^2+px+\dfrac{p^2}{4}-\dfrac{p^2}{4}+q=x^2+px+q.$$

4. $(3a\sqrt{a}+a+\sqrt{a}-2):(3\sqrt{a}-2).$

$$
\begin{array}{l|l}
3a\sqrt{a}+a+\sqrt{a}-2 & 3\sqrt{a}-2 \\
\phantom{3a\sqrt{a}}+3a+\sqrt{a}-2 & \overline{a+\sqrt{a}+1} \\
\phantom{3a\sqrt{a}+3a}+3\sqrt{a}-2 & \\
\phantom{3a\sqrt{a}+3a+3\sqrt{a}-}0 &
\end{array}
$$

5. Former directement (**83** et **85**) le reste et le quotient de la division de $x^3-ax^2-3ax+3a^2$ par $x-\sqrt{3a}$.

$$R=(\sqrt{3a})^3-a(\sqrt{3a})^2-3a(\sqrt{3a})+3a^2=0;$$
$$Q=x^2-(a-\sqrt{3a})x-a\sqrt{3a}.$$

PUISSANCES ET RACINES.

1. $(\sqrt{a}\pm\sqrt{b})^2=a\pm2\sqrt{ab}+b.$

2. $(x\pm\sqrt{y})^2=x^2\pm2x\sqrt{y}+y.$

On voit que la racine carrée d'une quantité rationnelle ne peut être une expression en partie rationnelle, en partie irrationnelle; car une telle expression, $(x\pm\sqrt{y})$, a pour carré une expression de la forme $A\pm\sqrt{B}$.

3. $(\sqrt{a}+\sqrt{b}+\sqrt{c}+...)^2=a+b+c+...+2\sqrt{ab}+2\sqrt{ac}+2\sqrt{bc}+....$

4. $\sqrt{a+2\sqrt{ab}+b}=\pm(\sqrt{a}+\sqrt{b}).$

5. $(\sqrt{a}+\sqrt{b})^3=a\sqrt{a}+3a\sqrt{b}+3b\sqrt{a}+b\sqrt{b}.$

6. Soit à extraire la racine de $a^2+2a\sqrt{a}+3a+2\sqrt{a}+1.$

$$
\begin{array}{l|l}
a^2+2a\sqrt{a}+3a+2\sqrt{a}+1 & a+\sqrt{a}+1 \\
+2a\sqrt{a}+3a+2\sqrt{a}+1 & \\
\phantom{a^2+2a\sqrt{a}}+2a+2\sqrt{a}+1 & (2a+\sqrt{a})\times\sqrt{a} \\
\phantom{a^2+2a\sqrt{a}+2a+2\sqrt{a}+}0 & (2a+2\sqrt{a}+1)\times1
\end{array}
$$

7. La condition nécessaire et suffisante pour que le trinome Ax^2+Bx+C soit un carré, est que ses coefficients satisfassent à la relation $B=\pm2\sqrt{AC}$ (**103**). La racine est alors $x\sqrt{A}\pm\sqrt{C}$, ou encore $\sqrt{C}\pm x\sqrt{A}$.

8. Pour ajouter un terme à un binome donné afin d'en faire un trinome carré, on suivra les règles connues (**102**):

Soit $a+b$. On intercale $\pm2\sqrt{ab}$ comme second terme et on a $a\pm2\sqrt{ab}+b$ $=(\sqrt{a}\pm\sqrt{b})^2$; ou bien l'on ajoute $\left(\dfrac{b}{2\sqrt{a}}\right)^2$ comme troisième terme:

$$a+b+\dfrac{b^2}{4a}=\left(\sqrt{a}+\dfrac{b}{2\sqrt{a}}\right)^2.$$

— Il peut arriver qu'à la simple inspection d'une expression irrationnelle ou à l'aide d'une heureuse préparation de cette expression, on reconnaisse quelle est sa racine :

$$\sqrt{a+x+x^2+2x\sqrt{a+x}}=\sqrt{a+x}+x;$$

$$\sqrt{12-2\sqrt{35}}=\sqrt{7-2\sqrt{7\times 5}+5}=\sqrt{7}-\sqrt{5};$$

$$\sqrt[3]{4[x^3-(x^2-1)\sqrt{x^2-4}-3x]}$$
$$=\sqrt[3]{x^3-3x^2\sqrt{x^2-4}+3x(x^2-4)-(x^2-4)\sqrt{x^2-4}}=x-\sqrt{x^2-4}.$$

171. — Décomposition en facteurs irrationnels. — Les méthodes exposées plus haut (**111-116**) pour la recherche des facteurs *rationnels* d'un polynome rationnel s'appliquent aussi, avec certaines modifications, à la décomposition des polynomes en facteurs *irrationnels*. En voici quelques exemples :

1. $x-y=(\sqrt{x})^2-(\sqrt{y})^2=(\sqrt{x}+\sqrt{y})(\sqrt{x}-\sqrt{y}).$

2. $x^4+y^4=x^4+2x^2y^2+y^4-2x^2y^2=(x^2+y^2)^2-(\sqrt{2x^2y^2})^2$
$$=(x^2+y^2+xy\sqrt{2})(x^2+y^2-xy\sqrt{2}).$$

3. $x^4+1=(x^2+1)^2-2x^2=(x^2+x\sqrt{2}+1)(x^2-x\sqrt{2}+1).$

4. $x^4-x^2y^2+y^4=(x^2+y^2)^2-3x^2y^2$
$$=(x^2+y^2+xy\sqrt{3})(x^2+y^2-xy\sqrt{3}).$$

5. $x^2+2x-1=x^2+2x+1-2=(x+1)^2-(\sqrt{2})^2$
$$=(x+1+\sqrt{2})(x+1-\sqrt{2}).$$

6. x^2+px+q. Le terme à ajouter aux deux premiers pour obtenir un trinome carré (**102**) est $\left(\dfrac{px}{2\sqrt{x^2}}\right)^2$, ou $\dfrac{p^2}{4}$; de là : $x^2+px+q=x^2+px+\dfrac{p^2}{4}-\dfrac{p^2}{4}+q$

$$=\left(x+\frac{p}{2}\right)^2-\left(\sqrt{\frac{p^2}{4}-q}\right)^2=\left(x+\frac{p}{2}+\sqrt{\frac{p^2}{4}-q}\right)\times\left(x+\frac{p}{2}-\sqrt{\frac{p^2}{4}-q}\right).$$

7. $4ab-(a+b-c)^2=(2\sqrt{ab})^2-(a+b-c)^2=\ldots$
$$=(\sqrt{a}+\sqrt{b}+\sqrt{c})(\sqrt{a}+\sqrt{b}-\sqrt{c})(\sqrt{a}-\sqrt{b}+\sqrt{c})(-\sqrt{a}+\sqrt{b}+\sqrt{c}).$$

APPLICATIONS. — Simplification des fractions :

1. $\dfrac{a\sqrt{x}-x\sqrt{a}}{\sqrt{a}-\sqrt{x}}=\dfrac{\sqrt{ax}(\sqrt{a}-\sqrt{x})}{\sqrt{a}-\sqrt{x}}=\sqrt{ax}.$

2. $\dfrac{\sqrt{p+q}-\sqrt{p-q}}{p+q-\sqrt{p^2-q^2}}=\dfrac{\sqrt{p+q}-\sqrt{p-q}}{\sqrt{(p+q)^2}-\sqrt{(p+q)(p-q)}}$

$$=\dfrac{\sqrt{p+q}-\sqrt{p-q}}{\sqrt{p+q}(\sqrt{p+q}-\sqrt{p-q})}=\dfrac{1}{\sqrt{p+q}}.$$

172. — Radicaux doubles. — On peut avoir à calculer la valeur numérique de la *racine carrée* d'un binome irrationnel de la forme $a \pm \sqrt{b}$.

L'expression $\sqrt{a \pm \sqrt{b}}$, qui offre deux radicaux superposés, se prête mal au calcul numérique; mais souvent le calcul se trouve simplifié, si l'on applique à l'expression la formule de transformation suivante :

$$\sqrt{a \pm \sqrt{b}} = \sqrt{\frac{a + \sqrt{a^2 - b}}{2}} \pm \sqrt{\frac{a - \sqrt{a^2 - b}}{2}},$$

formule qui est exacte, si a et b sont des quantités positives, et dans laquelle il faut prendre simultanément les signes supérieurs ou les signes inférieurs [1].

Cette formule est avantageusement appliquée toutes les fois que $a^2 - b$ est un carré parfait : en ce cas, en effet, le *radical double* proposé est remplacé par une somme ou par une différence de deux radicaux simples.

EXEMPLES. — Soit $\sqrt{3 + \sqrt{5}}$. On a $a^2 - b = 9 - 5 = 2^2$: la transformation est donc avantageuse; il vient

$$\sqrt{3 + \sqrt{5}} = \sqrt{\frac{3 + 2}{2}} + \sqrt{\frac{3 - 2}{2}} = \frac{\sqrt{10}}{2} + \frac{\sqrt{2}}{2}.$$

Soit de même $\sqrt{7 - 2\sqrt{6}}$, ou $\sqrt{7 - \sqrt{24}}$. On a $a^2 - b = 49 - 24 = 5^2$. D'où

$$\sqrt{7 - \sqrt{24}} = \sqrt{\frac{7 + 5}{2}} - \sqrt{\frac{7 - 5}{2}} = \sqrt{6} - 1.$$

DÉMONSTRATION. — La démonstration directe de la formule sera donnée dans la théorie des équations du second degré. La vérification suivante constitue une démonstration indirecte.

Dans la formule $\sqrt{a + \sqrt{b}} = \sqrt{\dfrac{a + \sqrt{a^2 - b}}{2}} + \sqrt{\dfrac{a - \sqrt{a^2 - b}}{2}},$

---

[1] La règle pour l'extraction de la racine d'un binome irrationnel, règle traduite par cette formule, se trouve exposée dans l'*Arithmetica universalis* de NEWTON; mais elle est déjà énoncée, sans démonstration, dans les Algèbres antérieures et même, dès 1484, dans le *Triparty* de CHUQUET. (Voy. la *note* à la fin de ce Livre III.)

Si a et $a^2 - b$ sont négatifs en même temps, la formule reste applicable : exemple, $\sqrt{-2 + \sqrt{5}}$; mais elle offre des radicaux imaginaires et la question se rapporte au chapitre suivant.

Si a est négatif et $a^2 - b$ positif, la formule cesse d'être exacte et doit être remplacée par la suivante :

$$\sqrt{a \pm \sqrt{b}} = \mp \sqrt{\frac{a + \sqrt{a^2 - b}}{2}} + \sqrt{\frac{a - \sqrt{a^2 - b}}{2}};$$

d'ailleurs, le radical proposé est alors imaginaire : exemple, $\sqrt{-3 + \sqrt{5}}$; et la question est de nouveau étrangère au chapitre actuel.

on suppose a, b et $a^2 - b$ positifs; car il n'est question, en ce chapitre, que de radicaux réels. Élevons au carré les deux membres de cette égalité : il vient de part et d'autre $a + \sqrt{b}$. Les deux membres sont donc égaux, du moins en valeur absolue.

Reste à justifier les signes.

Le binome $a + \sqrt{b}$ est à la fois le carré de chacune des deux expressions

$$\sqrt{\frac{a + \sqrt{\cdots}}{2}} + \sqrt{\frac{a - \sqrt{\cdots}}{2}} \quad \text{et} \quad -\sqrt{\frac{a + \sqrt{\cdots}}{2}} - \sqrt{\frac{a - \sqrt{\cdots}}{2}}.$$

Supposons que b soit une quantité variable décroissant indéfiniment. En même temps que b s'approche indéfiniment de zéro, la première de ces deux expressions tend vers la valeur limite $+\sqrt{a}$ et la seconde vers la valeur limite $-\sqrt{a}$, tandis que le premier membre $\sqrt{a + \sqrt{b}}$ de la formule tend, dans la même hypothèse, vers la valeur limite $+\sqrt{a}$. Des expressions variables ne peuvent être constamment égales que si elles convergent vers la même limite (**150**). Donc $\sqrt{a + \sqrt{b}} = \sqrt{\cdots} + \sqrt{\cdots}$.

On établirait de même l'égalité $\sqrt{a - \sqrt{b}} = \sqrt{\cdots} - \sqrt{\cdots}$.

REMARQUE. — Si l'on veut tenir compte de la double valeur de toute racine carrée et non pas seulement de sa valeur principale, il faut enfermer le second membre de la formule générale dans une parenthèse et faire précéder cette parenthèse du signe ambigu $\pm$:

$$\sqrt{a \pm \sqrt{b}} = \pm \left(\sqrt{\frac{a + \sqrt{a^2 - b}}{2}} \pm \sqrt{\frac{a - \sqrt{a^2 - b}}{2}} \right);$$

le signe $\pm$ à l'intérieur de la parenthèse n'est pas un signe ambigu : c'est un double signe en correspondance avec le double signe de $\sqrt{b}$.

173. — **Égalités entre expressions irrationnelles.** — THÉORÈME. — L'égalité $a + \sqrt{b} = a' + \sqrt{b'}$, *dans laquelle* a, b, a', b' *désignent des quantités rationnelles, et* b *et* b' *des quantités non carrés parfaits, ne peut exister que si l'on a séparément les deux égalités entre quantités rationnelles* a $=$ a' *et* b $=$ b'.

En effet, de l'égalité proposée on tire, en retranchant a' de part et d'autre,

$$a - a' + \sqrt{b} = \sqrt{b'}; \tag{1}$$

les carrés de quantités égales étant égaux, on a

$$(a - a')^2 + 2(a - a')\sqrt{b} + b = b'. \tag{2}$$

Mais il ne peut y avoir égalité entre une quantité rationnelle et une quantité irrationnelle. Le second membre b' étant rationnel, l'égalité (2) ne peut donc subsister que si le premier membre est rationnel, ce qui exige que le terme $2(a-a')\sqrt{b}$ disparaisse. Pour que ce terme s'annule, il faut ou que $a-a'$ soit nul ou que b le soit.

Or, si $a-a'=0$, on a $a=a'$ et, de plus, l'égalité (2) devient $b=b'$. D'autre part, si $b=0$, l'égalité (1) cesse d'être possible tant qu'on ne suppose pas à la fois $a=a'$ et $b=b'$.

Par conséquent, l'égalité irrationnelle proposée entraîne les deux égalités rationnelles simultanées $a=a'$ et $b=b'$.

4. — Dénominateurs irrationnels.

174. — **Dénominateurs irrationnels.** — Théorème. — *Lorsqu'une fraction contient à son dénominateur des radicaux du second degré, en nombre quelconque, il est toujours possible de la transformer en une autre fraction équivalente ayant un dénominateur rationnel.*

(Avant d'appliquer à cet effet les règles suivantes, on aura soin, si le dénominateur contient plusieurs termes rationnels, de les réunir en un seul groupe, qui ne comptera que pour un terme dans l'application de ces règles.)

1° Si le dénominateur est un *monome*, on multiplie les deux termes de la fraction par les facteurs nécessaires pour rendre carré parfait la quantité soumise au radical au dénominateur.

1. $\dfrac{a}{\sqrt{b}}=\dfrac{a\sqrt{b}}{(\sqrt{b})^2}=\dfrac{a\sqrt{b}}{b}$.

2. $\dfrac{x}{\sqrt{x}}=\dfrac{x\sqrt{x}}{(\sqrt{x})^2}=\dfrac{x\sqrt{x}}{x}=\sqrt{x}$.

3. $\dfrac{p}{\sqrt{12xy^2z}}=\dfrac{p}{2y\sqrt{3xz}}=\dfrac{p\sqrt{3xz}}{2y(\sqrt{3xz})^2}=\dfrac{p\sqrt{3xz}}{6xyz}$.

4. $\dfrac{p-q}{\sqrt{p-q}}=\dfrac{(p-q)\sqrt{p-q}}{(\sqrt{p-q})^2}=\sqrt{p-q}$.

2° Si le dénominateur est un *binome*, on multiplie les deux termes de la fraction par ce binome, dont on a changé de signe un des termes, et l'on applique ensuite le théorème relatif au produit de deux binomes conjugués (**56**).

1. $\dfrac{k}{\sqrt{a}+\sqrt{b}}=\dfrac{k(\sqrt{a}-\sqrt{b})}{(\sqrt{a}+\sqrt{b})(\sqrt{a}-\sqrt{b})}=\dfrac{k(\sqrt{a}-\sqrt{b})}{a-b}$.

2. $\dfrac{k}{\sqrt{a}-\sqrt{b}}=\dfrac{k(\sqrt{a}+\sqrt{b})}{(\sqrt{a}-\sqrt{b})(\sqrt{a}+\sqrt{b})}=\dfrac{k(\sqrt{a}+\sqrt{b})}{a-b}$.

3. $\dfrac{1}{x-\sqrt{y}}=\dfrac{x+\sqrt{y}}{(x-\sqrt{y})(x+\sqrt{y})}=\dfrac{x+\sqrt{y}}{x^2-y}.$

4. $\dfrac{m}{a-\sqrt{b}+c}=\dfrac{m}{(a+c)-\sqrt{b}}=\dfrac{m(a+c+\sqrt{b})}{[(a+c)-\sqrt{b}][(a+c)+\sqrt{b}]}=\dfrac{m(a+c+\sqrt{b})}{(a+c)^2-b}.$

3° Si le dénominateur est un *trinome,* on réunit deux termes en un groupe, de manière à revenir au cas du binome.

1. $\dfrac{k}{\sqrt{x}+\sqrt{y}+\sqrt{z}}=\dfrac{k}{(\sqrt{x}+\sqrt{y})+\sqrt{z}}=\dfrac{k(\sqrt{x}+\sqrt{y}-\sqrt{z})}{(\sqrt{x}+\sqrt{y})^2-(\sqrt{z})^2}$

$=\dfrac{k(\sqrt{x}+\sqrt{y}-\sqrt{z})}{x+2\sqrt{xy}+y-z}=\dfrac{k(\sqrt{x}+\sqrt{y}-\sqrt{z})}{(x+y-z)+2\sqrt{xy}}$

$=\dfrac{k(\ldots)(x+y-z-2\sqrt{xy})}{(x+y-z)^2-(2\sqrt{xy})^2}=\dfrac{k(\ldots)(\ldots)}{(x+y-z)^2-4xy}.$

2. $\dfrac{k}{a+\sqrt{b}+c+\sqrt{d}}=\dfrac{k}{(a+c)+(\sqrt{b}+\sqrt{d})}=\dfrac{k(a+c-\sqrt{b}-\sqrt{d})}{(a+c)^2-(\sqrt{b}+\sqrt{d})^2}$

$=\dfrac{k(a+c-\sqrt{b}-\sqrt{d})}{a^2+2ac+c^2-b-2\sqrt{bd}-d}=\dfrac{k(a+c-\sqrt{b}-\sqrt{d})}{(a^2+2ac+c^2-b-d)-2\sqrt{bd}}$

$=\dfrac{k(\ldots)(a^2+\ldots+2\sqrt{bd})}{(a^2+\ldots-d)^2-(2\sqrt{bd})^2}=\dfrac{k(\ldots)(\ldots)}{(a^2+\ldots-d)^2-4bd}.$

En général, *quel que soit le nombre des termes,* on peut suivre cette règle : — Soit à faire disparaître les radicaux $\sqrt{h}, \sqrt{g}, \sqrt{f}, \ldots$ en commençant par $\sqrt{h}$. On met $\sqrt{h}$ en évidence dans tous les termes où il se trouve, et le dénominateur prend la forme $P+Q\sqrt{h}$, les lettres P et Q désignant des expressions indépendantes de $\sqrt{h}$; on multiplie la fraction, haut et bas, par $P-Q\sqrt{h}$; le dénominateur devient P^2-Q^2h : il est débarrassé de $\sqrt{h}$. Cette multiplication n'a pu d'ailleurs faire apparaître de *nouveaux* radicaux. On fait disparaître par le même procédé $\sqrt{g}$, puis $\sqrt{f}$, et ainsi de suite.

Ex. : $\dfrac{m}{\sqrt{a}+\sqrt{b}+\sqrt{c}+\sqrt{d}}$. On multiplie haut et bas par $(\sqrt{a}+\sqrt{b}+\sqrt{c}-\sqrt{d})$. il vient $D=(\sqrt{a}+\sqrt{b}+\sqrt{c})^2-d$, et $\sqrt{d}$ disparaît. On écrit ensuite $D=(a+b+c-d+2\sqrt{a}\sqrt{b})+2(\sqrt{a}+\sqrt{b})\sqrt{c}$; on multiplie haut et bas par $(P)-2(Q)\sqrt{c}$, il vient $D'=(P)^2-4(Q)^2c$, et $\sqrt{c}$ disparaît. On met $\sqrt{b}$ en évidence, et on le fait disparaître par le même procédé. Même opération pour faire disparaître $\sqrt{a}$.

REMARQUES. — Dans certains cas particuliers, le calcul peut être abrégé.

Ainsi, la fraction $\dfrac{1}{\sqrt{a}+\sqrt{b}+\sqrt{c}+\sqrt{d}}$ se transforme très aisément quand

a, b, c, d sont en proportion : l'hypothèse $\dfrac{a}{b} = \dfrac{c}{d}$, ou $ad = bc$, donne

$$F = \frac{\sqrt{a} + \sqrt{d} - \sqrt{b} - \sqrt{c}}{(\sqrt{a} + \sqrt{d})^2 - (\sqrt{b} + \sqrt{c})^2} = \frac{\sqrt{a} - \sqrt{b} - \sqrt{c} + \sqrt{d}}{a - b - c + d}.$$

EXEMPLE. $\quad \dfrac{1}{\sqrt{6} + \sqrt{10} + \sqrt{21} + \sqrt{35}} = \dfrac{\sqrt{6} - \sqrt{10} - \sqrt{21} + \sqrt{35}}{10}.$

On aboutirait au même résultat en observant que la proportion $\dfrac{a}{b} = \dfrac{c}{d}$ permet la décomposition suivante :

$$\sqrt{a} + \sqrt{b} + \sqrt{c} + \sqrt{d} = \left(\sqrt{b} + \sqrt{d} \right)\left(1 + \frac{\sqrt{a}}{\sqrt{b}} \right).$$

D'où

$$\frac{1}{\sqrt{a} + \sqrt{b} + \sqrt{c} + \sqrt{d}} = \frac{\sqrt{b}}{(\sqrt{b} + \sqrt{d})(\sqrt{b} + \sqrt{a})} = \frac{\sqrt{b}(\sqrt{b} - \sqrt{d})(\sqrt{b} - \sqrt{a})}{(b - d)(b - a)}.$$

175. — APPLICATIONS. — Le but qu'on se propose en faisant disparaître l'irrationnalité d'un dénominateur, est tantôt de *simplifier* la fraction, tantôt de ramener la fraction à une forme plus appropriée au calcul de sa *valeur numérique* approchée, tantôt de déterminer la *vraie valeur* (**155**) d'une expression qui revêt, en certaines hypothèses, une apparence d'indétermination.

S'il s'agit du calcul approximatif, cette transformation a le double avantage de former une approximation plus considérable, et de permettre d'apprécier facilement le degré d'approximation.

Quant aux vraies valeurs d'expression apparemment indéterminées, on peut avoir à faire passer l'irrationnalité, tantôt du dénominateur au numérateur, tantôt du numérateur au dénominateur.

I. SIMPLIFICATIONS.

1. $\dfrac{2xy}{x + \sqrt{x^2 + y^2} + y} = \dfrac{2xy}{(x + y) + \sqrt{x^2 + y^2}} = \dfrac{2xy(x + y - \sqrt{x^2 + y^2})}{(x + y)^2 - (\sqrt{x^2 + y})^2}$

$$= \frac{2xy(x + y - \sqrt{x^2 + y^2})}{x^2 + 2xy + y^2 - x^2 - y^2} = x + y - \sqrt{x^2 + y^2}.$$

2. $\dfrac{1}{\sqrt{a} + \sqrt{b} + \sqrt{a + b}} = \ldots = \dfrac{a\sqrt{b} + b\sqrt{a} - \sqrt{ab}\,(a + b)}{2ab}.$

3. $\dfrac{p + \sqrt{q}}{\sqrt{p} - \sqrt{q}} = \dfrac{(p + \sqrt{q})\sqrt{p} - \sqrt{q}}{p - \sqrt{q}} = \dfrac{(p + \sqrt{q})^2 \sqrt{p} - \sqrt{q}}{p^2 - q}.$

II. APPROXIMATIONS.—Rappelons d'abord quelques valeurs (approchées) usuelles :
$\sqrt{2} = 1{,}41421$; $\sqrt{3} = 1{,}73205$; $\sqrt{5} = 2{,}23607$; $\sqrt{6} = 2{,}44949$; $\sqrt{10} = 3{,}16228.$

1. Soit à calculer $\dfrac{1}{\sqrt{2}}$, sachant que $\sqrt{2} = 1{,}41421\ldots$ La division de 1 par

1,41421 est pénible et le résultat satisfait peu, parce que le diviseur n'est qu'approché. Au contraire, en rendant rationnel le dénominateur, on a un calcul facile et un résultat exact au cent-millième d'unité près : $\dfrac{1}{\sqrt{2}} = \dfrac{\sqrt{2}}{2} = \dfrac{1,41421}{2}$
$= 0,70710\ldots$

2. Soit de même à calculer $\dfrac{3}{\sqrt{2}}$. On a $\dfrac{3}{\sqrt{2}} = \dfrac{3\sqrt{2}}{2} = \dfrac{3 \times 1,41421}{2} = 2,12131\ldots$

3. Soit à évaluer $x = \dfrac{1}{\sqrt{5}+\sqrt{3}}$, sachant du reste que $\sqrt{5} = 2,236\ldots$ et que $\sqrt{3} = 1,732\ldots$ Au lieu de diviser 1 par 3,968..., on transforme le diviseur :
$$x = \frac{\sqrt{5}-\sqrt{3}}{(\sqrt{5})^2 - (\sqrt{3})^2} = \frac{0,504}{2} = 0,252\ldots$$

4. Soit encore $x = \dfrac{2\sqrt{3}}{\sqrt{3}-\sqrt{2}}$.

On a $\dfrac{2\sqrt{3}}{\sqrt{3}-\sqrt{2}} = \dfrac{2\sqrt{3}(\sqrt{3}+\sqrt{2})}{3-2} = \dfrac{2 \times 3 + 2\sqrt{3}\sqrt{2}}{1} = 6 + 2 \times 2,449$
$$= 10,898.$$

III. Vraies valeurs. — 1. Si x devient sensiblement égal à 2, vers quelle valeur limite converge la fraction $\mathrm{F} = \dfrac{x-2}{\sqrt{x+2}-2}$?

Tout d'abord, on a $\mathrm{F} = \frac{0}{0}$; mais on peut écrire

$$\mathrm{F} = \frac{(x-2)(\sqrt{x+2}+2)}{(\sqrt{x+2})^2 - 2^2} = \frac{(x-2)(\sqrt{x+2}+2)}{x-2};$$

d'où, pour $\lim x = 2$,

$$\lim \mathrm{F} = \lim \frac{(x-2)(\sqrt{x+2}+2)}{x-2} = \lim (\sqrt{x+2}+2) = 4.$$

2. Quelle est la vraie valeur de $\dfrac{\sqrt{2n+1}-\sqrt{n+5}}{n^2-16}$, pour $n = 4$?

Faisons passer du numérateur au dénominateur l'irrationnalité :

$$\lim \mathrm{F} = \lim \frac{(2n+1)-(n+5)}{(n^2-16)(\sqrt{2n+1}+\sqrt{n+5})}$$
$$= \lim \frac{1}{(n+4)(\sqrt{2n+1}+\sqrt{n+5})} = \frac{1}{48}.$$

3. Quelle valeur déterminée tend à prendre la fraction

$$x = \frac{-b+\sqrt{b^2-4ac}}{2a},$$

quand a devient infiniment petit, b désignant une quantité fixe positive?
Multiplions par $-b-\sqrt{b^2-4ac}$ les deux termes de la fraction :

$$x = \frac{(-b+\sqrt{\dots})(-b-\sqrt{\dots})}{2a(-b-\sqrt{\dots})} = \frac{b^2 - (b^2 - 4ac)}{2a(-b-\sqrt{\dots})} = \frac{4ac}{2a(-b-\sqrt{\dots})};$$

d'où

$$\lim x = \lim \frac{4ac}{2a(-b-\sqrt{b^2-4ac})} = \lim \frac{2c}{-b-\sqrt{b^2-4ac}} = -\frac{c}{b}.$$

Pour $a = 0$, la vraie valeur, ou la valeur limite, de la fraction est donc $x = -\frac{c}{b}$.

4. Quelle est la limite, pour ε infiniment petit, de la fraction $\dfrac{\sqrt{x+\varepsilon}-\sqrt{x}}{\varepsilon}$?

Rép. : $\dfrac{1}{2\sqrt{x}}$.

5. Même question au sujet de la fraction

$$\frac{\sqrt{a(x+\varepsilon)^2+b(x+\varepsilon)+c}-\sqrt{ax^2+bx+c}}{\varepsilon}.$$

On trouvera $\lim F = \dfrac{2ax+b}{2\sqrt{ax^2+bx+c}}$.

6. Vraie valeur de $\dfrac{\sqrt{1+a}-\sqrt{1-a}}{1-\sqrt{1-a}}$, pour $a = 0$.

$$\lim F = \lim \frac{[(1+a)-(1-a)](1+\sqrt{1-a})}{[1-(1-a)](\sqrt{1+a}+\sqrt{1-a})} = \lim \frac{2(1+\sqrt{1-a})}{\sqrt{1+a}+\sqrt{1-a}} = 2.$$

Il est bon de rappeler que l'Analyse infinitésimale fournit une méthode générale et rapide pour la détermination de la vraie valeur, ou valeur limite, des expressions qui se présentent tout d'abord sous une forme indéterminée, telle que $\frac{0}{0}$, $0 \times \infty$, $\infty - \infty$.

Cette méthode, dont nous avons déjà donné une notion (**156***), repose sur l'égalité :

$$\text{v. v. } \frac{f(x)}{F(x)} = \lim \frac{f(x+h)}{F(x+h)} = \frac{f'(x)}{F'(x)}.$$

175*. — Méthode des polynomes associés. — Il existe une méthode générale qui permet de faire disparaître d'un seul coup tous les radicaux du second degré d'un dénominateur, méthode remarquable du moins au point de vue théorique.

Soient les n lettres $a, b, c, \dots, l$. Appelons P_1 le produit de binomes associés $(a+b)(a-b)$; écrivant à la suite de chacun de ces binomes successivement $+c$ et $-c$, on a le produit P_2 de quatre polynomes associés $(a+b+c)(a-b+c)(a+b-c)$ $(a-b-c)$; écrivant à la suite de chacun des quatre polynomes successivement $+d$ et $-d$, on a un produit P_3 de huit polynomes ; on écrit à la suite de chacun d'eux $+e$ et $-e$, et ainsi de suite jusqu'à l. Ces produits jouissent de la propriété suivante, que l'on démontre sans trop de difficulté : — Chacun des produits $P_1, P_2, \dots, P_n$ se développe en un polynome ne contenant que des puissances paires des lettres employées.

Exemples. $P_1 = a^2 - b^2$; $P_2 = a^4 + b^4 + c^4 - 2a^2b^2 - 2a^2c^2 - 2b^2c^2$; $P_3 = \Sigma a^8 - 4\Sigma a^6b^2 + 6\Sigma a^4b^4 + 4\Sigma a^4b^2c^2 - 40a^2b^2c^2d^2$; ….

Ce théorème posé, soit la fraction $\quad F = \dfrac{M}{\sqrt{A} \pm \sqrt{B} \pm \sqrt{C} \pm \ldots \pm \sqrt{L}}.$

On supposera le premier terme $\sqrt{A}$ positif : s'il ne l'était pas, on multiplierait par -1 le numérateur et le dénominateur. Désignant par $a, b, c, \ldots, l$ les valeurs absolues des termes, on écrit $\quad F = \dfrac{M}{a \pm b \pm c \pm \ldots \pm l}.$ Multiplions le numérateur et le dénominateur par le produit des polynomes *associés* au dénominateur : le dénominateur nouveau ne contiendra plus que des puissances paires de $a, b, c, \ldots, l$ et sera, par conséquent, rationnel.

Exemple.

$$\frac{M}{\sqrt{A} - \sqrt{B} + \sqrt{C}} = \frac{M(\sqrt{A} + \sqrt{B} + \sqrt{C})(\sqrt{A} + \sqrt{B} - \sqrt{C})(\sqrt{A} - \sqrt{B} - \sqrt{C})}{A^4 + B^4 + C^4 - 2A^2B^2 - 2A^2C^2 - 2B^2C^2}.$$

CHAPITRE II.

RADICAUX IMAGINAIRES DU SECOND DEGRÉ.

—

I. — Définitions et Conventions.

176. — **Définitions.** — On appelle *radical imaginaire* un radical d'indice pair, couvrant une quantité négative.

Exemples. $\qquad \sqrt{-4}, \qquad \sqrt[8]{-10}, \qquad \sqrt[2n]{-a^2}.$

On donne ce même nom au terme lui-même qui contient un tel symbole ; ainsi, $2a\sqrt{-x}$ est un radical imaginaire.

On appelle *quantité imaginaire*, ou plutôt *expression imaginaire*, — ou simplement *imaginaire*, — une expression qui contient un ou plusieurs radicaux imaginaires ; par exemple, $a + \sqrt{-b}$.

Tout carré étant essentiellement positif (**89**), *la racine carrée d'une quantité négative n'existe pas* : aucun nombre, ni positif ni négatif, ni commensurable ni incommensurable, ne donne un carré égal, par exemple, à -4. De même, il n'existe point de racine d'ordre pair d'une quantité négative, toute puissance de degré pair étant nécessairement positive. Une expression telle que $\sqrt{-4}$, ou telle que $\sqrt[8]{-10}$ ne représente aucune grandeur ; c'est le symbole d'une extraction de racine inexécutable : d'où sa dénomination de *quantité imaginaire* [1]; par

—

1 Il est bien entendu que si l'on applique aux expressions imaginaires la dénomination de *quantités imaginaires*, c'est par une extension du mot *quantité*. A proprement parler, un

opposition, les quantités positives et les quantités négatives, commensurables ou non, portent le nom de *quantités réelles*.

Il ne sera question, dans ce chapitre, sauf en certaines remarques, que des imaginaires du second degré.

177. — Convention fondamentale. — L'expression $\sqrt{-A}$ ne représente aucune quantité soit positive soit négative : en soi, c'est un symbole dénué de tout sens.

Cependant, par esprit de généralisation, on a introduit ce symbole dans le calcul algébrique en adoptant la convention suivante :

On convient de faire figurer le symbole $\sqrt{-A}$ dans le calcul en le traitant comme une quantité réelle dont la nature et les propriétés seraient complètement indéterminées, hormis la condition que son carré sera toujours remplacé par $-A$.

Cela posé, on applique aux expressions imaginaires les règles démontrées pour les expressions réelles, en observant la convention particulière précédente $(\sqrt{-A})^2 = -A$, chaque fois qu'on rencontre un radical imaginaire.

En conséquence de la convention, on admet que l'expression $\sqrt{-0}$, d'apparence imaginaire, est réellement nulle; d'ailleurs, on peut écrire $\sqrt{-0} = \sqrt{0}$.

PROPOSITION. — *La convention fondamentale* $(\sqrt{-A})^2 = -A$ *est naturelle et légitime.*

Elle est *naturelle*, c'est-à-dire elle est conforme au caractère essentiellement généralisateur de l'Algèbre et même elle est exigée par la nature des relations exprimées par les formules algébriques. — Si l'équation $x = \sqrt{k}$ signifie que x est une expression ayant k pour carré, il est

---

symbole qui ne représente aucune grandeur n'est pas une quantité; mais on est convenu d'appeler *quantité* tout ce qu'on soumet au calcul (**23**).

La création du calcul des imaginaires remonte à la Renaissance et est due à Raphaël BOMBELLI, de Bologne : il y consacre dans son livre *L'Algebra* un chapitre excellent, injustement critiqué par Cardan dans son *Sermo de plus et minus*. Bombelli appelle *piu di meno* et *meno di meno* les deux racines carrées d'une quantité imaginaire, $+\sqrt{-a}$, $-\sqrt{-a}$.

Avant lui, on traitait de subtilités vaines ces symboles. CARDAN, dans son *Ars magna* (1545), les nomme des *moins sophistiques*, qui se refusent à tout calcul et à toute interprétation : *quantitas vere sophistica, quoniam per eam non ut in puro minus, nec in aliis, operationes exercere licet, nec venari quid sit.* Plus tard, Albert GIRARD dira encore, et avec raison, dans son *Invention nouvelle en l'Algèbre* (1629) : « Soit $+9$, sa racine est $+3$ ou -3, mais la racine de -9 est indicible et n'est ny $+$ ny $-$; » mais il se gardera bien de rejeter ces racines indicibles.

EULER, au siècle dernier, a introduit dans la science l'usage courant des imaginaires; l'interprétation géométrique d'ARGAND, en 1806, a éclairé et rassuré les esprits; enfin, les travaux de GAUSS, en Allemagne (1831), et de CAUCHY, en France (1821 et 1846), ont donné une précision et une rigueur parfaites à la théorie des imaginaires, qui est devenue un des plus puissants et des plus sûrs outils de l'Analyse et de la Géométrie.

naturel d'interpréter l'égalité $x = \sqrt{-A}$ en disant que x désigne une expression ayant $-A$ pour carré.

Elle est *légitime*, c'est-à-dire les opérations algébriques effectuées d'après cette convention conduisent à des résultats constamment et rigoureusement exacts.

Nous renvoyons à un paragraphe ultérieur la démonstration de cette double proposition.

REMARQUE. — Le calcul des imaginaires de tout degré est régi par une convention analogue : $\left(\sqrt[2n]{-A}\right)^{2n} = -A$; ainsi, le radical $\sqrt[6]{-A}$ est traité comme une expression dont on ne veut rien affirmer, hormis que sa sixième puissance reproduit $-A$.

Au surplus, cette convention est une conséquence de la convention précédente. $(\sqrt{-A})^2 = -A$. On a, en effet,

$$\left(\sqrt[6]{-A}\right)^6 \left(\sqrt[6]{\sqrt{-A}}\right)^6 = \left(\sqrt[3]{\sqrt{-A}}\right)^3 \left(\sqrt[3]{\sqrt{-A}}\right)^3 = \sqrt{-A}\,\sqrt{-A} = -A.$$

ou
$$\left(\sqrt[6]{-A}\right)^6 = -A.$$

178. — Formes générales des imaginaires. — THÉORÈME 1. — *Tout* RADICAL IMAGINAIRE *du second degré* $\sqrt{-A}$ *peut se ramener à la forme d'un produit de deux facteurs, dont l'un est réel,* $\sqrt{A}$, *et dont l'autre est le radical imaginaire* $\sqrt{-1}$:

$$\sqrt{-A} = \sqrt{A}\,\sqrt{-1}.$$

En effet, en vertu de la convention fondamentale, le carré du premier membre de l'égalité est $-A$ et le carré du second membre est $A \times -1$ ou, également, $-A$.

On peut dire aussi qu'étant convenu d'appliquer à $\sqrt{-A}$ les règles du calcul des radicaux réels, on peut décomposer la quantité sous le radical en deux facteurs et extraire séparément la racine de chaque facteur :

$$\sqrt{-A} = \sqrt{A \times -1} = \sqrt{A}\,\sqrt{-1}.$$

COROLLAIRES. — I. Il s'ensuit qu'on simplifie les radicaux imaginaires suivant les mêmes règles que les radicaux réels.

EXEMPLES. — 1. $\sqrt{-4} = \sqrt{4}\,\sqrt{-1} = 2\sqrt{-1}$.

2. $\sqrt{-9a^2} = \sqrt{9a^2}\,\sqrt{-1} = 3a\sqrt{-1}$.

3. $\sqrt{-12x^2y} = \sqrt{12x^2y}\,\sqrt{-1} = 2x\sqrt{3y}\,\sqrt{-1}$.

4. $\sqrt{-\dfrac{a^2b}{cd^2}} = \sqrt{\dfrac{a^2b}{cd^2}}\,\sqrt{-1} = \dfrac{a}{d}\sqrt{\dfrac{b}{c}}\,\sqrt{-1}$.

5. $\sqrt{-(a^2-b^2)(a+b)} = \sqrt{(a^2-b^2)(a+b)}\,\sqrt{-1} = (a+b)\sqrt{a-b}\,\sqrt{-1}$.

II. En considérant toute la partie réelle qui précède $\sqrt{-1}$ comme le *coefficient* de ce symbole, on peut dire que *tous les radicaux imaginaires sont semblables* : ils ont tous pour partie commune le même facteur imaginaire $\sqrt{-1}$.

III. L'expression $a\sqrt{-1}$ est nulle, si le coefficient a est nul; car on a $a\sqrt{-1} = \sqrt{-a^2} = \sqrt{-0} = 0$.

Théorème II. — *Toute* EXPRESSION IMAGINAIRE *du second degré peut se ramener à la forme binome* $A + B\sqrt{-1}$, *les lettres* A *et* B *désignant des quantités réelles quelconques.*

En effet, si l'expression ne contient que des additions et des soustractions de radicaux imaginaires du second degré et de quantités réelles, il suffit, pour obtenir le binome imaginaire normal, de grouper les termes réels d'une part et les termes à radicaux imaginaires d'une autre part, puis de mettre en évidence le radical $\sqrt{-1}$, facteur commun du second groupe.

Exemples. — 1. $\sqrt{x} + \sqrt{-x} + \sqrt{y} + \sqrt{-z} = (\sqrt{x} + \sqrt{y}) + (\sqrt{-x} + \sqrt{-z})$
$$= (\sqrt{x} + \sqrt{y}) + (\sqrt{x} + \sqrt{z})\sqrt{-1}.$$

2. $\sqrt{a^2} - \sqrt{-12c} + \sqrt{-a^2} - \sqrt{18b} = (\sqrt{a^2} - \sqrt{18b}) + (\sqrt{-a^2} - \sqrt{-12c})$
$$= (a - 3\sqrt{2b}) + (a - 2\sqrt{3c})\sqrt{-1}.$$

Si l'expression contient des radicaux imaginaires du second degré engagés dans des opérations algébriques autres que l'addition et la soustraction, ces opérations elles-mêmes conduiront, comme on le démontrera au paragraphe suivant, à des résultats de la forme normale $A + B\sqrt{-1}$.

Le théorème est donc général.

Remarques. — I. L'expression $A + B\sqrt{-1}$ s'appelle une *imaginaire normale,* ou simplement une *imaginaire,* ou encore une *quantité complexe.*

Pour éviter de continuelles répétitions, rappelons une fois pour toutes qu'en parlant de l'expression $A + B\sqrt{-1}$, on entend par A et B des quantités réelles quelconques.

Dans l'hypothèse $A = 0$, l'expression se réduit à l'imaginaire simple $B\sqrt{-1}$. Au contraire, si $B = 0$, l'expression se réduit à A : les quantités réelles sont donc comprises comme cas particuliers dans les expressions imaginaires.

II. En conséquence des théorèmes précédents, dans toute expression imaginaire, on peut faire tomber toute l'*imaginarité* sur le seul symbole $\sqrt{-1}$: le seul radical imaginaire à étudier est $\sqrt{-1}$ et la théorie des imaginaires dépend tout entière des propriétés de ce symbole. Cette remarque faite, la *convention fondamentale* (**177**) peut se formuler en ce nouvel énoncé :

On convient d'appliquer aux expressions imaginaires les règles ordinaires du calcul des quantités réelles, en ayant soin de ramener à la forme $A\sqrt{-1}$ *chaque radical imaginaire que l'on rencontre et de traiter constamment le symbole* $\sqrt{-1}$ *comme une quantité réelle dont le carré serait* -1.

Les quantités imaginaires ne sont donc, après tout, que des quantités réelles affectées du symbole de l'imaginarité : celui-ci agit comme un facteur constant, ou plutôt comme un signe qualificatif, ou, si l'on veut, opératoire [1].

III. Les imaginaires *de tout degré* se ramènent aussi à la forme $A + B\sqrt{-1}$.

En effet, soit le radical $\sqrt[2n]{-a}$. Faisons sortir du radical la racine arithmétique de degré $2n$ de a et désignons-la par $\sqrt[2n]{a}$ ou par α : il vient $\sqrt[2n]{-a} = \sqrt[2n]{a}\,\sqrt[2n]{-1} = \alpha\sqrt[2n]{-1}$; d'autre part, on établit, dans une partie plus avancée de l'Algèbre, que toute racine de -1 est de la forme $u + v\sqrt{-1}$, u et v désignant des quantités réelles; tout radical imaginaire peut donc s'écrire sous la forme $\alpha u + \alpha v\sqrt{-1}$. Par suite, une expression contenant des radicaux imaginaires de degrés quelconques peut se ramener toujours à la forme $A + B\sqrt{-1}$.

179. — Double valeur de $\sqrt{-A}$. — Le radical $\sqrt{-A}$, ou $\sqrt{A}\,\sqrt{-1}$, admet deux valeurs algébriques, égales au point de vue de la valeur absolue du coefficient de $\sqrt{-1}$, mais de signes contraires.

En effet, désignant par $+\sqrt{A}$ et $-\sqrt{A}$ les deux valeurs, égales absolument, mais de signes opposés, du coefficient réel $\sqrt{A}$ et supposant que le symbole $\sqrt{-1}$ soit affecté du signe $+$, on a $\sqrt{A} = (+\sqrt{A})\sqrt{-1}$ et $\sqrt{A} = (-\sqrt{A})\sqrt{-1}$.

Par exemple, $\sqrt{-4} = +2\sqrt{-1}$ et $\sqrt{-4} = -2\sqrt{-1}$.

Pour lever l'ambiguïté, on suppose habituellement, et sauf indication contraire, que $\sqrt{-A}$ désigne la première des deux valeurs [2] ou $(+\sqrt{A})\sqrt{-1}$; et, par suite, on appelle *valeur principale* de $\sqrt{-A}$ ou *racine carrée principale* de $-A$, ce produit de la racine arithmétique de A par $+\sqrt{-1}$.

---

1 Une lettre pouvant désigner en Algèbre une expression quelconque, il est assez d'usage, depuis Gauss, de représenter le symbole $\sqrt{-1}$ par la lettre i, avec la convention $i^2 = -1$. Ainsi, au lieu de $a\sqrt{-1}$ et de $a + b\sqrt{-1}$, on écrit ai et $a + bi$.

La lettre i n'est donc proprement qu'un signe d'opération; mais on la traite comme une lettre désignant une quantité réelle de valeur et de nature indéterminées, sauf la condition $i^2 = -1$.

Pour nous conformer à la coutume suivie dans les cours élémentaires, nous conservons la notation $\sqrt{-1}$.

2 C'est par une extension du sens attaché au mot *valeur* qu'on parle des diverses valeurs d'un radical imaginaire; pour éviter cette incorrection de langage, on les appelle aussi les

De même, m étant pair, le radical $\overset{m}{\sqrt{-A}}$ admet m valeurs algébriques; mais on n'envisage d'habitude que le produit de la racine arithmétique $m^{ième}$ de A par $+\sqrt{-1}$, et ce produit s'appelle la *valeur principale* de $\overset{m}{\sqrt{-A}}$ ou la *racine* $m^{ième}$ *principale* de $-A$.

180. — Égalités imaginaires. — A la base de la théorie des imaginaires se trouvent, outre la convention fondamentale, les deux principes suivants. Ils peuvent, d'ailleurs, être eux-mêmes considérés comme de véritables conventions, conséquences de la convention initiale.

Principe I. — *L'égalité imaginaire* $a+b\sqrt{-1}=0$ *est la représentation des deux égalités* $a=0$ *et* $b=0$. *En d'autres termes, une expression imaginaire est dite nulle, lorsque la partie réelle et le coefficient de* $\sqrt{-1}$ *sont nuls séparément.*

En effet, dire que $a+b\sqrt{-1}=0$, c'est dire que $b\sqrt{-1}=-a$; or, on ne peut admettre l'égalité entre une quantité réelle et un symbole imaginaire, à moins que tous deux ne soient nuls à la fois; donc, il faut avoir $a=0$ et en même temps $b\sqrt{-1}=0$ ou $b=0$.

Le même principe se justifie encore en ces termes : l'égalité $b\sqrt{-1}=-a$ exige l'égalité entre les carrés des deux membres, $(b\sqrt{-1})^2$ ou $b^2\times-1$, ou $-b^2$ et a^2; or, $a^2=-b^2$ entraîne (**27**, Cor.) $a=b=0$.

Principe II. — *L'égalité imaginaire* $a+b\sqrt{-1}=a'+b'\sqrt{-1}$, *est la représentation de deux égalités entre quantités réelles* $a=a'$, $b=b'$. *En d'autres termes, deux expressions imaginaires sont dites égales, lorsqu'il y a égalité respectivement entre les parties réelles et entre les coefficients de* $\sqrt{-1}$.

En effet, dire que deux expressions imaginaires sont égales, c'est dire que leur différence est nulle : $(a+b\sqrt{-1})-(a'+b'\sqrt{-1})=0$. D'où $a-a'+b\sqrt{-1}-b'\sqrt{-1}=0$, ou $(a-a')+(b-b')\sqrt{-1}=0$. Appliquant le principe précédent, on a $a-a'=0$ et $b-b'=0$, d'où $a=a'$ et $b=b'$.

Réciproquement, on ne peut poser l'égalité imaginaire $a+b\sqrt{-1}=a'+b'\sqrt{-1}$, que si l'on sait à l'avance que les conditions $a=a'$ et $b=b'$ sont remplies.

Le symbole $\sqrt{-1}$ peut donc être considéré comme un outil servant à maintenir séparées des quantités appartenant à des égalités distinctes.

---

diverses *déterminations algébriques* du radical. En réalité, une imaginaire n'a pas de valeurs : ce n'est pas une grandeur; on ne définit même l'égalité entre imaginaires qu'à l'aide de conventions, et les principes de la théorie des inégalités sont, à peu près, inapplicables à ces expressions.

Il est à observer que $\sqrt{-1}$ admet, lui aussi, deux valeurs, ou déterminations algébriques, qu'on désigne par $+\sqrt{-1}$ et $-\sqrt{-1}$; mais, par convention expresse, $\sqrt{-1}$ ne représente habituellement que la première de ces deux racines de -1.

2. — Opérations fondamentales.

181. — Définitions. — On entend par *addition* et par *multiplication d'expressions imaginaires* l'application aux expressions imaginaires des règles de l'addition et de la multiplication des quantités réelles, application effectuée en traitant $\sqrt{-a}$ comme une quantité ayant $-a$ pour carré.

La *soustraction* et la *division* sont les opérations inverses.

L'*élévation aux puissances* et l'*extraction des racines* se définissent comme pour les quantités réelles.

182. — Propriétés du radical $\sqrt{-1}$. — Au début de la théorie des imaginaires, on a posé cette convention fondamentale :

Le carré du radical imaginaire $\sqrt{-1}$ est -1.

Il en résulte les propriétés suivantes :

I. MULTIPLICATION ET DIVISION. — Le radical $\sqrt{-1}$ satisfait aux trois relations suivantes :

1° $\sqrt{-1} \times \sqrt{-1} = -1$; en effet, le produit d'une expression par elle-même est le carré de cette expression [1].

2° $\dfrac{\sqrt{-1}}{\sqrt{-1}} = +1$; en effet, une expression divisée par elle-même donne naturellement l'unité pour quotient; en d'autres termes, multipliée par l'unité positive, elle se reproduit elle-même.

3° $\dfrac{1}{\sqrt{-1}} = -\sqrt{-1}$; en effet, le quotient indiqué multiplié par le diviseur reproduit le dividende. — D'ailleurs, si l'on rend le diviseur rationnel (**174**), on a :
$$\frac{1}{\sqrt{-1}} = \frac{1 \times \sqrt{-1}}{(\sqrt{-1})^2} = \frac{\sqrt{-1}}{-1} = -\sqrt{-1}.$$

II. PUISSANCES. — Les puissances successives du radical $\sqrt{-1}$, à partir de la première, sont

$$\sqrt{-1}, \quad -1, \quad -\sqrt{-1}, \quad +1, \quad \sqrt{-1}, \quad -1, \quad ...,$$

et ainsi de suite périodiquement.

---

[1] Il se présente ici une difficulté qui peut embarrasser au premier abord. Si l'on considère $\sqrt{-1} \times \sqrt{-1}$ comme équivalent au carré $(\sqrt{-1})^2$, on a $\sqrt{-1} \times \sqrt{-1} = -1$, tandis que si l'on traite $\sqrt{-1} \times \sqrt{-1}$ suivant les règles ordinaires du calcul des radicaux réels, on a $\sqrt{-1} \times \sqrt{-1} = \sqrt{(-1)(-1)} = \sqrt{1} = \pm 1$. Ainsi, il vient d'une part l'unique valeur -1 et, de l'autre part, la valeur double ± 1. Pour expliquer ce paradoxe, il suffit d'observer que dans les dernières égalités on n'était pas en droit d'écrire $... = \sqrt{1} = \pm 1$; mais seulement $... = \sqrt{1} = -1$. En effet, ce signe ambigu $\pm$ indiquerait qu'on ignore si l'expression sous le signe radical précédent doit se regarder comme le carré de $+1$ ou de -1; or, ce doute n'existait pas, puisque l'on venait d'écrire $\sqrt{(-1)(-1)} = \sqrt{1}$ et non $\sqrt{(+1)(+1)} = \sqrt{1}$.

En effet, on a :

$$(\sqrt{-1})^2 = -1;$$

$$(\sqrt{-1})^3 = (\sqrt{-1})^2\sqrt{-1} = -1 \times \sqrt{-1} = -\sqrt{-1};$$

$$(\sqrt{-1})^4 = (\sqrt{-1})^3\sqrt{-1} = -\sqrt{-1}\sqrt{-1} = -(-1) = +1;$$

$$(\sqrt{-1})^5 = (\sqrt{-1})^4\sqrt{-1} = +1 \times \sqrt{-1} = +\sqrt{-1};$$

en poursuivant, on obtiendrait

$$(\sqrt{-1})^6 = -1, \quad (\sqrt{-1})^7 = -\sqrt{-1}, \quad (\sqrt{-1})^8 = +1, \ldots$$

On voit que les puissances *paires* de $\sqrt{-1}$ sont *réelles* et alternativement négatives et positives et que les puissances *impaires* sont *imaginaires* et alternativement positives et négatives. Quant à la puissance zéro, on a, par convention : $(\sqrt{-1})^0 = +1$.

En désignant par n un nombre entier, on représente cette loi des puissances successives de $\sqrt{-1}$ par les formules :

$$(\sqrt{-1})^{4n} = +1, \qquad (\sqrt{-1})^{4n+1} = +\sqrt{-1},$$

$$(\sqrt{-1})^{4n+2} = -1, \qquad (\sqrt{-1})^{4n+3} = -\sqrt{-1}.$$

183. — Calcul des monomes imaginaires. — En général, on ramène les radicaux imaginaires à la forme $A\sqrt{-1}$; puis on les traite suivant les règles du calcul des radicaux réels, en ayant soin d'observer relativement au radical $\sqrt{-1}$ les propriétés particulières de ce symbole.

Voici les principaux types de calcul :

1. $\sqrt{-a} \pm \sqrt{-b} = (\sqrt{a} \pm \sqrt{b})\sqrt{-1};$

2. $\sqrt{-a} \times \sqrt{-b} = \sqrt{a}\sqrt{-1}\sqrt{b}\sqrt{-1} = \sqrt{ab} \times (\sqrt{-1})^2 = -\sqrt{ab}.$

3. $\sqrt{-a} \times \sqrt{b} = \sqrt{a}\sqrt{-1}\sqrt{b} = \sqrt{ab}\sqrt{-1} = \sqrt{-ab}.$

4. $\dfrac{\sqrt{-a}}{\sqrt{-b}} = \dfrac{\sqrt{a}\sqrt{-1}}{\sqrt{b}\sqrt{-1}} = \dfrac{\sqrt{a}}{\sqrt{b}} \times \dfrac{\sqrt{-1}}{\sqrt{-1}} = \sqrt{\dfrac{a}{b}} \times 1 = \sqrt{\dfrac{a}{b}}.$

5. $\dfrac{\sqrt{-a}}{\sqrt{b}} = \dfrac{\sqrt{a}\sqrt{-1}}{\sqrt{b}} = \sqrt{\dfrac{a}{b}} \times \sqrt{-1} = \sqrt{-\dfrac{a}{b}}.$

6. $\dfrac{\sqrt{a}}{\sqrt{-b}} = \dfrac{\sqrt{a}}{\sqrt{b}\sqrt{-1}} = \sqrt{\dfrac{a}{b}} \times \dfrac{1}{\sqrt{-1}} = \sqrt{\dfrac{a}{b}} \times -\sqrt{-1} = -\sqrt{-\dfrac{a}{b}}.$

7. $(\sqrt{-a})^2 = (\sqrt{a}\sqrt{-1})^2 = a \times -1 = -a$ **(177)**.

8. $(\sqrt{-a})^p = (\sqrt{a})^p(\sqrt{-1})^p.$

Les résultats suivants méritent un examen attentif :

$$\sqrt{-a} \times \sqrt{-b} = -\sqrt{ab}; \quad \sqrt{-a} \times \sqrt{b} = \sqrt{-ab}.$$

$$\frac{\sqrt{-a}}{\sqrt{-b}} = \sqrt{\frac{a}{b}}; \quad \frac{\sqrt{-a}}{\sqrt{b}} = \sqrt{-\frac{a}{b}}; \quad \frac{\sqrt{a}}{\sqrt{-b}} = -\sqrt{-\frac{a}{b}}.$$

Ces résultats se formulent dans les RÈGLES suivantes :

MULTIPLICATION. — I. Un radical *imaginaire* multiplié par un radical *imaginaire* donne un produit *réel* et de *signe contraire* à la règle ordinaire des signes (42).

II. Un radical *imaginaire* multiplié par une quantité *réelle* donne un produit *imaginaire* et de *signe conforme* à la règle ordinaire des signes.

DIVISION. — I. Un radical *imaginaire* divisé par un radical *imaginaire* donne un quotient *réel* et de *signe conforme* à la règle ordinaire des signes (63).

II. Un radical *imaginaire* divisé par une quantité *réelle* donne un quotient *imaginaire* et de *signe conforme* à la règle ordinaire des signes.

III. Une quantité *réelle* divisée par un radical *imaginaire* donne un quotient *imaginaire* et de *signe contraire* à la règle ordinaire des signes [1].

En pratique, il faut savoir appliquer ces règles immédiatement aux radicaux proposés, sans les faire passer par la forme $a\sqrt{-1}$.

EXEMPLES. $(5\sqrt{-3}) \times (2\sqrt{-7}) = -5 \times 2\sqrt{3 \times 7} = -10\sqrt{21}.$

$$(-x\sqrt{-2yz}) \times (-z\sqrt{6xy}) = xz\sqrt{-12xy^2z} = 2xyz\sqrt{-3xz}.$$

$$\frac{4\sqrt{-15x}}{-6\sqrt{10y}} = -\frac{4}{6}\sqrt{-\frac{15x}{10y}} = -\frac{2}{3}\sqrt{-\frac{3x}{2y}}.$$

$$(\sqrt{-a})^2 = -a, \quad (\sqrt{-a})^3 = -a\sqrt{-a}, \quad (\sqrt{-a})^4 = +a^2,$$

$$(\sqrt{-a})^5 = a^2\sqrt{-a}, \quad (\sqrt{-a})^6 = -a^3, \quad (\sqrt{-a})^7 = -a^3\sqrt{-a}, \dots$$

---

[1] On ne perdra pas de vue que le symbole $\sqrt{}$, dans la théorie des imaginaires, représente la *valeur principale* du radical, et non pas sa double détermination ; ainsi, $\sqrt{a}$ désigne la racine positive de a, $\sqrt{-a}$ désigne le produit de la racine positive de a par le symbole $\sqrt{-1}$. L'oubli de cette convention restrictive conduirait à de grossières erreurs.

Par exemple, on peut écrire la suite d'égalités

$$\frac{\sqrt{a}}{\sqrt{-a}} = \frac{\sqrt{a}}{\sqrt{a}\sqrt{-1}} = \frac{1}{\sqrt{-1}} = -\sqrt{-1};$$

mais non celle-ci :

$$\frac{\sqrt{a}}{\sqrt{-a}} = \frac{\sqrt{-a \times -1}}{\sqrt{-a}} = \frac{\sqrt{-a}\sqrt{-1}}{\sqrt{-a}} = \sqrt{-1}.$$

On peut, en effet, écrire $\sqrt{-a} = \sqrt{-a \times -1}$, car $\sqrt{-a \times -1}$ désigne la racine positive du produit positif $-a \times -1$, ou $+\sqrt{a}$; mais on ne peut continuer et écrire $\dots = \sqrt{-a}\sqrt{-1}$, car cette dernière expression désigne toute autre chose : elle représente le produit de deux imaginaires, ou, par une définition conventionnelle, la racine négative du produit des valeurs absolues des quantités sous les signes, c'est-à-dire $-(\sqrt{a})(+1)$. Au contraire, la première suite d'égalités est légitime, parce que $\sqrt{-a}$ désigne par définition $(+\sqrt{a})\sqrt{-1}$.

184. — Calcul des polynomes imaginaires. — Règle générale. —

On fait suivre aux polynomes imaginaires les mêmes règles de calcul qu'aux polynomes à termes tous réels, en ayant soin d'observer relativement aux radicaux imaginaires, chaque fois qu'il s'en rencontre, les règles particulières qui les concernent.

ADDITION ET SOUSTRACTION.

$$(a + b\sqrt{-1}) + (c + d\sqrt{-1}) = (a + c) + (b + d)\sqrt{-1};$$
$$(a + b\sqrt{-1}) - (c + d\sqrt{-1}) = (a - c) + (b - d)\sqrt{-1}.$$

MULTIPLICATION.

$$(a + b\sqrt{-1}) \times (c + d\sqrt{-1}) = ac + bc\sqrt{-1} + ad\sqrt{-1} + bd(\sqrt{-1})^2$$
$$= (ac - bd) + (bc + ad)\sqrt{-1};$$

$$(a + b\sqrt{-1})(a' + b'\sqrt{-1})(a'' + b''\sqrt{-1})$$
$$= (aa'a'' - bb'a'' - ab'b'' - ba'b'') + (ab'a'' + ba'a'' + aa'b'' - bb'b'')\sqrt{-1}.$$

DIVISION.

$$\frac{(a + b\sqrt{-1})}{(c + d\sqrt{-1})} = \frac{(ac + bd) + (bc - ad)\sqrt{-1}}{c^2 + d^2}.$$

En effet, le diviseur $c + d\sqrt{-1}$, multiplié par le quotient indiqué, reproduit exactement le dividende $a + b\sqrt{-1}$. D'ailleurs, en admettant qu'on n'altère pas une fraction à termes même imaginaires en multipliant les deux termes par une même expression réelle ou imaginaire, — théorème que nous démontrerons plus loin (**186**), — on obtient aisément le quotient annoncé :

$$\frac{(a + b\sqrt{-1})}{(c + d\sqrt{-1})} = \frac{(a + b\sqrt{-1})(c - d\sqrt{-1})}{(c + d\sqrt{-1})(c - d\sqrt{-1})} = \frac{(ac + bd) + (bc - ad)\sqrt{-1}}{c^2 - (d\sqrt{-1})^2}$$
$$= \frac{(ac + bd) + (bc - ad)\sqrt{-1}}{c^2 + d^2}.$$

PUISSANCES.

$$(a + b\sqrt{-1})^2 = a^2 + 2ab\sqrt{-1} + (b\sqrt{-1})^2 = a^2 + 2ab\sqrt{-1} - b^2;$$
$$(a + b\sqrt{-1})^3 = \ldots = (a^3 - 3ab^2) + (3a^2b - b^3)\sqrt{-1}.$$

RACINE CARRÉE.

$$\sqrt{a + b\sqrt{-1}} = \sqrt{\frac{a + \sqrt{a^2 + b^2}}{2}} + \sqrt{\frac{-a + \sqrt{a^2 + b^2}}{2}}\sqrt{-1};$$

$$\sqrt{a - b\sqrt{-1}} = \sqrt{\frac{a + \sqrt{a^2 + b^2}}{2}} - \sqrt{\frac{-a + \sqrt{a^2 + b^2}}{2}}\sqrt{-1}.$$

Ces deux formules, dans lesquelles a désigne une quantité réelle positive ou négative et la lettre b une quantité positive, seront établies dans la théorie des équations du second degré. Dès à présent, on les vérifiera aisément en élevant au carré les deux membres.

Chacune de ces formules ne donne qu'une des deux déterminations, ou valeurs algébriques, de la racine carrée. Une imaginaire admet deux racines carrées, qui ne diffèrent que par le signe, et l'on peut vérifier les formules à signes ambigus

$$\sqrt{a+b\sqrt{-1}} = \pm(P+Q\sqrt{-1}), \quad \sqrt{a-b\sqrt{-1}} = \pm(P-Q\sqrt{-1}),$$

dans lesquelles

$$P = \sqrt{\frac{a+\sqrt{a^2+b^2}}{2}} \quad \text{et} \quad Q = \sqrt{\frac{-a+\sqrt{a^2+b^2}}{2}}.$$

EXEMPLES. — Nous allons appliquer les règles et formules précédentes à de nombreux exemples, parmi lesquels on trouvera les types de calcul qui se rencontrent le plus fréquemment.

1. $(\sqrt{-27}-2+\sqrt{-50})-(\sqrt{-8}-5+\sqrt{-18})+(\sqrt{18}-3-\sqrt{-12})$
$= 3\sqrt{-3}-2+5\sqrt{-2}-2\sqrt{-2}+5-3\sqrt{-2}+3\sqrt{2}-3-2\sqrt{-3}$
$= 3\sqrt{2}+\sqrt{3}\sqrt{-1}.$

2. $\sqrt{-9u^2v^2}-\sqrt{-2u^2v^2}-u^4-v^4+\sqrt{-(u-v)^4}$
$= [3uv-(u^2+v^2)+(u-v)^2]\sqrt{-1} = uv\sqrt{-1}.$

3. $(\sqrt{-a}+\sqrt{-b})(\sqrt{-a}-\sqrt{-b}) = (\sqrt{-a})^2-(\sqrt{-b})^2 = -a+b.$

4. $(1+\sqrt{-1})(1-\sqrt{-1}) = 1^2-(\sqrt{-1})^2 = 1+1 = 2.$

5. $(2\sqrt{-ax}+6\sqrt{-bx})(9\sqrt{-by}-3\sqrt{-ay})$
$= 2\times3\sqrt{xy}(\sqrt{-a}+3\sqrt{-b})(3\sqrt{-b}-\sqrt{-a})$
$= 6\sqrt{xy}[(3\sqrt{-b})^2-(\sqrt{-a})^2] = 6\sqrt{xy}(a-9b).$

6. $\sqrt{-(a+x)}\sqrt{-(a-x)}\sqrt{-(a^2-x^2)} = -(a^2-x^2)\sqrt{-1}.$

7. $\sqrt{x-y}\sqrt{y-x} = \sqrt{x-y}\sqrt{-(x-y)} = \sqrt{(x-y)^2}\sqrt{-1} = (x-y)\sqrt{-1}.$

8. $(p\sqrt{-1}+q\sqrt{-1})^2 = -p^2-2pq-q^2.$

9. $\dfrac{\sqrt{-x}-\sqrt{-y}}{\sqrt{-x}+\sqrt{-y}} = \dfrac{\sqrt{-1}(\sqrt{x}-\sqrt{y})}{\sqrt{-1}(\sqrt{x}+\sqrt{y})} = \dfrac{\sqrt{x}-\sqrt{y}}{\sqrt{x}+\sqrt{y}} = \dfrac{(\sqrt{x}-\sqrt{y})^2}{x-y}.$

10. $\left(\dfrac{1+\sqrt{-3}}{-2}\right)^3 = \dfrac{1+3\sqrt{-3}-9-3\sqrt{-3}}{-8} = 1.$

11. $\sqrt{1+\sqrt{-1}}\times\sqrt{1-\sqrt{-1}} = \sqrt{(1+\sqrt{-1})(1-\sqrt{-1})} = \sqrt{2}.$

12. $$\frac{m}{\sqrt{-2}+\sqrt{-3}}=\frac{m(\sqrt{-2}-\sqrt{-3})}{(\sqrt{-2}+\sqrt{-3})(\sqrt{-2}-\sqrt{-3})}=\frac{m(\sqrt{-2}-\sqrt{-3})}{(\sqrt{-2})^2-(\sqrt{-3})^2}$$

$$=\frac{m(\sqrt{-2}-\sqrt{-3})}{-2+3}=m(\sqrt{-2}-\sqrt{-3}).$$

13. Décompositions en facteurs :

$$a+b=a-(-b)=(\sqrt{a})^2-(\sqrt{-b})^2=(\sqrt{a}+\sqrt{-b})(\sqrt{a}-\sqrt{-b});$$

$$m^2+n^2=(m+n\sqrt{-1})(m-n\sqrt{-1});$$

$$x^2+2x+3=(x^2+2x+1)-(-2)=(x+1)^2-(\sqrt{-2})^2$$
$$=(x+1+\sqrt{-2})(x+1-\sqrt{-2}).$$

14. Extraire la racine carrée de

$$3+4\sqrt{-1}; \quad 7-4\sqrt{-2}; \quad z^2+1+2\sqrt{-(z^2+2)}.$$

Solution. — A l'aide des formules de la racine carrée de $a\pm b\sqrt{-1}$, on trouve :

$$\sqrt{3+4\sqrt{-1}}=2+\sqrt{-1};$$

$$\sqrt{7-4\sqrt{-2}}=2\sqrt{2}-\sqrt{-1};$$

$$\sqrt{z^2+1+2\sqrt{-(z^2+2)}}=\sqrt{z^2+2}+\sqrt{-1}.$$

D'ailleurs, il est aisé de préparer chacune des expressions proposées de façon à y reconnaître la forme d'un carré d'imaginaire :

$$\sqrt{3+4\sqrt{-1}}=\sqrt{4+4\sqrt{-1}-1}=2+\sqrt{-1};$$

$$\sqrt{7-4\sqrt{-2}}=\sqrt{8-4\sqrt{-2}-1}=\sqrt{8}-\sqrt{-1};$$

$$\sqrt{z^2+1+2\sqrt{-(z^2+2)}}=\sqrt{z^2+2+2\sqrt{-(z^2+2)}-1}=\ldots$$

185. — **Remarques.** — I. Division. — Le quotient de la division $\dfrac{a+b\sqrt{-1}}{c+d\sqrt{-1}}$ peut être trouvé directement, si l'on a déjà étudié la résolution des équations du premier degré à deux inconnues.

Désignons le quotient par $x+y\sqrt{-1}$. On a

$$a+b\sqrt{-1}=(c+d\sqrt{-1})(x+y\sqrt{-1}),$$

ou

$$a+b\sqrt{-1}=(cx-dy)+(dx+cy)\sqrt{-1}.$$

D'où (180)
$$\begin{cases} cx-dy=a, \\ dx+cy=b; \end{cases}$$

équations qui donnent

$$x=\frac{ac+bd}{c^2+d^2} \quad \text{et} \quad y=\frac{bc-ad}{c^2+d^2}.$$

On a donc

$$\frac{(a+b\sqrt{-1})}{(c+d\sqrt{-1})} = \frac{ac+bd}{c^2+d^2} + \frac{bc-ad}{c^2+d^2}\sqrt{-1}.$$

II. PUISSANCES. — On peut effectuer le développement de $(a+b\sqrt{-1})^m$ à l'aide de la formule du binome (**105**) : il vient

$$(a+b\sqrt{-1})^m =$$

$$a^m + \frac{m}{1}a^{m-1}b\sqrt{-1} - \frac{m(m-1)}{1.2}a^{m-2}b^2 - \frac{m(m-1)(m-2)}{1.2.3}a^{m-3}b^3\sqrt{-1} + \dots$$

$$= \left[a^m - \frac{m(m-1)}{1.2}a^{m-2}b^2 + \frac{m(m-1)(m-2)(m-3)}{1.2.3.4}a^{m-4}b^4 - \dots \right]$$

$$+ \left[\frac{m}{1}a^{m-1}b - \frac{m(m-1)(m-2)}{1.2.3}a^{m-3}b^3 + \dots \right]\sqrt{-1}.$$

Le développement de $(a-b\sqrt{-1})^m$ ne doit différer du précédent que par le changement de b en $-b$: la première parenthèse ne change point, la seconde a tous ses termes changés de signes.

En désignant par A et B les deux parenthèses, essentiellement réelles, du développement de $(a+b\sqrt{-1})^m$, on a

$$(a \pm b\sqrt{-1})^m = A \pm B\sqrt{-1}.$$

III. RACINE CARRÉE. — Les deux formules qu'on a données précédemment (**184**), peuvent se réunir en une formule à signes doubles :

$$\sqrt{a \pm b\sqrt{-1}} = \sqrt{\frac{a+\sqrt{a^2+b^2}}{2}} \pm \sqrt{\frac{-a+\sqrt{a^2+b^2}}{2}}\sqrt{-1};$$

il faut prendre simultanément les signes supérieurs ou les signes inférieurs.

Remarquons que la formule qu'on vient d'écrire cesse d'être applicable dans le cas où l'on aurait à la fois b nul et a négatif. Pour $b=0$ et $a=-A$, elle devient, en effet, $\sqrt{-A} = \pm\sqrt{A}\sqrt{-1}$; or, il ne faudrait obtenir que le signe supérieur, puisque le premier membre désigne conventionnellement la racine principale de $-A$. La formule offre donc une indétermination apparente de signe, à lever par une discussion.

Quant aux formules à signes ambigus $\sqrt{a+b\sqrt{-1}} = \pm(P+Q\sqrt{-1})$ et $\sqrt{a-b\sqrt{-1}} = \pm(P-Q\sqrt{-1})$, elles ne peuvent davantage être appliquées sans discussion aux cas $a=0$ ou $b=0$, sous peine de donner parfois des résultats erronés.

La recherche de la *racine* $m^{ième}$ de $a+b\sqrt{-1}$, ou de l'expression qui, élevée à la $m^{ième}$ puissance, reproduit l'imaginaire proposée, est une question qui sera résolue dans les *Compléments de l'Algèbre élémentaire*.

3. — Théorèmes généraux.

186. — Théorème I. — *Le produit de plusieurs facteurs imaginaires est indépendant de l'ordre des facteurs.*

En effet, l'examen du produit de $a + b\sqrt{-1}$ par $c + d\sqrt{-1}$, permet de vérifier ce théorème dans le cas du produit de deux facteurs; or, un mode de raisonnement connu permet d'établir aisément que si ce théorème se vérifie pour le produit de 2 facteurs, il s'étend aux produits de 3, de 4, de n facteurs.

Les conséquences de ce théorème sont, du reste, les mèmes que dans le cas de facteurs réels (**44**, Th. II).

Théorème II. — *Pour qu'un produit soit nul, il faut et il suffit qu'un des facteurs soit nul.*

Ce théorème a été établi pour un produit de facteurs réels (**43**). Il reste à l'étendre au cas où un ou plusieurs facteurs sont imaginaires.

Le produit $(a + b\sqrt{-1})(c + d\sqrt{-1})$ ou $(ac - bd) + (ad + bc)\sqrt{-1}$ ne peut ètre égalé à zéro que si l'on sait à l'avance que les quantités $ac - bd$ et $ad + bc$ sont toutes deux nulles. Cette double condition équivaut à l'égalité

$$(ac - bd)^2 + (ad + bc)^2 = 0,$$

égalité qui peut s'écrire (**57**, **IV**)

$$(a^2 + b^2)(c^2 + d^2) = 0.$$

Or, cette dernière égalité exige qu'on ait ou bien a et b nuls, ou bien c et d nuls, et par suite, ou bien $a + b\sqrt{-1} = 0$, ou bien $c + d\sqrt{-1} = 0$.

Réciproquement, l'hypothèse $a + b\sqrt{-1} = 0$ donne $a = b = 0$ et l'hypothèse $c + d\sqrt{-1} = 0$ donne $c = d = 0$: dans l'un et l'autre cas, $ac - bd$ et $ad + bc$ s'annulent et, par suite, le produit proposé est égal à zéro.

Théorème III. — *On n'altère pas une fraction, même à termes imaginaires, en multipliant ou en divisant les deux termes par une même quantité, réelle ou imaginaire.*

Désignons, en effet, par $p + q\sqrt{-1}$ le quotient $\dfrac{a + b\sqrt{-1}}{c + d\sqrt{-1}}$; on aura

$$a + b\sqrt{-1} = (c + d\sqrt{-1})(p + q\sqrt{-1}).$$

Multipliant les deux membres par $u + v\sqrt{-1}$, on a

$$(a + b\sqrt{-1})(u + v\sqrt{-1}) = (c + d\sqrt{-1})(p + q\sqrt{-1})(u + v\sqrt{-1}),$$

ou

$$(a + b\sqrt{-1})(u + v\sqrt{-1}) = [(c + d\sqrt{-1})(u + v\sqrt{-1})](p + q\sqrt{-1});$$

ce qui prouve que le quotient de $(a+b\sqrt{-1})(u+v\sqrt{-1})$ par $(c+d\sqrt{-1})(u+v\sqrt{-1})$ est $(p+q\sqrt{-1})$, aussi bien que le quotient de $(a+b\sqrt{-1})$ par $(c+d\sqrt{-1})$.

Théorème IV. — *Les six opérations élémentaires, appliquées à des expressions de la forme* $A+B\sqrt{-1}$, *conduisent à des résultats de la même forme.*

En effet, ce théorème se vérifie déjà pour la somme, la différence, le produit et le quotient de *deux* expressions imaginaires quelconques, comme on le voit par ces formules (**184**) :

$$(a+b\sqrt{-1}) \pm (c+d\sqrt{-1}) = (a \pm c) + (b \pm d)\sqrt{-1} ;$$

$$(a+b\sqrt{-1})(c+d\sqrt{-1}) = (ac-bd) + (bc+ad)\sqrt{-1} ;$$

$$\frac{a+b\sqrt{-1}}{c+d\sqrt{-1}} = \frac{ac+bd}{c^2+d^2} + \frac{bc-ad}{c^2+d^2}\sqrt{-1} ;$$

or, par un mode de raisonnement connu, on peut établir qu'il s'étend au cas d'un nombre quelconque d'imaginaires combinées par voie d'addition, de soustraction, de multiplication ou de division.

Quant aux racines, on a vu que la racine carrée de $a+b\sqrt{-1}$ est de la forme annoncée, et dans les *Compléments de l'Algèbre élémentaire* on établit qu'il en est de même des racines de degré quelconque.

Remarque. — Ce théorème concerne le résultat considéré avant toute réduction des coefficients de $\sqrt{-1}$; car il peut se faire que ceux-ci s'annulent entre eux et que le résultat de l'opération devienne une quantité réelle, comme dans certains exemples donnés plus loin. Cela revient à dire que, dans la forme $A+B\sqrt{-1}$, le coefficient B peut être nul.

Théorème V. — *Si, dans un polynome entier en* x *et de degré* m *à coefficients quelconques, réels ou imaginaires,*

$$Ax^m + Bx^{m-1} + Cx^{m-2} + \ldots + Tx + U,$$

on remplace x *par une imaginaire* $a+b\sqrt{-1}$, *le résultat de la substitution sera une imaginaire de la forme* $P+Q\sqrt{-1}$.

Ce théorème est un corollaire du précédent.

Désignant par F(x) le polynome proposé (**82**) et par $F(a+b\sqrt{-1})$ le résultat de la substitution, on aura donc

$$F(a+b\sqrt{-1}) = P + Q\sqrt{-1}.$$

Corollaire général. — En conséquence des théorèmes précédents, on peut établir que le polynome

$$Ax^m + Bx^{m-1} + Cx^{m-2} + \ldots + Tx + U,$$

dans lequel les coefficients désignent des expressions quelconques, réelles ou imaginaires, et x une quantité variable soit réelle, soit imaginaire, jouit des *propriétés des polynomes entiers en* x établies dans le Livre I de ce Cours.

En particulier, les règles de la multiplication ou de la division des polynomes ordonnés subsistent entièrement; le reste de la division d'un polynome entier en x par $x - (a + b\sqrt{-1})$ s'obtient en y posant $x = a + b\sqrt{-1}$; un polynome qui s'annule pour toute valeur réelle ou imaginaire substituée à x, a tous ses coefficients nuls; il n'y a rien à changer à la théorie du plus grand commun diviseur, ni à celle du plus petit commun multiple, etc.

4. — Imaginaires conjuguées.

187. — **Définition.** — Deux expressions imaginaires sont dites *conjuguées*, lorsque, ramenées à la forme $A + B\sqrt{-1}$, elles ne diffèrent que par le signe du coefficient de $\sqrt{-1}$.

On les appelle aussi *binomes imaginaires conjugués*; car les imaginaires conjuguées peuvent toujours se ramener à la forme générale :
$$a + b\sqrt{-1}, \quad a - b\sqrt{-1}.$$

Exemples. — Les polynomes $x^2 + 2x\sqrt{-y} - \sqrt{\bar{y}}$ et $x^2 - 2x\sqrt{-y} - \sqrt{\bar{y}}$ sont des imaginaires conjuguées; en effet, ils peuvent s'écrire :
$$(x^2 - \sqrt{\bar{y}}) + (2x\sqrt{\bar{y}})\sqrt{-1} \quad \text{et} \quad (x^2 - \sqrt{\bar{y}}) - (2x\sqrt{\bar{y}})\sqrt{-1}.$$

Les fractions $\dfrac{a + b\sqrt{-1}}{c + d\sqrt{-1}}$ et $\dfrac{a - b\sqrt{-1}}{c - d\sqrt{-1}}$ sont conjuguées; car on obtient, en effectuant les quotients (**184**), $\dfrac{ac + bd}{c^2 + d^2} \pm \dfrac{bc - ad}{c^2 + d^2}\sqrt{-1}$.

Propriétés. — Théorème. — *La somme et le produit de deux imaginaires conjuguées sont réels : la somme est égale au double de la partie réelle commune et le produit égal à la somme des carrés de la partie réelle et du coefficient de* $\sqrt{-1}$.

$$(a + b\sqrt{-1}) + (a - b\sqrt{-1}) = 2a.$$
$$(a + b\sqrt{-1})(a - b\sqrt{-1}) = a^2 + b^2.$$

Ce double théorème résulte de la simple application des règles du calcul des imaginaires (**184**).

— On remarquera que la *différence* de deux imaginaires conjuguées est une imaginaire pure, $2b\sqrt{-1}$, et a un carré essentiellement négatif, $-4b^2$.

EXEMPLES. — Soient $4+3\sqrt{-1}$ et $4-3\sqrt{-1}$; on a $s=8$ et $p=4^2+3^2=25$.

De même, $5+2\sqrt{-5}$ et $5-2\sqrt{-5}$, ou $5+2\sqrt{5}\sqrt{-1}$ et $5-2\sqrt{5}\sqrt{-1}$, donnent $s=10$ et $p=5^2+(2\sqrt{5})^2=45$.

Ainsi encore, $z-\alpha+\beta\sqrt{-1}$ et $z-\alpha-\beta\sqrt{-1}$ donnent $s=2(z-\alpha)$ et $p=(z-\alpha)^2+\beta^2$.

Applications. — THÉORÈME I. — *Tout binome est égal au produit d'une somme de deux quantités, soit réelles, soit imaginaires, par la différence de ces deux mêmes quantités.*

En effet, on a :

$$a-b=(\sqrt{a}+\sqrt{b})(\sqrt{a}-\sqrt{b}),$$
$$a+b=(\sqrt{a}+\sqrt{-b})(\sqrt{a}-\sqrt{-b}).$$

THÉORÈME II. — *Tout trinome du second degré est décomposable en deux facteurs binomes du premier degré de la forme* (x — a), *soit facteurs réels, rationnels* (116) *ou irrationnels* (171), *soit facteurs imaginaires conjugués.*

EXEMPLES. $x^2+2x-3=(x-1)(x+3)$; $x^2+2x-2=(x+1+\sqrt{3})(x+1-\sqrt{3})$; $x^2+2x+3=(x+1+\sqrt{-2})(x+1-\sqrt{-2})$.

La démonstration générale de ce deuxième théorème trouvera sa place au traité des équations du second degré.

THÉORÈME III. — *Les puissances semblables de deux imaginaires conjuguées sont conjuguées :*

$$(a\pm b\sqrt{-1})^m=P\pm Q\sqrt{-1}.$$

En effet, on sait (**186**, Th. IV) que le développement de $(a+b\sqrt{-1})^m$ est de la forme $P+Q\sqrt{-1}$. Or, le développement de $(a-b\sqrt{-1})^m$ ne diffère du développement précédent que par le changement de signe des termes où b figure à des puissances impaires. D'autre part, dans tous ces termes et dans ces termes seuls, le symbole $\sqrt{-1}$ reparaît, car les puissances impaires de $\sqrt{-1}$ sont imaginaires, tandis que les puissances paires sont réelles. Donc $(a-b\sqrt{-1})^m=P-Q\sqrt{-1}$. (Voy. une autre démonstration n. **185**, II.)

5. — Module d'une imaginaire.

188. — **Définition.** — On appelle *module* d'une imaginaire $a+b\sqrt{-1}$ la racine $\sqrt{a^2+b^2}$, prise positivement.

On écrit : $\qquad \text{mod.}(a+b\sqrt{-1})=+\sqrt{a^2+b^2}.$

EXEMPLES. $\quad \text{mod.}(3-4\sqrt{-1})=5$; $\quad \text{mod.}(5-3\sqrt{-16})=\sqrt{5^2+12^2}=13$.

Propriétés. — Le module d'une imaginaire jouit de nombreuses propriétés; nous en indiquerons quelques-unes.

I. *Pour qu'une imaginaire soit nulle, il faut et il suffit que son module soit nul;* — car l'égalité $\sqrt{a^2 + b^2} = 0$ exige que l'on ait $a = 0$ et $b = 0$, et réciproquement l'hypothèse $a = b = 0$ a pour conséquence $\sqrt{a^2 + b^2} = 0$.

II. *Deux imaginaires égales ont le même module* (**180**); la réciproque n'est pas vraie.

III. *Le module d'un produit de facteurs imaginaires est égal au produit des modules des facteurs.*

En effet, le théorème se vérifie pour le produit de deux facteurs $(a + b\sqrt{-1})(c + d\sqrt{-1})$:

$$\sqrt{(ac - bd)^2 + (ad + bc)^2} = \sqrt{a^2 c^2 + b^2 d^2 + a^2 d^2 + b^2 c^2}$$
$$= \sqrt{(a^2 + b^2)(c^2 + d^2)} = \sqrt{a^2 + b^2}\sqrt{c^2 + d^2};$$

un facile procédé d'induction l'étend ensuite aux produits d'un nombre quelconque de facteurs :

$$\mathrm{mod.}(\alpha\beta\gamma\delta\ldots) = \mathrm{mod.}\,\alpha\,.\,\mathrm{mod.}(\beta\gamma\delta\ldots)$$
$$= \mathrm{mod.}\,\alpha\,.\,\mathrm{mod.}\,\beta\,.\,\mathrm{mod.}(\gamma\delta\ldots).$$

IV. *Le module d'un quotient est égal au quotient des modules des deux termes.*

V. *Deux imaginaires conjuguées ont le même module, et leur produit est égal au carré du module commun* (**187**).

Réciproquement, si deux imaginaires ont un même module et donnent un produit égal au carré de ce module, elles sont conjuguées.

APPLICATION. — On démontrera de nouveau, en s'appuyant sur la première et sur la troisième de ces propriétés, cet important *théorème :* — Pour qu'un produit de plusieurs imaginaires soit nul, il faut et il suffit qu'une de ces imaginaires soit nulle.

Module d'une quantité réelle. — Une imaginaire à second élément nul, $a + 0\sqrt{-1}$, est identique, par convention, à une quantité positive ou négative ordinaire. C'est pourquoi les quantités positives et négatives, ou quantités réelles, sont comprises comme cas particulier dans les quantités imaginaires (**178**, REM. I). D'où cette conséquence :

Le module d'une quantité réelle se réduit à sa valeur absolue.

Remarquons que, $a + 0\sqrt{-1}$ étant identique à $a - 0\sqrt{-1}$, toute quantité réelle est identique à sa conjuguée.

6. — Remarques sur la Théorie des imaginaires.

189. — Du symbole $\sqrt{-A}$. — Dans le symbole $\sqrt{-A}$, ce qui est *imaginaire*, ce n'est ni la quantité sous le signe, car la nature des quantités négatives est chose bien définie; ni le signe radical, car l'extraction d'une racine carrée est chose très simple aussi à définir; mais c'est l'*exécution réelle* de l'opération proposée : l'extraction de la racine carrée d'une quantité négative.

De même, dans les quantités négatives isolées, telles que -5, ce qui autrefois pouvait sembler obscur, ce n'est ni le nombre arithmétique, ni le signe soustractif; c'est l'exécution réelle de l'opération proposée, soustraire un nombre d'une quantité non existante (**6, 23**).

A l'effet de séparer, dans l'expression $\sqrt{-a^2}$, l'élément réel et l'élément imaginaire, on écrit $\sqrt{-a^2} = a\sqrt{-1}$: le facteur $\sqrt{-1}$, ainsi dégagé, n'est point du tout une quantité, mais c'est un symbole, ou un signe, d'imaginarité. Pour éviter même que le nombre 1, laissé sous le signe, n'engendre une nouvelle confusion d'idées, on pourrait écrire simplement $\sqrt{-a^2} = a\sqrt{-}$, de même qu'on désigne l'état négatif de a, non par $-1 \times a$, mais par $-a$. On atteint d'ailleurs le même but en écrivant, comme on le fait depuis Gauss (**178**, *note*), $\sqrt{-a^2} = ai$: la lettre i ne constitue nullement une quantité, mais un symbole indiquant l'imaginarité de a : c'est un signe qualificatif ou, si l'on veut, opératoire, affectant la quantité a.

189*. — Rôle des imaginaires en Algèbre. — Les imaginaires se présentent continuellement dans le cours de l'Algèbre, même élémentaire.

En Algèbre, en effet, on opère sur des quantités littérales. Quand des radicaux se rencontrent dans les calculs, on ignore donc presque toujours si, pour certaines valeurs numériques attribuées aux lettres, ces radicaux ne vont pas devenir imaginaires : par conséquent, si l'on veut rejeter les imaginaires, il faut à chaque instant diviser et subdiviser, distinguer les cas, restreindre les formules; dès lors, la marche des calculs s'embarrasse, les raisonnements et les résultats perdent leur généralité.

Par exemple, la formule si simple $(\sqrt{a-b})^2 = a-b$ ne pourrait être écrite sans la restriction $a > b$; l'égalité $(\sqrt{x+2} + \sqrt{x-2})^2 = 2(x + \sqrt{x^2-4})$ exigerait qu'on exclût le cas $x < 2$.

C'est ainsi que si l'on avait repoussé, au début de l'Algèbre, les quantités négatives, on n'eût plus été libre d'écrire les formules si claires $a + (b-c) = a + b - c$, $a - (b-c) = a - b + c$, sans les entourer d'embarrassantes restrictions.

On voit que les quantités imaginaires s'imposent d'elles-mêmes, comme les quantités négatives : il n'est pas plus possible d'écarter les unes que les autres, pour peu qu'on tienne à conserver quelque généralité aux théorèmes et aux formules.

Ce fut d'abord dans ce simple but de généralisation des formules que les mathématiciens se résignèrent à la présence des imaginaires dans leurs calculs, et longtemps ils n'avancèrent qu'en vérifiant à chaque pas les résultats fournis par ces symboles. Mais les imaginaires ne tardèrent pas à rendre des services très inattendus et de haut prix. Elles conduisirent à la découverte de nombreux théorèmes nouveaux et importants, et elles ouvrirent le chemin à des théories fécondes : chaque résultat nouveau, dû à l'emploi des imaginaires, fut soumis au contrôle d'autres méthodes et se trouva confirmé : on finit par en accepter les services, si bien que la théorie des imaginaires est devenue une des théories fondamentales de l'Algèbre et de toute l'Analyse.

Il reste à indiquer le degré de rigueur que cette théorie comporte.

189**. — **Justification de la convention fondamentale.** — Proposition. — *La convention* $(\sqrt{-a})^2 = -a$ *est naturelle et légitime* (**177**).

I. Elle est *naturelle*. Elle est, en effet, conforme au caractère généralisateur de l'Algèbre, et même elle est exigée par la nature des relations exprimées par les formules algébriques.

Premièrement, le caractère de l'Algèbre est d'être une Arithmétique universelle. L'objet de cette science n'est point d'*effectuer* des opérations numériques, mais de déterminer une formule, c'est-à-dire une *indication* d'opérations, indication au moyen de lettres, qui sont des symboles tout à fait généraux. C'est pourquoi, la formule une fois déterminée dans un cas donné, l'Algèbre la considère abstraction faite de son origine et des valeurs particulières de chaque lettre : la formule n'est qu'un symbole d'opérations abstraites, la représentation d'une *règle* d'opérations algébriques.

Ainsi, une fois admises la définition conventionnelle des nombres négatifs et, pour les imaginaires, la règle conventionnelle $(\sqrt{-a})^2 = -a$, les égalités telles que

$$a-(b-c)=a-b+c, \quad (\sqrt{x-2}+\sqrt{x+2})^2=2(x+\sqrt{x^2-4}),$$

sont *générales* : les opérations effectuées selon les règles habituelles fourniront, dans chaque égalité, deux *résultats* rigoureusement identiques. Peu importe, d'ailleurs, que ces résultats soient, de part et d'autre, deux nombres arithmétiques ou deux quantités algébriques, positives ou négatives, ou deux expressions imaginaires. Par exemple, pour $x=1$, la seconde formule devient $(\sqrt{-1}+\sqrt{3})^2=2(1+\sqrt{-3})$, ou $-1+2\sqrt{-3}+3=2+2\sqrt{-3}$, égalité dont les deux membres sont évidemment identiques.

Secondement, la nature même des relations que l'Algèbre exprime en son langage, exige qu'on pose $(\sqrt{-a})^2 = -a$ et que, cela posé, on applique aux imaginaires les règles de calcul des quantités réelles.

En effet, parmi les relations entre expressions algébriques, il en est qui existent immuablement, quelle que soit la nature des choses représentées par ces expressions. Qu'une chose soit un nombre arithmétique ou un nombre algébrique, une quantité connue ou une quantité inconnue, une valeur réelle ou un être algébrique irréalisable, il est certain, par exemple, que cette chose se contient elle-même une fois; qu'ajoutée à elle-même, elle produit deux fois cette chose; que retranchée d'elle-même, elle donne un reste nul; qu'ajoutée à deux quantités égales, elle ne détruit pas l'égalité préexistante, etc. C'est pourquoi l'on est en droit d'écrire

$$\frac{i}{i} = 1, \quad i + i = 2i, \quad i - i = 0, \quad a + i = a + i, \quad \ldots$$

En particulier, soient deux opérations rigoureusement *inverses* par définition : l'*indication* de ces deux opérations à effectuer sur une même expression revient à indiquer qu'on laisse inaltérée la chose désignée par cette expression, que ces opérations soient ou non réalisables en fait. Ainsi, l'on est en droit d'écrire : $(\sqrt{-a})^2 = -a$.

Il est, au contraire, d'autres relations mathématiques basées sur la nature des quantités en présence. Telle est la proposition affirmant qu'un nombre premier ne peut être décomposé en un produit de deux facteurs entiers : cette proposition, fondée sur la définition même du nombre premier, repose sur la considération de nombres essentiellement réels; on ne conclura donc pas qu'un nombre premier ne puisse se décomposer en facteurs entiers imaginaires, et en effet on a, par exemple, $5 = (1 + 2\sqrt{-1})(1 - 2\sqrt{-1})$.

II. La *légitimité* de la théorie des imaginaires et la constante et rigoureuse exactitude des résultats sont assurées par le théorème suivant :

THÉORÈME. — *Si l'on effectue sur des expressions ou sur des égalités imaginaires les mêmes opérations que sur des quantités réelles, en traitant $\sqrt{-1}$ comme une quantité réelle ayant -1 pour carré, les égalités ainsi obtenues sont toujours rigoureusement exactes, dans le sens attaché aux égalités entre expressions imaginaires, c'est-à-dire que chacune se dédouble en deux égalités réelles.*

En effet, soit à effectuer des additions, des soustractions ou des multiplications entre expressions ou entre égalités imaginaires. Après avoir écrit chaque radical imaginaire $\sqrt{-a}$ sous la forme équivalente $\sqrt{a}\sqrt{-1}$, remplaçons dans toutes les expressions ou égalités proposées le symbole $\sqrt{-1}$ par une lettre, k, que nous considérerons comme un facteur réel de valeur indéterminée : cette substitution est autorisée par la définition de l'égalité entre imaginaires. Exécutons ensuite les opérations indiquées : nous obtiendrons des égalités exactes quel que soit k. Il s'ensuit (**60**) que les coefficients d'une même puissance de k seront égaux dans les deux membres de chacune d'elles. Cette égalité des coefficients subsistera, si l'on remplace les puissances k, k^2, k^3, k^4, k^5, ..., respectivement par tels symboles qu'on voudra ; par exemple, par $\sqrt{-1}$, -1, $-\sqrt{-1}$, $+1$, $\sqrt{-1}$, etc. Or, on trouvera ainsi le résultat même auquel on serait arrivé si l'on eût laissé d'abord $\sqrt{-1}$ au lieu de k et qu'on eût traité $\sqrt{-1}$ comme une quantité réelle ayant -1 pour carré. Donc, dans les égalités finales, les parties indépendantes de $\sqrt{-1}$ seront égales dans les deux membres et il en sera de même des coefficients de $\sqrt{-1}$.

La division et l'extraction des racines étant les inverses de la multiplication simple et de la multiplication répétée, le théorème s'étend à toutes les opérations fondamentales.

Il est aisé de conclure de là que les propriétés fondamentales des opérations primitives subsistent pour les expressions imaginaires; par exemple : l'ordre des facteurs d'un produit est indifférent, une fraction n'est point altérée quand on multiplie ou qu'on divise les deux termes par une même expression, différente de zéro, etc.

Remarque. — Donner ce théorème comme base à la théorie des imaginaires, — ainsi que l'a fait, en 1821, l'illustre Cauchy, — revient à considérer le symbole $\sqrt{-1}$, ou i, comme un outil ou un instrument servant, uniquement, à maintenir séparées dans les opérations des quantités appartenant à des égalités distinctes (**180**).

Sans sortir de l'Algèbre, le même Cauchy et d'autres mathématiciens ont proposé encore d'autres moyens, que nous n'indiquerons point, d'asseoir la théorie sur une base absolument solide.

190. — Interprétation géométrique des imaginaires. — Si l'on veut sortir de l'Algèbre pure et emprunter à la Géométrie certaines considérations très simples, il existe un autre ordre d'idées, plus parfait et plus fécond en résultats, qui donne à la théorie des imaginaires un degré extrêmement remarquable de clarté et de rigueur : cela consiste à *interpréter* géométriquement ou trigonométriquement les expressions imaginaires.

Déjà, nous le savons (**23**), une simple interprétation concrète, aussi naturelle que légitime, a restitué aux *quantités négatives* leur sens réel et véritable : avant que Descartes interprétât, par une opposition de sens dans l'ordre concret, l'opposition des signes $+$ et $-$, les nombres négatifs isolés et les solutions négatives d'équations et de problèmes passaient pour de vains symboles, et on les appelait nombres absurdes, racines fausses et même nombres imaginaires.

De même, au début de ce siècle, la nature des imaginaires, restée jusque-là profondément obscure, s'éclaira d'une pleine et inattendue lumière par l'invention d'ARGAND, de Genève. Publiée, en 1806, par ARGAND, plus tard développée par GAUSS et par CAUCHY, l'interprétation géométrique et trigonométrique des imaginaires l'emporte sur les autres interprétations, tout en reposant logiquement sur la théorie algébrique et abstraite; de même que la règle de l'interprétation du signe négatif par un renversement de sens (**23**) s'appuie sur les rôles algébriques des signes + et —. Sous l'aspect dont nous parlons, les expressions dites imaginaires se montrent aussi réelles, aussi palpables, que les quantités négatives et positives [1].

Il suffira ici de *définir* l'interprétation géométrique : le développement de cet ordre d'idées appartient aux *Compléments de l'Algèbre élémentaire*.

On sait que les *quantités algébriques*, par exemple, $a = +2$ et $b = -3$, sont représentées concrètement par des points, A et B, situés sur un axe $X''X'$ de longueur indéfinie, A à 2 unités de distance *au delà* d'une origine arbitraire O,

et B à 3 unités *en deçà* de cette origine. On peut aussi écrire $a = OA$ et $b = OB$, et dire que les quantités algébriques sont représentées par le segment positif OA et le segment négatif OB.

---

[1] CARDAN, au XVIe siècle, essaya une explication analytique des imaginaires et, au siècle suivant, WALLIS dans son *Algèbre* (Oxford, 1685) proposa une interprétation géométrique; tous deux échouèrent. Plus heureux que ses devanciers, le grand EULER dans son *Algèbre* (1768) approcha de la théorie exacte : il appelle *quantité circulaire* l'expression $m + n\sqrt{-1}$, il assimile le module $\sqrt{m^2 + n^2}$ à la valeur absolue des quantités algébriques et il représente les éléments m et n par le cosinus et le sinus d'un arc de cercle de rayon $R = \sqrt{m^2 + n^2}$. Enfin, en 1798, le géomètre norwégien WESSEL publia un mémoire *Sur la représentation analytique de la direction*, contenant toutes les idées que, dans la suite, ARGAND devait retrouver; écrit en danois, le mémoire fut lu de peu de savants.

En 1806 parut le livre de Robert ARGAND, de Genève : *Essai sur une manière de représenter les quantités imaginaires dans les constructions géométriques* (Paris, 1806, in-8o, 78 pages : cet ouvrage, qui marque une date dans l'histoire de la science, a été réédité en 1874 par les soins du savant Hoüel, de Bordeaux). La même année, les *Philosophical Transactions* de Londres publiaient, sous la signature de l'abbé BUÉE, des idées analogues. Quoique profondément pensé et remarquablement complet, le livre d'Argand passa presque inaperçu : sept ans plus tard, à la suite d'un travail semblable de FRANÇOIS, officier d'artillerie à Metz, Argand publia dans les *Annales de Gergonne* deux lettres, résumé de son ouvrage : en dépit de la vogue de ce journal mathématique, la théorie d'Argand fut peu remarquée, et il en fut de même des essais de WARREN et de MOUREY, qui, l'un en Angleterre (1828) et l'autre en France (1831), réinventèrent cette même théorie. Enfin les illustres géomètres GAUSS, en 1831, et CAUCHY, en 1846, consacrèrent de l'autorité de leur génie l'invention du savant genevois, tout en lui rendant pleine justice, et la théorie d'Argand prit place dans la science.

Les idées d'Argand firent naître, en 1835, la *théorie des équipollences*, de BELLAVITIS, professeur à Padoue, et bientôt après, la *théorie des quaternions*, ou des vecteurs dans l'espace, du mathématicien anglais HAMILTON.

Argand était arrivé à sa théorie géométrique des imaginaires par la considération de la proportion impossible, ou *imaginaire*, $\dfrac{+1}{x} = \dfrac{x}{-1}$.

Soit une imaginaire $z = x + y\sqrt{-1}$.

Traçons deux axes, X et Y, de longueur indéfinie, se coupant à angle droit au point O.

Sur l'axe X, à partir du point origine O, portons une longueur OA égale à x, vers la droite ou vers la gauche suivant que x est positif ou négatif. En A, portons perpendiculairement à l'axe X une longueur OM égale à y, vers le haut ou vers le bas, suivant que y est positif ou négatif. Le point M, situé à la distance x de l'axe Y et à la distance y de l'axe X, représentera par convention l'expression imaginaire z.

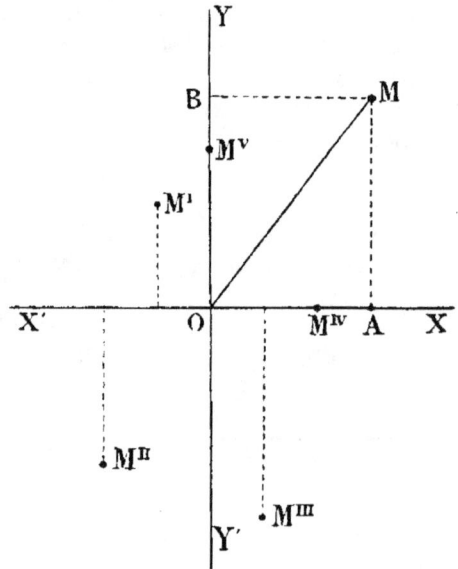

Les segments OA et OB s'appellent l'un *l'abscisse*, l'autre *l'ordonnée* du point M.

Ainsi, *on convient de considérer le symbole d'opération* $\sqrt{-1}$ *comme l'équivalent algébrique de la perpendicularité géométrique, de même qu'on est convenu de regarder le signe négatif comme l'équivalent algébrique du renversement de sens : par suite de cette convention, toute expression imaginaire* $z = \text{x} + \text{y}\sqrt{-1}$ *est représentée géométriquement par un point déterminé du plan,* M, *d'abscisse* x *et d'ordonnée* y.

EXEMPLES. — Le point M situé à 3 unités de distance à droite de l'axe Y et à 4 unités au-dessus de l'axe X est le *point représentatif*, ou *l'affixe*, de l'imaginaire $z = 3 + 4\sqrt{-1}$. On désigne ce point par la notation M($x = 3$, $y = 4$).

Les points M'($x = -1$, $y = +2$), M''($x = -2$, $y = -3$), M'''($x = +1$, $y = -4$), M^{IV}($x = +2$, $y = 0$), M^{V}($x = 0$, $y = +3$) représentent respectivement les imaginaires $-1 + 2\sqrt{-1}$, $-2 - 3\sqrt{-1}$, $1 - 4\sqrt{-1}$, $2 + 0\sqrt{-1}$, $3\sqrt{-1}$.

L'axe X s'appelle l'axe réel et l'axe Y, l'axe imaginaire; parce que sur l'un se mesure le terme réel x, sur l'autre se mesure le coefficient du symbole $\sqrt{-1}$.

La droite OM s'appelle le *module* ou le *vecteur* de l'imaginaire z. Elle est déterminée en grandeur par la valeur $r = +\sqrt{a^2 + b^2}$, par suite de la propriété du carré de l'hypoténuse, et en direction par le rapport $\frac{y}{x}$, qui fait connaître l'inclinaison (ou la pente) de OM sur l'axe OX. On peut donc dire que l'imaginaire z est représentée aussi par la *quantité géométrique*, ou le *vecteur*, OM.

191. — **Applications du calcul des imaginaires.** — I. Le calcul des quantités réelles, positives et négatives, peut être considéré comme un cas particulier du calcul des imaginaires.

En effet, le résultat d'un calcul algébrique ordinaire à exécuter sur des quantités positives et négatives a, b, c, ..., est *identique* au résultat du même calcul institué sur les quantités imaginaires $a + 0\sqrt{-1}$, $b + 0\sqrt{-1}$, $c + 0\sqrt{-1}$, ..., substituées à a, b, c, ... : le résultat de ce calcul imaginaire sera de la forme $P + 0\sqrt{-1}$, et l'élément P sera identique au résultat qu'eût donné le calcul ordinaire effectué sur les quantités a, b, c, ... proposées.

Un des avantages de cette façon de procéder est que les calculs algébriques ne sont jamais arrêtés par des impossibilités et que les théorèmes de l'Algèbre deviennent d'une parfaite universalité. — Par exemple, on pourra, en Algèbre supérieure, énoncer et établir ce théorème (**87**, Scolie II) :

Tout polynome entier en x *et du degré* m *est décomposable, et d'une seule manière, en un produit de* m *facteurs du premier degré de la forme* x — a, le second terme du binome pouvant d'ailleurs être imaginaire; en d'autres termes : *Toute équation entière en* x *et du degré* m *admet* m *racines, réelles ou imaginaires* [1].

II. L'emploi des imaginaires permet d'arriver, d'une manière élégante et rapide, à des résultats dont la démonstration, autrement faite, eût peut-être été pénible.

En voici un exemple [2] :

Le produit de deux sommes de deux carrés est lui-même égal, et cela de deux manières, à la somme de deux carrés.

Les formules à établir sont de la forme

$$(a^2 + b^2)(c^2 + d^2) = M^2 + N^2.$$

Le premier membre $(a^2 + b^2)(c^2 + d^2)$ est identique au produit

$$(a + bi)(a - bi) \times (c + di)(c - di).$$

Or, on a

$$(a + bi)(a - bi) \times (c + di)(c - di) = (a + bi)(c + di) \times (a - bi)(c - di)$$
$$= [(ac - bd) + (ad + bc)i][(ac - bd) - (ad + bc)i]$$
$$= (ac - bd)^2 + (ad + bc)^2;$$

---

[1] Déjà, dans son *Invention nouvelle en l'Algèbre*, Albert Girard, après avoir énoncé en son langage ce beau théorème, — toute équation a autant de racines qu'il y a d'unités dans le plus haut exposant, — et avoir montré que l'équation $x^4 = 4x - 3$ a pour racines 1, 1, $-1 + \sqrt{-2}$, $-1 - \sqrt{-2}$, ajoute : — « On pourroit dire : a quoy sert ces solutions qui » sont impossibles? Je reponds : pour trois choses, pour la certitude de la reigle generale, et » qu'il n'y a point d'autres solutions, et pour son utilité. »

[2] Pour simplifier les écritures, nous adopterons ici la notation, déjà indiquée précédemment et d'ailleurs en usage en Analyse : $\sqrt{-1} = i$.

et de même

$$(a+bi)(a-bi) \times (c+di)(c-di) = (a+bi)(c-di) \times (a-bi)(c+di)$$
$$= [(ac+bd)-(ad-bc)i][ac+bd)+(ad-bc)i]$$
$$= (ac+bd)^2+(ad-bc)^2.$$

D'où, la formule double

$$(a^2+b^2)(c^2+d^2) = (ac \pm bd)^2+(ad \mp bc)^2,$$

qui exprime le théorème énoncé et constitue la double identité de LÉONARD DE PISE.

Il est aisé de parvenir directement à ce résultat (**57**, IV); mais cet exemple montre déjà quel parti on peut tirer de l'emploi transitoire des imaginaires dans la Théorie des Nombres et, en général, dans les théories fondées sur l'idée de l'ordre et sur des faits de combinaisons.

CHAPITRE III.

RADICAUX DE DEGRÉ QUELCONQUE.

192. — Dans tout ce chapitre, on suppose, pour plus de simplicité, que la quantité soumise au signe radical est positive, et on ne considère que la valeur positive des radicaux; en un mot, il n'est question ici que des *radicaux arithmétiques* (**161**).

D'ailleurs, si des radicaux couvrant des quantités négatives se présentent dans le calcul, les principes antérieurement exposés dans ce Cours permettront, d'ordinaire, de formuler pour chaque cas particulier la modification à faire subir aux règles exposées en ce présent chapitre.

Ainsi, soit à simplifier l'expression $\sqrt[m]{-a^m b}$ d'après la règle qui permet de faire sortir du radical tout facteur d'exposant égal à l'indice du radical (**194**). Selon que m est pair ou impair, on écrira $\sqrt[m]{-a^m b} = a\sqrt[m]{-b}$ ou $\sqrt[m]{-a^m b} = -a\sqrt[m]{b}$.

1. — Principes fondamentaux.

193. — **Principes du calcul des radicaux.** — THÉORÈME I. — *La racine $m^{ième}$ de la puissance $m^{ième}$ d'une quantité est cette quantité elle-même; et, réciproquement, la puissance $m^{ième}$ de la racine $m^{ième}$ d'une quantité est cette quantité elle-même :*

$$\sqrt[m]{a^m} = a, \qquad \left(\sqrt[m]{a}\right)^m = a.$$

Ce théorème suit des définitions mêmes (**94**).

THÉORÈME II. — *La racine* m^{ième} *d'un produit est égale au produit des racines* m^{ièmes} *des facteurs :*

$$\sqrt[m]{abc} = \sqrt[m]{a}\,\sqrt[m]{b}\,\sqrt[m]{c}.$$

En effet, le premier membre, élevé à la puissance m^{ième}, donne $\left(\sqrt[m]{abc}\right)^m = abc$; le second membre, élevé à la même puissance, donne $\left(\sqrt[m]{a}\,\sqrt[m]{b}\,\sqrt[m]{c}\right)^m = \left(\sqrt[m]{a}\right)^m\left(\sqrt[m]{b}\right)^m\left(\sqrt[m]{c}\right)^m = abc$; les résultats étant égaux, les deux membres de la formule doivent l'être aussi, et la formule est démontrée.

THÉORÈME III. — *Pour élever un radical à la puissance* p^{ième}, *on multiplie par* p *l'exposant de la quantité sous le signe, ou bien l'on divise par* p *l'indice du radical :*

$$\left(\sqrt[m]{a^k}\right)^p = \sqrt[m]{a^{kp}}; \quad \left(\sqrt[mp]{a}\right)^p = \sqrt[m]{a}.$$

$$\left(\sqrt[6]{a}\right)^2 = \sqrt[6]{a^2}; \quad \left(\sqrt[6]{a}\right)^2 = \sqrt[3]{a}.$$

1° En effet, $\left(\sqrt[m]{a^k}\right)^p = \sqrt[m]{a^k} \times \sqrt[m]{a^k} \times \ldots = \sqrt[m]{a^k a^k \ldots} = \sqrt[m]{a^{kp}}.$

2° Quant à la seconde formule, si on élève les deux membres à la puissance m^{ième}, on a, d'une part $\left(\sqrt[mp]{a}\right)^{pm}$, ou a, et d'autre part $\left(\sqrt[m]{a}\right)^m$, ou a; les résultats sont égaux; donc ....

THÉORÈME IV. — *Pour extraire la racine* p^{ième} *d'un radical, on multiplie par* p *l'indice du radical, ou bien on divise par* p *l'exposant de la quantité sous le signe :*

$$\sqrt[p]{\sqrt[m]{a}} = \sqrt[mp]{a}; \quad \sqrt[p]{\sqrt[m]{a^{kp}}} = \sqrt[m]{a^k}.$$

$$\sqrt[3]{\sqrt[2]{a^{12}}} = \sqrt[6]{a^{12}}; \quad \sqrt[3]{\sqrt{a^{12}}} = \sqrt{a^4}.$$

Ce théorème est une conséquence du précédent, par voie de réciprocité. D'ailleurs :

1° $\left(\sqrt[p]{\sqrt[m]{a}}\right)^{pm} = \left(\sqrt[m]{a}\right)^m = a$ et $\left(\sqrt[mp]{a}\right)^{mp} = a$;

2° $\left(\sqrt[p]{\sqrt[m]{a^{kp}}}\right)^{mp} = \left(\sqrt[m]{a^{kp}}\right)^m = a^{kp}$ et $\left(\sqrt[m]{a^k}\right)^{mp} = (a^k)^p = a^{kp}.$

COROLLAIRES. — I. Les radicaux $\sqrt[m]{\sqrt[p]{a}}$ et $\sqrt[p]{\sqrt[m]{a}}$ sont équivalents.

II. On extrait la racine $(mnp)^{ième}$ d'une quantité en extrayant successivement et dans n'importe quel ordre les racines $m^{ième}$, $n^{ième}$ et $p^{ième}$:

$$\sqrt[mnp]{a} = \sqrt[m]{\sqrt[n]{\sqrt[p]{a}}} = \sqrt[p]{\sqrt[n]{\sqrt[m]{a}}}.$$

$$\sqrt[6]{729} = \sqrt[3]{\sqrt[?]{729}} = \sqrt[3]{27} = 3.$$

THÉORÈME V. — *On peut, sans altérer la valeur d'un radical, multiplier ou diviser par une même lettre l'indice et l'exposant :* $\sqrt[p]{a^m} = \sqrt[pk]{a^{mk}}$.

En effet, multiplier à la fois m et p par k, c'est élever le radical à la puissance k et en extraire la racine $k^{ième}$ en même temps; ces deux opérations inverses sur la même expression se détruisent. Il en est de même si l'on divise à la fois p et m par k. — D'ailleurs, en élevant à la puissance mp les deux membres de la formule, on a des résultats égaux.

2. — Transformations et Opérations.

194. — Simplification. — Règles. — I. S'il existe des facteurs communs à l'indice et à l'exposant, on peut les supprimer (193, TH. V.).

EXEMPLES. $\sqrt[6]{2^6 3^2 x^{12} y^8} = \sqrt[3]{2^3 3 x^6 y^4}$; $\sqrt[10]{2^5 3^{10}} = \sqrt{2 \times 3^2}$.

II. S'il se trouve sous le radical un facteur dont l'exposant soit multiple de l'indice de la racine, on peut faire sortir ce facteur, en divisant son exposant par l'indice.

En effet, $\sqrt[m]{a^{mr} b} = \sqrt[m]{a^{mp}} \times \sqrt[m]{b} = a^r \sqrt[m]{b}.$

EXEMPLES. $\sqrt[3]{24 x^3 y^6 z^{11}} = \sqrt[3]{2^3 3 x^3 y^6 z^9 z^2} = 2 x y^2 z^3 \sqrt[3]{3 z^2}.$

$\sqrt[m]{a^{mk+p}} = \sqrt[m]{a^{mk} a^p} = a^k \sqrt[m]{a^p}.$

REMARQUE. — Si l'indice est pair et que certaines hypothèses rendent négatif le facteur que l'on fait sortir du radical, il faut, en ces hypothèses, renverser le signe du radical.

Ainsi, l'on a $\sqrt[4]{(a-b)^{12} x} = + (a-b)^3 \sqrt[4]{x}$, si $a > b$;

$\sqrt[4]{(a-b)^{12} x} = - (a-b)^3 \sqrt[4]{x}$, si $a < b$.

195. — Introduction d'un facteur sous le radical. — Règle. — On peut introduire sous un radical d'indice m un facteur du coefficient, à condition d'élever ce facteur à la puissance m :

$$a x \sqrt[m]{y} = a \sqrt[m]{x^m y}, \quad a^k \sqrt[m]{a^p} = \sqrt[m]{a^{mk+p}}.$$

Si le facteur à introduire est négatif et que l'indice soit pair, le signe négatif doit rester hors du radical : $-a\sqrt[4]{x} = -\sqrt[4]{a^4 x}$.

C'est ainsi que, pour $a < b$, on a $(a-b)\sqrt[4]{x} = -\sqrt[4]{(a-b)^4 x}$.

APPLICATION ARITHMÉTIQUE. — La règle à suivre pour l'extraction de la racine $p^{ième}$ d'un nombre à moins de $\frac{1}{n}$ d'unité près, se traduit par la formule $\sqrt[p]{a} = \dfrac{\sqrt[p]{an^p}}{n}$.

Soit à calculer la racine cubique de 3 à $\frac{1}{100}$ d'unité près :

$$\sqrt[3]{3} = \sqrt[3]{3\,000\,000} \times 0,01 = 1,44.$$

196. — Réduction au même indice. — Règle. — Pour réduire plusieurs radicaux au même indice, on multiplie l'indice et l'exposant de chacun d'eux par le produit des indices de tous les autres.

EXEMPLES. $\sqrt[4]{x^3}$ et $\sqrt[5]{y^2}$ deviennent $\sqrt[20]{x^{15}}$ et $\sqrt[20]{y^8}$;

$\sqrt[2]{a^3}$, $\sqrt[4]{b^5}$, $\sqrt[3]{c^5}$ deviennent $\sqrt[24]{a^{36}}$, $\sqrt[24]{b^{30}}$, $\sqrt[24]{c^{40}}$.

On remarquera l'analogie entre cette règle et la règle de la réduction des fractions au même dénominateur (**130**). Poursuivant l'analogie, nous énoncerons encore cette RÈGLE GÉNÉRALE :

Pour réduire plusieurs radicaux au même indice *le plus simple possible*, on prend pour indice commun le *p. p. m. c.* entre tous les indices et on multiplie l'indice et l'exposant de chaque radical par les facteurs du nouvel indice qui n'entraient pas dans l'indice primitif du radical considéré.

EXEMPLE. $\sqrt[2]{a^3}$, $\sqrt[4]{b^5}$, $\sqrt[3]{c^5}$ deviennent $\sqrt[12]{a^{18}}$, $\sqrt[12]{b^{15}}$, $\sqrt[12]{c^{20}}$.

APPLICATION. — *Comparaison des radicaux.* — On demande laquelle des deux expressions $\sqrt[3]{10}$ et $\sqrt[2]{5}$ a la plus grande valeur.

Par réduction au même indice, on a $\sqrt[3]{10} = \sqrt[6]{10^2} = \sqrt[6]{100}$ et $\sqrt[2]{5} = \sqrt[6]{5^3} = \sqrt[6]{125}$; on voit que le second radical l'emporte.

THÉORÈME. — *Deux radicaux sont équivalents, lorsque le rapport des indices est égal au rapport des exposants, la quantité affectée de l'exposant étant supposée la même sous les deux radicaux.*

Soient $\sqrt[q]{a^m}$ et $\sqrt[q]{a^n}$. Si l'on a $\dfrac{p}{q} = \dfrac{m}{n}$, je dis que ces radicaux sont équivalents. En effet, en les réduisant au même indice, on a $\sqrt[pq]{a^{mq}}$ et $\sqrt[pq]{a^{np}}$; or, la proportion donnée peut s'écrire $np = mq$; donc les deux radicaux sont équivalents.

197. — Opérations. — ADDITION ET SOUSTRACTION. — Pour effectuer l'addition ou la soustraction de radicaux, il faut qu'ils soient *semblables*, c'est-à-dire qu'ils aient même indice et que les quantités sous le signe soient les mêmes. — Mêmes RÈGLES, d'ailleurs, que plus haut (**166**).

MULTIPLICATION ET DIVISION. — **Règle.** — Pour multiplier ou diviser des radicaux d'indices quelconques, on les réduit d'abord au même indice, puis on multiplie ou on divise les coefficients entre eux et les quantités sous le signe entre elles :

$$\sqrt[p]{a} \times \sqrt[q]{b} = \sqrt[pq]{a^q b^p}, \qquad \sqrt[p]{a} : \sqrt[q]{b} = \sqrt[pq]{a^q : b^p}.$$

Pour démontrer cette règle, on élève à la puissance $(pq)^{ième}$ les deux membres de chaque formule et on observe qu'on obtient des identités.

PUISSANCES ET RACINES. — (*Voy.* n. **193**, Th. III et IV.)

EXEMPLES. $\qquad \left(\sqrt[6]{4}\right)^2 = \sqrt[6]{16} = \sqrt[3]{4}; \qquad \sqrt[2]{\sqrt[6]{4}} = \sqrt[6]{2} = \sqrt[12]{4}.$

DÉNOMINATEURS IRRATIONNELS. — Il est ordinairement difficile de faire disparaître l'irrationnalité d'un dénominateur, quand ce dénominateur est embarrassé de radicaux de haut indice.

Cependant il se présente parfois des cas assez simples; nous en donnerons quelques exemples.

1. Soit l'irrationnelle cubique $\dfrac{k}{\sqrt[3]{x} + \sqrt[3]{y}}$.

Dans l'identité connue $a^3 + b^3 = (a + b)(a^2 - ab + b^2)$, posons $a^3 = x$ et $b^3 = y$: l'identité devient

$$x + y = \left(\sqrt[3]{x} + \sqrt[3]{y}\right)\left(\sqrt[3]{x^2} - \sqrt[3]{xy} + \sqrt[3]{y^2}\right);$$

en multipliant donc les deux termes de la fraction par le trinome irrationnel, il vient

$$\frac{k}{\sqrt[3]{x} + \sqrt[3]{y}} = \frac{k\left(\sqrt[3]{x^2} - \sqrt[3]{xy} + \sqrt[3]{y^2}\right)}{x + y}.$$

2. En général, la fraction $\dfrac{k}{\sqrt[m]{x} - \sqrt[m]{y}}$ se transforme à l'aide de l'identité $a^m - b^m = (a - b)(a^{m-1} + a^{m-2}b + \ldots + b^{m-1})$, où l'on fait $a^m = x$ et $b^m = y$, et on obtient

$$F = \frac{k\left(\sqrt[m]{x^{m-1}} + \sqrt[m]{x^{m-2}y} + \sqrt[m]{x^{m-3}y^2} + \ldots + \sqrt[m]{y^{m-1}}\right)}{x - y}.$$

La fraction $\dfrac{k}{\sqrt[m]{x} + \sqrt[m]{y}}$, m étant impair, se prête à un procédé analogue de transformation.

La fraction $\dfrac{k}{p - \sqrt[m]{q}}$ s'écrit $\dfrac{k}{\sqrt[m]{p^m} - \sqrt[m]{q}}$ et l'on est ramené à un cas précédent.

3. Soit $\dfrac{k}{\sqrt[3]{x}+\sqrt[3]{y}+\sqrt[3]{z}}$.

En posant $a^3 = x$, $b^3 = y$, $c^3 = z$ dans l'identité

$$a^3 + b^3 + c^3 - 3abc = (a+b+c)(a^2+b^2+c^2-ab-ac-bc),$$

il vient $\qquad F = \dfrac{kN}{x+y+z-\sqrt[3]{27xyz}}.$

Si xyz est un cube, le dénominateur est rationnel et le résultat est atteint; si non, on écrit le dénominateur sous la forme $\sqrt[3]{(x+y+z)^3}-\sqrt[3]{27xyz}$ et on retrouve un type connu.

4. Les dénominateurs embarrassés de radicaux simples du 4e degré, ou en général du degré 2^n, en nombres quelconques, peuvent toujours être traités comme les dénominateurs irrationnels du second degré et devenir rationnels :

EXEMPLE. $\dfrac{1}{\sqrt[4]{x}+\sqrt[4]{y}} = \dfrac{\sqrt[4]{x}-\sqrt[4]{y}}{(\sqrt[4]{x}+\sqrt[4]{y})(\sqrt[4]{x}-\sqrt[4]{y})} = \dfrac{\sqrt[4]{x}-\sqrt[4]{y}}{\sqrt{x}-\sqrt{y}} = \ldots$

INDÉTERMINATIONS APPARENTES. — 1. On demande vers quelle valeur déterminée converge la fraction $F = \dfrac{x-8}{\sqrt[3]{x}-2}$, quand x devient sensiblement égal à 8.

La fraction F, qui tout d'abord prend la forme $\frac{0}{0}$, peut s'écrire

$$F = \frac{x-8}{\sqrt[3]{x}-\sqrt[3]{8}} = \frac{(x-8)(\sqrt[3]{x^2}+\sqrt[3]{8x}+\sqrt[3]{8^2})}{x-8} = (\sqrt[3]{x^2}+\sqrt[3]{8x}+\sqrt[3]{8^2}).$$

Pour $\lim x = 8$, il vient $\lim F = 3\sqrt[3]{8^2} = 12$.

2. Quelle est la limite de $\dfrac{\sqrt[m]{x+\delta}-\sqrt[m]{x}}{\delta}$, pour $\delta = 0$?

On trouvera $\lim F = \dfrac{1}{m\sqrt[m]{x^{m-1}}}.$

Rappelons de nouveau (156* et 175) que l'Analyse infinitésimale fournit une méthode générale et rapide pour la détermination des vraies valeurs, ou des valeurs limites, des expressions qui prennent en certaines hypothèses une forme indéterminée, telle que $\frac{0}{0}$, $0 \times \infty$, $\infty - \infty$.

197*. — Moyenne géométrique. — THÉORÈME. — *La moyenne géométrique entre n nombres est inférieure à leur moyenne arithmétique et supérieure à leur moyenne harmonique :*

$$\frac{a+b+c+\ldots+l}{n} > \sqrt[n]{abc\ldots l} > \frac{n}{\dfrac{1}{a}+\dfrac{1}{b}+\dfrac{1}{c}+\ldots+\dfrac{1}{l}}.$$

DÉMONSTRATION. — On appelle *moyenne arithmétique* entre n quantités la somme de ces quantités divisée par le nombre n de ces quantités; *moyenne géométrique* entre n quantités la racine $n^{ième}$ de leur produit, et *moyenne harmonique* entre n quantités le quotient du nombre de ces quantités par la somme de leurs inverses.

Or, la première propriété est vraie 1° pour deux nombres : cela résulte de l'identité $ab = \left(\dfrac{a+b}{2}\right)^2 - \left(\dfrac{a-b}{2}\right)^2$.

2° Elle subsiste pour 4, 8, 16, ..., 2^k nombres; car on a

$$\sqrt[4]{abcd} = \sqrt{\sqrt{ab}\sqrt{cd}} < \frac{\sqrt{ab}+\sqrt{cd}}{2} < \frac{\dfrac{a+b}{2}+\dfrac{c+d}{2}}{2};$$

$$\sqrt[8]{abcdefgh} = \sqrt{\sqrt[4]{abcd}\sqrt[4]{efgh}} < \dots.$$

3° Enfin elle est générale : CAUCHY le prouve par le remarquable artifice suivant, qui est l'inverse d'un procédé fréquent de généralisation :

Si la loi est vraie pour $p+1$ nombres, elle l'est aussi pour p nombres. En effet, on peut écrire cette égalité, aisée à vérifier par une élévation des deux membres à la puissance p :

$$\sqrt[p]{abc\dots k} = \sqrt[p+1]{abc\dots k\sqrt[p]{abc\dots k}};$$

or, la loi étant admise pour $p+1$ nombres, on a

$$\sqrt[p+1]{abc\dots k\sqrt[p]{abc\dots k}} < \frac{a+b+c+\dots+k+\sqrt[p]{abc\dots k}}{p+1};$$

on en déduit

$$\sqrt[p]{abc\dots k} < \frac{a+b+c+\dots+k}{p}.$$

Reste à démontrer la seconde propriété. — On a, en vertu de la propriété précédente, la relation

$$\sqrt[n]{\frac{1}{a}\frac{1}{b}\frac{1}{c}\dots\frac{1}{l}} < \frac{\dfrac{1}{a}+\dfrac{1}{b}+\dfrac{1}{c}+\dots+\dfrac{1}{l}}{n};$$

d'où

$$\sqrt[n]{abc\dots l} > \frac{n}{\dfrac{1}{a}+\dfrac{1}{b}+\dfrac{1}{c}+\dots+\dfrac{1}{l}}.$$

3. — Exposants fractionnaires.

198. — Origine. — Pour extraire la racine $p^{ième}$ d'une quantité affectée d'un exposant, on divise l'exposant par l'indice : $\sqrt[2]{a^6} = a^3$, $\sqrt[4]{a^8} = a^2$, $\sqrt[p]{a^{kp}} = a^k$ (**193**). La règle cesse d'être démontrée, dans le cas où l'exposant n'est pas divisible par l'indice; si l'on convient, par extension, de l'appliquer quand même, on obtient des exposants fractionnaires :

$$\sqrt[3]{a^2} = a^{\frac{2}{3}}, \quad \sqrt[10]{5^3} = 5^{0,3}, \quad \sqrt[p]{a^m} = a^{\frac{m}{p}}.$$

Valeur conventionnelle. — Le symbole $A^{\frac{m}{p}}$ est, en lui-même, dénué de sens : il provient de l'application d'une règle à un cas pour lequel elle cesse d'être démontrée; d'ailleurs, la définition de l'exposant (**7**) ne se comprend plus, si l'exposant est une fraction. Mais on a adopté cette convention :

Une quantité affectée d'un exposant fractionnaire $\dfrac{m}{p}$ représente un radical, qui a pour indice le dénominateur p et pour exposant le numérateur m : $A^{\frac{m}{p}} = \sqrt[p]{A^m}$.

Pour calculer la valeur numérique d'une telle expression, il faut donc la ramener d'abord à la forme radicale :

$$12^{\frac{2}{3}} = \sqrt[3]{12^2} = \sqrt[3]{144} = 5,24\ldots.$$

On voit que l'exposant fractionnaire $\dfrac{m}{p}$ est une notation indiquant deux opérations successives à faire subir à une même quantité : l'élévation à la puissance $m^{\text{ième}}$ et l'extraction de la racine $p^{\text{ième}}$; l'ordre dans lequel on les effectue est d'ailleurs indifférent : $12^{\frac{2}{3}} = \sqrt[3]{12^2} = \left(\sqrt[3]{12}\right)^2$.

PROPOSITION. — *La notation* $\sqrt[p]{A^m} = A^{\frac{m}{p}}$ *est naturelle et légitime.*

Cette convention est *naturelle*; car c'est une extension du fait qu'on a $a^{\frac{m}{p}} = \sqrt[p]{a^m}$ toutes les fois que m est divisible par p.

Ajoutons qu'il est naturel d'indiquer par un exposant fractionnaire les deux opérations successives, élévation à une puissance et extraction d'une racine, de même qu'un facteur fractionnaire $\dfrac{m}{p}$ dans une expression telle que $A \times \dfrac{m}{p}$ indique les deux opérations successives simples, multiplication par m et division par p.

Cette convention est *légitime* : elle n'implique pas de contradiction; en d'autres termes, *les expressions irrationnelles représentées par les symboles* $a^{\frac{m}{p}}$ *et* $a^{\frac{n}{q}}$ *sont équivalentes, toutes les fois que les fractions* $\dfrac{m}{p}$ *et* $\dfrac{n}{q}$ *le sont.*

En effet, le radical représenté par $a^{\frac{m}{p}}$ est, par convention, $\sqrt[p]{a^m}$; le radical représenté par $a^{\frac{n}{q}}$ est, d'après la même convention, $\sqrt[q]{a^n}$. Mais si $\dfrac{m}{p} = \dfrac{n}{q}$, on a $\dfrac{m}{n} = \dfrac{p}{q}$; par suite (**196**, Th.), les deux radicaux sont équivalents.

Calcul des exposants fractionnaires. — THÉORÈME. — *L'exposant fractionnaire suit, dans les calculs, les mêmes règles que l'exposant entier* :

$$a^{\frac{m}{p}} \times a^{\frac{n}{q}} = a^{\frac{m}{p}+\frac{n}{q}} ; \qquad a^{\frac{m}{p}} : a^{\frac{n}{q}} = a^{\frac{m}{p}-\frac{n}{q}} ;$$

$$\left(a^{\frac{m}{p}}\right)^{\frac{n}{q}} = a^{\frac{mn}{pq}} ; \qquad \sqrt[q]{a^{\frac{m}{p}}} = a^{\frac{m}{pq}}.$$

DÉMONSTRATION. — En vertu même de la valeur conventionnelle de l'exposant fractionnaire, on a

$$1^{\circ} \quad a^{\frac{m}{p}} \times a^{\frac{n}{q}} = \sqrt[p]{a^m} \times \sqrt[q]{a^n} = \sqrt[pq]{a^{mq+np}} = a^{\frac{mq+np}{pq}}.$$

$$2^{\circ} \quad a^{\frac{m}{p}} : a^{\frac{n}{q}} = \sqrt[p]{a^m} : \sqrt[q]{a^n} = \sqrt[pq]{a^{mq-np}} = a^{\frac{mq-np}{pq}}.$$

$$3^{\circ} \quad \left(a^{\frac{m}{p}}\right)^{\frac{n}{q}} = \sqrt[q]{\left(\sqrt[p]{a^m}\right)^n} = \sqrt[pq]{a^{mn}} = a^{\frac{mn}{pq}}.$$

$$4^{\circ} \quad \sqrt[q]{a^{\frac{m}{p}}} = \sqrt[q]{\sqrt[p]{a^m}} = \sqrt[pq]{a^m} = a^{\frac{m}{pq}}.$$

Pour achever la démonstration, on montrera que les quatre formules opératoires subsistent quand une ou plusieurs des lettres m, p, n, q deviennent égales à 1, ou négatives, ou nulles; en outre, on établira que la démonstration (2°) de la formule relative à la division subsiste pour $mq < np$.

199. — Exposant zéro. — Dans une partie plus élevée de l'Algèbre, on démontre ces deux propositions :

I. Les racines d'indices successivement croissants d'un nombre donné vont en diminuant, si ce nombre est plus grand que 1, et en augmentant, s'il est plus petit que 1; mais, dans les deux cas, elles se rapprochent constamment de l'unité.

II. Si l'on fait croître l'indice indéfiniment, la racine s'approche indéfiniment de l'unité, sans jamais atteindre cette valeur, mais de façon qu'elle finit par ne plus en différer que d'une quantité constamment moindre que toute quantité donnée, si petite qu'elle soit.

EXEMPLES. — Racines (approchées) de 50 : $\sqrt{50} = 7{,}07$, $\sqrt[3]{50} = 3{,}68$, $\sqrt[4]{50} = 2{,}66$, $\sqrt[5]{50} = 2{,}19$, ..., $\sqrt[100]{50} = 1{,}48$, $\sqrt[100]{50} = 1{,}04$, $\sqrt[1000]{50} = 1{,}0039$, ...

Racines (approchées) de 0,5 : $\sqrt{0{,}5} = 0{,}707$, $\sqrt[3]{0{,}5} = 0{,}79$, $\sqrt[4]{0{,}5} = 0{,}84$. $\sqrt[5]{0{,}5} = 0{,}87$, ..., $\sqrt[10]{0{,}5} = 0{,}933$, $\sqrt[100]{0{,}5} = 0{,}9931$, $\sqrt[1000]{0{,}5} = 0{,}9993$, ...

Empruntant la notation fractionnaire, on écrira, par exemple, $50^{\frac{1}{1000}} = 1{,}0039$ et $0{,}5^{\frac{1}{1000}} = 0{,}9993$.

Cela posé, soit l'égalité conventionnelle $\sqrt[p]{A^m} = A^{\frac{m}{p}}$. Supposons que A^m désigne une quantité positive déterminée et fixe, et attribuons à p des valeurs successives (positives et entières) croissant indéfiniment au delà de toute limite : $p = 1, 2, 3, \ldots, 100, \ldots$ En vertu des propositions précédentes, la valeur de $\sqrt[p]{A^m}$ deviendra infiniment voisine de 1, tandis qu'au second membre l'exposant $\frac{m}{p}$ deviendra une fraction infiniment petite. Les propositions précédentes se résument donc en cet énoncé :

Toute expression $A^{\frac{m}{p}}$ *dont l'exposant* $\frac{m}{p}$ *tend vers zéro, converge vers l'unité.*

On voit qu'il est naturel de donner l'unité pour valeur conventionnelle au symbole A^0; c'est ce qu'on a déjà fait plus haut (**69**). L'égalité $A^0 = 1$ n'est donc qu'une *égalité limite :* elle signifie simplement que la quantité fixe 1 est la *limite* dont les valeurs successives de l'expression $A^{\frac{m}{p}}$ s'approchent indéfiniment, quand on fait converger l'exposant $\frac{m}{p}$ vers zéro.

REMARQUE. — L'égalité conventionnelle $A^0 = 1$ subsiste pour $A = 1$; car, quels que soient m et p, on a constamment $\sqrt[p]{1^m} = 1$.

L'égalité $A^0 = 1$ subsiste pour $A = 0$; mais il faut entendre par 0 une quantité infiniment voisine de zéro, et non rigoureusement zéro : dans l'égalité $0^0 = 1$, l'expression 0^0 désigne une racine d'indice infiniment élevé d'une quantité infiniment petite.

L'égalité $A^0 = 1$ subsiste pour A négatif; mais la démonstration ne peut trouver place ici : l'expression $\sqrt[p]{(-a)^m}$ peut, en effet, devenir imaginaire, puisque l'on peut avoir à la fois m impair et p pair et, par suite, la démonstration de l'égalité $\lim (-a)^{\frac{m}{p}} = 1$ dépend de la théorie générale des imaginaires.

Enfin on démontre, dans la même théorie des imaginaires, que l'égalité $A^0 = 1$ subsiste pour A imaginaire.

200. — **Exposants incommensurables.** — La théorie des exposants incommensurables sort du cadre de l'Algèbre élémentaire; mais il y a lieu d'indiquer ici la signification de tels exposants.

L'expression A^x, dans laquelle x désigne un nombre incommensurable, représente la *limite* vers laquelle tendent les puissances de A dont l'exposant commensurable s'approche de plus en plus de x.

EXEMPLE. — Soit l'expression $50^{\sqrt{2}}$.
On sait que $\sqrt{2}$ désigne la limite commune des termes des deux suites :

$$\begin{cases} 1, & 1,4, & 1,41, & 1,414, & \ldots \\ 2, & 1,5, & 1,42, & 1,415, & \ldots \end{cases}$$

De même, $50^{\sqrt{2}}$ désigne la limite commune dont s'approchent indéfiniment les termes de ces deux suites de nombres :

$$\begin{cases} 50^1, & \sqrt[10]{50^{14}}, & \sqrt[100]{50^{141}}, & \sqrt[1000]{50^{1414}}, & \dots \\ 50^2, & \sqrt[10]{50^{15}}, & \sqrt[100]{50^{142}}, & \sqrt[1000]{50^{1415}}, & \dots \end{cases}$$

D'où
$$50^{\sqrt{2}} = \lim 50^{1,41421\dots} = 252,75\dots$$

En justifiant cette définition très simple par des propositions qui ne peuvent trouver place ici, on établit qu'elle assigne à A^x une valeur unique et déterminée.

De plus, dans la théorie des exposants incommensurables, on démontre que ces exposants suivent les mêmes règles de calculs que les exposants commensurables.

Nommons encore, pour signaler leur existence dans l'Analyse, mais en ajoutant qu'ils appartiennent entièrement à l'Algèbre supérieure, les *exposants imaginaires*, qu'Euler, le premier, osa considérer.

200*. — Exposants ± 0 et $\pm \infty$. — Les symboles 0 et ∞ désignant, l'un, une quantité infiniment petite, mais non rigoureusement zéro, et l'autre, une quantité arithmétique indéfiniment croissante, on justifiera aisément ces égalités conventionnelles :

$$a^{+0} = 1; \quad a^{-0} = \frac{1}{a^0} = 1;$$

Pour $a > 1$ en valeur absolue, $a^{+\infty} = \infty$ et $a^{-\infty} = 0$;
Pour $a < 1$ en valeur absolue, $a^{+\infty} = 0$ et $a^{-\infty} = \infty$.

200**. — Indices négatifs et indices fractionnaires. — Le symbole $\sqrt[m]{A}$ désigne l'expression qui, élevée à la puissance m, reproduit l'expression A. Partant de cette définition générale, on justifiera les identités suivantes :

$$\sqrt[-p]{a} = a^{-\frac{1}{p}} = \frac{1}{\sqrt[p]{a}}; \quad \sqrt[-p]{a^k} = a^{-\frac{k}{p}} = \frac{1}{\sqrt[p]{a^k}};$$

$$\sqrt[\frac{1}{p}]{a} = a^p; \quad \sqrt[\frac{1}{p}]{a^k} = a^{kp}; \quad \sqrt[\frac{m}{n}]{a} = a^{\frac{n}{m}}.$$

201. — Conclusion générale. — En rappelant ici tout ce qui a été dit relativement à l'exposant entier, à l'exposant négatif et à l'exposant fractionnaire [1] (et en renvoyant à une partie plus avancée de l'Algèbre ce qui

---

[1] Les exposants fractionnaires ont été proposés, comme on l'a vu (**88** et **94**, *notes*), par Simon Stevin. A l'une des premières pages de son *Arithmétique* (1585), livre qui est

concerne l'exposant incommensurable), on peut énoncer sans aucune restriction les RÈGLES GÉNÉRALES suivantes du calcul des exposants :

1° Pour *multiplier deux puissances* d'une même quantité, on ajoute les exposants.

---

aussi bien un traité d'Algèbre qu'un ouvrage d'Arithmétique, le mathématicien flamand a un chapitre intitulé : « Que les dignitez ou denominateurs [les exposants] des quantitez ne sont » pas necessairement nombres entiers, mais potentiellement nombres rompuz [fractionnaires] » et nombres radicaux [irrationnels] quelconques. » De même que x^3, ou la « potence cubique » de la quantité, » se désigne chez lui par le symbole $1(\overline{3})$, il propose de représenter par $\frac{1}{2}$ en un cercle la racine carrée de la quantité et de remplacer la notation $\sqrt{4(\overline{1})}$, c'est-à-dire $\sqrt{4x^1}$, par la notation $(\frac{1}{2})4(\overline{1})$. Ainsi, « $\frac{1}{2}$ en un circle seroit le charactere de racine quarrée de $(\overline{3})$, » par ce que telle $\frac{1}{2}$ en circle multipliée en soy [élevée au carré] donne produit $(\overline{3})$. » Stevin dit ensuite qu'il a cherché à faire avancer par l'emploi de ces notations « la reigle de trois alge- » braïque, vulgairement dicte equation; » mais n'ayant pu y réussir pour l'heure, il abandonne l'usage de ce symbolisme : il a voulu seulement « le manifester aux algebraïciens, car il » pourroit avenir que ceste souvenance causeroit a un autre quelque avancement. » Stevin ne se trompait pas : en 1655, WALLIS eut souvenance de l'idée du géomètre brugeois et y trouva le germe des théories mathématiques les plus fécondes.

Deux siècles avant Stevin, les exposants fractionnaires avaient apparu dans le remarquable *Algorismus proportionum*, de Nicole ORESME (1323-1382) : c'est, du reste, dans ce livre que se trouve pour la première fois, longtemps avant le *Triparty* de CHUQUET, une notation des puissances. Une puissance fractionnaire telle que $\sqrt{4^3}$, que nous écririons $4^{\frac{3}{2}}$ ou $4^{1+\frac{1}{2}}$, y est représentée par la notation $\boxed{1^{p\frac{3}{2}}}\,4$. Professeur et grand-maître du Collège de Navarre, plus tard doyen de Rouen, puis évêque de Lisieux, Oresme fut à la fois théologien, — célèbre par sa lutte contre l'astrologie judiciaire, — philosophe, — réputé par son commentaire sur les *Meteorologica* d'Aristote, — et géomètre. Géomètre original, il fut le précurseur de Descartes et de Fermat, en inventant une espèce de Géométrie analytique où les *formes analytiques* sont traduites par des *formes graphiques* : les ordonnées et les abscisses de Descartes y portent les noms de latitudes et de longitudes; le *Tractatus de latitudinibus formarum*, que complète le traité manuscrit *De uniformitate et difformitate intensionum*, fut longtemps étudié dans les Universités et eut, des les origines de l'imprimerie, de nombreuses éditions (1482, Padoue; 1486; 1505; 1515). Oresme a été enseveli, depuis quatre siècles, dans un oubli immérité.

— Nous donnerons, pour terminer ce Livre III, consacré au calcul des radicaux, quelques notions historiques sur la THÉORIE DES INCOMMENSURABLES.

La théorie des incommensurables a pris naissance au sein de l'école de PYTHAGORE (VIᵉ siècle av. J.-C.) : au philosophe de Samos lui-même on attribue la découverte de l'existence de grandeurs incommensurables et, avant tout, la découverte de l'incommensurabilité de la diagonale du carré avec le côté, corollaire immédiat du théorème de l'hypoténuse. Les véritables fondateurs de la théorie des incommensurables furent THÉÉTÈTE l'Athénien, disciple de Socrate et ami de Platon, et EUDOXE de Cnide (407-305), l'un des plus puissants géomètres de l'antiquité, fondateur de l'école de Cyzique, école célèbre dans l'Astronomie. Les doctrines de Théétète et surtout d'Eudoxe forment la matière du Xᵉ livre des *Éléments* d'Euclide. On sait qu'EUCLIDE (vers —320), dans ces immortels Éléments, τά Στοιχεῖα, synthétisa avec une clarté, un enchaînement et une rigueur incomparables les résultats des recherches géométriques et arithmétiques de ses devanciers.

Dans la période de la science antique qui s'étend depuis Thalès et Pythagore jusqu'à Euclide, Archimède et Apollonius, l'Arithmétique est une science toute concrète : elle n'apparaît qu'enveloppée dans la Géométrie. La théorie euclidienne des incommensurables ne s'avance que sous ce vêtement étranger et au travers des démonstrations géométriques : aussi la

2⁰ Pour *diviser deux puissances* d'une même quantité, on soustrait les exposants.

3⁰ Pour *élever une puissance à une autre puissance*, on multiplie les exposants.

4⁰ Pour *extraire une racine d'une puissance*, on divise le degré de la puissance par l'indice de la racine.

$$a^p \times a^q = a^{p+q}; \qquad (a^p)^q = a^{pq};$$

$$a^p : a^q = a^{p-q}; \qquad \sqrt[p]{a^m} = a^{m:p}.$$

On voit que le calcul des exposants simplifie ou, pour ainsi dire, supprime le calcul des fractions et le calcul des radicaux : l'exposant

---

marche de cette théorie est lente et pénible, quoique admirablement sûre. Les Grecs n'ignoraient point qu'à chaque relation entre lignes correspond une relation entre nombres, puisque chaque ligne a une longueur représentable par un nombre; et l'on peut dire qu'en poussant extrêmement loin la théorie des grandeurs géométriques incommensurables, ils faisaient de l'excellente Arithmétique générale, tout autant que les algébristes modernes en transformant leurs radicaux. L'Arithmétique se déguisait chez eux en Géométrie, comme chez nous en Algèbre.

Disons quelques mots de la terminologie d'Euclide.

Il appelle *rationnelles*, ῥηταί, les droites arbitraires auxquelles il comparera les autres : elles répondent à nos unités arithmétiques. Il appelle encore *rationnelle*, εὐθεῖα ῥητή, toute droite commensurable à celles-là soit *en longueur*, εὐθεῖα σύμμετρα μήκει, soit seulement *en puissance*, εὐθεῖα δυνάμει σύμμετρα, c'est-à-dire dont le carré est commensurable avec le carré de celles-là. Les droites qui ne sont commensurables ni en longueur ni en puissance, se nomment *irrationnelles*, ἄλογοι. Dans ce sens, la diagonale du carré dont le côté est rationnel, est elle-même rationnelle. A nos radicaux du second degré répondent, chez Euclide, les droites rationnelles en puissance seulement.

Parmi les irrationnelles, il en distingue une, qu'il nomme *médiale*, μέση : c'est la moyenne géométrique entre deux lignes commensurables en puissance seulement; algébriquement, une telle grandeur est de la forme $x = \sqrt{a}\sqrt[4]{b}$, puisque dans la proportion $\dfrac{a}{x} = \dfrac{x}{\sqrt{b}}$, a et $\sqrt{b}$ sont commensurables en puissance seulement.

Euclide considère ensuite les douze espèces de lignes irrationnelles formées de deux lignes, soit par addition, soit par soustraction, et donne leur construction et leurs propriétés.

Toute ligne irrationnelle formée par l'addition de deux lignes dont l'une au moins est incommensurable en puissance seulement, s'appelle une *ligne de deux noms*, εὐθεῖα ἐκ δύο ὀνομάτων : les deux composantes s'appellent τά ὀνόματα (nous dirions aujourd'hui les *termes*). Il existe six espèces de lignes de ce genre et elles rentrent dans les trois formes $a+\sqrt{b}$, $\sqrt{a}+b$, $\sqrt{a}+\sqrt{b}$. Les premiers traducteurs et commentateurs d'Euclide, à la suite de CAMPANUS (XIIIᵉ siècle), ont rendu l'expression ἡ ἐκ δύο ὀνομάτων par *linea binominis*, *linea binomialis*, ou simplement *binomium* : d'où l'expression *binome*, qui désigne encore aujourd'hui l'ensemble de deux termes.

Toute ligne irrationnelle formée par une soustraction entre deux lignes dont l'une au moins est incommensurable en puissance seulement, s'appelle ἡ ἀποτόμη; les types sont $a-\sqrt{b}$, $\sqrt{a}-b$, $\sqrt{a}-\sqrt{b}$, et chaque type comprend deux espèces.

Euclide démontre, dans le cours du Livre X, toutes les propositions géométriques correspondant aux théorèmes algébriques que nous avons démontrés dans notre Calcul des radicaux; par exemple, l'identité $(\sqrt{a}+\sqrt{b})(\sqrt{a}-\sqrt{b}) = a-b$, relative au produit d'un

négatif se substitue à la notation des fractions et l'exposant fractionnaire remplace le signe radical. Grâce à cette généralisation de la notation des exposants, toutes les opérations de l'Algèbre élémentaire se ramènent aux règles de calcul des quantités entières et des exposants entiers positifs.

---

binome par un apotome, les termes (ὀνόματα) étant les mêmes (*propositions* 113-115), etc. Il donne une suite de fort beaux théorèmes géométriques (*propositions* 49-54), que l'Algèbre traduit en cette formule générale

$$\sqrt{\frac{A+\sqrt{A^2-B}}{2}} \pm \sqrt{\frac{A-\sqrt{A^2-B}}{2}} = \sqrt{A \pm \sqrt{B}}.$$

Il établit (*proposition* 116) qu'il existe des irrationnelles d'un degré supérieur à la médiale, en nombre infini.

Disons, sans pouvoir l'expliquer ici, que cette théorie d'Euclide contient, en définitive, la résolution, par des constructions géométriques, à l'aide de la règle et du compas, des équations du second degré et des équations bicarrées et même tricarrées.

La théorie euclidienne des incommensurables fut le point de départ de travaux d'autres géomètres illustres. Apollonius (iiiᵉ siècle avant J.-C.), surnommé par les anciens le Géomètre par excellence, fit un traité où il donna la construction et les propriétés des *lignes irrationnelles polynomes* et la théorie géométrique des irrationnelles de degrés supérieurs : de ce traité, qui n'est pas arrivé jusqu'à nous, il existe un résumé qui paraît dû à Pappus (ivᵉ siècle après J.-C.), mais dont on n'a qu'une traduction arabe, faite au xᵉ siècle et découverte en 1854.

Les algébristes de la Renaissance consacrèrent de laborieuses veilles à étudier la théorie des incommensurables, ou, comme ils les appelaient, des *quantités sourdes*, — nom qui leur resta dans la langue mathématique en France jusque dans ces derniers temps et qui est encore usité en Angleterre. Le livre X d'Euclide devint, au dire de Stevin, « la croix des mathématiciens. » Plus tard, l'étude des lignes *binomes* et *multinomes* fit place à l'étude des quantités binomes et polynomes abstraites. Aujourd'hui, la théorie des incommensurables appartient totalement à l'Arithmétique : on n'y introduit des considérations géométriques que pour éclairer certaines notions qui resteraient obscures et pour rassurer l'esprit qu'inquiéteraient certaines difficultés dans la théorie abstraite.

On se demandera peut-être l'origine des mots *rationnel* et *irrationnel* de la langue mathématique moderne. Il est bon de savoir que le mot grec λόγος signifie à la fois *verbum* et *ratio*; or, les premiers qui au Moyen Age traduisirent en latin les écrits des mathématiciens de l'Antiquité, au lieu de rendre les expressions ῥητός et ἄλογος par *effabilis* et *ineffabilis*, les rendaient par les mots impropres *rationalis* et *irrationalis*. Déjà Kepler, dans son *Harmonice mundi* (1619), se plaignait de cette fâcheuse confusion de mots : Stevin et Girard n'avaient point commis cette confusion, eux qui appelaient *dicibles* et *indicibles* les quantités dites aujourd'hui rationnelles et irrationnelles.

EXERCICES ET PROBLÈMES.

EXERCICES ET PROBLÈMES.

I. — Notation algébrique. Formules. Problèmes.

1. — Calculer la valeur numérique des expressions suivantes, dans les hypothèses $a = 3$, $b = 2$, $c = 1$, $x = 4$, $y = 5$:

1. $2a^2 - b^2$; $2(a^2 - b^2)$; $(2a^2 - b)^2$; $(2a)^2 - b^2$; $2(a^2 - b)^2$.

2. $abc - (a + b + c)$.

3. $(a^2 + b^2)(a + b)(a - b)$.

4. $[a^2 + (b - c)a - bc](b - c)$.

5. $\sqrt{(a + b + c)(abc)}$.

6. $\left(\dfrac{a + b}{2}\right)^2 - \left(\dfrac{a - b}{2}\right)^2 - ab$.

7. $\dfrac{a^2 - c^2}{a}\left(\dfrac{a}{a - c} - \dfrac{a}{a + c}\right)$.

8. $\dfrac{x^a + y^a}{x + y}$.

9. $\dfrac{x^{a-1} + 2xy + y^{a-1}}{(x + y)(x - 1)}$.

10. $[2(x - a) + \sqrt{x^2 + a^2}]\sqrt{x^2 - 2ax + a^2}$.

11. $x^{a+b} - x^{a+c}$.

12. $\sqrt{\dfrac{ay + c}{bx + c}} - \sqrt{\dfrac{y - x}{y + x}}$.

13. $\dfrac{y(y + a)(y + b)(y + c)}{x(x + a)(x + b)(x + c)}$.

14. $[(a + b : (a + c)](x + y)$.

15. $(a + b) : [(a + c)(x + y)]$.

16. $\sqrt{(a + b)(a - c)^2 - (a + c)(a - b)^2}$.

17. $\sqrt[3]{x^2 + y^2 - (a^2 + b^2 + c^2)}$.

Rép. : **1.** 14, 10, 256, 32, 98. **2.** 0. **3.** 65. **4.** 10. **5.** 6. **6.** 0. **7.** 2. **8.** 21. **9.** 3. **10.** 7. **11.** 768. **12.** 1. **13.** 2. **14.** $\frac{45}{4}$. **15.** $\frac{5}{36}$. **16.** 4. **17.** 3.

2. — Vérifier l'exactitude des *identités* suivantes, en attribuant aux lettres qu'elles renferment des valeurs numériques quelconques, par exemple $a = 3$, $b = 2$, $n = 6$, et en effectuant séparément dans chaque membre les opérations indiquées :

1. $(a + b)(a - b) = a^2 - b^2$.

2. $a^3 + b^3 = (a + b)(a^2 + b^2 - ab)$.

3. $a^2 + b^2 = (a + b)^2 - 2ab$.

4. $a^2 + b^2 = (a - b)^2 + 2ab$.

5. $(n + 1)^2 - n^2 = 2n + 1$.

6. $n^2 - 1 = (n + 1)(n - 1)$.

7. $ab = \left(\dfrac{a + b}{2}\right)^2 - \left(\dfrac{a - b}{2}\right)^2$.

8. $ab = \dfrac{(a + b)^2 - (a - b)^2}{4}$.

16

9. $1+2+3+4+...+n = \dfrac{n(n+1)}{2}$. **10.** $1+3+5+7+...+(2n-1)=n^2$.

11. $1+2^2+3^2+4^2+...+n^2 = \dfrac{n(n+1)(2n+1)}{6}$.

12. $1+2^3+3^3+4^3+...+n^3 = (1+2+3+...+n)^2 = \dfrac{n^2(n+1)^2}{4}$.

3. — Vérifier, en posant $a=5$, $b=4$, $c=3$, l'identité

$$2^4 p(p-a)(p-b)(p-c) = (a+b+c)(a+b-c)(a-b+c)(-a+b+c),$$

dans laquelle $p = \dfrac{a+b+c}{2}$.

4. — Vérifier les inégalités suivantes, en posant $a=4$, $b=2$, $c=3$, $n=6$, $x=5$:

1. $a^2+b^2 > 2ab$, à condition que a et b soient inégaux.

2. $\dfrac{n^3}{3} < 1+2^2+3^2+4^2+...+n^2 < \dfrac{(n+1)^3}{3}$.

3. $x^2 > 6x - 8$ pour $x > 4$ et pour $x < 2$.

4. $\dfrac{1}{x-a} + \dfrac{1}{x-b} > \dfrac{1}{x-c}$, à condition que c soit compris entre a et b et que x soit supérieur à ces nombres a, b et c.

5. Résoudre les problèmes suivants, en traduisant l'énoncé de chaque problème par une équation à *une* inconnue :

1. J'aurai dans 5 ans, disait un étudiant, le double de l'âge que j'avais il y a 5 ans. Quel est son âge?

2. J'ai autant de frères que de sœurs, disait un écolier. Et moi, répliqua sa sœur, j'ai deux fois plus de frères que de sœurs. — Combien de frères avait l'écolier?

3. Des géographes de grande autorité assignent au Nil, parmi les trois plus grands fleuves du monde, le second rang pour la longueur : il l'emporte de 500^{Km} sur l'Amazone, mais il le cède de 1000^{Km} au Missouri-Mississipi; les longueurs réunies de ces trois fleuves équivalent à la moitié de la circonférence du globe. Quelle est la longueur du Nil? (On sait que la circonférence de la Terre est de 40 mille Km.) *Rép. :* 6500^{Km}.

4. Dans un concours de Mathématiques, on assigna, pour la résolution d'un problème d'Algèbre, un temps déterminé : l'un des élèves mit $\frac{1}{4}$ de ce temps à mettre le problème en équation, $\frac{1}{5}$ à résoudre l'équation, $\frac{1}{10}$ à vérifier le résultat, $\frac{1}{4}$ à rédiger sa copie, $\frac{1}{8}$ à la relire et eut fini 3 minutes avant le terme fixé. Combien de temps avait-on accordé? *Rép. :* 40 m.

5. Les contemporains de Diophante ont inscrit dans un appendice de ses *Arithmétiques* l'épitaphe de l'illustre géomètre, en des hexamètres que nous traduisons : « Diophante passa $\frac{1}{6}$ de sa vie dans l'enfance, $\frac{1}{12}$ dans la jeunesse, puis après $\frac{1}{7}$ encore et 5 ans de mariage eut un fils, qui atteignit $\frac{1}{2}$ de l'âge que vécut son père, et celui-ci survécut 4 ans à son fils. » — A quel âge mourut le géomètre alexandrin? *Rép.* : 84 ans.

6. Il y a dans une basse-cour des poules et des lapins, en tout 14 têtes et 38 pattes; combien y a-t-il de lapins (x) et combien de poules? *Rép.* : 5, 9.

7. Un père partage la moitié d'une somme d'argent entre trois jeunes gens, en donnant au second le double de la part (x) du cadet et à l'aîné le triple de la part du second; partageant ensuite l'autre moitié de la somme, on donne au cadet la même part que la première fois, au second 4 fr. de plus qu'au cadet et à l'aîné 4 fr. de plus qu'au second. Combien chacun a-t-il reçu en tout? *Rép.* : 4, 10, 22.

8. Si dans une classe on met 5 élèves par banc, il restera 3 places vides au dernier banc; si l'on en met 4 par banc, 3 élèves n'auront pas de place. Combien y a-t-il de bancs (x) et combien d'élèves? *Rép.* : 6, 27.

9. Un oncle a 10 ans de plus que son neveu et, il y a 15 ans, l'âge de l'oncle était double de l'âge qu'avait le neveu. Quel est l'âge de l'oncle? *Rép.* : 35 ans.

10. La somme de trois nombres entiers consécutifs est le triple du plus petit; quels sont ces trois nombres? — *Rép.* : Ils n'existent point; car l'équation du problème revient à l'impossibilité $3x + 3 = 3x$.

11. La somme de trois nombres entiers consécutifs est le triple du second des trois; quels sont ces trois nombres? — *Rép.* : Trois nombres entiers consécutifs *quelconques*; car l'équation du problème, en désignant par x le second nombre, est $x - 1 + x + x + 1 = 3x$, ou $3x = 3x$, ce qui est une *identité* et non une équation.

6. — Exprimer en langage algébrique les *théorèmes* suivants :

1. Le produit de la somme de deux nombres par leur différence est égal à la différence entre les carrés de ces nombres.

2. La somme des carrés de deux nombres est égale au carré de la somme de ces deux nombres, diminué du double de leur produit, et aussi au carré de la différence de ces deux nombres augmenté du double de leur produit.

3. La somme des cubes de deux nombres est égale à la somme de ces deux nombres, multipliée par l'excès de la somme des carrés de ces nombres sur le produit de ces nombres.

4. Le produit de deux nombres est égal à la différence entre le carré de leur demi-somme et le carré de leur demi-différence.

5. Tout nombre entier carré parfait, diminué d'une unité, est égal au produit du nombre entier qui précède sa racine par le nombre entier qui suit sa racine.

6. La différence entre les carrés de deux nombres entiers consécutifs est un nombre impair, obtenu en augmentant d'une unité le double du plus petit de ces deux nombres entiers.

7. La somme des carrés des n premiers nombres entiers consécutifs est comprise entre le tiers du cube du dernier de ces nombres et le tiers du cube du nombre entier immédiatement supérieur à ce dernier. (Voy. **2** et **4**.)

7. — THALÈS, le Père de la Géométrie chez les Grecs, visitait, il y a vingt-cinq siècles, la mystérieuse Égypte. Il fut conduit, sur l'ordre du roi Amasias, par les prêtres d'Héliopolis, au pied de la pyramide de Chéops, qui oriente ses quatre faces vers les quatre points cardinaux : — « Veux-tu connaître la hauteur du monument antique? dirent au premier des sept Sages les prêtres du Soleil; apprends que chaque côté de la base carrée, sur laquelle repose sa masse puissante, mesure autant de coudées qu'il y a de jours dans l'année; de ton bâton de pèlerin, trace ensuite sur le sable du désert une circonférence de longueur égale au périmètre de ce carré et prends-en le rayon : ce rayon égale l'axe de la pyramide. »

Cela posé et rappelant que, par un fait étrange, la coudée sacrée des Égyptiens c était la dix-millionième partie du rayon moyen R de la Terre, R $=6365^{\text{Km}}$, on demande de calculer les quantités suivantes :

1° Le côté a de la base, la hauteur h et le volume V de la pyramide; — 2° la longueur L d'une muraille de hauteur H $=2^{\text{m}}$ et d'épaisseur B $=0^{\text{m}},5$, construite avec les matériaux de l'énorme polyèdre de pierre, supposé massif; — 3° la distance d à laquelle s'étend la vue pour un observateur placé au sommet de la pyramide.

Formules et valeurs à appliquer : $c=0^{\text{m}},6365$; $a=365,25c$; $4a=2\pi h$; $\pi=3,14$;

$$V=\frac{a^2 h}{3}; \quad \text{HBL}=V; \quad d=\sqrt{2Rh}, \text{ ou plus exactement } d=\sqrt{2Rh+h^2}.$$

Réponse : $a=232^{\text{m}},48$; $h=148^{\text{m}}$; $V=2666316^{\text{m3}}$; L $=2666^{\text{Km}}$; $d=43^{\text{Km}},4$. (Les $2\frac{1}{2}$ millions de mètres cubes de matériaux suffiraient à construire une muraille qui traverserait l'Europe occidentale, de Lisbonne à Varsovie. Remarquons l'égalité $4a=2\pi h$, qui traduit le problème de la rectification de la circonférence, problème équivalent au problème de la quadrature du cercle. Une singulière coïncidence est que h est précisément la milliardième partie de la distance moyenne de la Terre au Soleil, $148\,000\,000^{\text{Km}}$.)

8. — Les longueurs des côtes d'un triangle sont $a=5^{\text{m}}$, $b=4^{\text{m}}$, $c=3^{\text{m}}$. Désignant par p le demi-périmètre, $p=\dfrac{a+b+c}{2}$, calculer l'aire S du triangle, le rayon R du cercle circonscrit et le rayon r du cercle inscrit, à l'aide des formules

$$S=\sqrt{p(p-a)(p-b)(p-c)}, \quad R=\frac{abc}{4S}, \quad r=\frac{S}{p}.$$

— Même application au triangle $a=1^{\text{m}},3$, $b=1^{\text{m}},2$, $c=0^{\text{m}},5$.

9. — A quelle hauteur h s'élèverait une pyramide, ayant pour base un carré de côté $c=1^{\text{Km}}$, et formée avec les déblais qu'il a fallu enlever pour le creusement du canal maritime de l'isthme de Suez : la longueur du canal est $l=164^{\text{Km}}$ de mer en mer, sa largeur de rive en rive $a=100^{\text{m}}$, sa largeur au plafond $b=22^{\text{m}}$ et sa profondeur $p=8^{\text{m}}$. Le volume des déblais a pour formule $V=\dfrac{a+b}{2}pl$, et le volume de la pyramide $V'=\frac{1}{3}c^2 h$. *Rép.* : 240^{m}.

10. Calculer, par la formule suivante, la force ascensionnelle d'un aérostat sphérique, de rayon $r = 5^m$, gonflé d'hydrogène : la densité de l'hydrogène, rapportée à l'air, est $D' = 0,07$; le poids du mètre cube d'air est $a = 1^{Kg},3$; le poids du taffetas verni dont est confectionnée l'enveloppe est $p = 0^{Kg},2$ par mètre carré; la nacelle, les agrès et les accessoires forment un poids mort de $P = 150^{Kg}$.

$$F = Va - (VD'a + Sp + P) = \frac{4}{3}\pi r^3 a - \left(\frac{4}{3}\pi r^3 D'a + 4\pi r^2 p + P\right).$$

Rép. : 420^{Kg}.

II. — Addition et Soustraction.

1. — Réduire les termes semblables dans les polynomes suivants :

1. $5x - 11x + 12x - 3x + 8x + 11x + 7x - 6x - 23x.$

2. $y + 3x - 3y + 2x - 4y - 5x + 7y.$

3. $4x^2 - 5y^2 - 3xy - 8x^2 - 5xy + 3y^2 + 5x^2 + 6xy + 3y^2.$

2. — Additions et soustractions à effectuer :

1. $(5a) - (3b) - (+6b) - (-3a) + (-b) - (+6a) - (-6b).$

2. $9a + (5b - 4a).$ **3.** $6m + (-4m + 2n).$

4. $p^2 - (-p^2 + q^2 - r^2) + (-r^2 + q^2).$ **5.** $7m - (-8m - 2n).$

6. $(u^2 - uv) - (uv - v^2) - [(uv - u^2) - (uv - v^2)] - (u^2 - v^2).$

7. $(a^3 + 3a^2b + 3ab^2 - b^3) + (3ab^2 - 3a^2b + a^3 - b^3) + (b^3 - a^3 - 3ab^2 + 3a^2b)$
$+ (a^3 - 3a^2b + b^3 - 3ab^2) + (-b^3 - 3a^2b + 3ab^2 - a^3).$

8. $(x^3 - 3y^3 - 8xy^2 - 2x^2y) - (5x^3 + 5xy^2 - 3y^3) + (y^3 + 5x^2y + 3xy^2 + x^3)$
$- (-4x^3 + 3x^2y - 10xy^2).$

9. $(a + b + c + d + \ldots + h + k) - (b + c + d + \ldots + h + k + l).$

10. $[1 + 2p + 3p^2 + 4p^3 + \ldots + (n+1)p^n] - [3p + 4p^2 + 5p^3 + 6p^4 + \ldots + (n+2)p^n]$
$+ [2p + 2p^2 + 2p^3 + 2p^4 + \ldots + 2p^n].$

3. — Étant donnés les trinomes $r + s + t$, $r + s - t$, $r - s + t$, $-r + s + t$, de la somme des trois premiers retrancher la somme des trois derniers, augmentée de la somme du second et du troisième.   *Rép. : 0.*

4. — Si l'on pose $A = (p + q) + (r + s)$, $B = (p + q) - (r + s)$, $C = (p - q) + (r - s)$, $D = (p - q) - (r - s)$, que devient la somme $A + B + C + D$?   *Rép. : 4p.*

5. — Que deviennent les expressions A, B, C, D de l'exercice précédent, si l'on fait $p = x + y + z$, $q = x + y - z$, $r = x - y + z$, $s = -x + y + z$? Vérifier l'exactitude des résultats de ces substitutions, en constatant que la somme $A + B + C + D$ donne le même résultat que dans l'exercice précédent.

6. — Désignant par $2p$ le périmètre d'un triangle et par a, b, c, les côtés, on écrit $2p = a + b + c$; vérifier les égalités :

$$-a + b + c = 2(p-a), \qquad a - b + c = 2(p-b), \qquad a + b - c = 2(p-c),$$
$$a = 2p - (b+c), \qquad b = 2p - (a+c), \qquad c = 2p - (a+b).$$

7. — Vérifier, par la suppression des parenthèses, les égalités :

1. $a + \{4x - [6y - (4z - 1)]\} - (a + 4x - 6y + 4z - 1) = 0.$

2. $7x - [(a+x) - (a-x)] - \{2x - [(a-x) - (a+x)]\} = x.$

3. $[m - (p+q) - r] - \{m - [(p+q) - r]\} + \{m - [p+r] + q\} = m - p + q - r.$

8. — Problème. — Un mobile M parcourt une droite de longueur indéfinie: A et B sont deux points fixes de cette droite, distants l'un de l'autre de d mètres. Actuellement, le mobile se trouve à a mètres de A et à b mètres de B. Quelle distance le sépare du milieu O du segment qui relie A et B? $\quad Rép. : x = \dfrac{a+b}{2}.$

Supposons, d'abord, M en deçà de A et de B. On a $\quad x = MO = MA + AO$ et $x = MB - OB$. D'où $x = a + \dfrac{d}{2}$ et

$x = b - \dfrac{d}{2}$. Additionnant les deux der-

nières égalités, on a $2x = a + b$: d'où $x = \dfrac{a+b}{2}.$

Cette formule est exacte, quelles que soient les situations respectives de M, de A et de B sur cette droite. Il suffit de considérer comme *positive* toute longueur mesurée ou parcourue dans le sens de A vers B, et comme *négative* toute longueur mesurée ou parcourue dans le sens opposé.

Ainsi, si M est entre A et B, il vient $x = \dfrac{-a+b}{2}$; si M est au delà de A et

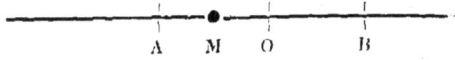

de B, il vient $x = \dfrac{-a-b}{2}.$

En effet, soit M entre A et O; on a

$x = MO = -MA + AO = -a + \dfrac{d}{2}$, et

$x = MB - BO = b - \dfrac{d}{2}$; d'où $2x = -a + b.$ Soit M au delà de B : on a $x = -MA + AO = -a + \dfrac{d}{2}$ et $x = -MB - BO = -b - \dfrac{d}{2}$; d'où $2x = -a - b.$

On montrera aisément que la formule reste applicable, si M coïncide avec A ou avec O ou avec B, c'est-à-dire si $a = 0$ ou si $-a = b$ ou si $b = 0.$

9. — Problème. — Deux courriers, parcourant une ligne de longueur indéfinie, passent actuellement l'un en A l'autre en B, à des distances a et a' du point fixe O et marchent avec des vitesses de v et de v' kilomètres à l'heure. Quelle

distance x les séparera l'un de l'autre dans t heures, et à quelle distance y du point O sera situé à cette époque le milieu de la droite qui les unira?

$\quad Rép. : x = (a' + v't) - (a + vt), \quad y = \frac{1}{2}(a + a' + vt + v't).$

10. — Soit une suite de nombres commençant par 0 et 1 et dont chaque terme soit égal à la somme des deux précédents :

$$0, 1, 1, 2, 3, 5, 8, 13, \ldots.$$

Cette suite porte le nom de *suite de Fibonacci*, parce que l'algébriste Léonard Fibonacci l'a donnée et étudiée en son *Liber Abaci*, en 1202; elle jouit de nombreuses propriétés.

Montrer que la somme des n premiers termes, plus 1, est égale au terme qui suit de deux rangs le terme auquel on s'est arrêté.

Solution. — Désignant par u_0, u_1, u_2, ..., les termes successifs, on a la loi de formation $u_n = u_{n-1} + u_{n-2}$. On établira que si la propriété énoncée se réalise pour les $n-1$ premiers termes, elle se réalise pour les n premiers termes; or, elle se vérifie pour les deux premiers termes; donc ....

III. — Multiplication.

1. — Effectuer les multiplications suivantes :

1. $4a^3x^2 \times -2b^2y^4$.

2. $2a^7b^5 \times -3b^2$.

3. $-4m^2x^3 \times -3a^2x$.

4. $7a^mx^n \times -5a^mx^{n-1}$.

5. $abc \times a^2b \times b^2c \times ac^2$.

6. $a \times -ab^2 \times bc^5 \times -cd^2 \times b^6d^2f$.

7. $a^{m+p}x^m \times a^px^n \times a^{n-p}x^p$.

8. $(x^2 - ax + y^2) \times -axy$.

9. $(a+b-c)c + (a-b+c)b + (-a+b+c)a - 2[a(b-a) + b(c-b) + c(a-c)]$.

10. $(x^2 - y^2)x^{m-1}y^{m-1}$.

11. $(x^my^{m-1} + x^{m-1}y^m)(x-y)$.

12. $ab(a-b) - ac(a-c) + bc(b-c)$.

13. $(x^3 - 3x^2y + 3xy^2 - y^3)(x^2 - 2xy + y^2)$.

14. $(5x^8 - 3x^6 + 9x^4 - 10x^2 + 4)(9x^6 + 5x^4 - 13x^2)$.

15. $(4n^2 - 6n + 9)(2n + 3)$.

16. $(n^2 + an + bn + ab)(n - a - b)$.

17. $(a^2 + b^2 + c^2 - ab - ac - bc)(a + b + c)$.

18. $[(a-1)x^2 + (a+1)x + (a+2)][(a+1)x^2 + (a-1)x + (a+2)]$.

19. $(ax^2 + bx + c)(px^2 + qx + r)$.

2. — Appliquer les formules générales aux opérations suivantes :

1. 103^2; 498^2; 999^3; $47 \times 48 \times 49$; $135^2 - 115^2$.

2. $(p^3 - q^8)^2$.

3. $(4a^2 - 5b^2)^2$.

4. $(-2x^2 + 3y^3)^2$.

5. $(x^n - y^n)^2$.

6. $(2a - z)(2a + z)$.

7. $(1+x)(x-1)(x^2-1)$.

8. $(a + b - c)(a - b + c)$.

9. $(a - b - c)(a + b + c)$.

10. $(a^2 + a + 1)(a^2 - a + 1)$.

11. $(a^2 + ab + b^2)(a^2 - ab + b^2)$.

12. $[(a+b)^2 + (a-b)^2](a^2 - b^2)$.

13. $(n + 2)(n - 3)(n^2 + n + 6)$.

14. $(p - 1)(p + 1)(p^2 + 1)(p^4 + 1)$. **15.** $a(a + 1)(a + 2)(a + 3) - (a^2 + 3a + 1)^2$.

16. $(a^3 + 2a^2 + 2a + 1)(a^3 - 2a^2 + 2a - 1)(1 + a^6)$.

17. $(1 + x + x^2)(1 - x + x^2)(1 - x^2 + x^4)(1 - x^4 + x^8)$.

18. $(1 + x + x^2 + x^3 + x^4 + x^5)(1 - x + x^2 - x^3 + x^4 - x^5)$.

3. — Vérifier chacune des formules ou *identités algébriques* suivantes, en effectuant à cet effet les opérations indiquées :

1. $(a^2 + ab + b^2)(a - b) = a^3 - b^3$. **2.** $(a^2 - ab + b^2)(a + b) = a^3 + b^3$.

3. $(a^5 + a^4b + a^3b^2 + \ldots + ab^4 + b^5)(a - b) = a^6 - b^6$.

4. $(a^5 - a^4b + a^3b^2 - \ldots + ab^4 - b^5)(a + b) = a^6 - b^6$.

5. $(a^m + a^{m-1}b + a^{m-2}b^2 + \ldots + ab^{m-1} + b^m)(a - b) = a^{m+1} - b^{m+1}$.

6. $(1 + x + x^2 + \ldots + x^5)(1 - x) = 1 - x^6$.

7. $(1 - x + x^2 - \ldots - x^5)(1 + x) = 1 - x^6$.

8. $(a - b)(a + b)(a^2 + b^2)(a^4 + b^4)(a^8 + b^8) = a^{16} - b^{16}$.

9. $(a - b)(a + b)(a^2 + b^2)(a^4 + b^4)(a^8 + b^8) \ldots (a^{2^n} + b^{2^n}) = a^{2 \times 2^n} - b^{2 \times 2^n}$.

10. $(a - b)(b - c)(c - a) = a^2(c - b) + b^2(a - c) + c^2(b - a)$.

11. $(1 + x)(1 + x^2)(1 + x^4)(1 + x^8) = 1 + x + x^2 + x^3 + \ldots + x^{15}$.

12. $(1 + x)(1 + x^2)(1 + x^4) \ldots (1 + x^{2^n}) = 1 + x + x^2 + x^3 + \ldots + x^{2 \times 2^n - 1}$.

(On peut établir chacune des deux dernières identités soit en développant le premier membre, soit en montrant que les deux membres multipliés par le même facteur $1 - x$ donnent des résultats identiques.)

13. $n(n + k)(n + 2k)(n + 3k) = (n^2 + 3kn + k^2)^2 - k^4$.

(Posant $k = 1$, on obtient une nouvelle identité qui exprime ce *théorème arithmétique* : Le produit de quatre nombres entiers consécutifs ne peut être un carré parfait.)

14. $a^2 + \left(\dfrac{a^2 - 1}{2}\right)^2 = \left(\dfrac{a^2 + 1}{2}\right)^2$. **15.** $a^2 + \left[\left(\dfrac{a}{2}\right)^2 - 1\right]^2 = \left[\left(\dfrac{a}{2}\right)^2 + 1\right]^2$.

16. $(a^2 - b^2)^2 + (2ab)^2 = (a^2 + b^2)^2$.

Les trois identités précédentes, **14, 15, 16,** expriment algébriquement trois méthodes, la première attribuée à PYTHAGORE, la seconde attribuée à PLATON et la troisième due à EUCLIDE, pour trouver des solutions arithmétiques entières au problème de la formation de triangles rectangles, ou, en d'autres termes, pour obtenir des solutions en nombres entiers de l'équation à trois inconnues $x^2 + y^2 = z^2$: on sait, en effet, qu'en vertu du fameux *théorème de Pythagore*, le carré du nombre z qui mesure l'hypoténuse d'un triangle rectangle est égal à la somme des carrés des nombres x et y qui mesurent les deux autres côtés. On assignera à a et à b des valeurs entières quelconques, mais en supposant a impair dans la relation **14,** pair dans la relation **15,** pair ou impair, mais supérieur à b, dans la relation **16.**

Sous la forme $a^2 + \dfrac{1}{4}\left(\dfrac{a^2}{b} - b\right)^2 = \dfrac{1}{4}\left(\dfrac{a^2}{b} + b\right)^2$, la relation euclidienne se retrouve dans l'Arithmétique, *Ganita*, et dans l'Algèbre, *Kuttaka,* du mathématicien hindou Brahma-Gupta (né en 598); il intitule cette relation : « Règle pour la construction d'un triangle rectangle en nombres rationnels. »

4. — *Table de Pythagore avec les deux mains.* — Si l'on sait les produits des nombres entiers jusqu'à 5×5, on obtient le produit des autres jusqu'à 9×9 par l'artifice suivant, encore employé couramment en Syrie. Soit à multiplier $(5 + a)$ par $(5 + b)$. Dans l'une des mains on lève a doigts et l'on abaisse les autres, et dans l'autre main on lève b doigts et l'on abaisse les autres : le produit demandé se composera d'un nombre de dizaines égal au nombre total de doigts levés et d'un nombre d'unités égal au produit du nombre de doigts baissés dans une main par le nombre de doigts baissés dans l'autre. — Justifier cet artifice par une identité algébrique.

— Ce procédé n'est pas sans analogie avec la *multiplication complémentaire*, exposée dans les Algorithmes du Moyen Age et dans les Arithmétiques de la Renaissance. — Soit à multiplier 8 par 6. Les arithméticiens disposaient les opérations suivant la figure ci-contre, avec les barres croisées : 2 et 4 sont les *compléments*, ou les différences entre 10 et les deux facteurs 8 et 6; le produit 48 s'obtient par ces calculs : 4 fois 2 donnent 8, et $6 - 2$ ou $8 - 4$ donnent 4. La règle s'énonçait de trois façons différentes, qui correspondaient aux trois identités :

$$ab = 10[a - (10 - b)] + (10 - a)(10 - b),$$
$$ab = 10[(a + b) - 10] + (10 - a)(10 - b),$$
$$ab = 10a - a(10 - b).$$

5. — Établir l'*identité d'Euler*, qui est une extension des identités de Léonard de Pise et de Lagrange *(Cours d'Alg.,* **57,** IV) :

$$(a^2 + b^2 + c^2 + d^2)(p^2 + q^2 + r^2 + s^2) = (ap + bq + cr + ds)^2$$
$$+ (aq - bp + cs - dr)^2 + (ar - cp + dq - bs)^2 + (as - dp + br - cq)^2.$$

En permutant les lettres p, q, r, s, on obtient 24 identités distinctes; en renversant ensuite le signe de p dans chacune d'elles, on en obtient 24 autres. La décomposition du produit de deux sommes de n carrés en une somme de n carrés est possible, et de beaucoup de façons, si $n = 2$ ou $n = 4$ ou $n = 8$. On a aussi :

$$(a^2 + b^2 + c^2 + d^2)(a'^2 + b'^2 + c'^2 + d'^2) = (aa' + bb' + cc' + dd')^2 + (ab' - ba')^2$$
$$+ (ac' - ca')^2 + (ad' - da')^2 + (bc' - cb')^2 + (bd' - db')^2 + (cd' - dc')^2,$$

et, en général,

$$(a^2 + b^2 + c^2 + \ldots + l^2)(a'^2 + b'^2 + c'^2 + \ldots + l'^2) = (\Sigma aa')^2 + \Sigma(ab' - ba')^2.$$

6. — Que deviennent les identités de Léonard de Pise, de Lagrange et d'Euler, si l'on pose $p = q = r = s = 1$?

7. — Établir cette formule d'Euler :

$$(a^2 + pb^2)(c^2 + pd^2) = (ac \pm pbd)^2 + p(ad \mp bc)^2.$$

Si l'on y pose $p = 1$, on retrouve l'identité de Léonard de Pise; si, de plus, on fait $a = c$ et $b = d$, on retrouve l'identité d'Euclide.

8. — Si, pour abréger les écritures, on pose $-(a+b+c)=p$, $ab+ac+bc=q$, $-abc=r$, $a^2+b^2+c^2=S_2$, $a^3+b^3+c^3=S_3$, on aura les relations :

$$(x-a)(x-b)(x-c)=x^3+px^2+qx+r,$$
$$S_2=p^2-2q, \qquad S_3=-p^3+3pq-3r.$$

— Vérifiez-en l'exactitude en posant $a=b=c$.

9. — En posant les notations $a-b-c=A$, $-a+b-c=B$, $-a-b+c=C$, $a+b+c=D$, on a les relations : $A+B+C+D=0$, $A^2+B^2+C^2+D^2=4(a^2+b^2+c^2)$, $ABCD=(a^4+b^4+c^4)-2(a^2b^2+a^2c^2+b^2c^2)$.

10. — Montrer que l'on a $x^3+y^3=z^3+u^3$, quand on pose

$$x=\quad (a^2+3b^2)^2-a+3b,$$
$$y=-(a^2+3b^2)^2+a+3b,$$
$$z=\quad (a^2+3b^2)(a+3b)-1,$$
$$u=-(a^2+3b^2)(a-3b)+1. \qquad \text{(Binet.)}$$

11. — Montrer que pour $a+b+c=0$, on a

$$10(a^7+b^7+c^7)=7(a^2+b^2+c^2)(a^5+b^5+c^5);$$
$$2(a^7+b^7+c^7)=7abc(a^4+b^4+c^4);$$
$$6(a^7+b^7+c^7)=7(a^3+b^3+c^3)(a^4+b^4+c^4);$$
$$a^6+b^6+c^6=3a^2b^2c^2+(a^2+b^2+c^2)^3.$$

12. — L'aire d'un trapèze a pour expression

$$S=\frac{a+a'}{a-a'}\sqrt{(p-a)(p-a')(p-a'-b)(p-a'-c)},$$

a et a' désignant les côtés parallèles ou les bases, b et c les deux autres côtés et p le demi-périmètre. Que devient cette formule, si l'on suppose $a'=0$?
(On retrouve l'expression de l'aire du triangle,

$$T=\sqrt{p(p-a)(p-b)(p-c)},$$

que Héron l'Ancien, géomètre et physicien d'Alexandrie, a donnée dans sa *Géométrie*. Appliquez-la aux triangles $a=15$, $b=14$, $c=13$ et $a=13$, $b=12$, $c=5$.)

13. — L'aire d'un quadrilatère quelconque se formule :

$$Q=\frac{1}{4}\sqrt{(2mn+a^2-b^2+c^2-d^2)(2mn-a^2+b^2-c^2+d^2)},$$

a, b, c, d désignant les côtés successifs, m et n désignant les diagonales. Rappelons d'ailleurs que si le quadrilatère est parallélogramme, les côtés opposés sont égaux deux à deux; que si le quadrilatère est inscriptible à un cercle, le produit des diagonales est égal à la somme des produits des côtés opposés deux à deux, — théorème de Ptolémée, — et que si le quadrilatère est circonscriptible à un cercle, la somme de deux côtés opposés est égale à la somme des deux autres. — Cela posé, que devient la formule du quadrilatère dans les *cas particuliers* :
1º d'un parallélogramme ($a=c$, $b=d$); 2º d'un losange ($a=b=c=d$); 3º d'un

rectangle ($a = c$, $b = d$, $m = n$, $m^2 = a^2 + b^2$); 4° d'un quadrilatère inscriptible ($mn = ac + bd$); 5° d'un quadrilatère à la fois inscriptible ($mn = ac + bd$) et circonscriptible ($a + c = b + d$); 6° d'un triangle ($d = 0$, $m = a$, $n = c$)?

Réponses : $P = \frac{1}{2} \sqrt{m^2 n^2 - (a^2 - b^2)^2}$; $L = \frac{1}{2} mn$; $R = ab$;

$$Q_i = \frac{1}{4} \sqrt{(-a + b + c + d)(a - b + c + d)(a + b - c + d)(a + b + c - d)}$$

ou, en appelant p le demi-périmètre, $Q_i = \sqrt{(p - a)(p - b)(p - c)(p - d)}$;

$Q_{i.c.} = \sqrt{abcd}$; $T = \sqrt{p(p - a)(p - b)(p - c)}$.

14. — Problème. — Le volume d'un tronc de cône à bases parallèles, R et r étant les rayons des bases et h la hauteur du tronc, est donné par la formule $V = \frac{\pi h}{3}(R^2 + r^2 + Rr)$; dans le cas particulier d'un tronc formé de deux cônes opposés par le sommet, la même formule reste applicable, à condition de renverser le signe de r. Quel est le volume d'un tronc de la seconde espèce, si l'on suppose R $= 0^m,08$, $r = -0^m,05$, $h = 0^m,24$? *Rép.* : $0^{m3},00123....$

15. — Effectuer les produits

$$(1 + ax)(1 + a^2 x),$$
$$(1 + ax)(1 + a^2 x)(1 + a^3 x),$$

et en général $\qquad (1 + ax)(1 + a^2 x)(1 + a^3 x) \ldots (1 + a^m x),$

et ordonner ce dernier produit suivant les puissances croissantes de x. Donner l'expression générale du coefficient de x^p dans ce développement. Que deviennent ces coefficients, quand a tend vers 1? En conclure le développement de $(1 + x)^m$. (Cauchy.)

IV. — Division.

1. $24x^3 y^2 z : 8xy^2$; $\quad 75ab^2 c^3 : -25ac^3$; $\quad -9a^{m-1}b^m c^{m+1} : -3abc$.

2. — Diviser $-12x^4 y^3 z^2$ par -3; par $-2x$; par $4y^3$; par $-xyz$; par $3x^2 y^2 z^2$; par $-12x^3 y^2 z$.

3. — Diviser $24a^x b^y$ par $6ab$; par $4a^{x-2}b^{y-2}$; par $8a^{x-y}b^{y-x}$; par $3a^{x-y}$; par $3a^y b^x$.

4. — Si l'on a six quantités rangées en cercle, dont chacune multipliée par son opposée donne pour produit l'unité, et si l'une de ces quantités est le produit des deux qui la comprennent, chacune des six quantités égalera le produit des deux qui la comprennent, et aussi le rapport des deux qui la suivent ou des deux qui la précèdent.

5. — Diviser le polynome $(24x^4 y^3 z^2 - 12x^3 y^2 z^4 + 36x^2 y^4 z^3)$ par $3xyz$; par $-6x^2 y^2 z^2$; par $12x^2$.

6. — Divisions à effectuer :

1. $(10a^{m-1}b^{n+1} - 20a^m b^n + 10a^{m+1}b^{n-1}) : 5ab$.

2. $[(a+b)^3x^3 - 2(a+b)^2x^2 + (a+b)x] : (a+b)x.$

3. $[(x^{p+1}y^{p-1} - x^p y^p + x^{p-1}y^{p+1}) : x^2 y^2] : (x^{p-3}y^{p-3}).$

$Rép.:$ $2a^{m-2}b^{n-2}(a-b)^2;$ $[(a+b)x-1]^2;$ $x^2 - xy + y^2.$

7. — Effectuer les divisions exactes suivantes :

1. $(6x^5 - 9x^4 + 2x^3 - 5x^2 + 7x - 6) : (2x - 3).$

2. $(3a^5 - 10a^4b + 12a^3b^2 - 14a^2b^3 + ab^4 + 20b^5) : (3a^2 - 4ab - 5b^2).$

3. $(2x^3 - 9x^2y + 13xy^2 - 6y^3) : (\frac{1}{3}x - \frac{1}{2}y).$

4. $(x^6 - 16x^3y^3 + 64y^6) : (x^2 - 4xy + 4y^2).$

5. $(x^{12} + x^9 + x^6 + x^3 + 1) : (x^4 + x^3 + x^2 + x + 1).$

6. $(a^3 + b^3 + 3ab - 1) : (a + b - 1).$

7. $[x^4 - (a-b)x^3 + (a-b)b^2x - b^4] : [x^2 - (a-b)x + b^2].$

8. $[x^3 + (a+b+c)x^2 + (ab + ac + bc)x + abc] : (x+c).$

9. $[x^6 + (a^2 - 2c^2)x^4 - (a^4 - c^4)x^2 - a^6 - 2a^4c^2 - a^2c^4] : (x^2 - a^2 - c^2).$

10. $[(n^4 - p^4)a^4 + (n^2p^3 - n^3p^2 - n^4p - np^4)a^3 + (n^2p^4 - n^4p^2 + n^3p^3$
$+ n^6 + p^6)a^2 - (n^5p^2 + n^2p^5)a + n^4p^4] : [(n^2 + p^2)a^2 - n^2pa + n^4].$

11. $[apx^3 - (aq + bp)x^2 + (cp + bq)x - cq] : (px - q).$

12. $(3x^{4p} + 14x^{3p} + 9x^p + 2) : (3x^{2p} - x^p + 2).$

13. $(x^{3m} - x^{3n}) : (x^{2m} + x^{m+n} + x^{2n}).$

8. — **1.** Entreprendre les divisions suivantes et poursuivre l'opération jusqu'au sixième reste :

$$\frac{a}{1+x}; \quad \frac{1-2a}{1+2a}; \quad \frac{1-a+a^2}{1+a}; \quad \frac{1+x}{1-x-x^2}; \quad \frac{1+x}{1-2x+x^3}; \quad \frac{1}{2-x};$$

$$\frac{1 + ax + bx^2 + cx^3 + dx^4 + \dots}{1 - x}.$$

2. En admettant au quotient des termes fractionnaires, le quotient $\frac{x}{x+1}$ peut s'écrire

$$\frac{x}{x+1} = 1 - \frac{1}{x} + \frac{1}{x^2} - \frac{1}{x^3} + \frac{1}{x^4} - \dots.$$

3. Entreprendre les divisions suivantes, en poussant l'opération jusqu'au sixième reste :

$$\frac{1}{x^2 - 2x + 1}; \quad \frac{x}{x^2 - 1}; \quad \frac{1}{x+3}; \quad \frac{1}{x^2 + x - 6}; \quad \frac{a}{a-x}.$$

9. — Quelles valeurs faut-il attribuer aux coefficients indéterminés k, p, q, pour rendre possibles les divisions suivantes :

1. $(x^4 - 5x^3 + 9x^2 + kx + 2) : (x^2 - 3x + 2).$

2. $(a^3 + pa^2b + 2ab^2 + b^3) : (a^2 + ab + b^2).$

3. $(x^3 + 1) : (x^2 + qx + 1).$

4. $(x^4 - x^3 + px^2 + qx - 1) : (x^2 + x + 1).$

(Pour résoudre cette question, on effectue la division en la poursuivant aussi loin que possible, et l'on exprime que le reste est nul, quelles que soient les valeurs de x, de a ou de b.)

10. — Calculer directement le reste et le quotient (complet) de la division de $x^4 - 2x^3 - 7x^2 + 8x + 12$ par $x - 1$; par $x + 1$; par $x - 2$; par $x + 2$; par $x - 3$; par $x + 3$.

11. — Calculer immédiatement le reste (qui est nul) de chacune des divisions suivantes, puis former directement le quotient :

1. $(a^6 - 1) : (a + 1).$

2. $(1 - a^5) : (1 - a).$

3. $(16 - x^4) : (x + 2).$

4. $(x^4 - 16y^4) : (x + 2y).$

5. $(n^9 + 64a^6b^{15}) : (4a^2b^5 + n^3).$

6. $(a^8 - b^8) : (a^2 - b^2).$

7. $[x^3 - (a - b)^3] : (x - a + b).$

8. $(m^9n^9 + 1) : (m^3n^3 + 1).$

9. $[(p - q)^2 - (r - s)^2] : (p - q - r + s).$

10. $(x^6 - p^2x^4 + p^4x^2 - p^6) : (x^2 - p^2).$

12. — Calculer directement le reste (nul) et le quotient des 6e, 8e, 9e et 11e divisions proposées plus haut au n° **7**.

13. — Théorème à établir : — Un polynome entier en x est divisible par $(x - a)^p (x - b)^q (x - c)^r$, s'il est divisible par $(x - a)^p$, par $(x - b)^q$ et par $(x - c)^r$, a, b et c désignant des quantités inégales entre elles.

14. — Théorème à établir : — Un polynome entier en x, y et z, séparément divisible par $(x - y)$, $(y - z)$ et $(z - x)$, est divisible par le produit de ces polynomes.

15. — Théorème à établir : — Un polynome entier en x et en y, qui change de signe sans changer de valeur absolue quand on permute x et y, est divisible par $(x - y)$.

16. — Théorème à établir : — Un polynome entier en x et en y et symétrique par rapport à x et y (c'est-à-dire qui ne change ni de valeur absolue ni de signe quand on remplace x par y et y par x) et qui est divisible par $x - y$, est divisible aussi par $(x - y)^2$.

17. — Théorème à établir : — Un polynome entier en x est divisible par $(x^2 - a^2)$, à condition que la somme des termes de degrés pairs en x et la somme des termes de degrés impairs s'annulent séparément quand on pose $x = a$.

18. — La division $(99x^{100} - 100x^{99} + 1) : (x - 1)$ est-elle exactement possible? Calculer son quotient directement. — Son quotient est-il encore divisible par $x - 1$? Calculer directement ce second quotient.

19. — Démontrer que les divisions suivantes sont possibles exactement, et former le quotient des six premières :

1. $x^6 - 6x^4 + 9x^2 - 4$ par $x^2 - 1$.

2. $b(x^3 - a^3) + ax(x^2 - a^2) + a^3(x - a)$ par $(a + b)(x - a)$.

3. $a^2(b + c) - b^2(c + a) + c^2(a + b) + abc$ par $a - b + c$.

4. $(x^2 - xy + y^2)^3 + (x^2 + xy + y^2)^3$ par $2(x^2 + y^2)$.

On observera que cette dernière division peut s'écrire sous la forme $(A^3 + B^3):(A + B)$.

5. $x^m - 2x^p + 1$ par $x - 1$.

6. $x^m - 2x^p y^{m-p} + y^m$ par $x - y$.

7. $(u + v - x)^k - u^k - v^k + x^k$ par $(u - x)(v - x)$.

8. $nx^{n+1} - (n + 1)x^n + 1$ par $(x - 1)^2$.

9. $x^a y^b + y^a z^b + z^a x^b - x^b y^a - y^b z^a - z^b x^a$ par $(x - y)(x - z)(y - z)$.

10. $a^p b^q c^r + a^q b^r c^p + a^r b^p c^q - a^r b^q c^p - a^q b^p c^r - a^p b^r c^q$ par $(a - b)(b - c)(c - a)$.

20. — Établir l'identité suivante, en démontrant que le polynome écrit au second membre est divisible par le produit des quatre facteurs écrits au premier membre et donne pour quotient l'unité (*Cours d'Alg.*, **87**, *Applic.*) :

$$(a + b + c)(a + b - c)(a - b + c)(-a + b + c) = 2a^2 b^2 + 2a^2 c^2 + 2b^2 c^2 - a^4 - b^4 - c^4.$$

21. — On demande les conditions de possibilité des divisions suivantes :

1. $(x + y + z)^m - x^m - y^m - z^m$ à diviser par $(x + y)(x + z)(y + z)$.

2. $x^3 + y^3 + z^3 - mxyz$ par $x + y + z$.

3. $a^m + a^{m-1} + \ldots + 1$ par $a^n + a^{n-1} + \ldots + 1$.

4. $(a + 1)^n - (a - 1)^n$ par a.   **5.** $x^m - 2x^p + 1$ par $(x - 1)^2$.

6. $x^n + 2x^p + 1$ par $(x + 1)^2$.   **7.** $x^m - 2x^p y^{m-p} + y^m$ par $(x - y)^2$.

8. $x^m + 2x^p y^{m-p} + y^m$ par $(x + y)^2$.

Solutions. — **1.** m doit être impair. **2.** $m = 3$.

3. $m + 1$ doit être multiple de $n + 1$; on le démontre en ramenant la division à la forme $(a^{m+1} - 1) : (a^{n+1} - 1)$.

4. n doit être pair; le diviseur peut, en effet, s'écrire sous la forme $a + 0$, ou aussi $\frac{1}{2}[(a + 1) + (a - 1)]$.

5. $m = 2p$.   **6.** m pair, p impair et $m = 2p$.

7. $m = 2p$.   **8.** m pair, p impair et $m = 2p$.

22. — Un polynome entier en x à coefficients entiers qui prend des valeurs impaires pour $x = 0$ et pour $x = 1$, ne peut s'annuler pour aucune valeur entière de x. Il en est de même, s'il prend des valeurs impaires pour deux valeurs entières de x, l'une paire et l'autre impaire.

23. — Appliquer la théorie de la divisibilité des polynomes (*Cours d'Algèbre*, 82-87) à la recherche des *caractères de divisibilité des nombres entiers* par 9, par 11, par 3, par 7, etc.

Solution. — Posant $x = 10$ et appelant a, b, c, ..., les chiffres d'un nombre N de $m + 1$ chiffres, on a ces deux expressions :

$$N = ax^m + bx^{m-1} + cx^{m-2} + ... + rx^3 + sx^2 + tx + u$$
$$= \} [(ax + b)x + c]x + ... \{ x + u.$$

On établira ensuite les égalités suivantes et l'on en déduira les caractères cherchés :

1. $\qquad \dfrac{N}{9} = \dfrac{f(x)}{x-1}, \qquad R = f(1) = a + b + c + ... + u.$

2. $\qquad \dfrac{N}{11} = \dfrac{f(x)}{x+1}, \qquad R = f(-1) = (u + s + ...) - (t + r + ...).$

3. $\qquad \dfrac{N}{3} = \dfrac{f(x)}{x-7}, \qquad R = f(7) = f(6 + 1).$

On posera $x = 6 + 1$ dans la seconde expression de N et l'on tiendra compte de ce que tout multiple de 6 est multiple de 3; on arrivera à cette conclusion : $R = a + b + c + ...$ On en tirera le caractère connu.

4. $\qquad \dfrac{N}{7} = \dfrac{f(x)}{x-3}, \qquad R = f(3) = \} [(3a + b)3 + c]3 + ... \{ 3 + u.$

Le reste de la division d'un nombre entier par 7 s'obtient donc par cette loi peu connue : On multiplie le premier chiffre de gauche par 3, puis on ajoute le chiffre suivant; on multiplie le résultat par 3, puis on ajoute le chiffre suivant, et ainsi de suite. — Le calcul se simplifie, si l'on prépare le nombre proposé en retranchant 7 à chacun de ses chiffres égaux ou supérieurs à 7 et si, dans le cours de l'opération, on retranche à chaque résultat, avant de le multiplier par 7, le nombre 7 ou tout multiple de 7, s'il s'en trouve.

Par exemple, soit N = 196874, ou 126404.

$$1 \times 3 + 2 = 5; \quad 5 \times 3 + 6 = 21, \text{ ou } 0; \quad 0 \times 3 + 4 = 1; \quad 1 \times 3 + 0 = 3;$$
$$3 \times 3 + 4 = 13, \text{ ou } 6; \quad R = 6.$$

— Outre les deux expressions de N données plus haut, on établira les suivantes, qui supposent N partagé à partir de la droite en $m + 1$ tranches de p chiffres, A, B, C, ..., désignant les valeurs respectives de ces tranches :

$$N = Ax^{mp} + Bx^{(m-1)p} + Cx^{(m-2)p} + ... + Tx^p + U,$$
$$N = x^p[Ax^{(m-1)p} + Bx^{(m-2)p} + ... + Sx^p + T] + U;$$
$$N = A(x^{mp} - 1) + B(x^{(m-1)p} - 1) + ... + T(x^p - 1) + A + B + C + ... + T + U;$$
$$N = A(x^{mp} - 1) + B(x^{(m-1)p} + 1) + C(x^{(m-2)p} - 1) + ... + S(x^{2p} - 1) + T(x^p + 1)$$
$$+ A - B + C - ... + U.$$

Exemple. — Le nombre N = 19 886 035 762 125, dans lequel on fait $m = 4$ et $p = 3$, donne $N = 19x^{12} + 886x^9 + 35x^6 + ...$

On établira, à l'aide de ces formules, les caractères de divisibilité d'un nombre par un diviseur quelconque de x^n, tel que 2, 4, 8, ..., 5, 25, 125, ...; ou de $x^n - 1$, tel que 3, 9, ..., 11, 33, 99, ..., 27, 37, ..., 111, 333, 999; ou de $x^n + 1$, tels que 11, 101, ..., 7, 13, 77, 91, 143, ...

Application. — Montrer que le nombre 15409875 admet comme facteurs 3, 9, 11, 33, 99, 27, 111, 999, 121, 125, etc.

24. — Les restes de la division d'un polynome P entier en x par $(x - a)$ et par $(x - b)$ sont respectivement r' et r'' : quel est le reste R de la division de ce même polynome par le produit $(x - a)(x - b)$? (On suppose connues les règles élémentaires du calcul des fractions.)

Solution. — On posera les égalités

$$\frac{P}{x - a} = q' + \frac{r'}{x - a}, \qquad \frac{P}{x - b} = q'' + \frac{r''}{x - b};$$

soustrayant la seconde égalité de la première, puis divisant par $(a - b)$, on obtient

$$\frac{P}{(x - a)(x - b)} = \frac{q' - q''}{a - b} + \frac{1}{(a - b)} \frac{(r' - r'')x + ar'' - br'}{(x - a)(x - b)};$$

d'où

$$R = \frac{r' - r''}{a - b}x + \frac{ar'' - br'}{a - b}.$$

V. — Puissances.

1. — Monomes à élever au carré, au cube, à la $m^{ième}$ puissance : $2a^2b^3$; $-7a^m$; $-5x^3y^4z^5$; $3x^{2m}y^3z^{m-1}$; $0,4x^{m-n}y^{m+n}$; $1,2x^{n+1}y^{n-1}$.

2. — Binomes à élever au carré ou au cube : $2a + 1$; $x - 7$; $3x - 5y$; $ax^2 + by^2$; $5a^2b - 3bc^2$; $x + \frac{1}{2}y$; $\frac{1}{2}x - \frac{1}{3}y$; $x^m - y^n$.

3. — Polynomes à élever au carré : $a^3 - a^2 + a - 1$; $x - y + z - 1$; $ax^2 + bx + c$; $3x^2 - 3ax + \frac{1}{4}a^2$; $3x^3 - 5ax^2 + 7a^2x - 9a^3$; $z^2 - \frac{1}{2}z + \frac{3}{8}$; $(a + b)x^3 - (a - 2b)x^2 + (2a - b)x - (a - b)$.

4. — On demande le terme en x^4 du carré de $x^3 - x^2 + x - 1$; le terme en a^4b^4 du carré de $3a^4 - 2a^3b - 5a^2b^2 + 7ab^3 - b^4$; le terme en a^4 du carré de $(x - y)a^3 - (x + y)a^2 + xya + 1$.

5. — Justifier les identités $(-a)^n = (-1)^n a^n$; $(-x^3)^2 + (-x^2)^3 = 0$; $[(p - q)^2]^3 = [(q - p)^3]^2$; $(a^2 - b^2)^{2n+1}(a - b)^{2n}(a + b)^{2n} = (a^2 - b^2)^{4n+1}$.

6. — Que devient $[(a - b)(b - a)]^p$, si p est pair? si p est impair?

Rép. : $(a - b)^{2p}$, $-(a - b)^{2p}$.

7. — Si l'on pose $A = a^2 + b^2$, $B = a^2 - b^2$, $C = 2ab$, on a $A^2 = B^2 + C^2$.

8. — Vérifier que $(p^2 + q^2 + r^2 + s^2)^2$ est la somme des carrés des quantités contenues dans une même ligne ou dans une même colonne de ce tableau :

$p^2 + q^2 - r^2 - s^2$,	$2(qr + ps)$,	$2(qs - pr)$,
$2(qr - ps)$,	$p^2 + r^2 - q^2 - s^2$,	$2(rs + pq)$,
$2(qs + pr)$,	$2(rs - pq)$,	$p^2 + s^2 - q^2 - r^2$.

9. — Posant $P = a^2 + b^2 + c^2 - bc - ca - ab$, on obtiendra

$$2P = (b - c)^2 + (c - a)^2 + (a - b)^2;$$
$$2P^2 = (b - c)^4 + (c - a)^4 + (a - b)^4;$$
$$P^2 = (a - b)^2(a - c)^2 + (b - c)^2(b - a)^2 + (c - a)^2(c - b)^2;$$
$$P \times (a + b + c) = a^3 + b^3 + c^3 - 3abc.$$

10. — Identités à vérifier :

1. $\quad (a^2 + b^2)^2 = (a^2 - b^2)^2 + (2ab)^2$.

2. $\quad (a^2 + b^2 + c^2)^2 = (a^2 + b^2 - c^2)^2 + (2ac)^2 + (2bc)^2$.

3. $\quad (a^2 + b^2 + \ldots + k^2 + l^2)^2 = (a^2 + b^2 + \ldots + k^2 - l^2)^2 + (2al)^2 + (2bl)^2 + \ldots + (2kl)^2$.

(D'où ce *théorème arithmétique :* Le carré d'une somme de n carrés est décomposable en une somme de n carrés.)

4. $\quad (a + b + c)^3 - (a^3 + b^3 + c^3) = 3(a + b)(a + c)(b + c)$.

5. $\quad (a + b + c)^3 + (a^3 + b^3 + c^3) = (a + b)^3 + (a + c)^3 + (b + c)^3 + 6abc$.

6. $\quad (a + b + c)^3 = (a + b - c)^3 + (a - b + c)^3 + (- a + b + c)^3 + 24abc$.

7. $\quad (a + b + c)^4 = [(a + b + c)^2]^2 = (\Sigma a^2)^2 + 4(\Sigma ab)^2 + 4(\Sigma a^2)(\Sigma ab)$.

8. $\quad (a + b + c)^4 + (a + b - c)^4 + (a - b + c)^4 + (- a + b + c)^4$
$$= 4(a^4 + b^4 + c^4) + 24(a^2b^2 + a^2c^2 + b^2c^2).$$

9. $\quad (a^4 + 2ab^3)^3 + (b^4 + 2ba^3)^3 + (3a^2b^2)^3 = (a^6 + 7a^3b^3 + b^6)^3$.

Cette dernière identité fournit des solutions au problème de la recherche d'un nombre dont le carré soit la somme de trois cubes, problème traduit par l'équation $u^2 = x^3 + y^3 + z^3$. En posant, par exemple, $a = 1$ et $b = 1$, on a $u = 9$; en posant $a = 2$ et $b = 1$, on a $u = 121$; etc.

11. — Vérifier les identités suivantes :

1. $\quad (n + 1)^2 - n^2 = 2n + 1$.

2. $\quad [(n + 2)^2 - (n + 1)^2] - [(n + 1)^2 - n^2] = 2$.

3. $\quad [(\overline{n+3}^3 - \overline{n+2}^3) - (\overline{n+2}^3 - \overline{n+1}^3)] - [(\overline{n+2}^3 - \overline{n+1}^3) - (\overline{n+1}^3 - n^3)] = 6$.

Les deux premières identités expriment que les différences entre les carrés 1, 4, 9, 16, …, des nombres entiers consécutifs constituent la suite des nombres impairs, 3, 5, 7, …, et que les différences entre ces *différences premières*, ou les *différences secondes*, sont constamment égales à 2. Cette remarque, déjà connue de PYTHAGORE, permet de former rapidement le *tableau des carrés :* on écrit successivement les suites D_2, D_1 et N^2, chacune d'elles fournissant la suivante par de simples additions :

D_2			2	2	2	2	...		
D_1		3	5	7	9	11	...		
N^2	1	4	9	16	25	36	...		
N	1	2	3	4	5	6	....		

En vertu de la troisième identité, les cubes consécutifs ont leurs *différences troisièmes* constantes et égales à 6. On forme donc aisément le *tableau des cubes* en écrivant successivement les lignes D_3, D_2, D_1, N^3, chacune permettant d'écrire la suivante par de simples additions : il suffira d'avoir calculé directement les premiers termes de chacune de ces lignes.

D_3			6	6	6	...		
D_2		12	18	24	30	...		
D_1		7	19	37	61	91	...	
N^3	1	8	27	64	125	216	...	
N	1	2	3	4	5	6	....	

[On établit en Algèbre supérieure que les *différences m^{ièmes}* entre les puissances *m^{ièmes}* des nombres entiers consécutifs sont constantes et ont pour expression $D_m = m(m-1)(m-2) \ldots 3.2.1$. Ainsi, les *différences quatrièmes* entre les quatrièmes puissances sont $D_4 = 4.3.2.1 = 24$.]

12. — Vérifier géométriquement les formules qui expriment les carrés et les cubes $(a+b)^2$, $(a+b)^3$, $(a+b+c)^2$, $(a+b+c)^3$, en déterminant par la Géométrie l'aire du carré dont le côté est la droite formée des segments a et b, ou a, b et c. ou le volume du cube ayant cette droite pour arête.

VI. — Racines.

1. — Extraire la racine carrée des expressions suivantes : $9a^4b^2c^6$; $25x^8y^{10}z^{12}$; $81x^{4m-2}y^6z^{2m-2}$; $1,21.x^{2m-2}y^{2m}z^{2m+2}$; $9-6a+a^2$; $12x+4+9x^2$; $3xy + \frac{1}{4}c^2 + 9y^2$; $25x^2y^4z^6 + 4 - 20.xy^2z^3$.

2. — Binomes à compléter par l'adjonction d'un terme qui les rende carrés parfaits : $4a^2 + b^2$; $1 + 9a^4$; $x^4 + y^4$; $x^6y^4z^2 + a^2b^4c^6$; $0,09p^2 + 0,25q^2$; $49(a-b)^2x^2 + 9(a+b)^2y^2$; $a^2 - 12ax$; $(a+b)^2 \pm 2(a^2-b^2)$.

3. — Extraire la racine carrée des polynomes :

1. $3a^2 - 2a + 1 - 2a^3 + a^4$.

2. $16x^8 + 9y^8 - 30x^2y^6 + 49x^4y^4 - 40x^6y^2$.

3. $x^4 - 2x^3 + (1 + 2a^2)x^2 - 2a^2x + a^4$.

4. $a^2 + 4b^2 + 9c^2 + 4ab + 6ac + 12bc$.   *5.* $z^4 + z^3 + z^2 + \frac{3z}{8} + \frac{9}{64}$.

6. $4ax(x+a)(x+b) + (x^2 - ab)^2$.

7. $a(a+r)(a+2r)(a+3r) + r^4$.

8. $24(24x-1)(12x-1)(8x-1)(6x-1) + 1$.

4. — Démontrer que le produit de quatre nombres entiers consécutifs, augmenté de 1, est un carré parfait.

5. — A quelles relations doivent satisfaire les coefficients de

$$P = ax^2 + by^2 + cz^2 + 2fyz + 2gxz + 2hxy,$$

pour que ce polynome soit le carré exact d'un polynome rationnel par rapport à x, y et z?

Réponse. — Si $a \neq 0$, il faut et il suffit qu'on ait les trois relations $g^2 - ac = 0$, $gh - af = 0$, $h^2 - ab = 0$; si $a = 0$, il faut et il suffit qu'on ait les trois relations $g = 0$, $h = 0$, $f^2 = bc$.

Pour obtenir ces conditions, on écrit P sous la forme $Ax^2 + Bx + C$ et on exprime que $B^2 - 4AC$ est nul quel que soit y et quel que soit z; ou bien l'on extrait la racine carrée de $Ax^2 + Bx + C$ et l'on exprime que le reste est nul quel que soit y et quel que soit z.

6. — Démontrer que si les expressions $ax^2 + bx + c$ et $2ax + b$ ont un facteur commun, la première est un carré parfait.

Solution. — On exprime que le reste de la division du trinome par le binome est nul. *(Cours d'Alg.*, **83**.)

7. — Théorèmes à établir. — Dans tout système de numération, les nombres 441 et 144 sont carrés parfaits; leur différence est toujours divisible par la base augmentée d'une unité. — Dans tout système de numération, 1331 est un cube parfait, et 14641 est une quatrième puissance parfaite, et 11 est leur racine.

8. — Démontrer que $x(x+a)(x+b)(x+a+b) + \dfrac{a^2b^2}{4}$ est un carré parfait.

9. — Démontrer que $a^2x^4 + ax^3 + bx^2 + cx + c^2$ est un carré parfait, à condition qu'on ait $b - 2ac = \frac{1}{4}$.

10. — Extraction abrégée de la racine carrée. — Lorsqu'on a déjà trouvé plus de la moitié des chiffres de la racine carrée d'un nombre entier N, — ou seulement la moitié, si le premier chiffre de la racine est égal ou supérieur à 5, — on obtient, à une unité près, l'ensemble q de tous les autres chiffres de la racine en divisant le dernier reste R par le double de la partie a déjà trouvée de la racine. (*Théorème de* Léonard de Pise, XIIIᵉ s.)

Démonstration. — Soit $\sqrt{N} = a + x$ la racine exacte de N, le nombre x pouvant d'ailleurs être incommensurable. Les égalités $N = a^2 + 2ax + x^2$ et $N = a^2 + R$ donnent $2ax = R - x^2$; d'où $x = \dfrac{R}{2a} - \dfrac{x^2}{2a}$. Soient q le quotient et r le reste de la division de R par $2a$; il vient

$$x = q + \frac{r}{2a} - \frac{x^2}{2a}. \tag{1}$$

Or, la fraction $\dfrac{x^2}{2a}$ est moindre que l'unité. En effet, soit n le nombre des chiffres inconnus de la racine : on a, d'une part, $x < 10^n$ et, par suite, $x^2 < 10^{2n}$; d'autre part, $2a$ contient au moins $2n + 1$ chiffres : en effet, par hypothèse a renferme au moins $2n + 1$ chiffres, si le premier de ses chiffres est inférieur à 5, et au moins $2n$, si le premier de ses chiffres est égal ou supérieur à 5.

La fraction $\dfrac{x^2}{2a}$ étant moindre que l'unité, et à plus forte raison la fraction $\dfrac{r}{2a}$ et la différence entre ces deux fractions, il s'ensuit que l'erreur commise en écrivant $x = q$ et $\sqrt{N} = a + q$ est plus petite que l'unité, si cette erreur existe.

Remarques. — La racine $a + q$ est exacte ou est approchée à moins d'une unité par défaut ou est approchée à moins d'une unité par excès, suivant que l'on a $r = q^2$ ou $r > q^2$ ou $r < q^2$. En effet, en vertu de l'égalité (1), les hypothèses $x = q$, $x > q$, $x < q$ entraînent respectivement les conclusions $r = x^2 = q^2$, $r > x^2 > q^2$, $r < x^2 < q^2$.

Si N n'est pas un carré parfait, on trouvera aisément l'excès de N sur le plus grand carré entier qui y est contenu. En effet, l'égalité $\dfrac{N - a^2}{2a} = q + \dfrac{r}{2a}$ donne

$$N = a^2 + 2aq + r. \tag{2}$$

Or, si $r > q^2$, le plus grand carré entier contenu dans N est $(a + q)^2$, et l'égalité (2) donne

$$N = (a + q)^2 + r - q^2;$$

si $r < q^2$, le plus grand carré entier contenu dans N est $(a + q - 1)^2$ et l'égalité (2) donne

$$N = (a + q - 1)^2 + r + 2a - (q - 1)^2.$$

— On établira de même la règle de l'extraction de la *racine cubique*, déjà connue de Léonard de Pise : Ayant déjà trouvé directement plus de la moitié, plus deux, des chiffres de la racine cubique, on divise le dernier reste par le triple du carré de la partie déjà connue de la racine, et l'on obtient ainsi, à une unité près, l'ensemble des autres chiffres.

— Soient N le nombre dont on cherche la racine carrée ou la racine cubique, et a la partie déjà trouvée de la racine; on a $N = a^2 + \varepsilon$, ou $N = a^3 + \varepsilon$, et les deux règles s'expriment par les formules d'approximation

$$\sqrt{a^2 + \varepsilon} = a + \frac{\varepsilon}{2a}, \qquad \sqrt[3]{a^3 + \varepsilon} = a + \frac{\varepsilon}{3a^2}.$$

VII. — Triangle arithmétique.

Le Triangle arithmétique (*Cours d'Algèbre*, 105) se prête à de nombreuses applications dans la *Théorie des Combinaisons*, qui appartient aux *Compléments de l'Algèbre élémentaire*. Nous donnerons ici d'autres applications, d'ailleurs très variées, de cette figure arithmétique.

Les *termes*, ou *éléments*, du Triangle portent le nom de *nombres figurés* et l'on appelle nombres *naturels, triangulaires, pyramidaux*, ou nombres figurés du 1er, du 2d, du 3e ordre les éléments de la 1re, de la 2de, de la 3e colonne. Si l'on désigne par la notation à double indice C_n^p l'élément appartenant à la $n^{ième}$ ligne et à la $p^{ième}$ colonne, le théorème relatif aux coefficients du Binome donne cette formule

$$C_n^p = \frac{n(n - 1)(n - 2)\ldots(n - p + 1)}{1 \cdot 2 \cdot 3 \ldots p}.$$

Le Triangle arithmétique fournit les coefficients de $(a + 1)^m$. Il existe un tableau analogue des coefficients de $(a^2 + a + 1)^m$, dans lequel chaque nombre est la somme du nombre situé au-dessus de lui et des deux voisins de ce dernier : nous l'appellerons le Triangle arithmétique de *seconde espèce*;

$$
\begin{array}{ccccccccc}
 & & & & 1 & & & & \\
 & & & 1 & 1 & 1 & & & \\
 & & 1 & 2 & 3 & 2 & 1 & & \\
 & 1 & 3 & 6 & 7 & 6 & 3 & 1 & \\
1 & 4 & 10 & 16 & 19 & 16 & 10 & 4 & 1
\end{array}
$$

mais il n'en sera point ou guère question dans ces exercices.

1. — Sommes des puissances semblables consécutives. — Le Triangle permet d'établir les identités suivantes :

1. $\quad 1 + 2 + 3 + \dots + n = \dfrac{n(n + 1)}{2}$.

2. $\quad 1 + (1 + 2) + (1 + 2 + 3) + \dots + (1 + 2 + 3 + \dots + n) = \dfrac{(n + 2)(n + 1)n}{1 . 2 . 3}$.

3. $\quad 1^2 + 2^2 + 3^2 + \dots + n^2 = \dfrac{n(n + 1)(2n + 1)}{6}$.

4. $\quad 1^3 + 2^3 + 3^3 + \dots + n^3 = \left[\dfrac{n(n + 1)}{2} \right]^2$.

En effet, la somme S_1 des n premiers nombres naturels est la somme des n premiers éléments de la 1re colonne, ou le $n^{ième}$ élément de la 2de colonne, élément qui occupe la $(n + 1)^{ième}$ ligne; d'où $S = C_{n+1}^2 = \dfrac{(n + 1)n}{2}$.

La somme $S' = 1 + (1 + 2) + (1 + 2 + 3) + \dots + (1 + 2 + \dots + n)$ est la somme des n premiers éléments de la 2de colonne, ou le $n^{ième}$ élément de la 3e colonne; d'où $S' = C_{n+2}^3 = \dfrac{(n + 2)(n + 1)n}{1 . 2 . 3}$.

La somme S_2 des n premiers carrés entiers peut, en vertu de l'identité $a^2 = a + a(a - 1) = a + 2\dfrac{(a - 1)a}{2} = a + 2[1 + 2 + 3 + (a - 1)]$, s'écrire sous la forme $S_2 = 1 + 2 + 3 + \dots + n + 2[1 + \overline{1 + 2} + \overline{1 + 2 + 3} + \dots + \overline{1 + 2 + 3 + \dots + (n - 1)}]$

$$ = \frac{n(n + 1)}{2} + 2\frac{(n + 1)n(n - 1)}{1 . 2 . 3} = \frac{n(n + 1)(2n + 1)}{6}. $$

La somme S_3 des n premiers cubes entiers peut, en vertu de l'identité $a^3 = a + a(a^2 - 1) = a + 6\dfrac{(a + 1)a(a - 1)}{6}$, se mettre sous la forme de la somme des n premiers nombres naturels, plus 6 fois la somme des $n - 1$ premiers éléments de la troisième colonne; d'où

$$ S_3 = C_{n+1}^2 + 6C_{n+2}^4 = \frac{n(n + 1)}{2} + 6\frac{(n + 2)(n + 1)n(n - 1)}{1 . 2 . 3 . 4} = \left[\frac{n(n + 1)}{2}\right]^2. $$

On voit que la somme des n premiers cubes entiers est le carré de la somme des n premiers entiers, théorème de l'algébriste indien Brahma Gupta.

Autre démonstration. — On peut établir ces identités sans recourir au Triangle, par exemple par le procédé d'induction : on constate que la formule à démontrer est exacte pour une certaine valeur entière de n et l'on établit que si la formule se vérifie pour une certaine valeur de n, elle subsiste nécessairement pour cette valeur augmentée d'une unité.

Soit à établir l'identité $S_1 = \dfrac{n(n+1)}{2}$. Si cette égalité est exacte pour les n premiers entiers, on a

$$1 + 2 + 3 + \ldots + n + (n+1) = \frac{n(n+1)}{2} + n + 1 = \frac{(n+1)(n+2)}{2};$$

elle subsiste donc encore pour les $n+1$ premiers termes. Or, on constate qu'elle se vérifie pour $n = 1$; donc elle est vraie pour $n = 2$, et ainsi de suite.

Cette première identité se démontrerait aussi par l'addition, terme à terme, des deux suites

$$S_1 = 1 + 2 + 3 + \ldots + (n-1) + n,$$
$$S_1 = n + (n-1) + \ldots + 3 + 2 + 1,$$

addition qui donne $2S_1 = (n+1)n$. Cet artifice de démonstration revient, au fond, à un procédé par lequel, en Géométrie, on établit que l'aire d'un triangle est la moitié de l'aire d'un parallélogramme de même base et de même hauteur.

2. — TABLE DE TRIANGULAIRES. — Le symbole $S(n)$ désignant le *triangulaire* du nombre n, c'est-à-dire la somme des n premiers nombres entiers, on établira les formules

$$ab = S(a) + S(b-1) - S(a-b),$$
$$ab = S(a-1) + S(b) - S(a-b-1).$$

Si l'on a sous la main une Table des m premiers triangulaires, ces formules permettent de faire rapidement certaines multiplications numériques : il suffit que a et b ne dépassent pas m; chaque formule donne le produit ab au moyen de trois entrées dans la Table et de trois additions et soustractions. Il existe une troisième formule, $ab = S\left(a + \dfrac{b-1}{2}\right) - S\left(a - \dfrac{b+1}{2}\right)$, qui donne ab au moyen de deux entrées; mais elle exige que b soit impair et a non supérieur à $\frac{1}{2}(b+1)$.

La formule $ab = \left(\dfrac{a+b}{2}\right)^2 - \left(\dfrac{a-b}{2}\right)^2$ sert à appliquer aux multiplications la *Table de carrés (Cours d'Alg., 57, V)* et n'exige que deux entrées et deux opérations; mais il faut que $\frac{1}{2}(a+b)$ ne dépasse point le nombre m des carrés calculés.

On a publié de Tables de triangulaires allant jusqu'à 100 000. Ces Tables servent d'ailleurs à des opérations numériques très diverses.

3. — SOMMATION DES PILES DE BOULETS. — Dans les arsenaux, les projectiles cylindro-coniques, destinés aux pièces rayées, et les boulets sphériques sont disposés

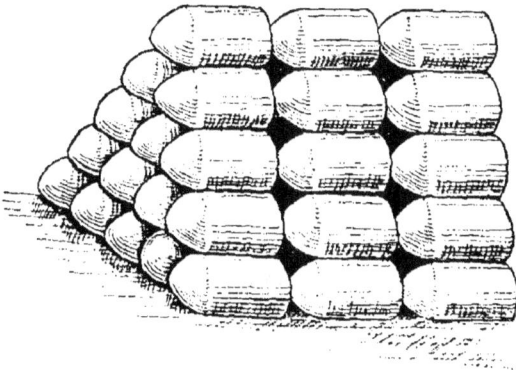

dans un ordre qui permet de calculer aisément le nombre des projectiles amassés.

Pile de projectiles cylindro-coniques. — Les obus et les autres projectiles cylindro-coniques sont disposés en tranches verticales, appuyées l'une contre l'autre. Chaque tranche offre la forme d'un triangle équilatéral et se compose d'une série de files horizontales et inégales, dont la première compte un projectile, la seconde deux, la troisième trois, et ainsi de suite. Chaque projectile repose sur deux projectiles de la file immédiatement inférieure. — On demande le nombre des projectiles d'une pile de p tranches, chaque tranche comptant n projectiles dans son côté.

$$Rép. : \quad x = p S_1 = p \frac{n(n+1)}{2}.$$

Pile de boulets sphériques. — Les amas de boulets sphériques de même calibre affectent d'ordinaire, dans les parcs d'artillerie, l'une des formes suivantes.

Pile à base triangulaire. — Cette pile constitue une pyramide régulière à base triangulaire. Chaque boulet repose sur trois boulets de la couche immédiatement inférieure. Chaque couche, ou tranche horizontale, a la forme triangulaire et se compose d'une série de files parallèles et inégales, dont la première

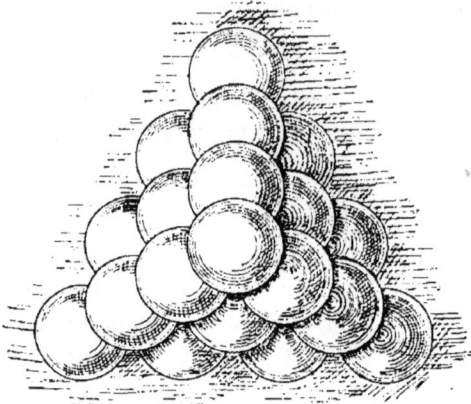

contient un boulet, la seconde deux, la troisième trois, et ainsi de suite. Soit n le nombre des boulets qui forment le côté de la couche inférieure : on aura, en désignant par T la somme des boulets de la pile,

$$T = S' = \frac{(n+2)(n+1)n}{1 \cdot 2 \cdot 3}.$$

Pile à base carrée. — Chaque boulet repose sur quatre boulets de la couche immédiatement inférieure. Les tranches horizontales successives ont 1, 2, 3, ..., n boulets sur chaque côté. D'où, Q désignant la somme des boulets,

$$Q = 1^2 + 2^2 + 3^2 + \ldots + n^2 = \frac{n(n+1)(2n+1)}{6}.$$

On peut encore sommer la pile carrée en la décomposant en deux piles triangulaires l'une de n, l'autre de $n-1$ boulets de côté.

Pile à base rectangulaire. — La tranche inférieure constitue un rectangle, formé de m boulets en longueur et de n boulets en largeur. Chaque boulet des autres tranches repose sur quatre boulets de la couche immédiatement inférieure. Les tranches successives contiennent n files de m boulets, $n-1$ files de $m-1$ boulets, $n-2$ files de $m-2$ boulets, et ainsi de suite. La tranche supérieure se réduit à une file de $m - n + 1$ boulets. Posant $m - n = p$ et faisant la sommation à partir de la tranche supérieure, on a

$$x = (p+1) + 2(p+2) + 3(p+3) + \ldots + n(p+n) = pS_1 + S_2 = \frac{n(n+1)(3m-n+1)}{6}.$$

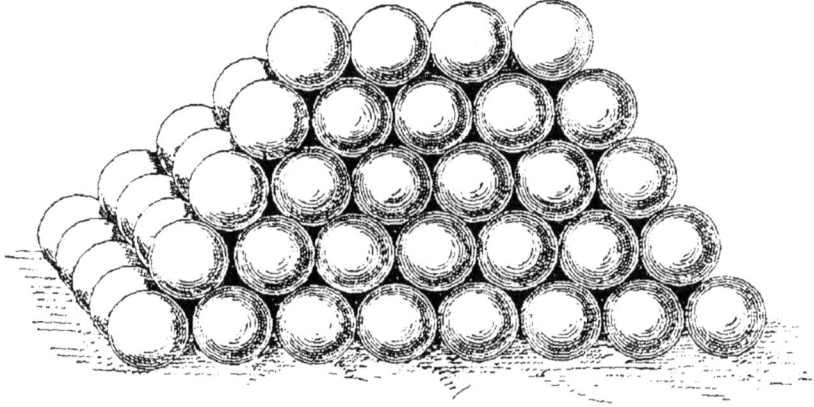

La pile rectangulaire peut aussi être considérée comme une pile carrée de n boulets de côté, flanquée de $m - n$ tranches parallèles obliques de forme triangulaire comptant chacune n boulets de côté.

Pile tronquée. — Lorsqu'une pile est tronquée par l'enlèvement de k tranches horizontales supérieures, on la considère comme la différence entre deux piles complètes de n et de $n - k$ tranches horizontales. Les quatre types précédents de piles complètes donneront lieu à quatre formules différentes pour la sommation des piles tronquées à bases parallèles.

Exercice. — Établir les *relations* d'EULER

$$n^3 < 6T_n < (n+1)^3, \qquad n^3 < 3Q_n < (n+1)^3,$$

dans lesquelles T_n et Q_n désignent le nombre des boulets d'une pile à base triangulaire et d'une pile à base carrée, n étant le nombre de boulets au côté. — Ces inégalités permettent de déterminer, au moyen de la Table des cubes, le nombre n, connaissant T_n ou Q_n. *(Algèbre d'EULER.)*

4. — NOMBRES POLYGONAUX. — Les Pythagoriciens ont considéré les progressions arithmétiques commençant par 1 et ayant 1, 2, 3, 4 pour raisons respectives :

1,	2,	3,	4,	5,	...,	n;
1,	3,	5,	7,	9,	...,	$2n-1$;
1,	4,	7,	10,	13,	...,	$3n-2$;
1,	5,	9,	13,	17,	...,	$4n-3$;

ils ont appelé nombres *triangulaires, carrés, pentagonaux, hexagonaux,* la somme des n premiers termes de ces progressions : ainsi, le cinquième triangulaire est 15, le troisième carré est 9. — On a vu déjà, en Arithmétique, que le $n^{ième}$ terme d'une progression arithmétique ayant a pour premier terme et r pour raison, a pour expression $l = a + (n-1)r$; par suite, le $n^{ième}$ polygonal de p côtés, ou la somme des n premiers termes de la progression commençant par 1 et ayant $p - 2$ pour raison, a pour formule $N = n + (p-2)\dfrac{n(n-1)}{2}$ (DIOPHANTE).

I. Démontrer, en partant de la formule des nombres polygonaux, les théorème suivants, dus à l'école pythagoricienne :

1. Les nombres polygonaux dits nombres carrés sont effectivement des carrés parfaits.

2. La somme de deux triangulaires consécutifs est un carré.

3. L'octuple, augmenté d'une unité, d'un triangulaire est un carré.

4. Tout pentagonal, multiplié par 24 et augmenté d'une unité, est un carré.

5. Tout nombre *oblong* (produit de deux entiers consécutifs) est double d'un triangulaire.

6. Tout nombre *promèque* (somme d'un nombre et de son carré) est double d'un triangulaire.

II. Dans la Théorie des Nombres, qui appartient à l'Algèbre supérieure, on établit ce beau théorème énoncé par FERMAT [1], en 1636, et démontré pour la première fois par CAUCHY, en 1813 : *Tout nombre entier est triangulaire ou composé, par addition, de 2 ou 3 triangulaires ; carré ou composé de 2, 3 ou 4 carrés ; pentagonal ou composé de 2, 3, 4 ou 5 pentagonaux, et ainsi de suite.* — Le simple énoncé, que nous donnons incidemment, d'un théorème aussi général mérite d'intéresser le lecteur ; la démonstration n'est pas du ressort de l'Algèbre élémentaire.

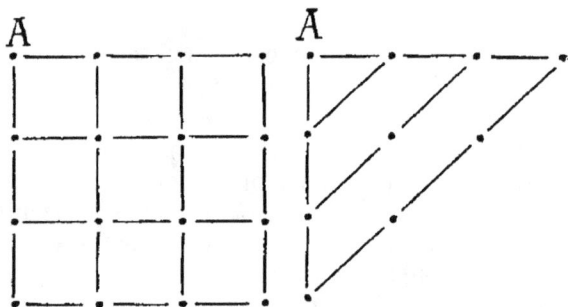

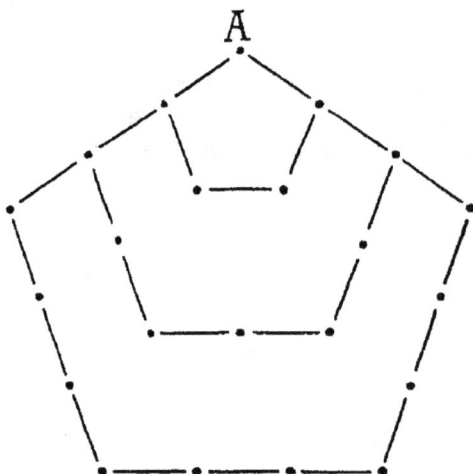

III. Si l'on figure avec des pions des polygones semblables de *p* côtés (triangles, carrés, pentagones, etc.), comptant *n* pions sur chaque côté et ayant un sommet commun, et que ces polygones soient d'ailleurs placés semblablement par rapport à ce sommet commun, l'ensemble des pions donnera une représentation géométrique des nombres polygonaux.

---

[1] Pierre DE FERMAT, conseiller au Parlement de Toulouse, fut l'un des plus illustres géomètres d'un siècle qui a produit Descartes, Huyghens, Pascal, Newton et Leibnitz. Ses *Opera*

On démontrera aisément par une configuration géométrique les six théorèmes proposés plus haut.

On interprétera géométriquement le beau théorème de FERMAT.

5. — PROBLÈMES DIVERS SUR LE TRIANGLE. — **1.** De combien de manières peut-on lire le mot ABRACADABRA par voie descendante, en partant de la ligne supérieure dans la figure cabalistique?

Pour lire ABR, on peut terminer à l'un des trois R : or, il y a 1 manière d'aboutir au premier, 2 manières d'aboutir au second, 1 manière d'aboutir au troisième.

Pour lire ABRA, on peut terminer à l'un des quatre A de la quatrième ligne, et les nombres des modes divers de lecture qui aboutissent respectivement à ces quatre A, sont 1, 3, 3, 1, et ainsi de suite. Ces nombres répondent aux éléments du Triangle arithmétique, et, par suite, le nombre total des lectures du mot complet de 11 lettres est la somme des termes de la onzième ligne du triangle équilatéral, c'est-à-dire $x = 2^{10}$ [1].

```
                    A
                 B     B
              R     R     R
           A     A     A     A
        C     C     C     C     C
     A     A     A     A     A     A
  D     D     D     D     D     D     D
A     A     A     A     A     A     A
B  B  B  B  B  B  B  B  B
R  R  R  R  R  R  R  R  R  R
A A A A A A A A A A A
```

2. *Marche du pion au jeu de dames.* — De combien de manières un pion blanc, placé sur un coin du damier en une case blanche, peut-il atteindre le bord opposé en progressant constamment de case blanche en case blanche?

On construira sur le damier un tableau analogue au Triangle arithmétique, en inscrivant le nombre 1 sur la case de départ et des zéros sur les cases noires. Si le damier a 10×10 cases, le nombre des marches possibles est $x = 126$.

```
1  0
0  1  0
1  0  1  0
0  2  0  1  0
2  0  3  0  1  0
0  5  0  4  0  1  0
5  0  9  0  5  0  1  0
.  .  .  .  .  .  .  .
```

varia furent publiés en 1679, à Toulouse, par Samuel DE FERMAT, son fils; Paul TANNERY publie actuellement une édition complète de ses écrits.

Par son *Introduction aux lieux plans*, fragment écrit peut-être avant la *Géométrie* (1637) de Descartes, et qui est un traité concis de la Géométrie de la droite et de la Géométrie des coniques, il mérite d'être considéré comme l'inventeur, au même titre que Descartes, de la Géométrie analytique. Appliquant le premier le calcul aux quantités infinitésimales, il fut, au jugement de d'Alembert, de Lagrange et de Laplace, l'inventeur véritable, avant Newton et Leibnitz, du Calcul différentiel. Lui et Pascal furent les fondateurs de la Théorie des Probabilités, « l'une des plus belles productions du XVIIe siècle (CHASLES). »

Il est resté sans égal dans la Théorie des Nombres.

[1] Le fameux triangle *abracadabra*, dont l'occulte puissance guérissait et prévenait, au dire des magiciens du Moyen Age, toutes plaies et maladies, leur avait été transmis par les Gnostiques d'Orient, qui eux-mêmes s'inspiraient de rêveries semi-pythagoriciennes, semi-platoniciennes : peut-être cet énigmatique triangle n'était-il, pour les initiés, que la représentation symbolique du Triangle arithmétique aux mystérieuses propriétés.

3. *Marche du roi au jeu des échecs.* — Un roi part de sa case habituelle et avance constamment, par cases consécutives, vers le bord opposé de l'échiquier : par combien de marches différentes peut-il l'atteindre?

Solution. — On inscrit 1 sur la case royale et des zéros sur les autres cases de la première ligne; on construit ensuite sur l'échiquier un Triangle arithmétique suivant la loi de formation du Triangle de seconde espèce, en ayant soin de remplacer par des zéros les éléments qui, à droite ou à gauche, tomberaient hors des limites de l'échiquier. L'élément qui se lira sur une case donnée indiquera le nombre des marches qui peuvent conduire le roi à cette case. — Si l'échiquier était illimité de droite et de gauche, le roi pourrait atteindre la huitième ligne de 3^7 manières différentes.

VIII. — Décomposition en facteurs.

1. — Polynomes à décomposer par la mise en évidence des facteurs communs :

1. $12ax - 18ay$.

2. $17mx + 34my$.

3. $ab^2c^3 - a^3b^2c$.

4. $7a^4 + 7a^2b^2 - 14a^3b$.

5. $m(p-q) + n(p-q) + 2mnp - 2mnq$.

6. $p^2(a-x) - q^2(x-a) + 2pq(a-x)$.

7. $m^2(a-b) + n^2(b-a)$.

8. $(x+y-z)a + (x+y-z)b - (z-x-y)c$.

9. $7pqx^2 - 42pqx + 63pq - 7prx^2 + 42prx - 63pr$.

10. $12rs(m+s) - 6rs(m-s) - 12rs^2$.

11. $x^{m+4}y^m + x^m y^{m+4} - 2x^{m+2}y^{m+2}$.

2. — Polynomes à décomposer par le groupement des termes à facteurs communs :

1. $ac + bd + bc + ad$.

2. $px + pq + qy + xy$.

3. $px - py + qy - qx$.

4. $a^2 + 2ab + 3ac - ax - 2bx - 3cx$.

5. $a^3 + a^2b - ab^2 - b^3$.

6. $a^2cd + b^2cd + abc^2 + abd^2$.

7. $xy - x + y - 1$.

8. $a^3 + a + 2$.

9. $xx' + xx'' + x^2 + x'x''$.

10. $x^3 + y^3 - x^2y - xy^2$.

11. $a^2b + b^2c + c^2a + a^2c + b^2a + c^2b + 2abc$.

3. — Polynomes à décomposer par l'application des formules générales :

1. $25 - a^2$.

2. $z^2 - 1$.

3. $n^3 - n$.

4. $7x^2 - 28x^4$.

5. $-x^2 + z^2$.

6. $-2uv - u^2 - v^2 - 2uw - 2vw - w^2$.

7. $b^4 - c^4$.

8. $a^8 - b^8$.

9. $x^4 - 16$.

10. $81a^4 - 16b^4$.

11. $x^3(x^2 - y^2) - y^3(x^2 - y^2) - xy(x-y)^2(x+y)$.

12. $(-x^2 + y^2)(-x-y)$.

13. $(a+c)^2 - (b+d)^2$.

14. $(a-b)^2 - (c-d)^2$.

15. $(a^2 + b^2)^2 - (a^2 - b^2)^2$.

16. $(a+1)^2 - (a-1)^2$.

17. $(5a - 2b)^2 - (2a - 5b)^2$.

18. $(x+2y)^2 - (2x+y)^2$.

19. $a^2(a+b)^2 - b^2(a-b)^2$.

20. $x(x-1) - (x-1)^2 + x^2 - 1$.

21. $(x+y)^4-(x-y)^4$. **22.** $(a^2+ab+b^2)^2-(a^2-ab+b^2)^2$.

23. a^4-a^2-2a-1. **24.** a^4-4a^2-4a-1. **25.** $p^2-q^2-r^2-2qr$.

26. $x^3-8y^3z^3$. **27.** x^9-y^9. **28.** p^6-1. **29.** x^5-32y^5.

30. xy^8-x^8y. **31.** x^4-625. **32.** $(a+b)^3-(a-b)^3$.

33. $a^3-x^3+a^2x-ax^2-a+x$. **34.** $5a^2x^4-5a^4x^2-5a^2b^2x^2+5a^4b^2$.

35. $x^4-4nx^3+6n^2x^2-4n^3x+n^4$.

4. — Polynomes à décomposer par la recherche des facteurs binomes :

1. $x^3-4x^2-11x-6$. **2.** $x^3-6x^2+11x-6$.

3. $x^3+6x^2+11x+6$. **4.** x^3-5x^2-x+5.

5. $2x^3-15x^2+6x+7$. **6.** $3x^3-16x^2+3x+10$.

7. $x^4-x^3-7x^2+x+6$. **8.** $x^3-(a+b+1)x^2+(a+b+ab)x-ab$.

5. — Trinomes à décomposer :

1. $x^2-7x+10$. **2.** x^2-x-6. **3.** $x^2+10x-11$.

4. $x^2-7x-18$. **5.** x^2-2x-3. **6.** x^2-4x+3.

7. $3x^2+5x+2$. **8.** $9x^2-12x-5$. **9.** $6x^2-5x-6$.

10. $3x^2+12x+9$. **11.** $x^2+4ax+3a^2$. **12.** $8x^2-6xy+y^2$.

13. x^4+x^2-2. **14.** $3m^4+2m^2-1$. **15.** $ax^2+(a+b)xy+by^2$.

16. $x^2+2ax+a^2-b^2$. **17.** $x^2+(a+b+1)x+a+b$. **18.** x^8+10x^4+21.

19. $x^4-5a^2x^2+4a^4$. **20.** $x^6-(a^3+b^3)x^3+a^3b^3$.

6. — Identités à établir :

1. $4(ab+cd)^2-(a^2+b^2-c^2-d^2)^2=(a+b+c-d)(a+b-c+d)$
$$\times(a-b+c+d)(-a+b+c+d).$$

2. $(a+b+c)^3-(a^3+b^3+c^3)=3(a+b)(b+c)(c+a)$.

3. $x^4+4y^4=(x^2+2xy+2y^2)(x^2-2xy+2y^2)$.

— En posant $y=1$ dans cette égalité, on obtient ce *théorème arithmétique :* Aucun nombre de la forme x^4+4, excepté 5, ne peut être premier.

— En posant $x=1$ et $y=2^n$, n étant différent de zéro, on obtient la décomposition des nombres de la forme $2^{4n+2}+1$ en leurs facteurs :

$$2^{4n+2}+1=(2^{2n+1}+2^{n+1}+1)(2^{2n+1}-2^{n+1}+1).$$

Ainsi, le nombre $N=2^{58}+1$ ou 288230376451711745, dont la décomposition a coûté des années de labeurs à un mathématicien d'ailleurs très habile, se décompose aisément à l'aide de l'identité précédente, où l'on fait $n=14$:

$2^{58}+1=(2^{29}+2^{15}+1)(2^{29}-2^{15}+1)$
$$=536903681\times536838145=536903681\times107367629\times5.$$

4. $x^6+27y^6=(x^2+3y^2)(x^2-3xy+3y^2)(x^2+3xy+3y^2)$.

— De même, $x^{10} - 5^5 y^{10}$ est le produit des trois facteurs $(x^2 - 5y^2)$ et $x^4 + 15x^2 y^2 + 25y^4 \pm 5xy(x^2 + 5y^2)$.

5. $(24x-1)(24x-2)(24x-3)(24x-4) = 24(24x-1)(12x-1)(8x-1)(6x-1)$.

6. $(1+a+a^2+a^3+\ldots+a^n)^2 - a^n = (1+a+a^2+\ldots+a^{n+1})(1+a+a^2+\ldots+a^{n-1})$.

Solution : Le premier membre peut s'écrire :

$(1+a+\ldots+a^{n-1})^2 + 2(1+a+\ldots+a^{n-1})a^n + a^{2n} - a^n$
$$= (1+a+\ldots+a^{n-1})^2 + 2(1+a+\ldots+a^{n-1})a^n - a^n(1-a^n)$$
$$= (1+a+\ldots+a^{n-1})[1+a+\ldots+a^{n-1}+2a^n - a^n(1-a)] = \ldots.$$

7. $(x+y)^3 - x^3 - y^3 = 3xy(x+y)$.

8. $(x+y)^5 - x^5 - y^5 = 5xy(x+y)(x^2+xy+y^2)$.

9. $(x+y)^7 - x^7 - y^7 = 7xy(x+y)(x^2+xy+y^2)^2$.

10. $(x+y)^9 - x^9 - y^9 = 3xy(x+y)[3(x^2+xy+y^2)^3 + x^2 y^2 (x+y)^2]$.

11. $(x-y)^4 - x^4 - y^4 = -2xy(2x^2 - 3xy + 2y^2)$.

12. $(y-z)^3 + (z-x)^3 + (x-y)^3 = 3(x-y)(y-z)(z-x)$.

7. — Démontrer que l'expression $(x+y)^m - x^m - y^m$ admet toujours les facteurs x et y et, de plus, si m est impair, le facteur $x+y$.

CAUCHY a établi, en 1841, que l'expression admet aussi le facteur $x^2 + xy + y^2$, si m est un impair non multiple de 3, et le facteur carré $(x^2 + xy + y^2)^2$, si m est un impair de la forme $m = 3k+1$.

8. — A quelle condition $(p+q+r)^m - p^m - q^m - r^m$ est-il divisible par $\frac{1}{3}[(p+q+r)^3 - p^3 - q^3 - r^3]$?
Rép. : m doit être impair. En effet, le diviseur est égal au produit $(p+q)(q+r)(r+p)$; or, le dividende s'annule pour $p=-q$, pour $p=-r$ et pour $q=-r$, à la condition que m soit impair.

9. — Théorèmes à établir : — 1° La différence des carrés de deux nombres impairs quelconques est multiple de 4; réciproquement, tout multiple de 4 est la différence de deux carrés de nombres impairs; — 2° la différence et la somme des cubes de deux nombres pairs consécutifs sont toujours divisibles par 8; — 3° la quatrième puissance d'un nombre entier impair, diminuée d'une unité, est multiple de 16; — 4° si n est un nombre impair, $n^3 - n$ est divisible par 24.

10. — Ayant décomposé $x^3 - 3x^2 - 13x + 15$ en ses facteurs binomes, dites, en partant de l'égalité P $= (x-1)(x+3)(x-5)$, quels signes prend successivement la valeur numérique du polynome quand on attribue à la variable x successivement les valeurs $x = 5, 4, 3, \ldots, 0, -1, \ldots, -5, -6$.

Nombres parfaits. — On appelle *nombre parfait* tout nombre entier égal à la somme de ses parties aliquotes, c'est-à-dire de ses diviseurs, autres que lui-même. Tel est le nombre 6, car $6 = 1 + 2 + 3$; de même 28, 496, 8128.

Un nombre est dit *abondant* ou *déficient*, suivant qu'il est inférieur ou supérieur à la somme de ses parties aliquotes.

Soit $N = a^p b^q c^r \ldots$ un nombre donné, ayant a, b, c, … pour facteurs premiers distincts. $S(N)$ désignant la somme de tous les diviseurs de N, y compris lui-même, la condition pour que N soit parfait est exprimée par l'égalité $2N = S(N)$, ou encore (*Cours d'Alg.*, 117) par l'égalité

$$2a^p b^q c^r \ldots = (1 + a + a^2 + \ldots + a^p)(1 + b + \ldots + b^q)(1 + c + \ldots + c^r)\ldots$$

Aucun nombre parfait n'est *premier* : sa définition s'y oppose manifestement. — Aucun nombre parfait n'est de la forme a^p, c'est-à-dire n'est une puissance d'un nombre premier; en effet (**86**).

$$1 + a + a^2 + \ldots + a^{p-1} = \frac{a^p - 1}{a - 1} < a^p.$$

Règle d'Euclide. — Tous les *nombres parfaits pairs* sont donnés par la règle suivante, déjà énoncée par Euclide, mais sans démonstration, dans ses *Éléments* (IX, 36) : *La somme des nombres* 1, 2, 2^2, 2^3, …, *arrêtée à un moment où elle constitue un nombre premier, puis multipliée par la puissance de 2 qui clôt cette suite, est un nombre parfait.*

Cette règle se traduit par la formule

$$N = (1 + 2 + 2^2 + 2^3 + \ldots + 2^p)\, 2^p,$$

ou
$$N = (2^{p+1} - 1)\, 2^p,$$

l'expression entre parenthèses étant, dans ces formules, un nombre premier.

Nous donnerons tantôt une démonstration élémentaire de cette formule. En assignant à p les valeurs successives 1, 2, 4, 6, 12, 16, …, on obtient les premiers nombres parfaits : 6, 28, 496, 8128, 33550336, 8589869056, …. Les Anciens ne connaissaient que les quatre premiers nombres parfaits. — On voit avec quelle rapidité croissent les intervalles entre les nombres parfaits successifs : dans la foule immense des nombres, bien rares sont ceux qui sont parfaits!

On ne connaît aucun nombre parfait *impair*. La non-existence d'un tel nombre n'est pas établie scientifiquement. Il est démontré que tout nombre parfait impair, s'il en existe : 1° admet au moins quatre facteurs premiers distincts; 2° rentre dans la formule $N = (4k + 1)^{4p+1} A^2$, où $4k + 1$ désigne un nombre premier et A un nombre non divisible par ce nombre premier; 3° est supérieur à $5 \times 3^2 \times 13^2 \times 17^2$ et, par suite, n'est pas compris dans les deux premiers millions de nombres entiers.

Théorème. — *L'égalité* $N = (2^{p+1} - 1)2^p$, *où l'expression* $2^{p+1} - 1$ *est un nombre premier, constitue la formule générale des nombres parfaits pairs.*

Démonstration. — Tout nombre $N = a^p b^q c^r \ldots$ satisfait, s'il est parfait, à l'égalité

$$2a^p b^q c^r \ldots = (1 + a + \ldots + a^p)(1 + b + \ldots + b^q)(1 + c + \ldots + c^r)\ldots$$

Si, de plus, il est pair, un de ses facteurs premiers, a par exemple, est égal à 2 et on a

$$2^{p+1} b^q c^r \ldots = (1 + 2 + \ldots + 2^p)(1 + b + \ldots + b^q)(1 + c + \ldots + c^r)\ldots$$

Or,
$$1 + 2 + 2^2 + \ldots + 2^p = 2^{p+1} - 1;$$

d'où
$$\left(\frac{2^p+1}{2^{p+1}-1}\right)b^q c^r \ldots = (1+b+\ldots+b^q)(1+c+\ldots+c^r)\ldots;$$

$$\therefore \quad \left(1+\frac{1}{2^{p+1}-1}\right)b^q c^r \ldots = (1+b+\ldots+b^q)(1+c+\ldots+c^r)\ldots;$$

$$\therefore \quad b^q c^r \ldots + \frac{b^q c^r \ldots}{2^{p+1}-1} = (1+b+\ldots+b^q)(1+c+\ldots+c^r)\ldots;$$

Le terme $b^q c^r \ldots$ du premier membre est identique au produit des derniers termes des expressions entre parenthèses au second membre; le terme $\dfrac{b^q c^r \ldots}{2^{p+1}-1}$ contient, par conséquent, tous les autres termes du développement du second membre et doit donc être un nombre entier : de plus, ce terme étant plus petit que $b^q c^r \ldots$ ne peut représenter que l'*un* des termes du développement du second membre. D'où cette conclusion : le nombre des termes du second membre se réduit à deux, et puisque ce nombre de termes a pour expression $(q+1)(r+1)\ldots$, on a l'égalité $(q+1)(r+1)\ldots=2$.

Cette dernière égalité n'est admissible que si l'un des exposants, q par exemple, est égal à 1 et que les autres soient tous nuls.

Le terme $\dfrac{b^q c^r \ldots}{2^{p+1}-1}$ devient ainsi $\dfrac{b}{2^{p+1}-1}$; et puisqu'il doit être entier et que b doit être premier, on a $b=2^{p+1}-1$.

Remontons à l'égalité

$$2N = (1+2+\ldots+2^p)(1+b+\ldots+b^q)(1+c+\ldots c^r)\ldots.$$

et posons $q=1$, $r=\ldots=0$, $b=2^{p+1}$; il vient :

$$N=(2^{p+1}-1)2^p.$$

Tout nombre parfait pair répond donc à la formule annoncée.

Réciproquement, tout nombre de la forme $(2^{p+1}-1)2^p$ est pair et parfait. Il est manifestement pair, vu le facteur 2^p. De plus, il est parfait; en effet, la somme de tous ses diviseurs, lui-même non compris, est

$$(1+2^{p+1}-1)(1+2+\ldots+2^p)-(2^{p+1}-1)2^p, \quad \text{ou} \quad (2^{p+1}-1)2^p.$$

— La Théorie des Nombres parfaits, peu utile en soi, avait préoccupé les Anciens; ils nous ont laissé le théorème énoncé par Euclide, reproduit par les algébristes Chuquet et Pacioli au xve siècle. Reprise au xviie siècle par des géomètres tels que Descartes, Fermat, le P. Mersenne [1], et plus tard par Euler et par Legendre, cette théorie a donné naissance à la Théorie des Nombres. Le point de départ de ces travaux furent les recherches de Fermat sur la décomposition des nombres de la forme 2^n-1 et, plus généralement, des nombres de la forme

---

[1] Marin Mersenne (1588-1648), religieux de l'ordre des Mineurs, mathématicien et philosophe. Il fut en relations constantes avec Descartes, Pascal et Fermat, et se fit le champion des doctrines philosophiques de Descartes, qui avait été son condisciple au collège de La Flèche.

$a^n \pm b^n$, en facteurs premiers. FERMAT est l'un des fondateurs de l'Arithmétique supérieure.

Au siècle de Fermat, on s'occupait aussi des nombres *amiables*, étude plus curieuse qu'utile; deux nombres sont dits amiables, si chacun est la somme des parties aliquotes de l'autre : tels sont 220 et 284; on a $220 = 142 + 71 + 4 + 2 + 1$ et $284 = 110 + 55 + 44 + 22 + 20 + 11 + 10 + 5 + 4 + 2 + 1$ [1].

IX. — Commun diviseur et commun multiple.

1. — Trouver le p. g. c. d. et le p. p. c. m. de chacun des groupes suivants :

1. $\begin{cases} 15a^4, \\ 12a^3. \end{cases}$
  2. $\begin{cases} 16p^2q^3, \\ 20p^3q^2. \end{cases}$
  3. $\begin{cases} a^3b^2c, \\ a^2bc^3, \\ ab^3c^2. \end{cases}$
  4. $\begin{cases} 8m^3x^2, \\ 36m^2x^2, \\ 20mxy^2. \end{cases}$

5. $\begin{cases} 14ab^2x^3y^4, \\ 21a^2bxz. \\ 7ay^2z^2. \end{cases}$
  6. $\begin{cases} 6a^{m+1}b^{m-1}, \\ 9a^mb^m, \\ 12a^{m-1}b^{m-1}. \end{cases}$
  7. $\begin{cases} p^{2m}, \\ p^{m+n}. \end{cases}$
  8. $\begin{cases} x^{m+n}, \\ x^{m-n}. \end{cases}$

2. — On demande le p. p. c. m. de chacun des groupes suivants :

1. $\begin{cases} xy, \\ yz, \\ xz. \end{cases}$
  2. $\begin{cases} a-b, \\ (a+b)^2, \\ (a-b)^2. \end{cases}$
  3. $\begin{cases} 11x^2y, \\ 3xz^2, \\ 121y^2z. \end{cases}$
  4. $\begin{cases} 2a, \\ a+b, \\ 2b(a-b). \end{cases}$
  5. $\begin{cases} a-1, \\ a^2+a+1, \\ a^3-1. \end{cases}$

3. P. g. c. d. et p. p. c. m. des groupes suivants :

1. $\begin{cases} 12(a-b), \\ 8(a-b)^2, \\ 16(a^2-b)^2. \end{cases}$
  2. $\begin{cases} 9(p^2-q^2), \\ 6(p-q), \\ 12(p^2-2pq+q^2). \end{cases}$
  3. $\begin{cases} a(a+1)(a-2), \\ a(a-1)(a-2), \\ a(a^2-1). \end{cases}$

4. $\begin{cases} (a+b)(c+d), \\ (a+b)(c-d). \end{cases}$
  5. $\begin{cases} (x+1)(x+2)(x-3), \\ (x-1)(x-2)(x-3). \end{cases}$
  6. $\begin{cases} p^4-q^4, \\ p^2+q^2, \\ p^4+2p^2q^2+q^4. \end{cases}$

7. $\begin{cases} a^2-2ab+b^2, \\ a-b, \\ a^2-b^2. \end{cases}$
  8. $\begin{cases} x^3-xy^2, \\ x^2y-y^3. \end{cases}$
  9. $\begin{cases} a^3-a, \\ a^3+2a^2+a, \\ a^2+a. \end{cases}$
  10. $\begin{cases} a^3-b^3, \\ a^2-b^2, \\ (a-b)^3, \\ a^2-2ab+b^2. \end{cases}$

---

[1] Déjà l'astronome arabe THABIT BEN KORRAH, qui travaillait à Bagdad au IXe siècle, établit une règle pour former autant de couples de nombres amiables qu'on veut : les nombres $A = 2^npq$ et $B = 2^nr$ sont amiables, si l'on a $p = 3 \times 2^n - 1$, $q = 3 \times 2^{n-1} - 1$, $r = 9 \times 2^{2n-1} - 1$, n étant quelconque. Pour $n = 2$, on obtient 220 et 284, nombres que déjà CHUQUET déclarait « amyables et de merueilleuse familiarite lung auec laultre, » et d'ailleurs déjà connus comme amiables par PYTHAGORE, au dire de JAMBLIQUE. L'algébriste Jacques OZANAM (1640-1717), dans ses *Récréations mathématiques et physiques* (t. I, 1691), donne diverses autres méthodes. EULER a consacré tout un opuscule à cette question.

11. $\begin{cases} p^3 + q^3, \\ p^2 - q^2, \\ p^2 + 2pq + q^2. \end{cases}$ **12.** $\begin{cases} x^2 + 2x - 3, \\ x^2 - 4x + 3. \end{cases}$ **13.** $\begin{cases} x^2 - 5x + 6, \\ x^2 - 4. \end{cases}$

14. $\begin{cases} x^2 - 3x + 2, \\ x^2 - 2x + 1, \\ x^2 + x - 2. \end{cases}$ **15.** $\begin{cases} x^2 + 2x + 1, \\ x^4 - 10x^2 + 9, \\ x^3 + 2x^2 - 5x - 6. \end{cases}$ **16.** $\begin{cases} x^2 + (a+b)x + ab, \\ x^2 + (a-b)x - ab. \end{cases}$

4. — Recherche du p. g. c. d. par la méthode des divisions successives :

1. $\begin{cases} 3x^3 - 3ax^2 + a^2x - a^3, \\ 4x^2 - 5ax + a^2. \end{cases}$

2. $\begin{cases} x^4 - x^3y - x^2y^2 - xy^3 - 2y^4, \\ 3x^3 - 7x^2y + 3xy^2 - 2y^3, \\ x^2 - 3xy + 2y^2. \end{cases}$

3. $\begin{cases} 4ax^4 - 8ax^3 + 4ax^2 - 32ax + 32a, \\ 24a^2x^3 - 72a^2x^2 + 54a^2x - 6a^2. \end{cases}$

5. — Établir les propriétés suivantes du p. g. c. d. et les propriétés correspondantes du p. p. c. m., a, ..., p, ..., désignant des expressions algébriques quelconques :

1. $\mathrm{D}(a, b, c, d, e) = \mathrm{D}[\mathrm{D}(a, b, c), \mathrm{D}(d, e)]$.

2. $\mathrm{D}(a, b, c, ...) \times \mathrm{D}(p, q, r, ...) = \mathrm{D}(ap, bp, cp, ..., aq, ...)$.

On a, en effet, $\mathrm{D}(a, b, c) \times \mathrm{D}(p, q) = \mathrm{D}[a\mathrm{D}(p, q), b\mathrm{D}(p, q), c\mathrm{D}(p, q)]$
$$= \mathrm{D}[\mathrm{D}(ap, aq), \mathrm{D}(bp, bq), \mathrm{D}(cp, cq)]$$
$$= \mathrm{D}(ap, aq, bp, bq, cp, cq).$$

3. $\mathrm{D}^2(a, b, c, ...) = \mathrm{D}(a^2, b^2, c^2, ...)$.   **4.** $\mathrm{D}^n(a, b, c, ...) = \mathrm{D}(a^n, b^n, c^n, ...)$.

6. — Démontrer que si a, b, c, ..., l sont en progression géométrique, c'est-à-dire sont les termes de la suite a, aq, aq^2, ..., aq^n, on a la relation :

$$\mathrm{D}(a, b, c, ..., l) \times \mathrm{M}(a, b, c, ..., l) = al.$$

7. — Si les coefficients des expressions $u = ax + by$ et $v = a'x + b'y$ sont reliés par la relation $ab' - ba' = 1$, le p. g. c. d. de ces expressions est identique au p. g. c. d. des variables x et y.

· (En effet, soit $ab' - ba' = \delta$: tout codiviseur de u et de v divise $b'u - bv$ et $av - a'u$, c'est-à-dire $x\delta$ et $y\delta$, et par suite divise ou δ ou x et y.)

8. — **1.** Trois mobiles parcourent une circonférence; le premier rencontre le second toutes les a heures, le second rencontre le troisième toutes les b heures. Au bout de combien d'heures se présentent les rencontres simultanées des trois mobiles, partis simultanément d'un même point?   *Rép.* : $x = \mathrm{M}(a, b)$.

2. Quatre pièces d'artillerie font feu périodiquement, la première toutes les a minutes, la seconde toutes les b minutes, la troisième toutes les c minutes, la quatrième toutes les d minutes. Combien d'heures s'écoulent entre deux décharges simultanées des quatre pièces?   *Rép.* : $x = \mathrm{M}(a, b, c, d)$.

X. — Inégalités.

1. Supposant a, b, c positifs et excluant le cas $a = b = c$, établir les inégalités suivantes :

1. $abc > (a+b-c)(a-b+c)(-a+b+c)$.

2. $(a+b)ab + (b+c)bc + (c+a)ca > 6abc$.

3. $(a+b)ab + (b+c)bc + (c+a)ca < 2(a^3 + b^3 + c^3)$.

4. $a^3 + b^3 + c^3 > 3abc$.   **5.** $(a+b+c)^3 > 3(a+b)(b+c)(c+a)$.

6. $(a+b)(b+c)(c+a) > 8abc$.

7. $(a+b-c)^2 + (a-b+c)^2 + (-a+b+c)^2 > ab + bc + ca$.

8. $(1-a)(1-b)(1-c) > 8abc$, si $a+b+c = 1$.

Solutions. — **1.** Multiplier entre elles trois inégalités évidentes de la forme $a^2 > a^2 - (b-c)^2$.   **2.** S'appuyer sur les inégalités de la forme $(a^2 + b^2)c > 2abc$.
3. Additionner trois relations de la forme $a^3 + b^3 = (a+b)(a^2 + b^2 - ab) > (a+b)ab$.
4. Comparer les deux inégalités précédentes.   **5.** Développer le premier membre.
6. On sait que $a + b > 2\sqrt{ab}$.   **7.** Développer le premier membre et observer l'inégalité $a^2 + b^2 + c^2 > ab + bc + ca$.   **8.** Cette inégalité revient à la sixième.

2. Les relations $p^2 + q^2 + r^2 = 1$ et $a^2 + b^2 + c^2 = 1$ entraînent l'inégalité $ap + bq + cr < 1$.
On s'appuie sur l'inégalité $(a-p)^2 + (b-q)^2 + (c-r)^2 > 0$.

3. Établir, par décomposition en facteurs, les inégalités :

1. $3(1 + a^2 + a^4) > (1 + a + a^2)^2$,   quel que soit a.

(On a $3(1 + a^2 + a^4) - (1 + a + a^2)^2 = 2(1-a)(1-a^3)$; or, $1 - a$ et $1 - a^3$ ont toujours même signe.)

2. $x^3 > x^2 - x + 1$, si $x > 1$.

3. $a^2 b + b^2 c + c^2 a > a^2 c + b^2 a + c^2 b$, si $a > b > c$ ou si $b > c > a$ ou si $c > a > b$; l'inégalité est renversée, si $a < b < c$ ou si $b < c < a$ ou si $c < a < b$.

4. $(A^2 + B^2 + C^2 + \ldots)(a^2 + b^2 + c^2 + \ldots) > (Aa + Bb + Cc + \ldots)^2$.   (III, **5.**

5. Établir l'inégalité $\dfrac{P^2 + Q^2}{2} > \left(\dfrac{P+Q}{2}\right)^2$ et en déduire

$$\frac{a^2 + b^2 + c^2 + d^2}{4} > \left(\frac{a+b+c+d}{4}\right)^2.$$

Solution. $\dfrac{a^2 + b^2}{2} + \dfrac{c^2 + d^2}{2} > \left(\dfrac{a+b}{2}\right)^2 + \left(\dfrac{c+d}{2}\right)^2 > 2\left[\dfrac{\dfrac{a+b}{2} + \dfrac{c+d}{2}}{2}\right]^2$.

En général : $\dfrac{a^2 + b^2 + c^2 + \ldots \ (n \text{ termes})}{n} > \left(\dfrac{a+b+c+\ldots}{n}\right)^2$.

On peut de même établir l'inégalité

$$\frac{a^p+b^p+c^p+\dots}{n} > \left(\frac{a+b+c+\dots}{n}\right)^p,$$

en partant de la relation

$$a^p+b^p=\left(\frac{a+b}{2}+\frac{a-b}{2}\right)^p+\left(\frac{a+b}{2}-\frac{a-b}{2}\right)^p>2\left(\frac{a+b}{2}\right)^p.$$

6. Le cube construit sur l'hypoténuse d'un triangle rectangle est-il supérieur, égal ou inférieur en volume à la somme des cubes construits sur les deux autres côtés? Vérifier la réponse sur le triangle ayant pour côtés $a=5$, $b=4$, $c=3$.

(On s'appuiera sur l'identité $(a^3)^2=(a^2)^3$ et sur le théorème de Pythagore : $a^2=b^2+c^2$.)

7. L'*ellipse* est une courbe plane telle que la somme des distances FM et F'M d'un point quelconque M de cette courbe à deux points fixes F et F', appelés *foyers*, est constante. On demande le maximum et le minimum du rayon vecteur $r=$FM, étant données la distance $2c$ entre les foyers et la somme constante $2a$ des deux rayons vecteurs r et r', ou des distances du point mobile aux foyers.

Solution. — On a $r+r'=2a$; d'où $r'=2a-r$. Or, dans tout triangle, un côté quelconque est moindre que la somme des deux autres et plus grand que leur différence. Par conséquent :

1° $\quad r<r'+2c \quad \therefore \quad r<2a-r+2c \quad \therefore \quad r<a+c;$

2° $\quad r>r'-2c \quad \therefore \quad r>2a-r-2c \quad \therefore \quad r>a-c.$

XI. — Fractions.

SIMPLIFICATION ET RÉDUCTION AU MÊME DÉNOMINATEUR.

1. — Fractions à simplifier :

1. $\dfrac{x}{xy}$. 2. $\dfrac{5ax^2}{15a^2x}$. 3. $\dfrac{12abc}{36a^2b^2c^2}$. 4. $\dfrac{7}{14x-7y}$. 5. $\dfrac{21(a+b)^2}{35a+35b}$.

6. $\dfrac{p^2+pq}{2pq}$. 7. $\dfrac{(15a^2x)(7b^3y)}{(14b^4x)(5ay)}$. 8. $\dfrac{4(a-b)}{8(a^2-b^2)}$. 9. $\dfrac{x^2-y^2}{x^2-2xy+y^2}$.

10. $\dfrac{a+5}{a^2-25}$. 11. $\dfrac{p-2}{7p^2-28}$. 12. $\dfrac{6ax^2-6ay^2}{15a^2x^2+30a^2xy+15a^2y^2}$. 13. $\dfrac{c^3-3c^2}{c^2-6c+9}$.

14. $\dfrac{p-q}{(q-p)^2}$. 15. $\dfrac{p-q}{q^2-p^2}$. 16. $\dfrac{p-q-r}{q+r-p}$. 17. $\dfrac{m^4-n^4}{m^2-n^2}$.

18. $\dfrac{3ax^2-18axy+27ay^2}{6ab^2x^2-54ab^2y^2}$. 19. $\dfrac{(p-q)^2-2(p-q)r+r^2}{p^2-2pq+q^2-r^2}$. 20. $\dfrac{a^2-(b-c)^2}{(a-b)^2-c^2}$.

21. $\dfrac{(x+a)^2-(b+c)^2}{(x+b)^2-(a+c)^2}$. 22. $\dfrac{x^2-4x-5}{x^2-8x+15}$. 23. $\dfrac{3x^2-6x+3}{21x^2-63x+42}$.

24. $\dfrac{x^2-6x+5}{x^2-11x+10}$. 25. $\dfrac{30x^2-18x-12}{16x^2+4x-20}$. 26. $\dfrac{2x^3-7x^2+7x-2}{3x^3-10x^2+9x-2}$.

27. $\dfrac{x^2 - y^2}{x^3 - y^3}.$ **28.** $\dfrac{(a+b)^2(a-b)^2(x-y)^2}{(y-x)^2(b^2-a^2)^2}.$ **29.** $\dfrac{(n^4-1)(n^2-4)}{n^4-5n^2+4}.$

30. $\dfrac{p^2+q^2+r^2-2pq-2pr+2qr}{p^2-q^2-r^2-2qr}.$ **31.** $\dfrac{(p^2+q^2)^2-p^2q^2}{p^3-q^3}$

32. $\dfrac{121a^{m+2}b^{n+2}}{11a^m b^{n-1}}.$ *Rép.* : $11a^2b^3.$ **33.** $\dfrac{u^{2n}+2u^n v^n+v^{2n}}{u^{2n}-v^{2n}}.$ *Rép* : $\dfrac{u^n+v^n}{u^n-v^n}.$

34. $\dfrac{(a^2b+b^2c+c^2a)-(ab^2+bc^2+ca^2)}{(b-c)a^2-(b^2-c^2)a+bc(b-c)}.$ *Rép.* : $\mathrm{F}=1.$

35. $\dfrac{3}{8}\cdot\dfrac{[(a+b)(a+c)+2a(b+c)]^2-(a-b)^2(a-c)^2}{(a+b+c)^3-a^3-b^3-c^3}.$ *Rép.* : $\mathrm{F}=a.$

36. $\dfrac{ab(x^2+y^2)+xy(a^2+b^2)}{ab(x^2-y^2)+xy(a^2-b^2)}.$ *Rép.* : $\mathrm{F}=\dfrac{ax+by}{ax-by}.$

37. $\dfrac{(a^{n+x}-a^n)(a^n-a^{n-x})}{(a^{n+x}-a^n)-(a^n-a^{n-x})}.$ *Rép.* : $\mathrm{F}=a^n.$

38. $\dfrac{6a^5+15a^4b-4a^3c^2-10a^2bc^2}{9a^3b-27a^2bc-6abc^2+18bc^3}.$ *Rép.* : $\dfrac{a^2(2a+5b)}{3b(a-3c)}.$

39. $\dfrac{(x+y)^5-x^5-y^5}{(x+y)^3-x^3-y^3}.$ *Rép.* : $\dfrac{5}{3}(x^2+xy+y^2).$

40. $\dfrac{(x+y)^7-x^7-y^7}{(x+y)^5-x^5-y^5}.$ *Rép.* : $\dfrac{7}{5}(x^2+xy+y^2).$

2. — Réduire la fraction $\dfrac{a+b}{5b}$, sans en altérer la valeur, aux dénominateurs suivants : $25abc$; $15ab-15b^2$; $5a^2b-10ab^2+5b^3$.

3. — Réduire au même dénominateur les fractions de chacun des groupes suivants :

1. $\dfrac{1}{a},\ \dfrac{1}{b},\ \dfrac{1}{c}.$ **2.** $\dfrac{x}{y},\ \dfrac{y}{x}.$ **3.** $\dfrac{a}{a+b},\ \dfrac{a}{a-b}.$ **4.** $\dfrac{x}{yz},\ \dfrac{y}{xz},\ \dfrac{z}{xy}.$

5. $\dfrac{p}{6a^2bc},\ \dfrac{q}{4ab^2c},\ \dfrac{r}{9abc^2}.$ **6.** $\dfrac{x}{a-b},\ \dfrac{y}{a+b},\ \dfrac{z}{a^2-b^2}.$ **7.** $\dfrac{3}{2m^3p^2q},$

$\dfrac{2}{3mp^2q^3},\ \dfrac{1}{6p^3}.$ **8.** $\dfrac{a-b}{ab},\ \dfrac{c-a}{ac},\ \dfrac{b-c}{bc}.$ **9.** $\dfrac{1}{p+q},\ \dfrac{2q}{p^2-q^2}.$ **10.** $\dfrac{a-b}{2b},$

$\dfrac{b}{a-b}.$ **11.** $\dfrac{1}{2a+2},\ \dfrac{1}{3a+3},\ \dfrac{1}{5a^2-5}.$ **12.** $\dfrac{a}{m-1},\ \dfrac{b}{m^2-2m+1},\ \dfrac{c}{m^2-1}.$

13. $\dfrac{p^2}{p^2+q^2},\ \dfrac{q^2}{p^2-q^2}.$ **14.** $\dfrac{1}{a+b},\ \dfrac{a-b}{a^2-ab+b^2},\ \dfrac{ab}{a^3+b^3}.$ **15.** $\dfrac{1}{a(a-b)(a-c)},$

$\dfrac{1}{b(b-a)(b-c)},\ \dfrac{1}{c(c-a)(c-b)}.$ **16.** $\dfrac{1}{(x-2)(x-3)},\ \dfrac{1}{(x-1)(3-x)},\ \dfrac{1}{(1-x)(2-x)}.$

17. $\dfrac{x+1}{x^2-8x+7},\ \dfrac{x-1}{x^2-6x-7},\ \dfrac{x-7}{x^2-1}.$

4. — Réduire au même *numérateur* le plus simple possible les fractions suivantes, sans en altérer la valeur : $\dfrac{ab}{z}$, $\dfrac{ac}{y}$, $\dfrac{bc}{x}$; de même $\dfrac{3(a-b)}{a+b}$, $\dfrac{2(a+b)}{a-b}$, $\dfrac{5(a^2-b^2)}{a^2+b^2}$. (La méthode est analogue à celle de la réduction au même dénominateur.)

5. — Transformer les fractions $\dfrac{a}{x}$ et $\dfrac{b}{y}$ en fractions telles que le *numérateur* de la première soit identique au *dénominateur* de la seconde. De même : $\dfrac{x^2-3x+2}{x-5}$ et $\dfrac{x-7}{x^2-4x+3}$.

6. — Démontrer le *théorème arithmétique* suivant : — Toute fraction se rapproche de l'unité, quand on ajoute un même nombre à ses deux termes; — ou encore : — Si une fraction donnée est plus petite que l'unité, elle augmente quand on ajoute et elle diminue quand on retranche une même quantité à ses deux termes; si la fraction est plus grande que l'unité, l'inverse a lieu; enfin, si la fraction est égale à l'unité, elle ne change pas de valeur, soit qu'on ajoute, soit qu'on retranche une même quantité aux deux termes.

(On réduit les deux fractions $\dfrac{a}{b}$ et $\dfrac{a\pm k}{b\pm k}$ au même dénominateur, puis on compare les numérateurs. La quantité k est supposée moindre que a et b, dans les cas où on la retranche.)

XII. — Fractions.

OPÉRATIONS FONDAMENTALES.

1. — Effectuer les additions et soustractions suivantes :

1. $\dfrac{4a}{15}+\dfrac{13b}{10}-\dfrac{5a}{12}+\dfrac{3(a-2b)}{20}$.　　2. $\dfrac{a+b}{b}-\dfrac{a-b}{a}$.

3. $\dfrac{3x-2y}{3}-\dfrac{9x-22y}{15}-\dfrac{2x+4y}{5}$.　　4. $\dfrac{x-1}{x+2}-\dfrac{x-2}{x+1}$.　　5. $\dfrac{1}{a-1}-\dfrac{2}{a^2-a}+\dfrac{1}{a^3-a^2}$.

6. $x-\dfrac{y^2}{x}$.　　7. $a-2c+\dfrac{ac+c^2}{a+c}$.　　8. $\dfrac{2-n}{(n-1)^2}-\dfrac{1}{1-n}$.　　9. $b-\dfrac{b^2}{3a}+\dfrac{a^2}{3b}-a$.

10. $\dfrac{2}{ab}-\dfrac{3}{ac}+\dfrac{4}{bc}-\dfrac{3a-4b+c}{abc}$.　　11. $\dfrac{1}{a+b}+\dfrac{1}{a-b}$.　　12. $\dfrac{a}{a-b}-\dfrac{b}{a+b}$.

13. $\dfrac{1}{a+b}+\dfrac{2b}{a^2-b^2}$.　　14. $\dfrac{x+a}{2(x-a)}+\dfrac{x-a}{2(x+a)}-\dfrac{x^2+a^2}{x^2-a^2}$.　　15. $\dfrac{1}{x+1}-\dfrac{2}{x+2}+\dfrac{1}{x+3}$.

16. $\dfrac{1}{(a+1)(a+2)}-\dfrac{1}{(a+1)(a+2)(a+3)}-\dfrac{1}{(a+2)(a+3)}$.

17. $\dfrac{x-u}{x-v}+\dfrac{x-v}{x-u}-\dfrac{(u-v)^2}{(x-u)(x-v)}$.　　18. $\dfrac{a^2}{a-b}+\dfrac{b^2}{b-a}$.

19. $\dfrac{a^3}{(a-b)(a-c)}+\dfrac{b^3}{(b-c)(b-a)}+\dfrac{c^3}{(c-a)(c-b)}$.

20. $\dfrac{[(a+b)(a+c)+2a(b+c)]^2-(a-b)^2(a-c)^2}{a}$

$\qquad\qquad + \dfrac{[(b+c)(b+a)+2b(c+a)]^2-(b-c)^2(b-a)^2}{b}$

$\qquad\qquad\qquad + \dfrac{[(c+a)(c+b)+2c(a+b)]^2-(c-a)^2(c-b)^2}{c}.$

21. $\dfrac{x^a+y^a}{x^a-y^a}-\dfrac{x^a-y^a}{x^a+y^a}.$ **22.** $\dfrac{1}{(b+c)^{n-1}}-\dfrac{b}{(b+c)^n}-\dfrac{c^2}{(b+c)^{n+1}}.$

23. $\dfrac{1}{1+x^{n-p}+x^{n-q}}+\dfrac{1}{1+x^{p-n}+x^{p-q}}+\dfrac{1}{1+x^{q-n}+x^{q-p}}.$

Rép. : **1.** b. **2.** $-\dfrac{a^2+b^2}{ab}$. **3.** 0. **4.** $\dfrac{3}{x^2+3x+2}$. **5.** $\dfrac{a-1}{a^2}$. **6.** $\dfrac{x^2-y^2}{x}$.

7. $a-c$. **8.** $\dfrac{1}{(n-1)^2}$. **9.** $\dfrac{(a-b)^3}{3ab}$. **10.** $\dfrac{a+b+c}{abc}$. **11.** $\dfrac{2a}{a^2-b^2}$. **12.** $\dfrac{a^2+b^2}{a^2-b^2}$.

13. $\dfrac{1}{a-b}$. **14.** 0. **15.** $\dfrac{2}{x^3+6x^2+11x+6}$. **16.** $\dfrac{1}{(a+1)(a+2)(a+3)}$. **17.** 2.

18. $a+b$. **19.** $a+b+c$. **20.** La première fraction simplifiée devient $8(a+b)(b+c)(c+a)$; la seconde est symétrique de la première et s'obtient en y changeant a en b, b en c, c en a : elle est donc égale à $8(b+c)(c+a)(a+b)$; la troisième, symétrique de la seconde suivant la même loi, est égale à $8(c+a)(a+b)(b+c)$; d'où $S=24(a+b)(b+c)(c+a)$. **21.** $\dfrac{4x^a y^a}{x^{2a}-y^{2a}}$. **22.** $\dfrac{bc}{(b+c)^{n+1}}$. **23.** On réduit au même dénominateur en multipliant les deux termes de la première fraction par x^{p+q}, ceux de la seconde par x^{n+q} et ceux de la troisième par x^{n+p} : il vient $S=1$.

2. — Additionner les fractions dans chacun des groupes proposés plus haut (XI, 3) aux exercices sur la réduction au même dénominateur.

3. Théorème à établir : — Toute fraction $\dfrac{a}{b}$ se rapproche de l'unité d'aussi près qu'on veut, si l'on ajoute à ses deux termes une même quantité m suffisamment grande.

(En effet, la différence $d=1-\dfrac{a+m}{b+m}$ est la fraction $\dfrac{b-a}{b+m}$, à numérateur constant : son dénominateur $b+m$ croissant avec m au delà de toute limite, la fraction devient infiniment petite et d devient sensiblement nul quand m devient infiniment grand.)

4. — Vérifier l'exactitude des résultats suivants :

1. $\dfrac{x^2+8x+15}{x^2+7x+10}-\dfrac{x-1}{x+2}=\dfrac{4}{x+2}.$

2. $\dfrac{1}{3}\dfrac{1}{(n+2)(n+3)}-\dfrac{8}{3}\dfrac{1}{(n+3)(n+4)}+\dfrac{10}{3}\dfrac{1}{(n+4)(n+5)}$

$\qquad\qquad\qquad = \dfrac{n(n+1)}{(n+2)(n+3)(n+4)(n+5)}.$

3. $\dfrac{1}{1-\dfrac{1}{a}} - 1 - \dfrac{1}{a(a-1)} = \dfrac{1}{a}.$

4. $\dfrac{x^2y^2}{a^2b^2} + \dfrac{(a^2-x^2)(a^2-y^2)}{a^2(a^2-b^2)} + \dfrac{(b^2-x^2)(b^2-y^2)}{b^2(b^2-a^2)} = 1.$

5. $\dfrac{1}{(a-b)(a-c)} + \dfrac{1}{(b-a)(b-c)} + \dfrac{1}{(c-a)(c-b)} = 0.$

6. $\dfrac{1}{a(a-b)(a-c)} + \dfrac{1}{b(b-a)(b-c)} + \dfrac{1}{c(c-a)(c-b)} = \dfrac{1}{abc}.$

7. $\dfrac{1}{(x+a)(a-b)(a-c)} + \dfrac{1}{(x+b)(b-a)(b-c)} + \dfrac{1}{(x+c)(c-a)(c-b)}$

$$= \dfrac{1}{(x+a)(x+b)(x+c)}.$$

5. — Montrer que l'expression $\dfrac{A}{(a-b)(a-c)} + \dfrac{B}{(b-a)(b-c)} + \dfrac{C}{(c-a)(c-b)}$, lorsqu'on y remplace A, B, C successivement par $1, 1, 1$; par a, b, c; par a^2, b^2, c^2; par a^3, b^3, c^3; par b^2c^2, a^2c^2, a^2b^2; par bc, ac, ab; par $b+c, a+c, a+b$; se réduit successivement à 0; à 0; à 1; à $a+b+c$; à $bc+ac+ab$; à 1; à 0.

On obtient ces mêmes identités en divisant par le produit $(a-b)(b-c)(c-a)$ les identités $(b-c)+(c-a)+(a-b)=0$, $a(b-c)+b(c-a)+c(a-b)=0$, $a^2(b-c)+b^2(c-a)+c^2(a-b) = -(a-b)(b-c)(c-a)$, etc.

6. — Établir les formules suivantes :

1. $\dfrac{1}{n} - \dfrac{1}{n+1} = \dfrac{1}{n(n+1)}.$ 2. $\dfrac{n+1}{2n+3} - \dfrac{n}{2n+1} = \dfrac{1}{(2n+1)(2n+3)}.$

3. $\dfrac{1}{1.2.3\ldots n} - \dfrac{1}{1.2.3\ldots(n+1)} = \dfrac{n}{1.2.3\ldots(n+1)}.$

Appliquer ces formules au calcul des sommes suivantes :

1. $\dfrac{1}{1.2} + \dfrac{1}{2.3} + \dfrac{1}{3.4} + \ldots + \dfrac{1}{n(n+1)}.$ *Rép.* : $S = 1 - \dfrac{1}{n+1}.$

2. $\dfrac{1}{1.3} + \dfrac{1}{3.5} + \dfrac{1}{5.7} + \ldots + \dfrac{1}{(2n+1)(2n+3)}.$ *Rép.* : $S = \dfrac{n+1}{2n+3}.$

3. $\dfrac{1}{1.2} + \dfrac{2}{1.2.3} + \dfrac{3}{1.2.3.4} + \ldots + \dfrac{n}{1.2.3\ldots(n+1)}.$ *Rép.* : $S = 1 - \dfrac{1}{1.2.3\ldots(n+1)}.$

7. — Établir les identités suivantes :

1. $\dfrac{a}{b} - \dfrac{c}{d} = \dfrac{a(d-c)-c(b-a)}{bd}.$

(Cette identité permet de simplifier la soustraction de deux fractions numériques dans les cas où a et b, c et d diffèrent peu : le numérateur du second membre est plus facile à effectuer que le numérateur ordinaire $ad-bc$.)

2. $\dfrac{a}{b} - \dfrac{a}{a+b} = \dfrac{a}{b} \times \dfrac{a}{a+b}$.

(Cette identité fournit la solution de ce problème : Trouver deux nombres tels que leur produit soit égal à leur différence. — Il suffit de poser $x = \dfrac{a}{b}$ et $y = \dfrac{a}{a+b}$ et d'attribuer à a et à b des valeurs arbitraires; on trouvera autant de solutions qu'on voudra.)

3. $\dfrac{x^{3n}}{x^n+1} - \dfrac{x^n}{x^n-1} + \dfrac{x^{3n}}{x^n-1} - \dfrac{x^n}{x^n+1} = 2x^{2n}$.

4. $1 - \dfrac{x}{a} + \dfrac{x(x-a)}{ab} - \dfrac{x(x-a)(x-b)}{abc} + \ldots + (-1)^n \dfrac{x(x-a)(x-b)\ldots(x-k)}{abc\ldots kl}$
$$= (-1)^n \dfrac{(x-a)(x-b)\ldots(x-l)}{abc\ldots kl}.$$

5. $\dfrac{(m-1)(m-2)(m-3)\ldots(m-k)}{1.2.3\ldots k} + \dfrac{(m-1)(m-2)\ldots(m-k+1)}{1.2\ldots(k-1)}$
$$= \dfrac{m(m-1)\ldots(m-k+1)}{1.2\ldots k}.$$

6. $\dfrac{1+x^2}{1-x^2} + \dfrac{2x^2}{x^4-1} = \dfrac{1+x^4}{1-x^4}$.

7. $\dfrac{1}{x^4-1} + \dfrac{x^2}{x^8-1} + \dfrac{x^4}{x^{16}-1} + \ldots$
$$+ \dfrac{x^{2^n}}{x^{2^{n+1}}-1} = \dfrac{1}{2x^2}\left\{\dfrac{1+x^{2^{n+1}}}{1-x^{2^{n+1}}} - \dfrac{1+x^2}{1-x^2}\right\}.$$

(Pour établir cette identité de Hermite, on remplace successivement x par x^2, x^4, x^8, …, dans l'identité précédente.)

8. — Multiplications à effectuer :

1. $\dfrac{8a}{9b} \times \dfrac{3b}{4c}$.　　　2. $\dfrac{-10ab^2}{-3c} \times \dfrac{-3c}{-5a^2b}$.　　　3. $\dfrac{-28xy^2z^3}{33p^3q^2r} \times \dfrac{11pq^2r^3}{-14x^3y^2}$.

4. $17b \times \dfrac{2a}{51bc}$.　　　5. $\dfrac{7x}{-3z} \times -5xbz \times \dfrac{-3z}{-35x}$.　　　6. $\dfrac{55c^2}{3d} \times \dfrac{1}{11c}$.

7. $\dfrac{xy}{z^2} \times \dfrac{xz}{y^2} \times \dfrac{yz}{x^2}$.　　　8. $\dfrac{a^3b^2c}{xy^2z^3} \times \dfrac{a^2bc^3}{x^2y^3z} \times \dfrac{ab^3c^2}{x^3yz^2}$.

9. $\dfrac{a^2-b^2}{x} \times \dfrac{x}{a^2-2ab+b^2}$.　　　10. $\dfrac{x+y}{2ab^2} \times \dfrac{x^2-z^2}{x^2-y^2} \times \dfrac{2a^2b}{x+z}$.

11. $\left(\dfrac{a}{b}+\dfrac{c}{d}\right)\left(\dfrac{a}{b}-\dfrac{c}{d}\right)$.　　　12. $\left(\dfrac{3a}{5b}-1\right)\left(\dfrac{3a}{5b}+1\right)\left(\dfrac{9a^2}{25b^2}+1\right)$.

13. $\dfrac{a^2-9b^2}{c^2-4d^2} \times \dfrac{c-2d}{a-3b}$.　　　14. $\left(1+\dfrac{x}{y}\right)\left(1-\dfrac{x}{y}\right)\left(1+\dfrac{x^2}{y^2}\right)$.

15. $\left(\dfrac{x+y}{x-y}+1\right)\left(1-\dfrac{x-y}{x+y}\right)$.　　　16. $\dfrac{a^2+ab+b^2}{a+b} \times \dfrac{a-b}{a^2-ab+b^2}$.

17. $\dfrac{4ab}{3c-d}\left(\dfrac{c+d}{4}-d\right)$.　　　18. $\dfrac{6a}{3b-c}\left(\dfrac{c}{3}-\dfrac{c-b}{2}\right)$.　　　19. $\left(\dfrac{a}{b}-\dfrac{b}{a}\right)^2$.

20. $\left(\dfrac{x}{y}+\dfrac{y}{z}+\dfrac{z}{x}\right)^3.$ **21.** $\left(\dfrac{3a^2}{b}-\dfrac{b}{3}\right)^3.$ **22.** $(a+1)\left(a-1+\dfrac{1}{a+1}\right).$

23. $\left(\dfrac{a+b}{x+y}\right)^3\left(\dfrac{x^2-y^2}{a^2-b^2}\right)^3\left(\dfrac{a-b}{x-y}\right)^3.$ **24.** $\dfrac{x^2+3x+2}{x+3}\times\dfrac{x+2}{x^2+4x+3}\times\dfrac{x^2+6x+9}{x^2+4x+4}.$

9. — Divisions à effectuer :

1. $\dfrac{14xy^2}{9a^3b^2}:\dfrac{35x^2y}{6a^2b^3}.$ **2.** $\dfrac{-8a}{9b}:\dfrac{2a}{-3c}.$ **3.** $\dfrac{22ax}{21b^2}:\dfrac{11x}{7b}.$ **4.** $\dfrac{a^5}{b^2}:a^3.$

5. $\dfrac{30x^3}{y^2}:6x.$ **6.** $\dfrac{1}{a^3}:a^2.$ **7.** $\dfrac{1}{4x^2y}:2yz.$ **8.** $a^2:\dfrac{1}{a^3}.$ **9.** $3ab:\dfrac{1}{3ab}.$

10. $\dfrac{1}{x}:\dfrac{1}{y}.$ **11.** $\dfrac{1}{6a^2}:\dfrac{1}{3a}.$ **12.** $\dfrac{a^2-b^2}{x^2-y^2}:\dfrac{a-b}{x+y}.$ **13.** $\dfrac{x^2-y^2}{x^2+2xz+z^2}:\dfrac{x+y}{x+z}.$

14. $\dfrac{a^2-4b}{a^2-9b}:\dfrac{a+2b}{a+3b}.$ **15.** $\left(a-\dfrac{2ab}{a+b}+b\right):\left(\dfrac{a}{b}+\dfrac{b}{a}\right).$

16. $\dfrac{a^2x^2-x^4}{a^3-x^3}:\dfrac{ax^2+x^3}{a^2+ax+x^2}.$

10. — Opérations diverses à effectuer :

1. $\dfrac{\dfrac{a}{b}+\dfrac{b}{a}}{\dfrac{a}{b}-\dfrac{b}{a}}.$ **2.** $\dfrac{\dfrac{a}{a+b}+\dfrac{b}{a-b}}{\dfrac{a}{a-b}-\dfrac{b}{a+b}}.$ **3.** $\dfrac{\dfrac{a+b}{a-b}+\dfrac{a-b}{a+b}}{\dfrac{a+b}{a-b}-\dfrac{a-b}{a+b}}.$ **4.** $\dfrac{\dfrac{4xy}{x^2-y^2}}{\dfrac{x+y}{x-y}+\dfrac{x-y}{x+y}}.$

5. $\dfrac{x-\dfrac{x-y}{1+xy}}{1+\dfrac{x(x-y)}{1+xy}}.$ **6.** $\dfrac{\dfrac{x^2-xz}{y^2-yz}}{\dfrac{xy-yz}{xy-xz}}.$ **7.** $\dfrac{a(a-c)-c(a+c)}{\dfrac{a}{a+c}-\dfrac{c}{a-c}}.$ **8.** $\dfrac{1-\dfrac{c^2(1-b)}{c^2+a^2b}}{1+\dfrac{a^2(1-b)}{c^2+a^2b}}.$

9. $\dfrac{\dfrac{x+1}{x}-\dfrac{y-1}{y}+\dfrac{z+1}{z}}{1+\dfrac{1}{x}+\dfrac{1}{y}+\dfrac{1}{z}}.$ **10.** $\dfrac{1-\dfrac{n^3}{x^3}}{\dfrac{1}{x^2}-\dfrac{n}{x^3}}.$ **11.** $\dfrac{\dfrac{3}{a-2}-\dfrac{2}{a-3}}{\dfrac{1}{a-3}-\dfrac{1}{a-2}}.$

12. $a+\dfrac{1}{b+\dfrac{1}{c}}.$ **13.** $\dfrac{a}{b+\dfrac{c}{d+\dfrac{e}{f}}}.$ **14.** $x+\dfrac{1}{x+\dfrac{1}{x+\dfrac{1}{x}}}.$

15. $\dfrac{\left(a-\dfrac{x^2}{a}\right)\left(\dfrac{a^2+x^2}{ax}+2\right)}{\dfrac{1}{ax}+\dfrac{2}{a^2+x^2}}.$ **16.** $\dfrac{\dfrac{a+x}{2a}-\dfrac{2x}{a+x}}{\dfrac{a+x}{2x}-\dfrac{2a}{a+x}}.$ **17.** $\dfrac{ab}{a-\dfrac{ac}{b+c}}.$

18. $\dfrac{1-\dfrac{1}{a+c}}{\dfrac{c}{a+c}}:\dfrac{\dfrac{1}{1+a}+\dfrac{a}{1-a}}{\dfrac{c}{1-a}-\dfrac{ac}{1+a}}.$ **19.** $\dfrac{\dfrac{a^2+b^2}{b}-a}{\dfrac{1}{b}-\dfrac{1}{a}}:\dfrac{a^3+b^3}{a^2-b^2}.$

20. $\dfrac{1-x-x^3}{1-\dfrac{x}{1+x+\dfrac{x}{1-x+x^2}}} : \dfrac{1+x+x^3}{1+\dfrac{x}{1-x-\dfrac{x}{1+x+x^2}}}.$ **21.** $\dfrac{p}{q}\left(1-\dfrac{r}{q+r}\right).$

22. $\dfrac{1}{1+\dfrac{x}{y}+\dfrac{x}{z}}+\dfrac{1}{1+\dfrac{y}{x}+\dfrac{y}{z}}+\dfrac{1}{1+\dfrac{z}{x}+\dfrac{z}{y}}.$ **23.** $\dfrac{1}{p-q}\left(\dfrac{1}{x-p}-\dfrac{1}{x-q}\right).$

24. $\dfrac{1}{(a+b)^2}\left(\dfrac{1}{a^2}+\dfrac{1}{b^2}\right)+\dfrac{2}{(a+b)^3}\left(\dfrac{1}{a}+\dfrac{1}{b}\right).$ **25.** $\left(\dfrac{b-a}{x-y}\right)^{2p}\left(\dfrac{y-x}{a-b}\right)^{2p-1}\left(\dfrac{x-y}{b-a}\right).$

26. $\left(\dfrac{a+b+c}{2}\right)^2+\left(\dfrac{-a+b+c}{2}\right)^2+\left(\dfrac{a-b+c}{2}\right)^2+\left(\dfrac{a+b-c}{2}\right)^2.$

Rép. : **1.** $\dfrac{a^2+b^2}{a^2-b^2}.$ **2.** 1. **3.** $\dfrac{a^2+b^2}{2ab}.$ **4.** $\dfrac{2xy}{x^2+y^2}.$ **5.** $y.$ **6.** $\dfrac{x^2}{y^2}.$

7. $a^2-c^2.$ **8.** $b.$ **9.** 1. **10.** $x^2+nx+n^2.$ **11.** $a-5.$ **12.** $\dfrac{abc+a+c}{bc+1}.$

13. $\dfrac{adf+ae}{bdf+be+cf}.$ **14.** $\dfrac{x^4+3x^2+1}{x(x^2+2)}.$ **15.** $\dfrac{a^4-x^4}{a}.$ **16.** $\dfrac{x}{a}.$ **17.** $b+c.$

18. $a+c-1.$ **19.** $a.$ **20.** 1. **21.** $\dfrac{p}{q+r}.$ **22.** 1. **23.** $\dfrac{1}{(x-p)(x-q)}.$

24. $\dfrac{1}{a^2b^2}$ **25.** 1. **26.** $a^2+b^2+c^2.$

11. — Que deviennent les expressions :

1. $\dfrac{m-x}{n-x}$, dans l'hypothèse $x=\dfrac{mn}{m+n}$?

2. $\dfrac{x+(y-1)}{x-(y-1)}$, si l'on pose $x=\dfrac{a+1}{ab+1}$ et $y=\dfrac{a(b+1)}{ab+1}$?

3. $\left(\dfrac{x-a}{x-b}\right)^3-\dfrac{x-2a+b}{x+a-2b}$, si l'on fait $x=\dfrac{a+b}{2}$?

Rép. : **1.** $\dfrac{m^2}{n^2}.$ **2.** $a.$ **3.** 0.

12. — Soient $y=\dfrac{1-z^2}{1+z^2}$ et $z=\dfrac{1-x}{1+x}$; exprimer y en fonction de x.

$$\text{\textit{Rép.} : } y=\dfrac{2x}{1+x^2}.$$

13. — Posant $x+\dfrac{1}{x}=s$, démontrer les égalités :

$$x^2+\dfrac{1}{x^2}=s^2-2,\qquad x^3+\dfrac{1}{x^3}=s^3-3s,$$

et en général

$$x^n+\dfrac{1}{x^n}=s\left(x^{n-1}+\dfrac{1}{x^{n-1}}\right)-\left(x^{n-2}+\dfrac{1}{x^{n-2}}\right).$$

(Pour obtenir l'expression générale annoncée, il suffit d'effectuer la multiplication de $x^{n-1} + \dfrac{1}{x^{n-1}}$ par $x + \dfrac{1}{x}$.)

15. — Identités à vérifier :

1. $\left\{ \left[\left(\dfrac{1}{x^8 - y^8} : \dfrac{1}{x^4 + y^4} \right) : \dfrac{1}{x^2 + y^2} \right] : \dfrac{1}{x+y} \right\} : \dfrac{1}{x-y} = 1.$

2. $\dfrac{a^4}{b^2 c^2} : \left\{ \dfrac{ac}{b} : \left[\left(\dfrac{bc}{a} : \dfrac{ac}{b} \right) : \left(\dfrac{ab}{c} : \dfrac{bc}{a} \right) \right] \right\} = \dfrac{b}{ac}.$

3. Si l'on a $p = \dfrac{x-y}{x+y}$, $q = \dfrac{y-z}{y+z}$, $r = \dfrac{z-x}{z+x}$, on obtient

$$(1+p)(1+q)(1+r) = (1-p)(1-q)(1-r).$$

4. $\left(\dfrac{a-b}{c} + \dfrac{b-c}{a} + \dfrac{c-a}{b} \right)\left(\dfrac{c}{a-b} + \dfrac{a}{b-c} + \dfrac{b}{c-a} \right) \begin{cases} = 9, \text{ si } a+b+c=0. \\ = 1, \text{ si } a-b\pm c=0. \end{cases}$

5. $\left(\dfrac{x}{a} - 1 \right)\left(\dfrac{x}{b} - 1 \right)\left(\dfrac{x}{c} - 1 \right)abc = x^3 - (a+b+c)x^2 + (ab+bc+ac)x - abc.$

6. $\dfrac{a+x}{b+x} = \dfrac{a}{b} - \dfrac{a-b}{b^2}x + \dfrac{a-b}{b^3}x^2 - \dfrac{a-b}{b^4}x^3 + \dots.$

7. $\dfrac{x+a}{x-b} = 1 + \dfrac{a+b}{x} + \dfrac{b(a+b)}{x^2} + \dfrac{b^2(a+b)}{x^3} + \dots.$

8. $\dfrac{\pi h}{3}(R^2 + r^2 + Rr) = \pi h\left(\dfrac{R+r}{2} \right)^2 + \dfrac{\pi h}{3}\left(\dfrac{R-r}{2} \right)^2.$

9. $\dfrac{\pi h}{3}(R^2 + r^2 + Rr) = \dfrac{4}{3}\pi R^3 - \dfrac{4}{3}\pi r^3$, si $h = 4(R-r)$.

Les deux dernières identités, d'ailleurs aisées à vérifier, se traduisent par ces *théorèmes de Géométrie :* — Le volume d'un tronc de cône est égal à la somme des volumes d'un cylindre et d'un cône, de même hauteur que le tronc et ayant pour rayons de leurs bases l'un la demi-somme et l'autre la demi-différence des rayons du tronc. — Le volume compris entre deux surfaces sphériques concentriques est égal au volume d'un tronc de cône ayant pour hauteur le quadruple de la distance entre les deux surfaces et pour rayons des bases les rayons des deux sphères.

10. $\dfrac{1}{1-x} = 1 + x + x^2 + x^3 + \dots + x^{n-1} + \dfrac{x^n}{1-x}.$

11. $\dfrac{1}{(1-x)^2} = 1 + 2x + 3x^2 + 4x^3 + \dots + nx^{n-1} + \dfrac{(n+1)x^n}{(1-x)^2}.$

12. $\dfrac{1}{(1-x)^3} = 1 + 3x + 6x^2 + 10x^3 + \dots + \dfrac{3.4.5\dots(n+2)}{1.2.3\dots n}x^n + R.$

On établit, dans une partie plus avancée de l'Algèbre, que les coefficients des puissances $\left(\dfrac{1}{1-x}\right)^p$ reproduisent les colonnes du Triangle de Pascal, et que la formule générale du développement est

$$\frac{1}{(1-x)^p} = 1 + \frac{p}{1}x + \frac{p(p+1)}{1.2}x^2 + \frac{p(p+1)(p+2)}{1.2.3}x^3 + \ldots.$$

Si x est inférieur à 1 en valeur absolue, ces développements constituent des séries utiles.

Applications (**10**). — Transformer $\dfrac{1}{0,97}$ en une fraction décimale exacte jusqu'au 7ᵉ chiffre.

$$\frac{1}{0,97} = \frac{1}{1-0,03} = 1 + 0,03 + 0,0009 + 0,000027 + 0,00000081 = 1,0309278.$$

De même, en s'arrêtant au quatrième terme, on trouve $\dfrac{7}{0,995} = 7\left(\dfrac{1}{0,995}\right)$
$= 7,0351758794$.

La formule $\dfrac{a}{x+b} = \dfrac{a}{x} - \dfrac{ab}{x^2} + \dfrac{ab^2}{x^3} - \ldots$, si x est considérable sans que b soit trop faible, donne un développement rapide, applicable aux fractions $\dfrac{3}{107}$, $\dfrac{5}{1001}$, etc.

16. — Inégalités à établir :

1. $\quad x + \dfrac{1}{nx} > 1 + \dfrac{1}{n}\quad$ si $\quad x > 1\quad$ ou si $\quad x < \dfrac{1}{n}$.

2. $\quad \dfrac{2a}{b+c} + \dfrac{2b}{a+c} + \dfrac{2c}{a+b} > 3,\quad a,\,b,\,c$ étant positifs.

3. $\quad \dfrac{1}{n+1} + \dfrac{1}{n+2} + \dfrac{1}{n+3} + \ldots + \dfrac{1}{2n} > \dfrac{1}{2}$.

4. $\quad \left(\dfrac{ab+1}{a+b}\right)^2 < 1$, à condition que l'on ait, en valeurs absolues, ou bien $a > 1$ et $b < 1$ ou bien $a < 1$ et $b > 1$.

Solution. — **1.** Décomposant en facteurs, on a $\left(x + \dfrac{1}{nx}\right) - \left(1 + \dfrac{1}{n}\right)$
$= \dfrac{1}{x}\left(x-1\right)\left(x-\dfrac{1}{n}\right)$. **3.** On établit d'abord l'inégalité $\dfrac{1}{n+1} + \dfrac{1}{n+2} > \dfrac{2}{n+2}$.
4. On décompose : $(ab+1)^2 - (a+b)^2 = (a^2-1)(b^2-1)$.

17. — Établir ce *théorème arithmétique :* — Étant donnée une fraction $\dfrac{a}{b}$, les deux fractions consécutives de même dénominateur, $\dfrac{x}{d}$ et $\dfrac{x+1}{d}$, qui la comprennent, sont données par l'égalité $x = \mathrm{E}\left(\dfrac{ad}{b}\right)$, le symbole $\mathrm{E}\left(\dfrac{n}{m}\right)$ dési-gnant le plus grand nombre entier compris dans la fraction $\dfrac{n}{m}$.

$\left(\text{En effet, on doit avoir } \dfrac{x}{d} < \dfrac{a}{b} < \dfrac{x+1}{d}; \text{ d'où } \ldots.\right)$

Application. — Soit $\dfrac{a}{b} = \dfrac{22}{7}$ et $d = 100$; on trouve $\dfrac{314}{100}$ et $\dfrac{315}{100}$.

18. — Montrer qu'un polynome F, entier et de degré m par rapport à x, qui jouit de la propriété de prendre successivement les valeurs p, q, r, ..., u quand on attribue à x les $m+1$ valeurs successives inégales a, b, c, ..., h, k, a pour forme générale

$$F = p\frac{(x-b)(x-c)(x-d)\ldots(x-k)}{(a-b)(a-c)(a-d)\ldots(a-k)} + q\frac{(x-a)(x-c)(x-d)\ldots(x-k)}{(b-a)(b-c)(b-d)\ldots(b-k)}$$
$$+ r\frac{(x-a)(x-b)(x-d)\ldots(x-k)}{(c-a)(c-b)(c-d)\ldots(c-k)} + \ldots + u\frac{(x-a)(x-b)(x-c)\ldots(x-h)}{(k-a)(k-b)(k-c)\ldots(k-h)}.$$

Application. — Quel est le trinome du second degré en x qui prend les valeurs 4, 2, 10, quand on y pose successivement $x=2$, $x=3$, $x=5$?

$$T = 4\frac{(x-3)(x-5)}{(2-3)(2-5)} + 2\frac{(x-2)(x-5)}{(3-2)(3-5)} + 10\frac{(x-2)(x-3)}{(5-2)(5-3)} = 2x^2 - 12x + 20.$$

La formule précédente F constitue la *formule d'interpolation* de LAGRANGE.

19. — Posant $\dfrac{b}{a} = q + \dfrac{r}{a}$, $\dfrac{b}{r} = q' + \dfrac{r'}{r}$, $\dfrac{b}{r'} = q'' + \dfrac{r''}{r'}$, ... on établira l'identité

$$\frac{a}{b} = \frac{1}{q} - \frac{1}{qq'} + \frac{1}{qq'q''} - \frac{1}{qq'q''q'''} + \ldots,$$

identité qui fournit la règle pour le développement d'une fraction en une suite de fractions ayant l'unité pour numérateur.

Application. — La durée de l'année tropique, ou de l'intervalle entre deux retours consécutifs de la Terre en un même point de son orbite autour du Soleil, a pour valeur $A = 365,2422166\ldots$ Développant la fraction $\frac{242\,217}{1\,000\,000}$, on obtient $A = 365 + \frac{1}{4} - \frac{1}{128} + \frac{1}{33\,796} - \ldots$ [1].

20. Que devient la formule $v = \dfrac{h}{6}(B + B' + 4\beta)$, dans ces diverses hypothèses:

1. $\beta = \left(\dfrac{\sqrt{B} + \sqrt{B'}}{2}\right)^2$.   *2.* Même hypothèse, et de plus $B' = B \times \dfrac{a^2}{A^2}$.

---

[1] Le calendrier julien, établi l'an 45 avant notre ère par Jules César, qui prescrivit d'intercaler un jour bissextile tous les 4 ans sans exception, répondait à $A = 365 + \frac{1}{4} = 365,25$ et l'écart entre l'année civile et l'année tropique s'éleva à 10 jours en 16 siècles. Le pape Grégoire XIII, à la suite des travaux exécutés sur son ordre par le jésuite CLAVIUS, corrigea cet écart et réforma le calendrier, en ordonnant que le lendemain du 4 octobre 1582 s'appelât le 15 octobre 1582 et en posant cette règle : « L'année sera bissextile tous les 4 ans, sauf les » années séculaires à millésime non divisible par 4, telles que 1700, 1800, 1900, 2100, ... » L'année grégorienne donne $A = 365 + \frac{1}{4} - \frac{3}{400} = 365,2425$ et n'est en avance de 1 jour sur l'année tropique qu'au bout d'environ 35 siècles.

Or, par suite de l'égalité

$$A = 365 + \frac{1}{4} - \frac{1}{128} + \frac{1}{33\,796} - \ldots$$

et de l'égalité $\frac{1}{128} = \frac{3}{400} + \frac{1}{3200}$, le calendrier grégorien deviendrait près de dix fois plus correct encore et ne donnerait une erreur de 1 jour qu'au bout de près de 34 mille ans, si l'on complétait la règle grégorienne en ces termes : *Le jour bissextile s'omettra en outre tous les 32 siècles*, en sorte que les années 3200, 6400, 9600, ... ne seront point bissextiles.

3. Première hypothèse, et de plus $B' = 0$.   **4.** $B = B' = \beta$.   **5.** $B = \pi R^2$,
$B' = \pi r^2$, $\beta = \pi \left(\dfrac{R + r}{2} \right)^2$.   **6.** Hypothèse précédente, et de plus $r = 0$.

7. $B = B' = \beta = \pi R^2$.   **8.** $B = ab$, $B' = a'b'$, $\beta = \dfrac{a+a'}{2} \times \dfrac{b+b'}{2}$.   **9.** Hypothèse
précédente, et de plus $b' = 0$.   **10.** $h = 2R$, $B = B' = 0$, $\beta = \pi R^2$.   **11.** $h = 2a$,
$B = B' = 0$, $\beta = \pi bc$.

Rép. : **1.** $v = \dfrac{h}{3}(B + B' + \sqrt{BB'})$.   **2.** $v = \dfrac{Bh}{3}\left(1 + \dfrac{a}{A} + \dfrac{a^2}{A^2}\right)$.   **3.** $v = \dfrac{Bh}{3}$.

4. $v = Bh$.   **5.** $v = \dfrac{\pi h}{3}\left(R^2 + r^2 + Rr\right) = \dfrac{\pi R^2 h}{3}\left(1 + \dfrac{r}{R} + \dfrac{r^2}{R^2}\right)$.   **6.** $v = \dfrac{\pi R^2 h}{3}$.

7. $v = \pi R^2 h$.   **8.** $v = \dfrac{h}{6}[ab + a'b' + (a+a')(b+b')]$.   **9.** $v = \dfrac{hb}{6}(2a + a')$.

10. $v = \dfrac{4}{3}\pi R^3$.   **11.** $v = \dfrac{4}{3}\pi abc$.

La formule $v = \dfrac{h}{6}(B + B' + 4\beta)$, ou *formule de* SIMPSON (géomètre anglais,
1710-1761), exprime le volume du *prismatoïde* : on donne ce nom aux corps
terminés par deux bases planes parallèles de forme quelconque et latéralement soit par des triangles ou des trapèzes, dont chacun s'appuie sur les deux bases, soit par une surface courbe *réglée*, c'est-à-dire engendrée par une droite qui se meut en s'appuyant constamment sur les contours des deux bases. La même formule s'applique encore rigoureusement à un grand nombre de corps, notamment aux segments de sphère, ou d'ellipsoïde, compris entre deux plans parallèles, et à la sphère ou à l'ellipsoïde eux-mêmes.

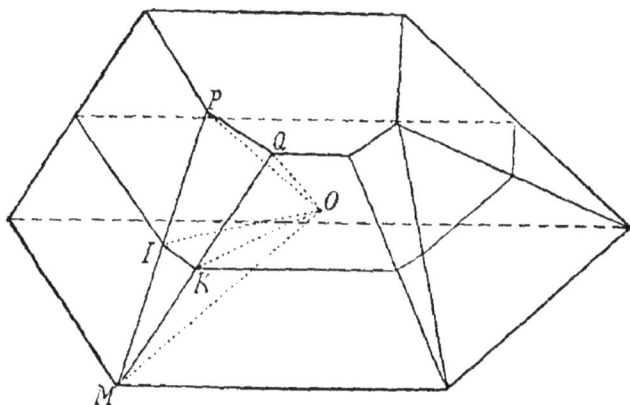

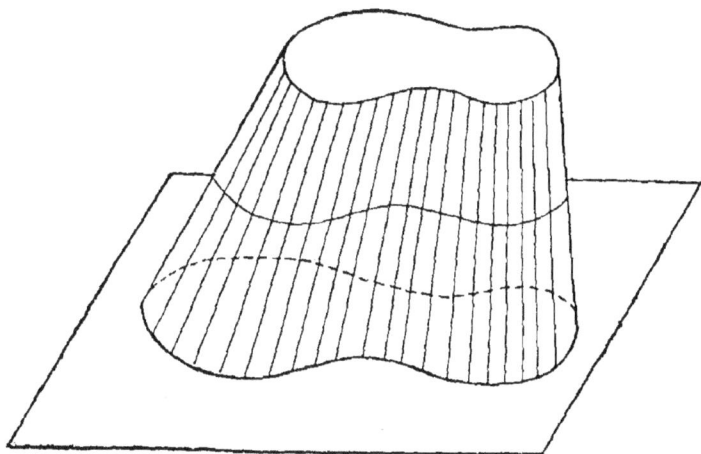

Les formules particulières obtenues en réponses aux questions de l'exercice présent fournissent les volumes du *tronc de pyramide* (**1, 2**); de la *pyramide* (**3**); du *prisme* (**4**); du *tronc de cône* (**5**); du *cône* (**6**); du *cylindre* (**7**); du *comble à quatre pentes*, soit

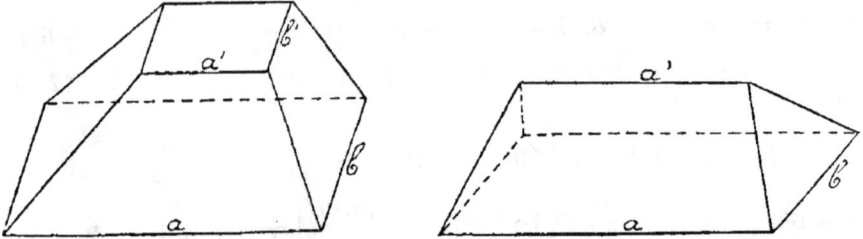

à bases rectangulaires parallèles (**8**), soit à base unique rectangulaire et à crête parallèle à la base (**9**); enfin de la *sphère* (**10**) et de l'*ellipsoïde* (**11**) [1].

21. — Cubage des troncs d'arbres. — Pour évaluer le volume du bois en grume, ou non équarri, depuis le pied du tronc jusqu'à la naissance des premières grosses branches, on mesure avec un cordon métrique la circonférence p à mi-hauteur du tronc et la longueur l de cette pièce, et on applique la formule

---

[1] Dans la formule, B et B′ désignent les aires des deux bases; β, l'aire d'une section faite par un plan parallèle aux bases et équidistante des bases; h, la hauteur du prismatoïde ou la distance des deux bases.

Beaucoup de Cours de Géométrie élémentaire omettent cette formule, si simple et si commode. Il est cependant aisé de l'établir par les principes les plus usuels de la Géométrie pratique.

Soit 0 un point quelconque situé dans la section parallèle aux bases. Joignons le point 0 à chacun des sommets des deux bases polygonales. Observons que chacun des trapèzes qui peuvent se présenter dans la surface latérale est décomposable, par une diagonale, en deux triangles : la surface latérale peut donc se considérer comme formée d'une série de triangles ayant chacun pour base un côté d'une des bases du prismatoïde et pour sommet un sommet de l'autre base du prismatoïde. Le volume du prismatoïde se compose : 1° d'une pyramide ayant 0 pour sommet et B pour base; — 2° d'une pyramide ayant 0 pour sommet et B′ pour base; — 3° d'une série de pyramides, de la forme OMPQ, ayant 0 pour sommet commun et ayant pour bases respectives les triangles qui composent la surface latérale du prismatoïde. Toute pyramide ayant pour mesure le tiers du produit de sa base par sa hauteur, on a

$$V = \frac{Bh}{6} + \frac{B'h}{6} + \Sigma(OMPQ).$$

Or, IK étant parallèle à PQ et égal à la moitié de PQ, le triangle MPQ est le quadruple du triangle MIK et la pyramide OMPQ est le quadruple de la pyramide OMIK; d'ailleurs, la pyramide OMIK, de base OIK, a pour volume $\frac{1}{3} \times OIK \times \frac{h}{2}$ ou $\frac{h}{6}(OIK)$.

D'où

$$\Sigma(OMPQ) = 4\Sigma(OMIK) = \frac{4}{6}h\Sigma(OIK) = \frac{4}{6}h\beta.$$

On obtient ainsi la formule

$$V = \frac{h}{6}(B + B' + 4\beta).$$

Des considérations de Géométrie infinitésimale, dans lesquelles nous ne pouvons entrer ici, étendent cette formule au prismatoïde à surface latérale réglée quelconque.

$V = \dfrac{p^2 h}{4\pi}$, ou en pratique $v = 0,08\, hp^2$. — Quelle est la différence entre le volume donné par cette formule, dans laquelle $p = 2\pi\left(\dfrac{R+r}{2}\right)$, et le volume exprimé par la formule $V = \dfrac{\pi h}{3}(R^2 + r^2 + Rr)$? $\qquad$ *Rép.* : $d = \dfrac{\pi h}{3}\left(\dfrac{R-r}{2}\right)^2$.

22. — JAUGEAGE DES TONNEAUX. — Assimilons le tonneau à un double tronc de cône et soient H la longueur intérieure de la pièce, D et d ou 2R et 2r les diamètres du bouge et du jable : nous aurons la formule

$$V = \tfrac{1}{3}\pi H(R^2 + r^2 + Rr), \qquad (A$$

formule qui donne un volume inférieur à la capacité réelle, à cause de la courbure des douves. Pour corriger ce défaut, on propose de remplacer soit le terme Rr par R^2, soit le trinome $R^2 + Rr + r^2$ par l'expression $3[R - \tfrac{3}{8}(R - r)]^2$, soit encore ce même terme Rr par $R^2 - \dfrac{R^2 - r^2}{3}$: on obtient, dans le premier cas, la formule anglaise d'OUGHTRED; dans le second cas, la formule française de DEZ; dans le troisième cas, une formule plus récente *(Acad. des Sc.,* 1859), qui s'adapte mieux à la forme la plus générale des tonneaux. Quelles sont ces trois formules?

Rép. : Formule d'Oughtred : $V = \dfrac{\pi H}{12}(2D^2 + d^2) = 0,262\, H(2D^2 + d^2)$; formule de Dez : $V = \dfrac{\pi H}{162}(5D + 3d)^2 = 0,01227\, H(5D + 3d)^2$; formule nouvelle : $V = \dfrac{\pi}{36}H(5D^2 + 4d^2) = 0,08\,727\, H(5D^2 + 4d^2)$.

Application numérique. — Pour H = 0,756 m., R = 0,345 m. et r = 0,305 m. la formule A donne 250 litres; la formule d'Oughtred, 261; la dernière, 254.

XIII. — Fractions égales.

1. — Une suite de fractions égales donne, en valeur absolue,

$$\frac{a}{b} = \frac{a'}{b'} = \frac{a''}{b''} = \ldots = \frac{\sqrt[n]{a^n + a'^n + a'''^n + \ldots}}{\sqrt[n]{b^n + b'^n + b'''^n + \ldots}}.$$

2. — Une suite de fractions égales à termes tous positifs donne les relations

$$\frac{a}{b} = \frac{a'}{b'} = \frac{a''}{b''} = \ldots = \frac{\sqrt{aa'}}{\sqrt{bb'}} = \frac{\sqrt[3]{aa'a''}}{\sqrt[3]{bb'b''}} = \ldots . \qquad (A$$

$$\sqrt{ab} + \sqrt{a'b'} + \sqrt{a''b''} + \ldots = \sqrt{(a + a' + a'' + \ldots)(b + b' + b'' + \ldots)}. \qquad (B$$

— Pour établir les identités (A), on multiplie membre à membre les égalités

$$\frac{a}{b} = \frac{a}{b}, \quad \frac{a}{b} = \frac{a'}{b'}, \quad \frac{a}{b} = \frac{a''}{b''}, \quad \ldots$$

L'identité (B) se tire des égalités $\dfrac{a}{b} = \dfrac{a'}{b'} = \ldots = \dfrac{ab}{b^2} = \ldots = \dfrac{a+a'+a''+\ldots}{b+b'+b''+\ldots}$

et $\dfrac{\sqrt{a+a'+a''+\ldots}}{\sqrt{b+b'+b''+\ldots}} = \dfrac{\sqrt{(a+a'+\ldots)(b+b'+\ldots)}}{b+b'+b''+\ldots}$. On peut aussi la vérifier

en élevant au carré les deux membres.

Application. — De l'identité (B) déduire la mesure du tronc de pyramide, en le décomposant en troncs triangulaires ayant pour bases a et b, a' et b', a'' et b'', ...

3. — En général, des fractions algébriques étant données, on obtient, sauf réserves parfois relativement aux signes, une fraction égale aux proposées en prenant pour numérateur une fonction des numérateurs homogène et du premier degré et pour dénominateur la même fonction des dénominateurs.

Ex. : $\qquad \dfrac{a}{b} = \dfrac{a'}{b'} = \dfrac{a''}{b''} = \dfrac{\sqrt{a^2 + a'^2 + a''^2 - 2aa'\lambda - 2a'a''\mu}}{\sqrt{b^2 + b'^2 + b''^2 - 2bb'\lambda - 2b'b''\mu}}$

Car on a $\qquad \dfrac{a^2}{b^2} = \dfrac{a'^2}{b'^2} = \dfrac{a''^2}{b''^2} = \dfrac{2aa'\lambda}{2bb'\lambda} = \ldots$

(Notons que le degré d'un terme irrationnel s'obtient en divisant par l'indice du radical le degré de l'expression placée sous le signe radical.)

4. — Si a, a', a'', ... sont des quantités de mêmes signes, et b, b', b'', ... des quantités de signes quelconques, on a

$$ab + a'b' + a''b'' + \ldots = (a + a' + a'' + \ldots)M(b, b', b'' \ldots).$$

— Pour établir cette identité, on montrera que le premier membre est une moyenne entre $(a + a' + \ldots)b_1$ et $(a + a' + \ldots)b_n$, en désignant par b_1 et par b_n la plus grande et la plus petite des quantités de la seconde suite.

XIV. — Proportions géométriques.

1. — Former diverses proportions avec chacune de ces égalités :

1. $xy = rt.$ $\qquad$ *2.* $m^2 = rs.$ $\qquad$ *3.* $42a^2c = 99b^2d.$

2. — Calculer le terme inconnu x de chacune des proportions suivantes :

1. $\dfrac{3}{7} = \dfrac{x}{35}.$ $\qquad\qquad$ *2.* $\dfrac{19(a-b)}{x} = \dfrac{57(a^2-b^2)}{6(a+b)}.$

3. $\dfrac{2a}{5b} : \dfrac{17a}{7c} = \dfrac{14c}{51b} : \dfrac{x}{3}.$ $\qquad$ *4.* $\dfrac{x}{a + \dfrac{ab}{a-b}} = \dfrac{b - \dfrac{ab}{a+b}}{a^2b^2}.$

Rép. : $\quad$ *1.* $x = 15.$ $\quad$ *2.* $x = 2.$ $\quad$ *3.* $x = 5.$ $\quad$ *4.* $x = \dfrac{1}{a^2 - b^2}.$

3. — On demande la quatrième proportionnelle :

1. Entre 27, 90 et 45.

2. Entre p, q, r.

3. Entre $\dfrac{1}{a}$, $\dfrac{1}{b}$, $\dfrac{1}{c}$.

4. Entre $m+\dfrac{a^2}{m}$, m^2+a^2, $m-\dfrac{a^2}{m}$.

Rép. : **1.** 150. **2.** $\dfrac{qr}{p}$. **3.** $\dfrac{a}{bc}$. **4.** m^2-a^2.

4. — On demande la moyenne proportionnelle :

1. Entre $\dfrac{ay}{b}$ et $\dfrac{ab}{y}$.

2. Entre $\dfrac{2(a^2-ab)}{35b}$ et $\dfrac{10a}{7(ab-b^2)}$.

Rép. : **1.** a. **2.** $\dfrac{2a}{7b}$.

5. — Simplifier, sans toucher au terme x, les proportions :

1. $\dfrac{76}{10}=\dfrac{57}{x}$.

2. $\dfrac{14a}{15b}:x=\dfrac{3c}{5b}:\dfrac{12c}{7a}$.

3. $\dfrac{p^2-q^2}{a+b}:\dfrac{(p+q)^2}{a^2-b^2}=\dfrac{a-b}{p+q}:x$.

Rép. : **1.** $\dfrac{2}{5}=\dfrac{3}{x}$. **2.** $\dfrac{2}{x}=\dfrac{3}{4}$. **3.** $\dfrac{p-q}{1}=\dfrac{1}{x}$.

6. — Démontrer que, si l'on a $\dfrac{a}{p}=\dfrac{b}{q}=\dfrac{c}{r}$, ces relations permettent d'éliminer les coefficients a, b, c de l'égalité $ax+by+cz=0$ et d'écrire $px+qy+rz=0$.

7. — Appliquer diverses propriétés des proportions (par exemple : $\dfrac{A}{B}=\dfrac{C}{D}$ donne $\dfrac{A+B}{B}=\dfrac{C+D}{D}$, $\dfrac{A+C}{B+D}=\dfrac{C}{D}$, etc.), à la transformation des proportions suivantes, de telle sorte que x ne se trouve plus qu'en un seul des quatre termes et forme à lui seul ce terme :

1. $\dfrac{a}{b}=\dfrac{c-x}{x}$. **2.** $\dfrac{p}{q}=\dfrac{n}{x-n}$. **3.** $\dfrac{a}{b}=\dfrac{c+x}{c-x}$.

4. $\dfrac{x}{a-x}=\dfrac{p}{q}$. **5.** $\dfrac{a+x}{b+x}=\dfrac{x+c}{x-c}$.

Rép. : **1.** $\dfrac{a+b}{b}=\dfrac{c}{x}$. **2.** $\dfrac{p}{p+q}=\dfrac{n}{x}$. **3.** $\dfrac{a-b}{a+b}=\dfrac{x}{c}$. **4.** $\dfrac{x}{a}=\dfrac{p}{p+q}$.

5. $\dfrac{a+b}{a-b-2c}=\dfrac{x}{c}$.

8. — Combiner (par multiplication, par division, ...) les deux proportions données, de façon à éliminer x, et réduire à sa forme la plus simple la proportion obtenue :

1. $\begin{cases}\dfrac{a}{b}=\dfrac{c}{x}, \\[4pt] \dfrac{b}{m}=\dfrac{x}{p}.\end{cases}$ **2.** $\begin{cases}\dfrac{x}{m}=\dfrac{r}{s}, \\[4pt] \dfrac{t}{r}=\dfrac{n}{x}.\end{cases}$ **3.** $\begin{cases}\dfrac{a+b}{a-b}=\dfrac{x}{(c+d)^2}, \\[4pt] \dfrac{c^2-d^2}{a^2-b^2}=\dfrac{x}{2a}.\end{cases}$

Rép. : **1.** $\dfrac{a}{m}=\dfrac{c}{p}$. **2.** $\dfrac{n}{m}=\dfrac{t}{s}$. **3.** $\dfrac{(a+b)^2}{2a}=\dfrac{c-d}{c+d}$.

9. — De la proportion $\dfrac{a}{b} = \dfrac{c}{d}$, déduire les proportions :

$$\frac{ab}{cd} = \frac{(a+b)^2}{(c+d)^2}; \qquad \frac{(a+b)+(c+d)}{(a+b)-(c+d)} = \frac{(a-b)+(c-d)}{(a-b)-(c-d)};$$

$$\frac{a^2+b^2}{\dfrac{a^3}{a+b}} = \frac{c^2+d^2}{\dfrac{c^3}{c+d}}; \qquad \frac{ma^2b+nab^2}{mc^2d+ncd^2} = \frac{pa^3+qb^3}{pc^3+qd^3}.$$

10. — Déduire $\dfrac{a}{b} = \dfrac{c}{d}$ de l'égalité

$$(a+b+c+d)(a-b-c+d) = (a-b+c-d)(a+b-c-d).$$

11. — Si $a^2 = bc$, on a $\dfrac{a+b}{a-b} = \dfrac{c+a}{c-a}$.

12. — Pour que des proportions $\dfrac{a}{b} = \dfrac{c}{d}$ et $\dfrac{a'}{b'} = \dfrac{c'}{d'}$ on puisse déduire $\dfrac{a+a'}{b+b'} = \dfrac{c+c'}{d+d'}$, il faut et il suffit que $\dfrac{a}{c} = \dfrac{a'}{c'}$.

13. — Les quantités x et y étant positives et $x > y$, quel est le plus grand des deux rapports $\dfrac{x-y}{x+y}$ et $\dfrac{x^2-y^2}{x^2+y^2}$?

14. — Si, dans une proportion, $\dfrac{a}{b} = \dfrac{c}{d}$ les termes sont tous positifs et sont écrits par ordre de grandeur $a > b > c > d$, la somme des extrêmes est supérieure à la somme des moyens.

15. — Établir ces deux théorèmes relatifs au plus petit commun multiple et au plus grand commun diviseur :

Si l'on a $\dfrac{a}{b} = \dfrac{c}{d}$, on a $\dfrac{\mathrm{D}(a, b)}{\mathrm{M}(a, b)} = \dfrac{\mathrm{D}(c, d)}{\mathrm{M}(c, d)}$.

Si l'on a $\dfrac{a}{a'} = \dfrac{b}{b'} = \dfrac{c}{c'} = \dots = q$, on a $\dfrac{\mathrm{D}(a, b, \dots)}{\mathrm{D}(a', b', \dots)} = \dfrac{\mathrm{M}(a, b, \dots)}{\mathrm{M}(a', b', \dots)} = q$.

16. — Montrer que, a' et b' étant des quantités positives, la fraction $\dfrac{ax+b}{a'x+b'}$ est comprise entre $\dfrac{a}{a'}$ et $\dfrac{b}{b'}$ et que, si x augmente, cette fraction croît ou décroît selon que $\dfrac{a}{a'}$ est supérieur ou inférieur à $\dfrac{b}{b'}$. Examiner le cas particulier $\dfrac{a}{a'} = \dfrac{b}{b'}$.

(Le premier théorème se déduit des propriétés des suites de fractions. Le second théorème s'établit par la comparaison des fractions $\dfrac{ax+b}{a'x+b'}$ et $\dfrac{a(x+h)+b}{a'(x+h)+b'}$, qu'on réduit, à cet effet, au même dénominateur.)

XV. — Applications des Proportions.

1. — L'évaporation de 10^{Kg} d'eau de mer fournit 270^{gr} de sel; combien de sel fourniront 15^{Kg} d'eau de mer?

Solution. $\qquad \dfrac{x}{0,270} = \dfrac{15}{10} \quad \therefore \quad x = 0^{Kg},405.$

2. — Lorsqu'un liquide, après avoir dissous une certaine quantité de sel à une température donnée, *refuse* d'en dissoudre davantage, on dit qu'il est *saturé*. Cela posé, sachant qu'une dissolution saturée de sel marin à la température ordinaire contient 27 parties de sel sur 100 parties et étant donnés 1800^{Kg} d'eau salée contenant 6 parties de sel sur 100 parties, on demande la quantité x d'eau qu'il faut faire évaporer pour obtenir une dissolution saturée. — *Généraliser*.

Solution. $\qquad \dfrac{\frac{6}{100} \times 1800}{1800 - x} = \dfrac{27}{100} \quad \therefore \quad x = 1400^{Kg}.$

En général, étant donnés a Kg. contenant n % de sel, il vient :

$$\frac{\frac{n}{100} \times a}{a - x} = \frac{27}{100} \quad \therefore \quad x = \left(\frac{27 - n}{27}\right)a.$$

3. — Deux machines à vapeur élèvent, d'un mouvement uniforme, l'une une masse de 4 tonnes à une hauteur de 400^m en $3\frac{1}{2}$ minutes, l'autre une masse de 12 tonnes à 200^m en $5\frac{1}{4}$ minutes. Quel est le rapport des forces déployées par les deux machines? — Donner une *formule générale* pour ce genre de problèmes.

(On sait que, si l'on appelle *quantité de mouvement* d'un corps à un instant donné le produit de sa masse par la vitesse qui l'anime à cet instant, *deux forces sont entre elles comme les quantités de mouvement qu'elles impriment en un même temps à deux masses différentes*.)

$\qquad\qquad\qquad$ *Rép.* : $\mathrm{F} = \mathrm{F}'$; les deux machines déploient égale force.

Formule : $\qquad \dfrac{\mathrm{F}}{\mathrm{F}'} = \dfrac{mv}{m'v'} = \dfrac{m \times \frac{e}{t}}{m' \times \frac{e'}{t'}}.$

4. — Thalès, dans son pèlerinage en Égypte, fut conduit par les prêtres du Soleil au pied de la pyramide de Chéops : le mystérieux polyèdre appuie sa masse énorme sur un carré de c coudées de côté et oriente ses quatre faces vers les quatre points cardinaux. Le philosophe de Milet voulut mesurer la hauteur de l'antique monument par l'ombre qu'il projetait : au milieu précis du jour, cet ombre s'avança de n coudées au delà du bord de la base sur le sol horizontal; à ce moment, le voyageur grec dresse sur le sable son bâton de pèlerin, qui, long de a coudées, projette b coudées d'ombre. Quelle hauteur h Thalès déduisit-il de son observation? — Posant $a = 3$, $b = 2\frac{7}{10}$, $c = 365,25$, $n = 26\frac{1}{2}$ et sachant que la coudée sacrée d'Égypte valait $0^m,6365$, réduisez en nombres la formule obtenue et convertissez h en mètres.

Solution. $\dfrac{h}{n+\dfrac{c}{2}}=\dfrac{a}{b}$ $\therefore$ $h=\left(n+\dfrac{c}{2}\right)\dfrac{a}{b};$ $h=148^{\mathrm{m}}.$

5. — Calculer le poids P′ d'un corps placé à la surface d'un astre, l'astre étant supposé parfaitement sphérique, de rayon r′ et de densité d′, sachant que ce corps pèse P kilogrammes à la surface de notre globe, qui a pour rayon r et pour densité d.

Solution. — On sait que le *poids* d'un corps, ou l'attraction exercée sur sa masse par la masse de l'astre sur lequel il se trouve, est proportionnel à la masse de cet astre et en raison inverse du carré de la distance entre ce corps et le centre de l'astre; — que les *masses* de deux sphères sont proportionnelles à leurs volumes et à leurs densités; — que les *volumes* de deux sphères sont proportionnels aux cubes de leurs rayons. D'où l'on tire

$$\frac{\mathrm{P}'}{\mathrm{P}}=\frac{m'}{m}\times\frac{\dfrac{1}{r'^2}}{\dfrac{1}{r^2}}=\frac{m'r^2}{mr'^2}=\frac{v'd'r^2}{vdr'^2}=\frac{r'^3d'r^2}{r^3dr'^2}=\frac{r'd'}{rd}.$$

Application. — Combien pèserait à la surface du Soleil ou de la Lune un corps qui, à la surface de la Terre, pèse 1^{Kg}? On sait que le diamètre du Soleil vaut $105\frac{1}{2}$ fois le diamètre de la Terre; que le diamètre de la Lune est 0,273, comparé au diamètre terrestre; et que le Soleil, la Lune et la Terre sont respectivement $1\frac{4}{10}$ fois, $3\frac{38}{100}$ fois et $5\frac{1}{2}$ fois plus denses que l'eau.

Rép. : La formule $\dfrac{\mathrm{P}'}{\mathrm{P}}=\dfrac{r'd'}{rd}$ donne, environ, $\mathrm{P}'=27^{\mathrm{Kg}}$ et $\mathrm{P}'=0^{\mathrm{Kg}},17.$

6. — Si l'on compare les diamètres des corps célestes suivants, on trouve les *rapports consécutifs* que voici : le Soleil est à la Terre comme 527 est à 5; la Terre est à la Lune comme 11 est à 3; la Lune est à Vénus comme 5 est à 18; Vénus est à Jupiter comme 1 est à 12, et Jupiter est à Saturne comme 11 est à 9. Calculer les rapports du diamètre d'un quelconque de ces astres, par exemple de la Terre, au diamètre de chacun des autres.

Solution. — On établit d'abord la suite de rapports égaux

$$\frac{\mathrm{S}}{527\times11\times11}=\frac{\mathrm{T}}{5\times11\times11}=\frac{\mathrm{L}}{5\times3\times11}=\frac{\mathrm{V}}{18\times3\times11}=\frac{\mathrm{J}}{18\times3\times11\times12}=\frac{\mathrm{S}}{18\times3\times12\times9}.$$

On trouvera, par exemple, $\dfrac{\mathrm{T}}{\mathrm{J}}=\dfrac{5\times11\times11}{18\times3\times12\times11}.$

7. — Les cordes vibrantes. — L'illustre géomètre Lagrange a, le premier, démontré mathématiquement, en 1759, les lois qui régissent les *vibrations des cordes sonores* : — Le nombre des vibrations transversales qu'une corde sonore tendue exécute dans l'unité de temps est proportionnel à la racine carrée du poids qui la tend et inversement proportionnel à sa longueur, à son diamètre et à la racine carrée de sa densité relative. Cela posé, une corde de cuivre de longueur l, de diamètre 2r, tendue par un poids de p kilogrammes exécute n vibrations simples par seconde : combien de vibrations exécutera une corde de platine de longueur l′, de diamètre 2r′, tendue par un poids p′, la densité du cuivre étant d et celle du platine d′ ?

Rép. : $n'=n\,\dfrac{rl}{r'l'}\sqrt{\dfrac{p'd}{pd'}}.$

— Si l'on veut calculer directement le nombre de vibrations simples d'une corde sonore, on applique la formule de LAGRANGE $n = \frac{1}{rl}\sqrt{\frac{kp}{d}}$, dans laquelle r et l expriment en décimètres le rayon et la longueur de la corde, p le poids qui la tend en kilogrammes, d la densité relative et k le rapport $k = \frac{40g}{\pi} = \frac{98,1}{3,14}$.

8. — Le son le plus grave du violoncelle, l'*ut* grave, est produit par une corde donnant 128 vibrations simples par seconde. A l'aide d'un chevalet mobile, on peut réduire la longueur de la corde vibrante; or, si l'on donne successivement à la corde des longueurs proportionnelles aux nombres

$$1, \quad \frac{8}{9}, \quad \frac{4}{5}, \quad \frac{3}{4}, \quad \frac{2}{3}, \quad \frac{3}{5}, \quad \frac{8}{15}, \quad \frac{1}{2},$$

la corde émet les huit notes de la gamme ascendante,

ut,   ré,   mi,   fa,   sol,   la,   si,   ut.

On demande : 1° les nombres de vibrations par seconde qui donnent naissance aux huit notes de cette première gamme; — 2° le rapport entre les nombres de vibrations qui correspondent à une de ces notes et à la note précédente (rapport qui mesure les *intervalles* entre deux notes successives); — 3° les rapports entre les nombres de vibrations répondant aux notes *ut, mi, sol* de l'accord parfait, notes qui, émises simultanément, donnent l'accord le plus agréable à l'oreille.

Rép. : Notes :   *ut,   ré,   mi,   fa,   sol,   la,   si,   ut.*
     Nombres des vibrations : 128, 144, 160, 170, 192, 214, 240, 256.
     Intervalles : $\frac{9}{8}$ $\frac{10}{9}$ $\frac{16}{15}$ $\frac{9}{8}$ $\frac{10}{9}$ $\frac{9}{8}$ $\frac{16}{15}$
     Accord parfait : $\frac{128}{4} = \frac{160}{5} = \frac{192}{6}$. (Ces trois nombres, 4, 5, 6,
ont pour *inverses* trois nombres qui forment une *proportion harmonique.*)

9. — CHUTE DES CORPS. — Les expériences de Physique établissent ces trois *lois* de la chute libre des corps dans le vide :

1° *Dans le vide, tous les corps tombent avec une égale vitesse ;*

2° *La vitesse* v *acquise par le corps à un instant donné de sa chute accélérée, croît en proportion du temps* t *écoulé depuis l'origine de la chute;*

3° *L'espace* e *parcouru par le corps croît en proportion du carré du temps* t *écoulé depuis l'origine de la chute.*

Des mêmes expériences il résulte que, dans nos régions, un corps parcourt 5ᵐ, plus exactement 4ᵐ,905, durant la première seconde de sa chute et est animé, à la fin de cette première seconde, d'une vitesse de 2 × 4ᵐ,905 ou 9ᵐ,81 : on désigne par g (initiale du mot *gravitas)* cette vitesse de 9ᵐ,81 à la seconde, qui anime le corps à la fin de la première seconde et qui ira en se multipliant sous la constante action de la pesanteur. Cette accélération constante $g = 9^m,81$ mesure l'*intensité* de l'attraction exercée par la Terre sur ce corps en nos régions.

Si on néglige la résistance de l'air, 1° en combien de secondes un corps tombera-t-il du sommet de la tour d'Anvers (hauteur : 126ᵐ) jusqu'au pied de l'édifice?

2° Quelle est la hauteur du tablier du pont de Brooklyn (New-York) au-dessus des eaux de l'Hudson, étant donné qu'une pierre met 3ˢ,3 pour en tomber?

3° De quelle hauteur faut-il laisser tomber un corps dans le vide, pour qu'il soit animé, à l'instant du choc contre le sol, d'une vitesse égale à la vitesse moyenne de nos express, qui est de 16ᵐ à la seconde?

On demande d'établir ensuite les *formules générales* de la chute des corps, *t* désignant la durée de la chute, *e* l'espace parcouru, *v* la vitesse acquise, *g* l'accélération due à la pesanteur ($g = 9^m,81$).

Solutions. — 1° D'après la loi des espaces, les carrés des temps écoulés sont entre eux comme les espaces parcourus en ces temps. On a donc :

$$\frac{t^2}{1^2} = \frac{126}{4,9} \quad \therefore \quad t = \sqrt{\frac{126}{4,9}} = 5^s,07.$$

2° La loi des espaces donne de même :

$$\frac{e}{4,9} = \frac{3,3^2}{1^2} \quad \therefore \quad e = 4,9 \times 3,3^2, \text{ ou } 54^m \text{ environ.}$$

3° On tire de la loi des espaces $\dfrac{e}{4,9} = \dfrac{t^2}{1^2}$ et de la loi des vitesses $\dfrac{16}{9,81} = \dfrac{t}{1}$; d'où $\dfrac{e}{4,9} = \left(\dfrac{16}{9,81}\right)^2$, ou $e = 13^m$.

Formules. — La loi des vitesses et la loi des espaces donnent les proportions $\dfrac{v}{g} = \dfrac{t}{1}$ et $\dfrac{e}{\frac{1}{2}g} = \dfrac{t^2}{1^2}$; d'où les formules :

$$v = gt, \qquad \text{(1} \qquad\qquad e = \tfrac{1}{2}gt^2. \qquad \text{(2}$$

On en tire

$$t = \frac{v}{g}, \qquad \text{(3} \qquad\qquad t = \sqrt{\frac{2e}{g}}. \qquad \text{(4}$$

Égalant ces deux expressions de *t*, on a $\dfrac{v}{g} = \sqrt{\dfrac{2e}{g}}$; élevant au carré, puis multipliant par g^2, on obtient $v^2 = 2ge$; d'où

$$v = \sqrt{2ge}, \qquad \text{(5} \qquad\qquad e = \frac{v^2}{2g}. \qquad \text{(6}$$

Les formules (4), (2) et (6) fournissent les réponses immédiates aux problèmes précédents : $t = \sqrt{\dfrac{2e}{g}} = \sqrt{\dfrac{2 \times 126}{9,81}}$; $e = \tfrac{1}{2}gt^2 = 4,9 \times 3,3^2$; $e = \dfrac{v^2}{2g} = \dfrac{16^2}{2 \times 9,81}$.

10. — Problème de la poutre. — Une poutre à section transversale rectangulaire supporte sans rupture une charge exprimée en kilogrammes par la formule $P = \dfrac{bh^2}{l}NK$; *l* désigne la longueur (mesurée entre les appuis), *b* la largeur et *h* l'épaisseur (dimension verticale) de la poutre; K est un coefficient d'élasticité variant avec la nature de la poutre (chêne : K = 600 000; fonte : K = 3 000 000; fer forgé : K = 6 000 000;

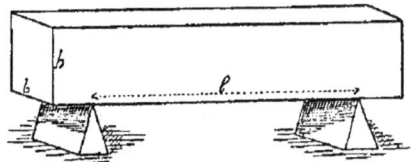

acier : K = 12 500 000); N est un coefficient dépendant de la disposition de la charge et du mode de consolidation de la poutre.

$N = \tfrac{2}{3}$ ou $N = \tfrac{4}{3}$, selon que, la poutre étant simplement posée sur deux appuis de niveau, la charge est réunie au milieu ou est répartie également sur toute la longueur de la poutre; on a encore $N = \tfrac{4}{3}$, si la poutre est encastrée à ses deux extrémités et supporte toute la charge en son milieu.

1° On demande le rapport entre les résistances à la rupture par flexion, la poutre étant placée d'abord à plat (sur la face la plus large), puis de champ (sur la face la plus étroite).

2° On demande la largeur et l'épaisseur d'une poutre de chêne, placée de champ, encastrée par ses extrémités dans deux murs distants de 4^m et capable de supporter, en son milieu, une charge de 4000^{Kg} : on sait d'ailleurs que les charpentiers adoptent le rapport $\frac{5}{7}$ entre les deux dimensions de la section rectangulaire des poutres.

Solution. — 1° $\frac{P}{P'} = \frac{bh^2}{b^2h} = \frac{h}{b}$. Il y a donc avantage à placer la poutre de champ.

2° $P = \frac{4}{3} \frac{bh^2K}{l}$ $\therefore$ $bh^2 = \frac{3}{4} \frac{Pl}{K} = \frac{1}{50}$. Or, on a $b = \frac{5}{7}h$; d'où $bh^2 = \frac{5}{7}h^3$; $\frac{5}{7}h^3 = \frac{1}{50}$; $h^3 = \frac{7}{250} = 0,028$. D'où $h = 0^m,303$, $b = \frac{5}{7}h = 0^m,216$.

XVI. — Proportions harmoniques.

DÉFINITIONS. — Trois quantités, a, b, c, sont en *proportion harmonique*, et la seconde est une *moyenne harmonique* entre les deux autres, si le rapport entre l'excès de la première sur la seconde et de la seconde sur la troisième est égal au rapport des extrêmes, en sorte que l'on a

$$\frac{a-b}{b-c} = \frac{a}{c} \quad \therefore \quad b = \frac{2ac}{a+c} \quad \text{ou} \quad b = \frac{2}{\frac{1}{a} + \frac{1}{c}}.$$

Les quantités a, b, c, sont en *proportion arithmétique, géométrique* ou *harmonique*, suivant qu'on a $\frac{a-b}{b-c} = \frac{a}{a}$ ou $\frac{a-b}{b-c} = \frac{a}{b}$ ou $\frac{a-b}{b-c} = \frac{a}{c}$, et, par suite, $b = \frac{a+c}{2}$ ou $b = \sqrt{ac}$ ou $b = \frac{2ac}{a+c}$.

En général, on appelle *moyenne arithmétique, moyenne géométrique* et *moyenne harmonique* entre n quantités, a, b, c, ..., l, les quantités définies par les formules

$$M_A = \frac{a+b+c...+l}{n}, \quad M_G = \sqrt[n]{abc...l}, \quad M_H = \frac{n}{\frac{1}{a} + \frac{1}{b} + \frac{1}{c} + ... + \frac{1}{l}}.$$

THÉORÈMES. — **1.** — La *moyenne harmonique* entre deux quantités est effectivement une *moyenne* entre ces deux quantités, c'est-à-dire n'est ni supérieure à la plus grande ni inférieure à la plus petite de ces deux quantités.

2. — Les inverses de trois quantités en proportion harmonique sont en proportion arithmétique, et réciproquement; en sorte que les égalités $\frac{a-b}{b-c} = \frac{a}{c}$ et $\frac{1}{a} - \frac{1}{b} = \frac{1}{b} - \frac{1}{c}$ sont équivalentes.

3. — Les inverses des termes d'une progression harmonique sont en progression arithmétique, et réciproquement. (Une *progression harmonique* est une suite de termes tels, que trois termes consécutifs, ou simplement équidistants, sont en proportion harmonique.)

La plus simple progression arithmétique étant 1, 2, 3, 4, 5, ..., n, ..., la plus simple progression harmonique est 1, $\frac{1}{2}$, $\frac{1}{3}$, $\frac{1}{4}$, $\frac{1}{5}$, ... $\frac{1}{n}$, ...

4. — Si a, b, c sont en proportion harmonique,

1° Il en est de même de $\dfrac{a}{b+c}$, $\dfrac{b}{c+a}$, $\dfrac{c}{a+b}$;

2° On a $\dfrac{1}{a-b} + \dfrac{1}{b-c} + \dfrac{4}{c-a} = \dfrac{1}{c} - \dfrac{1}{a}$;

3° On a aussi $\dfrac{1}{b-a} + \dfrac{1}{b-c} = \dfrac{1}{a} + \dfrac{1}{c}$.

5. Si a, b, c sont en proportion arithmétique, p, q, r en proportion harmonique et ap, bq, cr en proportion géométrique, on a $\dfrac{p}{r} + \dfrac{r}{p} = \dfrac{a}{c} + \dfrac{c}{a}$.

6. Si a, b, c, d sont en progression harmonique, on a $a+d > b+c$.
(Pour démontrer ce théorème, on introduit dans l'inégalité à établir les expressions $a = \dfrac{bc}{2c-b}$ et $d = \dfrac{bc}{2b-c}$, en observant que les deux dénominateurs doivent être positifs).

7. — Problème. — *Trouver trois nombres entiers qui soient dans une proportion d'espèce donnée.*

Ce problème admet une infinité de solutions : il appartient à l'Analyse indéterminée. Voici les formules de solution pour les trois cas.

1° On obtient trois nombres, a, b, c, en *proportion arithmétique*, en assignant telles valeurs qu'on veut aux quantités arbitraires p et k dans les formules :

$$a = p + k, \quad b = p, \quad c = p - k.$$

2° On obtient trois nombres, α, β, γ, en *proportion géométrique*, en assignant telles valeurs qu'on veut aux quantités arbitraires p, q, k, dans les formules :

$$\alpha = kp^2, \quad \beta = kpq, \quad \gamma = kq^2.$$

Le cas le plus simple répond à l'hypothèse $p = q = k = 1$.

Si l'on pose $a = \alpha + 2\beta + \gamma$, $b = \beta + \gamma$, $c = \gamma$, on obtient trois quantités, a, b, c, formant encore une proportion géométrique.

Réciproquement, pour ramener une proportion géométrique donnée $\dfrac{a-b}{b-c} = \dfrac{a}{b}$ à une proportion plus simple, il suffit de poser $a - 2b + c = \alpha$, $b - c = \beta$, $c = \gamma$.

3° On obtient trois nombres, a, b, c, en *proportion harmonique*, en attribuant, dans les formules suivantes, à α, β et γ, des valeurs arbitraires en proportion géométrique :

$$a = 2\alpha + 3\beta + \gamma, \quad b = 2\beta + \gamma, \quad c = \beta + \gamma \ [1].$$

---

[1] Toutes ces formules traduisent des lois découvertes déjà par les Pythagoriciens.
La Théorie des proportions date des premiers travaux de l'école pythagoricienne. Pythagore, dont toute la Philosophie repose d'ailleurs sur la considération des harmonies du nombre, observa un jour que trois marteaux de forgerons donnaient, en frappant l'enclume, un accord bien harmonisé ; il fit peser les trois outils et les poids se trouvèrent dans les rapports des nombres 6, 4 et 3, nombres qui répondent à la proportion $\dfrac{a-b}{b-c} = \dfrac{a}{c}$: telle fut, dit-on, l'origine de la Théorie des proportions harmoniques.
Les nombres 15, 12, 10, proportionnels aux longueurs des cordes sonores qui, sous une

XVII. — Indéterminations apparentes.

1. — On demande les vraies valeurs des fractions suivantes :

1. $\dfrac{a^2 - 9}{2a - 6}$, pour $a = 3$.

2. $\dfrac{a^2 - 2ab + b^2}{a^2 - b^2}$, pour $a = b$.

3. $\dfrac{p^2 - 4}{p^2 + 2p}$, pour $p = -2$,

4. $\dfrac{x^3 - a^3}{x^2 - a^2}$, pour $x = a$.

5. $\dfrac{x^2 + 4x - 21}{x^2 + 2x - 15}$, pour $x = 3$.

6. $\dfrac{z^4 - 1}{z^2 - 2z + 1}$, pour $z = 1$.

7. $\dfrac{x^m - a^m}{x^n - a^n}$, pour $x = a$.

$\qquad\qquad\qquad\qquad\qquad$ *Rép.* : $\dfrac{m x^{m-1}}{n x^{n-1}}$.

---

même tension, rendent les sons *ut*, *mi*, *sol* de l'accord parfait, le plus agréable à l'oreille, sont aussi en proportion harmonique.

Les Anciens s'occupaient beaucoup des proportions, ou, comme ils disaient, des *médiétés*. Ils appelaient *médiété* (μεσότης) l'ensemble de trois nombres tels que deux de leurs différences soient dans le même rapport que deux de ces nombres.

Outre la médiété arithmétique, la médiété géométrique et la médiété harmonique, déjà connues probablement de PYTHAGORE même et définies par les relations

$$\frac{a-b}{b-c} = \frac{a}{a} = \frac{b}{b} = \frac{c}{c}, \qquad \frac{a-b}{b-c} = \frac{a}{b} = \frac{b}{c}, \qquad \frac{a-b}{b-c} = \frac{a}{c},$$

ils en considéraient plusieurs autres, notamment la *sous-contraire* (ὑπεναντία) à l'harmonique et les deux *sous-contraires à la géométrique*, définies par les trois proportions

$$\frac{a-b}{b-c} = \frac{c}{a}, \qquad \frac{a-b}{b-c} = \frac{c}{b}, \qquad \frac{a-b}{b-c} = \frac{b}{a},$$

médiétés qui donnent respectivement

$$b = \frac{a^2 + c^2}{a + c}, \qquad a = b + c - \frac{c^2}{b}, \qquad c = a + b - \frac{a^2}{b}.$$

Ces trois dernières furent inventées par ARCHYTAS de Tarente (440-380) et par HYPPASOS et étudiées par EUDOXE de Cnide (407-350), disciple d'Archytas.

Les travaux des Grecs sur cette question sont résumés dans l'étude des *dix médiétés* au second Livre de la *Collection mathématique* de PAPPUS, ouvrage précieux écrit à Alexandrie au temps de Dioclétien et où se trouvent recueillies les découvertes géométriques et arithmétiques des Anciens.

Il résulte notamment de ces travaux sur les proportions, travaux antérieurs à l'ère chrétienne, que les Grecs savaient traduire en règles arithmétiques les solutions géométriques de leurs problèmes, et même qu'ils savaient résoudre arithmétiquement les problèmes exprimés aujourd'hui par nos équations du second degré. En particulier, il résulte de ces mêmes travaux qu'ils connaissaient la possibilité d'une double solution (cas de l'équation du second degré à deux racines positives) et qu'ils calculaient, et admettaient ou rejetaient, après discussion, cette double solution (exemples : cas du calcul de *c* dans la 4ᵉ médiété et dans la suivante). Cette conclusion est importante dans l'histoire de la science grecque, la connaissance des racines positives doubles ayant été déniée aux Grecs, sous le prétexte que DIOPHANTE, dans ses *Arithmétiques*, ne s'occupe jamais que d'une seule solution. (Voy. n. **294**, *note*, au t. II de ce *Cours*). Nous empruntons aux recherches de Paul TANNERY, sur *L'Arithmétique des Grecs dans Pappus* (1880), la substance de la présente note sur les médiétés.

8. $\dfrac{xy - 2y - 2x + 4}{x^2 - 3x + 2}$, pour $\begin{cases} x = 2, \\ y = 3. \end{cases}$ $\qquad\qquad$ *Rép.* : 1.

9. $\dfrac{x^3 - 4ax^2 + 5a^2x - 2a^3}{x^3 - 3a^2x + 2a^3}$, pour $x = a$. $\qquad\qquad$ *Rép.* : $-\dfrac{1}{3}$.

10. $\dfrac{a^3 - b^3 - a^2b + ab^2}{a - b}$, pour $a = b$. $\qquad\qquad$ *Rép.* : $2b^2$.

11. $\dfrac{x+a}{x-a} + \dfrac{x+b}{x-b}$, pour $x = \infty$. $\qquad\qquad$ *Rép.* : 2.

12. $\dfrac{2}{x^2 - 1} - \dfrac{1}{x - 1}$, pour $x = 1$. $\qquad\qquad$ *Rép.* : $-\dfrac{1}{2}$.

13. $\dfrac{[a(x+\delta)^2 + b(x+\delta) + c] - (ax^2 + bx + c)}{\delta}$, pour $\delta = 0$. $\quad$ *Rép.* : $2ax + b$.

2. — La recherche des vraies valeurs des expressions suivantes est une application des règles données dans la Théorie des fractions, mais se fera plus aisément à la suite de l'étude de la Théorie des quantités irrationnelles (XIX, **24**) :

1. $\dfrac{x + 1 - \sqrt{x^2 + x + 3}}{x^2 - 4}$, pour $x = 2$. $\qquad\qquad$ *Rép.* : $\dfrac{1}{24}$.

2. $\dfrac{\sqrt{x} - \sqrt{y}}{x - y}$, pour $x = y$. $\qquad\qquad$ *Rép.* : $\dfrac{1}{2\sqrt{x}}$.

3. $\dfrac{\sqrt{x+1} - \sqrt{2(x-1)}}{x - 3}$, pour $x = 3$. $\qquad\qquad$ *Rép.* : $-\dfrac{1}{4}$.

4. $\dfrac{\dfrac{2pq}{p + \sqrt{pq}} - \sqrt{pq}}{p - q}$, pour $p = q$. $\qquad\qquad$ *Rép.* : $-\dfrac{1}{4}$.

5. $\dfrac{\sqrt{a^2 + ax + x^2} - \sqrt{a^2 - ax + x^2}}{\sqrt{a+x} - \sqrt{a-x}}$, pour $x = 0$. $\qquad$ *Rép.* : $\sqrt{a}$.

6. $\dfrac{\sqrt{(x+h)^2 - a^2} - \sqrt{x^2 - a^2}}{h}$, pour $h = 0$. $\qquad$ *Rép.* : $\dfrac{x}{\sqrt{x^2 - a^2}}$.

7. $\sqrt{x^2 - x - 1} - \sqrt{x^2 - 7x + 3}$, pour $x = \infty$. $\qquad$ *Rép.* : 3.

8. $x - 1 - \sqrt{x^2 - 5x + 3}$, pour $x = \infty$. $\qquad\qquad$ *Rép.* : $\dfrac{3}{2}$.

3. — Le produit $(n-1)\left[\dfrac{1}{n^4 - 1} + \dfrac{1}{n^2 - 1} + \dfrac{1}{n - 1}\right]$, pour $n = 1$, revêt la forme $0 \times \infty$; montrer que sa vraie valeur est $\dfrac{7}{4}$.

4. — Montrer que $\sqrt{x^2 + 1} - x$ devient infiniment petit; que $x - \sqrt{x^2 - 2x}$ converge vers l'unité, et que $\sqrt{ax^2 + bx + c} - x\sqrt{a}$ tend vers la valeur limite $\dfrac{b}{2\sqrt{a}}$, lorsque, dans ces expressions, on fait croître x au delà de toute limite.

XVIII. — Exposants négatifs.

1. — Effectuer les opérations suivantes : 1° sans modifier la forme des polynomes; — 2° après avoir donné à chaque terme des polynomes la forme entière à l'aide d'exposants négatifs :

$$\left(\frac{1}{x^2}+\frac{a}{x}+a^2\right)\times\left(\frac{a}{x}-a^2+a^3x\right); \quad \left(\frac{2x^2}{a^2}-\frac{x}{a}-1-\frac{a}{x}-\frac{3a^2}{x^2}\right):\left(\frac{2a}{x}-\frac{3a^2}{x^2}\right).$$

2. — Effectuer les opérations suivantes et écrire sous forme fractionnaire les résultats :

1. $[(2a)^{-2}]^3$.   **2.** $(5a^{-3})^{-2}$.   **3.** $(-1^{-1})^{-2}$.

4. $(a-b)^{-1}(b-a)^{-1}[(a-b)^{-1}]^{-2}$.   **5.** $(a^{-3}+b^{-5})(a^{-3}-b^{-5})$.

6. $[(x^2)^{-2}-(y^{-2})^2](x^{-4}+y^{-4})$.   **7.** $\sqrt{a^{-2}+b^{-2}+2(ab)^{-1}}$.

8. $[(-a^{-2})^{-2}]^{-3}$.   **9.** $[(-a^{-2})^{-2n}]^{-2n-1}$.   **10.** $[(-a^{-1})^{-3}]^{-2}$.

11. $[(-a^{-1})^{-2n-1}]^{-2n}$.   **12.** $\left[\left(\frac{a-b}{x+y}\right)^{-3}\right]^2\left[\left(\frac{x-y}{b-a}\right)^{-2}\right]^3\left[\left(\frac{x-y}{x+y}\right)^{-2}\right]^{-3}$.

13. $(x^6+x^4-x^{-4}-x^{-6}):(x^2-x^{-2})$.   **14.** $(a+b):(a^{-1}+b^{-1})$.

15. $(n^6-n^{-6}):(n+n^{-1})$.   **16.** $\sqrt{(x+x^{-1})^2-4(x-x^{-1})}$.

Rép. :   **1.** $\frac{1}{64a^6}$.   **2.** $\frac{a^6}{25}$.   **3.** 1.   **4.** -1.   **5.** $\frac{1}{a^6}-\frac{1}{b^{10}}$.

6. $\frac{1}{x^8}-\frac{1}{y^8}$.   **7.** $\pm\frac{a+b}{ab}$.   **8.** $\frac{1}{a^{12}}$.   **9.** $\frac{1}{a^{4n(2n+1)}}$.   **10.** $\frac{1}{a^6}$.

11. $\frac{1}{a^{2n(2n+1)}}$.   **12.** 1.   **13.** $x^4+x^2+1+\frac{1}{x^2}+\frac{1}{x^4}$.   **14.** ab.

15. $n^5-n^3+n-\frac{1}{n}+\frac{1}{n^3}-\frac{1}{n^5}$.   **16.** $x-\frac{1}{x}-2$.

3. — Vérifier l'identité :

$$\frac{a^2(b^{-1}-c^{-1})+b^2(c^{-1}-a^{-1})+c^2(a^{-1}-b^{-1})}{a(b^{-2}-c^{-2})+b(c^{-2}-a^{-2})+c(a^{-2}-b^{-2})}=\frac{a+b+c}{a^{-1}+b^{-1}+c^{-1}}.$$

4. — Que deviennent $\dfrac{m^{x-y}}{(x-y)^n}$ et $\dfrac{m^{x-y}}{(x-y)^{-n}}$ quand la différence entre x et y devient infiniment petite?   *Rép.* : ∞; 0.

5. — Que deviennent $(x:y)^m$ et $(x:y)^{-m}$, quand on suppose $x<y$ et que m croît au delà de toute limite?   *Rép.* : 0; ∞.

6. — Une quantité est dite *diviseur exact* d'une autre quantité, lorsque le quotient est une quantité entière. — La fraction $a^6b^{-4}c^2d^{-5}$ est divisible par la fraction $a^2b^{-5}c^2d^{-8}x^{-2}$; quel est le quotient?   *Rép.* : $a^4bd^3x^2$.

7. — Entre les quantités a, a^2b^3, $ab^{-4}cd^{-5}$, quel est le plus grand commun diviseur et le plus petit commun multiple? *Rép.* : $D = ab^{-4}d^{-5}$, $M = a^2b^3c$.

8. — Énoncer et établir le théorème exprimé par la formule

$$D(a, b, c, \ldots) \times M(a^{-1}, b^{-1}, c^{-1}, \ldots) = 1.$$

XIX. — Radicaux réels du second degré.

1. — Simplifier les expressions suivantes :

1. $\sqrt{4a^2b}$. **2.** $\sqrt{8pq^3}$. **3.** $\sqrt{72z^5}$. **4.** $2x\sqrt{108a^4b^7}$. **5.** $\sqrt{7(14a - 21b)}$.

6. $\sqrt{8a^5b^2 - 4a^4b^3}$. **7.** $\sqrt{(n^3 - n)(n+1)}$. **8.** $(p+q)\sqrt{(p^2 - q^2)(p - q)}$.

9. $\sqrt{(2x - 2)(5x + 5)(40x^2 - 10)}$. **10.** $\sqrt{(a^2 - b^2)^2 + (2ab)^2}$.

11. $\sqrt{36n^4x^2 + 120n^3x^2 + 100n^2x^2}$. **12.** $\sqrt{a^{2n - 2}b^2}$.

13. $\sqrt{a^{2m + n}b^{2mn}c^{m + 2n}}$. **14.** $\dfrac{2b}{3a}\sqrt{\dfrac{9a^3c}{20b^2d}}$. **15.** $\dfrac{a}{b}\sqrt{\dfrac{4b^2c}{27a^3}}$.

16. $\sqrt{\dfrac{a^2b + 2ab^2 + b^3}{3a^2 - 6ab + 3b^2}}$. **17.** $\dfrac{a+b}{2a}\sqrt{\dfrac{8a^3b}{(ab + b^2)(a^2 + ab)}}$.

18. $\sqrt{(p^2 + q^2)\left(\dfrac{1}{p^2} + \dfrac{1}{q^2}\right)}$. **19.** $\sqrt{\left(\dfrac{x^2 + a^2}{b}\right)^2 - \left(\dfrac{x^2 - a^2}{b}\right)^2}$.

20. $\sqrt{\dfrac{a^2}{c^2} - \dfrac{2a}{c} + 1}$. **21.** $\sqrt{98 - 7\sqrt{147}}$.

22. $\sqrt{21 + \sqrt{13 + \sqrt{7 + \sqrt{4}}}}$. **23.** $\sqrt{14x^2 - \sqrt{21x^4 + \sqrt{19x^8 - \sqrt{9x^{16}}}}}$.

24. $\sqrt{a\sqrt{a\sqrt{a^2}}}$. **25.** $\sqrt{ab(a + b)(a^{-1} + b^{-1})}$.

Rép. : **1.** $2a\sqrt{b}$. **2.** $2q\sqrt{2pq}$. **3.** $6z^2\sqrt{2z}$. **4.** $12a^2b^3x\sqrt{3b}$.
5. $7\sqrt{2a - 3b}$. **6.** $2a^2b\sqrt{2a - b}$. **7.** $(n+1)\sqrt{n^2 - n}$. **8.** $(p^2 - q^2)\sqrt{p + q}$.
9. $10(x^2 - 1)$. **10.** $a^2 + b^2$. **11.** $2nx(3n + 5)$. **12.** $a^{n-1}b$. **13.** $a^m b^{mn} c^n \sqrt{a^n c^m}$.
14. $\sqrt{\dfrac{ac}{5d}}$. **15.** $\dfrac{2}{3}\sqrt{\dfrac{c}{3a}}$. **16.** $\dfrac{a+b}{a-b}\sqrt{\dfrac{b}{3}}$. **17.** $\sqrt{2}$. **18.** $\dfrac{p^2 + q^2}{pq}$.
19. $\dfrac{2ax}{b}$. **20.** $\dfrac{a-c}{c}$. **21.** $7\sqrt{2} - \sqrt{3}$. **22.** 5. **23.** $3x$. **24.** a.
25. $a + b$.

2. Simplifier $\sqrt{bc - \dfrac{a^2bc}{(b+c)^2}}$ et $\sqrt{\dfrac{a^2bc}{(b-c)^2} - bc}$, en posant $2p = a+b+c$.

$Rép.$: $\dfrac{2\sqrt{bcp(p-a)}}{b+c}$ et $\dfrac{2\sqrt{bc(p-b)(p-c)}}{b-c}$.

3. — Simplifier $\dfrac{n^3 - 3n + (n^2-1)\sqrt{n^2-4} - 2}{n^3 - 3n + (n^2-1)\sqrt{n^2-4} + 2}$.

$Rép.$: $\dfrac{(n+1)\sqrt{n-2}}{(n-1)\sqrt{n+2}}$. On décompose, à cet effet, chaque terme de la fraction : le numérateur devient $n(n^2-1) + (n-1)(n+1)\sqrt{n^2-4} - 2(n+1) = (n+1)[\ldots] = \ldots.$

4. — On donne le rayon R d'une sphère et la hauteur h d'un cône inscrit dans la sphère; sachant que le côté l du cône et le rayon a du cône ont pour expressions $l = \sqrt{2Rh}$ et $a = \sqrt{l^2 - h^2}$, calculer la surface latérale s du cône par la formule $s = \pi al$.

5. — Additions et soustractions :

1. $4\sqrt{32} - 5\sqrt{50} + 3\sqrt{18}$.   *2.* $(3\sqrt{8} - 5\sqrt{27}) + (2\sqrt{147} - \sqrt{50})$.

3. $2\sqrt{50} + 5\sqrt{72} - 2\sqrt{8} - 7\sqrt{18}$.   *4.* $\sqrt{75} - \sqrt{27} + \sqrt{108}$.

5. $(\sqrt{a} + 3\sqrt{b}) - (15\sqrt{a} - 2\sqrt{b}) + (4\sqrt{b} + 7\sqrt{a}) - (7\sqrt{b} - 5\sqrt{a})$.

6. $\sqrt{x^5} + \sqrt{xy^4} - \sqrt{4x^3y^2}$.   *7.* $\sqrt{x^3 - ax^2} - \sqrt{a^2x - a^3}$.

8. $\sqrt{16n - 32} - \sqrt{9n - 18}$.   *9.* $\sqrt{x^3 + 2ax^2 + a^2x} + \sqrt{x^3 - 2ax^2 + a^2x}$.

10. $\sqrt{\dfrac{a}{b}} - \sqrt{\dfrac{b}{a}}$.   *11.* $\sqrt{\dfrac{p}{q}} + \sqrt{\dfrac{q}{p}} + \sqrt{\dfrac{1}{pq}}$.

12. $\sqrt{\dfrac{z}{xy}} + \sqrt{\dfrac{y}{xz}} + \sqrt{\dfrac{x}{yz}}$.   *13.* $\dfrac{1}{a + \sqrt{b}} - \dfrac{1}{a - \sqrt{b}}$.

14. $\dfrac{1}{a - \sqrt{a^2 - b^2}} - \dfrac{1}{a + \sqrt{a^2 - b^2}}$.   *15.* $\dfrac{\sqrt{x} + \sqrt{a}}{\sqrt{x} - \sqrt{a}} - \dfrac{\sqrt{x} - \sqrt{a}}{\sqrt{x} + \sqrt{a}}$.

16. $\dfrac{x + \sqrt{x^2 - 1}}{x - \sqrt{x^2 - 1}} - \dfrac{x - \sqrt{x^2 - 1}}{x + \sqrt{x^2 - 1}}$.   *17.* $\sqrt{p - q} + \dfrac{q}{\sqrt{p - q}}$.

18. $\sqrt{\dfrac{3}{2}} - \sqrt{\dfrac{2}{3}} - \sqrt{\dfrac{1}{6}}$. *19.* $\dfrac{\sqrt{1+n}}{\sqrt{1+n} + \sqrt{1-n}} - \dfrac{\sqrt{1-n}}{\sqrt{1-n} - \sqrt{1+n}}$.

20. $\sqrt{\dfrac{a^3}{b}} + \sqrt{\dfrac{b^3}{a}} - \sqrt{4ab}$.

$Rép.$: *1.* 0.   *2.* $\sqrt{2} - \sqrt{3}$.   *3.* $15\sqrt{2}$.   *4.* $8\sqrt{3}$.   *5.* $2(\sqrt{b} - \sqrt{a})$.

6. $(x-y)^2\sqrt{x}$.　　7. $(x-a)\sqrt{x-a}$.　　8. $\sqrt{n-2}$.　　9. $2x\sqrt{x}$.

10. $\dfrac{a-b}{ab}\sqrt{ab}$.　11. $\dfrac{p+q+1}{pq}\sqrt{pq}$.　12. $\dfrac{x+y+z}{xyz}\sqrt{xyz}$.　13. $\dfrac{2\sqrt{b}}{b-a^2}$.

14. $\dfrac{2\sqrt{a^2-b^2}}{b^2}$.　15. $\dfrac{4\sqrt{ax}}{x-a}$.　16. $4x\sqrt{x^2-1}$.　17. $\dfrac{p}{\sqrt{p-q}}$.　18. 0.

19. $\dfrac{1}{n}$.　20. $\dfrac{(a-b)^2}{\sqrt{ab}}$.

6. — Multiplications :

1. $\sqrt{12}\times\sqrt{15}$.　　2. $2\sqrt{6}\times3\sqrt{27}$.　　3. $\sqrt{1}\sqrt{2}\sqrt{3}\sqrt{4}\sqrt{5}\sqrt{6}$.

4. $a\sqrt{b^2c}\times bc\sqrt{a^2c}$.　　5. $x\sqrt{10xy}\times y\sqrt{15yz}\times z\sqrt{6xz}$.

6. $\sqrt{p}\times\sqrt{q}\times\sqrt{\dfrac{p}{q}}$.　7. $x\sqrt{\dfrac{x+y}{x-y}}\times y\sqrt{\dfrac{x-y}{x+y}}$.　8. $6\sqrt{\dfrac{5}{12}}\times\sqrt{\dfrac{1}{15}}$.

9. $\sqrt{3+\sqrt{5}}\times\sqrt{3-\sqrt{5}}$.　10. $(5\sqrt{3}+6\sqrt{2})(5\sqrt{3}-6\sqrt{2})$.

11. $(p\sqrt{x}+q\sqrt{y})(p\sqrt{x}-q\sqrt{y})$.

12. $\sqrt{x+y+\sqrt{4xy}}\times\sqrt{x+y-\sqrt{4xy}}$.

13. $(\sqrt{p+q}-\sqrt{p-q})(\sqrt{p+q}+\sqrt{p-q})$.

14. $(1+x\sqrt{3}+x^2)(1-x\sqrt{3}+x^2)(1+x^2)$.

15. $\left(x+\dfrac{p}{2}+\sqrt{\dfrac{p^2}{4}-q}\right)\left(x+\dfrac{p}{2}-\sqrt{\dfrac{p^2}{4}-q}\right)$.

16. $(x+\sqrt{a})(x+\sqrt{b})$.　　17. $(x+\sqrt{a})(x+\sqrt{b})(x+\sqrt{c})$.

18. $(\sqrt{x^2+xy}+x-\sqrt{xy})(\sqrt{xy+y^2}-\sqrt{xy}+y)$.

19. $(\sqrt{ax}+\sqrt{by})(\sqrt{ab}-\sqrt{xy})[(a-y)\sqrt{bx}-(b-x)\sqrt{ay}]$.

20. $(\sqrt{a}+\sqrt{b}+\sqrt{c})(\sqrt{a}+\sqrt{b}-\sqrt{c})(\sqrt{a}-\sqrt{b}+\sqrt{c})(\sqrt{a}-\sqrt{b}-\sqrt{c})$.

21. $\sqrt{\dfrac{a+b+c}{\dfrac{1}{a}+\dfrac{1}{b}+\dfrac{1}{c}}}\sqrt{\dfrac{bc+ac+ab}{\dfrac{1}{bc}+\dfrac{1}{ac}+\dfrac{1}{ab}}}$.

Rép. : **1.** $6\sqrt{5}$.　　**2.** $54\sqrt{2}$.　　**3.** $12\sqrt{5}$.　　**4.** $a^2b^2c^2$.　　**5.** $30x^2y^2z^2$.

6. p.　　**7.** xy.　　**8.** 1.　　**9.** 2.　　**10.** 3.　　**11.** p^2x-q^2y.　　**12.** $x-y$.

13. $2q$.　　**14.** $1+x^6$.　　**15.** x^2+px+q.　　**16.** $x^2+(\sqrt{a}+\sqrt{b})x+\sqrt{ab}$.

17. $x^3+(\sqrt{a}+...)x^2+(\sqrt{ab}+...)x+\sqrt{abc}$.　　　　**18.** $2xy$.

19. $(ab-xy)(ax-by)$.　　　**20.** $a^2+b^2+c^2-2bc-2ac-2ab$.　　　**21.** abc.

7. — Divisions :

1. $\sqrt{ax} : \sqrt{a}$.

2. $\sqrt{54(a^3 - ab^2)} : \sqrt{24a(b+a)^2}$.

3. $\sqrt{u^3 : v^3} : \sqrt{u : v}$.

4. $\sqrt{n^2 - n} : \sqrt{n - 1}$.

5. $(21x^3\sqrt{y^4 - y^2z^2} : 7x^2\sqrt{x^2y + x^2z}) : \sqrt{y^4 - y^2z^2}$.

6. $\dfrac{\sqrt{18} + \sqrt{50} - \sqrt{98}}{\sqrt{8}}$.

7. $\dfrac{a\sqrt{b} - b\sqrt{a} + ab}{\sqrt{ab}}$.

8. $\dfrac{a + b\sqrt{a}}{\sqrt{a}}$.

9. $(x + y) : \frac{1}{3}\sqrt{x^2 - y^2}$.

10. $\sqrt{\dfrac{p}{q}} : \sqrt{\dfrac{q}{p}}$.

11. $\dfrac{a + b - c}{\sqrt{a+b} - \sqrt{c}}$.

12. $\sqrt{\dfrac{x^3 - a^2x}{bx^2 - b^3}} : \sqrt{\dfrac{x^2 + bx}{bx - ab}}$.

13. $\sqrt{\dfrac{a^2 + a}{b^2 + b}} : \left(\sqrt{\dfrac{b^2 - b}{a^2 - a}} : \sqrt{\dfrac{b^2 - 1}{a^2 - 1}}\right)$.

14. $\dfrac{\sqrt{1-n} + \dfrac{1}{\sqrt{1-n}}}{1 + \dfrac{1}{1-n}}$.

15. $\sqrt{\dfrac{a + b + c}{\frac{1}{a} + \frac{1}{b} + \frac{1}{c}}} : \sqrt{\dfrac{bc + ac + ab}{\frac{1}{bc} + \frac{1}{ac} + \frac{1}{ab}}}$.

16. $\dfrac{\left(\sqrt{\dfrac{a}{b}} - \sqrt{\dfrac{b}{a}}\right)^2}{\sqrt{\dfrac{1}{a^2} + \dfrac{1}{b^2} - \dfrac{2}{ab}}}$.

Rép. : **1.** $\sqrt{x}$. **2.** $\frac{3}{2}\sqrt{\dfrac{a-b}{a+b}}$. **3.** $\dfrac{u}{v}$. **4.** $\sqrt{n}$. **5.** $\dfrac{3}{\sqrt{y+z}}$. **6.** $\frac{1}{2}$.

7. $\sqrt{a} - \sqrt{b} + \sqrt{ab}$. **8.** $\sqrt{a} + b$. **9.** $3\sqrt{\dfrac{x+y}{x-y}}$. **10.** $\dfrac{p}{q}$. **11.** $\sqrt{a+b} + \sqrt{c}$.

12. $\dfrac{x-a}{x+b}\sqrt{\dfrac{x+a}{x-b}}$. **13.** $\dfrac{a}{b}$. **14.** $\sqrt{1-n}$. **15.** $\dfrac{a+b+c}{bc+ac+ab}$. **16.** $\pm(a-b)$.

8. — Puissances et racines :

1. $(3\sqrt{3})^3$; $\quad (\sqrt{2} + \sqrt{3})^2$; $\quad (1 - \sqrt{3})^2$; $\quad (2\sqrt{x} - 3\sqrt{y})^2$; $\quad (a \pm b\sqrt{c})^2$;
$(\sqrt{a+x} \pm \sqrt{x-a})^2$; $\quad (a - \sqrt{b} + c - \sqrt{d})^2$.

2. $\left[\sqrt{2 - \sqrt{3}}(2 - \sqrt{3}) + \sqrt{2 + \sqrt{3}}(2 + \sqrt{3})\right]^2$. $\qquad$ *Rép.* : 54.

3. $\left(\sqrt{\dfrac{a + \sqrt{a^2 - b^2}}{2}} \pm \sqrt{\dfrac{a - \sqrt{a^2 - b^2}}{2}}\right)^2$. $\qquad$ *Rép.* : $a \pm b$.

4. $\sqrt{a^2 - 2a\sqrt{b} + b}$. $\qquad\qquad\qquad\qquad$ *Rép.* : $a - \sqrt{b}$.

9. Vérifier les égalités suivantes :

1. $\sqrt{1+\left(\dfrac{\sqrt{5}-1}{2}\right)^2}=\sqrt{\dfrac{10-2\sqrt{5}}{2}}.$

2. $\sqrt{\left(\dfrac{16}{25}\right)^7}\times\left(\sqrt{\left(\dfrac{5}{8}\right)^3}\right)^4=\dfrac{1}{80}.$

3. $a\sqrt{a\sqrt{a\sqrt{a}}}=\sqrt[8]{a^{15}}.$

4. Pour $x=\dfrac{\sqrt{3}}{2}$, on a $\dfrac{1}{\sqrt{1-x}}-\dfrac{1}{\sqrt{1+x}}=2.$

5. Pour $x=\dfrac{1}{a}\sqrt{\dfrac{2a-b}{b}}$, on a $\dfrac{1-ax}{1+ax}\sqrt{\dfrac{1+bx}{1-bx}}=1.$

6. Pour $2u=x+\dfrac{1}{x}$ et $2v=y+\dfrac{1}{y}$, on a

$uv-\sqrt{u^2-1}\sqrt{v^2-1}=\frac{1}{2}\left(\dfrac{x}{y}+\dfrac{y}{x}\right),\qquad uv+\sqrt{u^2-1}\sqrt{v^2-1}=\frac{1}{2}\left(xy+\dfrac{1}{xy}\right).$

7. Pour $h=\dfrac{1}{2a}\sqrt{2a^2b^2+2b^2c^2+2a^2c^2-a^4-b^4-c^4}$, on a

$$\sqrt{b^2-h^2}+\sqrt{c^2-h^2}=a.$$

8. Pour $x=-\dfrac{p}{2}+\sqrt{\dfrac{p^2}{4}-q}$, on a $x^2+px+q=0.$

9. Pour $x=\dfrac{-b+\sqrt{b^2-4ac}}{2a}$, on a $ax^2+bx+c=0.$

10. Vérifier, en élevant au carré les deux membres, les identités

$$\sqrt{2-\sqrt{4-a^2}}=\sqrt{1+\dfrac{a}{2}}-\sqrt{1-\dfrac{a}{2}};$$

$$\sqrt{2R\left(R-\sqrt{R^2-\dfrac{a^2}{4}}\right)}=\sqrt{R\left(R+\dfrac{a}{2}\right)}-\sqrt{R\left(R-\dfrac{a}{2}\right)}.$$

11. Que devient l'expression $r=\sqrt{R^2-\dfrac{a^2}{4}}$, quand on y pose successivement : $a=R$; $a=R\sqrt{2}$; $a=R\sqrt{3}$; $a=R\sqrt{2-\sqrt{2}}$;

$a=R\left(\dfrac{\sqrt{5}-1}{2}\right)$; $a=R\left(\dfrac{\sqrt{10-2\sqrt{5}}}{2}\right)?$

Rép. : $r=\dfrac{R\sqrt{3}}{2}$; $r=R\dfrac{\sqrt{2}}{2}$; $r=\dfrac{R}{2}$; $r=R\dfrac{\sqrt{2+\sqrt{2}}}{2}$; $r=R\dfrac{\sqrt{10+2\sqrt{5}}}{4}$;

$r=R\dfrac{1+\sqrt{5}}{4}$. (Les quantités a proposées sont les valeurs des côtés de l'hexagone, du carré, du triangle, de l'octogone, du décagone et du pentagone réguliers, inscrits dans un cercle de rayon R; r désigne l'apothème, ou le rayon du cercle inscrit.)

12. Que devient l'expression $c_{2n} = \sqrt{2R\left(R - \sqrt{R^2 - \dfrac{a^2}{4}}\right)}$ dans les mêmes hypothèses qu'en la question précédente?

(L'expression c_{2n} donne la valeur du côté d'un polygone régulier inscrit ayant deux fois plus de côtés que le polygone de côté a.)

13. Connaissant le côté $c_4 = \sqrt{2}$ du carré inscrit dans un cercle de rayon égal à 1, calculer les côtés c_8, c_{16}, c_{32}, ..., c_{2^k}, des polygones réguliers inscrits de 8, 16, 32, ..., 2^k côtés, au moyen de la formule que donne la Géométrie :

$$c_{2n} = \sqrt{2 - \sqrt{4 - c_n^2}}.$$

Rép. :

$$c_8 = \sqrt{2 - \sqrt{2}}, \quad c_{16} = \sqrt{2 - \sqrt{2 + \sqrt{2}}}, \quad c_{32} = \sqrt{2 - \sqrt{2 + \sqrt{2 + \sqrt{2}}}};$$

l'expression du côté du polygone de 2^k côtés contient $k - 1$ radicaux superposés.

14. Vérifier la formule $(\sqrt{n + p} + \sqrt{p})(\sqrt{n + p} - \sqrt{p}) = n$. On l'utilise pour décomposer un nombre quelconque d'une infinité de manières en un produit de deux facteurs irrationnels. Décomposer 5 en couples successifs de facteurs ayant un de leurs termes égal à 1, à 4, à 5, à 7.

15. Démontrer que les proportions $\dfrac{A}{a} = \dfrac{B}{b} = \dfrac{C}{c} = \dfrac{D}{d}$ entraînent la relation

$$\sqrt{Aa} + \sqrt{Bb} + \sqrt{Cc} + \sqrt{Dd} = \sqrt{(A + B + C + D)(a + b + c + d)}. \quad \text{(XIII, 2.)}$$

16. Soient a et b deux nombres, $a > b$; établir les inégalités

$$\sqrt{a} + \sqrt{b} > \sqrt{a + b} \quad \text{et} \quad \sqrt{a} - \sqrt{b} < \sqrt{a - b}.$$

Solution. — Élever au carré

17. Soient a et b positifs et $a > b$; établir l'inégalité

$$\sqrt{a^2 - b^2} + \sqrt{2ab - b^2} > a.$$

Solution. — L'inégalité proposée est vraie, à condition que l'on ait $(2ab - b^2) > (a - \sqrt{a^2 - b^2})^2$, ou, simplifications faites, $b > a - \sqrt{a^2 - b^2}$, ou $\sqrt{a^2 - b^2} > a - b$, ou $a^2 - b^2 > (a - b)^2$, ou $a + b > a - b$; or, cette dernière inégalité est vraie.

18. Si x est positif et $a > b$, on a

$$\frac{x + a}{\sqrt{x^2 + a^2}} > \quad \text{ou} \quad < \frac{x + b}{\sqrt{x^2 + b^2}},$$

suivant que $x >$ ou $< \sqrt{ab}$.

Solution. — Comparer les carrés des deux fractions, ou $\dfrac{2ax}{x^2 + a^2}$ et $\dfrac{2bx}{x^2 + b^2}$, ou $a(x^2 + b^2)$ et $b(x^2 + a^2)$, ou $(a - b)x^2$ et $a^2b - ab^2$, ou $(a - b)x^2$ et $(a - b)ab$.

19. — Expressions à décomposer en facteurs irrationnels :

a^2+b^2; a^2+9; a^4+16; $4a^2+9b^4$; x^2+4x-1; x^2-4x+1; $2x^2-4x-1$; x^2+x-1; $9x^2+6x-4$; x^2+xy+y^2.

20. — Faire disparaître l'irrationnalité des dénominateurs dans les expressions algébriques suivantes :

1. $\dfrac{a}{\sqrt{x}}$. 2. $\dfrac{2}{a\sqrt{b}}$. 3. $\dfrac{a^2-b^2}{\sqrt{a+b}}$. 4. $\dfrac{6a^2xy}{\sqrt{12a^3x^2y}}$.

5. $\dfrac{\sqrt{a}}{\sqrt{a}+\sqrt{b}}$. 6. $\dfrac{\sqrt{a}}{\sqrt{a}-\sqrt{b}}$. 7. $\dfrac{\sqrt{a}-\sqrt{b}}{\sqrt{a}+\sqrt{b}}$. 8. $\dfrac{1-a}{1-\sqrt{a}}$.

9. $\dfrac{\sqrt{a+x}+\sqrt{a-x}}{\sqrt{a+x}-\sqrt{a-x}}$. 10. $\dfrac{\sqrt{a}-\sqrt{b}}{a\sqrt{b}-b\sqrt{a}}$. 11. $\dfrac{p+q-1}{1-\sqrt{p+q}}$.

12. $\dfrac{\sqrt{\dfrac{x}{y}}-\sqrt{\dfrac{y}{x}}}{\sqrt{\dfrac{x}{y}}+\sqrt{\dfrac{y}{x}}}$. 13. $\dfrac{\sqrt{xy}}{\sqrt{\dfrac{x}{y}}+\sqrt{\dfrac{y}{x}}}$. 14. $\dfrac{2m}{\sqrt{a+m}+\sqrt{a-m}}$.

15. $\dfrac{2xy}{\sqrt{x}+\sqrt{y}-\sqrt{x+y}}$. 16. $\dfrac{u^2-v^2}{2u-\sqrt{3u^2+v^2}}$.

Rép. : 1. $\dfrac{a\sqrt{x}}{x}$. 2. $\dfrac{2\sqrt{b}}{ab}$. 3. $(a-b)\sqrt{a+b}$. 4. $\sqrt{3ay}$.

5. $\dfrac{a-\sqrt{ab}}{a-b}$. 6. $\dfrac{a+\sqrt{ab}}{a-b}$. 7. $\dfrac{a+b-2\sqrt{ab}}{a-b}$. 8. $1+\sqrt{a}$.

9. $\dfrac{a+\sqrt{a^2-x^2}}{x}$. 10. $\dfrac{1}{ab}\sqrt{ab}$. 11. $-1-\sqrt{p+q}$. 12. $\dfrac{x-y}{x+y}$.

13. $\dfrac{xy}{x+y}$. 14. $\sqrt{a+m}-\sqrt{a-m}$. 15. $x\sqrt{y}+y\sqrt{x}+\sqrt{xy(x+y)}$.

16. $2u+\sqrt{3u^2+v^2}$.

21. — Faire disparaître l'irrationnalité des dénominateurs dans les fractions numériques suivantes :

$\dfrac{2}{\sqrt{3}}$; $\dfrac{5}{\sqrt{5}}$; $\dfrac{6}{\sqrt{2}}$; $\dfrac{9}{\sqrt{18}}$; $\dfrac{2+\sqrt{6}}{\sqrt{2}}$; $\dfrac{7}{\sqrt{21}}$; $\dfrac{1}{1+\sqrt{2}}$; $\dfrac{1}{\sqrt{3}+\sqrt{2}}$;

$\dfrac{1}{2+\sqrt{3}}$; $\dfrac{2\sqrt{3}}{\sqrt{3}-\sqrt{2}}$; $\dfrac{1}{1+\sqrt{2}+\sqrt{3}}$; $\dfrac{1}{\sqrt{2}+\sqrt{3}+\sqrt{5}}$; $\dfrac{\sqrt{3}+\sqrt{2}}{\sqrt{3}-\sqrt{2}}$;

$\dfrac{2+\sqrt{6}-\sqrt{2}}{2-\sqrt{6}+\sqrt{2}}$; $\dfrac{3+\sqrt{5}}{3-\sqrt{5}}$; $\sqrt{\dfrac{3+\sqrt{2}}{3-\sqrt{2}}}$.

(On pourra se proposer ensuite de calculer la valeur approchée de ces fractions, sachant que $\sqrt{2}=1{,}414\ldots$, $\sqrt{3}=1{,}732\ldots$, $\sqrt{5}=2{,}236\ldots$, $\sqrt{6}=2{,}449\ldots$)

22. — Opérations à effectuer :

1. $\dfrac{(3+\sqrt{3})(1+\sqrt{5})}{(5+\sqrt{5})(1+\sqrt{3})}.$ $\qquad\qquad$ *Rép.* : $\dfrac{\sqrt{15}}{5}.$

2. $\dfrac{1+x}{1+\sqrt{1+x}}+\dfrac{1-x}{1-\sqrt{1-x}},$ pour $x=\dfrac{\sqrt{3}}{2}.$ $\qquad$ *Rép.* : 1.

23. — Chasser l'irrationnalité des dénominateurs de

$$2\cdot\frac{2}{\sqrt{2}}\cdot\frac{2}{\sqrt{2+\sqrt{2}}}\cdot\frac{2}{\sqrt{2+\sqrt{2+\sqrt{2}}}}\cdot\frac{2}{\sqrt{2+\sqrt{2+\sqrt{2+\sqrt{2}}}}}.$$

$$Rép.:\ 2^4\sqrt{2-\sqrt{2+\sqrt{2+\sqrt{2}}}}.$$

24. (Voy. aussi XVII, **2.**) — On demande les *vraies valeurs* de ces expressions :

1. $\dfrac{\sqrt{x+1}-1}{x},$ pour $x=0.$ $\qquad\qquad$ *Rép.* : $\dfrac{1}{2}.$

2. $\dfrac{\sqrt{x+a}-\sqrt{a}}{x},$ pour $x=0.$ $\qquad\qquad$ *Rép.* : $\dfrac{1}{2\sqrt{a}}.$

3. $\dfrac{x\sqrt{a}-a\sqrt{x}}{\sqrt{x}-\sqrt{a}},$ pour $x=a.$ $\qquad\qquad$ *Rép.* : $a.$

4. $\dfrac{\sqrt{a+x}-\sqrt{a-x}}{a+x-\sqrt{a^2-x^2}},$ pour $x=0.$ $\qquad\qquad$ *Rép.* : $\dfrac{1}{\sqrt{a}}.$

5. $\dfrac{x\sqrt{x}-x\sqrt{a}+a\sqrt{x}-a\sqrt{a}}{x-a},$ pour $x=a.$ $\qquad$ *Rép.* : $\sqrt{a}.$

6. $\dfrac{2x+3}{5x+\sqrt{x^2+7}},$ pour $x=\infty.$ $\qquad\qquad$ *Rép.* : $\dfrac{1}{3}.$

(Diviser les deux termes de la fraction par x, puis poser $x=\infty$.)

7. $x-\sqrt{x^2-2x+3},$ pour $x=\infty.$ $\qquad\qquad$ *Rép.* : 1.

(Diviser et multiplier en même temps par $x+\sqrt{....}$.)

8. $\dfrac{\sqrt{x^2-3x+3}-\sqrt{x^2-5x+5}}{\sqrt{x^2-6x+6}-\sqrt{x^2-7x+7}},$ pour $x=1.$ $\qquad$ *Rép.* : 2.

25. — Vers quelle limite tend l'expression $a-\sqrt{a^2-b^2},$ quand a et b croissent indéfiniment, mais qu'en même temps le rapport $\dfrac{b^2}{a}$ tend vers la valeur fixe $2p$? $\qquad\qquad$ *Rép.* : $p.$

26. — Partant des relations $r'=\dfrac{R+r}{2}$ et $R'=\sqrt{Rr'},$ trouver la limite du rapport $\dfrac{R'-r'}{R-r},$ quand la différence $R-r$ tend à s'annuler. $\qquad$ *Rép.* : $\dfrac{1}{4}.$

Cette question se pose en Géométrie, R et r étant le rayon et l'apothème d'un polygone régulier, et R' et r' le rayon et l'apothème du polygone d'égal périmètre, mais d'un nombre de côtés double.

27. — Montrer que $\dfrac{\sqrt{a+x}+\sqrt{a-x}}{\sqrt{a+x}-\sqrt{a-x}}$ devient b pour $x=\dfrac{2ab}{1+b^2}$.

28. — Montrer que $\dfrac{2a\sqrt{1+x^2}}{x+\sqrt{1+x^2}}$ devient $a+b$ pour $x=\dfrac{1}{2}\left(\sqrt{\dfrac{a}{b}}-\sqrt{\dfrac{b}{a}}\right)$.

29. — Établir l'inégalité $\sqrt{\dfrac{a^2}{b}}+\sqrt{\dfrac{b^2}{a}}>\sqrt{a}+\sqrt{b}$.

Solution. — L'inégalité s'écrit $\sqrt{a^3}+\sqrt{b^3}>\sqrt{ab}(\sqrt{a}+\sqrt{b})$, ou, divisée par $\sqrt{a}+\sqrt{b}$, $a-\sqrt{ab}+b>\sqrt{ab}$; ....

30. — Les aires du carré et de l'octogone régulier inscrits dans un cercle de rayon $R=1$ étant 2 et $2\sqrt{2}$, calculer les aires des polygones réguliers inscrits de $16, 32, 64, ..., 4n$ côtés, au moyen de la relation de Catalan (*Nouv. Ann. de Math.*, 1842) :

$$a_{4n}=\sqrt{\frac{2(a_{2n})^3}{a_{2n}+a_n}}.$$

Rép. : $a_{16}=4\sqrt{2-\sqrt{2}}$, $a_{32}=8\sqrt{2-\sqrt{2+\sqrt{2}}}$, ... D'où l'on tire cette curieuse expression de π (avec n radicaux superposés), l'aire du cercle $C=\pi R^2$ étant la limite de l'aire du polygone inscrit d'un nombre indéfiniment croissant de côtés :

$$\pi = limite\ de\ \ 2^m\sqrt{2-\sqrt{2+\sqrt{2+\sqrt{...}}}}.$$

Cette expression de π se déduit aussi de $C_{2^k}=\sqrt{2-\sqrt{2+\sqrt{2+\sqrt{...}}}}$ (avec $k-1$ radicaux superposés), expression qui formule la valeur du côté du polygone régulier de 2^k côtés, inscrit dans un cercle de rayon $R=1$. La circonférence $2\pi R$ est, en effet, la limite vers laquelle tend le périmètre de ce polygone quand ses côtés sont infinitésimaux, c'est-à-dire deviennent indéfiniment petits en se multipliant sans cesse.

31. — Transformer en sommes ou en différences de radicaux simples les radicaux doubles suivants et calculer, à moins de 0,001, la valeur des résultats :

1. $\sqrt{2+\sqrt{3}}$.

2. $\sqrt{7-2\sqrt{10}}$.

3. $\sqrt{13\pm2\sqrt{30}}$.

4. $\sqrt{4+\sqrt{7}}-\sqrt{5-\sqrt{21}}$.

5. $\sqrt{7+2\sqrt{6}}+\sqrt{6-2\sqrt{5}}$.

6. $\sqrt{\sqrt{124-32\sqrt{15}}}$.

Rép. : **1.** $\dfrac{\sqrt{6}+\sqrt{2}}{2}$, 1,932. **2.** $\sqrt{5}-\sqrt{2}$, 0,822. **3.** $\sqrt{10}\pm\sqrt{3}$, 4,894 ou 1,430. **4.** $\dfrac{\sqrt{2}+\sqrt{6}}{2}$, 1,932. **5.** $\sqrt{6}+\sqrt{5}$, 4,685. **6.** $\sqrt{5}-\sqrt{3}$, 0,504.

32. — Radicaux doubles à transformer :

1. $\sqrt{2 - \sqrt{4 - a^2}}.$

2. $\sqrt{2r^2 - r\sqrt{4r^2 - a^2}}.$

3. $\sqrt{2x^2 - y_3 \pm 2x\sqrt{x^2 - y_3}}.$

4. $\sqrt{\dfrac{1}{1 + \sqrt{1 - c^2}}}.$

5. $\sqrt{16x^4 + y^6 + \sqrt{32x^4(8x^4 - y^6) + y^{12}}}.$

6. $\sqrt{72a^2 - 12\sqrt{27a^4}}.$

7. $\sqrt{a + \sqrt{b}} \pm \sqrt{a - \sqrt{b}}.$

8. $\sqrt{x + 2\sqrt{x - 1}} - \sqrt{x - 2\sqrt{x - 1}}.$

9. $\sqrt{3 - \sqrt{3} + \sqrt{2 + 2\sqrt{2}\sqrt{3 + \sqrt{\sqrt{2} - \sqrt{12} + \sqrt{18 - \sqrt{128}}}}}}.$

Rép. : 1. $\sqrt{1 + \dfrac{a}{2}} - \sqrt{1 - \dfrac{a}{2}}.$ 2. $\sqrt{r\left(r + \dfrac{a}{2}\right)} - \sqrt{r\left(r - \dfrac{a}{2}\right)}.$

3. $x \pm \sqrt{x^2 - y_3}.$ 4. $\dfrac{1}{c}\sqrt{\dfrac{1 + c}{2}} - \dfrac{1}{c}\sqrt{\dfrac{1 - c}{2}}.$ 5. $4x^2\sqrt{2}.$

6. $3(\sqrt{6} - \sqrt{2})a.$ 7. $\sqrt{2(a \pm \sqrt{a^2 - b})}.$ 8. 2. 9. 2.

32. — Quelle est la condition nécessaire et suffisante pour que l'expression $\sqrt{-\dfrac{p}{2} \pm \sqrt{\dfrac{p^2}{4} - q}}$ puisse être transformée en une somme ou en une différence de deux radicaux simples?

Rép. : Il faut et il suffit que q soit un carré.

XX. — Radicaux imaginaires.

1. — Radicaux imaginaires à simplifier :

$$3\sqrt{-27a^2b}; \quad \sqrt{-4a^6}; \quad \sqrt{-\tfrac{1}{4}}; \quad \tfrac{1}{2}\sqrt{-4}; \quad \sqrt{-(a^2 - b^2)(a + b)}:$$

$$(a^2 + 1)\sqrt{2a^2 - a^4 - 1}; \quad \sqrt[6]{-64a^{12}}.$$

2. — Former chacune des puissances suivantes :

$$(\sqrt{-1})^7; \quad (\sqrt{-1})^{18}; \quad (\sqrt{-1})^{25}; \quad (\sqrt{-1})^{35}.$$

3. — Calculs à effectuer :

1. $\sqrt{-50} + \sqrt{-25} + \sqrt{-18} + \sqrt{-4} - \sqrt{-4} + 2\sqrt{-2}.$

2. $2\sqrt{-3} \times 3\sqrt{-2}.$

3. $-5\sqrt{-7} \times 2\sqrt{-21}.$

4. $\sqrt{-3}\sqrt{8}\sqrt{-6}.$

5. $(x + \sqrt{-6})(x - \sqrt{-6}).$

6. $(p+\sqrt{-q})(p-\sqrt{-q}).$ **7.** $(6+3\sqrt{-5})(4-2\sqrt{-5}).$

8. $(x+\sqrt{-a})(x+\sqrt{-b}).$ **9.** $(\sqrt{x}+\sqrt{-a})(\sqrt{x}+\sqrt{-b})(\sqrt{x}+\sqrt{-c}).$

10. $\sqrt{1+\sqrt{-1}}\,\sqrt{1-\sqrt{-1}}.$ **11.** $\sqrt{4+2\sqrt{-6}}\,\sqrt{4-2\sqrt{-6}}.$

12. $\sqrt{a+\sqrt{-2a-1}}\times\sqrt{a-\sqrt{-2a-1}}.$

13. $\sqrt{-3-3\sqrt{-2}}\,\sqrt{-1+\sqrt{-2}}.$ **14.** $\sqrt{x-y}\,\sqrt{y-x}.$

15. $\dfrac{\sqrt{-ax}}{\sqrt{-bx}}.$ **16.** $\dfrac{\sqrt{-a}}{\sqrt{ab}}.$ **17.** $\dfrac{b\sqrt{b}}{\sqrt{-b}}.$ **18.** $\dfrac{-\sqrt{-uv^2}}{\sqrt{-u^3}}.$

19. $\dfrac{-x}{\sqrt{-x}}.$ **20.** $\dfrac{\sqrt{10}}{-\sqrt{-5}}.$ **21.** $\dfrac{x+y}{x-y}\sqrt{\dfrac{-(x-y)^2}{-(x+y)^2}}.$

22. $(\sqrt{x}-\sqrt{-x})^2.$ **23.** $(3\sqrt{-2}+2\sqrt{-3})^2.$

24. $(\sqrt{-a}+\sqrt{-b}+\sqrt{-c})^2.$ **25.** $(x+y\sqrt{-1})^4-(x-y\sqrt{-1})^4.$

26. $(-1+\sqrt{-3})^3+(-1-\sqrt{-3})^3.$ **27.** $(1+\sqrt{-1})^4.$ **28.** $(2-\sqrt{-2})^6.$

4. — Vérifier, par l'élévation au carré ou au cube, les identités suivantes :

1. $\sqrt{+\sqrt{-1}}=\pm\left(\dfrac{1}{\sqrt{2}}+\dfrac{1}{\sqrt{2}}\sqrt{-1}\right).$

2. $\sqrt{-\sqrt{-1}}=\pm\left(\dfrac{1}{\sqrt{2}}-\dfrac{1}{\sqrt{2}}\sqrt{-1}\right).$

3. $\sqrt[3]{+\sqrt{-1}}=-\sqrt{-1}.$ **4.** $\sqrt[3]{+\sqrt{-a^3}}=-a\sqrt{-1}.$

5. — Chercher, sans recourir aux formules de transformation des radicaux doubles, les racines carrées des imaginaires suivantes :

1. $p-q-2\sqrt{-pq}.$ **2.** $a^2-a-1-2a\sqrt{-a-1}.$ **3.** $1+4\sqrt{-3}.$

4. $2+4\sqrt{-2}.$ **5.** $6-\sqrt{-13}.$

6. — Posant $u=\dfrac{-1+\sqrt{-3}}{2}$ et $v=\dfrac{-1-\sqrt{-3}}{2}$, vérifier que chacune des deux expressions est le carré de l'autre.

7. Effectuer, par l'application des règles du calcul des exposants, les opérations suivantes, dans lesquelles i représente le symbole $\sqrt{-1}$ et qui conduisent toutes à des résultats réels :

1. $x^{a+bi}x^{a-bi}.$ **2.** $(z^i)^i.$ **3.** $(u^{bi})^{-bi}.$

4. $(x^{a+bi}:x^{a-bi})^{-i}.$ **5.** $(z^{a+bi})^{a-bi}.$ **6.** $(u^{mi}:u^{ni})^{u-i}.$

8. — Rendre rationnels les dénominateurs des fractions suivantes :

1. $\dfrac{\sqrt{-a}-\sqrt{-b}}{\sqrt{-ab}}.$ **2.** $\dfrac{2}{3-\sqrt{-3}}.$ **3.** $\dfrac{11}{3-\sqrt{-2}}.$ **4.** $\dfrac{a^2+b^2}{a+b\sqrt{-1}}.$

5. $\dfrac{p+q}{\sqrt{q}-\sqrt{-p}}$.   **6.** $\dfrac{9a^2+4b^2}{2b+3a\sqrt{-1}}$.   **7.** $\dfrac{\sqrt{u}+\sqrt{-v}}{\sqrt{-u}-\sqrt{v}}$.   **8.** $\dfrac{p\sqrt{-1}-q}{p+q\sqrt{-1}}$.

9. — Calculs à effectuer :

1. $\dfrac{1}{1+\sqrt{-1}}+\dfrac{1}{1-\sqrt{-1}}$.

2. $\dfrac{1-\sqrt{-1}}{1+\sqrt{-1}}+\dfrac{1+\sqrt{-1}}{1-\sqrt{-1}}$.

3. $\dfrac{a+\sqrt{-b}}{a-\sqrt{-b}}+\dfrac{a-\sqrt{-b}}{a+\sqrt{-b}}$.

4. $\dfrac{\sqrt{2a^3b^3-a^6-b^6}}{\sqrt{-a^3-b^3-2ab\sqrt{ab}}}$.

5. $\sqrt{\dfrac{p+q\sqrt{-1}}{p-q\sqrt{-1}}}+\sqrt{\dfrac{p-q\sqrt{-1}}{p+q\sqrt{-1}}}$.   **6.** $\sqrt{6+\sqrt{-13}}+\sqrt{6-\sqrt{-13}}$.

7. $\sqrt{p-q+2\sqrt{-pq}}+\sqrt{p-q-2\sqrt{-pq}}$.

8. $\dfrac{10}{\sqrt{-\frac{5}{2}}}-\dfrac{2}{\sqrt{-\frac{2}{5}}}$.   **9.** $\dfrac{2}{3}\sqrt[3]{\dfrac{1}{-\frac{8}{27}}}$.

10. $\dfrac{\sqrt{-(1+\sqrt{-1})}-\sqrt{-1}\times\sqrt{-(1-\sqrt{-1})}}{\sqrt{-(1-\sqrt{-1})}+\sqrt{-1}\times\sqrt{-(1+\sqrt{-1})}}$.

11. $\left(x^2-x\sqrt{-p+2\sqrt{q}}+\sqrt{q}\right)\left(x^2+x\sqrt{-p+2\sqrt{q}}+\sqrt{q}\right)$.

Rép. : **1.** 1. **2.** 0. **3.** $\dfrac{2(a^2-b)}{a^2+b}$. **4.** $\sqrt{a^3}-\sqrt{b^3}$. **5.** $\dfrac{2p}{\sqrt{p^2+q^2}}$. **6.** $\sqrt{26}$.
7. $2\sqrt{p}$. **8.** $-\sqrt{-10}$. **9.** $-\sqrt{-\frac{2}{3}}$. **10.** $-\sqrt{-1}$. **11.** x^4+px^2+q.

10. — Pourquoi, suivant que l'on a $x>a$ ou $x<a$, la première ou la seconde de ces deux suites d'égalités est-elle seule légitime :

$$\sqrt{x-a}\sqrt{a-x}=\sqrt{x-a}\sqrt{-(x-a)}=\sqrt{x-a}\sqrt{x-a}\sqrt{-1}=(x-a)\sqrt{-1};$$
$$\sqrt{x-a}\sqrt{a-x}=\sqrt{-(a-x)}\sqrt{a-x}=\sqrt{a-x}\sqrt{-1}\sqrt{a-x}=(a-x)\sqrt{-1}?$$

11. — Même question au sujet des deux suites d'égalités :

$$\dfrac{\sqrt{x-a}}{\sqrt{a-x}}=\dfrac{\sqrt{x-a}}{\sqrt{x-a}\sqrt{-1}}=\dfrac{1}{\sqrt{-1}}=-\sqrt{-1};$$
$$\dfrac{\sqrt{x-a}}{\sqrt{a-x}}=\dfrac{\sqrt{a-x}\sqrt{-1}}{\sqrt{a-x}}=\sqrt{-1}.$$

12. — Que pensez-vous de la suite d'identités

$$\sqrt[4]{a}\sqrt{-1}=\sqrt[4]{a}\sqrt[4]{(-1)^2}=\sqrt[4]{a(-1)^2}=\sqrt[4]{a}?$$

13. — Dans quels cas deux imaginaires, $a+b\sqrt{-1}$ et $a'+b'\sqrt{-1}$, donnent-elles un produit réel? Dans quel cas donnent-elles un quotient réel?

Rép. : $1^\circ\ \dfrac{a}{b}=-\dfrac{a'}{b'}$; $2^\circ\ \dfrac{a}{b}=\dfrac{a'}{b'}$.

14. — Appliquer les formules de transformation des radicaux doubles *(Cours d'Alg.*, **185**) au calcul des racines carrées des expressions

$$1+\sqrt{-1}, \ +\sqrt{-1}, \ -\sqrt{-1}, \ 2+5\sqrt{-1}, \ 3+\sqrt{-3}, \ \frac{1-\sqrt{-1}}{4}.$$

Vérifier les résultats par l'élévation au carré.

15. — Démontrer, par une élévation des deux membres au carré, suivie d'une discussion des signes, l'identité

$$\sqrt{a\pm\sqrt{b}}=\mp\sqrt{\frac{a+\sqrt{a^2-b}}{2}}-\sqrt{\frac{a-\sqrt{a^2-b}}{2}},$$

où l'on suppose b positif, a négatif et a^2-b positif *(Cours d'Alg.*, **185**).

Rép. : On observe d'abord que, dans les hypothèses indiquées, les deux membres sont imaginaires.

Posons $a=-A$ et soit d'abord à établir l'identité

$$\sqrt{-A+\sqrt{b}}=-\sqrt{\frac{-A+\sqrt{A^2-b}}{2}}-\sqrt{\frac{-A-\sqrt{A^2-b}}{2}}.$$

On écrit

$$\sqrt{A-\sqrt{b}}\sqrt{-1}=-\sqrt{\frac{A-\sqrt{A^2-b}}{2}}\sqrt{-1}-\sqrt{\frac{A+\sqrt{A^2-b}}{2}}\sqrt{-1};$$

élevant au carré chaque membre, on a l'identité $A-\sqrt{b}=A-\sqrt{b}$. Quant aux signes, si l'on considère b comme infiniment petit, on voit, en posant $b=0$, que l'identité $\sqrt{-A+\sqrt{b}}=-\sqrt{\ldots}-\sqrt{\ldots}$ est exacte, et qu'il n'en serait pas de même de $\sqrt{-A+\sqrt{b}}=+\sqrt{\ldots}+\sqrt{\ldots}$.

On établirait de même $\sqrt{a-\sqrt{b}}=+\sqrt{\ldots}-\sqrt{\ldots}$.

16. — Démontrer, comme dans l'exercice précédent, l'identité

$$\sqrt{a\pm\sqrt{b}}=\sqrt{\frac{a+\sqrt{a^2-b}}{2}}\pm\sqrt{\frac{a-\sqrt{a^2-b}}{2}},$$

où l'on suppose à la fois b positif; a et a^2-b négatifs.

Rép. : Le second membre est imaginaire et de la forme $\sqrt{-A+B\sqrt{-1}}$; la vraie valeur de ce second membre s'obtiendra donc par la formule de transformation des radicaux doubles imaginaires.

17. — Transformer en binomes imaginaires les radicaux :

$$\sqrt{1\pm2\sqrt{-2}}; \quad \sqrt{-1\pm2\sqrt{-2}}; \quad \sqrt[3]{x^3-3xy^2\pm(3x^2y-y^3)\sqrt{-1}}.$$

18. — « Les racines imaginaires, écrit Leibnitz *(Journal des Savants,* 1702), » sont fondées en la réalité, de sorte que feu M. Huyghens, lorsque je lui commu-
» niquai que $\sqrt[2]{1+\sqrt[2]{-3}}+\sqrt[2]{1-\sqrt[2]{-3}}=\sqrt[2]{6}$, le trouva si admirable, » qu'il me répondit qu'il y a là-dedans quelque chose qui nous est incompréhen-
» sible. » — Établissez l'identité tant admirée par le géomètre hollandais.

19. — Établir l'identité $\sqrt{2\sqrt{-1}}+\sqrt{-2\sqrt{-1}}=2$.

20. — Extraire les deux racines carrées, les quatre racines quatrièmes, les huit racines huitièmes, ..., de 1.

21. — Vérifier les formules suivantes, qui permettent de décomposer un nombre quelconque n en expressions imaginaires,

$$n=(x+\sqrt{n-x^2}\sqrt{-1})(x-\sqrt{n-x^2}\sqrt{-1}),$$
$$n=(\sqrt{n-x^2}+x\sqrt{-1})(\sqrt{n-x^2}-x\sqrt{-1}),$$
$$\tfrac{1}{2}n=\sqrt{\frac{n+\sqrt{16-n^2}\sqrt{-1}}{n-\sqrt{16-n^2}\sqrt{-1}}}+\sqrt{\frac{n-\sqrt{16-n^2}\sqrt{-1}}{n+\sqrt{16-n^2}\sqrt{-1}}}.$$

22. — Désignons par α l'expression $\dfrac{-1+\sqrt{-3}}{2}$, qui porte le nom de *racine cubique primitive* de l'unité :

1. Vérifier que α, α^2 et α^3 sont, toutes trois, racines cubiques de l'unité.

2. Vérifier que chacune de ces trois expressions a pour module l'unité.

3. Vérifier les identités :

$$1+\alpha+\alpha^2=0; \quad 1+\alpha^2+\alpha^4=0;$$
$$(a+b)(a+b\alpha)(a+b\alpha^2)=a^3+b^3;$$
$$(a+b+c)(a+b\alpha+c\alpha^2)(a+b\alpha^2+c\alpha)=a^3+b^3+c^3-3abc.$$

4. Vérifier que $\left(\dfrac{-1+\sqrt{-3}}{2}\right)^n+\left(\dfrac{-1-\sqrt{-3}}{2}\right)^n$ a pour valeur 2 ou −1, suivant que l'exposant entier n est multiple, ou non, de 3.

23. — Montrer que le quotient de deux imaginaires conjuguées a pour module l'unité.

24. — Théorème. — Le module de la somme ou de la différence de deux imaginaires est compris entre la somme et la différence des modules des deux imaginaires. — (Démontrer ce théorème; examiner le *cas exceptionnel* où le quotient des deux imaginaires est réel, soit positif, soit nul, soit négatif.)

25. — Théorème. — Si, dans un polynome entier en x dont tous les coefficients sont réels, on substitue à x successivement deux valeurs imaginaires conjuguées, $a+b\sqrt{-1}$, $a-b\sqrt{-1}$, les résultats des deux substitutions sont des imaginaires conjuguées; de sorte qu'on peut écrire

$$\mathrm{F}(a+b\sqrt{-1})=\mathrm{P}+\mathrm{Q}\sqrt{-1}, \quad \mathrm{F}(a-b\sqrt{-1})=\mathrm{P}-\mathrm{Q}\sqrt{-1}.$$

Corollaires. — 1. Si un polynome entier en x à coefficients réels s'annule, quand on y pose $x = a + b\sqrt{-1}$, il s'annule aussi pour $x = a - b\sqrt{-1}$.

2. Si dans une fraction rationnelle en x à coefficients réels, de la forme

$$\frac{ax^m + bx^{m-1} + cx^{m-2} + \ldots + tx + u}{a'x^m + b'x^{m-1} + c'x^{m-2} + \ldots + t'x + u'}$$

on substitue à x successivement deux valeurs imaginaires conjuguées, on obtient deux fractions conjuguées.

26. — Établir le THÉORÈME D'EULER, — le produit de deux sommes de quatre carrés est encore la somme de quatre carrés, — en effectuant les substitutions

$$a = \frac{p + qi}{r + si}, \quad b = \frac{p' + q'i}{r' + s'i}, \quad c = -\frac{r - si}{p - qi}, \quad d = -\frac{r' - s'i}{p' - q'i},$$

dans l'identité $(b - d)(a - c) = (b - c)(a - d) + (c - d)(a - b)$.

— (Pour simplifier les écritures, on a adopté la convention, précédemment indiquée et d'ailleurs usitée en Analyse : $i = \sqrt{-1}$.)

27. — Établir, à l'aide des imaginaires, ce *théorème arithmétique :* — Tout nombre entier qui est une puissance d'une somme de deux carrés est lui-même une somme de deux carrés.

Rép.: $(a^2 + b^2)^m = [(a + bi)(a - bi)]^m = (a + bi)^m(a - bi)^m = (A + Bi)(A - Bi) = A^2 + B^2$.

XXI. — Radicaux de degré quelconque.

1. — Opérations à effectuer :

1. $\sqrt[3]{0{,}027x^4y^5} - \sqrt[6]{0{,}00006\,4x^8y^{10}}$.   *Rép.* : $0{,}1xy\sqrt[3]{xy^2}$.

2. $\sqrt{a\sqrt[3]{a}} \times \sqrt{\sqrt[3]{a^2}}$.   *Rép.* : a.

3. $m\sqrt[5]{1 - \frac{1}{m^5}} \times \sqrt[5]{1 + m^5} \times \sqrt[10]{m^{20} + 2m^{10} + 1}$.   *Rép.* : $\sqrt[5]{m^{20} - 1}$.

4. $\sqrt{2xy}\sqrt[3]{3xy^2}\sqrt[4]{4xy^3}\sqrt[6]{(6\sqrt{y})} : \sqrt{x}$.   *Rép.* : $2xy^2\sqrt[6]{54}$.

5. $\sqrt[5]{a\sqrt[3]{a^2}} \times \sqrt[6]{\sqrt[4]{a}} \times \sqrt[3]{a^2\sqrt[8]{a^7}}$.   *Rép.* : $a\sqrt[3]{a}$.

6. $\sqrt[3]{m\sqrt{m} - \sqrt{m^3 - n^6}} \times \sqrt[3]{m\sqrt{m} + \sqrt{m^3 - n^6}}$.   *Rép.* : n^2.

7. $\left(\sqrt[x]{a^m} + \sqrt[y]{b^n}\right)^2$ *Rép.* : $\sqrt[x]{a^{2m}} + \sqrt[y]{b^{2n}} + 2\sqrt[xy]{a^{my}b^{nx}}$.

8. $\dfrac{\sqrt[m]{a^{k+p}}\left(\sqrt[m]{a}\right)^{2m-k}}{\sqrt[m]{a^{m+p}}}$.   *Rép.* : a.

9. $\left(\sqrt[4]{\sqrt{23}-\sqrt{7}}\,\sqrt[4]{\sqrt{23}+\sqrt{7}}\right):\left(\sqrt[6]{5\sqrt{2}-7}\,\sqrt[6]{5\sqrt{2}+7}\right)$.

Rép. : 2.

10. $\sqrt[n-1]{\dfrac{a}{\sqrt[n]{a}}}$.

Rép. : $\sqrt[n]{a}$.

11. $\dfrac{\sqrt[3]{a^4}+\sqrt[3]{a^2b^2}-2\sqrt[3]{a^3b}}{\sqrt[3]{a^4}+\sqrt[3]{ab^3}-\sqrt[3]{a^3b}-\sqrt[3]{b^4}}$.

Rép. : $\dfrac{a-\sqrt[3]{a^2b}}{a+b}$.

2. — Réduire à un radical simple chacun de ces radicaux multiples :

1. $4\sqrt{0,25\sqrt{0,25\sqrt{0,25}}}$.

2. $3\sqrt{\dfrac{1}{3}\sqrt{\dfrac{1}{3}\sqrt[4]{\dfrac{1}{3}}}}$.

3. $\sqrt[3]{\sqrt{27a^6}}$.

4. $\left(\sqrt[p]{\sqrt[q]{a^2b}}\right)^4$.

5. $\sqrt{x\sqrt{x\sqrt{x}}}$.

6. $\sqrt[5]{y\sqrt[4]{y\sqrt[3]{y}}}$.

7. $\sqrt[x]{\sqrt[y]{a^{24x}}}$.

8. $\sqrt[11]{\sqrt[3]{u^{33}v^{22}}}$.

9. $a\sqrt[n]{a^{n-1}\sqrt[n]{a^{n-1}\sqrt[n]{a^{n-1}}}}$.

Rép. : 1. $\sqrt[16]{2}$. 2. $\sqrt[16]{3}$. 3. $\sqrt{3a^2}$. 4. $a^2\sqrt[p]{b}$. 5. $\sqrt[8]{x^7}$. 6. $\sqrt[15]{y^4}$.

7. $\sqrt[yz]{a^{24}}$. 8. $u\sqrt[3]{v^2}$. 9. $\sqrt[n^3]{a^{2n^3-1}}$.

3. — Vérifier que $x^3+3px+2q$ s'annule, quand on pose :

$$x=\sqrt[3]{-q+\sqrt{q^2+p^3}}+\sqrt[3]{-q-\sqrt{q^2+p^3}}.$$

4. — Vérifier que le trinome $x^3-3x-2\dfrac{1+m}{1-m}$ s'annule pour

$$x=\sqrt[3]{\dfrac{1+\sqrt{m}}{1-\sqrt{m}}}+\sqrt[3]{\dfrac{1-\sqrt{m}}{1+\sqrt{m}}}.$$

5. — Calculer le carré s^2 de la somme des expressions conjuguées $\dfrac{a+\sqrt{b}}{\sqrt{a-\sqrt{b}}}$ et $\dfrac{a-\sqrt{b}}{\sqrt{a+\sqrt{b}}}$. Appliquer la formule de s, ainsi obtenue, à l'addition

$$\dfrac{3+\sqrt{6}}{\sqrt{3-\sqrt{6}}}+\dfrac{3-\sqrt{6}}{\sqrt{3+\sqrt{6}}}.$$

Rép. : $s=\sqrt{2\left(a+\dfrac{4ab}{a^2-b}+\sqrt{a^2-b}\right)}$; $\sqrt{54+2\sqrt{3}}$.

6. — Simplifier l'expression $x = \sqrt{a^2 + \sqrt[3]{a^4 b^2}} + \sqrt{b^2 + \sqrt[3]{a^2 b^4}}$.

Rép. : En élevant x au carré, on reconnaît en x^2 le cube d'un binome irrationnel; d'où $x = \sqrt{\left(\sqrt[3]{a^2} + \sqrt[3]{b^2}\right)^3}$.

7. — Simplifier, en supposant x^2 non inférieur à 4 :

$$a = \sqrt[3]{\frac{x^3 - 3x + (x^2 - 1)\sqrt{x^2 - 4}}{2}} + \sqrt[3]{\frac{x^3 - 3x - (x^2 - 1)\sqrt{x^2 - 4}}{2}}.$$

Examiner cependant les cas $x^2 = 1$ et $x^2 = 4$. (CATALAN.)

Rép. : $a = x$; on arrive aisément au résultat en observant que chaque numérateur est le cube d'un binome irrationnel. Les hypothèses $x = +1$, -1, $+2$, -2 fournissent respectivement les valeurs $a = -2$, $+2$, $+2$, -2.

8. — Rendre rationnels les dénominateurs des fractions suivantes :

1. $\dfrac{1}{\sqrt[3]{2} + \sqrt[3]{6} + \sqrt[3]{18}}$. 2. $\dfrac{1}{\sqrt[3]{4} - \sqrt[3]{2} + 1}$. 3. $\dfrac{1}{\sqrt[3]{a} + \sqrt[3]{b} - \sqrt[3]{a+b}}$.

4. $\dfrac{1}{\sqrt[3]{2} + \sqrt[3]{3} - \sqrt[3]{5}}$. 5. $\dfrac{1}{\sqrt[3]{a} - \sqrt{b}}$. 6. $\dfrac{1}{\sqrt[n]{u} - \sqrt{a^2 - b^n}}$.

Rép. : **1.** $\dfrac{\sqrt[3]{12} - \sqrt[3]{4}}{4}$. **2.** $\dfrac{1 + \sqrt[3]{2}}{2}$. **3.** Posant $a = x^3$ et $b = y^3$, on arrive à un dénominateur de la forme $(x+y)^3 - x^3 - y^3$, ou $3xy(x+y)$; on multiplie et on divise la fraction par $x^2 y^2$ et le dénominateur ne contient plus d'autre irrationnelle que $x + y$ ou $\sqrt[3]{a} + \sqrt[3]{b}$, binome à traiter par la méthode connue. **4.** $\dfrac{\sqrt[3]{4} + \sqrt[3]{9} + 2\sqrt[6]{6} + \sqrt[3]{10} + \sqrt[3]{15} + 15}{3(\sqrt[3]{12} - \sqrt[3]{18})} = \ldots$ **5.** $\dfrac{A}{a - b^3}$.

6. $\dfrac{1}{b}\sqrt[n]{a + \sqrt{a^2 - b^n}}$.

9. — On demande les vraies valeurs des expressions :

1. $\dfrac{\sqrt[3]{x} - \sqrt[3]{a}}{\sqrt[4]{x} - \sqrt[4]{a}}$, pour $x = a$. 2. $\dfrac{\sqrt[3]{x - 2} + \sqrt[3]{1 - x + x^2}}{x^2 - 1}$, pour $x = 1$.

3. $\dfrac{a - b}{\sqrt[5]{a} - \sqrt[5]{b}}$, pour $a = b$. 4. $\dfrac{x - 16}{\sqrt[4]{x} - 2}$, pour $x = 16$.

5. $\sqrt[3]{x^3 + 1} - x$, pour $x = \infty$.

Rép. : **1.** $\dfrac{4}{3}\sqrt[12]{a}$. **2.** $\dfrac{2}{3}$. **3.** $5\sqrt[5]{b^4}$. **4.** 32. **5.** 0.

XXII. — Exposants fractionnaires.

1. — Opérations à effectuer :

1. $\left(a^{\frac{4}{3}} - a^{\frac{2}{3}}b^{\frac{2}{3}} + b^{\frac{4}{3}}\right)\left(a^{\frac{2}{3}} + b^{\frac{2}{3}}\right).$

2. $\left(x^{\frac{3}{2}} \pm y^{\frac{3}{2}}\right)^{2}.$

3. $\left(p^{\frac{2}{3}} \pm q^{\frac{2}{3}}\right)^{3}.$

4. $\left\{\left[u + (u^2 - v^3)^{\frac{1}{2}}\right]\left[u - (u^2 - v^3)^{\frac{1}{2}}\right]\right\}^{\frac{1}{3}}.$
                                           Rép. : v.

5. $\left[(e^3 + 2f^2)^2 - e^6\right]^{\frac{1}{2}}(f^2 + e^3)^{-\frac{1}{2}}.$
                                           Rép. : 2f.

2. — Vérifier l'égalité suivante, en élevant les deux membres au carré :

$$\left(\frac{a + (a^2 - b)^{\frac{1}{2}}}{2}\right)^{\frac{1}{2}} + \left(\frac{a - (a^2 - b)^{\frac{1}{2}}}{2}\right)^{\frac{1}{2}} = \left(a + b^{\frac{1}{2}}\right)^{\frac{1}{2}}.$$

3. — Vérifier que $x^3 + 3px + 2q$ s'annule, si l'on fait

$$x = \left[-q + (q^2 + p^3)^{\frac{1}{2}}\right]^{\frac{1}{3}} + \left[-q - (q^2 + p^3)^{\frac{1}{2}}\right]^{\frac{1}{3}}.$$

4. — Montrer que si l'on fait $x = \left(\dfrac{a+b}{a-b}\right)^{\frac{pq}{p-q}}$, l'expression

$$\frac{1}{2}\left(\frac{a^2 - b^2}{a^2 + b^2}\right)\left(\sqrt[p]{x} - \sqrt[q]{x}\right) \quad \text{devient} \quad \frac{1}{2}\left(\frac{a^2 - b^2}{a^2 + b^2}\right).$$

5. — Justifier les égalités suivantes :

1. $\sqrt[-2]{25} = \frac{1}{5}.$

2. $\sqrt[-1]{6} = \frac{1}{6}.$

3. $\sqrt[-3]{\frac{125}{64}} = \frac{4}{5}.$

4. $\dfrac{\sqrt[-3]{a^2}}{\sqrt[-5]{a^3}} = \dfrac{1}{\sqrt[15]{a}}.$

5. $\sqrt[-2]{a^3}\,\sqrt[2]{a^5} = a.$

6. $\sqrt[b]{\sqrt[n]{\dfrac{a^x}{x^m}}} = x^{\frac{m}{ab}}.$

7. $\sqrt[\frac{2}{3}]{12} = 24\sqrt{3}.$

8. $\sqrt[\frac{1}{3}]{x^4} = x^{12}.$

9. $\sqrt[\frac{3}{5}]{x^7} = \sqrt[3]{x^{35}}.$

10. $\sqrt[0,3]{u} = \sqrt[3]{u^{10}}.$

11. $\sqrt[0,9]{u^{\frac{1}{10}}} = \sqrt[9]{u}.$

TABLE DES MATIÈRES.

Préface. I

Aperçu historique V

INTRODUCTION.

Des Mathématiques, p. 1. — Définition de l'Algèbre, 8. — De la notation algébrique, 10. — Des expressions algébriques, 16. — Des égalités, 18. — Des problèmes, 20. — Des formules, 25. — Division du Cours, 32.

PREMIÈRE PARTIE.
CALCUL ALGÉBRIQUE.
LIVRE I.
Calcul des quantités entières.

CHAPITRE I. — *Quantités positives et quantités négatives* 33

CHAPITRE II. — *Addition et soustraction* 38
Préliminaires, 38. — Addition des quantités algébriques, 41. — Soustraction des quantités algébriques, 44. — Valeur numérique d'un polynome, 46. — Addition et soustraction des monomes et des polynomes, 48. — Inégalités algébriques, 50.

CHAPITRE III. — *Multiplication* 51
Préliminaires, 51. — Multiplication des quantités algébriques, 52. — Multiplication des monomes et des polynomes, 59. — Théorèmes et formules, 63. — Polynomes identiques, 70.

CHAPITRE IV. — *Division* 72
Définition et principes, 72. — Division des monomes, 77. — Division des polynomes, 80. — Division par le binome $(x - a)$, 91.

CHAPITRE V. — *Puissances et racines* 100
Élévation aux puissances, 100. — Extraction des racines, 105. — Puissances d'un binome, 114.

CHAPITRE VI. — *Diviseurs et multiples* 118
Définitions et théorèmes généraux, 118. — Décomposition en facteurs, 122. — Facteurs non premiers, 129. — Plus grand commun diviseur, 130. — Plus petit commun multiple, 135.

CHAPITRE VII. — *Principes relatifs aux inégalités* 139

LIVRE II.
Calcul des quantités fractionnaires.

CHAPITRE I. — *Définition et propriété fondamentale* 142

CHAPITRE II. — *Opérations fondamentales* 148

CHAPITRE III. — *Fractions égales* 152
Suites de fractions, 152. — Proportions, 154. — Applications, 158.

CHAPITRE IV. — *Formes algébriques singulières* 161
Notions sur les limites, 162. — Symboles $\frac{0}{m}$ et $\frac{m}{0}$, 167. — Symbole $\frac{0}{0}$, 168.
— Symboles $\frac{\infty}{\infty}$, $0 \times \infty$ et $\infty - \infty$, 173.

CHAPITRE V. — *Exposants négatifs* 177

LIVRE III.
Calcul des quantités irrationnelles.

Préliminaires, 182.

CHAPITRE I. — *Radicaux réels du second degré* 184
Principes fondamentaux, 185. — Transformations, 186. — Opérations fondamentales, 188. — Dénominateurs irrationnels, 193.

CHAPITRE II. — *Radicaux imaginaires du second degré* 200
Définitions et conventions, 200. — Opérations fondamentales, 206. — Théorèmes généraux, 213. — Imaginaires conjuguées, 215. — Module d'une
imaginaire, 216. — Remarques sur la théorie des imaginaires, 218.

CHAPITRE III. — *Radicaux de degré quelconque* 225
Principes fondamentaux, 225. — Transformations et opérations, 227. —
Exposants fractionnaires, 231.

EXERCICES ET PROBLÈMES.

Notation algébrique, formules, problèmes, 241.

Quantités entières.

Addition et soustraction, 245. — Multiplication, 247. — Division, 251. —
Puissances, 256. — Racines, 258. — Triangle arithmétique, 260. — Décom-
position en facteurs, 267. — Commun diviseur et commun multiple, 272.
— Inégalités, 274.

Quantités fractionnaires.

Simplification et réduction au même dénominateur, 275. — Opérations fondamentales, 277. — Fractions égales, 288. — Proportions géométriques,
289. — Applications des proportions, 292. — Proportions harmoniques,
296. — Indéterminations apparentes, 298. — Exposants négatifs, 300.

Quantités irrationnelles.

Radicaux réels du second degré, 301. — Radicaux imaginaires, 310. —
Radicaux de degré quelconque, 315. — Exposants fractionnaires, 318.

---

www.ingramcontent.com/pod-product-compliance
Lightning Source LLC
Chambersburg PA
CBHW060118200326

41518CB00008B/864